现代哲学·现代建筑

——现代建筑运动时期哲学家对建筑的反思

郑　炘　著

东南大学出版社

·南京·

内 容 提 要

20世纪上半叶现代建筑运动在西方世界蓬勃展开，在世界范围内产生深远影响，并极大地改变了人类的生存环境。现代建筑运动在构建新秩序的过程中，出现一些激进的倾向，至20世纪后期，引发文化批评界及建筑理论界的反思。事实上，在现代建筑运动期间，以齐美尔、克拉考尔、本雅明、布洛赫、维特根斯坦、海德格尔等为代表的西方著名哲学家们就关注建筑乃至城市问题，并将建筑与艺术的问题置于与人本身相关的存在论的层面上加以讨论。

作者通过对这些著名哲学家有关建筑文论的精细研读，分析他们对建筑、现代建筑乃至生存环境的真知灼见、批判性的看法、前瞻性的看法，也注意到有些哲学家的激进之处。这些哲学家关于现代建筑的反思对研究现代建筑理论有极大的启发性。

该书对建筑学科与人文学科的知识互涉方面具有积极的促进作用，是建筑学科、人文学科研究生、教师及研究人员的学习、参考著作。

图书在版编目(CIP)数据

现代哲学·现代建筑:现代建筑运动时期哲学家对
建筑的反思 / 郑炘著.—南京:东南大学出版社,
2018.10
　　ISBN 978-7-5641-5816-3

　　Ⅰ. ①现⋯　　Ⅱ. ①郑⋯　　Ⅲ. ①建筑哲学
Ⅳ. ①TU-021

　　中国版本图书馆CIP数据核字(2015)第124762号

出版发行：东南大学出版社
社　　址：南京市四牌楼2号　　邮编：210096
出 版 人：江建中
网　　址：http://www.seupress.com
电子邮箱：press@seupress.com
经　　销：全国各地新华书店
印　　刷：南京工大印务有限公司
开　　本：880 mm×1230 mm　1/16
印　　张：26.5
字　　数：860千字
版　　次：2018年10月第1版
印　　次：2018年10月第1次印刷
书　　号：ISBN 978-7-5641-5816-3
定　　价：150.00元

现代哲学家们关于建筑与艺术的文本属于历史上的伟大事物之列，而对历史上的伟大事物怀有敬意，是学者们应有的姿态。

——郑炘

郑炘，男，1958 年 7 月出生，河北省张家口市人。1992 年获建筑设计及其理论专业工学博士学位（东南大学），现任东南大学建筑学院教授、博士生导师。曾任东南大学建筑研究所副所长（1997—2007）、建筑学院副院长（2007—2012）。兼任江苏现代低碳技术研究院理事会理事、副院长，中国钢笔画联盟副主席，《建筑与文化》杂志执行主编，《建筑师》杂志编委。长期从事建筑设计及其理论、建筑哲学、风景环境与建筑、城市设计等方面的研究工作，主讲硕士课程"外部空间设计"（1995—2006）、博士课程"城市建筑"（2000—2007）、博士学位课程"建筑与哲学"（2002—2006）及"建筑哲学"（2007—）。参与、主持建筑设计和城市设计工程项目 50 余项，获国际设计奖 2 项、国家级奖励 8 项、省部级奖励 14 项。出版《苏南名山建筑》等专著 3 部、《包豪斯团队：六位现代主义大师》等译著 2 部；以第一作者、通讯作者发表建筑哲学、建筑设计与理论、园林历史与理论等方面的学术论文 30 余篇、A&HCI 检索论文 2 篇。在 2018 年 8 月于北京召开的第 24 届世界哲学大会上应组委会邀请担任建筑哲学分场会议中方主席。

目　　录

引　言

　　2002—2007 年间，我在东南大学建筑研究所主讲了博士课程"建筑与哲学"，主要是谈 20 世纪西方哲学家对建筑的反思，内容大致分为现代主义运动时期、现象学、后现代文化批评理论等几个部分。2007 年，刘先觉教授退休，希望我能继续主讲他所开设的博士课程"建筑哲学"。我重新调整了课程大纲，原来的"建筑与哲学"课程的部分内容融合进新的课程之中。其后的几年中，我一直在深入研究 20 世纪的思想家们涉及建筑学的文本，同时我也在考察建筑理论对来自哲学的批评的接受的状况。2012 年初，东南大学出版社请我把关于建筑哲学方面的研究整理成书。其时经过几年的研究与思考，我的思路也逐渐清晰起来。

　　西方哲学家自来就有对建筑进行哲学思考的传统，从柏拉图（Plato，公元前 429？—公元前 347）、亚里士多德（Aristotle，公元前 384—公元前 322）、培根（Francis Bacon，1561—1626）、康德（Immanuel Kant，1724—1804）、黑格尔（Georg Wilhelm Friedrich Hegel，1770—1831）、谢林（Friedrich Wilhelm Joseph von Scheling，1775—1854）、叔本华（Arthur Schopenhauer，1788—1860）等人的著作就可以看出这一点。只不过到了 20 世纪，关注建筑乃至城市问题的哲学家多于以往任何一个时代，而且哲学家们对建筑乃至城市的专题探究，在深度以及广度上都是以往所无可比拟的。在 20 世纪即将结束之际，英国学者奈尔·里奇（Neil Leach）编辑出版了《反思建筑：文化理论读本》（1997）一书，收录了 20 世纪不同时期杰出的哲学家关于建筑与城市的批评文论。根据这些哲学家所属的时期或学派，全书分为现代主义、现象学、结构主义、后现代主义、后结构主义等 5 个部分。其时建筑理论界对文化理论、批评理论表现出很大的兴趣，现象学、解释学、马克思主义、结构主义以及后结构主义在建筑领域相继产生深远的影响。这样的现象，奈尔·里奇称之为"越界"（transgression）[1]20，另外两位英国学者艾因·波登（Iain Borden）和简·兰黛尔（Jane Rendel）称之为"交叉"（Intersection）[2]15,16。

　　我注意到，《牛津西方哲学史》的主编肯尼（Anthony Kenny）提到，他没有将 20 世纪中期以来的哲学纳入，是因为这些哲学思想离我们太近，我们对它们的影响还难以做出判断[3]345,346。我认为这个说法是有道理的。基于这样的认识，我想到晚近的哲学家和文化批评家们对现代建筑运动多有批评，甚至与建筑理论相互激发，并对当代建筑的实践产生影响，显然，这样的状况距离我们过近，判断其所产生的影响的意义并非易事。面对晚近的哲学与建筑理论的互涉，我感到有必要将目光投向更早一些时候。里奇在《反思建筑：文化理论读本》一书中首次将 20 世纪的重要思想家有关建筑的文论汇集在一起，向我们展现了存在于建筑理论主流文本之外的、有关建筑的批判性思考，是极有意义的事。在现代主义名下，里奇收录了格奥尔格·齐美尔（Georg Simmel，1858—1918）、恩斯特·布洛赫（Ernst Bloch，1885—1977）、齐格弗里德·克拉考尔（Siegfried Kracauer，1889—1966）、瓦尔特·本雅明（Walter Benjamin，1892—1940）、提奥多·W. 阿多诺（Theodor Wiesengrund Adorno，1903—1969）、乔治·巴塔耶（Georges Bataille，1897—1962）等人有关建筑的文本。当然，现代主义并不足以涵盖这些哲学家的思想倾向，也许作为这些哲学家所处的时期(即 20 世纪前半期)的定义更合理一些。现象学部分涉及的哲学家有马丁·海德格尔(Martin Heidegger,1889—1976)、伽斯顿·巴什拉(Gaston Bachelard,1884—1962)、汉斯-格奥尔格·伽达默尔(Hans-Georg Gadamer,1900—2002)、亨利·列斐伏尔(Henri Lefebvre,1901—1991)、吉安尼·瓦蒂莫(Gianni Vattimo,1936—)等人,其中只有海德格尔一人是从 20 世纪 20 年代开始对建筑与艺术的相关问题做出思考的,其他几位哲学家的文论都是 1950 年代以后出版的[4]。里奇所选的这些哲学家有关建筑与城市的文论是非常有益的线索,在此基础上,我进一步研究了这些哲学家有关现代建筑与艺术以及现代城市问题的原著,并将视野拓展至分析哲学领域,研究了伯特兰·罗素(Bertrand Russell,1872—1970)与路德维希·维特根斯坦(Ludwig Josef Johann Wittgenstein,1889—1951)有关建筑与艺术的文本。

十余年来,我认真研究了齐美尔、布洛赫、克拉考尔、本雅明、阿多诺、罗素、维特根斯坦、海德格尔、巴塔耶等 9 位哲学家有关建筑与艺术的文本。这些杰出的哲学家身处现代建筑运动与现代艺术运动酝酿、产生与发展的时期,他们在思想领域做出变革的同时,也关注这两个有时是交织进行的、即将极大地改变我们生活于其中的物质环境与社会文化环境的运动。他们留下的文本可谓浩瀚,我以一己之力,用十余年时光,也只能是有针对性地选取相关的文本加以研读。所谓针对性,就是从现代建筑运动所引发的人与自然、现代性与传统、对现实的批判性与理想社会的建构性等方面的问题,来考察哲学家们的反思。本书就是这样一个长期研究工作的阶段性成果。

根据哲学史的分类方式,这 9 位哲学家分属分析哲学与大陆哲学两大传统。其中,罗素和维特根斯坦属于分析哲学,齐美尔等其他 7 位哲学家都属于大陆哲学。根据所属传统以及考察建筑与艺术的立场,这 9 位哲学家的文本又反映出 3 条思想主线。第一条主线是由德国哲学家、社会学家齐美尔开创的现代文化批评理论,由布洛赫、克拉考尔延续并汇聚于法兰克福学派的马克思主义思想之中;第二条主线属于由英国哲学家罗素和摩尔开创的分析哲学传统,维特根斯坦从中形成自己独特的思想与实践的活动;第三条主线是黑格尔哲学与尼采哲学的奇特的汇合,一方面是由德国哲学家胡塞尔开创,由海德格尔、伽达默尔发展的现象学与解释学,另一方面是受黑格尔、马克思、尼采等思想家多重影响的、特立独行的法国哲学家巴塔耶关于哲学、人类学、社会学以及文学艺术的批评理论。这些哲学家的文本涉及建筑批评、艺术批评、建筑美学、艺术哲学等领域,反映了哲学家们的多重视角与多重立场。更为重要的是,这些哲学家将建筑与艺术的问题置于与人本身相关的存在论的层面上加以讨论,同时将论题扩展至艺术的自治性、技术理性的正当性,对建筑与艺术的本质问题有深刻的理解。

本书研究涉及现代建筑理论、现代艺术理论以及现代哲学理论,复杂性可想而知。在这里,我想先对“现代”之于哲学、建筑与艺术的意义做出解释,再简要地介绍这 3 个领域内的先锋运动,这可以说是本书的背景性的情况,是研究的工作基础;然后是对这 9 位哲学家有关建筑与艺术问题的反思做出的概要性分析。我也注意到,在现代建筑运动时期的理论文本中很难看到理论家们对同时期哲学的引述。相对于 19 世纪德国唯心主义哲学有关建筑艺术的论述为当时的建筑理论形成理论背景的情况[5]303,以及 20 世纪后半期哲学与建筑理论互涉的活跃状态,现代建筑运动时期建筑理论对同时期哲学的漠视是值得思忖的。

还有一点需要说明的是,本课题研究没有涉及美国哲学家的文本,但这并不意味着美国的哲学家们的工作不重要。19 世纪 70 年代开始的实用主义哲学(Pragmatism)是美国所特有的很有影响力的学派,代表人物有皮尔士(Charles Sanders Peirce,1839—1914)、詹姆斯(William James,

1842—1910)和杜威(John Dewey，1859—1952)。实用主义关注真理意义与实践活动之间的关系问题，其动机在于这样一种理念，即对于真的信念必定与行动上的成效相关[6]297。英国学者鲍兰廷(Andrew Ballantyne)在《建筑理论：哲学与文化读本》一书中将杜威的《经验与自然》《作为经验的艺术》、皮尔士的《建构实用主义》《一部未出版的书的前言》等文收录在第二部分"基础工作"之中，他认为实用主义美学的吸引人之处在于它将日常经验作为由此推断的基础。杜威有关建筑的论述基于日常经验，也通过日常生活场景的逻辑差异巩固常识的基础。可以说，对于建筑的实用主义分析有助于我们关注个人生活习惯的重要性，而如果我们局限于讨论建筑的抽象形式，是无法理解这一点的。就此意义而言，实用主义在关注个人的日常经验方面对于现代建筑是一个有益的补充。不过，实用主义哲学家在19世纪后半期并没有注意到美国现代建筑中芝加哥学派的兴起，杜威在20世纪的文论也没有关于现代建筑运动的论述。而建筑理论界意识到实用主义对于建筑学的意义，则是近年来的事[7]33,61-65,40。

一、"现代"之于哲学、建筑与艺术的意义

齐美尔、罗素等9位哲学家先后活跃在19世纪末至20世纪60年代末这样一个时期，大致与现代建筑运动以及现代艺术运动的发展处在一个时期。当然，对于哲学、建筑与艺术这3个领域来说，"现代"(modern)这个词所意指的时间还是有差异的。根据《梅利安·韦伯斯特英语大辞典》，单就时间概念而言，"modern"有两种含义，一是"与现在或最近的过去有关"，二是"与相对久远的过去至今的这样一个时期有关"[8]1452。显然，哲学、建筑与艺术是在后一种意义上使用"modern"这个词的，只是对"相对久远的过去"的界定有所差异。在哲学领域，由于法国哲学家雷诺·笛卡尔(Rene Descartes，1596—1650)被公认是现代哲学之父，那么现代哲学至少是从17世纪上半叶就开始了。哲学史以笛卡尔哲学作为现代哲学起始的标志，一方面是由于笛卡尔本人是一位创造性的数学家和科学家，另一方面是由于他也是一位具有原创性的形而上学家。根据加利·哈特菲尔德(Gary Hatfield)的说法，更为重要的是，笛卡尔提供了自然世界的新视野：这是一个物质的世界，具有一些基本特性，并根据一些普遍规律相互作用，而这样的视野仍然在影响着我们当今的思想[9]100,[10]。就此意义而言，这个"相对久远的"起始至今仍然在起作用。此外，也有哲学史学家将"现代"定义为相对晚近的时代。安东尼·肯尼的四卷本《牛津西方哲学史》就是以19世纪初黑格尔离世作为近代哲学的结束，"现代世界中的哲学"的开始[11]1。

在建筑领域，情况要复杂一些。美国建筑史学者马尔文·特拉赫藤贝格(Marvin Trachten-berg)在《建筑：从史前期到后现代》一书中指出，在人们的心目中，每一个时代都有一个理想的建筑意象，往往是由一个纪念物来展现的，如帕提农神庙之于古希腊，老圣彼得教堂之于早期基督教会，坦比哀多之于文艺复兴盛期。至于现代建筑的理想意象，可能要算那些大型的纯几何体量的、钢结构玻璃幕墙的、去除装饰的、作为总部大楼的多层或高层建筑，此类建筑始于20世纪早期，且持续至今[12]387。如果以此作为现代建筑的理想意象，就不可能回溯更为久远的年代了。而始于1760年的工业革命发展到19世纪，已经为现代建筑提供了大量的钢铁与玻璃、钢筋混凝土等现代建筑材料，但直到19世纪末，形形色色的历史主义仍然支配了建筑实践。建筑形态相对于其物质基础的滞后性是令人震惊的。事实上，即使进入20世纪，在欧洲与北美，通常所说的"现代建筑"也只是主要潮流之一。根据安德鲁·桑特(Andrew Saint)的分析，1900年前后的欧洲建筑存在3种相互交织的主要潮流，一种是离心倾向的民族主义建筑；另外两种是向心的，其一是国际古

典主义,其二是将要导向所谓"现代建筑"的潮流。理查德·朗斯特莱斯(Richard Longstreth)则认为,1900 年以后,盛行于美国设计界的两种主要潮流是折衷传统主义以及现代主义[13]1318,1483。这样,"现代建筑"有两方面含义,一是专指现代主义的建筑,一是指现代时期的建筑,包含了现代主义建筑以及延续各种传统做法的建筑。

肯尼斯·弗兰姆普敦在《现代建筑:一部批判的历史》一书中所说的"现代建筑",显得是一个十分宽泛的概念。他在前言的开篇,就提到现代建筑史的起始时间问题。他对法兰克福学派批判理论的接受,使得他在考虑现代建筑历史时期的时候也对启蒙运动有所反思。从他的关于启蒙运动之后现代建筑的发展的分析可见,现代建筑至少可以追溯至 19 世纪初,以勒杜(Claude-Nicholas Ledoux,1736—1806)的理想城为标志。如果避开现代建筑自身的形式问题,仅从现代建筑的必不可少的条件方面来看,还可以回溯到更早一些时候。他认为现代建筑有两个必不可少的条件:一是 17 世纪末法国建筑师、维特鲁威《建筑十书》的法译者克劳德·佩劳(Claude Perrault,1613—1688)向维特鲁威的比例关系学的普遍可行性提出挑战,二是第一所工程学校——巴黎道路桥梁学校于 1747 年设立[14]3。前者是对长期以来居于支配地位的设计原则的质疑,其意义在于唤醒求变的意识,而这样的意识对于现代性的进程而言是必不可少的;后者则标志着工程学与建筑学的明显的分离,这意味着工程学将作为独立的学科得以发展,而日后的发展也表明,工程学的进步为现代建筑提供了坚实的技术基础,而且桥梁、谷仓等工程学的造物形式也极大地激发了勒·柯布西耶(Le Corbusier,1887—1965)对新建筑的想象[15]23-28。

在艺术领域,艺术史学家们对现代艺术的界定显得要晚一些。美国艺术史学家曼斯菲尔德(Elizabeth C. Mansfield)在《现代艺术史》(第 7 版)一书中指出,虽然不能说现代主义的诞生可以追溯至一个特定的时刻,但这部艺术史还是与 1835 年有着特殊的关联。这一年发生了两个事件,一是塔尔波(William Henry Fox Talbot,1800—1877)发明了摄影,二是法国诗人戈迪耶(Théophile Gautier,1811—1872)在《模斑小姐》的序言中提出"为艺术而艺术"的口号。这两个事件具有很强的冲击力,刺激了 19 世纪以来的现代艺术的发展。不过,从鼓励艺术创新方面而言,曼斯菲尔德还是将目光投向 18 世纪末,她又以法国新古典主义画家大卫(Jacques-Louis David,1748—1825)在《霍拉蒂的宣誓》一画中所体现的新意与原创性,以及英国浪漫主义诗人、画家布莱克(William Blake,1757—1827)在《圣经》插图《内布查德内扎尔》中所表现的疯癫的巴比伦王,说明新古典主义与浪漫主义这两种绘画风格会同艺术批评日益增长的影响力、公开艺术展览的繁荣以及资产阶级赞助人与收藏家的增多,共同形成了现代艺术的基础[16]XII,3-5。如此看来,现代艺术的起源可以追溯至 18 世纪末。另据《现代艺术理论:艺术家与批评家的原始资料》一书的编者赫尔舍尔 B. 齐普(Herschel B. Chipp,1913—1992),他之所以从后印象主义画家塞尚(Paul Cézanne,1839—1906)、梵高(Vincent van Gogh,1853—1890)以及高更(Paul Gauguin,1848—1903)的文本开始,是因为他们的思想为后来的艺术运动提供了重要的基础,而这里所说的"后来的艺术运动"指的就是现代艺术运动[17]vi。这样,直接激发现代艺术运动的先锋性的思想观念要迟至 19 世纪后期才出现。

总之,"现代"所指的时代对应于哲学可以追溯至 17 世纪上半叶,在建筑领域可以追溯至 17 世纪末,而在艺术领域出现的时间要晚一些。不过,这三个领域都在 19 世纪与 20 世纪之交开始了自身内部的先锋性的运动,形成前所未有的波澜壮阔的历史景观。回顾这个时期的哲学、建筑、艺术的发展历程,不难看出这三个领域都处在以突破传统后的建构性行动为主要特征的时期。

二、艺术领域的先锋运动

当建筑师们还在沉迷于历史性的形式、甚至将铁浇铸成古典柱式的样子的时候,画家们受到摄影的刺激而开始思考绘画的意义。新的世纪来临之际,往往具有新的开端的象征意义,对于艺术领域而言,20世纪到来的象征意义显得更为强烈。19世纪70年代,聚集了被级差地租从巴黎老城驱赶出来的工人阶级的巴黎蒙马特高地(the butte of Montmartre),开始成为艺术家、舞者、歌手以及妓女的聚居区。毕沙罗(Camille Pissarro,1830—1903)、莫奈(Claude Monet,1840—1926)、雷诺阿(Pierre-Auguste Renoir,1841—1919)、德加(Edgar Degas,1834—1917)、梵高、劳特累克(Henri de Toulouse-Lautrec,1864—1901)、马蒂斯(Henri Matisse,1869—1954)、瓦拉东(Suzanne Valadon,1867—1939)、蒙德里安(Piet Mondrian,1872—1944)以及毕加索(Pablo Picasso,1881—1973)等具有开创性的艺术家先后在这里设立工作室,曼斯菲尔德将它称为"先锋艺术之家"[16]67。将要影响整个20世纪的诸多画派如印象派(Impressionism)、后印象派(Post Impressionism)、象征主义(Symbolism)、野兽派(Fauvism)、立体主义(Cubism)、新造型主义(Neoplasticism)以及超现实主义(Super-realism),就出自这些艺术家之手。进入20世纪,绘画与雕塑的野兽派、立体主义运动相继勃发,同时还有表现主义(Expressionism)、未来主义(Futurism)、构成主义(Constructivism),一战后是新造型主义、风格派(De Stijl)、超现实主义等。

摄影的产生给画家带来的问题是,既然照片可以如实再现各种事物,那么再现性的绘画意义何在? 在印象派绘画之后,先锋画家们开始在绘画的表现性上做出多方面的尝试。美国艺术史学家赫尔舍尔·B.齐普与彼得·塞尔兹(Peter Selz)、约书亚·C.泰勒(Joshua C. Taylor)经过10年的努力,于1968年编辑出版《现代艺术理论:原始资料读物》一书,书中收录了诸多现代艺术家与批评家的文论、通信。从中可以看出,艺术家们在绘画表现的目的、方式以及艺术理想等方面都有各自的思考,之所以如此,是为他们的艺术创新寻求合理的前提。

对于现代艺术家们而言,"抽象"是可以避免如摄影般再现物象的有效表现方式,也是其艺术表现的共同特征,也正因为如此,诸多现代艺术流派通常统称为"抽象艺术"。根据奇尔弗斯(Ian Chilvers)的定义,抽象艺术并不描绘可辨认的场景或对象,而构成它的形式和色彩仅由于其表现的缘故而存在[18]2。野兽派、表现主义、立体主义、未来主义、构成主义、新造型主义、风格派的画家与雕塑家们都以各自的方式进行了抽象艺术的实践,也做出相关的理论思考。在这里,我选择几位具有代表性的艺术家,考察他们的艺术表现特征以及他们的艺术理念,以期扼要把握现代艺术运动的主导倾向,同时也关注现代艺术与现代建筑之间的关联。现代艺术与现代建筑作为现代社会文化现象,关系到现代生活方式乃至人的存在方式的转变,对于现代哲学而言是不可回避的背景条件。

事实上,现代抽象的艺术实践可以追溯至晚年塞尚的作品。塞尚早年在给作家左拉(Emil Zola,1840—1902)的信中批评以往印象派在表现"室外事物"方面显得犹豫不决而没有把握自然的真正原初特性,其实这表明他与老一代印象派画家仍然处在同样的路径上,只是他更大胆一些,走得更远一些。到了晚年,已是新世纪了,新的艺术运动已在酝酿之中,塞尚也想到艺术的抽象,不过他还是坚持色彩的感觉是抽象的理由,这显得他在观念上还没有突破印象派的范畴[17]22。但在他的晚期艺术实践中,他已经在抽象表现的道路上前行了。从他晚期的作品《从勒劳弗看圣维克多山》来看,色块的笔触与所表达的物象有所分离,画面中的形式与以往印象

图 1　塞尚：从勒劳弗看圣诞维克多山

图 2　康定斯基：作品第 4 号

图3　康定斯基:作品第7号

派绘画相比显得更为轮廓模糊,而色块本身却有着较强的结构关系(图1)。阿纳尔森和曼弗雷德将这样的笔触比喻为一个整体性很强的交响乐队中个体音乐家之所为,具有较强的抽象表现性[16]48。同样归于后印象派的梵高也在思考抽象性的问题,他想到了音乐,他说他能更好地理解音乐家,理解音乐家们的"抽象的存在理由"。很有可能的是,他意识到绘画相对于音乐而言在抽象表现方面的局限性[17]35。

　　表现主义画家康定斯基(Wassily Wassilyevich Kandinsky,1866—1944)和保罗·克利(Paul Klee,1879—1940)也都是杰出的艺术理论家,他们在音乐方面的造诣也很深。对于音乐的理解也融汇于他们的绘画理论与实践之中。康定斯基将最能反映他的原创性的抽象构图作品系列命名为"Composition",与音乐中的"作曲""作品"是同一个词[8]466,甚至提出"色彩的音响""形式的音响"的概念,并肯定前者对于后者的优越性。从他自己关于《作品第4号》(图2)的解释可以看出,通过色块、线条在画面中的布置、对比、交织、交错,画面达到和谐的状态。虽然画面有天空、城堡、伴侣等内容,但是表达以上内容的形式并不具备现实中的关系,而是出于他自己对于抽象形式关系的理解[18]。他也醉心于神智学、通灵术,他的《作品》系列反复围绕《圣经·创世记》的大洪水、《启示录》的天启等主题展开,但画面全然是非再现性的,画面中的形式往往难以辨认,如《作品第7号》(图3)左下角的那个形式,很难和诺亚方舟联系起来。不过,他在有关形式问题的讨论中,提到伟大的抽象与伟大的写实这两极之间的辩证关系,并声称这两极最终会殊途同归,达到同一个目标[17]161。也许他是在为抽象表现寻找存在的理由。塞尚和梵高的风景画依然多少有着可以辨认的现实世界的原型,相形之下,康定斯基作品系列的那些源自圣经以及现实世界的要素则是在想象的空间中加以重构。在某种意义上可以说,康定斯基的抽象艺术是开创性的,它向人们展示了一个与现实有着内在关联却又难以辨认的想象中的世界,那也许也反映了他所向往的精神世界。

图 4　克利:隐居处　　　　　　　　　　　　　　　　图 5　克利:女歌唱家

克利也在思考绘画艺术的本质。在《创造的信条》一文的开篇,克利就表明艺术并不是复制可见事物,而是要使事物显现出来。他是现实世界特别是自然界的敏锐的观察者,同时又是图形艺术的创造者。他的可贵之处在于,他将图形艺术的要素划分为点、线、面、空间,用以转译事物、事件与行为。于是抽象的形式要素就有了象征的意义。由这样的抽象要素构成的画面,克利称之为"形式的交响曲"。在他看来,用这样的抽象要素最终可以创造出一个无所谓具体对象或抽象事物之分的形式世界[17]182-186。在他的笔下,山峦、大地、大海、树木、小鱼、水草、花朵、房屋、穹顶、城市、女歌唱家、新郎、陶艺工、水手等现实中的对象以新的形象显现,但又带有现实对应者的特征,从而构成了一个与现实世界对应的新世界(图4及图5)。对克利而言,艺术创作就像宇宙生成那样,他后来在包豪斯执教时最喜欢用的一个词就是"创世纪"(Genesis),于是美国艺术史学家韦伯(Nicolas Fox Weber)说他"生活在所有事物初次显现的奇妙时刻"[20]97。齐尔弗斯认为,克利自由地游弋在具象与抽象之间,是最有创新力的多产的现代大师之一[18]321,韦伯称他是具有彻底原创性以及自由精神的艺术家[20]95。

艺术史一般将立体主义归于"弱抽象"(weak abstraction)之列,但又将它定义为"革命性的"的运动[16]136,[18]147。所谓"弱抽象",指的是立体主义仍然坚持立足于物质世界,对物质世界的实在性并无怀疑,在这一点上,它的两位代表人物布拉克(Georges Braque,1882—1963)、毕加索与表现主义画家康定斯基有明显的差异。事实上,立体主义绘画的"革命性"主要体现在对物质世界的表现方式上,即:放弃文艺复兴以来单一视点的画面透视原则,运用多重视点的方法对一个对象的多个面进行同时性的表现。一战之前,布拉克和毕加索的立体主义绘画大致分为"分析的立体主义"(analytical cubism)和"综合的立体主义"(synthetic cubism)两个阶段。在分析的立体主义阶段,他们尝试了多视点、非单一光源的画面表现方式,将单一立体对象分解为相互交叉、重叠的平面,并通过透明性的方式隐约将形象与背景区分开,如毕加索的《丹尼尔-亨利·康威勒肖像》、布拉克的《葡萄牙人》(图6、图7)。综合的立体主义绘画的明显特征是引入了"拼贴"(collage),毕加索的《静物与藤椅》是这方面的代表作(图8)。在这幅作品中,毕加索把藤椅的片段印刷在一块油布上,再直接把这块油布贴在椭圆形的画布上,并引入真实的绳索环绕画面。十分逼真的藤椅片段作为一种要素与其余抽象的画面要素一起形成奇特的效果[16]152-153。

图6 毕加索:丹尼尔-亨利·康威勒肖像

图7 布拉克:葡萄牙人

柯林·罗(Colin Rowe,1920—1999)和凯特(Fred Koetter,1938—2017)将毕加索的拼贴艺术与列维-斯特劳斯(Claude Lévi-Strauss,1908—2009)的"拼装"(bricolage)概念联系起来,就使用现成工具将可获得的不同事物重组这个意义而言,两者是类似的。他还用拼贴来描述城市建造的过程,表明了不同时间建造的城市片段并置的可能性,并引申为"对时间的再征服"。不过,他将勒·柯布西耶的奥赞方工作室视为拼贴过程的结果,可能还是有些牵强[21]。事实上,勒·柯布西耶和奥赞方(Amédée Ozenfant,1886—1966)在"一战"后发表的宣言《立体主义之后》中,对当时的立体主义绘画不满,批评它已堕落至"一种精致装饰的形式",他们将自己的绘画称为"纯净主义",在画面上寻求一种建筑学的结构关系,去除装饰性的要素(图9)。而当时的立体主义绘画,正处于综合的立体主义盛期,至少就毕加索而言是如此,从他的《哈勒昆与小提琴》(1918)、《三位音乐家》(1921)可以看出,拼贴方式产生的抽象形式与具体形式并置、叠加的装饰性画面效果,是以牺牲分析的立体主义的纯净性为代价的。至于勒·柯布西耶的一些新建筑作品,在某种程度上可以说是他的纯净主义绘画理念的延伸[16]255-256,260-261。

1910年前后,意大利的一些先锋画家、雕塑家、建筑师在先锋诗人马里内蒂(Filipoo Tommaso Marinetti,1876—1944)的号召下,发动了未来主义运动。画家、雕塑家伯乔尼(Umberto Boccioni,1882—1916)以油画《城市崛起》、青铜雕塑《空间中的独特连续性形式》成为未来主义艺术的代表人物。这两部作品都具有很强的动感和张力,特别是前者体现了他对"劳动、光与运动的伟大综合"的追求。伯乔尼还与卡拉(Carlo Carrà,1881—1966)、卢索洛(Luigi Russolo,1885—1947)、巴拉(Giacomo Balla,1871—1958)、赛维里尼(Gino Sverini,1883—1966)等画家于1910年共同发表《未来主义绘画:技术宣言》,他们声称要在画布上重现的姿态不再是宇宙动力的一个固定瞬间,而是永久动感本身。他们宣布运动和光会摧毁物体的物质性;他们蔑视所有模仿的形式,赞美所有原创的形式;他们甚至反对在画面中出现裸女,同时为这个激进的主张做出说明。凡此种种,使得他们成为现代艺术运动中可能是至为激进的艺术家。在表现技法方面,他们接受新印象主义的分光法(divisionism),并将其视为现代画家所必需的技能[17]289-293。当然,未来主义画家的分光画法并没有简单照搬新印象主义,而是与他们对动感的追求密切结合起来,形成一种新的表现方式,这一点从伯乔尼的《城市崛起》一画中可以见出(图10)。

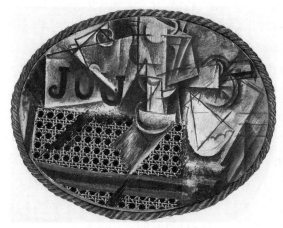
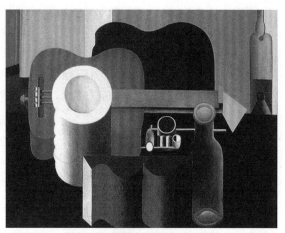

图8　毕加索：静物与藤椅　　　　　　　　　　图9　勒·柯布西耶：静物

　　立体主义之后出现的艺术流派，除了前面提及的纯净主义之外，还有荷兰的新造型主义、风格派、俄罗斯的至上主义、构成主义等。荷兰艺术家凡·杜埃斯堡（Theo van Doesburg，1883—1931）和蒙德里安（Piet Monndrian，1872—1944）于1917年共同发起了风格派艺术运动，并出版同名的、两次世界大战之间对实用艺术以及建筑学的实践与理论产生重大影响的杂志。"新造型主义"这个词是由蒙德里安造出的，用以表达他的造型艺术的新理念，即：在造型艺术中，只要通过形式与色彩的动态平衡就能表现实在（图11）。凡·杜埃斯堡在与蒙德里安产生分歧之后，于1926年发表了新的宣言，将他的新的艺术方向命名为"要素主义"（elementarism），这个新方向仍然是几何抽象的，只不过不再恪守蒙德里安的水平与垂直的图形结构，而是引入45°转折的结构（图12）[18]434,[16]268-269。"一战"以前俄罗斯的抽象艺术运动主要是由马列维奇（Kasimier Severinovich Malevich，1878—1935）推动的立体-未来主义（Cubo-Futurism），那是他对法国立体主义和意大利未来主义的综合。1915年他将自己的由白色背景上的矩形或梯形构成画面的绘画命名为"至上主义"。马列维奇还用模型来研究三维形式问题，他的名为"建构"（Arkhitektons）的抽象模型对构成主义的发展具有重要的意义。构成主义也是俄罗斯的抽象艺术运动，于1914年前后兴起，在"十月革命"后的几年里颇为风行，代表人物有塔特林（Vladimir Tatlin，1895—1953）、李希茨基（Eleazar Lissitzky，1890—1956）等。构成主义的艺术实践主要是在雕塑领域展开，其标志性的作品是塔特林用钢、木和玻璃为第三国际纪念碑所做的模型，这个空间性的作品隐约有着新型巴别塔骨架的意象，不过其构成方式与形式细节都源于机器。李希茨基的绘画与浮雕作品也是纯粹抽象的，甚至在结构上与现代建筑的形式有着共通之处，他的《普罗鲁恩1D》可以说是几年后格罗皮乌斯（Walter Gropius，1883—1969）设计的包豪斯校舍在绘画中的原型（图13）。构成主义作品的形式大大超出苏俄革命者们的想象，有些艺术家在1920年代去了西欧，与风格派会合，共同对包豪斯产生影响[16]202-208,[17]311-313。

　　虽然这些现代主义的艺术流派有不同的艺术主张，但在表现的抽象性上都是共通的。正如阿尔纳森（H. H. Arnason）和曼斯菲尔德所指出的那样，无论是纯粹的情感表现，还是对禁欲主义自治的追求，进步的艺术家们都放弃了文艺复兴以来引导视觉艺术的自然主义传统[16]136。关于这些激进的艺术运动的内在动力及其历史性的意义，当代哲学家利奥塔（Jean Francois Lyotard，1924—1998）有过十分精辟的论述。他将1910年以来抽象绘画的动力归结于对无法显现的事物

图 10　伯乔尼:城市崛起

的表现,那是凭画面的崇高感取胜的表现,体现了绘画行为与绘画实质之间的张力。在他看来,正是这种张力刺激出西方绘画最英勇的世纪之一[37][22]。

现代主义艺术家们在艺术表现方面的探索过程中相互启发。马蒂斯等野兽派画家色彩奔放的作品给后来的立体主义画家布拉克留下深刻印象;赛维里尼、博乔尼等未来主义艺术家们也受到立体主义作品的激励;康定斯基在"一战"爆发后返回俄国期间,受俄罗斯至上主义、构成主义的影响,在他的构图系列作品中开始了从自由表现主义向抽象几何形式的转向[16]144,192-194,205-207。塔特林受到毕加索雕塑作品的启发,使用锡、玻璃、木材以及塑料等材料进行了一系列浮雕、浮雕建构等方面的实验,最终自成一派[18]611。艺术家们也从建筑空间形式的组织机理得到启发,如立体主义画家格里斯(Juan Gris,1887—1927)在画面构图中引入结构网格与比例系统,使得画面由精致性和逻辑性支配。建筑批评家班汉姆(Reyner Banham,1922—1988)认为正是这样的做法使得立体主义更接近理性主义建筑理论[23]203。现代建筑理论家吉迪翁(Sigfried Giedion,1888—1968)在《空间,时间,与建筑:一个新传统的成长》一书中指出,"一战"以后的风格派、构成主义艺术家的共同目标是对立体主义进行理性化以纠正它的偏离[24]359-360。其实,偏离理性主义的应该是综合的立体主义及以后的一些做法,不能一概而论。

另一方面,不同流派的现代艺术家们的艺术主张与理念也影响了现代建筑运动。在绘画与雕塑领域的表现主义运动开始的几年间,很难说具有表现主义倾向的建筑师与那些激进的艺术家之间有什么直接的交流,但在超越新艺术运动的对自然形式的模拟方面是一致的。在立体主义运动开始传播之际,只有捷克的几位建筑师明确表明他们的作品是立体主义建筑[25],而大多数先锋建筑师似乎还没有意识到立体主义绘画的形式对于建筑形式意味着什么,更没有以立体主义作为自己的标签。立体主义的形式表现大多是非理性的,这有悖于先锋建筑师探寻适合于新生产方式的建筑的初衷。柯林·罗和斯鲁茨基(Robert Slutzky)在《透明性》一书中将毕加索的《阿莱城姑娘》与格罗皮乌斯设计的包豪斯校舍工作坊一角的照片加以比较,断言两者都有着材料的透明性[26]34。在不同类别的艺术之间,仅从作品结果给人的感觉上的类似性来说明作者在形式处理方式上的关联是不够的。事实上,透明性作为立体主义绘画的空间形式表现手段,要在晚些时候才会引起建筑界的注意。从 1959 年开始在苏黎世高等工业大学建筑系任教的霍思利(Bernhard

图 11　蒙德里安：构图 a　　　　　　　　　　　　图 12　凡·杜埃斯堡：构图习作

Hoesli,1923—1984),明确表示立体主义与风格派画家对空间延续性的知觉可以给建筑师以启发,因而我们可以说立体主义影响了霍思利的建筑教学理念[27]。从他指导的学生作业可以看出,L 形的部分与矩形部分之间的穿插、交汇明显受到分析的立体主义绘画的形式处理的启发[26]112。纯净主义、风格派、至上主义以及构成主义可以视为对立体主义的理性化,未来主义更强调空间形式的动感,而且这些运动也都有建筑师参与,如作为纯净主义画家之一的让那雷(Charles-Édoard Jeanneret,后改名为勒·柯布西耶,建筑师),风格派运动有建筑师李特维尔德(Gerrit Rietveld,1888—1964)、伊斯特伦(Cornelis van Eesteren,1897—1981)参与,未来主义运动的建筑师有圣埃利亚(Antonio Sant'Elia,1888—1916)、马佐尼(Angiolo Mazzoni,1894—1979),因而这些运动对现代建筑运动的影响是直接的。值得注意的是,随着康定斯基、克利等蓝骑士画家在包豪斯任教,现代艺术也参与了现代建筑教育体系以及现代工业设计教育体系的建构工作。而受多重艺术流派影响且发展出自身所特有而令人难以捉摸的表现方式的克利,又在包豪斯期间探讨了绘画构图与音乐之间的类比,精准的色块就像精准的音符一样构成了《通向帕纳苏斯》(Ad Parnassum)的宏大画面(图 14)[16]284。他在包豪斯教授形式课程,他的画作《地层的测量》是由水平向的有着数学关系的矩形色块构成,还有一些水彩作品是根据像古典音乐那样的系统创作的。他的学生、著名纺织艺术家安妮·阿尔贝斯(Anni Albers,1899—1994)显然受到他的启发,开始将抽象图案用于织物的新纺织艺术(图 15、图 16)[20]367-368。

三、建筑领域的先锋运动

在"一、'现代'之于哲学……"中已经提到,1900 年的欧洲建筑存在 3 种相互交织的主要潮流:民族主义、国际古典主义、现代主义。桑特认为欧洲诸国的本土风格复兴在很大程度上要归功于英国的哥特复兴、艺术与工艺运动以及新艺术运动;国际古典主义在世界范围内展开,巴黎美术学院(the Ecole des Beaux Arts)的古典主义教条与建筑教育起了重要作用;现代主义就是将要导向所谓"现代建筑"的潮流,首先是由维也纳建筑师瓦格纳(Otto Wagner,1841—1918)倡导,他的

图13 李希茨基:普罗鲁恩 1D

学生鲁斯（Adolf Loos,1870—1933）竭力推动[12]1318-1319。事实上,艺术与工艺运动、新艺术运动并不止于激发了民族主义,巴黎美术学院也不是固步于古典传统,而是分别以不同的方式影响了现代建筑运动。

关于艺术与工艺运动、新艺术运动的历史作用,学界已有十分深入的探讨。这两个运动几乎是与美术领域的印象主义运动同时展开的,这些不同领域的运动其实都是对工业革命以来的状况的反应。摄影技术的发明迫使纯美术家们追问绘画的实质,而大工业生产方式促成的消费主义倾向以及对品质或美的漠视则引发实用美术领域的艺术家们的不满。建筑师们也意识到工业革命在建筑领域所产生的影响对西方文化而言是个冲击,他们或是将历史的形式或是将自然的形式赋予钢铁和玻璃之类的新材料,有着历史与自然的价值方面的理由。工艺美术与建筑学领域的意识观念最终形成合力,在19世纪与20世纪之交,先后产生由莫里斯（William Morris,1834—1896）发起的艺术与工艺运动以及由霍尔塔（Victor Horta,1861—1947）、吉马尔（Hector Guimard,1867—1925）等人推动的新艺术运动。莫里斯的朋友,哲学家与批评家拉斯金（John Ruskin,1819—1900）对现代性与工业化的冲击采取抵制的态度,厌恶标准化,为艺术与工艺运动提供了理论基础。莫里斯与韦布（Philip Webb,1831—1915）合作的"红屋"是艺术与工艺运动的代表作之一,建筑材料用的是砖瓦木之类的传统材料,外观采用简化的、折衷的哥特都铎式庄园住宅形式,但非对称的布局方式使得其平面功能高效,流线组织顺畅,便于使用（图17）[12]1129。这种做法似乎是以满足实际需要的空间组织为基础,再以传统的方式为其赋形,这就和一般的程式化的历史主义做法有所不同。"红屋"给时任德国驻英国大使馆建筑参赞的建筑师穆特修斯（Hermann Muthesius,1861—1927）留下深刻的印象,他盛赞"红屋"是"现代住宅史上的第一例"[5]367。穆特修斯从艺术与工艺运动的建筑作

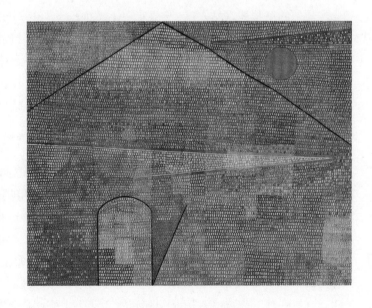

图14 克利:通向帕纳苏斯

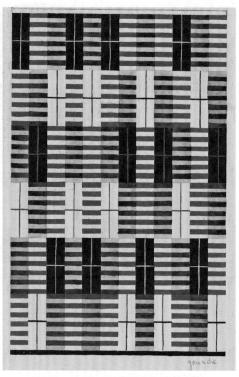

图 15　克利:地层的测量　　　　　　　　　　　图 16　安妮·阿尔贝斯:壁挂设计

品以及麦金托什(Charles Rennie Machintosh,1868—1909)大胆使用钢铁与玻璃的理性主义作品中吸取了积极的因素,回国后发表论文、专著介绍英国建筑的成就,促成了德制联盟的诞生,推动了德国现代建筑运动的发展。

　　新艺术运动主要在比利时、法国、德国、奥地利等国展开,代表作品有霍尔塔的布鲁塞尔塔赛尔住宅室内楼梯、凡·德·维尔德(Henry van de Velde,1863—1957)的魏玛大公艺术与工艺学院馆、吉马尔的巴黎地铁站入口、安德尔(August Endel,1871—1925)的慕尼黑埃尔维亚工作室、奥尔布里希(Joseph Maria Olbrich,1867—1908)的维也纳分离派馆等(图18)。新艺术运动受艺术与工艺运动的激发,但与后者回归传统的做法不同,它接受钢铁这样的新材料,在建筑与装饰方面引入机器生产方式,在形式处理方面不再采用学院派所惯用的古典形式,而是引入自然的曲线或是从中世纪的艺术形式、甚至从亚洲的艺术形式中加以抽象[5]76。这样的做法相对于通常的历史主义做法而言是个突破,可以说建筑上的新艺术运动开辟了一条新的路径,对后来的现代建筑运动而言是个启示。

　　成立于17世纪的巴黎美术学院分为艺术学院与建筑学院两部分,其办学理念就是专注于古希腊与罗马时代以来的古典艺术与建筑。在19世纪后期的法国,由于现实主义、印象派运动的发展,巴黎美术学院在美术领域的影响弱化了,但在建筑领域,在古典理性主义与浪漫主义之间的纷争中形成学院派风格的巴黎美术学院仍然是一个很强的力量。由于巴黎美术学院不太在意工业美学之于建筑的作用,人们一般将它归于历史主义之列,而忽视了它对现代建筑运动所做的贡献。克鲁夫特(Hanno-Walter Kruft)认为巴黎美术学院的实践与理论对现代建筑的意义尚未得到充分的认识,在他看来,加代(Julien Guadet,1834—1908)关于建筑元素及其构成原理的研究对现代建筑理论产生重大影响[5]272,289。另一个值得重视的事实是,巴黎美术学院在1880年以后成为为美国培养建筑师的基地。19 世纪末引领美国早期现代建筑运动的芝加哥学派与巴黎美术学院有着清晰的渊源关系。美国首位在巴黎美术学院接受建筑教育的建筑师是洪特（Richard Morris Hunt，1827—1895），他为 1893 年芝加哥世界博览会所做的规划设计，旨在为美国提供理想城市的模型。第二位接受巴黎美术学院教育的美国建筑师理查森（Henry Hobson Richardson，1838—1886）设计的简洁而强力的芝加哥马歇尔菲尔德批发市场大楼，已经偏离了巴黎美术学院的历史主义做法，对芝加哥学派的年轻一代建筑师而言是个启示[12]1009-1012。这些建筑师开始了具有现代意义的钢结构高层

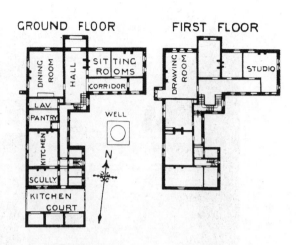

图 17　莫里斯、韦布：红屋平面

建筑的实践，而且对建筑上的装饰采取激进的取消主义的态度，其代表人物沙利文（Louis Sullivan，1856—1924）为这种新的建筑类型制定了形式语法，并提出了被现代建筑师们奉为宗旨的"形式沿循功能"的原则[5]357。曾经在沙利文指导下工作的建筑师莱特（Frank Lloyd Wright，1867—1969）一方面彻底接受莫里斯关于创新型设计与精制工艺会产生社会效益的信念，一方面也认同功能主义的原则[16]169。在他的早期作品中，功能主义原则也许是在精心制作的过程中得以贯彻的，而且还不一定与必要性联系起来。从他的草原住宅代表作罗比住宅（Robie House）的室内设计来看，很难说那些复杂的木装修有多少必要性（图 19）。至于他在日本设计的帝国饭店，很难归于现代建筑之列，当我面对那些过于复杂的镂空装饰纹样时，我想到的是当年那些制图的人要付出怎样的努力（图 20）。

当莱特这位来自新世界的建筑师的作品介绍到欧洲并引起轰动的时候，欧洲的建筑师已经在以不同的方式探寻新建筑之路了。维也纳建筑师鲁斯于 1893—1896 年间游历美国，对芝加哥学派关于建筑装饰的理论有所了解，于 1908 年发表那篇著名的论文《装饰与罪恶》，从文化人类学的角度论述了去除装饰的必然性[5]365。尽管鲁斯在自己设计作品中无法避免装饰，但他关于装饰的理论对现代建筑师的鼓动性是很强的。事实上，早在 1895 年，维也纳现代主义建筑的创立者奥托·瓦格纳就写出《现代建筑》一书，在书中他攻击历史主义体现了高度的"精神失常"，主张新时代的建筑风格是"新材料、新技术以及社会变化的产物"，并提出"我们时代的艺术要提供我们自己所创造出来的现代形式"。他还借用了 19 世纪德国建筑理论家森佩尔（Gottfried Semper，1803—1879）的口号："唯必要性为艺术之尺度"，得出"非实用者不美"这个结论。瓦格纳的观点十分激进，克鲁夫特将此书称为"开启 20 世纪建筑的宣言书"，实不为过[5]320,178。

1910 年前后，两个属于同名艺术运动的建筑运动开始酝酿，一个是意大利的未来主义建筑运动，另一个是主要在德国与荷兰展开的表现主义建筑运动。自 1914 年起，未来主义建筑运动的建筑师们发布了 4 个宣言，未来主义运动创始人马里内蒂参与其中 3 个。在建筑史上一般会提到圣·埃利亚（Antonio Sant'Elia，1888—1916）与马里内蒂于 1914 年共同发表的第一个未来主义建筑宣言。这可能是建筑史上至为激进的宣言。圣·埃利亚指出未来主义建筑的问题在于要借助科学技术手段创造未来主义之家，尽可能满足我们的生活方式和我们的精神的需要。他强调新建筑形式的奇异外观（相对于传统的）是现代建筑材料与我们科学观念共同作用的结果。他说未来主义之家必定像"一台巨大的机器"，甚至将未来主义城市称为"躁动的、活跃的、宏伟的大工地"，

图 18　奥尔布里希：维也纳分离派馆

一切都是"动态的"。圣·埃利亚和马里内蒂共同宣布：反对所有古典的、装饰的、纪念性的建筑，倡导基于计算的、大胆的、简洁的未来主义建筑，这样的建筑采用钢筋混凝土、钢铁、玻璃等所有能替代木材与砖石的材料，轻盈而具有尽可能大的灵活性；反对静态笨重的垂直水平线条、立方体以及金字塔形式，赞赏倾斜的、椭圆的线条，它们本性有动感，具有极大的动人的力量，为动感建筑所必需[28]34-38。在如何让新建筑割断与形形色色的历史主义的联系方面，未来主义建筑宣言提出的做法具有极强的针对性；相对于动感形式而言，战后那些纯净的方盒子建筑可能就显得不够前卫了，可能要等到 20 世纪后期，那些以斜向因素、曲线因素构成的动感建筑才符合未来主义者的想象，可以说这部宣言超越了它的时代。在古罗马文明与文艺复兴运动的发祥之地，出现这样一个与传统决裂、崇尚机器美学的激进运动，实为不可思议之事。

　　建筑上的表现主义通常是指 1910—1930 年间发生在德国、荷兰、奥地利等国的先锋建筑运动。史学家一般认为表现主义建筑运动有着浪漫主义的渊源，注重精神层面的表现，带有神秘主义的、非理性的倾向，与注重功能与形式理性的古典主义传统相对。珀尔茨希（Hans Poelzig，1869—1936）的名言"形式出自神秘的深渊"可以视为沙利文的那个著名口号的反题[11]513。表现主义建筑运动早期代表人物有芬斯特林（Hermann Finsterin，1887—1973）、珀尔茨希、陶特（Bruno Taut，1880—1938）、斯坦纳（Rudolf Steiner，1861—1925），后来则有门德尔松（Erich Mendelsohn，1887—1953）、夏隆（Hans Scharoun，1893—1972），格罗皮乌斯、密斯·凡·德·罗（Mies van de Rohe，1886—1969）的一些作品也归于表现主义之列。德裔英国艺术史学家佩夫斯纳（Nikolaus Pevsner，1902—1983）对表现主义建筑的看法明显是负面的，特别是将"一战"后的建筑状况视为"混乱的基调"，认为表现主义建筑在某些方面比较类似于新艺术运动的风格[29]319-320。特拉赫滕贝格也将表现主义与"幻想"（fantasy，新艺术运动的代名词）并列看待，并将表现主义建筑的"生物形态""地貌形态"溯源至新艺术运动的"回归自然"的意向，其结果最终是强烈地夸张的效果[11]509。事实上，与未来主义建筑师们联合发布共同宣言的做法不同，上述建筑师们并没有明确表明自己是表现主义者。在某种程度上，可以说"表现主义者"是学者们给这些建筑师贴的标签。标签也许

图 19　赖特：罗比住宅室内

并非重要,重要的是这些建筑师的作品所具有的表现性。

早期表现主义建筑的代表作有陶特的"玻璃馆"(1911)、珀尔茨希的"柏林大剧院"(1919)、格罗皮乌斯的"三月烈士纪念碑"(1921)、门德尔松的"爱因斯坦塔"(1922)、密斯的"弗里德里希大街办公楼设计方案"(1921)、斯坦纳的"人智学研究中心"(1928)。这些作品的形式或是曲线的,或是斜线的,有所变形的,但与霍尔塔的"塔赛尔住宅室内楼梯"、吉马尔的"巴黎地铁站"等新艺术建筑在形式生成原则方面是不同的。

表现主义建筑师对钢铁、钢筋混凝土以及玻璃等现代材料的特性有了更好的理解,更重要的是,他们的作品超越了对自然形式的简单模仿。按照特拉赫滕伯格的说法,"爱因斯坦塔"的形式有着动物的意象,是现代的斯芬克斯,不过,门德尔松在此并没有使用明显的类似于动物的形式要素,他用的是纯粹抽象的形式[11]289。柏林大剧院室内的设计源于钟乳石的意象,但其形式要素是悬出的拱券,通过符合结构逻辑的规则组织在一起,与霍尔塔的模仿植物形式的铸铁构件相比,珀尔茨希的做法是"建筑化的"。至于"人智学研究中心",很难说它的形式有什么具体的自然摹本,只能说是全然原创性的。另一方面,也不能简单地说表现主义建筑的形式是非理性的,尽管门德尔松、斯坦纳在设计中都使用了奇特的曲线,但他们仍然运用了对称规则,其作品形式仍然具有理性的特征。

就像未来主义建筑运动有马里内蒂这样的激进文学家鼓动一样,表现主义建筑师们也有一位来自文学界的精神导师希尔巴特(Paul Scheerbart,1863—1915)。这位作家对玻璃这种材料十分着迷,他的关于玻璃建筑的文论激发了包括陶特在内的表现主义建筑师。他在出版于 1893 年的第一部小说《乐园:艺术之乡》中就构想了"玻璃建筑"(Glasarchitektur),这也是他最后一部小说《灰衣服和百分之十白色:一位女士的小说》(1914)中的主题[30]。他在小册子《玻璃建筑》(1914)中将文化发展与建筑空间形态的变化联系起来,并指出,只要将我们生活于其中的空间的封闭性去除,我们的文化就会提高到一个更高的水平,其方式就是整个建筑的外墙尽最大可能采用玻璃、彩色玻璃,让日光、月光进入房间。他甚至畅想了玻璃建筑替代砖石建筑后大地表面将会产生的璀璨如宝石的景象[28]32。19 世纪中期以来,大规模的玻璃建筑已经出现,至为著名者当属伦敦的水晶宫。不过,当时的人们大多没有想到玻

图 20　赖特:帝国饭店室内

璃建筑将成为日后主要的建筑形态,希尔巴特做出如此大胆的设想,可谓具有极为超前的意识,对现代建筑运动产生重要影响。他对钢结构性能的理解也可谓深刻:钢结构可以赋予墙体(也包括玻璃幕墙)以任何形态,墙体也不必是垂直于地面的[28]27。这样的状况大概只是晚近的时候才在建筑上得以实现,可以说他的见解是极为超前的。陶特受希尔巴特的启发,在1914年的科隆德制联盟展建造了"玻璃馆",其正面镌刻了希尔巴特关于玻璃建筑的名言。以后在他的乌托邦城市的构想中,陶特都贯彻了希尔巴特的玻璃建筑的理念。格罗皮乌斯也十分推崇希尔巴特的著作,他的建筑作品也充分运用了玻璃的透明性。密斯在1920年代做了高层玻璃建筑的方案设计,虽然不能确定他是否受到希尔巴特的影响,但他的同行们与希尔巴特之间的关联很可能会形成一种偏好玻璃建筑的氛围,他应可有所感触[28]27。

在表现主义建筑运动展开之前,奥尔布里希、贝伦斯(Peter Behrens,1868—1940)、陶特等12位德国重要的建筑师以及12家企业于1907年创立了德制联盟,这对于现代建筑乃至工业设计都是极有意义的事,柏林物品博物馆官方网站称之为"20世纪早期的乌托邦文化运动"[31]。它的本意是建立起制造商与设计师的合作关系、整合传统工艺与大工业生产技术以促进德国在全球市场中的竞争力。它的鼓动者是曾经出使英国的建筑师穆特修斯,他把英国的艺术与工艺运动的成就特别是"英国的自由建筑"介绍到德国本土,在德国建筑界具有极强的号召力。联盟成立后积极参加了巴黎秋季沙龙(1910),主办了科隆展览会(1914)、柏林展览会(1924)、斯图加特展览会(1927)、布雷斯劳展览会(1929),有力地推动了现代建筑以及现代工业产品的发展,为包豪斯学校的创立提供了基础性的背景条件。

穆特修斯在《德制联盟宗旨》中提出了高于物质方面的精神目标。他把建构文化视为国家整体文化的真正标志[28]18。在1911年以及1914年的联盟会议上,穆特修斯提出建筑以及德制联盟所有领域都要推行标准化,惟其如此,普遍有效的良好品味才有可能得以发展。他还明确提出要通过展览及期刊等有效的传播方式向国际宣传德国实用艺术与建筑艺术的成就[23]72,[28]28。穆特修斯提出这些面向国际的、体现普遍原则的设想,可以说是为后来那些前卫建筑师所奉行的"客观性""功能主义"等新建筑的原则做了理论上的准备。穆特修斯的听众不仅包括密斯和格罗皮乌斯等将要为战后德国新建筑发展做出贡献的新生代建筑师,而且也包括受瑞士肖斯·德方兹艺术学院派遣来德国学习的法国建筑师让那雷(Pierre Jeanneret,1896—1967)和勒·柯布西耶。这些前卫建筑师在未来的一段时间将陆续发表关于新建筑的宣言,不断地提出激进的主张[23]72。

新艺术运动的代表人物凡德维尔德也为20世纪早期的德国建筑带来积极影响。他于1902年在魏玛创建了工艺美术学校,形成将教学与工艺作坊的实习结合起来的新传统,并影响到后来的包豪斯学校。虽然他的名字与新艺术运动联系在一起,但他在到了德国之后发表的演讲与文论却是在倡导功能主义美学以及纯粹形式的美学。1907年,凡德维尔德在他的《论新风格》一书中提出了激进的"信条",要求人们只在所有对象至为严格的基本逻辑及其存在理由的意义上理解其形式与建构。这样的信条与所谓的"欧洲主流"(the European Mainstream)的注重功能理性的理念是吻合的。与穆特修斯一样,凡德维尔德也致力于德制联盟的发展。不过,与前者倡导的集中化、标准化目标不同的是,凡德维尔德仍然坚持艺术家作为有创造力的个体的重要性[28]74-45。穆特修斯与凡德维尔德之间的争论在后来的格罗皮乌斯与密斯之间延续下来,格罗皮乌斯倡导集体合作,密斯则坚持个体的创造性,他们到了美国以后仍然各持己见[20]452。

贝伦斯是"一战"前德国的重要建筑师,史学家们通常把他归于新古典主义之列。几乎所有的建筑史书都会提到他的那座厂房设计,而且把它作为从古典向现代的过渡性作品。更为重要的是,他的事务所先后雇佣了格罗皮乌斯、密斯、勒·柯布西耶这3位现代建筑运动的推动者。这3

位建筑师在 20 世纪前半期都做出现代建筑的经典作品,如格罗皮乌斯与迈尔(Adolf Meyer, 1881—1929)合作的"法古斯工厂"(1911—1913)、德骚"包豪斯校舍"(1925—1926),密斯的"砖宅设计方案"(1923)、"巴塞罗那德国馆"(1929),勒·柯布西耶与让那雷合作的"奥赞方住宅"(1922)、"伽歇别墅"(1927—1928)。另一方面,他们也都以各自的方式在现代建筑理论方面做出贡献。在康拉兹(Ulrich Conrads)编辑的《20 世纪建筑宣言》中,格罗皮乌斯的文论有 4 篇,密斯的文论有 5 篇,勒·柯布西耶的文论有 3 篇。

格罗皮乌斯作为国立包豪斯学校的创始人,先后发表两篇关于包豪斯主旨与原则的文论,阐明了他关于新建筑的理念。在魏玛时代,他号召建筑师、雕塑家、画家联合起来,把握建筑的整体及其组成部分的综合特征,让他们的作品渗透建构的精神。他主张艺术家都要回归工艺,成为高贵的工匠。在他创立包豪斯学校的同一年,格罗皮乌斯与陶特、艺术史学家及建筑学者贝内(Adolf Behne,1885—1948)共同为"柏林默默无闻建筑师展"写了宣言般的小册子。他将建筑视为人类高贵思想、热情、人性、信仰以及宗教"水晶般的表现",堪称表现主义建筑的宣言。到了德骚,他的观点有所变化,他主张包豪斯要服务于当代住宅的发展,强调包豪斯寻求的是住宅、设施以及家具用品之间的理性关系,对空间、材料、时间以及金钱的经济性利用,在多样性中求得明晰性。他将包豪斯的作坊视为工业与工艺的实验室,生产并改进适合于大工业生产、适合我们时代的产品原型[32]。格罗皮乌斯创办包豪斯学校,其本意是将建筑作为视觉艺术的终极目标,为了这个目标,包豪斯需要培养学生的造型艺术基础,还要培养实用美术的人才,为此他请来康定斯基、克利这样的著名画家来教授形式课程,还开设木工、纺织、陶艺作坊,他自己来教授建筑学课程。但作为校长,格罗皮乌斯行政事务繁忙,还要完成自己事务所的项目,很难集中精力从事教学工作。在他任职的几年间,包豪斯培养出的杰出学生主要是工业设计方面的,如杰出的纺织艺术家安妮·阿尔贝斯。阿尔贝斯(Josef Albers,1888—1976)和布劳耶尔(Marcel Lajos Breuer,1902—1981)早期的成就主要是在家具设计以及艺术教育等方面,建筑教育和建筑设计则是他们后来的扩展领域[33][34]。随着时间的推移,学术界日益认识到包豪斯对包括现代建筑教育在内的现代艺术教育,包括建筑设计在内的现代设计领域乃至现代生活方式所产生的深远影响。

密斯是格罗皮乌斯的继任者,也是包豪斯的终结者。不过,他的文论并非针对包豪斯而言,而是为他与李希特(Hans Richter,1888—1976)创办的现代艺术杂志"G"杂志写的,或是在德制联盟会议上的发言。在"G"杂志的创刊号上,密斯发表了《工作要点》,为新建筑下了一个定义:"以空间方式构想的时代意志",从技术方面为办公建筑做出规定:建筑材料要用混凝土、钢铁、玻璃,并明确钢筋混凝土建筑的实质是"皮"(不承重的围护结构)与"骨"(承重的框架)的结合[28]81-82。在"G"杂志第 3 期(1924.10)发文提出建筑的工业化设想,可以说他具有极强的预见性。密斯在明确新建筑的物质性与技术性的同时,也在思考形式与生活的关系、创造过程的出发点以及建筑的价值问题,尽管他就这些深层次的问题尚不能给出明确的答案,但他的思考本身已表明他不愿服从技术决定论[28]59-62。

勒·柯布西耶于 1920—1921 年间在"新精神"杂志上发表系列笔记《走向新建筑:指导原则》,最终于 1923 年出版《走向新建筑》一书。这位来自瑞士的法国建筑师一方面在建造(construction)与建筑(architecture)之间做出区别,强调建筑艺术的触动心灵之美的重要性,另一方面又批评建筑师们处在一种令人不快的退化状态。他倡导一种工程师美学,这样的美学出于经济法则与数学计算,符合宇宙法则,而工程师的作品处于好的艺术的正确道路上。他主张建筑要根据标准来操作,同时还要超越功利性需求。他也提到以大工业的生产方式来建造住宅,提出"居住机器"(house-machine)这个引发后世争议的概念[28]78。勒·柯布西耶也关注现代城市规划。在《城市规

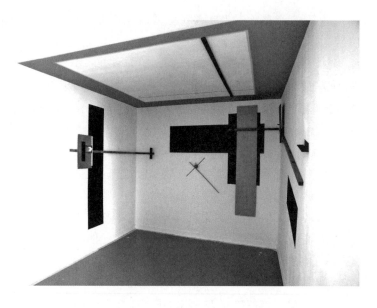

图21 李希茨基:普罗鲁恩房间

划指导原则》一文中,他从人与自然的关系出发思考了城市的本质,一方面他认为城市是人针对自然的行动,是人们用来生活工作的机体,是一个创造;另一方面他也想到城市作为激发我们精神的有力意象也应该成为诗意之源。他将几何学视为我们观察世界并表现自身的手段,换言之,几何学是城市规划的基础手段,但他无法说明如何在几何学与诗意之间建立连接。在城市规划实践方面,勒·柯布西耶于1922年在巴黎秋季沙龙上展出了他的虚构的满足300万人居住的"当代城市"规划,并未引起注意;遂于1925年提出针对老巴黎中心区的改建规划"邻里规划",那种完全忽视城市历史条件的做法给当时的人们带来震惊,也引发后世的批评;1933年他又做出了"光明城市"的设想,虽然在法国没有实现,但其满足日照间距的高层建筑之间设大片绿地、立体交通的规划理念影响了后来世界范围内新城的建造[28]80-90,[35]。

与包豪斯交织在一起的还有风格派运动、至上主义和构成主义运动。格罗皮乌斯原本欣赏风格派创始人凡·杜埃斯堡的作品,但并没有邀请他到包豪斯任教,而凡·杜埃斯堡仍留在魏玛,在包豪斯校舍附近开设有关风格派、构成主义、达达派的课程,吸引了一些包豪斯学生[28]78-80。而密斯则显得路数要宽一些,在"G"杂志中,密斯与李希茨基、凡·杜埃斯堡等人都是合作者[36]。格罗皮乌斯和密斯之所以欣赏凡·杜埃斯堡的艺术,应该是其几何抽象绘画的明晰性与秩序性引起他们在形式感上的共鸣。事实上,凡·杜埃斯堡的兴趣远不止于绘画,他还做建筑设计,组织包括建筑设计在内的作品展,发布"走向造型的建筑"的宣言。他在建筑方面的主张与他在绘画中的要素主义是一致的,他声称新的建筑是"要素性的",这些要素包括"功能、体量、表面、时间、空间、光、色彩、材料",都是与造型相关的,新建筑就是新造型主义的综合。他罗列了多达16条的新建筑特征,其反装饰的、反立体的、打破内外分界的、取消对称的、取消正面的功能性空间从一个中心在三维向度上离心向外发展的设计策略,可以说

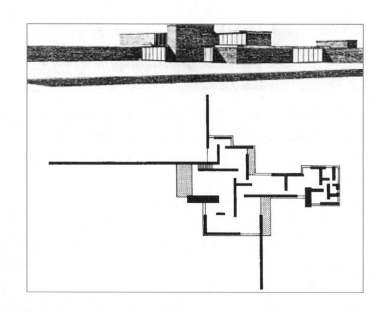

图22 密斯:砖宅设计

是十分激进的。尽管他也很难具体说明新建筑的四维空间-时间方面,但他说明了在放弃正面概念后,建筑所有的面都在造型的丰富性上有所发展,显然要比毕加索将物象的不同的面同时展现作为四维空间的表现的说法更成熟一些[28]66。李希茨基受马列维奇的影响,发展出了自己的抽象艺术系列作品,他称之为"普罗鲁恩"(Proun),意为"从绘画向建筑的转变"。1923年他为柏林艺术大展做了名为"普罗鲁恩房间"的装置艺术,其横向、纵向延伸的矩形与密斯同年所做的"砖宅设计"方案有类似之处(图21及图22)[16]204-205。根据班汉姆的分析判断,应该是前者启发了后者[23]292。无论如何,密斯的"砖宅设计"通过墙体的横向、纵向延伸,打破了建筑四壁围合空间的传统方式。相对于李特维尔德等风格派建筑师的作品,密斯的"砖宅设计"以及后来的"巴塞罗那德国馆"似乎更充分地表现了凡·杜埃斯堡关于新建筑的空间构想。事实上,无论是风格派还是构成主义,其构图或构成作品都在秩序性的基础上寻求一定的表现性。值得注意的是,其秩序性主要是通过对非对称的矩形要素加以平衡组织的方式获得的,这样的形式上的明晰性既有别于古典建筑形式的对称性,又与建筑师们对空间与功能组织的明晰性的要求相吻合。另一方面,抽象的形式本身超越了具象的层面,与装饰性的要素距离更远。因而风格派、构成主义与建筑上的"新客观性"(neue sachlichkeit)以及后来希区柯克(Henry-Russell Hitchcock,1903—1987)所说的国际风格的原则有相通之处[37][38]。

19世纪末至20世纪初的功能主义、未来主义以及表现主义运动,反映了先锋建筑师在机器时代面对突变的生产生活方式所产生的反应。如果说建筑是对生活方式的诠释,那么这些先锋运动就体现了对新的生活方式的不同态度。建筑形式既要沿循由新的生活方式决定的功能,又要适合于新的技术手段与新的材料特性,可能就是先锋建筑运动的总体倾向,只不过不同的流派在具体的操作路径上有些差异。对于这些建筑师而言,当务之急可能是要以新的净化了的形式尽快将建筑从上个世纪盛行的、广为接受的各种风格的装饰性缠绕中解脱出来。相对于现代艺术运动而言,现代建筑运动其实并非那么激进。由于建筑与现实条件的密切关联,建筑师们似乎还不能像先锋画家那样割断与公众的联系,进行自认为有意义的表现,而不顾公众是否能接受。他们所能做的是在建筑自身的可能性中寻求面向实际的突破。未来主义建筑师们的设计与作品,其实远不如未来主义建筑宣言所宣扬的机器美学与动态的形式那样大胆。表现主义建筑师们则更多是在展示、观演、纪念碑等类型的建筑上做出尝试,而由于建筑的现实条件的制约,对于建筑的精神性表现也不可能做到随心所欲。随着建筑师们对建筑的工业化、标准化进程的认同,以及"一战"以后社会经济条件的制约,去除了装饰的、适合于大工业建造方式的、经济性较好的平屋顶建筑(也就是大大小小的方盒子)渐成现代建筑的主要形态。

四、哲学领域的先锋运动

在哲学史上,黑格尔哲学可以说是德国古典唯心主义哲学之集大成。一般以为20世纪的西方哲学始于对黑格尔哲学的反抗,其实对于黑格尔哲学的反抗几乎是伴随着黑格尔哲学开始的。叔本华对黑格尔、费希特(Johann Gottlieb Fichte,1762—1814)以及谢林等人的哲学并不认可,而是直接回到康德哲学,从康德的关于现象与自在之物的区分得到启发,发展出他的表象与意志的概念。从他的《作为意志和表象的世界》的第二版序(1844)可以看到对黑格尔等人的哲学的揶揄之词[40]9,13。叔本华的《康德哲学批判》可以视为新康德主义哲学的先声,而这个学派在19世纪后期以来的德国思想界具有很强的影响力,齐美尔、克拉考尔都带有这样的倾向。接着是"存在主义之父"克尔凯郭尔(Søren Kierkegaard,1813—1855)对黑格尔哲学以及德国浪漫主义的批评,马克思对黑格尔哲学的改造,以及尼采的唯意志论哲学。事实上,在新世纪的黎明前夕,这些新的思想已经形成涌动的潮流。大陆哲学中的生命哲学、马克思主义哲学、现象学、解释学以及结构主义哲学都与19世纪激进的思潮有关。

在这些激进的思潮之外，另有一条独立的专注于数学与逻辑学关系的思想路径，由德国数学家弗雷格(Gottlob Frege，1848—1925)开辟。西方哲学家自来就有研究数学的传统，早在古希腊时代，柏拉图就注意到几何学与算数所蕴含的从绝对假设出发的推理过程，他的学院15年的课程中前10年的课程包括数学、天文学，可以说数学是哲学的预备课程[41]269,[42]。哲学家笛卡尔、莱布尼茨(Gottfried Wilhelm Leibniz，1646—1716)也都是数学家，且为现代数学的发展做出卓越地贡献。弗雷格提出了一阶谓词演算系统，通过简单的逻辑概念与数学概念来解决数学陈述的理论问题。尽管他将数学还原至逻辑的企图受到罗素的质疑而没有成功，但他的基于逻辑与数学关系之上的语言哲学对20世纪哲学产生了深远地影响[43]。分析哲学的产生与弗雷格的语言哲学有直接的关联。罗素就是受其启发，对他的谓词演算系统做出改进，并采用皮亚诺(Giuseppe Peano，1858—1932)的数理逻辑技术，与G. E. 摩尔(G. E. Moore，1873—1958)一起共同发展出分析哲学[44]。另一方面，现象学的产生也受到弗雷格的激励。德国哲学家胡塞尔(Edmund Gustav Albert Husserl，1859—1938)原本学天文学出身，获数学博士后又师从心理学家、哲学家布伦塔诺(Franz Brentano，1838—1917)。受布伦塔诺的影响，胡塞尔在1891年出版《算术哲学》，将他的数学、心理学以及哲学等方面的能力综合起来，试图为算数建立心理学的基础[45]。如果主张逻辑要避免心理学影响的罗素得知胡塞尔的这样的企图，定会觉得不可思议。弗雷格为此书写了书评，对其潜在的心理逻辑主义提出批评，胡塞尔对此十分重视。后来他一再表明他的学说并不是心理逻辑主义的[45]。

尽管分析哲学与现象学的思想路径有所不同，但在反思哲学自身的基本问题，以新的前提探究哲学工作的边界方面是共通的，这也是现代哲学思想发展的一个主要特征。这两个思想运动也都反对黑格尔的唯心主义哲学。在分析哲学方面，在19世纪快要结束的时候，罗素和摩尔共同反对黑格尔乃至康德的哲学，摩尔主要是针对唯心论，罗素更热衷于反对一元论，他们共同持有事实总体上独立于经验这样的观点[46]42。胡塞尔则通过我思结构、意识与意向性等概念发展出全新的现象学，强调意识对现实的构成性。根据他的现象学的存在论，存在首先是"为我们的"，"其次才是自在的"，这相当于否定了黑格尔的自在、自为的存在的概念，可以说，胡塞尔的哲学是在基本的存在论的层面上对黑格尔哲学的反抗，与罗素哲学的路径是不同的[47]135。另一方面，分析哲学与现象学都关注语言及意义问题，进而深入知识论的领域。罗素主张哲学家的任务在于发现一种在逻辑上理想的语言，并通过一阶逻辑对问题重重的命题做出有力的分析，彰显自然语言潜在的"逻辑形式"。他也做出一个预设，这种理想语言可以描述由原子事实(atomic facts)构成分子事实(molecular facts)的这个世界[44]。胡塞尔试图将命题意义(propositional meanings)与命名意义(nominal meanings)区分开，进而将纯粹逻辑与广义逻辑区别开，并深入探讨了意向内容(包含一般的意义与特殊的命题)、意向行为与现象学描述之间的内在机制[45]。可以说，分析哲学与现象学共同促成了20世纪哲学的语言学转向。

接下来的分析哲学与现象学又以各自不同的方式在语言学转向的路径上发展。在分析哲学传统中，维特根斯坦显得有些特立独行。他在1921年发表的《逻辑哲学论》开篇就说，"世界是事实的总和，而不是事物的总和[48]6"。这个陈述即使在分析哲学家们看来也是可疑的。为其写下导言的罗素肯定这部著作是"哲学界的一个重要事件"，但在关于"事实"的解释方面与维特根斯坦的本意是有差异的[48]ⅩⅨ,ⅩⅫ。当代哲学家布鲁斯·昂(Bruce Aune)也认为通过观察和经验推论不难得出世界是事物的总和的判断[49]63。可能的情况是，德语

"Ding（物）"的意义在"Tatsache（事实）"一词中隐藏过深，以致英美哲学家没有辨识出来。事实上，"Tatsache"指的是处于相互关系之中的"Ding"，如此看来，维特根斯坦的陈述并无什么不妥。类似的情况还有罗素将"Sachverhalte"（事物状态）理解为"atomic fact"，这很令人费解[48]XⅧ。事实上，维特根斯坦所定义的"世界"的概念就包含了一定的关系，而且当他将事实与逻辑空间联系起来，就意味着这样的关系不只是物之间的关系，还包括物与人之间的关系。他也明确指出，此书想要为思想的表达确定界限，其实这涉及的是语言的界限，而超出这个界限的东西就成为"不可说的"，就"纯粹是无意义的"[50]23。这里维特根斯坦并不在意超出语言界限的事物是否存在，而只是表明这样的事物对人而言是否有意义，这就与以往形而上学家们关于事物存在的思辨区别开来。

海德格尔的《存在与时间》一书是题献给胡塞尔的，但他并不认同胡塞尔关于现象学是本质科学的看法[51]。他坚持在哲学的传统中讨论"存在"的意义问题，同时赋予以往的术语新的意涵，如将"Dasein"专指"此在"，即"人的存在"，或是引入新的术语，如"In-der-welt-sein"（在世界之中存在）、"Zeugganz"（用具整体）等。海德格尔意识到希腊存在论的流变至今仍然规定着哲学概念的方式，指出了康德对"此在"的存在论的耽搁，提出了由"此在"出发领会周围世界乃至一般世界的思想路径。这样的路径与从"世界"方面领会此在自身并领会一般存在的传统路径是不同的。他还指出存在论问题必须从人的存在本身提取线索。由于人的存在本质就是"能说话"，由此在出发的存在论就和语言联系起来[52]26-30。另一方面，海德格尔从词源学的角度对"现象""现象学""逻各斯"等术语加以解释，将解释学作为现象学的描述方式，开创了一种新的解释学传统。

现代哲学思想的发展还体现了关注社会现实状况的特征，这样的状况与作为历史范畴的现代性相关。20世纪前半期是现代性的勃发时期，其时现代民族国家的兴起已成为不可逆转的历史潮流。对于一个国家内部社会而言，现代性的主要特征包括反传统的意识；从封建社会向资本主义社会的转变；对社会进步以及科技进步的信念；职业化与专门化、工业化、城市化以及世俗化等诸多方面。相对于传统社会，这样的转变是具有正面的历史意义的。不过，早期资本主义社会存在的诸多弊端引发马克思、恩格斯的强烈批判，从马克思的《1844年政治经济学手稿》《资本论》以及恩格斯的《英国工人状况》等著作可以看出这一点。到了20世纪，布洛赫、本雅明、阿多诺、卢卡克斯（György Lukács，1885—1971）、霍克海默（M. Max Horkheimer，1895—1973）等马克思主义哲学家，继承了马克思、恩格斯关注社会现实问题的传统，形成强有力的批判资本主义制度弊端、探索理想社会前景的左翼思想运动。特别是霍克海默和阿多诺，在"二战"期间开始反思反犹太主义的问题，在《启蒙辩证法》一书中探究了启蒙运动以来理性与支配之间的悖论，发人深省。

随着民族国家的兴起，既有的帝国系统受到强有力的挑战，国际间的社会政治经济关系陷入重重危机之中。第一次世界大战就是此类危机总爆发的后果。这是人类历史上第一次真正现代意义上的大规模战争，先进的生产力为之提供前所未有的杀伤力极强的武器装备，加重了军人以及平民的伤亡。随着战争的爆发，不同国家的艺术家、建筑师以及哲学家和所有国民一样，都以不同的方式卷入其中，有的在战争中阵亡，如表现主义画家马尔克[18]37、未来主义建筑师圣·埃利亚[28]34，对于相关的艺术运动而言是很大的损失；有的受伤致残，如钢琴家保罗·维特根斯坦（Pau Wittgenstein，1887—1961）在战争中失去右臂[53]71-72；有的被俘，如哲学家维特根斯坦[54]3。至于建筑师格罗皮乌斯，屡遇险境而又能生还，就堪称奇迹了[20]24-25,39-40。罗素、布洛赫等几位著名的哲学家都带有强烈的反战倾向，他们站在人道主义的立场上，对人类整体的命运感到担忧，对蒙受战争灾难的平民怀有深深的同情。罗素在自传中提到,他对那些将遭到杀戮的青年们充满"绝望的爱惜之情",并对所有交战国的民族主义宣传都感到厌恶[55]227-228。战争改变了罗素以往的理想主义观念,也促使他积极地参与反战运动,关注社会现实问题,发表大量抨击时弊、倡导社会改良运动的文论。

的确,当哲学家们面向社会现实问题时,采取什么样的政治立场与态度是不容回避的。特别是当战争来临之际,支持战争的爱国主义与反对战争的和平主义也会反映在哲学界。在"一战"时期,齐美尔持有爱国主义的立场,以致坚持反战立场的布洛赫与他关系破裂。战争期间布洛赫移居瑞士,发表反战、反对德国军国主义的文章,并写出了《乌托邦精神》一书[56]xv xvi。相形之下,维特根斯坦对待罗素的态度要温和一些。战争爆发后,维特根斯坦应征加入奥地利炮兵部队,根据恩格尔曼(Paul Engelmann,1891—1965)的说法,维特根斯坦认为战争期间为国效力是他的压倒一切的职责,不过当他听到他的朋友罗素因反战而入狱的消息,他并没有收回对罗素个人勇气的尊敬,只是觉得那是用错了地方的英雄主义[57]73。

随着法西斯主义在意大利兴起、纳粹主义在德国兴起,"一战"后的欧洲又开始了滑向更为惨烈的战争状态的进程。从学术方面而言,按照哈贝马斯的说法,巴塔耶和海德格尔都在尼采开辟的理性批判的道路上前行,只不过前者通过实践哲学的路径,后者通过主体哲学的路径[58]113,119,120。不过,在面对社会现实的时候,他们的态度是截然不同的。巴塔耶原本与超现实主义者布勒东(André Breton,1896—1966)互存敌意,但在法西斯主义兴起之际,对法西斯主义的厌恶使得他们摈弃前嫌,共同建立反法西斯的"反攻击"运动组织(Contre-Attaque)[59]11。与巴塔耶的反法西斯主义倾向不同,海德格尔在1930年代积极参与纳粹党的活动,前几年出版的他的《黑色日记》(1931—1941)包含一些反犹言论,与他的严肃的学术性思考有很大的反差,也让人们重新估计他与纳粹主义的关系[60]。无论如何,这位20世纪杰出的思想家在纳粹时代的所作所为是令人遗憾的。

在对待不同文明的态度上,哲学家们也各有己见。维特根斯坦关注文化与价值问题,很难说他的态度是左翼的,还是保守的,不过可以说他对欧美文明之外的文明怀有同情,就此意义而言,维特根斯坦对待不同文明的态度显得宽容一些[61]458。相形之下,巴塔耶对待西方文明的态度就显得有些激进了。他早年的神学教育背景、中世纪学术研究,与黑格尔、马克思、尼采等人的哲学的影响,毛斯(Marcel Mauss,1872—1950)的人类学研究的启示以及对萨德(Marquis de Sade,1740—1814)疯狂经验的兴趣混合在一起,汇入他所特有的对社会现实、历史事实的批判之中。他对权力及其表征冷嘲热讽,攻击所有高贵的事物,带有明显的无政府主义倾向。他从尼采的"上帝之死"的宣告得到启发,痴迷于"无头领状态"(acéphale)以及古老的祭祀仪式。他的普遍经济学带有文化人类学的视角,他分析了阿兹台克人的献祭、北美印第安人的炫富宴、资产阶级的贪婪与行动所导致的混乱世界。相对于未开化状态的炫富宴而言,文明世界的资产阶级以世界大战的方式消耗过量经济的做法显得更为残忍,也更具毁灭性。也许可以将炫富宴视为处于西方文明进程之外的社会给现代资产阶级世界的赠礼[62]。海德格尔对现代技术的"集置"作用感到忧虑[63],他长期以来对古希腊哲学文本的深入解读、对荷尔德林诗的解释、对人的存在以及世界的本质的思考、对艺术作品本源的思考,似在追寻某种不为社会变化所动而能够持存的东西,那就是人应该引以为自身尺度的神性。

在社会生活中,反传统的意识与传统意识之间的相互作用是显而易见的,在思想领域也同样存在这两种意识的对立。马克思主义哲学、分析哲学、现象学都是反传统意识的体现,都是变革的力量。现代艺术与现代建筑作为社会文化现象,也在不同程度上反映了反传统的创新精神。对社会文化的变化较为敏感的哲学家们关注现代艺术运动与建筑运动,是自然而然的事。总之,在艺术、建筑、哲学这3个领域自身内部,20世纪前期都是各自至为英勇的时期。值得注意的是,这3个领域中的反传统意识并不意味着要摈弃所有过去的事物,而是有针对性的。现代艺术家们接受了19世纪后期浪漫主义艺术的原创性,从不同的路径改变了文艺复兴以来形成的古典主义表现方式——那正是他们所要反对的传统。事实上他们也在为自己的原创性寻求支撑,如高更从马提尼克岛体验到的原始性,马蒂斯对非洲原始艺术的接受,克利对北非耀眼夺目的阳光与色彩的表现,阿尔贝斯对杜奇奥(Duccio di Buoninsegna,1255—1319)绘画的理解与赞赏……其实先锋艺术家们是从空间与时间上在都很遥远的传统中获取灵感的[16]59,97,128-129,[20]475。现代建筑师们所要抵制的是19世纪以来各种历史风格对装饰的滥用,而不是简单地拒斥历史上的建筑。勒·柯布西耶的《走向新建筑》一书并没有隔断与历史的联系,他从米开朗基罗(Michelangelo,1475—1564)设计的圣彼得大教堂圣坛部分获得教益,也在希腊神庙建筑中体会到朴素而高尚的形式;密斯对历史上的伟大事物怀有敬意,他会根据柱子与墙体或楼板的位置关系而分别遵循哥特建筑或文艺复兴建筑的规则[15]140-146,[20]454。至于哲学,要想彻底地割断与历史的联系,更是不可能的事。对既存的哲学文本做出分析,或从中得到启发,或就其中存在的问题提出质疑、批评,进而做出建构性的尝试,自来是哲学的伟大传统。马克思从黑格尔的异化概念得到启发,对资本主义社会条件下人的劳动异化现象作出独特的分析,由此引发他的社会改造的理想[64]48-52。罗素在批判了自亚里士多德以来的传统逻辑之后,将现代逻辑作为他的分析哲学的基础,并对命题的成分和形式做出区分,从而明确形式才是哲学逻辑的对象,这样的路径与介入形而上学推理的传统逻辑有着根本的区别[65]33-43。海德格尔则是通过对亚里士多德直至康德的存在论的考察,认识到西方哲学对人的存在问题的耽搁,从而提出从此在出发领会周围世界乃至一般世界的思想路径[52]26-31,76-78。

另一方面,这3个领域内部的变革力量的出现并不意味着传统的消亡,在那个时代,写实绘画由于与公众的联系而仍然具有生命力,建筑上的新古典主义、手法主义以及艺术上的再现性的表现也并没有退出历史的舞台,哲学上还有受德国古典哲学影响的绝对唯心论[66]。不过,变革的力量,也就是现代性的力量,代表了未来历史发展的主导趋向。以城市化为标志的社会总体现代化进程是不可逆转的。从历史的维度来看,现代建筑运动可以视为社会总体现代化进程的一个方面,而哲学家们对建筑的思考最终也归结于现代性的体验之中。这些身处现代化进程中的思想家在考察社会现实问题的过程中,既持有建构性的态度,也持有批判性的态度。他们作为一种敏感的力量,面对现代化新生事物的震动而发出感言,是20世纪批评理论的先声。不过,这些思想家在哲学观点上不尽相同,政治态度取向上也有所差异,再加上现代性本身的复杂性,以致他们在考察对象的选取上、考察问题的视角上以及对问题的分析与判断上都有所区别。

五、现代哲学家关于建筑与艺术的反思

在引言的开篇,我已说明本书所研究的9位哲学家的文本反映出3条思想主线。第一条主线是由德国哲学家齐美尔所开创,这是一个非常强大的传统,后继者包括布洛赫、克拉考尔、本雅明、阿多诺;第二条主线属于分析哲学传统,包括罗素和维特根斯坦;第三条主线是黑格尔哲学与尼采哲学的奇特的汇合,包括海德格尔、巴塔耶。第一条主线中,布洛赫、克拉考尔、本雅明都从齐美尔那里得到启示,又都以不同的方式影响到阿多诺。他们在对建筑与艺术的反思过程中相互交流,相互启发,同时又保持自己的独立判断。后两条主线的哲学家们关于建筑与艺术的思考显得是独

立展开的,彼此之间并没有什么关联。

先来看第一条主线,这也是20世纪德国哲学的一条主线。作为一位新康德主义者,齐美尔是一位开拓性的思想家,他不仅创建了具有现代学科意义上的社会学,更重要的是,他将传统哲学的形而上学主题引向社会现实,开启了现代性文化批评理论之门。齐美尔的学术活动可以分为讲座和写作两个方面。齐美尔自1885年起在柏林大学做编外讲师,他的课程涉猎广泛,从逻辑学、哲学史到伦理学、社会心理学、社会学;他也是著名的演说家,他的讲座是柏林知识界的重要事件,吸引了柏林的文化精英。路易斯·A·柯赛尔(Lewis A. Coser,1913—2003)认为,从他的讲座得到激励的学者有马克思主义者格奥尔格·卢卡克斯、布洛赫,存在主义哲学家、神学家马丁·布伯尔(Martin Buber,1878—1965),哲学家、社会学家麦克斯·舍勒(Max Scheler,1874—1928)以及社会历史学家伯恩哈德·格罗图森(Bernhard Groethusen,1880—1946)。克拉考尔和本雅明也都在学生时代聆听过他的讲座。柯赛尔还提到,德国社会学家卡尔·曼海姆(Karl Mannheim,1893—1947)、阿尔弗莱德·费尔康特(Alfred Vierkandt,1867—1953)等人都受到齐美尔著作的影响。阿多诺等法兰克福学派的哲学家,甚至海德格尔等现代德国哲学家也都受惠于他的文论[67]。当然,与法兰克福学派有关联的学者如克拉考尔、本雅明,也都受到齐美尔著作的启发。

在1882—1918年的30多年的时间里,齐美尔撰写了大量的哲学、社会学以及美学方面的论著,如《货币哲学》《生命哲学》《社会学美学》《为艺术而艺术》《景观哲学》《现代文化冲突》等,他的文化批评涵盖文学、绘画、音乐、雕塑,也包括建筑学、室内、城市乃至景观学。他关注艺术以及建筑领域的新动向,从新兴的印象派、未来主义以及表现主义绘画到博览会建筑,都有所探讨,特别是从1896年柏林贸易博览会的场馆设计中,体会到一种暂时性的特征,赞赏由此而来的反纪念性的、轻松的形式感,体现出较为鲜明的现代意识,也具有一定的预见性[68]257。

布洛赫年长克拉考尔4岁,年长本雅明7岁,在23岁时(1908年)开始与齐美尔有密切的交往,并参加齐美尔小范围的研讨会。齐美尔的生命哲学给布洛赫以很强的影响,此外,齐美尔关于哲学家必须关心日常事物的信念、广泛的兴趣以及对周遭事物的沉思都给他留下持久的印象[69]20,[56]xⅳ。第一次世界大战期间,布洛赫反对战争,反对德国军国主义,而移居瑞士。从1905开始,布洛赫于贫困中投入他的第一部重要的哲学著作《乌托邦精神》的写作。此书于1918年出版,1923年修订并有所扩充。其时奥地利建筑师奥托·瓦格纳和阿道夫·鲁斯都已先后设计出去装饰化的新建筑,德国建筑师汉斯·玻尔茨希设计的柏林大剧院以及埃里克·门德尔松设计的爱因斯坦塔也已落成,而且表明了新建筑的另外的可能性,即表现主义的路径。此书的第二章题为"装饰的创造",一方面表明布洛赫对冷峻的现代技术的担心,一方面又对功能性形式的丰富表现的可能性抱有期待。基于这样的认识,布洛赫对表现主义建筑持赞赏的态度。从本书可以看出,布洛赫对建筑历史的了解是十分深入的。在此后的许多年里,现代建筑运动中的功能主义与表现主义这两种重要倾向都有长足的进展。布洛赫在1947年完成的《希望的原理》一书以及在1960年代写出的《形式化教育,工程形式,装饰》一文中,仍然不改初衷。出于艺术乌托邦的理念,布洛赫倡导充满想象力的建筑,对表现主义建筑寄予厚望。虽然他并不拒绝装饰,但对以往装饰风格的滥用仍然持批评态度。在建筑观念上,他可被视作一个另辟溪径的现代主义者,"联合战斗,分别前行",可说是他的态度的基本写照[70]13,15-18,[71]。

克拉考尔原本建筑学出身,在经历几年不甚愉快的建筑师的工作之后,于1921年转而成为法兰克福时报专栏记者。关于克拉考尔与齐美尔的关系,通常的说法是他们是师生关系,如托马斯·Y.列文在《大众装饰》的英译本引言中称齐美尔为克拉考尔的老师;克拉考尔本人在给艾丽卡·洛伦茨(Erika Lorenz)的信中还提到,是齐美尔劝他转向哲学研究。阿多诺在《奇特的现实主义者》一文中也提到齐美尔与克拉考尔的师生关系,并建议他完全转向哲学。也有不同的看法,如亨利克·李赫(Henrik Reeh)对此持怀疑态度,他认为缺乏充分的第一手材料表明这一点,他甚至认为克拉考尔和齐美尔的关系并不很清晰。格莱默·吉洛赫(Graeme Gilloch)最新的研究表明,克拉考尔在1907年10月开始听齐美尔关于哲学与美学方面的讲座,从此齐美尔也将对克拉考尔产生终身的影响[72]5-6,[69]19-20,[73]6。从听讲座和选修课程方面来看,我们也可以认为齐美尔和克拉考尔之间存在广义上的师生关系。如果考虑到克拉考尔对齐美尔学术思想的研究与传播,更可以认为克拉考尔对齐美尔有着一定的师承关系。

在做记者的十几年里,克拉考尔为法兰克福时报及其他报刊杂志写了大量的文章,其中有许多涉及城市、建筑、室内、家具乃至用品的问题。仅在刚任职的1921年,他就发表了《大法兰克福》《德国城市建筑艺术》《高层塔楼建筑》《古老的法兰克福主桥》《法兰克福新建筑》《法兰克福墓地设计竞赛》《建筑艺术》《德制联盟馆》《咖啡馆工程》《建筑巡回展》《舒曼剧场》等11篇文章。随着现代建筑运动的展开,克拉考尔写了许多有关德制联盟会议与活动、新建筑展览会的报道与评论,如《德制联盟会议》(1924)、《斯图加特之夏艺术展》(1924)、《罗马艺术博览会》(1924)、《国立包豪斯学校特别展》(1924)、《德制联盟展:住宅》(1927)、《新建筑:斯图加特德制联盟展——住宅》(1927)、《德国建筑展开幕式》(1931)、《德国建筑展》(1931)、《建筑展巡游》(1931)等文。他关注新建筑的进展,赞赏新建筑在技术与艺术上取得的成就,赞赏包豪斯学校师生创作的工艺用品,也对密斯和莉莉·赖希(Lily Reich,1885—1947)光怪陆离的室内以及在感觉上有问题的X椅有所疑虑[74]639,[75]。他的文本对于现代建筑历史研究而言是十分珍贵的材料,特别是这些文本大多即时发表在具有公众影响力的法兰克福时报上,他对于现代建筑的中肯的态度,对于公众而言可以产生较为正面的引导作用,就此意义而言,他的文本具有极为重要的价值。

本雅明作为一位哲学家、批评理论家,研究的兴趣是非常广泛的,这当然也和他的多学科知识基础有关。他家境富有,按照肖洛姆(Gerhard Scholem,1897—1982)的说法,他的家庭属于"大资产阶级"。他在柏林的弗德里希大帝学校接受了良好的中学教育,除希腊文、拉丁文之外,还学了法语[76]8,2,他后来在《拱廊街工程》中可以直接用法语写作,应是得益于此。从他在1926年以前发表的论文来看,他关注的主题是多方面的,有文学艺术批评方面的,如《弗里德里希·荷尔德林的两首诗》《陀思妥耶夫斯基的"白痴"》《德国浪漫主义批评的概念》《悲苦剧与悲剧》《绘画与图像艺术》;有文化批评方面的,如《批评理论》《暴力批判》《作为宗教的资本主义》;有美学方面的,如《美与相似性》《美学范畴》;也有哲学方面的,如《苏格拉底》《论未来哲学的程序》《语言与逻辑》《知识理论》。1927年以后,本雅明对巴黎的拱廊街进行了长达13年的研究。其实他是将巴黎拱廊街这个19世纪欧洲最重要的建筑形式作为一个历史空间,久远过去的事物与正在发生的事物汇聚其间,而未来的事物(也就是20世纪的新事物)也得到预示。本雅明的很大一部分工作是摘录大量的19世纪、20世纪的哲学、文学、艺术、建筑学等多学科领域的学者的文本,对其中的重点内容加以解读,发展出自己的看法,并在"手稿"的大标题下分成36个小标题加以整理[77]29。虽然最终没有成书,但他的意图已是较为明确的了。从有关建筑与城市的内容来看,本雅明十分关注现代建筑的实践与理论,他对19世纪中期以来直至他的同时代的德国与法国的建筑理论著作有十分深入地解读,可以说,他对现代建筑的批评有着扎实的专业知识基础。

阿多诺是法兰克福社会研究所的核心成员,1950年代后期出任研究所所长。他出身音乐世家,少年时期进入法兰克福音乐学院学习,同时期还在克拉考尔的指导下,于周末研读康德哲学。音乐与哲学可以说是贯穿了他日后学习与研究工作的两条交织的主线。阿多诺在 1924 年,也就是他 21 岁时,就提交了关于胡塞尔现象学批判的博士论文,然后就去维也纳向现代音乐家阿尔班·贝尔格(Alban Berg,1885—1935)学习作曲,并谱写了一些音乐作品[78]2,6。如此深厚的音乐专业基础知识,使他在后来的文化批评文论中,在其他艺术门类与音乐艺术之间的类比分析中显得游刃有余。阿多诺在音乐方面接受勋伯格的十二音体系,堪称前卫,但在建筑方面,对待功能主义的态度就显得谨慎一些。1940 年代在美国流亡期间,阿多诺与霍克海默合作出版《启蒙辩证法》一书,共同反思现代文化工业,现代城市乃至建筑作为文化景观进入他的视野。他在 1966 年为德国建筑师做的题为《当今功能主义》的演讲中,对现代建筑的批评具有相当的理论深度。他注意到产品的合目的性与审美自治性之间的辩证关系,回顾了鲁斯以及早期功能主义思想中这两个方面的分离状态。他在为装饰做出存在论意义上的辩护的同时,又将艺术与社会现实联系起来,主张专业人士必须考虑他的作品在社会中的位置以及所受的社会制约。他的"特殊社会目的"与"集合性社会目的"的概念对建筑师以及城市规划师而言都是很有启发性的[79]。在阿多诺的这次演讲之前,欧美诸国已开始了所谓后现代建筑的尝试,初看上去,他为建筑的装饰以及象征性所做的辩护似乎应和了那个时期的倾向,而事实上,他对非理性、表现性以及想象力的谨慎的辩证态度表明,建筑艺术的完善需要引入人性以及复杂的社会性的双重维度,而不仅仅是风格转换的问题。

在第二条主线中,罗素与维特根斯坦是师生关系,不过他们彼此欣赏是在较早的时候,到了第一次世界大战期间或前夕,罗素就认为他或多或少成了一位神秘论者,这在《逻辑哲学论》中时常有所体现。而维特根斯坦也为罗素这样杰出的思想家对他的不理解而深感苦恼[80]145-146,[57]117。罗素甚至不无嘲弄地学着《逻辑哲学论》最后一句的样子说,"关于他 1919 年以后的思想的发展,我只可不说"[80]146。1920 年代以后,这两位哲学家分别通过各自的经历介入社会生活,表达了各自对建筑与艺术的看法。罗素写出了《建筑与社会》,对工业革命以来的城市与建筑状况进行尖锐的批评,甚至将社会问题的改进寄望于建筑的改进上。但是罗素在美学方面持有保守的态度,对于现代绘画显得有些疑虑,至于现代建筑,似乎就没有进入他的视野。

维特根斯坦与建筑师阿道夫·鲁斯以及他的学生保罗·恩格尔曼过从甚密,甚至在恩格尔曼的协助下,为他姐姐设计了一座住宅。作为一个哲学家,维特根斯坦承担建筑设计以及监造的工作,可谓绝无仅有。他在征得业主同意的条件下,保持了建筑从整体到细节的既满足生活要求又符合空间形式逻辑的一致性,他在设计方面的控制能力当令专业人士叹服。人们将这座住宅称为"鲁斯般的",其实那仅是在外表上的一点感觉而已。在弃绝装饰这一点上,维特根斯坦之所为比鲁斯要更彻底。但这并不意味着维特根斯坦更彻底地进行了现代建筑的实践,他似乎更倾向于在局部以及细节上追求对称的视觉效果,威德维尔德(Paul Wijdevelde)称之为"古典化"[81][80]141。从艺术欣赏方面特别是音乐欣赏方面来看,维特根斯坦显然缺乏现代意识,他轻视同时代的作曲家马勒(Gustav Mahler,1860—1911)的作品,甚至认为勋伯格(Arnold Schoenberg,1874—1951)的作品是无法接受的。

在第三条主线中,海德格尔和巴塔耶是两位特立独行的思想家,而他们的思想的发展又都与他们的天主教背景有关。海德格尔成长的梅斯基尔希镇是个信仰基督教的小镇,米歇尔·维勒(Michael Wheeler)认为,正是这个小镇的静谧和保守的特质,对海德格尔和他的哲学思想产生重大影响[82]。海德格尔年轻时代曾经想要成为牧师,先是在弗莱堡神学院学神学课程,后来又打消了这个念头,转修哲学。经过长时间的哲学学习,海德格尔对天主教的认识也更深刻。在 1919 年写给恩格尔贝特·克雷布斯(Engelbert Krebs,1881—1950)的信中,海德格尔在天主教体系与基督教义、形而上学之间做出区分,并指出他不接受的只是天主教体系,而并非后两者[83]69。事实上,海德格尔从青年时代直到晚年,都意识到神学的来源对他的思想发展的重要性[83]133-134。他的后期思想中的至关重要的"四重整体"的概念,依然以神性作为核心的要素,而且他也认同诗人荷尔德林(Friedrich Hölderlin,1770—1843)将神性作为人自身的尺度的看法[84]203,207。由人的存在论本质所引导,海德格尔开辟了一条由人本身的存在出发、进而考察周围世界乃至一般意义的世界的现象学路径。这是他在《存在与时间》一书中做出的一个重要的理论贡献。在这本书中,海德格尔将建筑及相关的空间问题纳入人的存在论的领域,德语中意义相近的有关空间的语词在他那里有了十分精致的意涵,也由此带来其他语言的理解问题。1930年代以后,海德格尔写出了《艺术作品的起源》《筑·居·思》《人,诗意地栖居……》等文,建筑与艺术作为周围世界的因素进入他的视野,但他很少谈论形式美学问题,而是从词源学与解释学的角度对建筑艺术的本质加以探究,关心建筑、艺术与人的存在意义相关的本源问题。

巴塔耶成长于法国东部具有悠久的宗教与文化传统的古城兰斯。他在成长过程中并没有受到宗教戒律的影响,但他在17岁时皈依天主教,且十分虔诚。20岁时立志要成为一位修士,遂进入圣佛罗尔修道院学习。不过,他最终没有实现这个志向。巴塔耶晚年回忆说他失去信仰是因为天主教让他所爱的女人哭泣,而肯达尔(Stuart Kendall)认为巴塔耶原本的信仰就不是牢固的[85]30。与海德格尔相比,巴塔耶对天主教的弃绝是彻底的。他没有将神性作为至高的概念,甚至接受尼采的上帝之死的说法,对无头领状态很着迷。他的写作范围很广,方向多样,既有色情小说,如《眼睛的故事》,也有对色情文化的学术研究,如《色情史》;既有古钱币学方面的专门研究,也有从马克思主义出发对耗费经济学的研究,如《受诅咒的部分:普遍经济学论文集》《耗费的概念》等。关于建筑,巴塔耶早在18岁时发表了充满宗教精神的《兰斯圣母大教堂》一文,其中有对教堂建筑的由衷的赞叹,但后来在《建筑学》一文中,巴塔耶从形式意义的角度出发,将建筑概念与权威联系在一起,批评了与高级牧师、海军元帅联系起来的建筑面相学,并预言了畸形对权威的消解作用[86]171。近年来的研究发现,巴塔耶与勒·柯布西耶有过交往,并送给他《受诅咒的部分》一书,勒·柯布西耶在昌迪加尔的规划中受到耗费概念的启发[87]119,127。

总之,这3条主线的哲学家们都对建筑艺术的问题有所探究。第一条主线的几位哲学家有较为密切的交往,而且也会就相关问题共同讨论。他们关注日常世界中的现代性痕迹,进而关注现代建筑与艺术的运动。不过,他们似乎很在意自身有别于他者的立场与观点。英国学者弗里斯比(David Frisby)将齐美尔、克拉考尔和本雅明作品中的现代性理论加以比较,表明这3位思想家是以各自不同的方式去破译现代性碎片的秘密。而关于现代建筑与艺术的问题,布洛赫、克拉考尔、本雅明以及阿多诺也分别具有不同的出发点和视角,例如在建筑的功能性与装饰性问题上,克拉考尔显得宽容一些,他一方面赞赏恩斯特·梅(Ernst May,1886—1970)的住宅具有"无装饰的客观性精神",另一方面也能欣赏一座影剧院改建工程室内的色彩与装饰处理[88]412-413;本雅明则显得激进一些,有感于19世纪以来资产阶级室内装饰的繁缛,想到希尔巴特倡导的"玻璃文化"以及包豪斯所用的钢铁材料都可以用来创造新生活的房间[89]294-295;布洛赫对功能性形式的要求做出严格与灵活的区别,从而确立装饰的存在论基础[71]45;阿多诺以先锋音乐家勋伯格音乐中的装饰性主题为例,得出由实际标准判断的艺术存在就是装饰这个推论,从而完成为装饰的有力辩护[88][89]。

第二条主线的两位哲学家罗素与维特根斯坦,本是师生关系,却在有关建筑与艺术的思考过程中没有很多交流。在审美趣味方面,他们有明显的差异。罗素对自己自幼受到的清教徒式的教育感到自卑,转而欣赏古典建筑及其室内的优雅,而自幼在奢华的环境中成长的维特根斯坦在剑桥的房间除了桌椅等必需的家具,不再有什么装饰物品、窗帘,其生活状态一如清教徒[90]153,[91]。不过,在对待现代艺术的态度上,他们都显得十分保守,可谓不约而同:罗素对现代绘画艺术感到难以接受,维特根斯坦则是完全拒绝现代音乐。

第三条主线的两位哲学家海德格尔和巴塔耶在总体上对现代性持有批判的态度,这可能会影响到他们对现代艺术乃至现代建筑的判断。海德格尔关于艺术作品本源的讨论,主要的目的在于阐明艺术本质与真理有关,当他分析梵高的画作时,并没有谈论其画风,而是在谈论农鞋作为用具的本质[92]21。当他谈论建筑艺术的本质时,则回溯希腊神庙[92]27-29,而不是从他的同时代的现代建筑中选取例证。事实上,现代建筑运动似乎并没有进入海德格尔的视界。至于巴塔耶,尽管他与勒·柯布西耶有所交往,但他的文本中并没有表明他对现代建筑有什么概念。他甚至对工业景观(特别是那一座座高耸入云的工厂烟囱)有着源自童年记忆的恐惧[59]51,以致他对工业革命以来的西方文明产生严重的怀疑。

六、现代建筑理论与现代哲学

在这个时期,那些推动了现代建筑运动的建筑师和建筑理论家们,对那些前卫艺术家们的实践显得十分敏感,以至现代建筑运动与现代艺术交汇融合,相互激发。写出《法国建筑:钢铁与混凝土》《空间、时间与建筑》的吉迪翁既是一位现代主义建筑理论先驱,又是一位艺术史学家;作为一位杰出的建筑师,勒·柯布西耶同时也在抽象绘画方面做出探索;密斯喜欢在自己设计的建筑作品中放置现代雕塑家雷姆布鲁克的雕塑作品。特别是在包豪斯学校,校长格罗皮乌斯力邀保罗·克利、康定斯基等已具有国际声望的前卫艺术家前来任教,在某种程度上可以说,现代艺术参与了现代建筑教育乃至现代工业设计教育的建构过程。

相形之下,现代建筑师们大多对同时代哲学家的工作缺乏了解,对他们有关建筑的批评没有什么回应。显然,现代建筑师们对哲学发展的了解较为滞后。他们只是接受了较为晚近的哲学思想,那是 19 世纪的黑格尔、叔本华以及马克思的学说,比如贝尔拉格(Hendrik Petrus Berlage, 1856—1934)对叔本华建筑美学的理解[93],汉尼斯·迈尔从马克思主义出发的艺术观念[5]386-387。建筑师们不可能意识到同时代哲学领域的变革,也没有认识到本雅明、布洛赫等同时代马克思主义思想家的文化批评理论之于建筑批评的重要性,更没有认识到现象学之于建筑学的意义。事实上,那个时代的哲学家不仅仅对建筑进行批判性的思考,而且也与建筑界人士有所交往。例如在 20 世纪早期,密斯参与了 G-小组的研讨活动,本雅明也参与其中;本雅明在《巴黎拱廊街工程》的研究过程中对吉迪翁、勒·柯布西耶以及贝内等同时代建筑师、建筑理论家的著作都有过认真的解读,还就钢铁建筑问题写信给吉迪翁,这表明本雅明和吉迪翁之间是有交往的[94]。至 1930 年代,本雅明已经发表了《卡尔·克劳斯》《经验与贫乏》等文章,文中也对鲁斯、勒柯布西耶等现代建筑师的作品表达了他的看法,不过,吉迪翁在后来的建筑理论文论中并没有什么回应。巴塔耶与勒·柯布西耶的交往对现代建筑实践与理论产生了直接的影响,这可能是个孤例,但时间晚了些,已是 1940 年代末了。

维特根斯坦在 1914 年与鲁斯相识,起初十分欣赏鲁斯关于建筑的看法,并将继承遗产的一部分赠予包括鲁斯在内的文学家、艺术家。随着交往的深入,维特根斯坦意识到他与鲁斯之间的分歧,而鲁斯也保持了他作为专业建筑师的傲慢。从鲁斯的文本中,我们看不出他与维特根斯坦交往的迹象。特别是当维特根斯坦与他的学生恩格尔曼、格罗克(Jacques Groag)合作,为他的姐姐设计监造住宅之际,在他眼中,维特根斯坦不过是个折磨他的学生的门外汉[81]343。其时鲁斯并没有意识到维特根斯坦在哲学领域所取得的进展,也不可能知道后者对于 20 世纪哲学的重大贡献,当然也不屑于了解后者在那座住宅设计中的作用。不过,经鲁斯介绍,维特根斯坦与恩格尔曼认识,并保持了长期的友情。他们的交往始于"一战"期间,其时维特根斯坦作为奥地利炮兵在恩格尔曼的家乡奥尔缪次(Olmütz)执行任务。难能可贵的是,恩格尔曼能够与维特根斯坦进行哲学方面的交流,他对《逻辑哲学论》的理解显然要比罗素更为恰当一些,及至后来与维特根斯坦在建筑设计方面的合作,都可说是现代建筑师与现代哲学家之间交流合作的佳话[57]62-63,100-105。不过,恩格尔曼在"二战"之前就移民中东地区,以后与哲学界的联系似更多于与建筑界的联系。

在现代建筑运动期间,现代建筑理论与现代哲学理论在发展轨迹上最终没有重合。对此也许可以这样理解:在那个时代,新一代哲学家的声名并没有传播至建筑领域,很难引起建筑师的关注。在这样的情形下,指望建筑师敏感地觉察哲学方面正在发生的变化并有所回应,的确是件困难的事。密斯晚年谈到他在德国时曾经有过 3 000 本书,来美国时只带了 300 本,最终他只需留下其中的 30 本,而不会失去什么[20]452。和他同时代的哲学家的著作位列其中吗? 不得而知。

现代建筑理论与同时代哲学失之交臂,乃是令人引以为憾的事。不过,建筑理论最终还是有所自觉。在 20 世纪后期,在建筑理论与同时代的哲学以及批评理论之间产生直接沟通之际,有些学者把目光投向 20 世纪前半期的哲学,重新考察那个时代的哲学家们有关建筑的批评。他们是马西莫·卡奇亚里(Massimo Cacciari)、曼夫雷德·塔夫里(Manfredo Tafuri,1935—1994)、克鲁夫特、希尔德·海嫩(Hilde Heynen)、奈尔·里奇、鲍兰廷、丹尼斯·霍利尔(Denis Hollier)、布罗奇(Alastair Brotchie)、维德勒(Anthony Vidler)、德特勒夫·莫汀斯(Detlef Mertins)、泰拉斯·米勒(Tyrus Miller)等。这些学者对现代建筑运动时期哲学家们有关建筑的文论进行深入的解读,这倒并非出于怀旧的情绪,而是因为哲学家们的那些批判性见解超越了时代的局限性,这让他们生发复杂的感慨。奈尔·里奇从这些思想家的反思中体会到一种后现代性的抵抗主线[1]4,而克鲁夫特则认为,布洛赫对现代建筑的及时批评已经预示了 20 世纪后期建筑方面的变化[5]440。

总之,一个世纪以前,在科技进步以及政治经济、社会文化巨变的背景下,哲学家们以其超凡的睿智对人类社会的诸多方面问题(包括建筑乃至城市问题)做出审慎的思考,他们的文论体现出建构性、自主性、批判性以及预见性。在新的千年开始之际,建筑理论要回应的问题似乎很多,诸如环境友好、生态优先、绿色节能、智能建筑、数字建筑、历史保护、文化特征等,但归根结底还是要反思建筑之于自然、历史、现在与未来等方面的普遍性价值。出于这样的考虑,有必要重温现代建筑运动时期哲学家们有关建筑的文本,领会他们出于批判性与建构性的不同立场而做出的判断。现代哲学思想中的基于理想人性的内在尺度并未过时,对于技术决定论、欧洲中心论、文化相对论等偏激倾向而言是有效的抵制。特别是布洛赫基于马克思自然的人化理论的建筑乌托邦思想,罗素关于建筑作为社会改进方式的思想,维特根斯坦关于伦理学与美学的同一性以及艺术作品的完善表达与人类福祉的关系的思考,海德格尔关于与人的存在相关的空间概念以及建筑艺术本质问题的分析,对于当代的建筑理论而言仍然具有启示的意义。

注释

[1] Neil Leach. Rethinking Architecture:A Reader in Cultural Theory. London and New York: Routledge Taylor & Francis Group, 2004.

[2] Iain Borden, Jane Rendel. InterSections:Architectural Histories and Critical Theories. London and New York: Routldege Taylor & Francis Group,2000.

[3] 安东尼·肯尼. 牛津西方哲学史. 韩东晖,译. 北京:中国人民大学出版社,2006.

[4] 巴什拉的《空间诗学》出版于 1958 年,伽达默尔的《真理与方法》出版于 1960 年,列斐伏尔的《空间生产》出版于 1974 年,瓦蒂莫的《现代性的终结》出版于 1988 年.

[5] Hanno-Walter Kruft. A History of Architectural Theory from Vitruvius to the Present. Trans. By Ronald Taylor, Elsie Callander and Antony Wood. New York: Princeton Architectural Press,1994.

[6] Simon Blackburn. Oxford Dictionary of Philosophy. Oxford, New York: Oxford University Press,1996.

[7] Andrew Ballantyne. Architecture Theory:A Reader in Philosophy and Culture. London, New York: Continuum, 2005.

[8] Webster's Third New International Dictionary of the English Language〈unabriged〉. ed. Philip Babcock Gove. Massachusetts: Merriam—Webster Inc. , 2002.

[9] Simon Blackburn. Oxford Dictionary of Philosophy. Oxford, New York: Oxford University Press,1996.

[10] Hatfield, Gary, "René Descartes", The Stanford Encyclopedia of Philosophy (Summer 2016 Edition),Edward N. Zalta (ed.),URL＝https://plato. stanford. edu/archives/sum2016/entries/descartes/.

[11] 安东尼·肯尼. 牛津西方哲学史,第四卷,现代世界中的哲学. 梁展,译. 长春:吉林出版集团有限责任公司,2010.

[12] Marvin Trachtenberg, Isabelle Hyman. Architecture:From Prehistory to Post-Modernism. New York: Harry N. Abrams, Inc. , 1986.

[13] Banister Fletcher〈 F. R. I. B. A. 〉 and Banister F. Fletcher〈F. R. I. B. A. , Architect〉. A History of Architecture on the Comparative Method. Fifth Edition. Revised and Enlarged by Banister F. Fletcher. London: Nabu Press,2011.

[14] 肯尼斯·弗兰姆普敦. 现代建筑:一部批判的历史. 张钦楠,等,译. 北京:生活读书新知三联书店,2004.

[15] 勒·柯布西耶. 走向新建筑. 陈志华,译. 西安:陕西师范大学出版社,2004.

[16] Elizabeth C. Mansfield. History of Modern Art:Painting, Sculpture, Architecture, Photography. Seventh Edition. Boston etc. : Pearson, 2013.

[17] Herschel B. Chipp. Theories of Modern Art:A Source Book by Artists and Critics. Berkeley, Los Angeles and London: University of California Press, 1996.

[18] Ian Chilvers. Oxford Dictionary of 20th—Century Art. Oxford, New York: Oxford University Press, 1999.

[19] http://www. wassilykandinsky. net/work—114. php

[20] Nicholas Fox Weber. The Bauhaus Group:Six Masters of Modernism. New York: Alfred A. Knopf,2009.

[21] Colin Rowe,Fred Koetter. Collage City. Basel, Boston, Stuttgart: Birkhäuser Verlage, 1984:202,204-206.

[22] https://www. artforum. com/inprint/issue＝198204&id＝35606.

[23] Reyner Banham. Theory and Design in the First Machine Age. Cambridge, Massachusetts:The MIT Press,1980.

[24] Sigfried Giedion. Space, Time and Architecture:The Growth of a New Tradition. Cambridge: The Harvard University Press,1944.

[25] https://en. wikipedia. org/wiki/Cubism.

[26] Colin Rowe, Robert Slutzky. Transparency. With a Commentary by Bernhard Hoesli and an Introduction by Werner Oechslin. Basel, Boston, Berlin: Birkhäuer Verlag, 1997.

[27] https://en. wikipedia. org/wiki/Bernhard_Hoesli.

[28] Ulrich Conrads. Programs and Manifestoes on the 20th-Century Architecture. Cambridge, Massachusetts: The MIT Press, 1987.

[29] 尼古拉斯·佩夫斯纳著. 欧洲建筑纲要. 济南:山东画报出版社,2011.

[30] http://victor. people. uic. edu/reviews/scheerbart. pdf.

[31] http://www. museumderdinge. org/collection/about-collection.

[32] 贝内:德国现代批评家、艺术史学家、建筑理论家,表现主义建筑的推动者,著有《生物学与立体主义》(1914、1915)、《现代功能主义建筑》(1926)、《新住宅—新建筑》(1927)等著作。参见[28]46-48,95-96.

[33] 约瑟夫·阿尔贝斯,美籍德国画家、设计师,代表作有为格罗皮乌斯办公室接待室设计的桌子(1923)、组合家具(1929)、《方形礼赞》系列(1949-1976)。参见:[20]294,317.

[34] 马塞尔·布劳耶尔,美籍匈牙利家居设计师、建筑师,代表作有"瓦西里椅 B3 号"(1925)、巴黎联合国教科文组织大楼(1953)、惠特尼美国艺术博物馆(1966)。见:http://www. theartstory. org/artist-breuer-marcel. htm.

[35] https://en. wikipedia. org/wiki/Le_Corbusier.

[36] http://www. domusweb. it/en/reviews/2011/03/25/g-an-avant-garde-journal-of-art-architecture-design-and-film-1923-1926. html.

[37] https://en. wikipedia. org/wiki/New_Objectivity.

[38] https://en. wikipedia. org/wiki/Henry-Russell_Hitchcock.

[40] 叔本华. 作为意志和表象的世界. 石冲白,译. 杨一之,校. 北京:商务印书馆,1982.

[41] a. 柏拉图著. 理想国. 郭斌和,张竹明,译. 北京:商务印书馆,2002.

[42] http://www. storyofmathematics. com/greek_plato. html.

[43] Zalta, Edward N. , "Gottlob Frege", The Stanford Encyclopedia of Philosophy (Spring 2017 Edition), Edward N. Zalta (ed.), URL = <https://plato. stanford. edu/archives/spr2017/entries/frege/>.

[44] Irvine, Andrew David, "Bertrand Russell", The Stanford Encyclopedia of Philosophy (Winter 2015 Edition), Edward N. Zalta (ed.), URL = <https://plato. stanford. edu/archives/win2015/entries/russell/>.

[45] Beyer, Christian, "Edmund Husserl", The Stanford Encyclopedia of Philosophy (Winter 2016 Edition), Edward N. Zalta (ed.), URL = <https://plato. stanford. edu/archives/win2016/entries/husserl/>.

[46] Bertrand Russell. My Philosophical Development. London, Unwin Books. 1975.

[47] 胡塞尔,著. 纯粹现象学通论. 李幼蒸,译. 北京:商务印书馆,1996.

[48] Ludwig Wittgenstein. Tractatus Logico-Philosophicus. Trans. By C. K. Ogden. Introduction by Bertrand Russell, F. R. S. Introduction to the New Edition by Bryan Vescio. New York: Barnes & Noble Books, 2003.

[49] 布鲁斯·昂. 形而上学. 田园,陈高华,等,译. 北京:中国人民大学出版社,2006.

[50] 维特根斯坦. 逻辑哲学论. 贺绍甲,译. 北京:商务印书馆,2005.

[51] Wheeler, Michael, "Martin Heidegger", The Stanford Encyclopedia of Philosophy (Fall 2017 Edition), Edward N. Zalta (ed.), URL = <https://plato. stanford. edu/archives/fall2017/entries/heidegger/>.

[52] 海德格尔. 存在与时间. (修订译本)陈嘉映,王庆节,译. 熊伟校,陈嘉映,修订. 北京:生活·读书·新知三联书店,2014.

[53] Alexander Waugh. The House of Wittgenstein: A Family at War. New York : Anchor Books,2009.

[54] Anthony Kenny. Wittgenstein. Revised Edition. Malden, Oxford, Carlton: Blackwell Publishing, 2006.

[55] Bertrand Russell. Autobiography. London and New York:Routledge Classics,2010.

[56] Ernst Bloch. The Utopian Function of Art and Literature: Selected Essays. Translated by Jack Zipes and Frank Mecklenburg. Cambridge, London: The MIT Press, 1988.

[57] Paul Engelmann. Letters from Ludwig Wittgenstein with a Memoir. New York:Horizon Press,1968.

［58］哈贝马斯. 现代性的哲学话语. 曹卫东, 等, 译. 南京: 译林出版社, 2004.

［59］Georges Bataille, etc. Encyclopaedia Acephalica. ed. Alastair Brotchie. Trans. Iain White etc. London: Atlas Press, 1995.

［60］http://heidegger-circle. org/Gatherings2015-02Adrian. pdf.

［61］Ludwig Wittgenstein. Werkausgabe Band 8. Frankfurt am Main: Suhrkamp, 2015.

［62］Georges Bataille. The Accursed Share: An Essay on General Economy. Volume I: Consumption. New York: Zone Books, 1991: 49-51, 67-68, 137, 23-25.

［63］马丁·海德格尔. 演讲与论文集. 孙周兴, 译. 北京: 生活·读书·新知三联书店, 2005: 22-28.

［64］卡尔·马克思. 1844 年经济学-哲学手稿. 刘丕坤, 译. 北京: 人民出版社, 1979.

［65］Bertrand Russell. Our Knowledge of The External World: As A Field for Scientific Method in Philosophy. Chicago and London: The Open Court Publishing Company, 1915.

［66］这方面的代表人物是英国哲学家布拉德利(Francis Herbert Bradley, 1846-1924), 参见: [9]48.

［67］Lewis A. Coser. 'Georg Simmel: Biographic Information'. URL= http://www. socio. ch/sim/biographie/index. htm; 参见: [15]140-146, [20]454.

［68］Georg Simmel. 'The Berlin Trade Exhibition'. Simmel on Culture: Selected Writings. Ed. by David Frisby and Mike Featherstone. London: SAGE Publications, 1997.

［69］Henrik Reeh. Ornaments of the Metropolis: Siegfried Kracauer and Modern Urban Culture. Cambridge, Massachusetts, London: The MIT Press, 2004.

［70］Ernst Bloch. Geist der Utopie. Berlin: Verlegt Bei Paul Cassirer, 1923.

［71］Ernst Bloch. Formative Education, Engineering Form, Ornament. 参见: [1]48.

［72］Siegfried Kracauer. The Mass Ornament: Weimar Essays. Translated, Edited, and with an Introduction by Thomas Y. Levin. Cambridge, Massachusetts, London: Harvard University Press, 1995.

［73］Graeme Gilloch. Siegfried Kracauer: Our Companion in Misfortune. Cambridge, UK, Malden, USA: Polity Press, 2015.

［74］Siegfried Kracauer. Das Neue Bauen. 见: Herausgegeben von Inka Mülder-Bach. Essays, Feuilletons, Rezensionen, Band 5. 2(1924-1927). Berlin: Suhrkamp, 2011.

［75］Siegfried Kracauer. Kleine Patrouille durch die Bauausstellung. 参见: [72]549.

［76］肖洛姆, 著. 本雅明: 一个友谊的故事. 朱刘华, 译. 上海: 上海译文出版社, 2009.

［77］Walter Benjamin. The Arcades Project. Translated by Howard Eiland and Kevin McLaughlin. Cambridge etc. : The Belknap Press of Harvard University Press, 1999.

［78］Adorno. The Adorno Reader. Edited by Brian O'Connor. Malden: Blackwell Publishing, 2000.

［79］Adorno. Functionalism Today. 参见: [1]18.

［80］Russell. Ludwig Wittgenstein. //F. A. Flowers III. Portraits of Wittgenstein. Vol. 2. Bristol & Sterling: Thoemmes Press, 1999.

［81］Paul Wijdeveld. Ludwig Wittgenstein, Architect. 参见: [80]141.

［82］Wheeler, Michael, "Martin Heidegger", he Stanford Encyclopedia of Philosophy (Fall 2017 Edition), Edward N. Zalta (ed.), URL = <https://plato. stanford. edu/archives/fall2017/entries/heidegger/>.

［83］阿尔弗雷德·登克尔, 汉斯-赫尔穆特·甘德, 霍尔格·察博罗夫斯基, 主编. 海德格尔年鉴第一卷. 海德格尔与其思想的开端. 靳希平, 等, 译. 北京: 商务印书馆, 2009.

［84］马丁·海德格尔, 著. 演讲与论文集. 孙周兴, 译. 北京: 生活读书新知三联书店, 2005.

［85］Stuart Kendall. Georges Bataille. London: Reaction Books Ltd. , 2007.

［86］Georges Bataille. 'Architecture'. Oeuvres complétes, I, Premiers Écrits, 1922-1940. Paris: Group Gallimard, 1970.

［87］Nadir Lahiji. '…The Gift of Time': Le Corbusier Reading Bataille. 见: Surrealism and Architecture. ed.

Thomas Mical. London and New York：Routledge Taylor & Francis Group，2005.

［88］Siegfried Kracauer. Herausgegeben von Inka Mülder-Bach. Essays，Feuilletons，Rezensionen. Berlin：Suhrkamp，2011，Band 5. 2(1924-1927)：412-413；Band 5. 1：376.

［89］Walter Benjamin. Erfahrung und Armut. 参见：Illuminationen，Ausgewählte Schriften 1. Frankfurt am Main：Suhrkamp，1977：294-295,以及［71］45,［1］8.

［90］Bertrand Russell. Autobiography. London and New York：Routledge,2009.

［91］Desmond Lee. Wittgenstein 1929-1931. 参见：［81］189.

［92］马丁·海德格尔,著. 林中路(修订本). 孙周兴,译. 上海：上海译文出版社,2004.

［93］https://www. researchgate. net/publication/303863310_Democracy_in_Architecture_The_Revival_of_Ornament：11.

［94］http://journals. openedition. org/imagesrevues/330.

图片来源

(图 1)http://www. paulcezanne. org/mont-sainte-victoire-1906. jsp

(图 2)http://www. wassilykandinsky. net/work-114. php

(图 3)http://www. wassilykandinsky. net/work-36. php

(图 4)http://www. paulklee. net/images/paintings/Hermitage-1918. jpg

(图 5)http://www. theartstory. org/artist-klee-paul-artworks. htm#pnt_1

(图 6)https://www. pablopicasso. org/portrait-of-daniel-henry-kahnweiler. jsp

(图 7)https://www. wikiart. org/en/georges-braque/portuguese-1911

(图 8)https://www. pablopicasso. org/still-life-with-chair-caning. jsp

(图 9)https://classconnection. s3. amazonaws. com/529/flashcards/851529/png/161324244487927. png

(图 10)https://www. moma. org/collection/works/79865

(图 11)http://www. piet-mondrian. org/composition-a-1923. jsp

(图 12)https://www. moma. org/collection/works/38206? artist_id=6076&locale=zh&sov_referrer=artist

(图 13)https://www. moma. org/collection/works/165514? artist_id=3569&locale=zh&sov_referrer=artist

(图 14)https://i2. wp. com/mamalovesparis. com/wp-content/uploads/2016/04/parnassu. jpg

(图 15)http://bertc. com/subfive/g145/images/klee10. jpg

(图 16)https://www. moma. org/collection/works/3755? artist_id=96&locale=zh&sov_referrer=artist

(图 17)http://charvoo. com/wp-content/uploads/2017/10/webb-red-house-google-search-arts-and-crafts-pinterest-craft-plan. jpg

(图 18)(图 20)郑炘摄

(图 19)http://interactive. wttw. com/sites/default/files/styles/tenbuildings_hero/public/tenbuildings/TB403ss. jpg

(图 21)https://classconnection. s3. amazonaws. com/348/flashcards/2662348/jpg/install_20viewlr1367172846236. jpg

(图 22)https://classconnection. s3. amazonaws. com/217/flashcards/2485217/jpg/21-2c13363607108811362800286963. jpg

第 1 章

格奥尔格·齐美尔:新世纪的先声

德国社会学家和哲学家格奥尔格·齐美尔可视为社会学研究中个性化倾向的先驱。他毕生都在为社会学作为独立的学科地位而努力，也为在大学里得到正式教职而奋斗。齐美尔在柏林大学做编外讲师长达 15 年之久，直到 1901 年，才得到一个纯粹名誉性的教授称号，却仍然不能参与学校学术共同体的事务。其时，他已成为卓越的学者，在柏林的文化生活与学术活动中十分活跃，他的声誉已传至其他欧洲国家，也传至美国。然而他仍被柏林大学拒于门外。多纳德·N. 列文内(Donald N. Levine，1931—)在《格奥尔格·齐美尔：论个体性与社会形式》的引言中指出了齐美尔在当时知识界的尴尬境遇，一方面是他的著作受到一些至为杰出的同代人的喝彩，另一方面他又受到大多数哲学与社会科学界同事们的怀有恶意的反对[1]x。瑞士社会学家路易斯·A. 柯塞尔在《社会学思想大师：历史与社会情境中的理念》一书中似是从积极的方面看待这个问题：尽管齐美尔一直受到学术机构的拒绝，但他还是得到包括马克斯·韦伯（Max Weber，1864—1920）、海茵里希·李凯尔特(Heinrich Rickert，1863—1936)、爱德蒙·胡塞尔在内的杰出学术界人士的支持和友谊[2]。

齐美尔一生著述颇丰，出版了 10 余部专著，发表了 200 多篇论文，涉及哲学、社会学、政治经济学、美学、文化批评等领域。主要论著有：《历史哲学问题：认识论论文集》(1905)、《社会学》(1908)、《货币哲学》(1900)、《空间社会学》(1903)、《社会形态的空间投射》(1903)、《文化的危机》(1916)、《文化的冲突》(1918)、《社会学美学》(1896)、《歌德》(1918)、《伦勃朗：一种艺术哲学的探究》(1916)、《为艺术而艺术》(1914)、《艺术中的现实主义》(1908)、《审美定量性》(1903)、《大都市的精神生活》(1903)、《桥与门》(1909)、《柏林贸易博览会》(1896)、《罗马：一种美学分析》(1896)、《佛罗伦萨》(1906)、《威尼斯》(1907)、《景观哲学》(1913)等。作为一个新康德主义者，齐美尔并没有构建思想体系，而更多是通过篇幅不长的论文和演讲，表达他对世纪之交的社会文化现象的理论思考。更为重要的是，他关注的问题是具体而纷杂的，他的哲学并不停留在抽象的层面上，他的文论也不局限于某个特定的学科。他从具体事物入手，综合多学科的知识加以探究的方式在 20 世纪西方社会科学领域产生深远的影响，正如路易斯·A. 柯塞尔所说，从 1890 年到第一次世界大战乃至其后，没有一个德国知识分子能够脱离他的修辞和辩证法的强力影响[2]。

齐美尔将哲学、美学、社会学、文化批评理论融会贯通来考察社会现实问题，而城市与建筑作为人造事物，也进入他的视野。在《大都市的精神生活》《桥与门》《货币哲学》《柏林贸易博览会》等文论中，齐美尔涉及了现代城市与建筑的问题。其实他并不仅仅是要谈论什么具体的城市问题或建筑问题，更为重要的是，他是要以多重视角来探究那些具体的人造事物所反映出的人与世界之间的关系。弗里斯比长期以来翻译、研究齐美尔的文本，1978 年与汤姆·波托莫尔(Tom Botomore)合作翻译《货币哲学》，1981 年出版《社会学的印象主义：格奥尔格·齐美尔社会学理论的再评价》一书，特别考察了齐美尔社会学理论的美学维度，1984 年出版《齐美尔》一书，介绍了齐美尔的生平与学术研究，以后又出版了《现代性的碎片》(1985)、《齐美尔及以后》(1992)等书，1994 年编辑出版《格奥尔格·齐美尔：批评性的评价》，收录了齐美尔的一些论文及同代人的相关评价、评论及接受情况，以及一些研究齐美尔及同代人的论文[3]141,144。弗里斯比将齐美尔综合了哲学、美学以及社会学的文化批评与现代性的问题联系起来，考察了齐美尔对克拉考尔、本雅明等思想家的影响，他的研究是卓有成效的。特别是在《现代性的碎片》一书中，弗里斯比对齐美尔关于大都市社会的体验以及空间社会学的概念做出分析，十几年后美国建筑理论家安东尼·维德勒从中得到启发，关于齐美尔对接触恐怖、空间与精神上的诊断、空间关系作为人类关系的象征等方面的分析，维德勒是从弗里斯比的这本书中获得素材的[4]67-68,274。

建筑理论界较早关注齐美尔有关现代大都市的论述，应是具有马克思主义理论背景的威尼斯学派。早在 1970 年代初,马西莫·卡奇亚里就论及齐美尔关于现代大都市"冷漠个体"(blásè)现象的看法,在出版于 1993 年的《建筑与虚无主义:论现代建筑的哲学》一书中,卡奇亚里在第一部分"否定因素与大都市的辩证法"的第一章"大都市"中,明确了齐美尔哲学的出发点就是作为现代存在与其形式之间关系问题的大都市问题。他还将写于 1903 年的《大都市与精神生活》与 30 年后本雅明关于波德莱尔(Charles Pierre Baudelaire,1821—1867)与巴黎的思考片段联系起来,将两者分别作为一个先锋时代的起始与终结[5]3-4。曼弗雷多·塔夫里在《建筑与乌托邦:设计与资本主义发展》一书中注意到齐美尔关于现代大都市中的震惊体验的态度,并引用了《大都市与精神生活》中关于"冷漠个体"的一段话,说明问题的关键并不是教导人们不去经受这样的震惊,而是将它作为不可回避的存在条件。塔夫里认为齐美尔的看法在这一方面是富于启发性的,同时他也认为,齐美尔在世纪初对大都市的考虑包括先锋运动的核心问题,而这正是建筑理论界所感兴趣的[6]86,88。

1997 年,英国学者奈尔·里奇将齐美尔的《大都市与精神生活》和《桥与门》两篇文章收录在《反思建筑:文化理论读本》一书中,归于现代主义部分。在关于现代主义的介绍中,里奇提到 20 世纪早期是个社会巨变的时代,是现代化的突变,所选文论的一个中心主题就是新事物带来的震动,而且以令人震惊的洞察力把握了现代性的本质。在里奇看来,齐美尔《大都市与精神生活》一文对现代主义的大都市做出具有穿透力的洞察,他也意识到齐美尔笔下的冷漠个体与本雅明笔下的浪游者(flâneur)一样,既是现代主义状况的产物,也是对现代主义状况的抵抗[7]3。

1999 年,希尔德·海嫩出版《建筑与现代性:一种批评》一书,在第三章"镜中影像"的第一节"断裂的经验"中,对齐美尔的《大都市与精神生活》一文做出深入的分析,同时在与同时代较为激进的现代主义作家赫尔曼·巴尔(Herman Bahr,1863—1934)的比较中,意识到齐美尔在讨论外部生活条件与个体内在感受力之间的差异现象时的更为冷静的态度[8]74-75。同年,安东尼·维德勒在《弯曲空间:现代文化中的艺术,建筑,与焦虑》一书中第一部分第 4 章"通道空间——疏离的建筑:齐美尔,克拉考尔,本雅明"中,在"疏离"(estrangement)的标题下讨论了齐美尔关于社会空间、城市空间以及广场恐怖等方面问题的思考,涉及《大都市与精神生活》《货币哲学》《空间社会学》《社会学:社会化形式研究》《感觉社会学的题外话》等论著的内容,在建筑理论领域可以说是对齐美尔的空间理论的研究有了进一步的拓展[4]67-70。

齐美尔留下大量的美学方面的文章,内容涉及美学理论,也包括对音乐、美术、文学等艺术的考察,以及关于城市、建筑、景观、室内等方面的审美分析。他也十分关注现代艺术运动的状况。不过,对建筑理论界而言,齐美尔的这些文论大多是尚未被解读的。主要原因在于,齐美尔德语文本的英译工作是较为缓慢的,如《罗马》《佛罗伦萨》《威尼斯》这 3 篇堪称"城市三部曲"的有关城市与建筑的美学论文迟至 2007 年才由乌尔里希·陶伊赫尔(Ulrich Teucher)和托马斯·M. 肯普勒(Thomas M. Kemple)译成英语,发表在《理论、文化与社会》(Theory, Culture & Society)杂志上。从这样的文化批评类的杂志进入建筑理论的视野还需要一个过程。另一方面,德国的苏尔肯普出版社自 1989 年以来陆续出版了 24 卷齐美尔全集,在 2008 年又将齐美尔的美学与艺术哲学的论文编辑成两个专辑出版,这表明齐美尔的学术思想在当代德语学术界仍然具有强大的生命力;瑞士苏黎世大学社会学研究所汉斯·格赛尔(Hans Gesell)教授在网上主办了"格奥尔格·齐美尔在线",收录了齐美尔的《货币哲学》《历史哲学问题》《社会化形式的社会学研究》等著作,设置了《论文集锦(年代顺序)》《齐美尔的英译文本》《齐美尔的法译文本》《齐美尔在 21 世纪:关于齐美尔著作的文本》等栏目,为齐美尔思想研究提供了很大的帮助[9]。齐美尔在上个世纪之交留下浩瀚的文本,我意识到那是一个宽广而深邃的理智世界,作为一个建筑学者,可以直接从中去寻找那个时代有关城市、建筑与艺术的信息,那是一位哲人在现代建筑运动萌动而勃发之际所做的思考。在本章中,我将以空间、距离、节奏与对称等齐美尔文论中的关键词为线索,分析齐美尔的空间社会学观念、关于世界的观念、艺术哲学以及美学的观念,然后是齐美尔关于城市、建筑与室内的美学思考、关于文化与艺术的批评。从中我们可以体会到,这位处在现代建筑与现代艺术酝酿与产生时期的思想家有着怎样宽阔的视野以及历史性的敏感,而他的宽容的现代性的观念似已指明一条不过于极端的发展之路。

1.1 齐美尔对空间相关概念的理解与运用

1903 年,齐美尔在《1903 年立法、行政与国民经济年鉴》(Jahrbuch für Gesetzgebung,Verwaltung und Volkswirtschaft)上发表《空间社会学》(Soziologie des Raumes)一文。这是具有深远历史意义的事。它不仅标志着哲学上的空间概念向新兴的社会学科的引入,而且也预示了 20 世纪哲学在空间问题上的一个有意义的转向——超越传统存在论的领域,从经验和逻辑的领域出发转向具体的社会与文化的批评。在这一节中,我将概要性地对哲学史上重要的"空间"概念做出解释,主要是空间(space,Raum)、场所(place,Platz)或处所(Ort),它们也是 20 世纪哲学家们的文化批评乃至建筑批评的重要着眼点。在一些哲学家关于空间问题的思考中,空间的性质逐渐明朗。

齐美尔从空间的视角思考社会文化问题时,对空间性质的理解是很深刻的,齐美尔称之为"空间形式的一些基本品质"(Grundqualitäten der Raumform)。他其实是将这些空间性质与社会共同体生活的结构化联系在一起的[10]134。空间的基本品质包含 5 个方面:空间的排他性、空间划分、空间内容的确定、空间距离、空间条件的变动。本节主要分析与空间的排他性、空间划分以及空间内容的确定等品质相关的专题,此外,还对齐美尔的另一篇论文《桥与门》所涉及的空间分界与联系问题做出分析,从中可以看出,以一些具体的空间问题为线索探究人与自然、建筑乃至城市的深层关系,是十分有效的。值得注意的是,虽然齐美尔的研究从空间的基本品质出发,但是他并不是抽象地谈论它们。

1.1.1 空间与处所或场所的意涵

空间,英语为"space",WordNet 给出的释义多达 8 条,其中第 1 义为"无界之域,所有事物都位于其中",第 2 义为"一片空开的区域,通常是以某种方式限定于建筑物之间",第 3 义是"为某种特定的用途保留的一片域"[11]。"空间"的第一义是普遍意义上的,哲学、物理学、数学中的空间概念大概都归于此;第 2、第 3 义都涉及具体的空间概念。场所或处所,英语为"place",其意涵也很丰富,《WordNet》给出的名词的词义多达 16 条。其中,与空间相关的意涵有:第 2 义"为一个特定用途准备的一片区域",相当于汉语的"场所"之义;第 9 义"某物所占据的空间的特定部分",相当于汉语的"处所"之义;第 16 义为"一片空的区域"。可见,"place"是通过"space"或"area"来解释的。"place"可以理解为空间的一部分,而且是为了特定用途所准备的一部分空间,那么也就相当于某个确定的功能性的空间。

"空间"与"处所"是极为古老的概念。在古希腊哲学文本中,"τόπος(topos)"和"χώρα"这两个词都指称空间范畴。英语中一般以"place"对应"τόπος",以"space"对应"χώρα"。据《塞浦路斯网络希腊语英语词典》的古希腊语部分的解释,"τòπos"意为"a place(一个处所)","space(空间)";"χώρα"意为"space(空间)、place(处所)、land(土地)、tract(地带)"。可见,在古希腊语中,"τòπos"与"χώρα"在词义上是相通的,既可作"处所"解,也可作"空间"解,而"χώρα"的词义更丰富

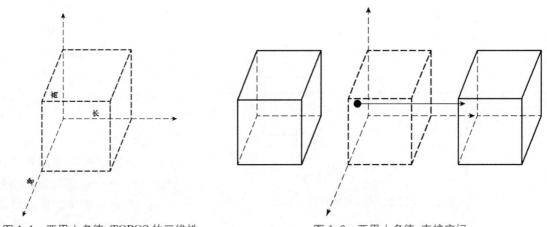

图 1.1　亚里士多德：TOPOS 的三维性　　　　　　图 1.2　亚里士多德：直接空间

一些[12]。

柏拉图在《蒂迈欧篇》中谈了宇宙论问题，指出了 3 种存在：艾多斯(εἶδος)、生成者(γενιά)、空间(χώρα)。"εἶδος"是柏拉图哲学的基础性概念，指的是永恒的完善的存在(通常汉译作"理念"，也有译作"相""理型"等的，我主张或沿用通译，或可用音译"艾多斯")，不可见也不可感觉，只能通过理智去冥想。生成者是"艾多斯"的摹本，是可感知的。而空间则是不灭而永恒的，不能通过感觉，而是通过不纯粹的理性来把握，并为所有的造物提供处所。《蒂迈欧篇》的中译者谢文郁将"χώρα"译为"空间"，并在注释中有比较合理的说明[13][14]36,75。

亚里士多德在《物理学》中也使用了"τόπος"与"χώρα"这两个词，他也应是在相通的意义上使用它们的。R. P. 哈迪(R. P. Hardie)和 R. K. 迦耶(R. K. Gaye)在《物理学》的英译本中将"τόπος"译作"place"，将"χώρα"译作"space"[15]208b,[16]208b。就"place"与"space"意义相通这一点而言，哈迪和迦耶的译法是可以接受的。徐开来的汉译本将"τόπος"译作"地点"，将"χώρα"译作"处所"[17]82。"地点"或"处所"都侧重"地方"的意涵，与"空间"的意涵缺乏相通之处。特别是亚里士多德认为"τόπος"是有长、宽、高 3 个维度的(图 1.1)[16]209a，而地点是一个区域中的位置的概念，与区域的关系是点与面的关系，一般不会用三维的概念来理解地点本身的。吴国盛在《希腊空间概念》一书中主张将"τόπος"译作"处所"，其理由是古代希腊的空间观念与近代作为背景的空间观念不同，没有三维的广延性概念，而且处所与物体是不可分割的[18]6。这样的判断显然有悖于亚里士多德《物理学》有关"τόπος"的解释。相形之下，张竹明的汉译本将"τόπος"译作"空间"是较为合适的，只是将"χώρα"译作"处所"，不怎么好，因为这样一来，亚里士多德原文中这两个词的意义相通性就体现不出来[19]92。也许将"τόπος"译作"空间部分"，"χώρα"译作"空间"，也较为符合"place"作为"space"的"特定部分"的意涵。参照英译本，亚里士多德在《物理学》第四章第一节中，通过水与空气相互取代的事实来说明"place"的存在，他指出，现在容纳空气的容器先前容纳的是水，空气或水进入或流出的那部分空间(the place)或空间(space)就是与它们本身不同的事物[16]208b,209a。这说明，在亚里士多德那里，"τόπος"与"χώρα"本是意义相同的，可以互换的。

亚里士多德的空间观念与现代的空间观念是有差异的。在他看来，空间有两种，一种是共有的空间(common place)，所有物体存在于其中；一种是特有的空间(special place)，也叫直接空间(the immediate place)[16]209a,211a，为每个物体所直接占有。而直接空间也是某个物体的直接包围者，但并不是这个物体的一部分。直接空间与内容物大小相等，内容物离开以后，空间仍然留下

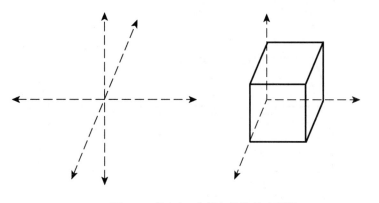

图 1.3　笛卡尔：空间与物体的广延性

来，因而可以和内容物分离（图 1.2）。在否定空间是体积、质料、形式的说法之后，亚里士多德断言空间是包容体的界面（the boundary of the containing body）[16]211a,212a。这样的包容体或包容者（what contains）仿佛是所限定的物体的对应物。由于他不知道真空的存在，因而只能从逻辑上排除虚空存在的可能性，却无法说明这样的包容者到底是什么。按照他的说法，直接空间与所包容的物体大小相等，物体离开以后，空间仍然留下来，这就会引出两个问题：一是这个仍然留下来的空间是什么，原来的包容体的界面如何维持不变？二是如果替换进来的物体小于原来的物体，那么它的包容体的界面是如何突破原来的包容体的界面的？这些问题在他的空间观念中是难以解答的。但是无论怎样，亚里士多德肯定了"τòπos"的三维性、排他性、包容性、与被包容者的可分离性，这已经与我们所理解的空间有共通之处了。

　　亚里士多德关于空间三维性的观念在笛卡尔那里继承下来。笛卡尔在《哲学原理》一书的第二部分"论物质事物的原理"中分析了空间与物体的本质。在他看来，长、宽、高 3 个方向上的广延性（extension）就是空间与物体共有的本质。差别仅在于，物体的广延性是特殊的，空间的广延性是一般整体性的。将占据空间的物体从这个空间移除，并不意味着这个空间的广延性也被移除（图 1.3）。有广延性者必有实体，因此，笛卡尔认为物体与空间都是实体。基于此，他拒绝绝对真空（an absolute vacuum）的概念[20]107,115。

　　"place"这个概念在笛卡尔那里变得复杂起来。一方面，笛卡尔认为"place"更明显地意指处境（situation），而不是大小或形态，其意义有别于空间。我们可以理解为"处所"。如果一个事物与另一个事物在大小或形态上都不一样，那么我们就不会说前者占据了后者的空间，而只能说前者接替了后者的处所（图 1.4）。这样，"place"就不是从三维性方面来理解的，这意味着，笛卡尔所说的"place"与亚里士多德的"τòπos"已不是一回事了。就此意义而言，"place"译作"处所"是较为合适的；另一方面，笛卡尔又将"place"分为"internal place"以及"external place"。"internal place"也就是"内在的处所"，处于具有确定位置的事物的内部，这个概念与"space（空间）"绝无差别，这样的解释令人匪夷所思，他是在指事物的"内部空间"吗？如果"place"不从三维的广延性来理解，有了"内在的"限定就可以和空间等同了吗？也许"internal space"才能保证概念上的一致性。"external place"也就是"外在的处所"，可以视为直接包围事物的表面。[21][20]111-112

　　现代的空间观念是由牛顿（Isaac Newton, 1643—1727）在《自然哲学的数学原理》中确立的。牛顿进一步明确了空间（space）与物体（bodies）的分野，主张空间可以独立于物体的存在而存在。他在《自然哲学的数学原理》中提出了绝对空间（absolute space）和相对空间（relative spaces）的概念。绝对空间是真正的数学上的空间，不可移动，与任何外部事物无关。相对空间是度测绝对空间的尺度，与某个物体系统有关。一个相对空间是可以移动的。在牛顿那里，"place"是个特定的空间概念：一个物体的处所就是它所占据的那部分空间，这很接近亚里士多德的"τòπos"概念。但他又说"处所"的绝对性或相对性是由那部分空间的绝对性或相对性决定的[22]。这个判断与他关

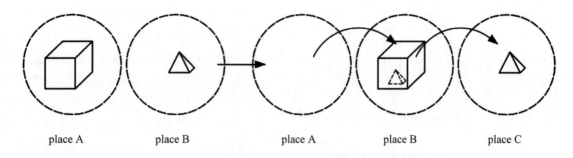

place A   place B   place A   place B   place C

图 1.4　笛卡尔:不考虑空间维度的处所

于绝对空间的概念相矛盾,因为绝对空间是纯粹数学上的,与任何外部事物无关,因而一个物体所占据的那部分空间只能是相对空间。

牛顿的空间概念受到莱布尼茨的挑战。莱布尼茨在给克拉克(Samuel Clarke,1675—1729)的第 5 封信中申明,空间与时间一样是观念上的事物。他的出发点来自他的关于上帝的存在的观念。他反对将空间视作实在的、绝对的不包含物体的事物,因为他认为空间不能独立于上帝而存在。既然物质世界是上帝创造的,就不能说有一个离开物质世界而存在的实在空间(real space),因为上帝不可能做没有什么结果的事(莱布尼茨在此用了拉丁语,"agendo nihil agere",即"在行动中什么也没做")。莱布尼茨否定了空间的实在性,主张空间是共存在一起的事物的存在秩序,这样,空间就成了事物间的关系。相应地,一个无限的空洞的空间(an infinite empty space),即真空(vacuum),也只是想象中的,并不是实在的。至于"place"的概念,莱布尼茨是把它作为空间的一部分来看待的,译作"处所"也是较为合适的。空间是一些共存者之间的关系。一些存在者与其他的存在者共存,其共存的秩序没有任何变化,也即没有运动,就是固定的存在者(fixed existents);如果一些存在者与固定存在者具有的关系,就像先前其他一些存在者与它们所具有的关系那样,那么就有了与其他那些存在者同样的处所。如此看来,处所就是固定的空间部分,与空间部分的不可移动性是符合的。而包容了所有那些处所的事物就叫做空间,因而空间就产生于聚在一起的诸处所[23]42-46。历史上哲学家们对空间问题的讨论往往是与上帝的本体论、存在论、宇宙论的意义联系起来的。空间概念一方面出于信仰,一方面出于经验,一方面出于逻辑,因而空间概念不可避免地带有思辨的特征。当哲学家们谈论空间或上帝的本质的时候,一般都会想到无限性。即使亚里士多德为空间设想了一个终级的内界面,由于他将物质性的宇宙视作无限的,那么这个终极的内界面最终也是不着边际的。也许无限性是我们对无法描述的事物的一个托词。另一方面,当经验与信仰结合起来,空间概念往往会出现逻辑上的困难,亚里士多德、笛卡尔的空间概念都是这样。相形之下,信仰与逻辑结合起来,可能会避免一致性方面的困难,在这方面,莱布尼茨的论证显得优越一些。康德意识到经验以及信仰在空间问题上所造成的困难,在关于空间概念的形而上学阐明中,将经验与信仰的因素都排除掉,转而引入"先验的直观"这样一个概念,但他无法回避空间的实在性问题。根据诺尔曼·康蒲·史密斯(Norman Kemp Smith,1872—1958)对《纯粹理性批判》的解析,康德关于空间的论证并不是严密的[24]142。

20 世纪的哲学家们对空间的相关概念继续做出探讨。其中在存在论意义上思考空间问题的有罗素、维特根斯坦、巴塔耶、海德格尔等人;从社会文化批评的视角出发运用空间概念的有齐美尔、克拉考尔、布洛赫、本雅明、阿多诺等人。由于现代物理学的进展,特别是爱因斯坦的相对论理论给现代哲学家们带来很大的启示,20 世纪的哲学家们对空间概念的理解与运用已经摆脱了古

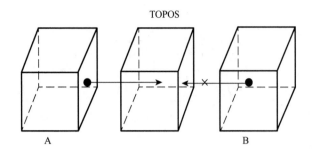

图 1.5　亚里士多德：空间的排他性

典哲学的困境。他们可以自如地在无限的单一空间与具体的诸空间之间做出区分，即使是在存在论意义上谈论空间的哲学家，他们的视角也变得开阔起来，如维特根斯坦从物理学家那里引入逻辑空间概念，以及海德格尔在空间问题上引入存在论的原则，前者为人关于世界的图景提供一个框架，后者则将空间与人自身的存在论结构联系起来。

作为一个新康德主义者，齐美尔对康德的思想有较为深刻的理解，但并没有简单地沿用《纯粹理性批判》中关于空间主观性的判断。在《空间社会学》一文中，齐美尔想到康德曾经一度将空间定义为"聚集在一起的可能性"，进而想到社会化（die Vergesellschaftung）在个体的不同类型的相互作用之间形成不同的聚集。就空间的概念而言，齐美尔的看法是倾向于客观性的，他承认有"一个单一的总体空间（ein einzige allgemein Raum）"，但这个总体空间与牛顿的绝对空间不同。牛顿绝对空间的纯粹性与作为它的度测的相对空间的物质性之间的矛盾，在齐美尔那里不存在了。由于构成这个总体空间的所有个体空间（die alle einzelnen Räume）都是具有独特性的具体空间，因而这个总体空间也就不是抽象的。不过，有一点需要注意的是，我们能够把握的是一些我们能够触及的个体空间，却难以对单一的总体空间有总体的认识，因为我们不可能跳出这个总体空间之外。另一方面，齐美尔在谈论社会学意义上的空间边界问题时，想到了康德关于空间的唯心主义学说——空间是通过我们的综合机能来实现的。当他说边界是一个在空间中形成自身的社会学事实的时候，他一定是将社会空间类比地视为出自人的综合机能[10]141。

1.1.2　空间的排他性

在《空间社会学》一文中，齐美尔从空间的基本品质出发，探讨了社会化形式的特征。齐美尔列出空间的 5 种基本品质，其中第一种品质就是空间的排他性（die Ausschliesslichkeit des Raumes）。空间的排他性其实指的是物体对属于自身的那部分空间的独占，亚里士多德在《物理学》中否定空间是物体的时候，给出的原因是两个物体不应在同一个空间中（图 1.5）[16]209a。齐美尔在另一篇文章《桥与门》中说"没有一个物质粒子可与他者分享空间"，也是这个意思[25]55。齐美尔从这个原则出发，对空间的排他性作出深入的分析。齐美尔说，在空间形式的"基本品质中间有一种品质，人们会称之为空间的排他性"。一个确切定位的空间部分（einen bestimmt lokalisierten Raumteil）的排他性也意味着这个空间部分的唯一性，齐美尔说这样的唯一性将自身传达给物体，其实是提醒我们注意物体的唯一性，尽管有些物体有着一致的性质。认识到这一点，对于理解物体的空间意义（die Raumbedeutung）以及物体对空间的利用而言都是特别重要的[10]134。

在谈论社会化问题的时候，齐美尔首先将空间的概念转换为"土地"，这不难理解，因为人生存于大地之上，与人相关的社会化过程就是在一片土地这个具体的空间框架之中展开。所以齐美尔说，"土地就是一种条件"，人们以此为了自己的目的将空间的三维性加以利用。一个社会在其上形成的一片特殊的土地，就是这个社会所占的空间区域（das Raumgebiet）。空间的排他性在这里体现出来：在一个社会实体（ein gesellschaftliches Gebilde）占据的空间区域内就没有第二个社会实体的余地。国家与城市也都带有这样的排他性特征。对于一个国家来说，国界内的领域的排他性是极强的（历史上出现的局部独立现象表明这个国家有效的控制力丧失了）。而一个城市市域范围内的排他性也是显而易见的,不过,齐美尔认为城市的排他性不像一个国家那样绝对。这是因为,一座城市在一个国家中的政治、经济乃至文化上的重要性与影响力,并不止于它的地理边界。如果将一座城市的市民视作一个共同体,那么一个国家内部就有许多不同的共同体,它们在相互作用的过程中丧失了原有的排他性。这样,国家就成为"所有独立共同体的精神外延的总体行动场域(das gemeinsame Wirkungsgebiet)"。这意味着每个共同体都超出其直接的边界,并面对其他对整个国家产生影响的共同体,这样,一个国家内部就没有一个单一的共同体能够保持排他性,"而且每一个共同体在其自身领域之外还有另外的区域,在那里它也不是孤独的"[10]135-136。这让我想到德勒兹(Gilles Louis Réné Deleuze,1925—1995)和伽塔里(Felix Guattari)在《城市/国家》一文中所说的"解域化"(deterritorilization)[26]297。

接着,齐美尔考察了德国城市内部的诸共同体的状况。在早期的城市中,教会是一个重要的力量,一座城市有一个主教,一群依附于他的人组成一个权力集团,主教根据自己的法律治理这个集团。此外还有皇家分封的宫廷的、独立的修道院以及犹太共同体。齐美尔称它们是"Getrenntheiten",这个词本义为"在空间上分开的状态或事物",既然指的是前面那些社会的组成部分,故可译作"在空间上分开的共同体"。英译本译作"separate entities"[10]136,[27]138,根据《韦伯斯特第三版新英语国际大词典》,"entity"的第一义是"存在",特别是"独立的、分立的、或自足的存在",也有助于我们对这个词义的把握[28]758。在这里,齐美尔还提到"空间接触(die räumliche Berührung)",在所有那些空间上分开的共同体融合成大都会之前,那样的行动在共有的城镇围域中就有所表现,通过这样的过程,不同的共同体之间就产生不同的相互作用。这就要求有一部共同的保护法规超越所有居民的特殊的个人权利,超越每一个共同体所占据的城区,最终使得局部的排他性失去效力。城市中各个行会(die Zunft)也有类似的特征。行会也叫同业公会,是由城市内部一个行业的执业者们共同组成的。在一个行业内部,行业公会具有排他性,"不会为第二个行会提供空间"。但就不同的行业而言,每一个行会都是为整个城市设立的,它们在空间上并不互相冲突,而是"功能性地分享"这一片土地[10]136-137。这不难理解,对于一座城市而言,各个行业之间的关系就是在功能上互补的。

齐美尔还指出了教会的非空间性(unräumlich)原则。所谓非空间性,指的是像天主教会那样,主张普遍性的扩延(All-Erstreckung)以及不受任何局部区域障碍的自由。这样的非空间性其实正是空间排他性的反面——秉承了非空间性原则的宗教组织虽然扩延至每一个空间,但它并不将一个类似的结构从任何空间排除出去。因而这样一些宗教组织就可以在同一个城市中共存[10]137。通过以上的分析可见,就一个国家自身而言,空间的排他性是绝对的,而就一个国家内部的诸多城市而言,空间的排他性就是相对的,而且在城市诸多共同体超越城市范围的相互作用过程中,空间的排他性趋于弱化。

1.1.3 空间边界:社会学的事实与空间框架

在《空间社会学》一文中,齐美尔将空间的边界(Grenze)问题作为空间的第二个基本品质。事实上,空间边界问题源自空间划分。空间划分与人对空间的实际使用相关,而其深层原因仍然出于空间的排他性。齐美尔说,"对我们的实际使用而言,空间被划分成诸多部分,它们被视作单元(Einheit)",这应是出于实际生活方面的经验,比方说一座房屋内部一般要根据使用要求划分成不同的空间部分,这是因为有些使用要彼此隔离开。空间划分还可向更为广泛的领域发展,齐美尔主要是在社会学的意义上引入空间划分的概念的。与空间划分相应而生的是空间边界,齐美尔认为空间划分与空间边界之间存在互为因果的关系,这个认识是十分深刻的。一个社会组群要填充

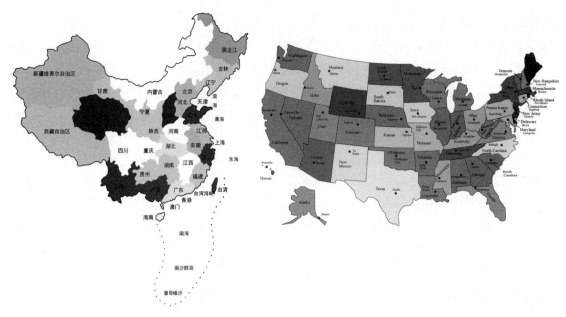

图 1.6　中国省界与美国州界

一定的空间,这个空间也必定是有边界的,人们也总是将这个空间构想为一个单元,这样的空间单元对于那个社会组群而言是十分重要的,因为它承载了那个组群[10]138。

　　齐美尔理论上的一个贡献在于,将自然要素与社会组群结合起来讨论空间边界的问题。人生存于大地之上,一个社会也依附于一片土地之上,因而社会组群的划定空间的行为首先是从依寓于一片土地开始的。土地形态对空间边界的形成起到一定的作用,如山脉的分水岭、河流等,所以齐美尔要说,"地球表面的构形显得是为我们规定了框架,我们从无边的空间中将这样的框架刻划出来"。不过,这些具有阻隔作用的自然要素只是为两个社会组群的划界(Grenzsetzung)提供了方便,而并不是划界的决定因素。齐美尔的分析并没有受地理决定论的影响,对他来说,社会关系的强度(der Intensität der soziologischen Beziehungen)更为重要。一个社会组群作用的范围内很有可能有几座山脉、几条河流,那些山脉与河流就成为潜在的"自然的边界"(die natürlichen Grenzen),如果一个社会组群的作用力足够强大,那么它的空间边界就会超出就近的几条潜在的自然边界,直到与另一个社会组群的空间边界相遇。在这样的过程中,空间的广延性(die Extensität des Raumes)与空间的延续性(die Kontinuität des Raumes)都在起作用。虽然空间的这两种性质是自然而然的,但与社会关系的强度是奇妙地相适应的[10]139。

　　对阈限的意识(das Bewusstsein der Eingegrenztheit)真正起作用的并不是自然的边界,而是政治的边界。为什么齐美尔要说政治边界在两个相邻的共同体之间设置一条几何界限? 这说明政治的边界是人为的。在那个时代,人们对人为的事物与自然的事物在形态上的差异的认识,大概就是看是否能够用几何学来描述了。也许可以从较高等级的行政区划来理解政治边界问题。在平原地带,政治边界的几何形态是易于实现的。而在山地区域,政治边界还是要与自然边界结合起来。比较一下中国的省界与美国的州界的形态,就可以看出这一点(图 1.6)。

　　齐美尔的另一个理论上的贡献是提出了个人领域(die Sphäre einer Persönlichkeit)的概念。在他看来,个人领域表明一个人的能力所及或其理智所能触及的范围,也表明他的忍受能力或娱乐能力的界限。这样的个人领域带有一定的心理学意义,齐美尔也正是将随之而来的空间边界视作心理阈限过程(seelischen Begrenzungsprozesse)的实现,不过他更多是从社会方面来看待它的[10]140-141。后来由爱德华·T. 霍尔（Edward T. Holl，1914—2009）提出的定量化的个人反应圈层图（personal reaction bubbles）是以个人的生理-心理为基础的（图1.7）[29]。从亲密空间（intimate space）至公共空间（public space），个人的反应距离从0.45米增至7.6米，其实反映的是个人在与外界交往时所需要的若干层界限。事实上，亲密空间和个人空间（personal space）这两个圈层内的界限感才可能是很强的。而齐美尔从社会学意义上来看个人领域的界限，这样的界限就不是那么明确、固定。他认为一个人的领域的界限并不意味着另一个人的领域就此开始。对他而言，社会学意义上的边界意味着相当特殊的相互作用。在这里齐美尔又引入了"要素"（Elemente）的概念，那么领域就

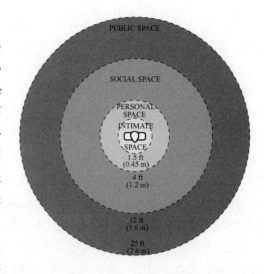

图1.7　个人反应圈层图

不是只对个人而言了，而是可以扩展至人格集合体（Persönlichkeits-komplexe）或社会组织的层面上。一个要素通过划定边界来影响另一个，但这种相互作用的实质是"相互限制"[10]141。

　　相互限制，意味着要素的权利与正当性只能阈限于其自身的领域内，而不能延展进他者的领域。这样，边界就不能视作一个具有社会作用的空间事实（eine räumliche Tatsache），而是一个在空间中形成自身的社会学事实（eine soziologische Tatsache）。齐美尔否认边界是一个空间事实，与他对空间边界概念的理解是相对应的——边界并不是先于社会而存在的，而是社会作用的结果，是由人强加于自然空间之上的。在这里，齐美尔想到了唯心主义关于空间的原则，即"空间是我们的概念，或更简明地说，空间是通过我们的综合机能来实现的，而我们也以这样的综合机能为感觉材料赋形。"这样的原则出自康德的先验哲学。不过，齐美尔只是在社会空间形成的意义上谈论它的——社会空间是我们的概念，是我们的综合机能，通过这样的机能可以为相互作用的范围赋予边界[10]141。对于一个社会组群而言，空间边界意味着一个空间框架（einer räumlicher Rahmen）。而当一个空间框架形成以后，对其中的社会组群的作用就不局限于政治边界了，其空间方面的事实也在起作用。边界范围的宽窄程度也就是空间框架的宽窄程度。齐美尔认为这个框架的宽窄程度会对社会组群产生影响。不过空间框架的宽窄程度与组群的规模并不完全成正比。问题的关键在于组群内部所发展出来的张力。即使有相对大量的人口聚集于一个空间框架之内，如果人们觉得他们在其中可以自由地运动而不会触犯边界，那么他们就会认为这个空间框架是宽阔的；另一方面，对于相对少的人口而言，如果一个框架显得是一种限制，人们就会觉得它是窄的，某些在内部无法施展开的力量就一再试图逃逸。前者的情况常见于诸多东方王国的格局中，后者的情况则是威尼斯所经历过的，领土的局限反而刺激出一种向外扩张的力量，进入更大范围的世界的关系之中[10]144。这样，齐美尔最终还是将空间框架的宽窄问题归结于组群的主观方面，那其实是集体心理意识的反映。

　　齐美尔还在具体空间的层面上探讨了空间框架与聚集的人群之间的关系。他认为一大片户外空间（der große Luftraum）给人以自由运动的感觉，使人觉得具有冒险进入未知区域的能力，还有确定更为远大的目标的能力。"Luftraum"指的是对应于一片土地之上的自由空间，也可作"领空"解，在这里可以理解为户外空间，因为下文与之相比较的是"enge Zimmern"，即"一些窄小的房间"。相形之下，在一些狭小的房间里，就很难有这样的感觉。不过，齐美尔从积极的角度出发，想

到此类人群过于密集的狭小房间可以起强化心理的作用：将个体融合成一个整体，超越成员的个体性。尽管如此，齐美尔仍然关注较大的空间对人群聚集的作用。他说，"聚集起来的人群的突出特征：冲动、热情、亢奋，在某种程度上取决于他们是在户外(im Freien)，或至少在一个很大的处所(Lokalität)里"，而这个处所比通常的会议室(sonstige Aufenthaltsräum)要大。接下来，齐美尔又指出，"一个地方(Ort)，当人群聚集之际提供一个对个人而言出其不意地大的户外空间，每个人都能感受到一种延展至未知领域的扩张感以及力量的加强"[10]145。根据《朗氏德汉双解大辞典》，"Ort"的第 1 义是："ein bestimmtes, lokalisierbares Gebiet oder eine Lage im Raum"，即"一个确定的、有所定位的地带或空间中的一个位置"，可根据上下文译作"地方""处所"或"场所"。此处可作"地方"解[30]1341。在这一部分内容里，齐美尔使用了一些与空间相关的语词，表明他对不同空间类型的特质有很好地理解。另一方面，齐美尔意识到，在具体空间的层面上的空间感比前面所说的城市乃至国家的层面上的空间感要更直接一些，也更强一些，因而在具体空间的层面上，空间框架的宽窄对人群的作用也就更强一些。在这里，齐美尔已经使用了有关具体空间的语词。"Ort"作为一片在空间中有所定位的区域，可以提供大得出乎人们意料之外的户外空间(Luftraum)，这意味着"Ort"倾向于指地理学意义上的区域，而"Ort"一词的确也指一个乡村或一座城市。"im Freien"，也就是"在户外"，指的是在建筑室内以外的外部空间的概念，是定性的概念，但它在量上是泛指的，因而蕴含了空间的无限性；而"Lokalität"，也就是"处所"，指的是一片确定的区域，有量上的规定，可以是大的，也可以是小的，但在室内或室外这个定性的问题上是不确定的。齐美尔在谈论空间框架对人群聚集的作用时，首先想到的是"在户外"，然后再退一步说"至少是一个很大的""比通常的会议室要大的"处所，这说明齐美尔对这两个词所隐含的量上的意蕴有很好的把握。

1.1.4　空间定位：地点、位置、处所或场所

齐美尔在《空间社会学》中还谈到空间的定位(die Fixierung)问题，事实上，社会空间通过定位才使得其内容成为可能。空间定位影响到社会组群或个体的结构，也影响到他们的心灵状态。这一点在游牧部落和定居组群的心理状态的差异上体现出来。定居组群的基本特征就是在空间中定位(die Fixierung im Raum)，空间中的定位点往往被称作"Drehpunkt"，也就是"中心点"，这是一种象征性的表达，通过它人们可以表示出空间定位的更为特别的社会学意义[10]146。

空间中的定位也意味着空间的具体化。一个对象获得空间定位，就意味着获得了空间上的固定性(die Räumlich Festgelegtheit)。齐美尔为了说明空间定位，引入了一些与确定的空间部分相关的语词。在谈到中世纪一些权力当局可以被出售、被租借，或可作为抵押物、被分发的现象时，齐美尔说它们的权力不可能固定在它们所实施的地方，在这里他用的是"Ort"一词。从上文的分析可知，"Ort"意为"一个确定的、可以定位的地带或空间中的一个位置"，即"处所""地方"等，"在空间中定位"是这个词语的核心意涵。在以后有关克拉考尔、海德格尔关于此词的用法的分析中，也可以看出这一点。接下来齐美尔又提到经济相互作用的对象"在地点上的固定性(Örtliche Fixierung)"像一个中心点的理念那样，在一定的距离、相互作用和相互依赖之中保持一个要素系统，这一点与那些观念上的对象不同，"人们总是能在同一个位置上(an derselben Stelle)重新找回它们"。根据《朗氏德汉双解大辞典》，"die Stelle"，第一义是"某人所在或某事发生的地方(Ort)、位置(Punkt)或场所(Platz)"，作介词"an"的宾语时意即"位置"[30]1710。观念上的对象与现实活动中的对象相比，处在一种抽象的层面上，而"Stelle"与"Ort"相比也显得抽象一些，这说明齐美尔的用词是很考究的。在这一部分内容里，齐美尔还用到"Platz"这个词。他说，"不论何时独立的要素可以在一个特定的场所(Platz)发生，作为社会关系的中心点，其固定地带(der fixierten

Örtlichekeit)的意义就显现出来"[10]148。根据《朗氏德汉双解大辞典》的解释,"Platz"一词含义丰富,与空间相关的含义有:①"广场";②"有确定用途的一大片户外场地";③"人可以处于其中或人与物填充其中的一个空间或区域",即"场所""地方"等;④"人可以存在或逗留的一个处所",与"Ort"同义[30]1386-1387。

在上文的分析中已经明了了,"Ort"隐含了地理学意义,整个城市都可视作一个"Ort"。在实际使用中,"Platz"就不会用来指那样大的范围,可以说"Platz"是处在"Ort"之中的,而且强调了与人和物的关系。另一方面,"Ort"也与"Platz"通用,所指范围可大可小,这就要依据上下文关系来判断了。齐美尔将"Platz"(场所)作为社会关系的中心点,表明他对这个词的深层意涵有很好的理解。为了说明这样一个发生某种活动的固定地带的中心作用,齐美尔引入教会在离散的犹太人中间设立小礼拜堂(Kapelle)以及牧师中心(Seelsorgstation)这样一个策略。小礼拜堂是信徒们聚会崇拜上帝的地方,牧师中心则是神职人员为信徒提供心理帮助的地方。两者都具有空间上的确定性(räumliche Fixierung),更为重要的是,它们作为可见的中心(anschaulichen Zentrum)唤醒了信徒们的归属意识(das Bewusstsein der Dazugehörigkeit),而在长期的孤立状态中,信徒们的宗教意识曾经处于休眠状态。这样的中心获得定位(Lokalisierung)之后,就成为信徒们心灵上的归属地,具有很强的向心作用,无需先要将离散的信徒们聚集起来进行空间上的组建(die räumliche Konstituierung)[10]148-149。

齐美尔还谈论了"das Rendezvous",即"聚会",称之为"特别的社会学形式"。这个词出于法语"rendez-vous",具有双重含义:相遇或集会,以及相遇或集会的地方,因而表达出地点上的确定性(örtliche Determiniertheit)。聚会的本质在于它在空间-时间上的固定性(ihrer räumlich-zeitlichen Fixierung),它要求严格,又带有逃逸的性质——暂时从世俗生活逃离开,也就是将自身从生活内容的连续进程中分离出来。时间与处所是聚会的两个要素,但齐美尔更强调处所对意识的作用,这是因为处所对感官而言是更为生动的,而且对记忆而言也展现出更强的联想力。值得注意的是,齐美尔在此并没有使用"空间"这个词,而是以"处所"(Ort)与"时间"(Zeit)相对,说明他对处所作为一种形式因素(ein formal Moment)的具体性有很清晰地认识[10]150。

无论是在离散的犹太人中间建造小礼拜堂或牧师中心,还是在某个地方举行聚会,其本质是为了一定的目的在空间中确定一个中心点的位置。一旦这样的中心点得以确立,就有了社会学的意义。由此齐美尔注意到一个更有意义的维度,即处所的个体化(die Individualisierung des Ortes)。处所的个体化涉及机构或个人住宅在城区中的定位,也就是地址。考察现代大都市中机构或个人住宅的地址,不难发现那是一个十分复杂的命名系统。它的层级是:市—区—街道—门牌编号,如果是公寓,还要精确到"室"的编号。而在中世纪乃至19世纪,个人住宅的定位并没有引入数字系统,而是直接以个人的名字命名的。齐美尔以巴黎圣安土瓦内区的居民为例说明,即使在19世纪中期,尽管已经有了街道上的门牌编号,但是居民们仍然用他们的名字来指称他们的房子。齐美尔十分敏锐地意识到,以自己的名字称呼的房子一定给它的居民一种空间上的个体性的感觉(eine Empfindung räumlicher Individualität),以及一种对质上确定的空间点的归属感(die Zugehörigkeit zu einem qualitativ festgelegten Raumpunkt)。然而这样的命名只对相互熟悉的人而言才是有意义的,对于彼此陌生的人而言,房子的位置还是用门牌编号才能表达清楚。用数字为房子加以编号,是当代"地理学定位"(geographischen Bezeichnung)的方法。数字虽然抽象,但是作为编号可以代表空间中的一个确定的位置,从而将房屋的位置客观地建构出来[10]150-151。事实上,对于空间定位而言,以个人名字命名的做法是一种自然而然的命名方式,在以往时代城市范围较小的条件下才是有效的,随着城市规模的扩张,这样的命名方式就不足以明确地表达房屋在城区中的定位了。让我们再想象一下早期聚落的情况，当一些彼此熟悉的人在某个地方定居下来，遂建造各自的房屋，以各自的名字称呼各自的房屋，以示区别。但是，即使在早期的简单情况下，这个称谓仍然不能直观地表明房屋的位置，很有可能的情况是，当时的人们还是要想到一座房屋的方位，与其他房屋的位置关系来确定它在这个区域中的位置。只不过在简单的情况下，这个称谓所表明的房屋所属关系与空间定位关系很容易地结合起来。从具体的个人名字命名到抽象的数字编号的变化，从一个侧面反映了城市现代化过程。值得我们深思的是，在这个过程中，原本具体的能够表明房屋主人身份与背景的命名方式失效了，而抽象的数字编号系统却能有效地为房屋定位。

1.1.5 场所：另外一种理解

1898 年，齐美尔在游历罗马后写下《罗马：一种美学分析》一文，在这篇文章中，齐美尔引用了费尔巴哈(Ludwig Andreas Feuerbach，1804—1872)的一个"深刻陈述"："Rom wiese jedem seinen Platz an"。字面的意思是："罗马让每一个人都置身于他的场所之中"，或可理解为："罗马让每一个人都到了他想去的地方"。一般而言，当我们使用场所这个词的时候，我们是在说一群人的生活赖以展开的一定的空间区域，那是一个总体性的概念。一方面，由于人是社会的存在，场所体现出社会性；另一方面，生活的展开也表明了时间的维度，因而场所也具有历史性。可以说总体性的场所带有一定的社会历史文化的特征。建筑学中所说的场所基本上是总体性的概念。费尔巴哈所说的"他的场所"，涉及的是个体性的场所概念。个人的场所可以理解为属于个人的空间部分，除去那些名人故居之类的纪念性场所，一般都带有明确的现世特征。个人也是社会的存在，因而个人的场所也带有社会性的特征，正如齐美尔所表明的那样，个人栖居其中的场所反映了他所属的阶层。而个人想要去的地方，应该是一个理想的场所，至少是他喜欢的场所。齐美尔从费尔巴哈的这个陈述得到启发，深刻地思考了罗马对于个人的场所的意义[31]306。

在说明了罗马的奇妙的统一性之后，齐美尔开始分析个人面对罗马时的感受。一个人来到罗马，就意识到自己是处在一个总括的图景之中，他原来所属的狭隘的社会历史圈子所赋予他的地位不再存在，从而将自己视为一个秩序的组成部分，参与到一个具有多元价值的系统中来，并根据这个系统来"客观地"评判自己。所谓"客观地"评判，指的是抛开个人原本的背景，参照罗马这个新的价值系统。这样，人们就还原至他们的"纯粹内在的力量与意义"。这也可说是人的内在的还原。这有些像叔本华所说的"纯粹认识主体"[32]259-260。另一方面，罗马具有一种统一的力量，可以超越时间的鸿沟，将所有的事物组成一个整体意象。人们无法脱离这样的力量。对于来到罗马的人们而言，这就意味着一种背景性的还原。在这内在与外在的双重还原之后，罗马对于个人的真正意义就显现出来。

齐美尔指出，"我们通常栖居其中的场所往往根本就不是我们的场所，而是我们所属阶层的场所，是我们单方面命运的场所，是我们偏见的场所，也是我们自我幻觉的场所"。在这里所说的"我们的场所"其实是"我们理想的场所"，是"我们根据我们灵魂的活力、广度以及心境才能享有的场所"，如此看来，那也是"我们心灵的家园"(unsere innere Heimat)。在现实中，"时间的反复无常，我们历史境遇中的过分之举与多重困难"，将这理想的场所遮蔽起来，还将我们和我们的心灵家园隔离开，并堵塞通往那里的桥梁。而在罗马，所有这一切都消失了，"所有的历史条件与社会条件都以其完满的尺度、终极的精度同时呈现出来，我们就是只根据它们本质上永恒的客观价值来评判它们，并与它们相处"，因而，"罗马真的让我们置身于我们的场所之中"[31]306-307。不过，这里存在一个问题，来到罗马的人们何以能认识到罗马的"本质上永恒的客观价值"？ 也许是那些与齐美尔的知识基础相近的人才能做到这一点。

1.1.6　空间的分界与联系

1909 年 9 月 15 日,齐美尔在《日报》上发表《桥与门》一文。事实上,齐美尔更多是倾向于把桥与门当作理解连接与分界这样的空间行为的物质线索,而不是仅仅关注其作为建筑元素的功能方面。文章开篇就论述联系与分隔这样的具有哲学意味的问题。自然界中所有事物既是联系在一起的,又是分离的。事物之间的联系是通过物质与能量之间不间断的转化维持的,但是就事物的存在方式而言,物体仍然被放逐于"空间的无情分隔(das unbarmherzige Außereinander des Raumes)之中",在这里,齐美尔又提到空间的排他性:"没有一个物质粒子可与他者分享它的空间(sein Raum),而且在空间中并不存在真正的多样统一。"齐美尔在此用的是"im Raum",即"in dem Raum",指的是"在这个空间里",即唯一的总体性的空间。可能的意涵是事物的多样统一存在于事物之间的关系之中,而在空间的意义上,个体的排他性是无法克服的。由于自然的存在(das natürliche Dasein)都同样有自我排他性的要求,所以总体来看自我排他性就受到抵制。相形之下,人在分隔事物与联系事物两个方面都享有自由,这是人性与自然之间的明显区别。另一方面,在人类的营为中,分隔与联系并不是两个孤立的行动,而是辩证地联系在一起的,而且是互为预设的[25]55。

"联系"这一行动在人类营为中的体现是在两个处所(Ort)之间建造(anlegen)一条路径,齐美尔认为这是人类最伟大的成就之一。"anlegen"的意思是"为了一个确定的目的生产出某物","建造路径"的意思就是要"在大地的表面(der Erdoberfläche)上把这条路径准确地铭刻出来"。惟其如此,这两个处所才在客观上被连接起来。齐美尔再次提出"路径建造"(der Wegebau)是特别富于人性的成就,并将这个行为视作人与动物的显著区别。唯有人才能将往返于两个场所之间的运动固化为一个固态结构,这个运动从这个结构起始,并在其中结束。这个过程有着内在的驱动,即"连接的意志"(der Verbindungswille),这样的意志最终要为事物赋予形式[25]55-56。在对路径的本质的探讨中,齐美尔引出本文所谈论的对象之一——桥。

桥的建造也属于路径建造的一部分内容。齐美尔认为路径建造这个成就在桥的建造中达到顶点。就桥在空间分隔与联系中的作用而言,人的连接意志面临着空间分隔以及特殊组织(einer besonderen Konfiguration)的问题。齐美尔把空间分隔看作是对连接的被动障碍,这比较易于理解,而把特殊组织看作是对连接的主动抵抗,可能指的是构想能够跨越空间分隔的形式所面临的主观方面的困难。桥的出现表明对这样的主客观障碍的克服,象征了我们跨越空间的意志范围(unsere Willensphäre über den Raum)的延展。在齐美尔的概念里,河的两岸不只是彼此隔开,而是被河流分界了(getrennt)。尽管河的两岸被隔开、被分界,但我们首先还是要在实际的考虑、需要以及幻想中将河的两岸联系起来,否则分界的概念就没有任何意义了。在普遍的意义上,桥的建造意味着:"自然形式"(die natürliche Form)在要素之间设置了分界,而精神战胜了这个分界,将要素联系并统一起来。而在分界与联系的相互作用中,桥更侧重后一方面。这是由桥的目的所决定的。如果河流较宽,就会设置一些桥墩,齐美尔称之为支撑点(Fußpunkt),那么桥就是通过克服这些支撑点之间的距离来达到连接两岸的目的[25]56-57。

通过从普遍现象到桥这个具体建造行动的分析,齐美尔已经说明桥侧重于联系的作用。这一点也引出他对门的作用的分析:与桥的侧重联系的作用相比,门以更为明确的方式表明,分界与联系只是同一个行动的两个方面。门是建筑要素之一,门所起的分界与联系的作用,其实是由建筑空间与世界既有分隔又有联系的要求所决定的。在建筑空间与世界的分隔过程中,门与墙体共同起作用。但是门与墙体的作用并不完全相同。连续的墙体起着完全的分隔作用,门在开启时就使得"人的空间"(das Raum des Menschen)与所有外在事物连接起来,齐美尔认为这是对内部与外

图 1.8　布鲁塞尔萨伯隆圣母教堂大门

部之间的分界的超越;而门在关闭时,给人的隔离感比连续的墙体更强一些。这意味着门是有表现性的,所以齐美尔要说:"墙体无言,而门在言说。"接下来,齐美尔继续将门与桥进行有趣的对比分析。首先,桥将有限者与有限者连接起来,而门作为分界点(Grenzpunkte)在被界定者与无界定者之间总是可以进行交换。其次,在桥上行走的行动中,在人们习惯于此之前,一定会有悬浮于天地之间的奇妙感觉,而当人们明确桥是两点之间的连线之后,就有了无条件的安全感和方向——在桥上行走的行动因而成为例行之事,而当人们踏出门槛,就意味着生命脱离孤立的状态,进入所有可能方向的无限之中。第三,桥集分界与连接于一身,但前一方面更多是作为自然事实(Sache der Nautur)而显现,后一方面更多是作为人的事务而显现;而在门的场合,两个方面都更为一致地集中于人类的成就之上。第四,就行动的方向来看,从哪个方向过桥都不会有意义上的差别;而门在进与出的意向之间展现了完全的不同[25]58。

在门的第四方面特征这个问题上,齐美尔先是将门与窗作比较。值得注意的是,他在这里明确提出了室内空间(das Innenraum)的概念。窗户可以视作室内空间与外部世界之间的连接,但与窗户相关的目的论感觉是由内向外的,且是让人向外看。窗户的这种单纯外向的视觉作用与门的双向的行动与视觉作用是不同的。齐美尔还给出一个特例,那就是哥特式教堂或罗马风教堂的门的处理:正门处的砌体开洞逐渐缩小至门的实际大小(图 1.8)。齐美尔将这样的处理视为一个结构,这个结构的作用显然是引人进入教堂,而不是将人引向外部的什么地方。而且教堂正门的引导性结构也象征了生命的运动[25]59。

桥与门这两种人类建造活动的结果,最终反映了人类存在的本质,即:一方面要将纯自然事物的分隔性统一起来,另一方面也要将自然存在的连续整体分隔开。齐美尔一方面指出人是连接的造物,另一方面也指出人是划界的造物,而连接与划界这两种行动是互为预设的,这一点他在论文开篇即已阐明,而人的卓越之处就在于能够辩证地处理连接与划界这两个看似完全对立的行动。反映在空间的意象上,就有了空间的分界与联系。就空间的分界与联系而言,桥与门有着不同的作用方式,但从生命的运动方面来看,人时刻都在非连续性的事物之间架设桥梁,同样也时刻都站在门里或门外,通过门,生命将它的自为存在(Für−sich−sein)引入这个世界,而且也将这个世界引入它的自为存在。这个事实也表明,人虽然是划界的造物,但本身又不受界限的限制。这是人的形而上学的自由,特别是当人跨越这个界限面向无限的可能性之际,人就走向了自由[25]60,[33]153,347。

1.2　从距离的概念出发

距离(Distanz)一词通常指物体之间的空间间隔。关于距离的描述一般要借助度量方面的规则,不过,距离的一般用法是客观性的。齐美尔先是在 1896 年发表在《走向艺术》杂志上的《社会学美学》一文中使用"距离"这个词的,他注意到艺术风格的内在意义可以诠释为它们在我们和现象之间造成不同距离的结果,其实在这里他已是在涉及心理距离的概念了。7 年后,在《货币哲学》一书中,距离一词获得了新的意涵。齐美尔是在此书最后一章《生活方式》中的"表明不同生活方式的自我与客体之间的距离的改变"一节中引入"距离"这个概念的。在这里齐美尔不仅发展了《社会学美学》中的距离的概念,而且从距离这个概念出发谈论了艺术风格与距离、科学与距离等方面的关系。

1.2.1　距离的相关概念

齐美尔说:"常用来描绘生活要素组织的意象,就是在以真正的自我(das eigentliche Ich)为中心的范围内布置诸生活要素。在这个自我与事物、人们、理念和兴趣之间存在一种关系,我们只可称之为两者间的距离"[34]536。将距离理解为一种关系,可谓思想史上的一个突破。而更为重要的是,齐美尔在这个定义中引入自我(Ich)、人们(Menschen)、事物(Dingen,下文又称之为"客体"即objekt)、理念(Ideen)、兴趣(Interessen)等概念,使得距离的意涵变得更加丰富。

(1)"das Ich"与"die Mensch"。"das Ich",英译作"self",或"ego",意为一个人对自身的意识,或作为独一无二的个体的个人。英译本将"das eigentliche Ich"译作"the individual",其意显得有些弱化。这样的拥有自我意识的个体处在关系的一方,而其他的概念所表示的生活要素处在另一方。在这另一方的生活要素中,人们是由诸多拥有自我意识的个体构成的。齐美尔原本用的是"Menschen",即"人们"之意,英译本作"people",汉译本译作"他人",更突出了人们相对于其中某个自我的外在的关系。若此,齐美尔本可用"andere Menschen",而他只用"Menschen",表明自我仍然蕴含在人们中间[34]536,[35]478,[36]166。因而齐美尔所说的生活要素组织其实是就一个个体而言的。这样,在人们中间,自我自为个体,又互为他人,距离由此而生。"das Ich"与"die Menschen"这两个概念的引入,使得距离一词有了社会学的意义。

(2)客体,德语为"das Objekt",《杜登在线词典》的解释中,第一义有两点,① 是"兴趣、思想专注于其上、行动施加于其上的事物",② 是哲学上的:"物质世界不取决于意识而存在的现象"。英语是"object",根据《WordNet Search - 3.1》,"object"的第 1 义为"可触知的、可见的实体(entity),一个可以投下阴影的实体"。此词典是以"entity"来解释"object"。另据《柯林斯英语在线词典》,"entity"意为"与他物分离而存在的、具有自身特征的某物",即实体,包括生命体和无机物。从"entity"的意涵可以体会到,距离对于独立存在的事物而言是个先决条件。以"entity"解释的"object"相当于"physical body",即"物质物体"。第 3 义是"认识的对象或情感的对象"[37][38][39]。在哲学语境里,"object"一般汉译为"客体",或对象,指的是主体(subject,也就是作为认识主体的人)以外的所有客观存在物,包括自然的存在物、人造的存在物以及他人。齐美尔所说的客体有这样的含义,不过他似乎更强调客体相对于认识主体而言的生存论方面的意义。他说,"对生活的基本需求迫使我们将有形的外部世界视为我们所注意到的最初客体"[34]534。成为我们的客体,就意味着被我们所认知,也有可能被我们所改造。很自然地,齐美尔就此讨论了认识论的问题。在此他提出了"ein beobachtetes Dasein außerhalb des beobachtenden Subjekts"这样一个概念,英译作"an existence perceived outside the observer"。"Dasein",通常指人的存在,或人的生活,在哲学上指的是"纯粹经验上的一个事物或一个人的现有存在"[40]。海德格尔后来是在通常的意义上将"Dasein"作为他的专用术语,汉译作"此在"。齐美尔在此是在哲学的意义上使用这个词的,他说,"对于一个被观察到的、外在于观察者的存在而言,我们用以构想它的概念主要是对这个存在的内容和条件有效的"[34]534。

齐美尔还提出了"我们的内在存在"的概念,即:"usere inneres Dasein",内在的存在可以划分为中心自我(ein zentrales Ich)以及在这个中心自我周围储存的内容(darumgelagerte Inhalte),也就是被中心自我所感知到的事物。前面所说的外在于观察者的存在是外在的存在,而当它被观察者所感知之后就成为内在存在的内容了,而且还可以成为诸多客体的原型(der Typus des Objekts)。而成为我们的客体的每一观念(Vorstellung),都要加以调整以适应这个原型的形式。那么,这个存在就已经概念化了。这涉及客体概念的认识论基础,且带有符合论的倾向。我们可以视之为一种认识论上的协调机制,一方面心灵根据视觉程序做出的解释表明了内在的存在,另一方面也可以根据心灵内在生活的内容对外在事件做出解释[34]537。

　　值得注意的是,"心灵内在生活的内容"并不是纯粹观念上的,而是存在的客观方面在观念上的反映,正因为这样,根据内在生活的内容来解释外在事件才是可能的。在这里,齐美尔提到了"ein relatives Außen",即"相对外在的事物",以及"einem relativen Innern",即"相对内在的事物",汉译本分别译作"相对外在的现象"和"相对内在的现象",是由英译本的"a relatively external phenomenon"(即相对外在的现象)以及"a relatively internal one"(即相对内在的现象)转译过来的。"Außen"与"Innern"都是由形容词转成名词用的,其义一般是原形容词义的名词化,如"外在的"可转成"外在性"或"外在的事物",根据上下文来看,译作"外在的事物"是适合的。齐美尔说,"当相对外在的事物在认识论的基础上与相对内在的事物相遇时,那些有针对性的内在事物就将外在事物构成可理解的意象"。那么在认识论领域,作为整体的客体是由它呈现给我们的基本性质之和所实现的。需要注意的是,这样的客体已不是外在的事物了,而是经过我们的认知机能处理的材料。在齐美尔看来,我们将自我的一体化形式(die Einheitsform)提供给这个客体,它的基本性质正是通过这种一体化的形式呈现出来[34]535,[35]476,[36]164。既然这种一体化形式就是我们的认知机能,那么这个客体的基本性质的呈现就要在我们的认知机能的可能范围之内。通过认知机能的处理,这个客体的基本性质呈现给我们,其总和使得这个客体被认识。其实齐美尔在此想到的是思维与存在同一的机制问题,而且他的观点还是偏乐观的。另一方面,"内容"与"形式"这两个词的含义与我们一般的概念不同,它们并不是就一个事物而言的。这一点可以参考多纳德·列文内的分析。他在《齐美尔论个体性与社会形式》一书的引言中指出,齐美尔的文化理论乃至他的所有思想的出发点就是在形式(form)与内容(content)之间做出区分。对他而言,内容是存在的那些由其自身决定的方面,也就是客观方面,形式是综合的原理,能够从经验的原材料中选择要素并将它们塑造成确定的整体。在某种程度上,形式相当于康德的先验认知机能,但并不只是指认知领域,而是指人类经验的所有方面,且不是一成不变的,而是随时间产生、发展、甚至消失[1]xv。

　　(3)"die Idee",这是源自柏拉图的概念,希腊语为"eidos"或"idea",英译为"forms"或"idea",前者汉译作"形式",后者汉译作"理念",还有汉译作"理型""概念""观念"的。《巴曼尼得斯篇》汉译注者陈康对"eidos"与"idea"作了词源学考察,说此二词出于动词"ideiu",即"看"的意思,由它而产生的名词就是"所看的"。前者是中性形式,后者是阴性形式。陈康认为中文里可译这层含义的字是"形"或"相",不过"形"太偏于几何形状,且意义太板,不易流动,故主张译为"相"[41]39-41。但此种译法会与另外的术语"共相"(univeral)、"殊相"(particular)混淆,单从汉字字面意义上看,"相"或可为"共相",或可为"殊相",并不是确定的。另外,"形"字本身并不只表明是几何性的,也可以表明是非线性的或是自由的。事实上,术语翻译的原则最终要看原文术语所指的事物,并以母语所表述的相应事物与之对应,如果在母语语境中无相应事物,也可音译。由于历史方面的原因,所译术语尽管词不达义,但如果人们已习惯用它,并也已明白它所指事物的意义,也是可以的。因而,关键在于明了术语所指事物的意义。在柏拉图那里,"eidos"或"idea"是一个先验的实体,一个实在的形式,是理想世界中的事物,现实世界中的事物是其不太完善的摹本[42]388。在汉语中,的确没有与之相对应的表述,或可以"艾多斯"音译之,或可沿用"理念"这一通译。

　　齐美尔一方面接受柏拉图的理念,把它设为认识论的前提,不过,他似乎更在意柏拉图理念世界的理论价值。特别是他将理念作为生活要素之一,更是迥异于柏拉图的先验的理念。他在对文化的物质产品的论述中指出,在家具、培植的植物、艺术作品、机器、工具、书籍等文化的物质产品中,自然材料被塑造成凭其自身力量永远不能实现的形式;这些文化产品是我们自身的欲望与情感的产物,是诸理念的结果,而那些理念则利用了客体的可以利用的可能性。从"欲望""情感""理念"的并列关系来看,齐美尔所谓"理念",并不是独立于人的实体。当他谈到人的所有作为的实质的时候,理念的意义就更明确了。他说,"这个知识理念所特有的存在方式,作为一个标准(Norm)或整体与我们事实上的知识相对,就像道德价值与准则的总体为个体的实际作为所接近一样"[34]503,507-508。由此可见,齐美尔所谓理念带有另一层含义,即:由人所构想出的完美的标准,与"理想的形式"(ideal)相通。这一点其实也预示了20世纪后期布鲁斯·昂的形而上学关于理念的理解,是极有意义的[43]48。

　　(4)"das Interesse",即"兴趣",一般是指人对某些事物的关注与好奇,也指引起人的关注与好奇的事物。齐美尔是从文明进展的角度看待兴趣的。他指出原始人的活动是由一系列简单的兴趣构成的,所需手段也相对较少;就获取食物而言,原始人是直接以此为目的而努力,而在高级文明里,获取食物这个因素却变成连续的、多方面相关的诸多目的了[34]481。不过,原始人应是出于需要去获取食品的,那可能还不是个兴趣问题。而在高级文明里,获取食物的过程有可能是伴随着兴趣的。在兴趣的概念里,对事物的关注既可因现实的目的而起,亦可由好奇而生;而对事物的好奇就不一定要有什么确定的目的,而更多是与单纯的兴趣联系在一起。

　　在了解包括客体、人们、理念和兴趣在内的生活要素的复杂内容之后,我们不难理解自我与诸生活要素之间的"关系——距离——复杂性"。不过,齐美尔通过客体的客观性、我们内在存在概念的分析以及距离的直观象征等问题的探讨,特别是通过艺术问题的说明,距离的概念显得明晰起来。齐美尔说,"无论客体对我们而言会是什么,它都会向我们的兴趣与关注的范围的中心或边缘靠近,而其内容保持不变;但这并不会造成我们与这客体的内在关系的改变"[34]536。换句话说,一旦某个事物成为我们的客体,我们就会关注它,对它感兴趣,尽管程度有所不同,但这客体的内容不变,我们与这客体的内在关系也不变。可见,齐美尔对客体的客观性有明确地认识。

　　如前所述,齐美尔将我们的内在存在区分为中心自我以及一系列围绕它的内容两个方面,而这一系列围绕自我的内容与客体的内容之间存在一定程度的对应关系,即:这一系列围绕自我的内容应是指自我所感知到的客体的内容。通过这样的概念分析,齐美尔探讨了距离-自我与客体内容关系的认识论基础。他说:"从一开始,当我们将我们的内在存在区分为一个中心自我,和一系列围绕它的内容时,就创造了一种对语言上难以表达的事物状态的象征表现。"这让我们联想到原始象形文字产生的状况。所谓"语言上难以表达",应是指难以用拼音文字表达。用音响符号来指代具体事物,显然经过了主观处理,其任意性引发弗迪南·德·索绪尔(Ferdinand de Saussure,1857—1913)和雅克·德里达(Jacques Derrida,1930—2004)的反思,乃是后话。齐美尔强调象征表现,认为只有通过自我与客体内容之间的距离的直观象征(schauliche Symbol),才能描述自我与客体内容之间的关系[34]536-537,其实是在避开语言表述的间接性问题。事实上,齐美尔就是以一种直观意象的方式来为"距离"下定义的。这样,以"距离"指代的关系,是基于距离本义的关系。

1.2.2　艺术风格与距离

　　齐美尔在论及自我与诸生活要素的问题时,距离的主要义涵是关系,但随着论题的深入,距离一词有时又恢复了空间性的意义,有时又带有心理的因素。在 1896 年的《社会学美学》一文中,齐美尔已经谈论了艺术风格(Kunststil)与距离的问题。德语中"Stil"即"风格"之意,根据《杜登在线德语词典》,在建筑、造型艺术、音乐、文学等领域中,"Stil"指的是本质性的、有特点的、典型的表现形式、造型方式、形式与内容的倾向等方面[44]。在艺术史上,一般将艺术风格视作一个艺术家、一组艺术家或一个时期所特有的表现事物的方式。齐美尔在文论中对艺术风格问题多有涉及,甚至在 1908 年以《风格问题》一文对此作专题讨论。

在《社会学美学》一文中,齐美尔认为:"艺术风格的内在意义可以解释为它们在我们与事物之间所产生的不同距离的结果。所有艺术形式都改变了我们起初自然而然地看待现实的视野"[45]151。这个论断表明,艺术对现实的表现形式与我们对现实的自然而然的视觉经验之间是有差异的,也正是由于这样的差异,艺术风格使我们与事物在不同程度上产生距离。接下来齐美尔论述了艺术的两方面作用:"一方面艺术让我们接近现实,让我们直接面对现实所特有的、内在的意义,在冷峻陌生的外部世界(Außenwelt)后面向我们彰显存在的生动品质,由此存在相近于我们并为我们所理解。另一方面,每一种艺术都与事物的直接性保持距离(Entfernung)。于是它就弱化了具体的刺激,并在这些刺激与我们之间引入一种帷幔,就像环绕远山的蓝色调子一样"[45]151-152,[46]77。这其实说的是通过艺术处理,我们与物质事物之间保持一定的距离,而艺术处理的方式则是由艺术风格决定的。在这里齐美尔谈了两种艺术风格,即自然主义艺术(die naturalistische Kunst)以及风格化艺术(die stilisierende Kunst),其区别在于,前者倾向于在世界的每一个微小要素中发现其内在意义,而后者则要在我们和对象之间设置与美和意义相关的预先的假定[47]。

在《货币哲学》中,齐美尔仍然延续了他对艺术风格的大的类别上的划分。在分析卷第二章《货币的核心价值》"与纯粹概念相互限制的现实"一节中,他指出艺术史上的两种倾向,一是自然主义倾向(die naturlistische Bestrebung),一是风格化倾向(die stilissierende Bestrebung)。在艺术史上的每一个特定阶段,这两种倾向都是混杂在一起的[34]148。在艺术史领域,自然主义有两方面含义:狭义的自然主义指的是 19 世纪法国及美国的艺术运动,一些艺术家和作家努力进行有详尽现实细节的、符合事实的描绘或描述,反对浪漫主义的风格化与理想化的主题表现;广义的自然主义泛指艺术与文学中忠实于事实的描绘或描述的倾向,与现实主义是相通的。从艺术史的角度来看,诸多艺术风格各具独特地表现方式,特别是浪漫主义的风格化与理想化的主题表现,几成定式;而艺术中的自然主义或现实主义则倾向于关注对象精确的细节,如其所是地描绘之。这可能只是一般的看法,多少有些简单化了,但在齐美尔那里,简单化的看法是受到质疑的。

在《货币哲学》综合卷"自我与客体距离的变化——生活方式改变的表现"一节,齐美尔对自然主义的真实再现性问题采取一种辩证性的态度。关于自然主义对风格的拒斥,齐美尔并不以为然。对他而言,与客体保持距离,也就是疏离,才是有意义的。他坚持认为,单是风格的存在这件事本身就是疏离最有意义的例证。像自然主义或现实主义所主张的那样,艺术表现忠实于现实,其实是难以做到的。他说:"……一个时代所认定的所有忠于现实、真实地表现现实的事物,在以后的一个时期看来是充满偏见的,也证明是假的,而这后一个时期又声称如其所是地表现了事物"[34]538。这样的观点向我们揭示了自然主义或现实主义的相对性,也表明其最终不能摆脱主观性。

而对艺术风格,齐美尔持有积极的态度,他将风格视为我们内在情感的表达,也将风格视为特殊现象的普遍形式,而风格的作用正如帷幔一样,给这些情感表现的接受者们强加一道屏障,使他们与所表现的事物保持一定的距离。这样,风格的作用也遵从了所有艺术的基本原则。正是从艺术风格的疏离作用出发,齐美尔赋予艺术风格以积极的意义。由此他也看出,即使是旨在克服我们与现实之间的距离的自然主义,也要遵从艺术的这个基本原则:通过让我们与事物保持距离,让我们更接近事物。他甚至说,自然主义也是一种风格,它也以十分明确的预设和需求为基础,组织并重塑直观印象[34]537。这让我想起阿多诺在《当今功能主义》一文中的一句话:对风格的绝对拒绝本身就是一种风格[48]8。此语用在自然主义身上,真是再适合不过了。而且齐美尔认为,如果我们注意到自然主义对日常生活中平淡无奇事物的喜好,自然主义也会产生与事物的明显的距离[34]538。可以说,齐美尔在艺术上采取了一种宽容的态度。

齐美尔的这种宽容态度,在这之前的《货币哲学》(分析卷)中已有所体现。在分析卷第二章《货币的核心价值》"与纯粹概念相互限制的现实"一节中,齐美尔还谈论了生活因素与其对立面之间的辩证关系。在他看来,有时一个因素稳步增长,而另一个因素却在下降,以致事物发展的趋势显得是一种因素最终将取代另一种因素。而一旦这种情况发生,另一种因素的所有迹象都会消失,它所取代的因素的效用和意义也相应地瘫痪[34]147。那是一种无意义状态,也是一种可怕的状态,却是一些极端的主张所未曾料到的。齐美尔对此持批评的态度。他以个人主义的社会倾向(individualistische Gesellschaftstendenz)与社会主义的社会倾向(sozialistische Gesellschaftstendenz)这样两个对立面为例加以说明,他认为,社会主义与个人主义是相辅相成的:社会主义措施的整体成功,在于它们被引入到个人主义的经济体制之中;而个人主义措施的意义则在于集中化的社会主义机构继续存在这样一个事实。他的一个十分重要的观点是,双方的此消彼长只能是相对而言的,一方的相对增长并不证明其完全取代另一方是合理的[34]148。

让我们再回到艺术史的问题上来。前面已经提到,齐美尔将自然主义和风格化视为相反的倾向。这里需要说明的是,英译本将"die stilissierende Bestrebung"(风格化倾向)译为"manerism",即手法主义[35]165。手法主义是意大利文艺复兴晚期的讲求风格的艺术流派,在建筑艺术上也有所反映。不过,齐美尔所说的风格化倾向是泛指的,手法主义只是这种倾向中的特定部分,因而英译本的译法是不妥的。

如果说自然主义贴近现实的话,那么风格化倾向更关注理想的形式。齐美尔认为,从现实主义的观点看,艺术通过客观要素的发展而臻于完美,但当这成为艺术作品的唯一内容时,日益增长的兴趣就突然消失,因为艺术作品不再与现实有什么区别,会失去其作为特殊存在(Soderexistenz)的意义。另一方面,虽然加强普遍化要素以及理想化要素可以使艺术暂时更高雅,但是理想主义被认为是以更为纯粹的、更为完美的形式来表现现实,所有个性化的偶然性事物都被去除,结果就导致与现实的关系的完全丧失。可见,无论是自然主义,还是风格化倾向,都不能完全取代对方,两种极端的状态,即艺术与现实没有任何区别(那意味着艺术不复存在)的状态,以及艺术完全脱离现实的状态,都是不可能存在的。这样我们可以理解齐美尔的更具普遍意义的论断:"在艺术发展的每一特殊阶段,对现实的直接反映(bloße Abspiegelung der Wirklichkeit)与主观的重构(subjektiv Umbildung)都混杂在一起。"可以说,他是由自然主义倾向推及"现实的直接反映";由风格化倾向推及"主观的重构"的[34]148。

让我们再回到《生活方式》一章中。在"距离增加与减少的现代倾向"一小节中,齐美尔继续对艺术的距离问题加以分析。在这里,距离似又恢复了本义。值得注意的是,齐美尔提到那些在时间上和空间上都十分遥远的艺术风格,它们对"我们时代(即齐美尔所处的时代)的艺术感"产生巨大的影响。齐美尔处在19世纪与20世纪之交,就艺术的发展传递给他的信息而言,19世纪的艺术潮流可能是主导性的。在那些艺术潮流中,有反对工业文明、抵制启蒙思想、意图复兴中世纪精神的浪漫主义;有主张忠实表现现实的现实主义;有不满于学院派注重以理想化的惯用手法描绘历史题材或神话题材的印象派;有通过微妙地、暗示性地使用高度象征化语言表现个人情感经验的象征主义。总体来看,齐美尔对印象派和象征主义持赞赏的态度,特别是美术和文学里的象征主义,其关键在于能使我们与事物实质保持一定距离。由于有了这样的距离,我们就能感受到"片断、纯粹幻象、格言、象征、未成定式的艺术风格"所带来的魅力,这些形式"仿佛在很遥远的地方对我们言说"。这样,我们接触现实,就并非胸有成竹,而是浅尝辄止[34]538。

　　齐美尔一直强调艺术的保持距离的功用,并不是说艺术阻碍我们接触事物实质,而是说艺术表现不应过于直白。所以他要说:"我们极为精致的文学风格避免直接说出对象,而只是用语词触及它们偏远的角落,它所把握的并非是事物,而只是围绕事物的帷幔"[34]539。现在让我们再回到"在时间和空间上都十分遥远的艺术。"齐美尔想到"非同寻常的刺激"(ungeheuer Reiz),那是在时间与空间上都十分遥远的艺术风格对现代艺术感觉所产生的刺激。遥远的事物激发许多生动的、活跃的想象并满足人们对刺激的多方面需求[34]538。在《社会学美学》中,齐美尔也提到"在空间和时间上都十分遥远的文化和风格"[7]153。从后期印象派的作品中,可以看到梵·高对日本艺术的理解,高更对太平洋列岛土著人生活的表现,也可以体会到某种原始的活力。而这些在空间上遥远的事物隶属异域文化,与在时间上遥远的事物一样,都是超越西方古典传统的,也都是学院派绘画所缺乏的。齐美尔对遥远事物的回溯可以视作本雅明"返回遥远的过去"的主张的先声。[49]4 更有意义的是,齐美尔将对于遥远的事物的兴趣视作现代的显著表征。

　　在《货币哲学》中,通过对艺术现象的考察,齐美尔分析了我们与客体之间的关系,涉及距离的多重义涵。齐美尔在论及所有艺术都与事物目前状况保持一定距离的时候,用的是空间性的意象;当他表明艺术风格的内在意义乃在于在我们和客体之间产生不同距离的时候,这里的距离指的是关系;当他提出"通过让我们与事物保持距离,从而让我们更接近事物"这一所有艺术的基本原则(Lebensprinzip)时,这里所谓距离应是心理上的,尽管他没有使用"心理距离"这个术语,那是要在 12 年之后,由英国美学家爱德华·布洛(Edward Bullough, 1880—1934)在《作为艺术因素与审美原则的"心理距离"》一文中提出。问题的关键在于,齐美尔所说的所有艺术的基本原则正体现了艺术的双重性,在此,齐美尔几乎是重复了《社会学美学》中的看法,即:一方面艺术与事物目前状况保持一定距离;另一方面又使我们更贴近现实,使我们与其特别而至为内在的意义有更为直接的关系。[34]537,[45]151

1.2.3　科学与距离

　　齐美尔还注意到,距离的象征所体现出的内在倾向(innere Tendenz)远远超出美学领域。这种内在倾向其实就是主观主义(Subjectivismus),在哲学和科学领域都在起作用。哲学上的唯物主义原本主张可以直接领会客体,而主观主义或新康德主义理论认为,在客体被认知以前,要经过心灵这个媒介的反映与提炼。在论及科学时,齐美尔主张要结合伦理方面的考虑,他想到的是要让科学行动超越作为手段的纯技术层面,为此,要从更高的原则来加以指导,这些更高的原则通常是宗教性的原则,与感官的直接性没什么关系。从伦理学的角度来看,宗教性的原则亦是人自我控制的方式之一,根据宗教性的原则对科学行动加以指导,其实也是对科学行动加以控制。齐美尔还注意到专门化的复杂工作,各个方面都要求整合与归纳,这是对一种能够总揽所有具体细节的距离的要求,这是一种鸟瞰的视野,先前只能接触到的事物现在也变得可以理解了。事实上,齐美尔所说的主观主义并不是无视客观存在的,它一方面强调我们的内在本性,但另一方面它也表明了一种谨慎,齐美尔称之为"更为有意的谦虚"(bewußtere Scham),它慎言终极事物,也慎于赋予显示其内在基础的状况以一种自然主义的形式[34]539-540。

齐美尔主张辩证地看待现代科学与世界之间的关系。他说,我们和客体之间的无限距离已经被显微镜和望远镜所克服,但是就在这些距离被克服之际,我们才开始意识到这些距离。现在来看,前一个陈述显然是乐观了些,不过,就齐美尔所处时代而言,这个陈述是可以接受的。问题的关键在于,在我们了解这些距离的无限性之前,我们和客体之间的距离显得更近一些,所以齐美尔说,在神话主宰的时期,人们对自然持有神人同形同性论(Anthropomorphisierung)的一般而肤浅的知识,尽管那些感受和信念是错误的,但是人们和客体相距比现在要近一些。科学的发展就意味着,那些洞察自然内在方面的聪明方法逐渐取代人与自然的那种熟悉的亲近关系,由此齐美尔发现了一种悖离:外部世界的距离被克服得越多,精神世界的距离就增加得越多。齐美尔还提到一些确保那种亲近关系的因素,如希腊诸神、根据人的脉动和情感对世界的解释、对于人类福祉(das Wohl des Menschen)的目的论思考等[34]540。其中,对于人类福祉的目的论思考至关重要。齐美尔对科学所导致的外部世界距离之克服有一种无可奈何的情绪,但他还是要关注精神距离的增加,其实他是在提醒世人要明确科学的工具性地位。如果专注于科学事务,疏于进行与人类福祉相关的目的论思考,那结果真是遗害无穷的。我们从齐美尔对距离的相关论述中可以体会到一种不安,从 20 世纪的历史性灾难来看,他的不安并非是杞人忧天。

1.3 节奏和对称:理性对物质环境的投射

自然事物以各自的节奏进行各自的运动,有些事物以对称的形态展现自身。节奏与对称所体现的事物在时间与空间上的规律性给人们带来启发,最终与理性认识联系起来,反映在人们的生活中,也反映在人们对物质环境的营造中。我们也可以将节奏与对称视作理性对物质环境的投射。作为一位具有很强的空间意识的社会学家,齐美尔在《货币哲学》一书中,将节奏视为生活方式的决定因素之一,并揭示了文化发展过程中从早期的节奏的简单规则性向晚期的连续或非规则性的演变。对称则是节奏在空间方面的体现。

1.3.1 关于节奏

在《货币哲学》的"综合卷——生活方式"一章中,齐美尔分析了节奏(Rhythmus)这个概念,并将节奏与距离称为生活方式的两大决定因素。根据《杜登在线德语词典》,"Rhythmus"的基本意涵应是第二义,即"经过有规律划分的运动,周期性的变化,有规律的重复";第一义是这个基本意涵在音乐以及语言学中的体现;第三义指的是造型艺术作品中的划分,特别是建筑作品通过有规律重复而确定的形式,也可以说是这个基本意涵在造型艺术中的体现[50]。这样,节奏既可以是时间上的,也可以是空间上的。不过,齐美尔对节奏的描述用的是时间上的类比,而不是空间上的类比。在他看来,生活内容的前进或后退都依照一定的节奏,不同的文化进程也都各有其节奏。他还提到不同的文化纪元对此类节奏的喜好或破坏,也提到金钱是否不仅通过其自身的运动,而且也通过强化或弱化生活的周期性,参与到这个过程之中[34]552。

对前一个问题,也许可以这样理解:如果某个文化纪元喜好其文化进程的节奏,那么这个文化纪元就会持续下去;如果某个文化纪元破坏了其文化进程的节奏,那么这个文化纪元也就终结了。至于金钱所起的作用,齐美尔在此所论不多,主要是说自给自足的原始经济与以后文明社会在消费方面的差异:原始经济的本质特征是在盈余和匮乏之间的直接转化,而文化的夷平效用在于,既保证一年到头大致可以等量获得生活必需品,又通过货币的手段减少不必要的消费,即:将盈余转化为货币。另一方面,用货币可以在任何时间买任何东西,个体的情绪以及对个体的刺激都不再依赖节奏[34]554,这意味着货币可以打破固有的生活节奏。

自然万物都以一定的节奏运行,从昼夜交替、季节变幻,到各类生命周期,莫不如此。如果自然固有的节奏有所突变,那大概是出于灾变的缘故。而唯有人类随着文明的进展,对自己的生命周期和生活节奏都进行不同程度的改变。齐美尔意识到现代技术对生活的自然节奏的改变,比方说现代通讯、人工照明、印刷术等技术手段,使人的活动超越空间与时间上的限制,但他并不认同从生活方式内容的节奏到实现都不受任何限制[34]555。

　　7年后,在一篇关于威尼斯的文章中,齐美尔将威尼斯所特有的节奏作为这座水城的特征之一。不过,齐美尔在对威尼斯的审美判断方面总体上持一种批评的态度,威尼斯的节奏对他而言也尽显负面的意涵。他说,“可能没有一座城市的生活如此完全地以一种速度(Tempo)展开”。造成这种状况的原因是贡多拉(die Gondeln),这种在威尼斯的运河上行驶的狭长平底小船,“完全跟随着行人的步伐和节奏”,在齐美尔看来,这一点也是人们久已感觉到的威尼斯的“梦幻特征”的真正原因。这是因为,如果心灵总是处于某种持续的影响之中,那就会保持一种平衡状态,同理,如果我们持续接受统一的印象,那么我们就会被催眠。而现实之所以使我们惊愕,是因为外部存在的多样性会给感觉带来变化,反过来,感觉上的一个变化也表明一个打破其静止状态的外部存在[51]。

　　齐美尔从心理分析的视角出发,向我们说明梦幻与现实在感觉机制上的差异。正是贡多拉在运河上的行驶这个让我们不断感受到的单一的节奏,“将我们带入不真实的朦胧状态”。清醒和刺激是我们感知整体现实所需要的,而威尼斯节奏的单调不让我们清醒,也不给予我们这样的刺激,“驱使我们来到梦境,在其中围绕我们的是事物的显像,而不是事物本身”。接下来齐美尔深入地分析了威尼斯城市意象的虚假性特征。在他看来,灵魂有其自身的规则,它自觉地通过这座城市的节奏产生一种情境,而这座城市的审美意象也在客观的形式中给予同样的情境。这意味着灵魂在最高级的、反思性的以及鉴赏性的层次上还保持活力,而城市的全部现实就像在偶然的梦境中让位于一旁。这些层次脱离了真正生活的实质与活动,却又构成了我们的生活,这就是威尼斯谎言的内在原因[51]27。这里也会引发另一个问题,齐美尔的这些分析其实是源自他作为旅游者的感受,而生活在威尼斯城中的市民的感受又是如何呢?

1.3.2　节奏与对称:理性的表现

　　在《货币哲学》的“节奏与对称的序列与共时性”一小节中,齐美尔指明了节奏与对称(Symmetrie)的关系:节奏可定义为时间上的对称,一如对称可定义为空间上的节奏,这样,节奏与对称就通过时间与空间联系起来。至于两者之间的差别,齐美尔说,在对原材料进行各类构形之始,节奏呈现于耳,对称呈现于眼睛,其实这也是对称之空间属性所使然[34]556。在《社会学美学》一文中,对称就已经是齐美尔所关注的主题之一。他认为对称产生于所有审美动机开始之际。他说,“为了让事物有理念、有意义,处于和谐的状态,人必须首先为事物对称地赋形,构成整体的部分要彼此均衡,还要匀称地围绕一个中点布置。于是,当面临纯自然形态的偶然与混沌之际,人的创造力就以最迅速、最显而易见也最直接的方式得到说明”[45]145。在《货币哲学》中,齐美尔还是沿用了上述的对称的概念,并进一步说明,“对称是理性主义力量的最初表现(der erste Kraftbeweis des Rationalismus),它将我们从事物的无意义状态以及对这种状态的简单接受中解脱出来”[34]556。显然,齐美尔将对称视为人赖以创造事物、理解事物的理性原则,带有先验的属性,与自然的混沌状态相对立。

　　如果以我们现在对自然的理解,是不会赞同这种对立的。自然形式既有任意性的,也有合规则的、对称性的,还有后来由数学家们发现的复杂的分形。将自然形式归结于任意的和混沌的,显得有些片面。而对称的形式，也并非人们凭空臆造，而是自然形式中的一类。我们可能给出的比较合理的解释是，人们对于自然中的对称现象有所经验，也有所领会，并将其引申为认识事物、创造事物的一种方式。而齐美尔将对称视为"理性主义力量的最初表现"，应是在探讨早期人类超越自然之际的可能路径。理性作为人进行合理思维、推理或分辨的能力，是人成其为人的标志。理性成为人的自觉，对人的认识而言是个开端，至于人何以能有这样的自觉，则有先验论及经验论之别。这是个极为复杂的问题，在此不作深究。早期人类对自然的认识能力尚属低下，自然对人而言显得神秘莫测，这样，断言自然形式是任意的、混沌的，就不无道理。为什么齐美尔要将对称作为理性力量的最初表现？这一方面与视觉作为首要的感知能力有关，从希腊语"看"的词根（ε ιδα）衍生出"艾多斯"（ε ιδοs）或"理念"，就可看出这一点。因而理性的意识很有可能首先是与形式联系在一起的。而为什么是对称的形式？这起初可能是出自人们对自身形象的对称性的理解。另一方面，就形式而言，对称的部分可以互为印证，较易于成为早期人类据以认识自然形式、表达想象的形式的有效工具。

1.3.3 对称形式：乌托邦

齐美尔在《货币哲学》中分析了对称形式的性质及其在社会结构、物质环境形成等方面的作用。他先是探讨了早期聚落的布置，那是原始人类对于对称性的运用。他以百家村（Hundertschaften）为例加以说明：那些有智识的人通过对称的布置方式，将大众置于一个可见的、可以控制的形式（überschaubare und lenkbare Form）之中。对称的结构之所以被视为可以控制的形式，是由于它的源起完全是理性的。所有的部分围绕一个中心点对称地布置，那么这个中心点就有极强的支配性。齐美尔指出，对称的结构"便于从一个有利的点控制群众"，这个有利的点就是对称结构的中心点[34]556。

齐美尔也提到一种状态，即事物部分的内部结构与边界都是不规则的，也是变动着的，那其实是非对称结构。虽然对此他没有深究，但与他所描述的对称结构相比，其特征是显而易见的。如果我们将对称结构视为简单结构，那么非对称结构就是复杂结构。齐美尔认为，通过一个具有对称结构的中介，推动力可以较少阻力地加以传输，也较为容易地加以算计。由此可以得出这样的意象：处在中心位置上的控制者可以通过对称形式的简明结构，将其推动力便捷地传递到处在这个结构中的每个人。齐美尔又说，如果客体和人都处在对称结构的束缚之下，都可以获得理性的对待。这可能是一种理想的状态，至少是那些有智识的人或权力集团所愿意去设想的状态。在齐美尔看来，独裁和社会主义都强烈地倾向于对称的社会结构，因为这样的结构表明一种很强的社会中心化，这种中心化需要将社会要素的个体性、社会形式与社会关系的不规则性都还原至一种对称的形式[34]556。

接下来，齐美尔举了一些例子，就对称形式在社会上的应用作出说明。他说，"路易十四把他的门窗都对称地设置，结果损害了他的健康。类似地，社会主义乌托邦总是根据对称的原则建构其理想城或理想国的诸单元；其局部区域和建筑物都在一个圆形或方形内布置"[34]556-557。此处行文诡异，令人费解。路易十四可谓独裁专制的代表，他的凡尔赛宫有着大致对称的格局，"他的门窗"指的是他的宫殿的门窗，还是指他居室的门窗？就"损害他的健康"一语来看，应是指他的居室的门窗，因为与整个宫殿相比，居室与他的身体的关系更切近一些。而门窗的对称如何影响到身体的好坏，似乎难以说明白。这倒在其次，关键是这样的问题与此部分主题不相干。也许齐美尔在此开了一个玩笑。

关于社会主义乌托邦，齐美尔以托马斯·康帕内拉（Tommaso Campanella，1568—1639）的太阳城(Campanellas Sonnenstaat)、弗朗索瓦·拉伯雷(Francois Rabelais，1493—1553)的特拉美修道院(Rabelais Orden der Thelemiten)、托马斯·莫尔(St. Thomas More，71478—1535)的乌托邦(Morus Utopie)作为例说。这些理想社会的物质环境都贯穿了"对称-有节奏"的理性构成原则，即使是取消时钟、事情的发生取决于需求和时机的特拉美修道院，建筑布局仍然是绝对对称的：一座六边形的巨大建筑，每个角上都有一座直径有六步长的塔楼。齐美尔指出，这些社会主义蓝图的普遍特征以一种不太精致的形式表明，在克服了非理性的个体性抵抗之后，人类活动的和谐而稳定的组织具有一种很深的吸引力[34]557。

　　齐美尔对于"对称-有节奏"的形式(die symmetrisch-rhythmische Gestaltung)还有两个陈述，其一是：对称-有节奏的形式是最早的、最简单的结构，通过这个结构，理性(Verstand)将生活材料风格化，并使之可以控制，易于同化；其二是：对称-有节奏的形式是理性借以渗透到事物中去的最早的模式(das erste Schema)。相形之下，第二个陈述合理一些。这是因为，从建筑历史的角度来看，最早出现的聚落形式并不是对称的，对称的形式只是局部的或单体的，而能够以对称的方式组织建筑组群关系，是较为晚近的事。虽然齐美尔将对称-有节奏的形式视为人的理性的自觉，但是他也意识到这样的形式对生活方式的意义和理由的限制。他指出："它(即对称-有节奏的形式)在两方面是压制性的：首先是与人类主体有关，其冲动与需求总是源自一种与一个确定计划的快乐而意外的协调，而不是来自一种预先设定的协调；其次，同样重要的是，与外在现实有关，其力量及其与我们的关系只能强制整合进这样一个简单的框架(Rahmen)中去。"在与人类主体相关的方面，预先设定的协调体现出一定的自主性，而与一个确定的计划相协调，就体现出一定的强制性，尽管这种协调是"快乐而意外的"；在与外在现实相关的方面，外在现实的各种力量、外在现实与我们的关系都是丰富的、复杂的，以对称-有节奏的形式这样一个简单的框架去包容如此复杂的关系，其压制性可想而知。理解了这一点，对于对称-有节奏的形式就会有较为中肯的看法。齐美尔也意识到一个明显的相互否定：自然并非如心灵(Seele)所想的那样对称，而心灵也并非如自然所想的那样对称。其实他是在提醒我们，不必僵化地看待对称的形式，而相对于自然与心灵的多样性而言，对称的形式显然是不充分的。如果硬要以对称的形式去套自然与心灵，显然是不合适的。由此，齐美尔发现，以系统方法强加于现实之上的所有暴力行为与不充分之处(alle Gewalttätigkeiten und Inadäquatheiten)，皆归因于生活内容形成中的节奏与对称。如果齐美尔就此结束他的论述，那么他的批评可以视作对现代性的批评，是极为超前的。然而，他还是接受了那些暴力行为，诸如个人将他自己存在的形式和法则强加在他人、强加在客体上，对他人、对客体加以同化；更为优秀的人在使诸多客体服从他的目的和权力的过程中，能够公正地对待诸多客体的独特之处[34]557。如果说前述个人之所为属于简单的暴力行为，那么更为优秀者之所为就显得高明多了——那是由智慧引领的暴力行为。齐美尔说，将理论世界和实践世界纳入我们所提供的框架中去，是人的杰出品质，而这杰出品质应是由更为优秀者所具备的。不过，齐美尔转而指出，更为高尚的是，要认识到诸事物的独特规律和要求，并通过遵循这些规律和要求，将诸事物整合进我们的生存和活动里[34]557-558。这样，齐美尔还是希望在人所预设的理性框架与诸事物的客观规律之间达至一定的平衡。在某种意义上，齐美尔保持了一种谨慎的乐观主义，而从哲学史的角度来看，他所处的时代可谓乐观的时代，能有这样的谨慎态度，诚为可贵。

1.4　城市、建筑与室内：美学的思考

　　美学问题以及艺术哲学问题一直是齐美尔所思考的问题，相关文论几乎贯穿了他的整个写作生涯。根据苏黎世大学社会研究所汉斯·格塞尔教授所辑录的齐美尔著作年表，齐美尔早在

1882 年就对音乐做出心理学与民族学方面的探究，此后的相关文论有：《作为诗人的米开朗基罗》（1889）、《作为体裁家的摩尔特克》（1890）、《勃克林的风景画》（1895）、《社会学美学》（1896）、《康德与歌德》（1899）、《施特凡格·奥尔格——艺术哲学研究》（1901）、《重力美学》（1901）、《面容的审美意义》（1901）、《画框——一种美学探究》（1902）、《审美定量性》（1903）、《时尚的哲学》（1905）、《利奥纳多·达·芬奇的最后的晚餐》（1905）、《关于艺术的第三维度》（1906）、《康德与歌德》（1906）、《佛罗伦萨》（1906）、《叔本华美学与现代艺术观》（1906）、《基督教与艺术》（1907）、《威尼斯》（1907）、《废墟》（1907）、《关于艺术中的现实主义》（1908）、《风格问题》（1908）、《饰物心理学》（1908）、《桥与门》（1909）、《罗丹艺术与雕塑艺术的动作动机》（1909）、《景观哲学》（1913）、《为艺术而艺术》（1914）、《伦勃朗研究》等研究伦勃朗艺术的文章（1914）、《艺术哲学研究》（1914）、《关于艺术中的死亡主题》（1915）、《艺术哲学片段》（1916）、《纪念罗丹》（1917）、《艺术作品的规律性》（1917）、《德国风格与古典风格》（1918）、《现代文化的冲突》（1918）、《肖像问题》（1918）等。齐美尔还有两篇关于建筑与城市的重要文章《柏林贸易博览会》（1896）、《罗马》（1898），格塞尔没有辑录在内。从这些论文标题可以看出，齐美尔的美学研究主要是关于造型艺术方面的，而且对城市、建筑、室内、家具乃至陈设等方面的审美问题都有论及。特别是他的《罗马》《佛罗伦萨》《威尼斯》等3篇文章，堪称关于意大利名城的三部曲。作为一个社会学家，齐美尔在这三部曲中并没有像在《大都市与精神生活》中那样谈的是现代大都市对个体的人的影响，而是从美学的角度加以分析，他一定是受到这3座历史悠久的充盈艺术气息的城市之美地感染。而明确地以城市作为美学分析的对象，在西方美学史上并不多见。从他对建筑的美学分析中，我们也可感受到一种超前而又宽容的现代性的意识。

1.4.1 要素与整体：泛审美论与自发性

在德国古典美学传统中，美学思考一般是针对单一的对象或是以类为对象展开的。当涉及到建筑的美学问题时，或是将建筑作为一个概念来看待，在较为抽象的层面上谈论一般性的问题；或是将某种类型的建筑作为分析的对象，在相对具体的层面上加以讨论。康德、谢林以及黑格尔的美学基本上是沿循这样的路径展开的。而叔本华将美学对象与其形而上学体系结合起来，包括艺术对象的所有事物就是意志在不同层级上的客体化[32]191-192,295-296。齐美尔则更进一步，在《社会学美学》（1896）一文中提出了"泛审美论"（ästhetische Pantheismus），同时也注意到人的审美接受的问题。这样，世界从整体到局部都具有绝对的审美重要性，而且对于训练有素的眼睛而言，美的整体性以及世界作为一个整体的完整意义都通过每一个单一的点发散出来。这种对审美对象分级的拒绝，可以说是对现代美学的一个重要贡献。在他看来，审美观照和审美解释的本质是，独特的事物强调的是典型的事物，偶然的事物显得是正常的，表面性的事物以及飞逝的事物代表的是本质性的、基础性的事物。甚至最底层的、本来就丑陋的现象也可化解进色彩和形式的关系中，感觉和经验的关系中，从而有了激动人心的意义。关键在于人们对于事物的感受与态度，如果人们能够深深地充满爱心地看待事物，即使是单独看上去很平庸的、令人厌恶的普通产品，人们也能把它构想为所有事物的终极统一体的一线光明和意象，美和意义由此而生[45]142-143,147。在传统哲学理论中，表面性的事物通常被视为与本质性的事物相对立的，被赋予负面的意涵；而齐美尔直言前者可以代表后者，并断言"任何现象都不可能不还原至重要且具有永恒价值的事物"，可能比现象学的观点还要激进。在传统美学理论中，包括平庸的以及令人厌恶的产品在内的丑陋现象通常是受排斥的，它们的价值似乎只是为了衬托出美好的事物；而在齐美尔那里，通过心理上的分解活动与构想，它们和终级统一体联系起来。

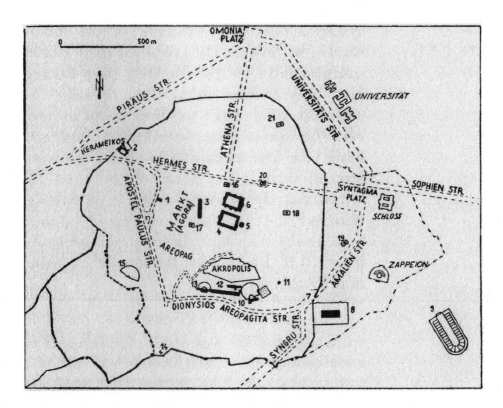

图 1.9　古代雅典地图(实线部分)

这种对表面性事物、丑陋现象的审美价值的新的认识,体现出一种较为宽容的现代性的精神,但又与颓废或自甘堕落的倾向不同。

在《罗马》一文的开篇,齐美尔谈的还是一般性的美学原则。不过,与《社会学美学》相比,齐美尔对美的概念的认识有了变化。他引入了"要素"(Element)的概念,并指出,"也许美之最深层的吸引力就在于,美总是以要素的形式存在,这些要素本身对美而言无关紧要或是与美无关,而仅凭彼此间的接近就获得了审美价值"。关于这些要素,齐美尔给出的例子是"特殊的词""色彩碎片""建筑石材",以及"音调",但从这些要素本身来看,是谈不上美的,美的本质就在于这些要素(或"Einzelheiten",个别部分)组织起来共同形成一个整体,比方说一些"特殊的词"共同形成一首诗或一篇文章,一些"色彩碎片"共同形成一幅图画,一些"建筑石材"共同形成一座建筑,一些"音调"共同形成一首音乐作品。由此他得出一个关于美的关系论观点:"我们对神秘之美以及说不出理由的美的感知……不以对世界元素或要素的审美关注为基础,一个要素仅在与其他要素的关系中才是美的,反之亦然,以至美依附于它们的总和,而不是单体"。[31]301,[52]31

这样的论断与他两年前在《社会学美学》中的泛审美论观点有所不同,他原本强调的是每一个单一的点都具有绝对的审美重要性,而且可以通过单一的点窥见美的整体性以及世界作为一个整体的完整意义[45]142。而在这里,美并不是存在于单一要素(可以视作单一的点)上的特质,而是有这两种存在方式,一是存在于单一要素与其他要素的关系之中,一是依附于相关要素的总和之中。在不具备美的特质的一些单一要素之间产生美的关系,表明的是要素间的关系超越了要素本身;而在不具备美的特质的一些单一要素的总和中产生美的特质,表明的是整体要大于要素的简单的总和。由此我们又可以看出齐美尔美学思想的超前性:前者可以视作结构主义的先声,后者与格式塔心理学的基本原理有相通之处。

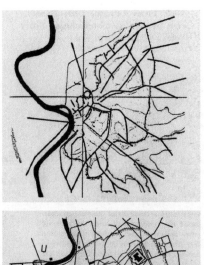
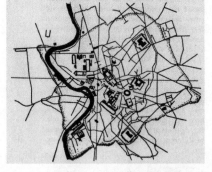
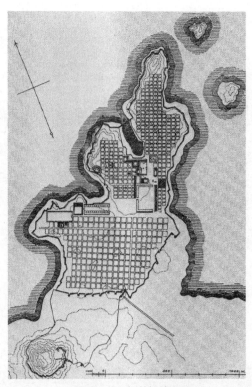

图1.10　早期及共和时期罗马地图(上)　　　　图1.11　米利都地图
与帝国时期罗马地图(下)

　　接着,齐美尔论及自然的奇迹与艺术的奇迹。在他看来,"自然有一种机制上的任意性,将一些要素构成美的事物,同时也将一些要素构成丑的事物";而艺术中的奇迹则是"在一开始就出于美的缘故将这些要素吸取在一起",这里他尚没有想到,20世纪的抽象艺术有时会颠覆传统的美学原则,将传统审美理论无法解释的形式引入艺术的表现之中。而在这篇文章里,他的目光指向了人工产品,向我们展现了另外的可能性:"为了生活目的而制作的人工产品"的美的形式是偶然的,"不受任何美的意愿引导,就像自然对象对目的性毫无意识一样"。在此齐美尔想到了只是满足生活需要的、没有审美意向的纯粹功能性的人工产品,但又偶然具有美的形式,这可能是我们很少遇到的"第三个奇迹"了。城市也是一类人工产品,在古典时代,城市大致有两种形成方式,一种是起初自发生长、后来渐次规划的城市,雅典和罗马就是这样的城市;一种是从一开始就有规划的殖民城市,如米利都(图1.9、图1.10、图1.11)。齐美尔在此讨论的是自发生长的城市,可以说是为下面要展开的关于罗马的美学分析作了铺垫。对于那些起初是自发生长的老城市而言,其发展是"没有经过预先构想的设计"的,但是它们几乎都独立地"为这样的内容提供了审美的形式"。齐美尔认为,这样的城市里的建筑"产生于人们的使用目的,而且只作为心灵与意志的表现,但在聚合起来的过程中体现了一种完全超越这些意图的价值",也就是说,"通过这些意图又获得一种份外的作品(opus supererogationis)"[31]301。而罗马就是这样的第三种奇迹之一。

1.4.2　罗马:不可思议的统一性

　　罗马是意大利首都,始建于公元前753年,先后是罗马王国、罗马共和国以及罗马帝国的首都,与希腊雅典一样也是西方文明的发源地。公元一世纪以后,罗马成为教庭的所在地,成为唯一一座在内部包含一个国家(即梵蒂冈)的城市。罗马时代留下大量建筑遗址,文艺复兴时期以后,

图 1.12　古罗马广场

图 1.13　罗马帝国广场群遗址

米开朗基罗·博那罗蒂（Michelangelo di Lodovico Buonarroti Simoni，1475—1564）、布拉蒙特（DonatoBramante，约1444—1514）、乔凡尼·洛伦佐·贝尼尼（Giovanni Lorenzo Bernini，1598—1680）等艺术家与建筑师设计了著名的文艺复兴与巴洛克建筑，使得罗马的城市景观体现出跨越很长时间跨度的延续性与多样性。齐美尔在游历罗马后写下《罗马》一文，他在跨越两千年的延续性与多样性的城市意象上体会出一种不可思议的统一性。在一般性的美学分析之后，齐美尔从第三段开始对罗马城市景观进行美学分析。他说："在罗马的城市景观中，有目的的人造结构带有新的无意向性的美，幸运而偶然地出现，可谓登峰造极。在这里，人们世世代代生产、建造，一代人的房屋与另一代人的房屋毗邻而建，或叠加其上而建，而不考虑（也从未完全了解）以前曾有过什么，只是考虑当时的需要，服从时代的趣味和气氛。惟有机遇决定了什么样的整体形式会产生于以往的建筑或以后的建筑，产生于衰败的建筑或保留下来的建筑，产生于整体适合的街区或不和谐的碰撞"。在这里，齐美尔向我们描述了一种自发性的城市建造过程：一代人的建筑只是根据其自身的需要与当时的趣味而建，结果会有整体适合的街区，也会有不和谐的碰撞。那么这样的城市的整体形式就蕴含了统一性与差异性。在他看来，罗马城市这个整体所包含的差异性体现在不同时代的风格、个性以及生活所留下的痕迹，其跨度比其他任何地方都要大。其奇妙之处在于，这些世世代代的建造活动受到人们"单独而狭隘的目的的引导"，却仿佛有"自觉的意识出于美的缘故将诸要素聚集在一起，对局部的任意性与整体的美感之间的宽广距离加以调解"，从而生发出它的吸引力。在此齐美尔想到了"一个快乐的保证"，即："世界要素的所有无意义和不和谐都不会阻碍它们的以一种整体美丽的形式的统一"。可以说罗马城市景观的这种统一性是极为强有力的，齐美尔称之为"不可思议的统一性"（unbegreifliche Einheitlichkeit）[31]302。

　　关于这个问题，需要注意的是，齐美尔写这篇文章的时候，现代建筑尚处在萌发时期，他所看到的罗马城市建筑基本上可以视作前现代建筑。无论有什么样的时代性的差异，那都是在前工业时代的生产方式下产生的，可以说生产方式上的一致性正是这种"不可思议的统一性"的前提。在这样的条件下，那些"局部的任意性"事实上是受到一定地制约的。而现代生产方式与前工业时代

图1.14　迪奥克勒齐亚诺浴场遗址 　　　　　图1.15　古罗马市政厅广场
　　　　改建的罗马国家博物馆

的生产方式之间的差异是前所未有的,而且现代生产方式所提供的可能性以及现代城市生活的复杂性也远非前工业时代所能想象,因而进入现代以后,如果再像以往那样任凭城市建筑自发地发展,我们很难想象齐美尔所说的"快乐的保证"何以可能。

　　齐美尔在罗马城市景观的局部的丰富多样性与整体的统一性之间体会到一种张力,而在艺术作品中,多样性与统一性之间的张力是可以用来度测其审美价值的,基于这样的考虑,齐美尔认为"罗马显得是具有最高秩序的艺术作品"。他意识到罗马城市景观的特征在很大程度上是由崎岖不平的山地地形决定的,这样的地形条件使得建筑物几乎到处都具有一种上下的相互关系。罗马古城是建在7座山丘之间的谷地以及一部分山地上的。特别是共和时期的古罗马广场、帝国时期的广场群、维纳斯和罗马等诸多神庙、诸多巴西利卡以及巨大的竞技场构成罗马的政治文化生活中心。古罗马广场和竞技场座落在卡皮托利山、帕拉丁山、凯里乌斯山、艾斯基利山以及维米纳尔山之间的谷地上,通过一条甬道连接,周围是那些神庙和巴西利卡,它们向山地上发展,后来的帝国广场群也位于高地上,形成一种高低错落的状态,而建筑也借助山势更显巍峨(图1.12、图1.13)。齐美尔对这种由于地形高差所致的上下关系有很好地理解,"任何上部事物只是因为其下的事物才是可能的",反过来说也成立,山地景观的根本吸引力也就在于此。这样,"整体的诸多部分进入一种无可比拟的密切关系中",从各部分的相互关系中也可感觉出整体的统一性。相形之下,"在景观要素位于一个层面上的场合",也就是在平原地带,整体的各部分彼此之间的关系就不是那么密切了,齐美尔称之为"冷淡"。齐美尔说,在平地上,"每一个要素具有其自身的位置,而不是每个位置都由其他要素确定",这也许是与山地地形相比较而言的说法,事实上平地上的建筑物相互之间仍然存在相互关系,只不过这样的关系不如山地环境中那样有趣[31]303-304。

　　山地地形在景观上为罗马城市带来活跃的感觉,而罗马城市生活的活力则是全方位的。齐美尔说,无论如何古老的要素,外来的要素,甚或无用的事物,都不能逃离它的令人吃惊的活力。他甚至提到,"旧事物(以及最老的事物)的残余整合在后来的建筑里"。这可能是出自罗马帝国时代的传统。这样,罗马城市景观的空间意象(das räumliche Anschauungsbild Roms)特征就是,至为不同的事物融合成一个统一体。从时间跨度来看,罗马城市的这种融合可能是十分稀有的。齐美尔认为,"事物的历史进程的理念在罗马从来就没有沉默"。只从建筑要素方面来看,两千多年前古罗马时代的遗存就十分丰富了,而且规模庞大的帝国广场群遗迹仍然体现出过去的辉煌。罗马城市的一个重要特征是,作为古罗马政治文化中心的遗迹历经两千多年,仍然处于现代罗马城市的中心区域。而且在罗马帝国覆灭以后的各个世代里,罗马城市的改造与建造过程一直延续下来。至关重要的是,后世的改建或建造活动没有对罗马时代的遗迹造成过于负面的影响,以至不同时代的建筑与古罗马遗迹相映生辉(图1.14)。文艺复兴时期米开朗基罗对卡皮托利山上的市政厅广场的改建工程就是一个非常好的例证(图1.15)。罗马城市在时间上的连续性、现时性以及共时性,使得时间上不同的事物不是孤立地存在。罗马这个统一体不仅是空间上的,而且也是时间上的。因而齐美尔要说,罗马的独特之处是,诸要素在时间跨度上显得彼此十分遥远,却又能够更有效地、更令人印象深刻地、更广泛地表明它们汇入的这个统一体。齐美尔称之为一个奇迹。他甚至从罗马的"旧时代的残余"那里看到新的形式的可能性[31]304-305。

当齐美尔说"至为不同的事物融合成一个统一体是罗马城市景观的空间意象的特征"的时候,这个统一体是客观存在的;而在文章后半部分,齐美尔又探讨了这个统一体的主观性一面。他想到康德对"联系"这种主体性事物的预想,即:联系不是由对象给出的事物,作为一种自我行动,必须要由主体来完成。罗马城市的诸多要素通过统一体联系起来,而这个统一体并不是这些要素所固有的,而只是存在于知觉的心灵里。而这样的过程显然只是"在某些心境与教育的背景条件下的特殊文化中发生的"。他还将意识分为"基础性的、潜在人性的意识"与"更高级的意识",而真正在诸多的单体之间建立联系的正是"更高级的意识"。这意味着这个统一体最终还是由意识产生。因而,罗马的整体与其每一个要素都团结一致这个现象,最终还是经由意识、知觉的心灵体会出来的[31]308。

1.4.3 佛罗伦萨与威尼斯:一个比较

在《罗马》一文发表8年之后,即1906年,齐美尔写出了《佛罗伦萨》一文,然后在1907年写出《威尼斯》一文。佛罗伦萨始建于公元前80年,中世纪时成为欧洲贸易和金融中心,也是当时最富有的城市之一,后来又作为意大利文艺复兴的中心而闻名于世。兴盛于15世纪的美第奇家族(Famille de Médicis)由于赞助了达·芬奇(Leonardo Di Serpiero Da Vinci,1452—1519)、米开朗基罗等伟大的艺术家而在艺术史上享有盛名。威尼斯的前身是罗马人于2世纪建造的一座堡垒阿圭利亚(Aquileia),452年毁于匈奴人的入侵,市民们逃到沿海的里阿多一带的一些小岛上,到9世纪,这些小岛发展成威尼斯城。圣马可广场是威尼斯的心脏,有"欧洲的客厅"的美誉,是世界上最为壮观的如画般的广场之一。在建筑史上,佛罗伦萨与威尼斯都是著名的历史文化名城,而齐美尔对前者褒扬有加,对后者却有些负面的看法。

齐美尔是从艺术对统一的生命意识(das einheitliche Lebensgefühl)的恢复作用开始《佛罗伦萨》一文的。文章开篇这段艺术哲学的论述主要说明了他的一个看法:在艺术作品中,精神与物质要素共同形成不可分割的整体,这其实也是文章的主题,即佛罗伦萨这座城市体现出自然与精神的统一性。在8年前的《罗马》一文中,齐美尔将奇妙的统一性作为贯穿全文的主题,那种统一性是由更高级的意识在罗马城市的整体与个体的关系上以及不同时代的个体的共时性上体会出来的,而从罗马山地地形条件所造成的要素间的上下关系方面来看,其实齐美尔在那篇文章中已经暗示了精神与自然的统一。齐美尔在《佛罗伦萨》一文中,更是明确了在佛罗伦萨精神与自然的统一这个主题。

他说:如果一个人从圣·米尼亚托山上俯瞰佛罗伦萨,周围群山环绕,亚诺河如跃动的动脉般流过,如果一个人在画廊、宫殿和教堂的艺术充溢他的灵魂后,于午后漫步于葡萄、橄榄和柏树茂盛生长的山间、曲径上、别墅中和田地里的每一步，都充满着文化和历史，精神的层面如行星围绕地球般地萦绕着它——然后一种感觉油然而生：在此自然和精神（Geist）间的对立已经莫名其妙地被消除[53]。

其实这种自然与精神的统一源自文艺复兴的传统。我们知道，意大利文艺复兴起源于佛罗伦萨，在绘画艺术方面，透视画法、人体解剖学、光与影的研究促进了现实主义的表现方式。齐美尔并没有简单地看待文艺复兴艺术的这些进展，而是突出了自然的概念对于文艺复兴艺术的重要性。他认为，"艺术所寻求的全部的美与意义，是从事物自然而然产生的现象"，"文艺复兴的艺术家们，以及那些最有自我风格的艺术家们，都会以为他们只是要模仿自然"[45]29。

值得注意的是，齐美尔在此所说的自然，并不是通常概念中的那个客观的自然，而是带有拟人化的修辞色彩。他甚至将佛罗伦萨这个地方的自然视为"不放弃自我的精神"。佛罗伦萨周围有许多山峰，对齐美尔来说，"每一座山都象征着一种统一，在这种统一中，生活中对立的事物成为兄弟姐妹"，而且每座山峰仿佛自己向上升起，托住一座别墅或是教堂，于是"自然似乎到处都在通过精神向光辉的顶峰（die Krönung）腾升"。齐美尔似乎是从自然事物本身感觉到某种精神性的力量，但他也意识到佛罗伦萨的人们对自然的另一种态度，例如贝诺佐·高佐尔（Benozzo Gozzol，1420—1497）等人将风景表现为一座有花坛、树篱和秩序井然的树木构成的花园，那其实意味着自然是要经过精神塑造的，用齐美尔的话来说是"自然与文化共同起作用"，除此之外，他们想象不出自然还会是个什么样子[45]30。事实上，意大利文艺复兴时期的花园在园林史上具有一种开创性的地位，影响了后世法国、英国的园林。佛罗伦萨也是文艺复兴花园的发源地之一，齐美尔以花园来说明佛罗伦萨人的自然观念，说明他对风景园林艺术有深刻地理解。

齐美尔对佛罗伦萨的景观意象有极高地评价，他认为这种意象的统一性赋予佛罗伦萨的每一个细节更为深远、更为宽广的意义，并从中品味出一种"包罗万象的总体之美"。在佛罗伦萨，他不仅仅体会到来自自然的卓越因素与来自精神世界的卓越因素的统一，而且还认识到一种"过去与现在的传承"。"古代的废墟因山就势""不远处孤独的炮塔"，以及"黑柏掩映下的山间别墅"，在齐美尔看来都是"浪漫的要素"。他也承认过去与现在之间存在巨大的鸿沟，但正因为如此，才会存在浪漫的理想。在那时，与过去决裂的先锋艺术运动正在酝酿，而齐美尔从佛罗伦萨的景观意象中辨明过去与现在的延续性，体现了一种宽容的现代性精神[45]30-31。

在《佛罗伦萨》一文中，齐美尔主要是从景观方面论及自然与精神的统一问题，并没有谈建筑问题。而在《威尼斯》一文中，齐美尔对威尼斯的批评首先是从威尼斯与佛罗伦萨的建筑之间的对比展开的。对齐美尔来说，威尼斯城市的主要问题是其虚假性。在文章的开篇，齐美尔分别例举了建筑和诗的不合理状态，一是沉重的横梁被置于不足以承载它的柱子之上，一是一首诗歌中有些感伤的词可以打动人，但是诗歌整体却不能完全令人信服。他以此说明了真理的缺失，以及艺术品与其理念之间一致性的缺失。同时他也注意到艺术作品需要在真理与谎言之间做出抉择[51]24。这可能就是艺术作品的精神意义了。建筑艺术也面临这样的精神意义的问题。齐美尔认为在这样的问题上，威尼斯和佛罗伦萨建筑存在至为深刻地区别。

齐美尔先谈了佛罗伦萨乃至整个托斯卡纳地区的宫殿建筑，其外表可以精准地表达其内在的意义：在每一块石头里都能感觉到力量，建筑十分顽强地表现了这样的力量，其表现有时像座堡垒一样，或是庄严的，或是华丽的，无论如何，每一种方式都表现了自信、自律的个性。可以说，此文的字里行间充溢着对佛罗伦萨建筑的赞美之情，而对威尼斯的宫殿，感觉就不怎么好了。齐美尔将威尼斯的宫殿视为一个矫揉造作的游戏。威尼斯的宫殿也有着一致性（Gleichmäßigkeit），但是这样的一致性掩盖了人们的个性特征。齐美尔还将威尼斯宫殿隐喻为一层面纱（ein Schleier）。

图 1.16　佛罗伦萨乔托钟楼

面纱的"皱折只是沿循它自身的美的法则",与它所遮掩的面容没什么关系,那么在建筑的场合,威尼斯的宫殿就遮掩了它背后的生活。他甚至断言威尼斯就是一座虚假的城市(die künstliche Stadt)[51]25。从建筑学的角度来看,佛罗伦萨的宫殿与威尼斯的宫殿并不存在如此巨大的差异。从城市的角度来看,这两座城市都是著名的历史文化名城。佛罗伦萨作为意大利文艺复兴的发源地,为达·芬奇、米开朗基罗、拉斐尔等艺术巨匠提供了表现的舞台;威尼斯作为一个独立的城邦,也吸引了提香(Tiziano Vecelli,约 1488/1490—1576)、斯卡莫齐(Vincenzo Scamozzi,1548—1616)、圣索维诺(Jacopo Sansovino,1486—1570)等杰出的艺术家。为什么齐美尔对佛罗伦萨褒扬有加,而对威尼斯则有如此负面的看法? 一方面可能是因为威尼斯在 15 世纪以后就步入衰落的过程,至 18 世纪,这个千年城邦被拿破仑所征服,之后又被转手给奥地利,直到 19 世纪 60 年代意大利独立战争后才成为意大利的一部分,这样的经历对于这座城市而言是一个历史悲剧。有了这样的背景,所有的"欢快、明亮、自由和光明"就成了虚假的面具,这座城市也不过是个"毫无生机的舞台布景"。另一方面,威尼斯在 16 世纪设立犹太人聚居区(Ghetto),那是历史上最早的少数族裔聚居区,从"Ghetto"一词后来泛指贫民区这一点来看,歧视的意味是显而易见的。作为犹太人,齐美尔对威尼斯产生些负面的看法,也是可以理解的。

　　威尼斯的圣马可广场是建筑史以及城市史上的范例,A. E. J. 莫里斯(A. E. J. Morris)在《城市形态史:工业革命以前》一书中称之为"城市史上最令人难以忘怀的空间集合之一",也直言它是他个人所喜欢的[54]189。而齐美尔对圣马可广场有着另外的感觉。他在圣马克广场及其旁边的小广场(Piazzetta)上感受到的是钢铁般的权力意志(Machtwillen),一种黑暗的激情,像"自在之物"(das Ding an sich)那样矗立在欢快的外表后面。在这里,齐美尔引入康德的"自在之物"的概念。康德所谓"自在之物"指的是独立于知觉的事物本身,是相对于"phenomenon"的"noumenon"。康德对于自在之物的确定性持怀疑态度,齐美尔以此作为权力意志、黑暗激情的类比,有很微妙的讽刺意味。齐美尔坚持认为,圣马可广场的外表与本真存在(Sein)夸张地分离了,外在的一面根本不会受到内在的指引,亦不会有内在的驱动,更不会沿循决定性的内心真实(eine übergreifende seelische Wirklichkeit)的法则[51]25。所谓"内心真实",应是源自生活意义(Lebenssinn)。生活的意义是艺术作品的内涵,如果缺乏生活的意义,艺术作品就变得虚伪了。

　　威尼斯城建在海边的沼泽地上,一条倒 S 形的大运河穿城而过,许多小运河与之相连,可以说威尼斯城的特色是大海与运河赋予的。威尼斯与另一座水城阿姆斯特丹一样,都具有不可逾越的美。而齐美尔对威尼斯的这个特色也是持否定态度。他说,虽然威尼斯本身"呈现出完整和实质性的形态,一种似乎可以真实体验的生活内容",但其实那是"不再植根于大地的表面",是"一种没有生命的表象"。由此他将威尼斯视为一个"悲剧"[51]27。而在佛罗伦萨,齐美尔感受到一种力量,那是形成大地的力量,也是使得花草树木破土而出的力量,而这样的力量,也通过艺术家之手,在奥卡格纳(Orcagna,即:Andrea di Cione di Arcangelo,1308—1368)的壁画《天堂》、波提切利的《春天》、圣米尼亚多教堂(San Miniato al Monte)和乔托钟楼(Giottos Kampanile)的立面中含蓄地呈现出来(图 1.16)[51]27。从这些作品里可以体会出一种向上的动势,那是自大地向天际腾升的力量。看来,"植根于大地"对齐美尔来说是一个很强的立足点,正因为佛罗伦萨艺术的向上动势从大地获得力量,才得到齐美尔毫无保留的赞美。而建在沼泽地上的威尼斯,用了数以百万计的木桩,从工程学上来看,那是了不起的成就。事实上,威尼斯通过技术手段最终也与大地紧密地连接起来,只是威尼斯的地形不像通常的海岸或海岛那样有明显的隆起,而是距海平面过于接近,在直观上显得是漂浮在水面上,甚至在海水涨潮时会被淹没。对于齐美尔这样的生长于内陆城市的人来说,也许大地给他更好的安全感,而大海对他而言显得陌生而神秘。因而在佛罗伦萨,齐美尔觉得内心充满奇妙的、如家一般的安全的感觉,而在威尼斯,他感受到一种"矛盾的美丽",对他来说,威尼斯就"像冒险故事中漂泊无定的生活""像盛开的花朵漂浮在茫茫的大海之中"。在这里,人们的灵魂没有归宿,只有一场冒险之旅[51]28。

1.4.4 关于建筑艺术本质的思考

在《桥与门》一文中,齐美尔从空间的分隔与联系出发,在桥与门之间做出比较。由于门是建筑的要素之一,所以他先是从建筑物与世界之间的分隔与联系入手。在事物的开端时刻,事物的本质往往能至为清晰地显示出来。在谈论桥的联系作用之前,齐美尔想到最先在两个场所之间建造一条路径的人们,是他们使连接的意志转化为固定的结构,这是超越动物性的人性的成就。在谈论建筑物与世界之间的联系时,齐美尔想到的是原始时代第一次建造棚屋的人。由于空间的连续性和无限性,人们需要截取(herausschneiden)空间的一部分(eine Parzelle),依据一个意义将它组织进一个特殊的整体中,而空间的一个片段(ein Stück des Raumes)自身也与这个整体连接起来,并与余下的世界分隔开。"空间的一部分"应是指房间,"一个特殊的整体"应是指建筑,而"空间的一个片段"应是指建筑周围的外部空间。后文还有一处提到,"我们将无限空间的一个确定的片段与这个有限的整体连接起来",也是这个意思[25]57。这样我们就得出原始棚屋的基本空间意象:通过物质手段截取"空间的一部分",将其组织在建筑物这个"特殊的整体"之中,建筑物的周围还有"空间的一个片段",那可视作建筑物与世界之间的过渡地带。在以后的文明进展过程中,这种源自原始时代的基本空间意象长期延续下来,而且也固化成基本的空间结构。独立式住宅的土地界限其实就表明了住宅周围空间的必要性,而独院式住宅可以说是通过物质手段将土地界限物化,从而强化了这种空间结构。甚至城市也可视为这种空间结构的扩大化。可见,齐美尔对建筑空间的本质有着十分深刻的理解,而他对建筑空间的认识同时又结合了他的社会学与哲学的知识基础,与那个时代的建筑理论家们相比,他的视野有着难以比拟的广度与深度。

从前面一小节关于佛罗伦萨与威尼斯两座城市的比较中可知,齐美尔对艺术的真理问题是很重视的。对于建筑艺术而言,真理是在满足对建筑艺术的要求的过程中显示出来的。齐美尔敏锐地意识到建筑艺术要同时面临来自外部事物的要求以及自身内部的要求。他说,在建筑艺术上,"自然主义不能在与外部给定的事物同形的意义上对真理有什么需求,于是建筑艺术也就更明确地要求一种内在的真理"[51]24。在此齐美尔使用了一个状语——"im Sinn der Formgleichheit mit einem äußerlich Gegebenen",意为"在与外部给定的事物同形的意义上",关于建筑,存在着某种从外部给定的事物,我们不妨称之为外在规定因素。齐美尔谈到与这样的因素在形式上的等同,其实可以理解为建筑在形式上要与这样的外在规定因素相适合。所谓外在规定因素就是使用要求、功能、表现的要求等。在那个时代,功能沿循形式这个口号已经有了,而齐美尔的这个说法显得涵盖面要更广一些。值得注意的是,齐美尔注意到建筑对精神意义或生活意义的表现的问题。他提到建筑物与精神意义或生活意义之间存在两种关系，一是与之相协调，一是与之相对立。佛罗伦萨的宫殿建筑就是与生活的意义相协调的，其形式精准地表达了建筑的内在含义，以多种方式表现了每一块石头中所蕴含的力量；而威尼斯的宫殿建筑就是与生活的意义相对立的，齐美尔将它们称为"一个矫揉造作的游戏""像一层其褶皱只追随内在美感法则的面纱"，而与其背后的生活无关。这一点在前面一小节已有所分析[51]25。

至于建筑自身的要求，在我们今天看来，应该是指建筑在结构上成为一个系统，从构造上也得以完善。齐美尔是从建筑的结构方面即支撑力与荷载的关系体会到普遍的自然主义原则。他以建筑中的梁柱结构为例作出说明：沉重的横梁被置于不足以承载它的柱子上，这显然是不合理的[51]24。在这个场合，真理根本就无从说起，建筑艺术作品与理念之间的一致性也不存在。关于建筑物的支撑与荷载的问题，叔本华在他的《作为意志与表象的世界》艺术中有过分析，在他看来，建筑艺术的课题就是以各种方式使重力与固体性之间的斗争完善而明晰地显露出来[32]298。齐美尔则更进一步，提出支撑与荷载的主题就是建筑艺术的内在真理（die innere Wahrheit）。这个真理包含 3 个方面：一是支撑力（die tragenden Kräfte）要足以应对荷载（der Lasten）；二是装饰要能在合适的地方表达支撑力与荷载的内在运动；三是细节（Einzelheiten）应忠实地传达整体给定的风格[51]24。这 3 个方面的内容是就建筑自身的问题而言的，可以说是对建筑艺术解决自身问题所要遵循的规则的高度概括。关于第一方面的支撑与荷载的问题，齐美尔前面已经作出说明。关于第二方面的装饰问题，值得注意的是，与康德关于装饰作用的规定相比，齐美尔对建筑装饰作用的理解有了更为积极的意义。在康德那里，装饰并不是作为组成部分内在地属于对象的整体表象，只是作为"附属物"（addendum）对审美的愉悦起到加强的作用[55]110-111。而在齐美尔那里，建筑装饰要能表达建筑的支撑与荷载的内在运动，尽管齐美尔并没有说装饰可以参与建筑的结构机能，但是对装饰有了从建筑的结构机能出发的要求，这样，装饰就不是简单地作为附加的东西其单纯审美愉悦的作用，而是与形式本身有了密切的关系，有了表现的价值。至于第三方面的问题，齐美尔想到的是建筑风格从整体到细节的一致性，属于纯形式的问题。齐美尔将这种形式风格的整体协同性作为建筑艺术的内在真理之一，值得思忖。

1896 年，齐美尔写出《社会学美学》一文。在这篇文章中，他对机器自身的形式所体现的审美感染力十分赞赏。他认为机器自身的形式就具有审美感染力。机器的形式有着"绝对的合目的性"以及"运动的可靠性"，其部件的"阻力与摩擦力极度减少"，最小部件与最大部件具有"和谐整合"的关系，凡此种种，共同为机器提供了一种特别的美[45]148。就机器形式所体现的理性来看，"绝对的合目的性"（die absolute Zweckmässigkeit）以及所有部件的"和谐整合"的关系可能是至关重要的两个方面。机器形式的"绝对的合目的性"其实是对"形式沿循功能"这一功能主义信条的十分贴切的例证。其时现代建筑的先驱者们正在探索求变之路，真正意义上的现代建筑尚未产生。及至勒·柯布西耶贬斥建筑师的美学而倡导工程师的美学，那已是 20 多年以后的事了。机器的美学也属于工程师的美学，其实质在于出于其自身功能性的理性，而其所有部件的和谐的整合关系也是这种理性的结果。机器形式的功能性原则还意味着与以往人工产物的重大区别，即所有与机器的功能无关的因素都被去除了。从机器的这种特别的美本身，齐美尔还推及"工厂的组织以及社会主义国家的计划"，认为它们"只不过是在更大的尺度上重复了这种美"[45]148。齐美尔的美学思想具有极强的包容性，一方面他并不排斥装饰在建筑整体形式关系中的作用，甚至提出装饰要在合适的地方表达建筑的支撑与荷载的内在运动，另一方面又对机器形式的绝对的合目的性表示赞赏。可以说，齐美尔的美学思想是激进的现代性倾向与宽容的态度的结合。一个多世纪过去，重温齐美尔的这些面临艺术史上重大转折时的文论，更深刻地体会到他的思想的多重向度的价值，那是向着多重可能性的开放。不难想象如果齐美尔见到如机器般简明、高效的现代建筑会有什么反应。他很有可能会接受勒柯布西耶的那个陈述："房屋是居住的机器"。

1.4.5 关于建筑风格

齐美尔对艺术的风格问题一直很关注，早在写于 1890 年的《作为体裁家的摩尔特克》(Moltke als Stilist)一文中，就对当时德国文体的无政府状态——语言的涣散与任意性被视作独创和有趣——进行了批评。从 18 世纪后期至 19 世纪初期，德国文坛盛行的是浪漫主义，

图 1.17　柏林特莱普托公园

然后是毕德迈耶尔风格以及青年德意志风格，齐美尔写此文的时候正值现实主义谢幕、自然主义繁荣之际。在美术领域，19 世纪中期以前主要是浪漫主义与毕德迈耶尔风格，中期以后主要是现实主义与自然主义。对于这样的多种风格变换，齐美尔持有一种冷静的态度。他想到的是对风格的控制以及对风格的强化。多种风格的变换正说明，人们一方面极其缺乏对风格的控制能力，另一方面又极为缺乏对风格的强化能力，他从中看到的可能是作品内在特质的缺失，也就是他所说的风格"自身的贫乏"。由于对风格的控制力以及对风格强化能力的双重缺失"很少能给自身的贫乏带来丰富的外表"，仅在风格上变来变去并不能解决实质性的问题[56]。

相对来说，19 世纪德国的建筑风格要比文学艺术方面简单一些。自 18 世纪后期以来，新古典主义建筑在德国具有持续的影响，代表人物是卡尔·弗里德里希·申克尔(Karl Friedrich Schinkel, 1781—1841)；19 世纪中期以后，历史主义建筑较为盛行，其实那是另一种类型的古典主义，代表人物是戈特弗里德·森佩尔。其中还包括新哥特主义，那是对原本于 13 世纪自发地产生于包括德国在内的北方欧洲的哥特建筑的复兴。19 世纪末，奥托·瓦格纳在维也纳引入了去除装饰的、简化的古典主义建筑风格，应可视作现代建筑的先驱之一。还有青年风格派(Jugendstil)，在其他国家称为"新艺术运动"。齐美尔身处这样一个建筑风格变化的过程之中，意识到建筑风格发展的新的契机，有感于 1896 年举办的柏林贸易博览会的新建筑风格，在《柏林贸易博览会》一文中对这种变化做出分析。

1896 年，也就是德国统一后的第 25 个年头，柏林举行了贸易博览会。它的成功举办明确了柏林作为统一德国首都的认同感，另一方面也标志着柏林从大都市向世界城市转变。齐美尔敏锐地意识到这届博览会的意义，在维也纳《时报》上发表了评论文章《柏林贸易博览会》。这届博览会场址设在东部柏林的特莱普托公园(Treptower Park)，占地 100 公顷。特莱普托公园座落在斯普利河岸边，由 19 世纪的柏林首位城市公园主管、园林设计师古斯塔夫·梅厄(Gustav Mehr)设计，其风格参照英国的浪漫主义景园（图 1.17）[57]。柏林市政府免除了场地费用，但要求会展结束后恢复公园原有的状态，这样，博览会建筑只能是暂时性的，且在规划、建造中要避开公园里的树林和种植物[58]。基于这样的要求，柏林贸易博览会的总体格局基本上要参照公园的原有格局来考虑，其建设用地只能是利用公园的开敞空间。我们也可以说，博览会的场馆布置是对特莱普托公园原有格局的适应性使用（图 1.18）。不过，对这些可建设用地的规划，还是在一定程度上体现了

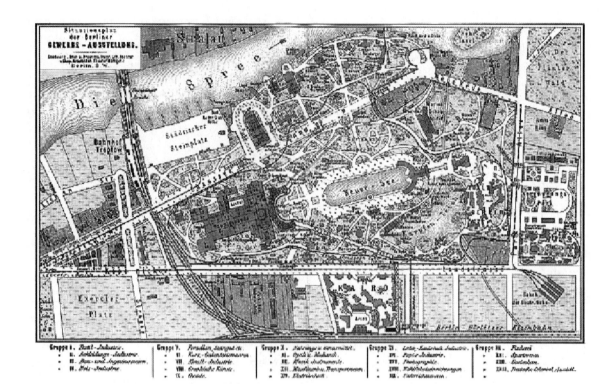

图 1.18　1896 年柏林贸易博览会总平面

图 1.19　工业主馆(来源于明信片)

图 1.20　塔楼餐厅

古典建筑群体的布局原则,工业主展馆、人工湖以及主餐厅共同形成一条主轴线,起到统领全局的作用。从当时发行的场馆明信片以及保存下来的场馆照片来看,此次博览会建筑的风格是新哥特式、拜占庭式以及童话风格的混合,显得比较轻松。工业主馆和塔楼餐厅隔人工湖相望,均由皇帝威廉二世(Wilhelm II,1859—1941)所欣赏的建筑师布鲁诺·施密茨(Bruno Schmitz,1858—1916)设计[57]。从建筑自身的布局上,这两座主要建筑都是对称的,人工湖的两端都是半圆形的,两座建筑面向湖的一面也配以半圆形的体量,形成一组结构严谨的主建筑群(图1.19、图1.20)。因而施密茨的轻松感主要是在建筑单体的形式处理上体现出来的:一方面是由于所选用的建筑样式不怎么拘泥于古典章法,另一方面是由于其临时性建筑的作法。此次博览会建筑大多采用钢木结构,外墙采用铁丝网板条粉刷,既便于施工安装,也便于拆除。尽管外墙粉刷做好了,建筑看上去并不像是临时的,但这种轻型结构与构造的作法在客观上使得建筑师在设计和建造过程中产生轻松感。特别是工业主馆的穹顶是由轻薄、光亮的铝板做成的,与以往永久性建筑中的穹顶作法不同[58]。

在这篇文章中,齐美尔用了一个自然段的篇幅,谈了他对这次博览会的建筑的看法。这段内容并不是对具体建筑的描述,而是对这次博览会的建筑所体现的独特之处进行分析。从"风格""永恒性""暂时性""持久性""材料""形式"等关键词来看,齐美尔的思考所体现的理论深度是耐人寻味的。按照克鲁夫特的说法,19世纪后期的德国建筑理论界关注的焦点问题仍然是风格问题,而且历史主义似处在主流地位。即使是在材料美学方面做出有益探讨的森佩尔,也仍然是历史主义的支持者。唯有奥托·瓦格纳显得十分激进,1895年,也就是齐美尔写《柏林贸易博览会》的前一年,瓦格纳的《现代建筑》一书出版,克鲁夫特说它就像是一本20世纪的建筑宣言[59]236,234,238。而《柏林贸易博览会》一文,既通过对博览会建筑暂时性特征的肯定表明一种现代性的倾向,又体现了一种独特的历史意识。我们不能确定齐美尔是否读到过瓦格纳的书,不过,他对当时德国建筑理论界与艺术理论界的历史主义倾向应是有所了解的。在那样的背景下,齐美尔似乎并没有受到历史主义的拖累,而是对建筑变化的可能路径有自己独到的见解,的确是难能可贵的。

齐美尔的着眼点并不在于博览会建筑形式是否处在历史性传统之中。在他看来,此次博览会建筑体现出持久性与暂时性之间的全新的比例关系,这种关系"不仅在隐藏的结构中占了主导地位,在审美标准中也是如此"[60]255。对此该如何理解?一般而言,对建筑的持久性(permanence)要求是与建筑的坚固性联系在一起的,如果建筑是坚固的,那么必能持存一定的时间。建筑有永久性与临时性之分,无论是对永久性建筑而言,还是对临时性建筑而言,能持存一定的时间都是一个必要的条件,只不过前者要求的持存时间较长,后者要求的持存时间较短。那么,持存性(durableness)的概念对两者都是适用的。而从建筑的使用方面来看,对建筑的持存性要求是正当的。

问题是,人们对于永久性的公共建筑的持存性要求往往超出使用方面,在意志的表现方面、审美的要求方面所费颇多。在结构上力求坚固耐久,在表现与审美上也要追求永恒的价值,形成所谓的纪念性风格。在用于公共活动的临时性建筑上(也许称之为临时性设施更合适),结构上虽也要求坚固,但那只是保证公共活动的展开,不会刻意要求有什么永久性的感觉,在审美方面也不一定以纪念性为标准。博览会建筑也属于临时性公共建筑之列,在结构方面以及审美方面也带有这样的特征。齐美尔所说的持久性与暂时性的"全新比例"关系,其实是指侧重对暂时性的考虑,他十分敏锐地捕捉到此次博览会建筑的暂时性特征所带来的契机。

以往永久性建筑在结构与形式表现上对永恒性的双重追求,其实并非自然而然的作法。以历史的眼光来看,建筑材料是不可能永久存在的,至多可以持存较长一段时间。我们常说的"永久建筑"概念,对于砖混建筑而言,只是意味着保证50年的安全使用周期,对于钢筋混凝土建筑而言,这个周期也不过100年。以实际上有时间期限的材料去表现永恒性,对于建筑而言是一种历史性的重负。在现代结构力学产生之前，人们只能通过选用坚硬耐久的材料（如：石材），增加材料的用量来满足经验与感觉方面对坚固耐久的要求，而形式的表现则与"纪念性风格"联系起来。而在博览会建筑上，持久性的要求不像在永久性建筑上那样强，这是因为博览会建筑在会后大多是要拆除的。而这样的暂时性特征反倒使得博览会建筑在材料与形式的关系上更为自然一些，而且在客观上为一种良好的艺术状态提供了条件，即：材料与其本质属性在外部设计上达到一种完全的和谐。齐美尔认为这样的状态可以满足所有艺术中最为根本的要求[60]256。其实这样的状态也是一种轻松的状态：博览会建筑从历史性重负中解脱出来。

齐美尔说，"在博览会风格中，建筑师们的想象力从持久性的要求中解放出来，允许优雅与尊严以其自身的尺度结合在一起，这是对纪念性风格的有意识的否定。正是这种否定，产生了一种新颖的、积极的形式"[60]257。齐美尔在此谈论的应是博览会建筑的普遍性质。他这里所谓"持久性的要求"其实是指超越了基本结构坚固性要求的表现与审美方面的要求，它最终指向纪念性风格。如果说那些纪念性风格的建筑表现了对永恒性价值的追求，那么暂时性的博览会建筑就意味着新地尝试。一般来说，持久性与暂时性分别代表了两种状态：持久性——静态、持续；暂时性——动态、变化。齐美尔在对此次博览会建筑的分析上提出这样两个对立的范畴，是意味深长的。值得注意的是，齐美尔在这里提到"建筑师们的想象力"。在博览会建筑上，持久性要求的消失有利于建筑师们发挥想象力。当建筑师们摆脱持久性乃至纪念性的羁绊，就不至于总是想着要赋予建筑形式以夸张的厚重感，也不至于在历史风格选择的正当性方面顾虑重重。这都是些外在于建筑自身的尺度。齐美尔所谓"优雅与尊严"的"自身的尺度"，就是建筑本身所应具备的品质，不受那些出于外在目的要求的尺度的影响。于是，优雅与尊严以自身的尺度结合起来，就意味着对纪念性风格的有意识的否定。齐美尔在此提到的"新颖的、积极的形式"，也就是突破了纪念性风格束缚的形式。

在19世纪德国的建筑理论界，存在着新哥特主义与古典主义之间的论争。倾向于古典主义的理论家们赞赏古代希腊以及文艺复兴时期的建筑；主张新哥特主义的理论家们则带有很强的民族主义情绪。前者希望建筑追求和谐与永恒的价值，符合古典的理想，最终会指向纪念性；后者其实也并不拒绝纪念性，只是其形式的处理有着丰富多变的可能。对于官方而言，不用依赖柱式之类的古典建筑要素（那是外来的东西，而不是德国的东西）就能表现出纪念性，显然是个不错的选择。施密茨在莱比锡参加的战争纪念碑的设计竞赛，就是为了探求"国家的建筑风格"而设的。而施密茨最终赢得预赛与决赛，表明他对于纪念性的表现符合官方对于纪念性的要求[61]。齐美尔没有介入古典主义或新哥特式的建筑风格方面的论争，而是抓住建筑的纪念性风格这样一个问题，他的求新求变的意识正是通过对建筑的纪念性风格的否定反映出来的。他意识到，博览会建筑的暂时性特征对追求永久性的纪念性风格是个有力的冲击，他甚至想到"优雅与尊严以自身的尺度结合在一起""新颖的、积极的形式"这样一些更深层次的问题。这样的文字出现在1896年，体现出一种超前的现代性意识，是难能可贵的。

齐美尔在《柏林贸易博览会》一文中有关建筑的分析涉及材料与形式的关系。在亚里士多德关于世界的原因的论述中，材料与形式是两个基本概念，称作材料因和形式因。另外两个原因是动力因和目的因。尽管这样的"原因说"在解释自然事物的时候会遇到困难，但在解释人工产品的时候是可行的。对于人工产品而言，材料与形式是必需考虑的两个方面。齐美尔意识到，在材料与形式问题的处理上，建筑与其他门类艺术之间存在着差别。他指出，在其他场合，艺术的意义就是用暂时性的材料将形式的永恒性具体地表现出来，而建筑的理念却是努力去表现永恒性的事物[60]257。用暂时性的材料将形式的永恒性具体地表现出来，这意味着什么？在此谨以绘画艺术来作出说明。绘画的颜料、画布都是有一定存留期限的，但这并不妨碍画家们用来描绘圣母、圣子的永恒形式。进一步来说,当心灵中的那些神圣的形式跃然纸上的时候,我们并不在意所用的材料本身。油画颜料与水彩颜料之间的材料差别并不会给所表现的神圣形式带来本质上的差别——油画的神圣形式与水彩画的神圣形式之间的差别只是技术上的,或是覆盖力强的,或是透明的。从存在论的意义上而言,这样的技术上的差别并不影响神圣形式之如其所是。可以说,绘画艺术所表现的形式的存在与用以表现的材料之间并没有什么严格地对应关系。

相形之下,建筑艺术就不是这样,建筑的形式特征与所用材质是密切相关的,比方说,与轻的形式联系起来的材料一般是玻璃、木材、织物等;要表现永恒、持久之类的概念,一般要用厚重的石材。而在古典时代,建筑的理念就是要表现永恒性的事物,最终以厚重石材依照一定方式形成纪念性的风格。从前面的分析可知,齐美尔对此类纪念性风格并无好感,然而由于建筑形式特征与所用材质的关系,要想改变这样的风格,只能是放弃在建筑中表现永恒性的做法。而这次博览会建筑所体现的暂时性价值给他以很大的启发,在他看来,暂时性事物自身就形成了一种风格[60]257。在现代建筑明确地替代以往的纪念性风格之前,博览会建筑是尝试替代可能的领域之一。齐美尔通过考察柏林博览会建筑,来思考建筑可能的未来之路,应该说是具有历史性的敏感。

齐美尔同时代的一些激进的文学家们早已表明与传统决裂的态度。奥地利作家赫尔曼·巴尔(Hermann Bahr,1863—1934)主张摆脱一切旧有事物的束缚,清扫所有旧精神寄居的肮脏的角落,只有在所有旧有教义、信条以及知识被清空之后,新的艺术才会诞生[8]74。虽然齐美尔对古典建筑的纪念性风格的评价是负面的,且赞赏博览会建筑对它的有意识的否定,但是他并没有将对纪念性风格的负面评价扩展至整个传统建筑的领域。事实上,齐美尔以他的历史性的敏感,从这次博览会建筑的实践中抽引出一种发展的现代性观念。他说,这次博览会建筑的建筑师们"并不是以怪诞或风格缺失来对抗建筑的历史理念,而是将在建筑中先前达到的那一点作为他们的起点,仿佛只有这样的安排,才会让其意义完满地从色彩缤纷的背景中显现出来,成为自成一体的传统的一部分"[60]257。由此我们可以体会到一种先后继起的发展、变化的现代性观念,那么前述所谓"新颖的、积极的形式"也就并非是荒诞的、风格缺失的。而更为重要的是,这样的现代性观念体现了一种既有所传承又重新开始的精神,如果事物的发展果真如此,那么现代性的状况可能就是连续性的,而非断裂性的,那可能是一种理想状态。在动荡的20世纪之后,这样一种发展的现代性精神可能会体现出持久的社会文化价值。

1.4.6 审美的定量性问题:建筑与建筑模型

齐美尔于1903年在《教育心理学杂志》上发表《论审美的定量性》一文。他写此文主要是对那种关于艺术自主性(die Souveränität der Kunst)的狂热信念以及对艺术范围不加限制的狂热信念提出批评。无论是抽象的理想主义还是自然主义,在艺术与存在的关系问题上的看法是一致的:艺术可以将所有的主题都纳入其形式范围,而且能完美地表现它们。这样的看法与这样一种艺术理论是截然相反的:只有美的对象与有特点的对象才是有效的。还有一种看法是,艺术就像一面镜子,能够精确地反映每一个对象。在齐美尔看来,这个看法的问题在于,没有考虑到艺术与艺术媒介是历史性地发展起来的。齐美尔称之为"泛艺术论"(artistische Pantheismus),是一种夸大狂,否定了所有形式的人类事物的相对性与无限发展的可能性。他指出,在不同的历史节点上,艺术必定与客观存在有不同的关系。他通过艺术作品的多样变化的物质维度来考虑审美观的多样性[62]。

齐美尔考虑到一个源自物质对象的性质的假设:物质对象在艺术作品的表现中需要一定的尺寸比例。而对于非有机的自然而言,就有例外的情况。他以阿尔卑斯山风景与阿尔卑斯山风景画之间的关系为例作出说明。在他看来,原本不存在艺术上完全令人满意的阿尔卑斯风景,这要归结于定量因素（Quantitätsmoment）。他的意思可能是说，阿尔卑斯山巨大的体量事实上成为强烈地直观刺激，它的形式意义（Formbedeutung）乃至审美作用（ästhetische Wirkung）全都源于此。一般的绘画艺术可能被这直观的刺激所支配，以至空洞地、偶然地、内在地不合理的规则在起作用，但这巨大体量并不能表现阿尔卑斯山的形式价值（Formwert）。相形之下，色冈蒂尼（Giovanni Segantini，1858—1899）的阿尔卑斯山风景画就具有很强的艺术表现性。齐美尔称他是"唯一的伟大阿尔卑斯画家"。色冈蒂尼将山峰移至背景或选择表明基本结构的形式（stilistierte Form），或通过光感以及空气感的处理，完全不需要仅通过定量才获得山峰的印象。由此可见，审美对象的定量性是要经过适当的艺术处理来获得[45]249[63]。

对于有机生长的现象而言，人们通过无意识的经验以及移情作用，感受到一种能够生长的内在力量。而在非有机的事物中，形式并不表明内在的关系，形式是由外在的力量形成的。因而对外部形式而言不存在内在原则，因而人们只能遵循它们外观上的大小（äussere Tatsache der Grösse）来做判断[45]250。

建筑就是这样一种非有机的事物，它的形式是通过人们的设计与建造这样的"外在的力量"的作用形成的。我们对建筑形式的判断也是遵循其外观上的大小。但在这里，齐美尔引入这样一个问题，即对建筑作品的小模型的定量性判断的问题。他说，"建筑作品的小模型几乎起不到什么审美作用，或者至少这样说，这个模型与形式完全一样的建筑作品的作用不相符合"。对于这个问题，齐美尔直言不考虑建筑师，因为"他们经过训练的幻想会完成所实施的作品的所有作用，以至在此就不存在这个问题了"。而对于没有经过专业训练的人而言，情况就并非如此。在他看来，"重力关系，荷载与支撑（das Lasten und Tragen），弯曲与高耸，简言之，动态过程包含各个部分的游戏等，都形成了建筑艺术的重要地审美刺激"，然而，没有经过专业训练的人们，就不可能"在如此小的尺度上、在内心对它（即审美刺激）进行复制并加以感受"[45]250。值得注意的是，齐美尔所说的建筑艺术的审美刺激主要是来自建筑的结构作用。荷载与支撑的概念在叔本华那里有过十分精致地表述，而"弯曲与高耸"有可能是对哥特建筑结构的理解，至于"动态过程包含各个部分的游戏"，这样的陈述蕴含了建筑上超前的现代性意识。

接下来的一句话有些含混。"每一种建筑风格（jede Architektur）对我们都是不起作用的，也是无意义的。它们让我们感受不到柱子是如何支撑梁的，哥特式尖拱的一半是如何在上方争夺压力的，屋檐是如何压在柱子上的"。按照齐美尔前面的表述，应是建筑模型对我们不起作用，但是"jede Architektur"在字面上只能解释为"每一种建筑风格"。那么在此又可引出另外的问题，即当时常见的建筑风格装饰性过强，以至掩饰了建筑构件的结构性作用。然而，接下来的分析还是表明，这里的"Architektur"还是指建筑模型，因为齐美尔指出，对上述那些结构作用的感受，也就是"所有这些移情作用（Einfühlung）"，总是首先在具有"绝对尺寸"（absolute Größe）的对象上形成。所谓"绝对尺寸"，指的就是对象本该有的尺寸，而不是像模型那样缩小了的尺寸。下文中齐美尔又提到"我们的建筑"（unsere Architektur），说它有着"定量的体量"（Quantitätsmasse），这样的对象就是具有"绝对尺寸"的对象，"根据我们的生理-心理结构（köper-seelische Struktur）允许我们对那种动力有最大的感受"。至于为什么建筑模型不能对人们起作用，齐美尔的解释是："我们对此起作用的感官过于粗糙，以至不能让半米大小的模型的压力与反压力的关系（die Druck-und Gegendruckrelationen）有什么心理学上的效果，这样的模型不能让人有什么体会（die Nachempfindung）；因为体会最终还是感受（die Empfindung），因而像每一个这样的事物一样都有一个意识阀（Bewußtseinsschwelle）"[45]250。可见，齐美尔从心理学机制上分析了建筑模型不能对人产生作用的原因。所谓"意识阀"表明了审美感受的界限，对于过小或者过大的对象，人们能够观照并在理智上有所察觉,其形式关系与意识阀内的对象的形式关系是一样的,但在审美上不再起作用。而建筑师还是一如既往地乐于制作建筑模型,也许建筑师能够突破"意识阀"?

齐美尔还通过对建筑艺术的分析来阐明艺术作品的审美定量性问题。对于建筑这样的具有体量性的对象而言,承认它的定量性是个必要的前提。齐美尔说,"我们的建筑显然确切地有着一个定量的体量(Quantitätsmasse)",但问题还不止于此,关键是这样的体量"让我们的生理-心理结构对那种动力有最大程度的同情",这意味着,对象的绝对大小成为移情作用的产生之处。由此可见齐美尔受到利普斯移情心理学的影响。不过,他对建筑的分析已超出移情论的范围,他所说的对建筑的感知(fühlen)最终要指向对建筑各部分结构机理的认识:"如果我们没有感知建筑,如柱子支撑屋架(Gebälk),如哥特建筑尖拱的一半将它的力在上部相互汇合,如横线脚承载于柱子之上,那么建筑对我们而言就是无生命的,也是无意义的"。事实上,齐美尔在此谈论了建筑各部分之于建筑整体的形式价值,而建筑的意义也由此而生。在此文的结束部分,齐美尔谈到对艺术作品的定量性的要求是从两个方面发展出的,一是适合于纯粹艺术性的、鲜明生动事物的条件;另一方面是我们的身体-心灵结构,最终,齐美尔将艺术作品的审美定量性问题与人的身体-心灵结构联系起来[45]250-251。

1.4.7　工艺美术与室内

1908 年,齐美尔为《装饰艺术》杂志写了《风格问题》一文,在此之前,齐美尔在《作为体裁家的摩尔特克》《社会学美学》以及《货币哲学》等论著中已经在不同程度上谈论了艺术风格的问题。在本文中,他是从艺术心理学的经验开始谈论风格问题的。在艺术作品的内在品质与艺术作品的风格之间,齐美尔斯更看重前者,他认为,"一个艺术作品给我们的印象越是深刻、越是无与伦比,关于艺术作品的风格问题在这种印象中起的作用就越少"。他提到了 17 世纪具有巴洛克特征的雕塑、1800 年前后的古风肖像画、米开朗基罗的雕像、伦勃朗的宗教绘画以及委拉士圭兹的肖像画,有着纯粹审美兴趣的观者在面对这些伟大的作品之时,并不在意它们是否隶属于某个时代的风格,甚至对风格问题就完全不关心,问题的关键在于这些艺术作品的统一的整体性就具有极强的吸引力[64]。

齐美尔将艺术(die Kunst)分为美术(die Kunst)、工艺美术(das Kunstgewerbe)两大类别。如果说美术作品的风格不如作品自身的特质重要的话,那么工艺美术作品的风格问题就占有更为重要的地位,至于其原因,齐美尔认为是因为工艺美术的实质就在于其风格。而工艺美术的风格又来自哪里? 齐美尔提到工艺美术作品的"独特的形式"(ihre besondere Gestalt),并表示共同的艺术实体(die künstlerische Substanz)就是由这样的形式表现出来的。而工艺美术作品的"独特的形式"是什么? 如果贵重物品也许只能真正用一次这样的形式,那么在一般工艺美术作品上这样的形式可以使用许多次。这就是说工艺美术作品的形式是可以重复的,"将人们的感觉复制出来"。齐美尔举出一些实用艺术品如"织物""首饰""椅子""书夹""烛台"以及"水杯",它们都可以根据单一的模型来制造,表明这些事物都有一个自身之外的规则。通过这样的形式上的重复,或者形式上的接近,易于形成一定的风格。在此意义上,齐美尔说"工艺美术的实质就在于其风格",是对的。基于这样的理解,当他面对工艺美术中通过个体作品的造型来否定风格意义、让工艺美术作品像独特的美术作品那样起作用的倾向时,明确表示反对[65][66]212。

问题的关键在于,工艺美术作品就是经过艺术处理的实用物品(der jenige künstlerisch gestalteten Gebrauchsgegenstand),这样的实用物品要为一个从外部给定的目的服务,而且是包含在生活里面的,也就是在生活中会用到的。因而工艺美术作品与美术作品的内在的区别就在于这样的实用性上,齐美尔也将实用性作为工艺美术的最高原则。相形之下,美术作品自身精美,自成一体。每个艺术作品都是一个自为的世界(eine Welt für sich),有其自身的目的,例如装帧在画框里的一幅绘画,除了观赏之外,一般不会把它与实际生活的事物混同起来。而那些实用物品,例如一把椅子,人可以坐在上面;一个玻璃杯,人可以注入葡萄酒,端在手上。齐美尔说这两样物品的造型是"自足的"(selbstgenugsam),这应该是指其形式符合其实用性的委婉说法,那么所谓"特有的规则"也就是由相应的实用性确定的。齐美尔在此提到"精神的自主性",可以说用品的实用性最终是由精神来规定的。自主的精神既要规定用品的实用性,又要在用品的艺术处理方面有所考虑,在齐美尔看来,这样的状态本身就是对立的冲突,但他认为精神自身最终还是在艺术方面做出制约(Kunstmäßigkeit),暗示了艺术处理要服从实用性原则。由此可以看出齐美尔在工艺美术方面的功能主义倾向[64]。

齐美尔明确指出,"实用性是一种手段,这种手段具有其自身的目的"。尽管这种实用性是从生活方面得以规定的,但这并不意味着工艺美术作品的规则"是从某种事物借用来的,而不是它自身的"。某种用品有其自身的实用性,其形式也与其自身的实用性相适应。齐美尔认为是实用性"为用于不同目的的物品赋予形式",而用品的"自为存在"(Für-sich-sein)也正是就此意义而言的,于是这也可以作为工艺美术作品与纯粹艺术作品区别的根据。"自为存在"原本是黑格尔哲学中的概念,指的是某种扬弃了与他物的关系、超越为他的存在、无限回归到自身的存在[64]。齐美尔在此将用品归于"自为存在"之列,指的是某一种用品只是为了其自身用途的存在,而与别的用途无关。它的存在论意义就在于其自身的实用性。对"自为存在"概念的这样一种理解是非常独特的,即使对他本人的思想而言,这样的理解也是在他生命的最后几年间才有的。而在6年前发表的《画框:一种美学探究》一文中,齐美尔还只是将纯粹的艺术作品视作"自为存在"[67]。现在再回到用品上来。既然用品是就它自身用途而言的自为存在,那么某个有确定用途的物品就不能挪作他用。在齐美尔看来,即使将用品当作纯粹艺术作品那样来观赏,就像米开朗基罗的摩西雕像那样,也是不恰当的,齐美尔认为那是"现代个人主义的最有讽刺性的误解"[64]。这样的误解暗含了对用品实用性的忽视——将用品当成纯粹的摆设。不过,也有将某个异域文化中的用品带回家做摆设的情况,而那意味着这样的用品不再有原本的使用要求,的确可以作为单纯观赏的对象。但是,一般而言我们还是讲求用品的实用价值。如果是在建筑艺术的场合,对于建筑实用性的忽视会导致形式主义的倾向,是不合于理性的。

在这篇文章中,齐美尔用了较大的篇幅从"家庭环境"(die häusliche Umgebung)的角度谈论室内问题。对于家庭环境而言,宁静的原则(das Prinzip der Ruhe)是十分重要的。宁静的原则使得"奇妙的直觉到的实用性"与家庭环境的"风格化"相适应,而这两方面要求都要通过家具来实现,所以齐美尔说,"我们所利用的所有的对象就是家具"[64]。为什么齐美尔如此强调室内的宁静原则?在齐美尔写这篇文章的时候,德国的室内与家具设计已经经历了多种风格的转变。在19世纪的建筑、室内乃至家具的多重历史主义风格的交织中,逐渐形成一条发展主线,即在结合了简明性与功能性的毕德迈耶尔风格(Biedermeier)之后,青年风格派引入植物曲线,其实也是脱离历史主义风格的一条路径。齐美尔在本文中提到的"风格运动"(Stilbewegung)应是指青年风格派在室内设计中的作为。其时青年风格派的实践已近尾声,而更为抽象的几何形态的现代风格即将形成。齐美尔注意到室内与家具在风格上的变化以及多种风格并存的状况,但是他并不只是就风格自身的问题做出什么判断,也没有将风格转化与时代性联系起来,而是从个人对室内空间以及家具布置的心理感受方面出发来看待风格问题的。而且,他所说的"个人"是现代的个人,他们整日在外工作、奔波,那么家庭环境就应该是他们结束工作之后的憩息之处。因此家庭环境的宁静原则正是从现代个人的实际需要出发的。齐美尔首先提到餐室(Esszimmer),忙碌一天的人回到家中用正餐应是日常生活中比较重要的事。齐美尔指出,个人进了餐室,"从心理动机来看要达到

放松的状态""要从一整天的紧张
和涌动中安静下来",因而餐室应
该有"一种安逸的气氛"。正是这
种来自生活方面的需要,阻止了
对餐室进行特别的"风格化"的审
美倾向,尽管青年风格派的运动
首先是在餐室展开的。虽然齐美
尔没有明确指出什么样的室内布
置可以形成安逸的气氛,但他暗
示这必定不是出自风格化的做
法。至于居室(die Wohnung),宁
静的原则也是需要的。齐美尔对
居室布置采用某一种历史风格的

图 1.21　康定斯基德绍住宅起居室

做法表示有所疑虑。他认为这样的做法会给居室带来一定的"非安逸气氛,陌生感以及冷漠的感
觉",这是因为,全然由历史风格的事物充斥的环境(Umkreis)自身就形成一个统一整体,"住在里
面的个体可以说是将自己排除在外,发现它没有任何空间可以让他个人的生活方式以及以往陌生
的生活方式涌现,或结合起来"。如何解决这个问题? 齐美尔并不否定历史风格在居室中的运用,
但前提是这些多种风格的对象要经由个人根据其趣味进行整体上的安排与组织。这个道理不难
理解,"根据个人的趣味"其实就是依据个人的喜好,"经过组织"也就意味着个人对这些对象的熟
悉过程,如此布置的居室既让个人喜欢,又为个人所熟悉,因而"能够最大限度地变得舒适和温
暖"。另一方面,齐美尔还提到"风格原理"(das Prinzip des Stiles),它可以让"以往对立事物的相
混合,并有所和解",这可能指的是不同风格并存的原理。对于设计而言,这样的状态就是折衷主
义,那是现代主义者们攻击的对象。而对于个人的居室布置这样的生活方式而言,风格原理就成
了对"居室布置的矜持感(die Reserve der Wohnungseinrichtung)做出调整"的依据了[64]。在这
里,我想到出生于俄罗斯的先锋画家瓦西里·康定斯基。格罗皮乌斯在德绍的包豪斯为教师们设
计了标准住宅,那显然是抽象的表现,但并不妨碍康定斯基夫妇根据自己的喜好装饰、布置房间。
艺术史学家韦伯在《包豪斯团队:六位现代主义大师》一书中提到:"康定斯基夫妇大体根据自己的
品位装修了房子。他们在几乎所有房间里放置了古董和传统俄罗斯家具。这形成了一个不同寻
常的组合:桌子和储藏柜看起来来自俄罗斯郊外的别墅,扶手椅和洗脸台属于圣彼得堡精致的公
寓,……本应由粗糙木地板或华丽嵌板陪伴的家具现在坐落在平坦的白色抹灰墙前"(图 1.21)。
韦伯将瓦尔特·格罗皮乌斯为康定斯基和保罗·克利设计的双拼住宅称为"现代功能主义的壳
子"[68]220,那其实就是一个抽象的框架,在其中康定斯基夫妇通过传统俄罗斯家具和古董的布置,
形成一个与克利家不同的、适合他们自身需要的生活环境。

　　齐美尔也意识到现代人强烈地去除风格的做法。至少在建筑与室内,那时的风格几乎是与形
形色色的历史主义联系在一起的,而几何抽象的方式尚未成熟,因此去除风格的做法更多是在各
种历史主义的风格上加以简化,或是像新艺术运动那样从自然事物中获取元素从而摆脱历史主义
的纠缠。齐美尔认为,强烈地去除风格,就是为了减轻个性,遮蔽个性。这里所说的个性应是就对
象而言的,让对象的个性受到限制,其实也是为了室内环境的整体性。而减轻对象个性的做法并
不止于去除风格,齐美尔想到的是另一种可能性:用不同时代的对象来布置空间。一般来说这样
的做法会形成拼凑、杂烩的结果,不过齐美尔还是提出了前提条件,即"每一个对象都具有风格上

图 1.22　布拉格圣维特大教堂：
建构性的画框

的成功"，而这里所说的风格并不是指每个对象自身的风格，而是指"超越了个体的形式规则"（ein überindividuelle Formgesetz），这有可能是说，用来布置房间的对象是经过选择的，即使属于不同的时代，也可能具有风格上的协调性，这样才有可能形成一个新的整体。而能够做到这一点的个人显然具有较高的艺术素养[64]。

在《画框：一种美学探究》一文中，齐美尔对家具的本质做出探讨。他承认家具是一种艺术品，也将这一点视为一个准则，但是对这个准则的正当性有所顾虑。他说，"艺术品是为了它自身的东西，而家具是为了我们的东西"。这里所说的艺术作品指的是绘画作品，画框把它框起来，就像它是这个世界中的一个小岛一样，于是绘画作品挂在房间里，只作为一个在精神上统一的感受之物，并不妨碍日常生活的圈子。而家具"混合在我们的生活中，因而就没有自为存在的正当性（Recht auf Für-sich-Sein）"。这里说的是家具作为一种用品，它的目的是出于人的生活方面的考虑。这样的看法与 6 年后《风格问题》中的看法不同，在那篇文章里，"自为存在"的概念涵盖了实用物品。在这里，齐美尔还设想了现代家具的一种状况——有的家具成为"独特艺术家特质的直接表达"，这意味着家具的艺术份量增加了，如果人们坐在上面，这样的家具就"显得是降级了"[64]。也许我们可以这样理解，过于在家具上强调艺术家的艺术特质可能使之显得更像是纯粹的艺术作品，用起来反倒感觉不对劲儿。

我们再来看画框。画框应属室内陈设之列，但不是个具有独立价值的物品。只有在一幅绘画作品或摄影作品装帧在画框之内，画框才具有悬挂在墙上的可能。康德在《判断力批判》中将画框归于装饰，作为附属物加强对绘画作品鉴赏的愉悦[69]64。而齐美尔对画框与绘画作品之间的关系作了更为深入地探讨。首先，就画框相对于绘画作品的关系而言，齐美尔与康德的看法是类似的，即画框处在所要框起的绘画作品的从属地位上。他不赞成通过外形装饰、色彩的特有刺激、造型或象征使得画框成为一种自足的艺术理念（Kunstidee）的表现，因为这样做的结果会改变画框有利于绘画作品的状态。他坚持认为艺术作品本身才是某种自为的事物，它并不由于画框才显示出另一种自为的存在。其次，画框为绘画作品形成一条边界，将所有的周围事物以及观者排除在外，形成一定的距离，以保证作品被审美地欣赏。再次，存在两类画框形式，一是现代各向同性的画框，二是传统中厚重的建构性画框（architektonisch Rahme）。所谓建构性的画框，指的是画框的两边塑造成壁柱或圆柱，支撑上边框做成屋檐或山墙状。这样的画框在教堂中是较为常见的（图1.22）。在齐美尔看来，建构性画框的特点是它的四边不能相互替代，与四边同性的现代画框相比，反倒是一种进步——在这一点上，现代画框退步了[10]106。

1.5　文化与艺术批评

在 1889—1918 年间，齐美尔写了 30 余篇关于文化与艺术的批评文章，此外，在《货币哲学》等书中也对这些方面的问题做出探讨。本节对齐美尔在技术与自然、大都市与个体、艺术的自治以及现代艺术批评等方面的讨论进行分析，从中可以看出，齐美尔的文化批评理论与美学思想既有宽广的视野，又具有探究的深度，更有超越时代的意识。

1.5.1 关于技术与自然

在《货币哲学》"技术的统治"(die Herrschaft der Technik)一节中，齐美尔就人对事物局部与整体关系、手段与目的关系的认识论偏差、对自然的观念上的误解、技术与自然的关系等方面问题提出批评。从前面一节的分析可知，由于齐美尔对机器形式持有赞赏的态度，因而从审美的角度来看，他对现代技术的看法应该是正面的。但是从更为宽广的视野来看，现代技术所引发的问题就不像在美学领域那样简单。他意识到，在技术发展以及对技术的评价中，使终极目的(Endzweck)模糊不清的倾向显得不那么轻率，但更隐秘，也更危险。这里所谓终极目的，应是对人类福祉而言的。按理说，随着技术的进步，对这个终极目的的趋近会愈加明显，而齐美尔的这个论断表明，这个问题并非如此简单，也并不令人乐观。人们甚至对何为终极目的也不甚明了。因而齐美尔要提醒人们，技术成就相对于生活意义而言，至多就是手段或工具的关系，甚至往往就没什么关系。然而人们对技术的工具性地位缺乏认识，以至技术自身就是目的。比方说，人们对照明技术成就很热衷，对电报和电话技术成就很狂热，以至忘记真正重要的是清晰可见的东西、言说内容的价值，这就有些本末倒置了[34]547-548。

另一方面，齐美尔还注意到普遍存在的、不可避免的认识论偏差，即人们往往以偏概全，将某个特殊领域边界内与先决条件下取得的高度、广度与完善程度，与这个领域作为一个整体的意义混淆起来。这样，为了夸大我们所取得成就的重要性，就过分强调这些成就所属的整个领域的重要性，将相对优势提升至绝对优势。齐美尔认为，这种以偏概全的做法源于古老的形而上学上的错误：将诸要素彼此相关而具有的特性转移到它们所构成的整体之上。而热衷于现代技术的人们也犯了与思辩的形而上学家们同样的形式上的错误(Formfehler)。这里所谓"形式上的"，应是指"逻辑上的"[34]547-548。

关注手段胜于关注目的，以及以偏概全的认识论偏差，最终导致人们对生活本质，以及对人、技术与自然关系的本质的误解。齐美尔认为，生活的次要部分，也就是处在生活本质之外的那些事物，已经控制了生活的中心，甚至控制了我们自身。其后果是可怕的，一方面，"技术赖以将自然的能量和材料编织进我们生活的线索，很容易被视为束缚我们的脚镣，并使得许多对生活本质而言本可以甚或应该丢弃的事物变得不可或缺"；另一方面，"理应将人从自然的、奴隶般的劳动中解放出来的机器，自身又将人变成它的奴隶"。前一种情况，主要体现在物的层面上，后一种情况，则是就生产过程而言，通过这两方面的分析，齐美尔断言，人已沦为生产过程及其产品的双重奴隶[34]549。为什么齐美尔要说，现代生活的意义与智识潜力并没有从个体的形式转向大众的形式，而是转向客体的形式？一般而言，以大机器生产为代表的现代生产方式，无论从生产过程来看，还是从产品来看，都完成了从个体性向大众性的转变。但在齐美尔看来，这还不是问题的关键。他想到的是人与其所处世界的关系问题。他在此使用了"客体"这个哲学术语，可谓意味深长。按照哲学的主体、客体的区分，从个体形式向大众形式的转变毕竟还是在主体内部完成的，而从个体形式向客体形式的转变跨越了主客体分界，才是需要特别关注的。传统哲学赋予主体以控制性的主导地位，客体则是主体认识的对象，控制的对象，施加作为的对象，显然处在奴隶的地位上。如果客体摆脱了主体的控制且反过来控制主体，对于独裁专制以及强势个体的自主性标准而言是真正的威胁。因而齐美尔说，威胁推翻独裁专制以及强势个体的自主性标准的"奴隶的反叛"(der Sklavensaufstand)，并不是"大众的反叛"(der Aufstand der Massen)，而是"客体的反叛"(der Aufstand der Sachen)。我们可以将"客体的反叛"理解为民主化进程的物质基础，但对齐美尔来说，"客体的反叛"是现代文化进程不以人的意志为转移的必然趋势，是其自然而然的结果。这样，我们就可以理解,齐美尔所谓"自然通过技术向我们提供的东西"一语中,"自然"并不是自然界,而是指现代文化的必然进程。通过无尽的嗜好、无尽的疏离、无尽的肤浅的需求,这个进程的产物控制了生活的自信与精神中心。而更令人担忧的是,人与自身更为疏远,在他和他的最有特点、最为本质的存在之间有了一道无法逾越的媒介、技术发明、能力以及娱乐的屏障[34]550。

齐美尔一再提醒我们要弄清手段与目的、次要事物与生活本质之间的区别,其意图在于要我们能够冷静地看待技术成就、全面地认识技术发展与我们世界之间的关系。就上面所说的"客体的反叛"而言,我们的处境并不乐观。即使是对自然界,我们也不应以为有了技术的支撑就可控制它,更不能说征服自然。齐美尔将征服自然或控制自然的说法指斥为"孩子气的",是因为这样的说法预设了某种抵抗、自然本身就有的目的论因素以及对我们的敌意。在他看来,自然只是漠然的,对它的征服并不能改变它自身的规则。自然的规律只是特殊材料与能量的活动规则,而不能说是为事物施加了无可逃避的强制。人们对自然科学的方法也存在误解,他们设想自然规律就像一位君主统治他的国家一样,指导作为真实力量的现实。其幼稚一如相信上帝直接控制我们的尘世生活[34]549。这样的幼稚其实与前面所说的孩子气是联系在一起的。人们赋予自然规律以绝对的地位,同时又声称自己可以征服自然,而征服自然就意味着首先要掌握自然规律,这里多少有些自吹自擂。所以齐美尔说,人控制自然这一概念支撑了人对自身与自然关系的自我夸耀的错觉。即使更成熟的说法——我们通过服务自然来控制自然,也暗示了令人震惊的反面:我们控制自然是为了服务自然[34]549。从中可以体会到一些讽刺的意味。在那个技术发明带来普遍乐观的时代,人们对自然的态度经历了从敬畏到轻视的转变,而齐美尔却在这普遍的乐观中保持冷静,对人与自然的本质关系进行深入地思考。他的谨慎态度超越了他的时代。

1.5.2 大都市与个体

《大都市与精神生活》一文是齐美尔的代表作。1903 年,德累斯顿举办了第一届德国大都市博览会,博览会期间举办了一系列关于"现代大都市出现"的演讲,考察了与交通、住房、就业、福利以及文化机构等与德国城市规划相关的问题与社会问题。齐美尔也应邀作了演讲,《大都市与精神生活》就是它的标题[70,71]。这篇文章反映了他的社会学与哲学的立场,即关注个体及其与社会的交互作用,只不过在这里两者都被置于大都市这个具体的层面上。

在文章开篇,齐美尔就谈及个体(Inividuum)为保持其存在的独立性和个体性,而对社会的控制力、历史遗产以及文化、技术重负进行抵抗,并且将这样的抵抗与原始人为自身的生存与自然的斗争联系起来。齐美尔其实是将现代个体与社会之间的斗争视为原始人与自然斗争的"现代变体"(die letzterreichte Umgestaltung),从根本上来说,这两种形式的斗争都是由人的自由理想所驱动的。他提到 18 世纪的人们呼吁从所有的政治、宗教、伦理以及经济的历史束缚中解放出来,其目的是为了平等的原初善之本性(die ursprünglich gute Natur)不受阻碍地发展;19 世纪则在劳动分工(die arbeitsteilige Besonderheit)方面促进人的个体性的发展,似乎是 18 世纪人性解放倾向的具体化。然而,这个原本旨在人的善之本性自由发展的过程却引发新的问题:个体在社会技术的机制之中被分层使用。于是,个体又要进行新的抵抗(Widerstand)。齐美尔认为,无论是弗里德里希·威廉·尼采(Friedrich Wilhelm Nietzsche, 1844—1900),还是社会主义,都有一个同样的基本动机,那就是拒绝在社会技术机制中被分层使用,不过,齐美尔想到的是,在个体的生活方面与超越单一个体存在的方面之间还是存在适应性的,这是由个性对于外在于它的力量的调整所决定的[72][73]69-70。

齐美尔在 1903 年写下这篇文章时,他所生活、工作的城市柏林已经发展为现代意义上的大都市。作为政治、经济以及文化的中心,现代大都市无论是从规模上还是从城市结构的复杂程度上,都是传统城镇所无法比拟的。大都市具有很强的社会-技术的机制,特别的现代生活在其中展开,而现代个体与社会之间的斗争也显得更为激烈。一方面,齐美尔肯定劳动分工对于个体的重要性,即:从历史的束缚中解放出来的个体通过劳动分工进行某一种类型的专化实现,可以彼此区分开,从而在为争夺客户的过程中不易于被他者所排除。这样,个体的价值标准就在于他的独特品质以及不可替代性,而不再是每个个体所共有的"普遍人性"(allgemeine Mensch)。另一方面,他也意识到,个体的独特品质以及普遍的人性品质分别是两种不同的确定个体在整体中的位置的方式,两者彼此斗争,大都市的功能就是为这样的斗争提供一个场所,也为将这两种方式统一起来的企图提供一个场所[10]131,[73]76。

在这篇文章中,齐美尔将大都市视为背景性的条件,而他所关注的主题是大都市中个体及其精神生活的内在方面。他提出"der Körper der Kultur"这一概念,"Körper"一般指人或动物的身体、躯体,也指物质性的体块[28]1067-1068,der Körper der Kultur"可以理解为"物质文化"。而齐美尔在这里又提到"seiner Seele",即文化的"心灵",可以说他是在隐喻的意义上使用"Körper"和"Seele"这两个词的:"文化的身体""它的灵魂"。就文化具有生命力这意义而言,这样的用词是可以理解的。齐美尔认为,探究特别的现代生活的产物要指向它的内涵(Innerlichkeit),一如探究"文化的身体"要指向"它的灵魂",而探究大都市这个文化的载体,也是要指向其中的精神生活的[74]。

在这篇文章中,齐美尔比较了大都市、古代城邦、小城镇以及乡村的社会环境方面的差异以及个体反应的差异。首先,大都市的精神生活其实就是大都市中诸多个体的情感生活、感觉基础以及心理基础。大都市为精神生活提供了外部条件,如穿越大街、经济、职业以及社会生活的节奏和多样性,齐美尔将它们归于外部的刺激(äußerer Eindrücke)之列。通过这样的外部刺激,大都市与小城镇、乡村的存在的更为缓慢、更宜居、更平缓的节奏形成深刻的对比[10]117。

其次,大都市个体处在交互作用之中,却持有冷漠或厌倦的态度,齐美尔称之为"大都市的冷漠"(die großstädtischen Blasiertheit)。而这种冷漠态度有着两个根源,即过度刺激对个体生理心理的影响以及货币经济对个体的影响。就前一方面而言,大都市个体性所赖以确立的生理-心理学基础,就是由外部和内部刺激的迅速而不断的变换所造成的情绪强化。齐美尔认为,"人是一种依赖差别而存在的造物,也就是说,他的心灵被目前印象与先在印象之间的差别所刺激。"这样,刺激的强度与事物差别的强弱有关,进而影响感受力。大都市在提供迅速变换且足够强烈的刺激方面,显然要强于更适宜居住而节奏缓慢的小城镇。然而,"过度的感官生活使人厌倦,是因为它刺激神经至其最高的反应能力,直到最后神经再也不能产生任何反应。"这其实表明了大都市个体在频繁外部刺激地作用下的困境。就后一方面而言,处在货币经济之中的大都市个体似乎处在唯理智论的实践过程中,这种状态就要求个体摆脱个人间的情感关系,精于算计,而且现代大都市商业活动中生产者和买家的利益也都需要有一种冷酷的实际性。我们可以把这种心理理智的态度看作是个体根据货币经济对自身的适应性调整。这样的个体对于小镇居民而言是冷漠的、不合宜的[10]121。如果说过度的刺激是造成冷漠个体的生理与心理原因,那么在货币经济活动中个体的冷漠态度则反映了一种主观判断,其实质是个体对事物之间的差别漠不关心,但并非无所知觉,也不是出于精神上的迟钝,而是事物差别的意义与价值对冷漠个体而言是没有意义的。

再次,个体是通过一定的社会组织进入社会生活的,政治共同体、宗教共同体以及行业共同体形成许多社会组群,彼此之间有明确的界限。在齐美尔看来,古代城邦以及中世纪的小城镇的社会对个体的运动都加以限制。特别是古代城邦(die antike Polis),由于面临外部敌人的威胁,而强调政治与军事方面的坚定团结,也强调市民对市民的监督。齐美尔提到雅典人的生活状态,那是一群具有无可比拟的个性的个体不断地与一个去个体化的小城市(entindividualisierende Kleinstadt)的、持续的内外压力进行斗争。但最终得以发扬光大的是人类天性的理智发展中所体现出的"普遍人性"（das allgemein Menschliche），而不是"无可比拟的个性"。齐美尔将其原因归于强者对弱者的压制，而这种压制并不是以强者自身的利益为依据，其出发点乃在于城邦安全方面的考虑。于是，两者为各自的自我保护所做的努力最终形成一种共同的关系，以抵御共同的敌人。可以说古代城邦、小城镇的生活领域主要是在其内部展开，而现代大都市的内部生活以一种更为宽广地跨越国家或国际的波浪运动方式扩延[10]125。

关于大都市个体的冷漠，齐美尔认为那是一种矜持的心境，最终表现为个体间的克制态度，其结果是个体"并不通过视觉来认识多年的邻居"。在齐美尔看来，这种状况就是外在的矜持，它不仅仅是漠不关心，而且也是一种轻微地厌恶，一种彼此陌生，一种排斥，最终可能发展成冲突。这可能是冷漠态度的消极发展。事实上，大都市社会往往能够在冷漠状态下平稳运行一定的时间，就说明冷漠态度并不一定导致消极的发展。齐美尔也注意到这一点，大都市社会单元的交互的矜持和冷漠以及生活的理智状态，恰恰使得大都市市民与那些受到琐碎事物和偏见束缚的小城市民相比是自由的[10]126。尽管在大都市熙熙攘攘、拥挤不堪的人群中，个体却会感到孤单而荒芜，但总要比回到限制个人内在独立性及其与外部世界关系的、令人窒息的古代及中世纪城市中去要好得多，也要比置身于情形类似的小城镇好得多。在这一方面，齐美尔丝毫没有怀旧的情绪，也没有卢梭那种回归自然的激情，更没有尼采那种反城市文明的愤世嫉俗。

如何理解现代大都市冷漠个体的现象？个体在应对持续刺激方面有可能具有一定的自主性，其休息的生理机能可以使他从持续的神经刺激的状态解脱出来，从而恢复感受能力；而个体迫于某种原因无法利用休息的生理机能，可能就是较为极端的状态了。另一方面，大都市是否能对个体施加持续而极度地刺激仍是有疑问的。如此看来，对量能达到要求的新刺激无法作出反应的状态，无论是主观方面还是客观方面，都是较为极端的。有可能出现的情况是，经过"刺激-反应-休息"这样一个完整过程之后，如果接着重复同样的刺激，最终会使接受个体对刺激习以为常，而变得冷漠起来。还有一种情况是，刺激虽是不同的，但是持续时间短暂，且间隔也短，使得接受个体目不暇接，无法产生确定的反应。这两种情况对生产和消费这样的交换过程都是不利的。那么，交换就需要刺激-反应-休息这个过程能够持续进行，其前提是在这一程序结束之后，对个体施加新地刺激。虽然齐美尔没有明确指出这种克服冷漠态度的可能性，但是在城市作为最先进的劳动分工所在地的分析中，他意识到了这一点："卖家必寻求生产出这样的个人"，以便"把不断更新的独特的需要（immer neue und eigenartige Bedürfnisse）出售给他们"[10]128。此语听上去有点谐谑，实则深刻。事实上，这种不断更新的独特的需要，指的正是个体在一个先在刺激程序结束之后对新刺激的需要。

在大都市中与个体存在相关的现象似乎都有着自我异化的倾向，尽管齐美尔没有使用异化这个词。他认为劳动分工的成功的实质就是，在个体文化（Kultur der Individuen）和客观文化（objektiv Kultur）进展之间存在一种可怕的增长率差异。劳动分工需要个体不断地进行单方面的实现，最终被削减至一个可被忽视的量（quantité négligeable）：事物和权力的巨大组织中的一个轮齿。个体的单方面实现原本是个体独特性和不可替代性的保证，而随着专门化的不断深入，其个性也就趋于弱化，至专门化的顶点，其个性最终变得无足轻重——个体已被专化为彻底的工具。这似乎是一个自我异化的过程[10]129。不过，齐美尔还不能预料到大都市情境中另外的可能性：个体的专化是以组群的形式进行的，一旦出现劳动力过剩的情况，个体原本相对于他者的不可替代性在组群内部就不复存在。1930年代经济萧条时期克拉考尔对失业工人的聚集地——职业介绍所的考察就揭示了这一点。这可能才是大都市社会的冷酷的现实。

另一方面，大都市原本强调努力实现个人存在的最具个性的形式，稀奇古怪的意义只在于其与众不同、引人注目的形式，但是从文化发展来看，与个体相关的主观精神最终被客观精神所支配，齐美尔把这种状态称为客观文化的过度膨胀和个体文化的萎缩,却没有进一步说明这样的逆向发展是如何形成的。也许可以这样理解:个性形式之与众不同及引人注目的特征,一方面是通过个体与既有外部事物之间的比较而显现,另一方面则是由其他个体来判别。这样就存在对个性形式的客观评价,而客观评价持续作用的结果,则是个性本身必须避开既有的形式,那么个体最终不是从自身的特质出发来确定个性的形式,而是处在不断逃逸的状态之中。这就是大都市客观文化过度膨胀的图景,它的最终实现就是去个性化。可以说这种文化已走向它的反面,已不再适合于每一个个人的元素了。面对着客观文化的具体的去个性化的成就,个性几乎不可能保持自身。根据齐美尔的分析,那些客观文化的"去个性化成就"中就包括建筑,以及各类国家机构和教育机构[10]130。而对应于齐美尔思想的年代,在建筑学方面主流倾向仍然是新古典主义。根据肯尼斯·弗兰姆普敦的分析,新古典主义面临着"19世纪各种新的机构蓬勃兴起的形势和创建新的建筑类型的任务"[75]9。就新古典主义的原则而言,创建新的建筑类型就意味着古典精神的一种新的表达,其实现显然具有普遍性的特征,而齐美尔把它视作一种去个性化的文化成就,比建筑理论方面的理解更深刻一些。

1.5.3 关于艺术的自治问题

齐美尔在《货币哲学》的《综合卷·生活方式》的第二节"文化的概念"中,讨论了艺术与文化的关系。他提到"为艺术而艺术"(l'art pour art)这个口号[34]503。这个口号原本由法国诗人泰奥菲尔·高蒂埃(Théophile Gautier, 1811—1872)于19世纪初提出,后见于哲学家维克多·库赞(Victor Cousin, 1792—1867)的著作中。这个口号表达了当时许多作家和艺术家关于艺术的信念。艺术不需要什么理由,不需要为政治说教的、道德的以及功利的目的服务,于是艺术自身就是目的,即"autotelic"[76]。以后一些哲学家、作家、艺术家继续在不同门类的艺术中深入探讨艺术自为目的的问题,作家爱伦·坡(Elen Poe, 1809—1849)在《诗学原理》中提出"为了诗自身的缘故写诗"[77];文学理论家安德鲁·塞西尔·布拉德雷(Andrew Cecil Bradley, 1851—1935)在《为了诗学的诗学》的演说中指出,诗的主题无关紧要,而诗学自身的价值才是重要的[78];提出"出于房屋自身的缘故去建造"[79]240,241;所有这些观点的共通之处是,艺术的价值在于自身的完善,而不是看它是否符合外在的目的要求。

齐美尔是从纯粹艺术理想以及文化理想两个方面来讨论艺术自治问题的。从纯粹艺术的理想来看,当艺术以其独特的方式成功地表现了对象,艺术过程就随之结束。这是因为,纯粹艺术的理想就在于,艺术作品本身的完善就是艺术的客观价值,与它是否在人的主观体验中获得成功全无关系。这就是从纯粹艺术理想出发得出的判断,在这个意义上,"为艺术而艺术"这个口号很好地表达出纯粹艺术的自足的特征[34]503。

不过,齐美尔并不是孤立地看待艺术自治的问题,而是将艺术置于文化背景之中。齐美尔从"Kultur"的"培养""培植"的本义出发论及文化的概念:通过培育事物,人锻炼了自己,这意味着人与事物共同具有增值的过程,从人自身开始,又返回自身,既感动自然,又感动人的内在天性。而艺术则最好地反映了文化的这个概念。从文化理想方面来看,艺术自治就显得不够了。主要的问题是,文化包含了美学、科学、伦理、幸福论以及宗教等方面所取得的成就的独立价值,而在人性超越其自然状态的发展过程中,这些独立价值要作为要素整合成一个整体。而文化的构成部分各有其独立的价值,关键在于它们各有其自治的理想[34]503-504。关于这一点,齐美尔在《景观哲学》一文中也有过说明。他认为,所谓文化是由一系列"有自身规律的事物"(eigengesetzliche Gebilde)构成的,它们以其自足的纯粹性置身于日常生活的纠缠之外。在这里他以科学、艺术和宗教加以说明,它们可以根据其自身的自治的理念和标准来理解[80]。让我们再回到《货币哲学》一书中,在"主客观文化分离导致劳动分工"一节中,齐美尔继续讨论了艺术作品的自治问题。在此他是从劳动分工对现代产品的影响与艺术作品在本质上对劳动分工的抵制等方面来谈论艺术作品的,他认为艺术作品在人类所有的产品里是最完美自治的统一体,也是自足的整体。艺术作品的自治就意味着它表现了主观精神的整体。艺术作品只需要一个人、全身心的投入,回报是艺术作品的形式成为他的至为纯粹的反映和表现。因而,艺术创作活动完全拒绝劳动分工,使得作品的自治整体与精神的统一体联系起来[34]512-513。齐美尔在这里所说的艺术应是指纯粹的艺术,而且是可以由一个人独立完成的艺术。至于群体性的艺术如合唱、交响乐,以及实用的艺术(如建筑、时装),还是存在内部分工的。

齐美尔指出文化发展不能单纯从形式上独立地发展出某种内容,而文化内容则是综合性的。齐美尔的一个洞见是,文化内容由一些形式构成,每一个形式都从属于一个自治理想。在此我们可以体会到齐美尔对内容与形式关系的新的理解。其实这里所说的形式就是自治的实体。这些形式都是由人的力量及其超越纯自然的本质发展出来的。齐美尔一方面认可艺术作为自治的实体,另一方面又主张文化作为整体要超越诸自治的实体。可惜齐美尔的论述里没有深入探究诸自治实体之间、自治实体与文化内容之间的关系,而关于艺术、科学、伦理、幸福论以及宗教等自治实体的进一步讨论,本可彰显文化理想对艺术理想的作用。不过,齐美尔还是强调了这些自治实体整合成一个整体的重要性,暗示艺术的自治只限于艺术本身,当视野扩展至文化的层面上,就要考虑与其他自治实体的关系。这样,齐美尔的艺术自治的观念就包含了艺术的边界的概念[34]504。

1903年齐美尔在柏林日报活页《时代精神》上发表《审美的定量性》(Die Ästhetische Quantität)一文,提到对艺术自主性(die Souveränität der Kunst)的狂热信念以及对艺术范围不加限制的狂热信念。前者其实还是艺术自治的问题,过于强调艺术自身的边界,抽象的理想主义应属此列,其主旨是将物的空间形式的完善与概括视为唯一的艺术目标;后者事实上意味着取消艺术与一般事物的边界,自然主义就具有这样的倾向,力求在艺术作品中以更为直接的活力重现至为可能完整的物。齐美尔认为这两方面的信念都具有审美的指向性(ästhetische Richtungen),它们在表面上相互对立,然而却都引向一个同样的错误[62]。虽然齐美尔没有明说这个错误是什么,但从他的艺术观念来看,这两个倾向的错误就在于它们都不能对艺术的边界问题有中肯的认识。

1.5.4　关于现代艺术的批评

齐美尔身处19世纪与20世纪之交,那是艺术史上的一个伟大的转折时代,在那个时代里,音乐、绘画、雕塑以及建筑都在不同程度上开始了现代主义的先锋派运动。其中绘画艺术的先锋派运动要早一些。一般以为现代绘画发端于19世纪法国的两条主线:一是古斯塔夫·库尔贝(Gustave Courbet, 1819—1877)的现实主义绘画;一是爱德华·马奈(Edouard Manet, 1832—1883)等人的印象派绘画。这两条主线的艺术家们都反对当时居支配地位的学院派绘画传统,寻求对世界进行更自然的表现。从1890年代起,现代艺术运动出现许多流派,主要包括新印象派、象征主义、野兽派、立体派、未来主义、表现主义、至上主义、构成主义、风格派、达达画派、超现实主义等。这些先锋派运动在艺术主张、表现方式方面有很大的差异,但在探究绘画媒介所蕴含的潜势、表现精神对20世纪变化了的生活背景的反应等方面有共通之处。

总的说来,齐美尔是根据艺术表现的主观性与客观性对艺术加以分类的。现实主义绘画属于客观性的艺术,齐美尔称之为自然主义;印象派、表现主义以及抽象派的绘画都归于主观性的艺术,齐美尔将它们都称为"未来主义"(Futurismus),这一点在《现代文化的冲突》一文中有明确的表述[82]。因而,齐美尔文本中的"未来主义"是广义的,并不是指马里内蒂等人所发动的未来主义运动。1916年,齐美尔写出《文化的危机》一文,其时欧洲正处在第一次世界大战之中,他对战争是否是危机爆发的标志、是否可能成为"病态文化"(erkrankte Kultur)复原的第一步感到疑虑,因为个人文化与物的文化之间的差异显示出的是源自文化本质的内在悖论[82][83]92。从艺术潮流的变化之中,齐美尔也体会到一种内在的悖论。他说,上世纪末艺术中的自然主义表明,从古典时代传承下来的主导性艺术形式不再能满足"一种喧嚣躁动以求表现的生活"[83]93。这样的生活特征与古典时代的相对封闭的生活特征有很大的差异，其实是现代文化危机在某些方面的反应。如果说艺术是一定的生活方式的表现，那么一定程式化的、形式规则严格的古典艺术形式就不足以表现现代生活了。然而，齐美尔并不以为现代艺术能够成功地满足现代生活的表现的需要。人们本以为自然主义艺术可以通过未经任何个人艺术概念过滤的"直接的现实意象"(direct images of reality)来把握现代生活，但在齐美尔看来这种努力失败了；他甚至认为，通过心理过程的直接表现来取代具体意象的当代表现主义艺术也没能成功[84]175。齐美尔还是主张只有那些具有自身规律、自身目的并且具有自身稳定性的形式才有可能表现内在生活的本质，然而，虽然这些规则、目的以及稳定性

图 1.23 埃尔·格列柯:揭开第五封印

是由精神上的动力所创造的，但它们又源自一定程度的自主性(autonomy)，独立于精神动力之外[83]93。其实这里说的是艺术形式的客观规律问题。比较理想的状态是，赋予从内在源泉喷涌而出的创造性生活一种恰当而和谐的形式，至少在一段时间里，这样的形式不会僵化成敌对于生活的独立的存在。不过，齐美尔认为只有个别的天才与一些有特殊创造力的时代才能达到这样的理想状态，至于大多数情况，艺术的形式与所要表现的生活之间存在一种悖论，齐美尔称之为"真正的无所不在的文化悲剧"(the real, ubiquitous tragedy of culture)[83]94。

基于这样的考虑，齐美尔在这篇文章中并不认可"未来主义"在艺术领域中的活动，将其称为"极端后果"。未来主义的问题在于，传统形式已不足以表现生活，而新的形式又没有构想出来，于是就通过一种形式上的否定来寻求纯粹的表现，或者使用一些刺激人的晦涩形式，为了脱离创造性的其他固有矛盾，不惜违背创造性的本质。齐美尔甚至认为，生活原本作为"栖居场所"(dwelling-places)创造出来的形式已变成"生活的牢笼"(its prisons)[85]。

几年后，在题为《文化的冲突》的演讲中，齐美尔将生活的创造性动力与艺术形式的稳定性之间的冲突扩展为生活的永恒动力(ruhelose Rhythmik)与文化形式的永恒有效性(zeitlose Gültigkeit)之间的冲突。他将艺术作为文化的特殊现象来看待，他也将未来主义名下的诸多艺术倾向称作"大杂烩"(durcheinanderlaufende Bestrebung)，表明他对绝大多数现代艺术流派的印象都是负面的。唯有表现主义在某种程度上得到他的肯定。他认为只有以表现主义为特征的倾向(als Expressionismus charakterisierte Richtung)似乎是以可识别的整体性与明晰性凸显出来[81]。

表现主义是 20 世纪初源于德国的现代艺术运动，其目的是寻求表现情感经验的意义，而不是表现物质世界的现实；其特征是利用形式的扭曲和夸张来获得动人的效果。代表性的画家有桥社(Die Brücke)名下的基希纳(Ernst Ludwig Kirchner, 1880—1938)、诺尔德(Emil Nolde, 1867—1956)等，以及蓝骑士(Der Blaue Reiter)名下的康定斯基、克利、费宁格(Lyonel Feininger, 1871—1956)等。H. H. 阿尔纳森和伊丽莎白·C. 曼斯菲尔德在《现代艺术史》中，将德国表现主义绘画溯源至浪漫主义[86]111。就情感经验的意义表现而言，表现主义的倾向可以追溯至 16 世纪的希腊

裔西班牙画家埃尔·格列柯(El Greco，1541—1614)，他的作品通过扭曲的形式表现了强烈的宗教情感(图 1.23)[87]201。齐美尔在这篇演讲里并没有具体提到相关的艺术家，但他对这场艺术运动的性质的把握还是十分准确的。他认为表现主义的意义在于，艺术家们的"内在驱动力"(die innere Bewegtheit)完全如他们所体验到的那样直接持存于作品里，或就作为作品持存。表现主义并不是将这样的驱动力放进"一个从外在的存在(ein Existenz außerhalb)强加的形式"中去，这个外在的存在既可以是"现实的"(real)，也可以是"理念上的"(ideelle)。齐美尔做出这样的规定，是为了强调表现主义的主观性，由此可以将表现主义与凭感觉印象来创作的印象派区分开。他也体会到，表现主义的这种表达方式与生活为自身存在而作的斗争的表现方式相似—生活只是表现自身，并突破任何由其他的实在赋予的形式。不过，表现主义艺术最终还是会有一种形式。这种形式只是艺术家对于不可避免的外在形式的意向，然而这种形式并没有自身的意义，因为这样的意义只是通过创造性的生活才能实现。在这一点上，表现主义作品的形式与所有其他艺术理想的形式是不同的。在这里，齐美尔得出一个十分重要的结论：这样的艺术是无所谓美(Schönheit)或丑(Häßlichkeit)的。这是因为这样的艺术遵循了这样一种形式的表现，生活在其中不是由一个目标来确定，而是一种力量的喷涌，因而它的意义超越美与丑之外[81]。可以说，齐美尔对以表现主义为代表的抽象艺术作出了十分精辟的分析，也揭示了艺术奇迹的另一种可能，即超越传统的美与丑的标准。这是对传统美学的极有意义的突破。另一方面，齐美尔对表现主义艺术的赞赏，在后来的克拉考尔、布洛赫、阿多诺等德国思想家有关艺术的思考中得以延续，从而形成一条倡导包括建筑艺术在内的艺术创作想象力的主线。

注释

［1］Georg Simmel. Georg Simmel on Individuality and Social Forms. ed. Donald N. Levine. Chicago and London：the University of Chicago Press，1972.

［2］Lewis A. Coser. 'Georg Simmel：Biographic Information'. URL＝http://www. socio. ch/sim/biographie/index. htm.

［3］David Frisby. Georg Simmel＜Revised Edition＞. London and New York：Routledge Taylor & Francis Group，2004.

［4］Anthony Vidler. Warped Space：Art，Architecture，and Anxiety in Modern Culture. Cambridge and London：The MIT Press，2001.

［5］Massimo Cacciari. Architecture and Nihilism：On the Philosophy of Modern Architecture. Trans. Stephen Sartarelli. New Haven and London：Yale University Press，1993.

［6］Manfredo Tafuri. Architecture and Utopia：Design and Capitalist Development. Trans. Barbara Luigia La Penta. Cambridge and London：The MIT Press，1976.

［7］Neil Leach. Rethinking Architecture：A Reader in Cultural Theory. London and New York：Routeledge Taylor & Francis Group，2004.

［8］Hilde Heynen. Architecture and Modernity：A Critique. Cambridge and London：The MIT Press，1999.

［9］http://www. socio. ch/sim/index. htm.

［10］Georg Simmel. 'Die Soziologie des Raumes'. 参见：Ausätze und Abhandlungen 1901—1908，Band I. Heraugegeben Rüdiger Kramme，Angela Rammstedt and Otthein Rammstedt. Frankfurt am Main：Suhrkamp，1995.

［11］http://wordnetweb. princeton. edu/perl/webwn？s＝space&sub.

［12］http://www. kypros. org/cgi-bin/lexicon.

［13］http://www. ellopos. net/elpenor/physis/plato-timaeus/space. asp？pg＝4.

［14］柏拉图. 蒂迈欧篇. 谢文郁，译. 上海：上海人民出版社，2005.

［15］Aristotelis. Physica(Oxford Classical Texts). Oxford：Oxford University Press，1900.

［16］Aristotle. The Works of Aristotle, vol. 2, Physica. trans. R. P. Hardie and R. K. Gaye. Oxford：Clarendon Press，1930.

［17］亚里士多德(Aristotélēs). 亚里士多德全集(第二卷)：物理学. 徐开来，译. 苗力田，编. 北京：中国人民大学出版社，1991.

［18］吴国盛. 希腊空间概念. 北京：中国人民大学出版社，2010.

［19］亚里士多德(Aristotélēs). 物理学. 张竹明，译. 北京：商务印书馆，2006.

［20］René Descartes. Principles of Philosophy. Major Silections Translated from the Latin. ed. John Veitch，modified & paginated. Dr Robert A. Hatch. SMK Books，2009. URL=<http://www. google. com. hk/url? sa=t&rct=j&q=&esrc=s&frm=1&source=web&cd=10&ved=0CH4QFjAJ&url>.

［21］同［20］111-112. 在这里，笛卡尔似又回到亚里士多德对"τòπos"的解释上了.

［22］https://en. wikisource. org/wiki/The_Mathematical_Principles_of_Natural_Philosophy_(1846)/Definitions.

［23］G. W. Leibniz and Samuel Clarke. Correspondence. ed. Roger Ariew. Indianapolis/Cambridge：Hackett Publshing Company，Inc. 2000.

［24］诺尔曼·康蒲·史密斯. 康德《纯粹理性批判批判》解义. 韦卓民，译. 武汉：华中师范大学出版社，2000.

［25］Georg Simmel. 'Die Brücke und Tür'. Aufsätze und Abhandlungen 1909—1918,Bnd I. Herausgegeben von Rüdiger Kramme und Angela Rammstedt,Frankurt am Main：Suhrkamp，2001.

［26］Gilles Deleuze and Félix Guattari. 'City/State'. Rethinking Architecture：A Reader in Cultural Theory. ed. Neil Leach. London and New York：Routledge Taylor & Francis Group，2005.

［27］Georg Simmel. 'Sociology of Space'. Simmel on Culture：Selected Writings. ed. David Frisby and Mike Featherstone. London：SAGE Publications，1997.

［28］Webster's Third New International Dictionary of the English Language<unabridged>. ed. in chief. Philip Babcock Gove. Massachusetts：Merriam-Webster Inc. Publishers，2002.

［29］Wikipedia. Proxemics. URL=<http：//en. wikipedia. org/wiki/Proxemics>.

［30］叶本度. 朗氏德汉双解大辞典. 北京：外语教学与研究出版社，2010.

［31］Georg Simmel. 'Rom：eine Äesthetic Analyse'. 见：Gesamtausgabe herausgegeben von Otthein Rammstedt，Band 5. Aufsätze und Abhandlungen 1894 bis 1900. Herausgegeben von Heinz-Jürgen Dahme und David P. Frisby Frankfurt am Main：Suhrkamp，1992.

［32］亚瑟·叔本华. 作为意志和表象的世界. 石冲白，译. 杨一之，校. 北京：商务印书馆，1982.

［33］"Fürsichsein"，即自为存在，与"Ansichsein"(自在存在)相对，是黑格尔的《逻辑全书》中的概念，指的是具有自觉意识的存在，可以参见 T. F. 格莱茨(T. F. Geraets)、W. A. 苏赫庭(W. A. Suchting)以及 H. S. 哈里斯(H. S. Harris)对此书的英译本的词汇注释：G. W. F. Hegel. The Encyclopaedia Logic(with the Zusätze). Trans. W. A. Suchting, and H. S. Harris. Indianapolis/Cambridge：Hackett Publishing Company,Inc. ,1991.

［34］Georg Simmel. Philosophie des Geldes. München und Leipzig：Verlag von Duncker & Humblot，1930：536.

［35］Georg Simmel. Philosophy of Money,Third edition. Trans. Tom Bottomore and David Frisby. London and New York：Routledge Taylor & Francis Group，2004.

［36］格奥尔格·席美尔. 货币哲学. 朱桂琴，译. 北京：光明日报出版社，2009.

［37］http：//www. duden. de/rechtschreibung/Objekt；

［38］http：//wordnetweb. princeton. edu/perl/webwn? s=object&sub；

［39］http：//www. collinsdictionary. com/dictionary/english/entity；

［40］http：//www. duden. de/rechtschreibung/Dasein.

［41］柏拉图. 巴曼尼得斯篇. 陈康，译. 北京：商务印书馆，1999.

［42］柏拉图. 理想国. 郭斌和，张竹明，译. 北京：商务印书馆，2009.

［43］布鲁斯・昂.形而上学.田园,等,译.北京:中国人民大学出版社,2006.

［44］http://www.duden.de/suchen/dudenonline/stil.

［45］Georg Simmel. 'Soziologische Aesthetik'. Jenseits der Schönheit. Schriften zur Ästhetik und Kunstphiloso-phie. Ausgewält und mit einem Nachwort von Ingo Meyer. Frankfurt am Main: Suhrkamp, 2008.

［46］"Entfernung"意为"距离",英译本译作"abstraction",不妥。参见:Georg Simmel. Sociological Aesthetics, The Conflict in Modern Culture and Other Essays. trans. K. Peter Etzkorn. New York: Teachers College Press, 1968.

［47］英译本将"die stilisierende Kunst"译作"formalistic art",即"形式主义艺术"之意,不太准确。参见:［45］152、［46］77.

［48］Thodor W. Adorno. 'Functionalism Today'. Rethinking Architecture: A Reader in Cultural Theory. ed. Neil Leach. London and New York: Routledge Taylor ＆ Francis Group, 2005.

［49］Walter Benjamin. 'Paris, the Capital of the Nineteenth Century＜Exposé of 1935＞'. The Arcades Project. trans. Howard Eiland and Kevin Mclaughlin. Cambridge and London: the Belknap Press of Harvard University Press, 1999.

［50］http://www.duden.de/rechtschreibung/Rhythmus.

［51］Georg Simmel. 'Venedig'. 参见:［45］26.

［52］Georg Simmel. 'Rome'. Theory, Culture ＆ Society Vol. 24(7-8). trans. Ulrich Teucher and Thomas M. Kemle. London: SAGE Publications, 2007.

［53］Georg Simmel. 'Florenz'. 同［45］29.

［54］A. E. J. Morris. History of Urban Form: Before the Industrial Revolution. Rouledge Taylor ＆ Francis Group, 1994.

［55］Immanuel Kant. Critique of the Power of Judgement. trans. Paul Guyer and Eric Matthews. Cambridge: Cambridge University Press, 2002.

［56］Georg Simmel. Moltke als Stilist. ex:Berliner Tageblatt vom 26.10.1890. URL=＜http://www.socio.ch/sim/verschiedenes/1890/moltke.htm＞.

［57］http://www.planetware.com/berlin/treptow-park-d-bn-btp.htm.

［58］http://www.surveyor.in-berlin.de/berlin/1896/TradeExhibition1896.html.

［59］克鲁夫特.建筑理论史—从维特鲁威到现在.王贯祥,译.北京:中国建筑工业出版社,2005:236、234、238.

［60］Georg Simmel. 'The Berlin Trade Exhibition'. Simmel on Culture:Selected Writings. Ed. by David Frisby and Mike Featherstone. London: SAGE Publications, 1997:255.

［61］Wikipedia. Monument to the Battle of the Nations. URL=＜https://en.wikipedia.org/wiki/Monument_to_the_Battle_of_the_Nations＞.

［62］Georg Simmel. 'Die Ästhetische Quantität'. 参见:［45］248.

［63］赛冈蒂尼,19世纪意大利著名风景画家,以描绘阿尔卑斯山区的田园风光而著称于世。见:URL=＜http://www.segantini-museum.ch/giovanni-segantini/biografie.html＞.

［64］Georg Simmel. 'Das Problem des Stiles'. ex:Dekorative Kunst. Illustrierte Zeitschrift für Angewandte Kunst, hersg. Von H. Bruckmann,11.Jg.,No.7(April 1908), Bd.16, s.307-316(München). URL=＜http://www.socio.ch/sim/verschiedenes/1908/stil.html＞.

［65］德语中"die Kunst"既指"总体的艺术",也指"美术","das Kunstgewerbe"指"工艺美术"或"实用艺术",英译本分别译作"fine art"、"applied arts".

［66］参见［65］. Georg Simmel. Simmel on Culture:Selected Writings. ed. David Frisby and Mike Feathersone. London: SAGE Publications, 1997:212.

［67］Georg Simmel. 'Der Bildrahmen:Ein Ästhetischer Versuch'. 参见:［10］105.

［68］尼古拉斯・福克斯・韦伯.包豪斯团队:六位现代主义大师.郑炘,徐晓燕,沈颖,译.北京:机械工业出版社,2013:220.

［69］康德.判断力批判.宗白华,译.北京:商务印书馆,1964.

［70］The Metropolis and Mental Life. <https://en. wikipedia. org/wiki/The_Metropolis_and_Mental_Life>.

［71］关于德累斯顿德国大都市博览会，见：H. Woodhead. The First German Municipal Exposition. (Dresden, 1903). American Journal of Sociology, Vol. 9, No. 4(Jan. , 1904), pp. 433-458. Published by The University of Chicago Press. URL＝<http://www. jstor/org/stable/2762173>.

［72］Georg Simmel. 'Die Großstädte und das Geistesleben'. 参见：［10］116.

［73］Georg Simmel. 'The Metropolis and Mental Life'. Rethinking Architecture：A Reader in Cultural Theory. ed. Neil Leach. London and New York：Routledge Taylor & Francis Group, 2004.

［74］英译本将"der Körper der Kultur"译作"the body of culture"，是对的，将"seiner Seele"译作"the soul"，就有些指代不清。参见：［73］116［74］70.

［75］弗兰姆普敦. 现代建筑：一部批判的历史. 张钦楠，译. 北京：生活·读书·新知三联书店，2004.

［76］Wikpedia. Art for Art's Sake. <https://en. wikipedia. org/wiki/Art_for_art%27s_sake> .

［77］Edgar Allan Poe. 'The Poetic Principle'. The Works of Edgar Allan Poe, Vol. 5(of 5)of the Raven Edition. Produced by David Widger. 2008：82. <http://www. gutenberg. org/ebooks/2151>.

［78］Andrew Cecil Bradley. 'Poetry for Poetry's Sake'. Oxford Lectures on Poetry. Produced by Marius Masi, Suzanne Shell and the Online Distributed Proofreading Team at < http://www. pgdp. net>. 2011：4、5. < http://www. gutenberg. org//ebooks/36773>.

［79］Samuel Alexander. Collected Works of Samuel Alexander. Bristol, UK：Thoemmes Press, 2000.

［80］Georg Simmel. 'Philosophie der Landschaft'. 同［25］474-475.

［81］Georg Simmel. Der Konflikt der Kultur-ein Vortrag. Ex：Duncker & Humblot München und Leipzig：1918. 48s. <http://socio. ch/sim/verschiedenes/1918/kultur. htm>.

［82］Georg Simmel. Die Krisis der Kultur. ex：Die Krisis der Kultur, aus：Frankfurter Zeitung, Jg. 60, Nr. 43, 13. Februar 1916, Drittes Morgenblatt, S. 1-2. <http://www. socio. ch/sim/verschiedenes/1916/krisis. htm>.

［83］Georg Simmel. Simmel on Culture. ed. David Frisby and Mike Featherstone. London：SAGE Publications, 1997.

［84］Expressionism，中译本译作"印象主义"，不妥. 应属误译. 见：格奥尔格·西美尔. 时尚的哲学. 费勇，等，译. 北京：文化艺术出版社，2001.

［85］在瑞士苏黎世大学网站的"瑞士社会学·齐美尔在线"所载的《文化的危机》一文中，以上有关艺术方面的内容被删减，故参照英译本. 参见［84］94.

［86］H. H. Arnason, Elizabeth C. Mansfield. History of Modern Art：Painting, Sculpture, Architecture, Photography. 7th Edition. Boston ect：Pearson, 2013.

［87］Ian Chilvers. Oxford Dictionary of Twentieth-Century Art. 上海：上海外语教育出版社（Oxford, New York：Oxford University Press, 1999），2002.

图片来源

（图 1.1）（图 1.2）（图 1.3）（图 1.4）（图 1.5）郑炘、唐时月绘制

（图 1.6）http://www. photophoto. cn/show/02166759. html；http://openclipart. org/detail/212852/united-states-map-with-capitals-and-state-names

（图 1.7）http://en. wikipedia. org/wiki/Proxemics

（图 1.8）、（图 1.12）、（图 1.13）、（图 1.14）、（图 1.15）、（图 1.22）郑炘摄

（图 1.16）苏玫摄

（图 1.17）http://www. treptowerpark. de/index-neu-Gartendenkmal. html

（图 1.18）http://www. neonatology. org/pinups/berlin. html

（图 1.19）http://www. surveyor. in-berlin. de/berlin/1896/TradeExhibition1896. html

（图 1.21）Nicholas Fox Weber. The Bauhaus Group：Six Masters of Modernism. New York：Alfred A. Knopf, 2009

（图 1.23）https://upload. wikimedia. org/wikipedia/commons/2/2f/El_Greco%2C_The_Vision_of_Saint_John_%281608-1614%29. jpg

第 2 章

恩斯特·布洛赫:现世的乌托邦

恩斯特·布洛赫是德国哲学家,不太正统的马克思主义者。雅克·齐普斯(Jack Zipes,1937—)在为布洛赫美学文集英译本所作的引言中对布洛赫的背景作了介绍。布洛赫生于路德维希港(Ludwigshafen)的一个富裕的犹太人家,家教严格,后来他对此颇有微词。而路德维希港在19世纪末是一座沉闷的工业城市,工人生活条件的恶劣和资产阶级生活方式的无聊,对年轻的布洛赫产生持久的影响,以致他毕生都在关注社会与政治方面的不公正[1]×ⅲ。另外,文森特·格奥格黑冈(Vincent Geoghegan)在《布洛赫》一书中,援引布洛赫本人的回忆,说明布洛赫的不愉快少年时代一方面是由于父母的没文化和缺乏同情心,另一方面是由于教学不怎么好的小学校[2]10。不过,布洛赫的人生发展可以说是一个正面的范例,他童年的不愉快经历,并没有让他消沉,反而激发了他的乌托邦思想。

从他后来的学历背景来看,布洛赫可谓涉猎广泛,先后学过哲学、德国文学、实验心理学以及音乐,并对犹太教神秘哲学感兴趣。1908年在赫尔曼·柯亨(Hermann Cohen,1842—1918)的指导下完成《关于李凯尔特和现代认识论的批判讨论》的博士学位论文,并获哲学博士。此后去柏林在齐美尔的指导下学习,结交马克思主义者格奥尔格·卢卡克斯,后又去海德堡参加马克斯·韦伯的研讨会[1]×ⅳ。1918年,也就是第一次世界大战结束后一年,布洛赫写出《乌托邦精神》一书。从此,乌托邦理想就成为他毕生的追求。布洛赫一生经历了两次世界大战、德国分裂以及苏美冷战,这个世界在他看来是真够糟糕的。因而他不懈地倡导乌托邦理想,是可以理解的。

布洛赫是20世纪早期关注现代建筑运动的为数不多的几位思想家之一,而且几乎是从一开始就对现代建筑持批评态度。早在《乌托邦精神》一书中,布洛赫就注意到纯粹功能性形式与统一形式之间的关联,以及这样的形式对表现主义建筑的阻碍作用[1]82。1938—1947年他在流亡美国期间,写出三卷本的《希望原理》,继续对功能主义建筑进行抨击,这显得他似乎有些先见之明,克鲁夫特认为"他的确提供了一幅鲜明而富于远见的20世纪的全景画,而在他之后的建筑理论,看起来只不过是略有变化,或者是一些附和之词罢了"[3]330-331。不过,布洛赫的文本都是用德语写成,其英译的文本基本上是在1970年代以后出版的,因而他的关于现代建筑的美学思想在英语世界的传播是滞后的。

1988年,麻省理工学院出版社出版了由雅克·齐普斯和弗兰克·麦克伦伯格(Frank Mecklenburg)编译的布洛赫美学文集,名为《艺术与文学的乌托邦功能》。其中收录了早期著作《乌托邦精神》中"装饰的创造"一章,《希望原理》中"在空洞的空间中建造"一章,以及《文学的任务》中"论机器时代的美术"一章。1948年,也就是《乌托邦精神》出版30年后,布洛赫写出《形式化教育,工程形式,装饰》一文,奈尔·里奇于1998年将它收录于《反思建筑:一个文化读本》一书中。这些文论围绕着机器生产与人性、功能与形式、装饰问题展开。布洛赫对艺术寄予极高的希望,这是因为他的乌托邦思想是以艺术为基础的。他意识到,哲学的问题在于忽略了存在的未来方面,因而强调一种对"尚未形成的事物"(the not-yet-becoming)的意识,即"尚未的意识"(the not-yet-conscious),对此齐普斯有很好的分析[1]×××ⅱ。里奇在《反思建筑》有关布洛赫的介绍中引用了齐普斯的分析并指出,"美学上的表达可以展现当代生活中缺失了的东西,也展现未来乌托邦有可能出现的东西"[4]41,对于布洛赫而言,艺术实践可以成为昭示美好未来的手段。正因为如此,他一直关注艺术方面的发展,以及建筑方面的变化。由于他的建筑师妻子的影响,他对建筑学有着浓厚而持久的兴趣。他认为建筑应创造一个人类家园,伟大建筑就应该像"建造出来的阿卡荻亚"(Ein gebautes Arkadien)那样[5]871。然而现代建筑的发展,除了一些表现主义建筑之外,与他的乌托邦理想相去甚远。

布洛赫是在1938年开始写作《希望的原理》这部宏篇巨作的,其时欧洲已处在战争的前夜,日本正在扩大侵华战争,整个世界处在动荡之中。此书完成于1947年,这意味着此书的写作过程贯穿了整个第二次世界大战。那是有史以来最具毁灭性的战争,特别是当纳粹与法西斯力量在欧亚非大陆长驱直入的年代,布洛赫仍然没有放弃希望,就像一个先知那样预想到未来的存在。未来的存在,也就是目前尚未存在的事物,与托马斯·莫尔所说的"乌有之乡"有着本质的不同。那样的乌托邦是与这个世界没有什么关系的另一个世界,而布洛赫的希望——"乌托邦概念"则有着这个世界的现实性基础。有了这样的认识,就可以理解为什么布洛赫可以从历史的事实中发掘前一个世代甚至前几个世代的梦想。《希望的原理》共分三卷,5个部分,第一卷包括前3个部分:第一部分是"小小白日梦",第二部分是"期待的意识",第三部分是"镜中希望的图像",第二卷也就是第四部分,标题为"一个更美好世界的轮廓",第三卷是第五部分,标题为"实现之际的希望图像"。布洛赫的乌托邦理念几乎涵盖社会文化的各个方面,在他看来,时装、广告、展览、童话、旅行、电影、笑话、花园、室内等诸多方面都具有乌托邦的维度;至于"一个更美好世界的轮廓",则谈论了技术乌托邦、建筑乌托邦、地理乌托邦;"实现之际的希望图像"包括伦理、音乐、死亡意象、宗教、自然的晨地以及至高之善。

总体来看,20世纪的哲学家们大多放弃了体系的建构,而是关注具体的问题。在这样的背景下,布洛赫依然做出有关乌托邦的宏大构想,他肯定是一位满怀希望的特立独行者。在关于乌托邦的构想中,他赋予艺术以如此重要的地位,仿佛艺术本身就具有巨大的解放作用,在这一点上,我们可以体会到马克思关于审美的解放作用的思想的延续。另一方面,布洛赫有关乌托邦的宏大构想基于社会生产与生活的各个具体的方面,相关的具体论述又体现出现代哲学注重分析的精神。特别是他的关于建筑艺术的思考,以乌托邦意识的历史性演进为主线,向我们展现了另一种建筑历史的宏大画面,我们应可从中得到有益的启示。

2.1　技术的乌托邦

布洛赫在1918年写出《乌托邦精神》一书,在"装饰的创造"一章中,对以往机器生产的弊端提出批评,而对未来的机器生产持有希望。这预示了以后他将技术领域纳入关于乌托邦的思考中。20年后,布洛赫开始写作《希望的原理》这部乌托邦思想的巨著,明确提出了技术的乌托邦这个概念。《希望的原理》第37章"意志与自然,技术的乌托邦"分为两个部分,第一部分的标题是"魔法般的过去",第二部分的标题是"非欧几里得的现在与未来,技术联系问题"。布洛赫从更为宽广的人类学视野,研究了人类在改造自然的过程中发明的各种技术手段。从最初的火与新装备;弥斯陀斯教授利用风力的发明;点金术以及各种精神错乱的发明;机器、原子能、相对论、量子理论到非欧几里得技术的多重可能性,一直贯穿了意志与自然的较量。

2.1.1　技术的原初意义

《希望的原理》第37章"意志与自然,技术的乌托邦"第一部分开始的两小节标题是"陷入悲惨境地"(Ins Elend gestürzt)和"火与新装备"(Feur und neue Rüstung),这两小节从人类早期的生存状态出发论述了技术发明的必然性与必要性。第1小节一开始,布洛赫就说,"我们赤裸的皮肤迫使我们千方百计去发明。"如果人类是从猿进化而来,那这个进化过程就表现出两个相反的趋势:一方面是思维能力的提高,另一方面是身体机能的退化。失去皮毛意味着皮肤失去保暖层与保护层,牙齿也退化了,与野兽相比,人的身体所能发出的力量是微不足道的。这样的境地的确如此小节的标题所言是"悲惨的境地"。布洛赫所谓南方允许人们赤裸行走,但不能没有武装,说的就是仅凭退化的人体机能是难以抵御野兽的进攻的,更不用说去猎获野兽了。因而为了抵御和狩猎，早期人类利用棍棒、发明石斧。创造某种事物并改进某种事物，就是人类逐渐改善自身的生存状况并最终摆脱自然的绝对限制的基本途径[5]730。

在第2小节"火与新装备"中，布洛赫用了来自英语的组合词"Selfmademan"，意为"自我创造的人"。的确，人之所以能成其为人，就是要通过自我创造这样一个过程。可以说，人自己创造了自己。就人类学的意义而言，火的利用所产生的促进作用是极为巨大的。火可以用来烹调食物，也可以吓退野兽，再后来可以熔炼矿石。其实熔炼矿石是非常了不起的成就，这标志着人类社会进入铜器以及铁器时代。布洛赫也注意到从某些事物制造出以前从未存在的事物的技艺的重要性。这样的技艺就意味着发明。布洛赫从1880年的专利杂志上引用了关于发明的定义："发明是一种新的物品的生产或人工产品的一种新的生产方式。"按照这个定义，用野兽的皮毛制成衣服，用木材与石头建造房屋，都应该是最古老的发明[5]731。而布洛赫将房屋归在"新装备"题下，强调的是房屋之于人的防卫功能。在他看来，人建造房屋与鸟筑巢的根本区别在于，房屋与工具对人而言是"身体防御设施"（Befestigung des Leibs）的延伸，而鸟巢只是用来哺育后代。此外，蚂蚁、蜜蜂、獾以及水獭也都建造构筑物，那些构筑物也部分地像是它们身体的延伸，就像人工的堡垒般的外壳一样；但是它们没有将这些构筑物视为工具，也没有加以有意识的利用，而这两点对于技术发明而言都是基础性的[5]731。

马克思在《1844年政治学经济学手稿》中也谈论过人的生产与动物的生产之间的种种区别，其中最根本的区别在于动物的生产受其直接的肉体需要的支配，而人的生产则摆脱了这样的需要。这个本质性的区别最终将人的生产引向对于美的规律的自觉的运用[6]50-51。而在布洛赫这里，人与动物的产品在作为自身身体的延伸阶段就出现了本质性的区别。如果说马克思以是否拥有自觉的审美意识作为人与动物的生产最终的本质区别，那么布洛赫就是在追溯人的产品与动物的产品最原初的分野，这样的分野以技术的产生为标志。

技术的产生标志着人拥有工具并能有意识地利用之，这是人成其为人的前提之一。因此，技术的原初意义是与人自身的存在意义联系在一起的。更有意义的是，技术的应用多少弥补了人自身身体机能方面的退化，并使人的身体的机能得到有效地延伸，就像布洛赫所说的那样，"把指甲强化成锉刀，把拳头强化成锤子，把牙齿强化成刀"。技术从一开始就表明了改善既存状况的能力，可以寄托向更好状态发展的希望，这意味着技术从一开始就带有乌托邦的属性。在"火与新装备"小节的最后，布洛赫指出，通过技术发明，人们有了"一系列以往未曾存在过的产品的创造"，房屋也由此有了极大的发展，变得"越来越舒适，也越来越大胆"。房屋之"舒适"，在于热工性能的改善，而房屋之"大胆"，可能也包含了精神层面上更高的追求[5]731。关于房屋，从开始的"身体防御设施的延伸"，到热工性能的改善，再到大胆的追求，也体现出建筑上始于原始时代的技术诉求以及超越技术本身的希望。

2.1.2　走向以数学与实验为基础的技术

布洛赫在技术发明的历史过程中寻找技术乌托邦的设想，他特别把目光投向所谓的"巴洛克时期"（Barock）。"巴洛克时期"原本指欧洲艺术史上的一个时期，大致是17世纪。我们可以将它视为一个从古代艺术向现代艺术转变的转折期，其艺术作品具有宏大、戏剧性、动感的特征，富于活力、张力，也富于感染力。"Barock"一词可能源自意大利语"barocco"，原本是珠宝商对形态不规则的珍珠的称谓，引申为某种美丽、吸引人以及奇异的事物[7]712。那个时代的人们将那些新奇的艺术作品称为"Baroque"，说明它们带给人们的震动是巨大的。不过，从科学发现与对自然的了解方面来看，这个时期出现了哥白尼的天文学革命以及哥伦布的地理大发现等重大事件，标志着人对自然的认识向着理性的方向迈出了重要的一步。

在"魔法般的过去"的第7小节,布洛赫论述了"巴洛克时期未经校准的发明与'提议'"。他先是在第3小节"精神错乱与阿拉丁童话"中介绍了在此以前人们对技术的妄想。16世纪以前,人们对技术的梦想几乎着了魔,布洛赫将那样的状态称为"精神错乱"(Irrsinn)。比方说,有人想发明一张床,既可做厨房用,也可作浴缸用;还有一个精神分裂的裁缝在一个顶针里盛了"与童真混合的水",一眨眼功夫就洗净了盘子,洗净了衣服;去污工还想着把棉花变成丝绸;偏执的猎人甚至发明一盏灯,想用它来从鸡蛋里孵出老鹰。布洛赫称之为"愚蠢的伎俩"。还有些如阿拉丁神灯、安乐乡(Schlaraffenland)那样的童话中所出现的神灯、愿望帽、魔罩、魔法桌、飞靴等;还有创造点金石、将普通金属转化成贵金属、炼长生不老药之类的炼金术,也都展现了人类想要以完全的自由突破所有障碍的愿望[5]732。只是从技术方面来看过于不着边际。

布洛赫说,合理的技术之梦以及指向工具延伸之梦在1500年以前零星地出现。大约在550年,拜占庭人已经设计了通过牛拉绞盘驱动明轮的船,但从来没有付诸实施。根据中世纪的亚历山大传说绘制的微型绘画也描绘了一种潜水艇,亚历山大可以沉入海底观察海怪,但那个时代感兴趣的只是海洋的深度,而不是玻璃潜艇本身。13世纪的哲学家罗格·巴克(Roger Baco,c.1219/20-c.1292)预言了无需动物驱动的极快的车,以及飞行器,但在那个等级固定、静态的社会,充满了对自然的误解,巴克的这些发明之梦不会引起多大的兴趣。只有到了文艺复兴时期,随着资本主义对利益的追求,技术的想象才被公众所认识,并得到促进。布洛赫还提到17世纪的德国物理学家约西姆·贝赫尔(Joachim Becher,1635—1682),说他做出织布机、水车、钟表机械、验温器的设计,发明从煤炭提炼焦油的方法,由于对事实有了数学和机械方面的知识,他的设想有了无限的可能性。但是布洛赫觉得这些都属于"业余爱好者与技术的奇怪的结合",而且这样奇怪的结合一直持续到18世纪。这一方面是由于技术一直是与手工业联系在一起的,另一方面"魔法般的自然背景"对于大多数发明家们来说绝没有坍塌,因而他们对数学以及机械知识不怎么热心[5]754-755。

意大利是个例外,布洛赫称之为"最发达的资本主义国家",在那里,发明与早期的计算联系起来。他的第一个例证是工程师罗贝尔托·瓦托里奥(Roberto Valturio,1405—1475)设计的车,号称"暴风车"(Sturmwagen)。在侧面装有风车,动力通过齿轮传递给车轮,设计是通过数学的方式完成的。建筑师布鲁乃列斯奇(Filippo Brunelleschi,1377—1446)为他设计的佛罗伦萨大教堂穹顶安装了一些机械,那些机械就是一些经过数学计算的设计组织在一起的杠杆和倾斜的平板。著名画家达·芬奇同时也是科学家、发明家、工程师,布洛赫称他为"大胆的技术专家",他是在因果关系的基础上工作的。他的各种设计都要经过认真观察和仔细计算,他设计出第一个降落伞,第一个涡轮机,第一座立交桥系统,甚至还想要制造"大的人造鸟",只是由于当时的机械水平还不够而不能实现。意大利文艺复兴时期的技术方面的进展已经具有一定的数理基础,与以往的业余爱好者之所为有很大的不同,但是,这并不意味着这个时期的技术专家们有了更多的自信。布洛赫认为,总体来看,文艺复兴时期乃至巴洛克时期的"发明意志"从根本上仍然是在即兴发挥,人们还是相信发明是一个神秘的过程,最终与所钻研的自然是一样的。即使是达·芬奇,对自然的态度也是"同情"多于量化[5]756-757。

真正的改变是从17世纪的英国哲学家弗朗西斯·培根(Francis Bacon,1561—1626)开始的。他倡导基于实验与经验归纳的新的科学方法,对科学革命产生重大影响。特别是在1623年,培根写出《新亚特兰提斯》,其中说明了技术发明应有的特征,这与以往的关于乌托邦的著作有很大的不同。布洛赫在第9小节以"新亚特兰提斯,乌托邦实验室"为题,论述了培根在技术发明方面的预想。在培根的想象里,新亚特兰提斯是南海中的一个岛,一次海难中失事的船员来到那里。那个岛上有一群独立的自然科学家,取得许多不可思议的成就。布洛赫认为,尽管培根对数学有些蔑视,但他关于技术的预言是十分独特的。那里的科学家们在温室里培植植物与水果的新品种,他们缩短了作物成熟期,根据需要将动物物种杂交,将洗浴用水矿化,生产人工的无机物以及建筑材料。他们还在野兽和鸟的身上做毒药和药物试验,还熟悉电话、麦克风、望远镜和显微镜,还有潜水艇、飞机、蒸汽机、水轮机,以及其他"自然的造化"(Magnalia naturae)。而那些技术发明尚未出现,至此我们只能说培根太有远见了。布洛赫对培根关于技术的思考给予极高地评价,他认为培根的著作是唯一的古典乌托邦理想,赋予技术作为更好生活生产力的决定性地位[5]764。

尽管意大利文艺复兴时期乃至巴洛克时期的技术发明仍然带有神秘性,而且开创了以实验作为科学新方法的培根所谓的实验在更大程度上只是想象中的[8]42,但前者将数学与技术发明结合,后者将实验作为技术发明的基础的思路,预示了现代科学技术革命的必经之路,具有十分重要的历史意义。布洛赫肯定了这两方面在技术进步上的作用,表明他有着很强的历史意识。

2.1.3 技术与自然

《希望原理》第二卷第 37 章第二部分的标题是"非欧几里得的现在与未来,技术联系问题"。在这部分内容里,布洛赫考察了现代技术的进展,特别是爱因斯坦广义相对论所表明的时空观念,正是一种非欧几里得的弯曲连续统。在第 7 小节"可能的自然主体的共同生产力或具体的类似技术"中,布洛赫思考了技术与自然的关系问题。值得注意的是,布洛赫提出了"自然主体"(Natursubjekt)这样一个概念。在西方哲学的概念中,"Subjekt"一般是指"具有意识的、思维着的、认识着的、行动着的存在",也就是"人"或"自我"这样的存在,与客体或思考的对象相对[9]。这样的概念是以思维为分界的,但需要注意的是,被思考的对象就是完全听从思维的摆布的。自古以来,就有许多哲学家意识到自然并不是僵化的孤立的现象,而具有自身的发展趋势(Naturtendenz)。布洛赫在这里明确提出"自然主体"的概念,是意味深长的。布洛赫引用了中世纪哲学家麦斯特·艾克哈特(Meister Eckhart, 1260—1328)《布道 29》(Predigt 29)中的一段话:"所有谷物暗示了大麦的可能性,所有金属暗示了金子的可能性,所有诞生暗示了人类的可能性",并认为,从亚里士多德到黑格尔,哲学历史本身就包含了对这种暗示的客观性的判断。他还引用了谢林关于自然的"主动性的"问题的论述:"我们所理解的自然只是主动的,因为如果任何对象不能被激活的话,我们就不能对它进行哲学上的思考。对自然进行哲学思考就意味着将它从僵死的机制中提升出来……"。谢林意在提醒人们,不要只是在自然中看到所发生的,不要只是将"活动"(Handeln)视为一个"事实"(Faktum),要看到活动本身[5]805-806。

事实上,中世纪的人们对自然的活动与自然的产物这两个方面已有深刻的理解,他们造出了两个术语:"natura naturan"和"natura naturata",前者用的是主动态,指的是自然产生自身的"活动",后者用的是被动态,指的是自然被视为一系列因果活动的被动的"产物"。这两个术语其实表明了两种自然观。布洛赫将"natura naturan"与哲学上的自然观联系起来,将"natura naturata"与通常的自然观联系起来,进一步指出了哲学观点与通常的观点的差异:后者在面临自然的产物时会忽视自然原初的生产力(die ursprüngliche Produktivität der Natur),而在前者看来,为了彰显这种生产力,"产物必须要消失"[5]806。

将自然视为一个主动活动的过程,把握的是其持续的、不断发生的特征;而如果忽视自然的持续活动过程,只将自然视为产物,侧重的是自然作为一种完成的状态。显然这种通常的自然观与现实不符。然而,即使是哲学家也并不总是能够对自然"进行哲学上的思考"的,例如黑格尔曾经把自然隐喻为"一个狂欢作乐的神""既不约束自己,又形成了自己",但这个自然已经完全受到约束，也已形成，且在现有的历史中被删除，不再留有什么实质性的痕迹。布洛赫发现，这种对自然生产力及其产物的解释全然像个古玩商人那样，与黑格尔和谢林在另外的场合所表明的对自然本源的态度是很不同的。布洛赫认为，人类历史在其物质性、背景以及技术等方面并不只是受惠于过去的自然，事实上，自然与历史最终同样是在"未来的地平线"上显现的，而且具体技术的调解范畴在未来也是可以期待的。在这里，布洛赫以一种展望的视角将技术与自然联系起来，形成一种技术与自然结合的技术观：将一种联合的技术（eine Allianztechnik）与自然的共同生产力（Mitproduktivität der Natur）加以调解，结果会让僵化的自然重新释放出创造的力量[5]807。

随后，布洛赫用隐喻的方式论述了自然、技术与乌托邦理想的共同作用。他强调自然并不是过去的事物，而是"建筑的场地"（Bauplatz）。这个隐喻表明了布洛赫的人本主义立场。既然作为"建筑的场地"，自然就成为人可以有所建构的地方。不过，这个场地尚未清理干净，为建造尚未充分存在的"人类之屋"（menschliche Haus）所用的建筑材料也尚未充分地存在。自然成为"建筑的场地"，就意味着要经过人为的改造，而改造自然需要借助技术。从这个隐喻中，我们可以体会到建造"人类之屋"所需的技术也是不够充分的。另一方面，这个"人类之屋"应是指人类理想的乌托邦。布洛赫否定的是"充分地存在"，从发展的眼光来看，布洛赫的这个论断并不算过于悲观。至少我们可以说"人类之屋"还是部分地存在了。如果明了这一点，下面的问题就不难理解了。布洛赫认为，虽然"自然主体"是成问题的，但它还是具有帮助创造这个理想之屋的能力，而且是与人道的乌托邦想象相联系的客观乌托邦事物，是一个"具体的想象"。由此可见，布洛赫的乌托邦概念包含主观与客观两个方面，主观方面以人类的活动为基础，客观方面则以自然为基础。用布洛赫的话来说，"人类之屋不仅立于历史之中以及人类活动的基础之上，而且也首先立于经过调解的自然主体的基础之上，立于自然这个建筑场地之上"。布洛赫提出"经过调解的自然主体的基础"（Grund eines vermitteln Natursubjekts）这个概念，一方面充分表明了对自然的尊重，另一方面也表明利用自然潜势的积极态度。关键是不能把人类历史开端的自然环境视为"人类意志"（regnum hominis）的场地，而是一个以非异化的方式形成的适合的场地，具有调解之善[5]807。值得注意的是，布洛赫在谈论技术与自然的关系时用的词是"调解"（Vermittlung）、"经过调解的"（vermittelt），而不是"协调"或"统一"。这说明布洛赫对技术与自然的互为异质的关系有清醒的认识。

2.1.4 关于机器及机器生产的问题

机器是人类历史上最伟大的技术发明之一。机器提高了生产效率，可以完成凭人工难以完成或不可能完成的产品。现代社会的高速发展是与机器的飞速运转联系在一起的。然而，人们在享受机器生产带来的种种好处的同时，又对机器生产的负面因素颇有非议。比较有代表性的是，英国早期浪漫派诗人威廉·布莱克在他的《耶路撒冷》一诗中将工业革命后出现的工厂称为"撒旦般的厂房"（satanic mills）[10]，20世纪卓别林主演的电影《摩登时代》以喜剧的方式夸大了机器的非人的一面。文学艺术家们以夸张的方式表明对机器生产所带来的负面影响的担心，多少有些情绪化，但是思想家们似要避免过于情绪化的判断。布洛赫在《乌托邦精神》一书中，主张将以往的机器生产与未来可能的机器生产区别开。总的说来，布洛赫对以往机器生产的评价是负面的，而对未来可能的机器生产持有乐观的态度。

《乌托邦精神》一书有两个版本，1918年的是首版，1923年的是修订及扩充版。1988年及2000年的两个英译本都是根据1923年版译出的。1923年版章节内容也有所调整。第一部分题为"自我遭遇"，其下第二章题为"装饰生产"，并明确了分节标题，内容也有所增加。雅克·齐普斯在1988年将这一部分内容译成英语，收录在他编辑的《恩斯特·布洛赫：艺术与文学的乌托邦功能》文集中。在1918年版中,布洛赫先是提到原始人雕刻舞蹈面具(die Tanzmaske),为自己塑造偶像(Fetisch),这并不是由于其表达手段的贫乏。而这两种方式都令人绝望地消失(对于小物品加工业而言两者原本是不言而喻的),手工塑造与表现中的品味与风格意图也都令人绝望地消失。他在这里指的应是机器生产取代手工生产后的状况。然后,他用了一个星号作为分节提示,但意思上与前文还是连贯的。他说,前者(即舞蹈面具),也就是单纯严峻的事物,"几乎是无条件地简朴的""而现在一切都变得同样冷漠而单调"[11]19。

在1923年版中,一开始的3段归在"早期"的小标题下,原来星号以后的内容冠以"技术之冷峻"(Die Technische Kälte)的小标题,并有所改动。在这一节中,布洛赫注意到客户的陌生与匿名的问题,这是现代生产方式与传统的定制生产方式的区别所在。现代住宅也可以以匿名的归类方式来建造,而家庭的各类用品也是通过机器的大量生产得来的,这要有个习惯的过程。而布洛赫认为问题还不止于此。考虑到工作的人,白日上班,只在夜晚使用他的房间,休息、阅读或接待客人,还有作家或学者,他们生来就是工作室和图书馆的使用者,这样两类用户就有至少两套并行的需求以及相应的设计问题[12]15。可能的情况是,那个时代的机器生产方式还不是很精致,难以应对这样的与人相关的细致的问题。

布洛赫对以往机器生产的弊端感到不满:"机器知道如何生产所有缺乏生机的、技术性的、也缺乏人性的单个事物,一如整体上西柏林大街的建造一样",纳萨尔(Anthony A. Nassar)译作"一如我们城市的新近发展",齐普斯译作"一如我们新的居住区通常所是的那样"[12]16。可见英译本用的是意译的方式。18、19世纪工业的发展造成混乱肮脏的城市贫民区的蔓延,关于这一点,刘易斯·芒福德(Lewis Mumford,1895—1990)在他的《历史中的城市:起源,演进和展望》一书中有所描述。他在第15章的标题中,将18世纪的焦炭城称为"工业发展初期的乐园",不乏讽刺性,其中的第5节标题"工厂,铁路,与贫民区"可以说是那个时代工业城镇状况的关键词[13]446,458。19世纪后期以及20世纪初期的城市规划师们通过立法,建立住宅、卫生设备、给排水、公共卫生条件等方面的相关标准,其目标就是对那些城市贫民区加以改善。根据艾娃-玛利亚·施努尔(Eva-Maria Schnurr)的说法,柏林在1870—1914年这个世纪之交的时期完成了从普鲁士王国的沉闷首都向一个繁荣的现代大都市的转变,其重要标志就是大量的城市建筑根据现代的标准进行了改建与重建[14]。布洛赫所说的"西柏林大街上的建造"应是指这样的基于现代卫生标准的重建,即浴室和盥洗室要进入家家户户。所以布洛赫要说,机器生产的真正目标就是浴室与盥洗设备,布洛赫称之为"我们时代最无争议的、最有原创性的成就",而且将这些现代卫生设施的作用等同于洛可可家具和哥特建筑之于它们所处时代的作用,这似乎是在肯定机器生产的这个目标。但接下来他将现代卫生设备视作一种魔法(Zauber),前面的陈述就有些讽刺性了[12]19。

机器的出现导致传统工匠的消失,继之而来的新工匠眼光很差,布洛赫称他们是"最肮脏的负债累累的小市民无赖"(die schmutzigsten kleinbürgerlichen Schufte),"带有堕落的中产阶级的所有特征:贪婪、欺诈、靠不住、厚颜无耻、草率,"另外,工厂生产线上做工粗劣的员工们只是加工零部件,从未体验过整个生产过程、完成的产品。新旧生产者之间的反差是很大的,这样拙劣的生产者替代传统工匠,就不可能有什么充满人性温暖的工业生产方式[12]16。

基于人道主义的考虑,布洛赫对未来技术的发展充满了期待:"一种完全不同的、并不是为了收益而是为了人道的技术(eine humanistesche Technik)终将到来,而且一种为了纯粹功能目的(rein funktionellen Zwecken)的完全不同的技术终将被发明出来……"[12]17。在这个陈述中,未来的技术有一个基本点,那就是出于人道本身而不是别的什么。理解这一点对理解布洛赫的技术观是至关重要的。而"纯粹的功能目的"又意味着什么?所谓"纯粹的功能"应是指只与人自身的正当需要、减轻人在生产过程中的痛苦有关的功能,而与商品生产无关。商品生产以利润或收益为目的,不惜用机器生产替代早先工艺品的手工生产,布洛赫称之为"榨取性的、文化上毁灭性的生产方式"。布洛赫将批评的锋芒直指"商品生产",可谓击中追求收益、虚饰与奢侈的风格化的时弊。在此布洛赫提供了未来社会的一瞥,那将是一个"没有任何粗劣商品生产方式"的社会[12]17。

由此可以理解,纯粹的功能目的就是纯粹出于人道的目的,那么为了纯粹的功能目的的技术也就是为了人道的技术。而技术是为了收益,还是为了人道,这似乎并不是技术本身的问题,而是控制了技术的那部分人的问题。因而与其说布洛赫所言是对未来技术的期待,倒不如说是对未来人们态度转变的期待。如果人们能够对技术采取适宜的态度,那么就可以认识到技术的积极方面。布洛赫正是在此意义上将技术进步视作一个加速的过程,人类的活动范围也因此而得以扩展。在这样的过程中,"潜藏着巨大的精神和思想方面的价值(große seelische und gedankliche Werte)"[15][16]12。

按照一般的理解,技术的冷峻正是非人性的体现。但是在布洛赫看来,只要以适宜的态度看待技术,理解技术作为工具的应用范围(也就是该做什么,不该做什么),那么,冷冰冰的工具到处将不成其为问题,而对机器的憎恨也就不时地改变了。布洛赫赞赏出于纯粹功能目的的技术,赞赏至为真诚的未来的状况:"镇定的冷峻、严肃的舒适、有用性以及功能性",而这些也都是"机器的使命"。也许这样的状况可以视为一种技术的乌托邦,而所有这些描述也正是未来人们对生活所应持的态度。在这里布洛赫容忍了"品味的终结",也接受"纯粹客观的功能",纵使它"不再让我们回归美丽的、习惯的故土"。这样的态度与他后来对现代建筑的分析中所采取的立场是有所不同的。对此,或可这样理解,要想从过时的、拙劣的风格化困境中解脱出来,势必要借助纯粹功能性的技术。布洛赫称之为"自觉的功能性技术"(bewußt funktionelle Technik),也意识到它的解放功能,即:"将艺术从建筑的使用、目的性形式、风格化、格式以及种种危机中有意义地解放出来"[12]17。

20多年后,布洛赫在《希望原理》第二卷第37章第二部分第三小节"机器的解组织化,原子能,非欧几里得技术"中,对机器的本质做出进一步分析。他说,"工具和机器起初都是从对身体部分的模仿中产生的",但是"只有当机器以其自身的方式完成它的任务,……伟大的进步才会发生"[5]771。这个伟大的进步其实就是机器的"解组织化"(Entorganisierung),就是要彻底放弃像人的肢体或动物肢体活动那样的有机机制。在本小节开始,布洛赫给出的例子是缝纫机、排版机和飞机,缝纫机的运转并不像手的缝纫动作,排版机也不像手工排版,飞机也不是鸟的模仿,机翼是固定的,推进器也不是翼。但这个解组织化最终不会失去与人类主体的联系。布洛赫在这里提到恩格斯的一段话,人在技术中寻求的就是要将事物本身转化成为我们所用的事物。他还提到辩证的法则,这应是恩格斯的术语,指的是自然与历史的结合,解组织化也要遵从辩证的法则。不过,布洛赫似更注重尊重自然,在他看来,解组织化除了满足社会秩序之外,还要遵从人类意志与自然的调解[17][18]660。

2.2 古代建筑的乌托邦

在《希望的原理》的第二卷中,第38章的标题是"建造,描绘了更美好世界的建筑物,建筑的乌托邦"。在这一章中,布洛赫对自古至今的建筑进行鸟瞰式的概揽。在正文开始前,布洛赫引用了维特鲁威、杨·保罗(Jean Paul,1763—1825)[19]、谢林的语录[20],以及一段早期中世纪的赞美诗。维特鲁威的语录出自他的《建筑十书》:一座建筑物必须同时是适用、坚固以及美观的。杨·保罗的话出自他写的小说《泰坦》,说的是一位骑士走进圣彼得大教堂与万神庙的感觉,他觉得圣彼得大教堂是座魔幻的教堂,就像宇宙的结构一样;万神庙是世界中的世界。谢林的语录出自他的《艺术哲学》:由于建筑不过是雕塑向无机事物的回归,只在较高层级上抛弃的几何规则在其中仍然维

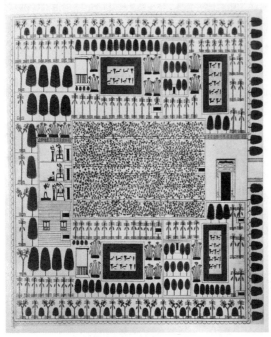

图 2.1 古埃及园林图

持它的权利[5]819[19][20]。第一节标题是"古代建筑艺术的形象"(Figuren der Alten Baukunst)，第二节标题是"空洞空间的建造"(Die Bebauung des Hohlraums)。第一节的内容较为丰富，分为8个小节；第二节主要是谈现代建筑与城市规划，内容少了许多，只有两小节。

2.2.1 建筑绘图、模型、绘画中的建筑

一般而言，建筑的表现大致有3种方式，一是以建筑为表现主体的建筑绘图，二是建筑模型，三是建筑摄影(摄像)。建筑绘图可分为三大类，一是根据需要为拟建建筑绘制的设计图纸，二是既有建筑的测绘图，三是建筑想象的表现。建筑绘图在西方建筑史上很早就出现。最早的一张建筑绘图可能是3500年前古埃及国王阿蒙霍泰普三世(Amenhotep Ⅲ)的一位高级官员的园林平面，或可说是平面与立面的结合，从中可以看出高大的门楼和住房(图2.1)[21]32。建筑史上还有一张较为著名的建筑绘图是保存在瑞士圣加伦图书馆的加洛林王朝时代理想修道院的平面图，这是以1∶192的比例绘制而成的(图2.2)[22]38。弗莱彻尔(Banister Fletcher，1866—1953)的《基于比较方法的建筑史》(第5版)引用了许多著名建筑学者所绘制的平面图、立面图、剖面图以及表现图，如帕拉第奥(Andrea Paladio，1508—1580)的"罗马实例Ⅱ、Ⅲ"(图2.3、图2.4)，皮拉内西(Giovanni Battista

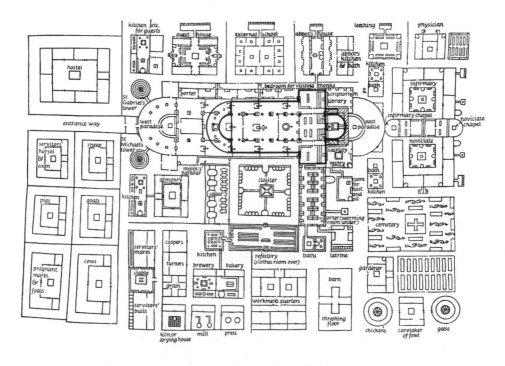

图 2.2 圣加伦修道院平面图

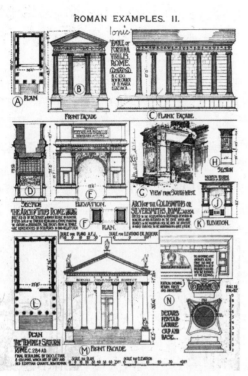

图 2.3　帕拉第奥:罗马实例Ⅱ

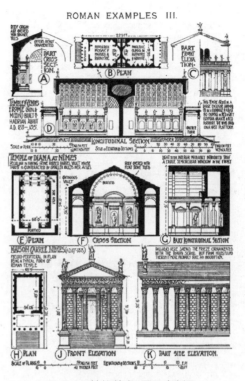

图 2.4　帕拉第奥:罗马实例Ⅲ

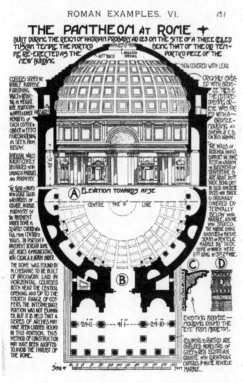

图 2.5　皮拉内西:罗马万神庙室内

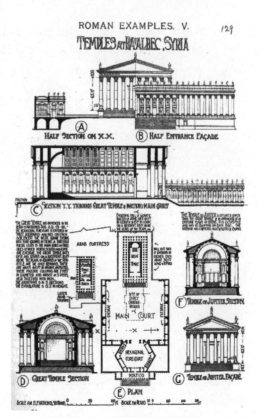

图 2.6　迪朗等:罗马实例 Ⅴ

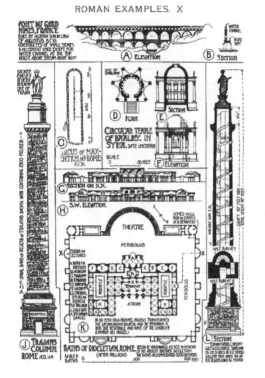

图 2.7 迪朗等：罗马实例 X

Piranesi，1720—1778）的"罗马万神庙室内"（图2.5），迪朗（Jean-Nicolas-Louis Durand，1760—1834）等人的"罗马实例 V、X"（图 2.6、图 2.7）等[23]ⅹⅹⅲ-ⅹⅹⅳ。

建筑绘图一方面可以表达建筑师对拟建建筑的设想，这要求建筑绘图要能准确地反映建筑未来状况的各个方面，这样的建筑绘图可以说是面向现实的；另一方面建筑绘图也可以是完全出于建筑师的想象，不太关心目前建造的可行性与现实性，可以说是面向未来的，布洛赫称之为"纸上的创造"（das Geschöpf auf dem Papier）[5]819。即使是面向现实，好的建筑师的设计一般不会简单重复，而是不断改进。无论是面向现实，还是面向未来，建筑绘图都反映了建筑师对更好的事物的追求。就此意义而言，布洛赫从建筑绘图开始讨论建筑的乌托邦，说明他对建筑学知识的理解是很深刻的。第 1 节下面的第 1 小节以"透过窗户的一瞥"为题。他以"我们不必亲身去每个地方"这句话开篇，接着就说画在小纸片上的楼梯草图是多么美。他认为平面和立面有特殊的吸引力，虽然这种吸引力大部分也会渗入完成的房屋里，但与精致刻画出来的"纸上的创造"不可同日而语。布洛赫还以室内为例说明"画出来的室内"（gezeichnete Innenräume）是清新的，有时也是有欺骗性的，之所以有这样的感觉，是因为画面是不可进入的。在这个意义上，现实的房间所表现的幸福感只在于"从外部投去的一瞥"。这种可望而不可及的幸福之境，可能正是乌托邦的一个特征。

布洛赫还提到模型，他说，（建筑的）模型也提供类似的效果，它是"在缩小的尺度上整体性地具体表现的设计。"他还说，"房屋模型就像是个孩子"。人们对孩子们寄托了很大的希望，而有的孩子长大成人后的状态并不一定如先前人们希望的那样好。在这一点上，房屋模型与孩子是类似的。就美这个方面而言，布洛赫认为房屋模型"承诺了一种美"，而这种美在以后建成的实际建筑物中很难发现。房屋的模型是一种理想的设计，表达了建筑之梦，透明的玻璃罩也在模型与观者之间形成一道屏障。观者看模型，也像是透过橱窗看室内那样[5]819-820。

在第 2 小节，布洛赫分析了庞培（Pompeii）古城的房屋墙面上的壁画。庞培是古罗马时代的城市，位于维苏威火山南麓，在公元 79 年的火山喷发过程中，连同附近的一些村镇被火山灰和浮石埋没。由于缺乏空气和湿气，地下的庞培城及周边区域包括壁画在内的所有东西得以保留下来。壁画是十分古老的艺术形式，最早可追溯至石器时代（约公元前 30000 年）法国南部阿尔德歇的肖维山洞（the Chauvet Cave in Ardéche）中的壁画；埃及陵墓（约公元前 3100 年）、米诺安宫殿（公元前 1700 年—1600 年）也都有许多壁画。庞培城的壁画大约出现在公元前 200 年至公元 79 年间，题材有静物、景物、人物，特别是将建筑构件、建筑场景描绘在住宅的室内，是庞培壁画的鲜明特征。德国考古学家奥古斯特·毛（August Mau，1840—1909）将庞培壁画划分为 4 个时期，每个时期对应一个风格，这些风格自始至终都与建筑题材有关。有的壁画利用透视原理，将较为宏大的室外景观的场面描绘在卧室的墙上，具有十分壮丽的效果，同时也加大了室内的空间感（图2.8、图 2.9）[24]。

图 2.8　庞培壁画之一　　　　　　　　　　　　　　　　图 2.9　庞培壁画之二

　　布洛赫选择庞培壁画作为建筑乌托邦的主题之一，正是由于与建筑、景观相关的题材的创造性地 8 运用所带来的如梦如幻的效果。他说，用颜料在墙上画建筑，不用担心所画之物会坍塌，"墙上的房屋"（即画在墙上的）也不会过于昂贵，反倒可以异想天开，构想出"不可能的建筑形式"（unmögliche Baugebilde），以及"那些在世界上找不到的，甚至立不起来的"事物。这在第二风格以及第四风格的墙面装饰上都有所反映。"第二风格"也称作"建筑性的风格"（architectural style），或"幻觉艺术"，指的是用建筑形象以及视觉技巧（trompe l'oeil）构图来装饰墙面；"第四风格"复兴了大规模的叙事性绘画与全景表现，而场景还是以建筑为主的，因而保持了第一风格与第二风格的建筑细节。可以说，布洛赫对古斯塔夫·毛关于庞培壁画的分类方式有很好的理解。他还提到博斯克利阿勒（Boscoreale）的一座别墅，其壁画展现了"花园景观""奇特地根据透视法缩减的多柱大厅"，背景中还有"成组的带有凹处与裂隙的房屋"。在壁画中，"视景随意而迷人地重叠，位于前面的建筑部分被画在后面"，还有"可爱的栏杆，孤立地位于高处的圆形小神殿"，所有这些细节都戏谑了"静力学法则"（der statischen Regel）。布洛赫十分赞赏庞培壁画所表现出来的优雅的生活情调，而且那些充满想象力的奇妙画面使人的心灵突破墙体围合的限制，仿佛飘浮出这些房屋，庞培人大概不会有什么幽闭恐怖。但是，以往人们并没有在乌托邦的意义上考虑庞培人的这种愉悦，维特鲁威作为建筑师更难以接受庞培壁画里的"这种画出来的建筑"，在他的书中加以指责，理由是它有着"不切实际的要素"（das Unausführbare）。布洛赫对此并不认同，他指出，正是这种"轻浮的琐屑状态"（unsolide Nichtigkeit）使得画家有可能画出出乎意料的效果，而那是不能以合理的方式得到的。布洛赫将博斯克利阿勒别墅装饰中出现的大量的变形的房屋形式与哥特风格、巴洛克的母题，甚至洛可可的手法联系起来，以此可以明了庞培壁画中那些不切实际的建筑要素的乌托邦意义：预示了后世建筑形式的产生[5]820-821。

　　第 5 小节标题是"绘画中的希望的建筑"（Wunscharchitektur in der Malerei）。西方绘画史上，建筑的场景经常出现在画面中。布洛赫说，绘画中的建筑并不只是用来填充画面的背景，它们本身就寻求成为"希望的建筑物"（Wunschbau）。事实上，如果按照绘画史的线索考察画面中的建筑，那可能会呈现另外的建筑史的景象。布洛赫认为绘画中的建筑已自成一个系列，以特别专注的表现获得奇妙的生命。他提到拉斐尔（Raffaello Sanzio，1483—1520）的名画《雅典学院》，厅堂与街道在其中展现出来，而丢勒(Albrecht Dürer，1471—1528)与阿尔特多佛(Albrecht Altdor-fer，1480—1538)则是出于建筑自身的缘故为建筑定了调子。阿尔特多佛既是画家，又是建筑师，在他的绘画中将已经出现的建筑风格画得极为夸张，成为奇特的意大利-德国文艺复兴的风格，而当时的北方从未建过这样的建筑。布洛赫认为，这些北方绘画都先知般地预示了"将要出现的建筑风格"[5]830。

还有一种绘画形式，即"建筑绘画"(architekturbild)，也就是以建筑为主题的绘画。布洛赫认为，建筑绘画并不能混同于像提耶波罗(Giovanni Battista Tiepolo，1696—1770)那样的指向幻觉的壁画。它的目的并不是为了将画中建筑与实际建筑进行巴洛克的以及晚期巴洛克的混合，而是对一种世上尚未存在的理想建筑的想象。在这里布洛赫提到瑞士艺术史与文化史学家雅各布·伯克哈特(Jacob Burckhadt，1818—1898)，他的贡献在于首先引起人们对建筑绘画在认识一个时代所希望的建筑想象方面所具有的价值[25]。布洛赫高度评价了建筑绘画的作用，在他看来，"一个时代的建筑风格变化越是显著，它就越是在画中的建筑中以一种乌托邦的方式发酵"；"一个建筑风格发展得越是成熟，在建筑绘画中这种现象就越是辉煌地成倍增长"[5]831-832。可以说，建筑绘画与实际建筑相比，更能表达乌托邦的意义。

2.2.2 艺术的抱负：实际建造中的乌托邦

第6小节的标题是"教堂石匠公会或实际建造中的建筑乌托邦"。在欧洲，行业公会是手工业者或商人为了互助、互保以及共同的业务兴趣而组成的协会，在11世纪至16世纪十分活跃。欧洲建筑史上精工石匠(freestone mason)占有重要的地位，作为较为重要的手工业者，精工石匠们组成的公会也是一支重要的力量，最终发展成世界性的神秘组织共济会(Freemasonry)。布洛赫在此所说的"教堂石匠公会"(Bauhütte)以及后文的"哥特教堂石匠公会"(die gotischen Bauhütten)应是指中世纪的石匠公会，其时大教堂的建造是整个社会倾全力之事，能够成为教堂石匠者必有较高的技术水准。布洛赫在谈论实际建造的建筑乌托邦时，把目光聚焦在具有较高水平的石匠的行业公会上，应是意识到群体的共识所起的作用。

本节开始的两句含有从画中建筑问题转向的意味："绘画与写作可以为房屋做准备工作，也会夸大它。唯有建造的努力，实际的建构性努力，使得我们以一种持续的方式进行创新"。在这里，布洛赫引用了一个法语习语："未形成者不存在"(Ce qu'il n'est pas formé n'existe pas)，并进一步说明，"不只是存在而且还有乌托邦的实质(der utopische Gehalt)都随着形成过程而产生"。在某种意义上，建筑草图、带有建筑场景、建筑绘画乃至建筑模型都是形成的过程，乌托邦的实质在其中即已产生，布洛赫已在第1小节以及第3小节有所论及。而在实际的建造过程中也存在梦想，这个梦想在技术的面前不会消失，反而会利用技术使自身有所提升[5]835。实际建造过程中的技术创新与石匠公会的活动分不开。石匠公会的职能包括制定以及改进建造的技术性标准、职业培训与交流，而技术标准的改进是以技术创新为基础的。值得注意的是，布洛赫将乌托邦的理想与实际的建造过程中的技术创新联系起来，丰富了乌托邦概念的内涵。

布洛赫说，古老的教堂石匠公会的意向对于实际建造过程中的梦想而言也很重要，这样的梦想其实又意味着一个完美的"建筑意象"(das Bild des Baus)，在建造工作中指引石匠们。而哥特教堂的石匠公会还根据某种神秘的"法则"工作[5]835-836。布洛赫从古代建筑史中区分出教堂石匠公会所促进的建筑，即根据完美的意象及神秘的法则建造的建筑。在这里他提到19世纪德国建筑理论家哥特弗里德·森佩尔。森佩尔在1851年出版《建筑四要素》一书，提出"火炉、屋顶、围墙以及土堆"等建筑四要素，这4个功能性的要素有着远古的材料与技艺方面的起源[26]93-94。布洛赫认为，森佩尔的理论在他所处的时代是"真正有益的"。事实上，此书的出版正值建筑史与艺术史上的一个转折期,1850 年以前的 20 年间,德国建筑、室内装饰以及家具艺术处在毕德迈耶尔时代,英国建筑则处在维多利亚早期。根据丹·科吕克尚克(Dan Cruickshank)主编的《班尼斯特·弗莱彻尔爵士建筑史》(第 20 版),在维多利亚早期,虽然折衷主义开始流行,但简洁的、理性的古典传统仍然有强大的生命力。法国迪朗的理性主义理论、奥地利约瑟夫·康恩豪塞夫(Joseph Kornhäusel)的维也纳犹太会堂以及德国申克尔的柏林老美术馆是这方面的代表。1850—1900 年是维多利亚盛期及晚期,虽然新古典建筑仍然在建造,但各种以往风格的"复兴"与日俱增,如文艺复兴风格的复兴、新巴洛克、哥特复兴等,在许多方面,这个时期的建筑变得无所拘束了[27]1091-1093。布洛赫所说的"维多利亚时代无意义的装饰及其他媚俗的东西",应是就这个时代而言的。布洛赫从森佩尔的理论中体会到一种出于材料、技术以及功能的决定论,并且肯定这样的决定论对于克服维多利亚盛期的"无意义的装饰及其他媚俗的东西"所起的积极作用。但他同时也认为,森佩尔的理论不能"笼统地用在古代建筑上",对于那些根据完美的意象及神秘的法则建造的古代建筑而言,森佩尔的理论就不正确了。这是因为,在那个时代,有"一种与所谓功能性艺术(Zweckkunst)不同的艺术抱负(Kunst-Wollen)在起作用"。这个艺术抱负表明,"想象力"是除材料、技术以及功能之外最重要的决定因素。布洛赫进一步指出,在整个神圣的石匠公会里,艺术抱负就是:实际的建造与想象得至为完美的乌托邦化的空间(utopisierten Raum)相一致。神圣的建筑最终是作为与这个空间的维度(diese Maßen)以及作为此类建造的舞蹈面具(gebaute Tanzmaske)而产生的[5]842。布洛赫将建筑视为"石头的舞蹈",这是一个十分有趣的隐喻。舞蹈是人的有节奏的肢体动作,能够让无生命的石头具有舞蹈的动感,而且还与乌托邦化空间的维度相符合,应该是西方古代建筑的了不起的成就。建筑理论家们有如此的想象力吗?布洛赫意识到,艺术史领域已经被实证主义(Positivismus)侵入了,以至象征意向这样的主题被忽视[5]837。布洛赫所理解的实证主义应该是孔德(Auguste Comte,1798—1857)将社会与遵循绝对规律的物理世界相类比的理论,显然他并不赞同实证主义,在这一点上与齐美尔是相通的。实证主义倾向反映在建筑艺术史上,是为建筑艺术的发展寻求科学与技术方面的合理解释,其不足之处是或多或少导致对主体的忽略(森佩尔的理论应属此列)。

如果我们认真回溯西方古代建筑史,就不难理解"艺术的抱负"这样一个关键性的概念。至少对于古代的宗教建筑而言,这个概念与象征性联系在一起,成为支配建筑形式发展的内在力量。布洛赫将建筑的艺术抱负具体化为象征意向(Symbolintention)与象征模型(symbolisches Vorbild),"这个模型就像原型、梦想及预先设计一样明确地指引了实际作品的建造,而且它也为那些建筑工匠本身的法则提供法则",最终这个模型会指向"作品的实现"。布洛赫所说的"古代"应该是指文艺复兴时期之前的漫长时期。他列出了古代建筑的代表性建筑类型,如德鲁伊教的石柱、阶梯状的巴别塔、古埃及的金字塔、如人一般平衡的希腊神庙、罗马方城、斯拉夫圆形市场以及哥特大教堂等,并指出,"从它们各自在上层建筑(Überbau)中的象征的立场来看",这些建筑"遵从了另外一些分类方式,与材料、技术以及直接功能的分类方式不同"。在希腊建筑中可以发现一种独特的分类意象,即纯粹属于人的、依照人体比例进行的分类,而不是精神世界的;而在基督教建筑中,则有现世与来世之分。这样的分类方式其实是与前面所说的建筑艺术的抱负、象征意向相关联的。布洛赫认为,围绕着希腊人所建造的城市,所有石匠公会及其建筑乌托邦的准则都是通行的,无论是对宇宙的模仿,或是对基督形象的模仿,都是"为了和谐一致的目标而完美地构想出来"。不过,布洛赫并没有凭空谈论建筑的象征性,忽视实际的建造过程,而是将建筑的象征性与实际建造联系起来。在他看来,真正的建筑象征与一定的建筑艺术形式相对应,而建筑艺术形式是通过实际的建造获得的,因此,"真正的建筑象征(das echte Bausymbol)自身就在相应的艺术

图 2.10　共济会模板

形式的实际建造过程中无误地表达出来"[5]837-838。由此我们可以体会到,古代建筑的伟大之处在于建筑象征、形式与实际建造过程的统一。

接下来,布洛赫分析了共济会在建筑的象征意向方面的问题。前面所说的"老教堂石匠公会"应是伴随 11 世纪在欧洲各地开始的兴建教堂的过程形成的。至文艺复兴时期,石匠公会开始接受非石匠成员入会,最终发展成世界性的神秘组织共济会(Freemasonry),布洛赫称之为"资产阶级贵族联盟"(bürgerlichedelmännische Verbrüerung)[5]839。由于许多政治家与资本家参与其中,外界有诸多猜测。关于共济会与建筑艺术这个主题,近年来有学者进行了深入地探究,如阿尔伯特·G. 麦基(Albert G. Mackey)的《哥特建筑与共济会》(2010)、理查·卡萨洛(Richard Cassaro)的《以石头书写:哥特建筑与世界建筑中的神秘石匠宗教解码》(2011)、北卡罗来纳威尔明顿大学历史系助理教授威廉·D. 莫尔(William D. Moore)的《石匠的神庙:共济会,祭祀建筑,与男性原型》(2014)等。根据卡萨洛的研究,哥特教堂的双塔源自所罗门圣殿的双柱,象征着日与月以及由此而引出的一系列对立概念(图 2.10)[28]。不过在布洛赫所处的时代,共济会的建筑艺术并不引人注目。布洛赫通过老教堂石匠公会的线索将共济会建筑的隐秘之处揭示出来,像我们展示了西方建筑史上的潜流。通过对古代建筑的分析,布洛赫得出一个重要的结论:"美的建筑不只是有令人愉悦的外部效果,还应该有更多的内涵"。然而,后世的人们并没有在总体上也没有在细节上弄清那些曾经存在的规则,而共济会的成员们不断地暗示这些"更多的内涵",但都是可疑的,大多是虚假的。在布洛赫看来,共济会以及后来的浪漫主义运动都想要以虚假的象征意向取代古代建筑的真正的象征意向,这样的做法是从它们时代的精神及其意识形态出发的。哥特教堂的塔楼原本意在"指向天堂",但是对于共济会而言,用在建筑上的塔楼只不过是资产阶级荣誉与自大的象征,并不是对天堂的向往[5]837-838。这里涉及共济会发展时期的"时代精神"以及共济会的"意识形态",前者与资产阶级在政治以及经济方面的雄心相应,后者可能有着宗教方面的原因。布洛赫认为共济会成员带有自然神论的(deitisch)宗教意识。所谓自然神论,指的是对自然世界的观察以及自然世界的原因就足以确定造物主的存在,这样的观念随着 17 世纪的科学革命产生[29]。这样的宗教意识是十分宽泛的,所以布洛赫将共济会成员称为"宽容的自然神论兄弟"(die deitischen Toleranzbrüder)。在建筑艺术上,宽容的共济会成员就从原来的教堂石匠公会那里抄袭了建筑学的隐喻,而不论那些与基督教信仰相关的建筑学隐喻原本的意涵如何[5]839。

2.2.3　希望的建筑意象与内在的宗教观念

从前面的分析可知,布洛赫提出的艺术抱负这个概念对于理解古代建筑的真正的象征意向是有所助益的。事实上,建筑的艺术抱负有着内在的深层的驱动,那就是"信仰与希望世界的观念"(der Ideologie einer strengen Glaubens-und Hoffnungswelt)。布洛赫说,罗马万神庙、巴比伦的阶梯金字塔、圣索非亚教堂以及斯特拉斯堡大教堂,都是在这样的观念的指引下建造的[5]842。而对于基督徒而言,这种"信仰与希望世界的观念"是与"整体逃离的观念"(die Exodus-Ideologie)联

图 2.11　金字塔:死亡的晶体

系在一起的,那是《圣经》中的"出埃及记"(Exodus)所体现出来的观念。早年在埃及受奴役的以色列人在先知摩西的带领下整体逃离埃及,走向迦南地(the land of Canaan),即"应许之地"(the "Promised Land")。因而,"出埃及记"所表达的意象是逃离现实的桎梏、走向希望的世界。布洛赫将埃及的金字塔与哥特大教堂联系起来,视之为建筑历史中的一个发展过程,称之为"建筑学中的出埃及记"(Austrug aus Ägypten in der Architektur)。这个隐喻跨越漫长的历史过程,对于通常的建筑历史叙事而言可能是难以思议的[5]849。

　　埃及金字塔是法老的坟墓,关于其形状的象征,说法不一,一说是表现了原始土堆,埃及人相信大地由此而创始;另一说法是金字塔的形状表现了太阳洒下的光;还有一说是一种"复活的装置",法老生前就动工修建金字塔,为的是死后保存他的身体,埃及人相信在未来的某个时间灵魂会再回到法老的身体中来[30,31]。这个论点,黑格尔在《美学》一书中也谈论过,而且明确地把金字塔视为一种"简单的晶体",一种保存身体的外壳[32]53。布洛赫也接受金字塔是一种晶体的观点,但他坚持认为这种晶体是"死亡的晶体"(Todeskristall)(图 2.11)[5]849。

　　布洛赫并没有将金字塔的形式与法老灵魂的复活联系起来,只是强调它作为坟墓的死亡的一面。他这样做,可能是为了反衬哥特教堂的特征。他所说的"可以预见的完美",其实是乌托邦的另一种表述。哥特大教堂与金字塔一样,也是作为一种"可以预见的完美"而存在,但它是以乌托邦的方式归于复活与生命,它的象征是"生命之树"(der Baum des Lebens)。我在这里想到的是维也纳的米诺里滕教堂(Minoritenkirche)的室内,此教堂始建于 14 世纪,于 1784—1789 年间以哥特的形式重建,石柱在上方像树枝一样分叉,很自然地形成尖券(图 2.12)。从用石头堆成整体的晶体到用石头模仿出的生命之树,可以视作一个复活的过程。布洛赫从《圣经》的"马可福音"中看到复活的意象:将石头滚开去,耶稣从墓穴中复活[33]。另一方面,布洛赫从建筑的秩序特征对埃及建筑以及哥特建筑加以比较。埃及建筑有着"严格的秩序"(die Ordnung der Strenge),而哥特建筑有着"丰富的秩序"(die Ordnung der Fülle)。前者之"严格",乃在于其简明的几何性;后者之"丰富",则在于其形式的复杂性。20 世纪后期以来的分形数学对哥特大教堂复杂形式的描述,也说明了这一点[34]251-271。布洛赫进一步指出,建筑史上"其他的所有的建筑风格都包含了这两种秩序的变体",但唯有在埃及与哥特建筑中,这两种秩序分别"激进地发展",其巨大的差异"与石匠们的宗教信仰基础相关"。布洛赫最终还是将这两种建筑秩序与金字塔、大教堂的"建筑形式

图 2.12　哥特教堂：生命之树

本身的决定性特征"联系起来：严格的秩序与晶体的"宁静之死"，丰富的秩序与生命之林及共同体的"有机向上趋势"，而金字塔与哥特大教堂也都是对完美空间的建构[5]850。

在关于哥特大教堂形式的象征问题上，黑格尔强调的是要表现心灵超越尘世的有限事物，而上升到彼岸和较高境界的运动，为此，支撑与被支撑的区分、直角形式等古典建筑形式被抛弃，大教堂内部的墙壁与成林的柱子自由地在顶上相交，令人联想起树林所形成的拱顶，但他又否认哥特大教堂的形式以树林作为蓝本[32]91。在这个问题上，布洛赫没有受黑格尔的影响，而是明确地将"生命之树"这个象征意象作为哥特大教堂的"希望的建筑意象"（architektonisches Hoffnungsbild），甚至将它视为"引导性空间"（die Leiträume）之一。当然，布洛赫并不是凭空做出这样的判断，而是从《圣经》"启示录"上帝给耶稣基督的启示中，得出"生命之水"（lebendige Wasser）与"生命之树"（Holz des Lebens）的意象，并由此引出哥特大教堂的"希望的建筑意象"[5]858[35]。

在第六小节"古代建筑引导性空间的个例"中，布洛赫深入地探讨了埃及建筑与哥特建筑之间的宗教观念上的联系。布洛赫认为，基督教上帝的意象有两个来源，一方面来自埃及古老的神话，另一方面来自巴比伦神话。虽然《圣经》赞美上帝是"世界的创造者"（Weltmacher），上帝对自己的工作也非常满意，但是"这个世界建造者的意象"（dieses Bild des Weltbauers）起初并不是来自《圣经》，而是来自埃及神话。埃及神话中有一个至尊之神普塔（Ptah），是"雕塑家之神"（Bildhauergott），也是掌管埃及宗教艺术中心孟菲斯诸多"神圣雕塑家工作室"的守护神。总之，《圣经》中上帝耶和华融入了普塔的概念，"世界建筑师"（Weltbaumeister）及其"宇宙工程"（Kosmoswerk）在圣经基督徒的意向中得到明显的效仿。另一方面，在巴比伦神话中，巴比伦的帝王之神马尔杜克（Marduk）是秩序的建立者、组织者，《圣经》也将马尔杜克的概念引入耶和华的意象。于是，世界秩序的建立者马尔杜克与世界的建造者普塔结合起来，构成耶和华的总体意象，布洛赫称之为"卓越的宇宙代理人"（der vortreffliche Kosmosregent）与"卓越的宇宙创立者"（der vortreffliche Kosmosstiffer）的结合[5]855。由此可以看出基督教与埃及、巴比伦等古代宗教的古老的潜在的连接。尽管对于基督徒而言，"出埃及记"表明了告别旧的秩序、走向希望的彼岸的意象，而从文化史的角度来看，在公元前6世纪之前，埃及一直是犹太人的集聚地，埃及文学对希伯来圣经也产生了深远的影响。

宗教历史上，关于一个更好世界的梦想是层出不穷的。从创世的神话来看，美索不达米亚或泛巴比伦的《创世史诗》（Enuma Elish）、《极度智慧》（Atra-Hasis），都表明在这个世界产生之前神已存在。而这个世界相对于那个原始混沌的前世界而言就是一个更好的世界。对于造物主的崇拜还会引发大规模的建造活动——建造崇拜的场所。埃及至为古老的城市之一赫利奥波利斯（Heliopolis）就是为崇拜太阳神而建，作为太阳神崇拜的所在地，这座城市相对于下埃及的其他城市而言就是一个更好的世界。而先知摩西带领以色列人走出埃及，走出过去的世界，则是以一个更好世界的前景激励众人的。布洛赫意识到"更好的世界"的宗教意义，他引述了中世纪的犹太哲学家迈蒙尼德斯（Maimonides，1135—1204）关于基督教教堂的定向问题的观点。迈蒙尼德斯评论了亚伯拉罕（Abraham)为他的圣殿择址于莫里亚山(Mount Moria)西面的传奇,他的结论是,"……那个时代盛行在世界上的信仰是太阳崇拜,太阳被崇敬为神,因而所有的人无疑都转向东方。这就是亚伯拉罕在圣殿所处的莫里亚山上转向西方、背对太阳的原因"[36][5]857。布洛赫认为基督教堂朝向西方有着很强的建筑象征意义。太阳升起于东方,象征着生命与希望,崇拜太阳的埃及人将建筑朝向东方,符合他们的信仰。而对于基督徒而言,与埃及人信仰相关的东方的朝向必须要反对,而太阳落下的西方则象征着现存世界秩序的终结。太阳在西方落下这个意象可以直接与埃及过去的世界秩序的终结联系起来,现存世界秩序的终结则是一种引申。布洛赫认为,教堂建筑是对另一种建筑学的描述,这种建筑学并不是寻求"中心秩序",而是寻求"联合的自由""上帝子民的自由"。在埃及古老的宗教中,作为造物主的太阳神也是国王的保护神,对太阳神的崇拜可以强化国王的核心权威。而在基督徒与上帝之间不存在另一个中心的权威,他们可以直面上帝,在上帝面前都是平等的。布洛赫说,"哥特建筑从根本上朝着这个方向","是对新的世界结构的尝试",因而,可以将哥特建筑的自然方位上的转向视为价值观念上的转向。布洛赫将大教堂视作"令人期待的前厅"(vorwegnehmender Vor-Raum),在那里"新的天堂"和"新的大地"就成为"希望的建筑意象"了:通过"塔楼及立柱巨大的动感的竖直线条,室内玻璃窗透过的彩色光线","一个非常不同的世界,一个基督的世界"(Christwelt),也就是更好的世界,"对中世纪的信徒显现了"[5]857-858。

2.3 关于现代建筑的思考

布洛赫十分关注现代建筑的发展,早在 1918 年,他就在《乌托邦精神》一书中对建筑中的极简风格、装饰以及表现主义倾向等问题加以分析,在 1938—1947 年间写成的《希望的原理》以及 1958 年的《形式化教育,工程形式,装饰》等论著中,有关现代建筑的批评也是重要内容之一。总体来看,布洛赫对建筑艺术的判断有着内在的拒绝绝对性的尺度,他既对 19 世纪以来的滥用装饰现象提出批评,又对现代建筑功能主义的去除装饰的做法感到不满,他希望的是充满想象力的富于表现性的建筑。值得注意的是,早在 20 世纪初,布洛赫就建筑乃至人工用品的形式与其功能性之间的关系做出深入的分析,提出根据用品功能性的强弱程度来确定装饰的合理性问题的原则。如果建筑界能够及时了解这样的原则,那么对装饰问题的处理可能就不会那么绝对化了。更为重要的是,布洛赫一方面将乌托邦概念引入建筑学领域,另一方面将马克思关于自然的人化的理论与现代建筑乌托邦以及理想城市的构想结合起来,这样的乐观精神与理论高度使得他对资本主义社会的城市与建筑问题进行批评的同时,能够对未来更好的世界做出建构性的思考。

2.3.1 功能性形式与装饰

对于人工用品的形式而言,功能性是一个至关重要的前提。一个用品的形式是否具有功能性,涉及它是否有用,这就引向"功能性形式"(Zweckform)的概念。布洛赫在《乌托邦精神》"装饰的创造"一章的"技术之冷峻"与"功能性形式与表现的丰富性"两节中提出了这个概念[12]17。这个概念表明,事物的形式仅就其所具备的功能而言才是必要的,除此之外的成份是多余的。这很容易让人想到,与特定功能无关的装饰就是多余的东西。德语中"Ornament"一词与英语中"ornament"一词同源,都是源自拉丁语的"ornamentum",意为"装饰""修饰",《韦伯斯特第三版新国际英语大辞典》的详解为:"增添优雅或美的事物、装饰性的部分或附加物、起修饰作用的结构部分或细部",也指"装饰或美化的行为"[37]1592。这个释义表明了装饰的两方面内容:一是附加于一个主体结构之上的起修饰作用的东西,一是本身就起修饰作用的属于整体结构的一部分。不过,人们谈论装饰的时候,往往用的是前一方面的意涵,而忽视后一方面的意涵。

这样的状况在康德美学中也是存在的。他将装饰与形式本身的美区分开。所谓"形式本身"应是指事物的主体性结构形式。从存在论的观点来看,事物的形式本身意味着事物如其所是地呈现,与附加的装饰因素相比,有着存在论方面的优越地位。而装饰作为附加物的附属性地位,往往使它陷入存在论上的困境。康德只是将它作为审美趣味尚未精炼时的刺激因素[38]40-47。在装饰的必要性问题上,主流的倾向是保守的,从奥卡姆(William of Ockham, 1285—1349)的"不可不必要地增加实体"这个剃刀原则可以找到其哲学上的根据[39]。

布洛赫在机器生产的时代谈论"装饰的创造",表明他对装饰问题采取较为积极的态度。不过他并不赞成用简单的方式来寻求慰籍的做法,诸如用釉面砖饰面,不时地营造令人愉悦的景观,用鲜花装点工厂产品。那都是处在低级的层面上。真正好的设计并不是在功能性形式上随意添加装饰,就像 19 世纪的风格滥用那样,布洛赫称之为"痂疤或溃疡般的困境"(grind-oder geschwürartige Verlegenheit)[12]18。关于这一点,布洛赫在《形式化教育,工程形式,装饰》一文中也有所论述,他认为,直到 19 世纪上半叶,仍然存在一种"相对真实的建构风格"(relatively genu-ine architectonic style),确定时尚、虚假造作的资产阶级还没有施展骗术[40]43。

关于功能性形式,布洛赫在"功能性形式与表现的丰富性"一节中写下一个警句:产钳(Ge-burtszange)必须平滑,迥异于方糖夹(Zuckerzange)[12]18。这是一个有趣的比较,说明工具的功能性有严格与韧性之别。由于产钳要接触婴儿头部,所以其形式不应有僵直的边缘,表面也要光滑,以免造成伤害,而且只能以材料本身达到如此要求,决不可附加些什么,装饰对于产钳来说的确是种罪过。而方糖夹所要接触的方糖就没有这样严格的要求,那么方糖夹的形式与构造只要能完成夹住与松开的功能就可以了,至于加些装饰与否,那是无所谓的事。也许我们可以由此领会功能的严格与韧性之分。严格的功能对形式的要求是精准的,而韧性的功能对形式的要求就要宽容一些。由此可以引出强功能性形式与弱功能性形式之分。在功能要求严格的条件下,基本形式作为严格的功能性形式,应该是澄明地显现着的;而在功能要求较为宽容的场合,起着基本功能作用的基本形式仍然存在,但如果一些附加的装饰性因素没有阻碍基本功能,就是可以接受的。

在"功能性形式与表现的丰富性"一节中,布洛赫已经想到不能机械地、不分场合地使用纯粹的功能性形式。他一方面通过用品功能性的强弱对功能性形式加以区分,另一方面也考虑到表现的可能性条件,他指出,"只有当功能性形式满足于其任务,这另外的一面(即上面一段所说的纯粹精神性的、音乐般的表现)才无所顾虑地产生,并最终从风格中解脱出来"[12]20。其时是 1920 年代早期,现代建筑运动有着多种趋向,功能主义尚未成为支配性的准则,布洛赫已经想到要对功能性形式作出限制,可以说有着非凡的历史的敏感。及至《形式化教育,工程形式,装饰》发表的 1958年,功能主义盛行的后果在建筑领域已经显现出来,布洛赫在此文中重提这个警句[40]45,将用品功能性质与形式之间的辩证关系延展至建筑,是很有意义的。我们可能会想到,建筑功能也体现为相对严格与相对韧性两个方面。有些建筑的功能是相对严格的,比如为工艺流程严格的生产线而设的厂房,需要妥善解决进出港人流路线问题的航空港等。不过,身体与建筑的实体和空间之间的关系无论如何也不会比婴儿头部与产钳之间的关系更密切。在实际生活中,身体直接与建筑因素接触的情况并不是很多,而往往是需要有家具、陈设、各类用品作为介质的。单纯从人在建筑内部的活动方面来看,建筑的功能主要是解决人的流线、为不同性质的活动提供相应的空间。就这个意义而言,人们对建筑的使用功能要求总的来说是韧性的。另一方面,由于身体与建筑形式的非直接性关系,原本较为严格的建筑构件之间的结构与构造关系并不排斥其他的形式方面的处理,只要那些处理(包括附加的装饰)不损害与结构和构造功能相关的基本形式。如果功能的严格与韧性之分是可被接受的,那么功能性形式也就有强弱之分。由于建筑功能最终是韧性的,相应地,建筑形式属弱功能性形式之列,因而建筑形式的处理享有一定程度的自由。

布洛赫所说的功能性形式应是指强功能性形式。布洛赫在《形式化教育,工程形式,装饰》一文中明确地批评了现代建筑中的纯净主义和功能主义倾向。可以说布洛赫比建筑理论家更早地意识到现代建筑发展过程中出现的问题。他敏感地觉察出严格功能性工具与建筑之间的差别:严格功能性的工具仅当它没有装饰的时候才能最好地为我们服务,而建筑形式上的处理就不应像产钳般纯粹。他批评纯净主义剥夺了装饰的想象力,强调环境并不允许一种普遍性扩延,也不保持纯粹功能主义(pure functionalism)的不含杂质的纯洁。他认为,纯粹功能主义的无装饰的诚实(the ornament-free honesty),说不定会把自己转变成一片无花果叶子,而把其后面的不那么诚实的条件隐藏起来[40]44。事实上,随着生活方式以及建造方式的复杂化,建筑形式的诚实与否并不能以是否有装饰为评判依据,甚至可以

图 2.13　雷姆布鲁克:跪着的女子

说,建筑形式根本就无所谓诚实的问题。那么纯粹功能主义所追求的无杂质的纯净形式,相对于建筑复杂的内容而言,是不是一种不那么诚实的遮掩,就像一片将自以为羞耻的东西遮掩起来的无花果叶子一样?

2.3.2　明晰性或客观性

强功能性形式要求形式本身高度适合功能目的,这就引出了形式的明晰性问题,而明晰性概念又与诚实、客观性的概念相关。前文已经提到,布洛赫在《乌托邦精神》的"技术之冷峻"一节中指出,"自觉的功能性技术"在一定条件下可以将艺术从风格化中有意义地解放出来,为此,他赞赏出于纯粹功能目的的技术,赞赏"至为真诚的未来的状况",甚至容忍了"品味的终结",也接受"纯粹客观的功能(rein sachlicher Funktion)",纵使它"不再让我们回归美丽的、习惯的故土"。这种对未来技术乌托邦的展望并没有什么怀旧之感,显现出很强的先锋性,不过,这样的态度其实是针对强功能性形式而言的。而当他论及建造的环境时,就显得有些犹豫了。他又想到拉斯金的"令人迷惑的感伤原则":"粗野的机器"要简化手工艺程序,而那个程序由于"费工""组织性以及充满人性的表现性而在审美上是可敬的"。另一方面,他也意识到,如果人们强调"概念的统一性",就不可能建造出表现主义的房屋。而且,对于"整个直角映射的功能性形式世界"(die ganze rechteckig bitzende Welt der Zweckformen)而言,用威廉·雷姆布鲁克(Wilhelm Lehmbruck,1881—1919)以及阿基潘柯的曲线来打破它,装点它,也不可能使它变得装饰过度[12]18-19。雷姆布鲁克是德国现代雕塑家,他的人体雕塑形式具有一种拉伸感,就像哥特建筑一般(图 2.13)。阿基潘柯是俄罗斯立体主义雕塑家,他的人体雕像由几何化的多面体以及曲线形体构成,克拉考尔从中体会出机械之感,而布洛赫似乎还是视之为矩形的功能性形式的对立面(参见图 3.21)。可以说,布洛赫已经预想到功能性形式所具有支配性的结构性力量,远非一般的形式手段所能改变。

布洛赫在《形式化教育,工程形式,装饰》一文中重提产钳与方糖夹的问题,明确地批评了现代建筑中的纯净主义和功能主义倾向。他明确指出严格功能性的工具与建筑之间的差别:"严格功

能性的工具仅当它没有装饰的时候才能最好地为我们服务"，但是这一论断并不意味着可以"将产钳般的纯粹性用于建筑的室内与室外"。在这里，布洛赫揭示了功能主义与纯净主义之间的内在联系。他批评将严格功能性工具的纯粹性运用于建筑形式的做法是"为了表明鸡蛋箱与玻璃盒子的合理性而剥夺装饰的想象力"，并强调环境不允许"纯粹功能主义的普遍性扩延"，也不保持"纯粹功能主义的不含杂质的纯洁"[40]45。他之所以这样说，是因为建筑本身不是简单的工具，而是带有复杂的社会性。建筑的社会性就决定了建筑不可能保持纯粹功能主义的不含杂质的纯洁。功能主义者主张建筑形式上的"明晰性"，其实只能是停留在意识形态上的，实际上是不可能的。即使是用品或小装置，也要分别对待。布洛赫指出，对不锈钢椅以及未经粉刷的粗糙墙板而言，"忠实的"明晰性是值得赞赏的，但在由这样简洁的事物构成的背景中，像东方地毯那样的装饰物凸显出来，也是令人愉悦的，令人震撼的[40]44。一块地毯铺在水泥地板上，本身也带有使用功能，可以在人的身体与冷硬的地面之间有个舒适的垫层，东方地毯往往带有装饰性的图案，但这图案并不影响地毯的使用功能。因而对于像东方地毯那样的具有使用功能的装饰物而言，谈论其形式的明晰性是没有意义的。

功能主义者追求事物形式合乎目的的明晰性，将明晰性视为诚实性概念的表达。从上面的分析可见，布洛赫在从1923年以来的40年间，一直在努力说明，事情并非如此简单。可以说布洛赫比建筑理论家更早地意识到现代建筑发展过程中出现的问题。在《形式化教育，工程形式，装饰》一文中，布洛赫除了重提产钳与方糖夹的话题之外，又以汤匙之类的用品与小装置为例，说明这些功能性较强的用品形式的明晰性问题。的确，这些用品形式的明晰性是"通过舍弃装饰获得的"，然而，将这样的明晰性概念普遍化，追求不带有"任何虚假的外表""自我协调一致"的纯粹的形式，其必要性就令人怀疑了。布洛赫的问题是，在实际方面，在"不太清晰的、也许甚至是在意识上难以理解的社会生活方面"，这种诚实或"新客观性"意味着什么[40]44。

布洛赫指出，建筑学不能单独建立一个"实现可居性的小飞地"（a small enclave of realized inhabitability），这意味着建筑不能脱离社会，不能脱离生活。而社会与生活的复杂性就决定了建筑不可能是明晰的。至于城市，则比建筑更为复杂，其内部状况与外部条件也不可能有一个共同的理念。现代城市面临人口增长、分区制以及多种交通方式的多重问题，为处理这些问题人们需要相应的手段。然而在现代社会，这些手段是在专化的轨道上发展的，难免有悖其初衷，也就是如布洛赫所说的那样，与任何目的、结果、意义以及用途相背离。而更糟糕的是，这些手段一旦成为客观化的东西，就不以人的意志为转移，因而，客观化与异化是联系在一起的。布洛赫认为，正是这种客观化将我们的城市转变成一个危险的噩梦。在这样的情形下，如何谈得上明晰性呢？勒·柯布西耶设想了由钢、玻璃和光线所构成的"新雅迪加"（new Attica），而现代城市的意象却如多克西阿迪斯（Doxiadis，1913—1975）所描述的那样：巨大的、程序严格的摩天大楼矗立于汹涌的漆罐海洋之上[40]45。

玻璃是现代建筑中大量使用的材料，克拉考尔和本雅明都给予关注。克拉考尔对密斯和赖希在斯图加特大型室内展中的玻璃房子颇有微词，本雅明则将贫乏与玻璃坚硬而不留痕迹的表面联系起来。布洛赫则是将形式的明晰性与玻璃联系起来。在《形式化教育，工程形式，装饰》一文中，布洛赫对现代建筑的玻璃盒子形式提出批评。按照功能主义的教条，建筑应该具有合目的性的形式，而建筑所服务的目的之间存在着差异，那么建筑形式也相应地有所差别，建筑形式的明晰性应该体现这样的对应关系。然而，现代建筑形式日益丧失所有由于目的不同而出现的差别，也就是说，形式的明晰性最终与目的无关，这是功能主义者始料未及的。布洛赫敏感地注意到这一点，在他看来，这是一种极度的自我异化，而明晰性也最终变成单调而空虚的意识形态。结果是形式不再符合人性地、真实于目的地区分开，无论是平房、机场、剧院、大学，还是屠宰场，都做成玻璃盒子。布洛赫称之为"玻璃盒子的专横形式"。建筑师们之所以如此推崇的透明性,直观来看是由于透明性可以表达明晰性。但在布洛赫看来,这种不分青红皂白的普遍化作法,似已不能再称得上明晰性了,因为我们得到的不过是些"想象力方面的营养不良的产物"[40]45。

2.3.3 媚俗、禁欲主义与抽象性

现代建筑历史上存在的问题往往是不能善用建筑形式处理上的一定程度的自由。布洛赫看到两种截然对立却都十分极端的倾向:媚俗(kitsch)与禁欲主义。媚俗是在伦理上以及审美上都缺乏节制的过分装饰的倾向,其问题在于滥用了建筑形式处理上的自由。其主要表现是新富起来而又品位不佳的资产阶级,在住宅建造和家庭装修等方面的虚饰行为,布洛赫称之为手工艺的衰落、平庸以及机械再生产方面的诈骗。其结果是赝品事业发达。这样的状况持续了一个时代,即艺术史上的威廉时代。这个时代的后果是很糟糕的——房间里塞满文艺复兴式的家具,极高的石膏天花,歌德和席勒的石膏胸像成为随处可见的摆设[40]42。另一种是在世纪之交出现的禁欲主义(acseticism)倾向,试图诚实地在审美上以及伦理上将自身从这种伪劣工艺品中解脱,这种思潮反对欺骗,反对奢侈,也反对装饰。它意在培育出于功能目的的形式。禁欲主义反映在建筑领域中,就是反对装饰的纯净主义,最终是通过建筑的抽象性完成的。禁欲主义的问题主要是拒绝建筑形式处理上的自由。在这方面,阿道夫·鲁斯是个代表人物,未来主义建筑师以及倡导新客观性的建筑师也都持有类似的观点。布洛赫肯定了禁欲主义在克服威廉时代以来伪劣工艺品泛滥方面所起的积极作用,但是他对这样的倾向也持怀疑态度:这种禁欲主义以及刻意的纯粹性,不带有任何虚假的目的,自我协调一致。但问题是,这种诚实或"新客观性"在实际方面,也就是在不太清晰的、意识上难以理解的社会生活方面,又能意味着什么?布洛赫注意到功能主义的抽象性和社会生活的具体性之间存在着隔阂。他说,威廉样式虽然衰败,却有迷人之处,这是个社会习惯问题。即使品位不佳,却也是无可奈何的。而禁欲主义从来没有面对这种社会习惯,那么禁欲主义本身是否还是诚实的,就很成问题[40]42-43。

布洛赫对这样两种极端的现象都持批判的态度。在《希望的原理》的"空洞空间的建造"一节中,布洛赫谈到建筑的没有灵魂的状态,他说,在长毛绒和钢管椅之间,文艺复兴样式的邮局和鸡蛋盒子(建筑)之间,在没有第三种能够抓住想象力的事物的时候,结果就只能如此[5]860。长毛绒和文艺复兴样式的邮局,与矫揉造作、媚俗相对应;钢管椅和鸡蛋盒子(建筑),与抽象和空洞相对应,都不是令人满意的。这两种极端的作法都是想象力贫乏的产物。而如果考虑到媚俗的作法多少有着社会习惯的理由,那么禁欲主义本身既贫乏又强加于人的作法可能就更糟糕了。事实上,禁欲主义作法仅是在一定时期、一定范围内有效,并不具有适用于各种条件的普遍性价值。现代建筑中的禁欲主义倾向恰恰不理会这种制约,引起布洛赫更多的不满。他担心过度的净化会扼杀想象力。

布洛赫提到欧洲的鲁斯与美国的莱特,这两位建筑师率先否定了"模仿的毒瘤"(das epigonale Geschwulst),还有勒·柯布西耶,他赞扬高度城市化的"居住机器"(hochstädtische Wohnmaschine),并且与格罗皮乌斯以及二流的"新客观性"创造者们一起预示了技术的进步、停滞以及碎片化。布洛赫对这几位现代建筑的先驱有关建筑与城市的构想的评价显得是负面的,对现代建筑运动的产物[如"钢制家具"(Stahlmöbel)、"混凝土盒子"(Betonkuben)、"平屋顶"(Flachdach)]也不以为然,说它们"没有历史"(geschichtlos),"高度现代而令人厌烦"(hochmodern und langweilig),"貌似勇敢实则猥琐","对所有装饰的空洞细节充满仇恨却又在程序上比糟糕的19世纪的任何风格复制都更僵化"[5]860。其实勒·柯布西耶在抽象建筑空间形式以及"光明城市"构想中,是以人的尺度以及人对阳光、绿地的需要为出发点的,然而在布洛赫看来,勒·柯布西耶的"人"(être humain)是抽象的,在他所设计的房屋和城市里,人变成"标准化的白蚁"(genormten Termiten),在"居住的机器"里,人虽然仍然是有机的,但已成为"异体"(Fremdkörpern)。布洛赫认为,"所有这一切与实际的人、家庭、舒适无关。只要建筑学不去反思并不正确的基础,那么结果就是如此,也只能如此"。布洛赫为什么要说建筑学的基础并不正确?功能主义者们其实还是坚持以人为本的理念的,建筑所要满足的功能也来自人的需要。问题可能出在功能主义者们所谓的"人"是抽象的人,这样的概念难以涵盖作为具体存在的人。作为具体存在的个人,在生理与心理方面都有所差异,这可能是生活的复杂性的根源。如果只以抽象的人的概念出发,可能会清空生活的复杂性。另一方面,与生活的复杂性相关的使用功能也是有差异的,这意味着也不应抽象地对待使用功能。如果抽象地将建筑视为容纳使用功能的框架,就未免流于表面。布洛赫所谓建筑到处都显得是表面的,应是就此而言[5]861。

人的概念的抽象化体现为超越人的实际存在的过程。齐美尔在谈论个体以及现代城市的货币经济时也涉及这个问题。抽象的人的概念与总体化倾向相应,而齐美尔关注总体化倾向下个体的独特价值以及个体存在所面临的困境,使得他的现代性批判超越了他的时代。布洛赫将抽象的人的概念直接与现代建筑中的功能主义、纯净主义倾向联系起来,使得他的关于现代性的批判在建筑领域得以推进。在齐美尔那里,每一个个体不再有什么"普遍的人性品质",而成为其价值标准的正是品质方面的独特性与不可以替代性[43]131。布洛赫也从人的社会性存在方面对抽象的人的概念加以否定。由于社会的人的具体性与复杂性,勒·柯布西耶所构想的抽象的功能主义建筑与城市规划就显得是不充分的。为什么布洛赫要说坚定的功能主义者所做的城市规划是"私人性的"?这里"privat"这个词并不是说城市规划考虑到了"私人性",而是说这些功能主义者是以一己之见来做规划。由于他们抽象地看待人,因而他们的功能主义的规划也是抽象的[5]861。对于建筑特别是居住建筑而言,建筑师如何能够以具体的人为对象做出适合的设计,至今仍然是个问题。显然,只有为少数私人做定制性的别墅设计才有可能做到具体化。大量性的居住建筑要满足具体的个人的要求还是很困难的,至多是以不同的户型对应潜在的个人客户或家庭客户的分类。这样的状况仍然持续至今,住宅建筑只是为分类客户提供了生活的框架,至于个人的生活空间,还是需要通过室内装饰、家具布置、陈设来具体化。

2.3.4 关于丰富性与装饰化

布洛赫所设想的比较好的状态,是充满了遗产,而没有历史主义(Historismus),没有声名狼藉的风格复制(die infamen Stilkopien)[5]863。符合这样规定的遗产应是只属于所处时代、具有原创性的事物,这显然是一种极高的艺术理想。按照我们现在的理解,适合机器生产的抽象形式在那个时代也应该算是原创性的事物,而布洛赫只是将其视为一种去除媚俗装饰的工具,一种中间的阶段,却并不赋予它以遗产的地位。他坚持要在建筑与机器之间作出区别,自有其道理:与人的生活相关的建筑应是符合人性的。

布洛赫希望建筑走上一条新路:将所有存留下来的事物加以净化,准备培育并引导正在显现的源泉,来获得艺术上的丰富性(bildnerische Überfluß)。而艺术上的丰富性,在他看来就是装饰[5]863。值得注意的是,在布洛赫的文本中,装饰一词的含义和用法并不是前后一致的。当他说一般艺术并不是为了装饰,在理论上艺术对装饰而言是大材小用的时候,多少带了些轻蔑的口气[40]45。那么,在这里装饰一词指的是对以往风格肤浅模仿的作法或是媚俗的小玩意儿。而与艺术的丰富性相对应的装饰,其含义就不是对既有样式的简单复制,而是要有创造性,有想象力,是面向未来的转变。在这里装饰一词应是指具有表现力的装饰性形式。今天,我们可以很容易地说,在肤浅的样式模仿以及抽象的几何形式之外,建筑设计存在着多种可能,如传统建造技艺的重新演绎、建构性的表现、非线性空间形式的发展等,其结果的丰富性并不能用装饰一词涵盖。但我们并不应以此为由来轻视布洛赫在那个时代的艰难思考。他不满足于禁欲主义与媚俗这两种极端的作法,而是寄望于符合人性的、富于想象力的新建筑,这条思路大致是对的,尽管他无法指出如何获得建筑上的丰富性的具体方法。就他作为一个思想家而言,这已足够了——具体的事情显然是建筑师们的事。

在《乌托邦精神》一书中,布洛赫一方面承认功能性形式的净化作用,另一方面又对它加以限制,其实是意在为其他的可能性留出空间。至于其他的可能性,他寄望于表现。在技术与表现这两个术语前面,他都加了"整体性的"(integraler)这个定语,这意味着技术与表现是缺一不可的。但他又坚持说,技术与表现实际上是在彼此隔离的状态下产生的(这和他前面对技术加以限制的态度是相吻合的),而且源于同一个魔术:一方面要完全清空装饰(gründlichiste Schmuck-losigkeit),另一方面又要有超级的丰富性——要进入一种装饰的状态,即装饰化(Ornamental-ik)[12]19。这有些令人费解,既清空装饰又要进行装饰化,似乎是自相矛盾的。不过,如果我们明了需要清空的是旧有的装饰,而与超级丰富性对应的则是新的装饰化,这个看似矛盾的状态其实并不矛盾。这样的状态,布洛赫称之为同一走向的两个变体。值得注意的是,布洛赫用"Exodus"这个词来指称这个走向[12]20,作为专有名词,"Exodus"指先知摩西带领以色列人走出埃及一事,而作为一个名词指人们成批离去这样的行为,其脱离糟糕状况的意蕴还是保留下来。那么,清空旧有装饰与新的装饰化都是要从前一个世纪的滥用装饰的状态摆脱出来。至此,我们可以明了,在纯粹的功能性形式之外,另外的可能性就是新的装饰化。

"二战"期间开始撰写的《希望的原理》表明,布洛赫在建筑乌托邦的构想中将装饰视为有生命力的事物。在"古代建筑引导性空间的个例"一节中,布洛赫探讨了引导性空间从埃及的晶体向哥特建筑的生命之树的转变,在这一节最后,布洛赫展望了现代社会条件下建筑乌托邦的可能之路。问题是,在"宗教的意识形态"被去除之后,在"一种被晚期资本主义(Spätkapitalismus)完全取消的建筑学"之后,晶体或树的引导性空间如何能仍然起作用,而且必须要起作用。这里所说的"建筑学"应该是指传统的建筑学。晚期资本主义在取消这样的建筑学之后,还会有所选择,布洛赫认为"晶体或树的引导性空间"作为或然性的选择仍然会起作用,只不过在没有宗教意识形态的情形下,这两个或然性的选择在希腊古典主义中抽象地得以缓和。这让我们想到勒·柯布西耶在《走向新建筑》一书中所表明的新建筑与希腊古典建筑之间的逻辑上的关联。但布洛赫想到的并不是单一引导空间的问题,而是上述两种原本对立的引导空间之间的综合。要做到这一点,就要"在一个具体的统一中克服或然性选择":"明晰性不摧毁丰富性"。在此布洛赫提示了"空洞空间的建造"一部分内容的核心理念,将生命之树(der Stein des Lebens)的概念与有生命的装饰(lebendige Ornament)的概念结合起来,进而引入晶体秩序之中,以此装饰就成为晶体秩序的内容[5]858,871。

1950年代,布洛赫在《形式化教育》一文中再次提到"出埃及记的特征",并强调新的装饰的作用。然而现代建筑在战后大规模重建的过程中体现出更强的去装饰化与普遍化倾向,形成"国际风格"。他认为建筑这个躯体已严重瘫痪,而促使残疾发作的诱因大概不外乎功能主义、禁欲主义等极端的作法。作为一个具有乌托邦理想的思想家,布洛赫对此尚未彻底悲观。他在苦苦思索这个躯体复元的可能。就建筑方面的发展而言,他注意到,建筑师们可能不再乐于将自己排除于装饰性的建筑想象(ornamental architectural imagination)之外,不过,新艺术运动的作法似乎并不是他所期待的。他在莱特建筑的外部轮廓上以及夏隆(Hans Scharoun,1893—1972)的柏林音乐厅波浪状的室内楼梯上看到些希望。尽管情形并不乐观,现代存在有着"火车站总体特征"(the

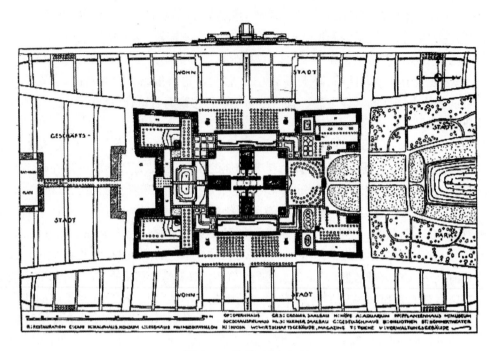

图 2.14　陶特：城市之冠

overall railway-station character），其实是晚期资本主义激烈竞争与异化所导致的，但是莱特与夏隆的尝试是新颖而有意义的，是对"火车站总体特征"的超越。然而布洛赫又担心这样的尝试只是个开始，难免又成为僵化的形式。当巴西建筑师尼迈耶（Oscar Niemeyer，1907—2012）在新巴西利亚的建筑实践，标志着欧美现代建筑向欠发达区域扩展的时候。布洛赫认为，那些普通高层建筑和最新的形象仍然没有重新获得已失去的东西："缪斯的爱抚"（the caresses of a Muse）[40]48。而在绘画和雕刻艺术上，情形似乎要好得多。布洛赫在康定斯基和阿奇潘柯的绘画与雕刻中，看到作为我们最为内在形式的装饰，而反映主观审视、迈向精神世界的表现主义绘画也显示出丰富的想象力。我们知道，早期现代建筑曾经从现代艺术那里获得很大的激发。与布洛赫所赞赏的表现主义绘画与雕刻相对应，建筑上也有进行表现主义尝试的建筑师，如珀尔茨希、布鲁诺·陶特、鲁道夫·斯坦纳、门德尔松、汉斯·夏隆等人。布洛赫在本文中只提及夏隆和陶特，对夏隆的作品有所赞誉，对陶特的"城市之冠"未置可否[40]48。在《希望的原理》一书中，布洛赫再次谈论了陶特的"城市之冠"，说它是对"泛宇宙论者"希尔巴特的玻璃建筑的模仿（图 2.14 陶特：城市之冠）。布洛赫对此不无揶揄，说希尔巴特想要把整个地球改造成晶体[5]861。

　　布洛赫感到，建筑中的纯粹技术与美术中夏加尔（Marc Z. Chagall，1887—1985）超现实的情感表现在同一个时代出现，前者的本质性力量与后者的促进和解放的能力十分接近，却无法克服那一点点距离。而正是那一点点距离，使得建筑难望美术之项背。夏加尔是 20 世纪俄罗斯著名画家，他的绘画在形式上综合了立体派、象征主义以及野兽派，但是以他的东欧犹太文化观念为基础。所谓"超现实的情感表现"促进了绘画形式的解放。从他的《小提琴师》可以体会到，绘画形式的解放并不影响他对俄罗斯生活的表达，也就是说，这样的形式并没有导致生活表现上的抽象性（图 2.15）。在某种意义上，建筑中的纯粹技术促成了建筑形式的解放，在现代主义者看来，新的建筑形式与新的生活是相适应的。而布洛赫对于现代建筑的状态并不满意。他说："在同一时间、同一空间的架构中，距苍白的玻璃盒子五步之遥，同时代的绘画和雕刻如何能走上一条完全不

同的路径,可以有过高的诉求?"也许我们可以为建
筑与美术之间的差距找出些理由,如前者并不是简
单的艺术行为,受现实条件制约过多等,但布洛赫认
为问题的关键在于两者在想象力方面的差距。建筑
需要乘上想象之翼。那么,只有工程技术的奇妙功
绩是不够的,比较好的状态应该是:工程技术和有表
现力的形式同时出现,指向一种综合,那是一种支撑
这个尚未结束的纪元的基本统一体[40]46-48。

图 2.15　夏加尔:小提琴师

　　这样的状态其实与布洛赫在前面所说的禁欲主
义与媚俗以外的第三种可能相符合。禁欲主义和媚
俗这两种极端状态正是现代性断裂的一种反映。布
洛赫美学思考的宗旨在于探讨超越此类断裂的可
能,因而在一系列批判性的思考之后,还是要有一些
乐观的期待。早在 20 世纪之初,布洛赫就意识到应
该对功能性形式加以限制。事实上,在相当多的场
合,功能性形式并不能涵盖事物形式的全部,那么事
物形式就存在丰富的可能性。对于建筑艺术而言,
道理也是同样的:不可将功能性形式原则无限度地扩延。另一方面,现代存在的火车站特征也许
不总是产生负面的影响,而是"在生产的可能性方面证明是既诱人又开放的"[40]48。火车站特征是
不是与既有事物告别的隐喻呢?布洛赫一再提到"出埃及记"的特征,是意味深长的。摩西带领众
多以色列人走出埃及,所依靠的神的启示多少带有些乌托邦的特征:离开不属于自己的国度,走向
理想的应许之地。布洛赫在《希望的原理》一书中,将从埃及建筑到哥特建筑的发展称为"建筑学
中的出埃及记",在关于现代建筑的批评中重提"出埃及记的特征",其实是在探讨现代建筑的希望
的走向。在他看来,现代建筑的"出埃及记"一方面要远离僵化而专横的形式,另一方面也要远离
毫无品位的虚假装饰。布洛赫认为,维特鲁威的实用与美观统一的古训,至今仍然对建筑提出更
高的要求,而现在,透明性、明晰性与完满性、丰富性相统一的原则可能更切合新建筑理想的主
题[5]862。这是一种新的综合,处在与维特鲁威原则不同的层面上。其特点是,所涉核心概念不再
像实用和美观那样,有明显的内容和形式之别。透明性主要是就材质而言,丰富性在布洛赫那里
主要是指形式方面的,是由想象力和新装饰所达成的;而明晰性与完满性似是中间性的概念,明晰
性表明的是形式与功能相对应的问题,完满性的含义可能要更丰富一些,既可指形式对功能的满
足,也可指形式自身的完美。显然,布洛赫的新的综合性原则,是针对现代建筑的状况所提出的。

2.3.5　关于表现主义建筑,表现的丰富性

　　表现主义建筑是 20 世纪 10 年代在德国、荷兰、奥地利、捷克以及丹麦等欧洲国家开展的先锋
建筑运动,与表现主义的视觉艺术并行。表现主义绘画寻求内情感经验的表现,而不太在意物质
性的现实。反映在建筑上,就是寻求对传统正交型空间秩序的突破。维基网络百科全书就表现主
义建筑的特征列出 10 条,第 1 条就是"为了一种情感效果的形式扭曲"[44]。表现主义代表作品有
陶特的玻璃馆、门德尔松的爱因斯坦塔、珀尔茨希的影剧院以及斯坦纳的人智学中心(Gothea-
num)等。通常也将 1925 年以前的格罗皮乌斯和密斯归于表现主义建筑师之列。布洛赫早在
1918 年出版的《乌托邦精神》一书中就谈到表现主义建筑,以后在《希望的原理》一书中,更为深入

地探讨了表现主义建筑。布洛赫长期关注表现主义建筑,是因为他一直在思考在媚俗与禁欲主义之外的"第三种可能"。在某种意义上,"表现"本身的丰富的可能性是更重要的问题。

在《乌托邦精神》一书中,布洛赫有多处提及表现(Expression)、表现性(Ausdrüklichkeit)。他在"装饰生产"一章的第三节标题上,将"表现的丰富性"(Ausdruclsvoller Überschwang)作为"功能性形式"的对立面。在这一节中,布洛赫意识到传统的"富于个性、修饰华丽的""充满艺术性的工艺品"在现代机器生产方式条件下很难重现。他也明了,与之相关的那些程序由于"花费精力""有机性及其充满人性的表现性"而在审美上是令人钦佩的,但是"粗野的机器"简化那些程序的雄心仍然是合理的。不过,对于建筑学而言,情况就不会那么简单。前面第二小节提到,布洛赫感叹"直角映射的功能性形式世界"的强大,以及人们对于"概念的统一性"的固守,即使像雷姆布鲁克以及阿基潘柯的雕塑那样的曲线也不可能使之有大的改观[12]18-19。

不过,布洛赫还是从这两位雕塑家作品的曲线中体会到新的可能性。这两位雕塑家表现的都是人体,但曲线的形态有很大的不同:雷姆布鲁克的人体曲线是在自然人体的基础上进行延长的变形,人体的细节形态并无很大的变形;阿基潘科的人体则有较大的变形与抽象,甚至加入直线型。布洛赫以两位雕塑家的人体雕塑的曲线为例,意在表明他们的表现所依赖的曲线并不与人体的概念完全一致。事实上,某一事物形式既有所变形、抽象,又能保持其本来的特征,这样一个事实表明事物的意象与其概念之间存在一定的宽容度。这个宽容的范围就为艺术的表现与想象提供辽阔的天地。再回到机器生产以及功能性形式的问题,如果真正理解雷姆布鲁克与阿基潘柯的人体雕塑曲线与人体概念之间的关系,就不难理解布洛赫的积极的预期:"机器的可能性(die Möglichkeit der Maschine)"及其纯粹的应用与"反奢侈的表现主义的可能性(die Möglichkeit eines antiluxuriösen Expressionismus)"密切相关[12]18-19。布洛赫在写《乌托邦精神》一书时,表现主义建筑实践还不是很多,主要有陶特的玻璃馆(1914)、斯坦纳的杜尔戴克住宅(1915)、珀尔茨希的影剧院建筑,而门德尔松的爱因斯坦塔、米歇尔·德·克拉克(Michel de Klerk,1884—1923)的赫特施普公寓(Het Schip)尚未建成。在这里布洛赫没有提陶特的玻璃馆,可能是因为在他看来,这座玻璃建筑谈不上什么表现主义,这一点在后来的《形式化教育》一文中得到明确地表述。相形之下,布洛赫对一些宴会厅、音乐厅以及玻尔茨希的影剧院建筑的评价要好一些,至少幻觉般的场景是富于想象力的[12]22。

布洛赫一方面鼓励富于想象力的艺术表现,另一方面又注意到源自生活的艺术。他引用了卢卡克斯的话:现代建筑师设计一张漂亮的桌子,至少需要米开朗基罗那样的才能。但他似觉得这多少有些夸大其辞。他想到另外一种情形:创造的主体并不是专业人士,而是"受困于生活压力的门外汉",他的技艺甚至比过去最差的工匠也不如,他的产品可能是"不符合艺术准则的""非风格化的",但又是"富于表现力的""奇妙的"。布洛赫认为,这样的方式正是弗朗兹·马尔克(Franz Marc,1880—1916)所倡导的。正是因为这样的非专业性,才会有表现上的无拘无束,"炽烈而谜一般的象征"才会闪现。与此相应,"每一条路径突然汇聚于一条过度延伸而又不重要的支路上,而又成为人类进步的主要道路"。布洛赫从中看出一种"隐秘的趋向",并将这样的趋向与文艺复兴开始的"将风格世俗化"联系起来,与萨伏那罗拉(Girolamo Savonarola,1452—1498)、卡尔施塔德(Andreas Karlstadt,1486—1541)所倡导的破坏偶像运动联系起来。萨伏那罗拉是15世纪天主教多明我会修道士,活跃于文艺复兴时期的佛罗伦萨,卡尔施塔德是16世纪抗议宗(Protestanism)改革运动时期的德国神学家。这两位宗教改革家都想到要对千百年来的基督教崇拜形式进行改造,也都体现出清教徒的精神。布洛赫从中体会到一种"直率的表现"(der unverstelle Ausdruck),这样的表现没有什么鉴别力,也不妥协,具有"精神上的直接性"。不过,他对表现有更高的要求,他所希望的"伟大的表现"是"将装饰再推向深入"[45][12]20[1]83[16]15。

在"功能性形式与表现的丰富性"一节中,布洛赫深入探讨了实用艺术的表现问题。这里的讨论涉及"实用艺术"(Kunstgewerbe)与"高级艺术"(hocher Kunst)的概念。一般而言,实用艺术品既要好用,又要美观,其形式是功能性与审美性的统一。高级艺术则是"由于其自身的意义而引人注目的艺术"。布洛赫承认功能性对于实用艺术的重要性,即使时过境迁,当年骑士的用品对农民而言显得是高级艺术,太阳王的许多精致地表达了他的绝对权力的物品对后世而言也显得是高级艺术,但具有高雅指向的功能性与高级艺术之间仍然存在强烈的区别[12]22。这意味着初始的功能性指向对于实用艺术的性质而言是决定性的,即使其功能性不再有效,这样的决定性仍然存在。不过,布洛赫还是注意到实用艺术的一个特征,即:"从富于表现力的运动中获取一定的装饰化要素与建构的要素","并将那些要素固定为节奏或测度",而"这样的表现往往会过头"。事实上,这种过度地表现在巴洛克时代的实用艺术中尤为明显。布洛赫以椅子、扶手椅为例说明,旧时代的椅子"并不只是简单地保持舒适"。他这样说,可能是针对现代家具以人体本身的舒适为目的的做法而言的。他甚至说,"巴洛克扶手椅对于实际使用而言过于重要了",也就是说,巴洛克扶手椅的功能性指向不止于让"一个体验自我的个体"坐在上面。他甚至将巴洛克的实用艺术扩展至建筑:"更加指向一种建构的、建筑学的精神上的先验性(ein rein spirituales Apriori des Bauens, der Architektur),指向为了另一个世界的伟大标志而在尘世上无用的建构"[12]22-23。布洛赫如此明确地提出建筑学的"精神上的先验性",显得比建筑理论家们要直率得多。他还提到了"第三因素",那是超越"实用"与"纯粹艺术"的事物,是一种"更高阶的实用艺术"(ein "Kunstgewerbe" höherer Ordnung),具有极强的表现力。布洛赫在此以地毯为例说明实用艺术中的表现主义:一张真正的地毯,品质奢华,形式纯粹,装饰性很强,"线性的阿拉伯装饰"也不过是"一个序曲"。他也注意到当时的绘画、雕塑以及建筑所爆发出的"多重维度的、超越的装饰",并对表现主义寄予厚望:"虽然埃及的石头世界仍然是建造意向的一部分",但是,"表现主义全然不同的严肃及其试验性的超世俗抽象不会受到枯燥乏味的影响"。最终,布洛赫提出一个"超心理学的装饰"(das metapsychische Ornament)的概念,"超心理学"(metapsychology)是弗洛伊德提出的概念,用以涵盖有关心理过程的综合性描述,这个过程包括心灵中存在的驱动的力量、定量关系以及结构要素,布洛赫应是在弗洛伊德的意义上使用这个术语的。"超心理学的装饰"就是在心理过程中形成的装饰意象[12]23。布洛赫主张对这样的装饰意象进行重新回溯(如巴洛克艺术,甚至还要向后追溯,如节日的面具、图腾,雕刻的屋梁,哥特式的圣器收藏室),这样,"一种新的丰富性将会显现",并在这回溯过程中赋予"被奢华亵渎的"巴洛克艺术以决定性的地位[12]23。布洛赫如此推崇巴洛克艺术,并不是要回到巴洛克时代,关键在于"被奢华亵渎的"这个定语,它意味着巴洛克时代的实用艺术以其尺度上的夸张、制作上的费尽心机超越实际的使用上的意义,具有极强的表现性,与他所希望的丰富性是合拍的。

在《希望的原理》"空洞空间的建造"一节中,布洛赫对表现主义建筑的特征做出分析。他说:"表现主义通过旋转物体或摆动物体来产生立体的形象,那些物体与透视的视觉空间没有共同之处"。这是在说表现主义艺术的共同特征,其实经过旋转与摆动的物体仍然处在同一个透视的视觉空间里。我们知道,在透视的视觉空间里,正交型结构的建筑要素具有共同的灭点,具有视觉上的明晰性。而经过旋转、摆动的建筑要素,灭点各不相同,就有视觉上的复杂性。布洛赫还提到"类超立体(eine gleichsam überkubisch)",可能也是指表现主义建筑的非常规立体形式,"类"这个前缀表明他对这样的形式还不太确定。从经验来看,"看上去似很遥远的结构"会是模糊的,布洛赫说这样的结构"不再是宇宙中的",那就更加遥远了,甚至成为未知的了。那么以这样的超立体为目标的"抽象的建筑学"(Abstrakt-Arcitektur)就显得十分新奇了。布洛赫一方面指出旋转

图 2.16　斯坦纳:人智学中心　　　　　　图 2.17　门德尔松:建筑草图

的物体的空间也保持是欧几里得的空间,另一方面又提到"非欧几里得的泛几何学"(aneuk-lidische Pangeometrie)。其时能够称得上非欧几里得几何学方式的表现主义建筑可能只有斯坦纳设计的人智学中心以及玻尔茨希的影剧院建筑,或是门德尔松的建筑草图(图 2.16、图 2.17),而建筑师们可能只是从自由曲线的概念出发的,并不一定有非欧几里得的概念。布洛赫由此想到非欧几里得几何学,并将它视为"在象征幻觉中建筑学所采取的积极方式",对于现代建筑理论而言应可说是个贡献[5]869-870。布洛赫自己也将这样的方式作为一条重要线索,以至到了 1950 年代在《形式化教育》一文中,从夏隆柏林音乐厅波浪状的室内楼梯上看到现代建筑这个长期以来被人为弄瘫痪的肢体得以复元[40]46。就不同于传统空间经验的表现性而言,非常规的立体形式具有很强的延续性,而且不断出现新地探索。1950 年代以来的粗野主义建筑、仿生建筑、解构性的建筑以及近年来借助计算机辅助设计技术的"流体建筑"(Blobitecture)等,都在不同程度上延续了表现主义的非常规立体形式的倾向[46]。

　　布洛赫又指出表现主义建筑并不过于追求"纯粹的主体性"(purer Subjektivität),而是对"对象之类的问题"进行实验,以此在高度抽象的作品形式中,在"自我的晶体之林"(Ichkristallwald)中对人性的主体进行深度相称的表现[5]870。基于对象,其实是与客观性问题联系在一起的。这可能是个更为深刻的认识。布洛赫没有明确指出表现主义建筑与现代功能主义建筑在形式上的区别,前者用的是非欧几里得泛几何学形式,后者用的是欧几里得几何学形式。其实这两种形式都以不同的尺度存在于自然的结构之中,而且前者会更为普遍一些。当格罗皮乌斯、密斯、陶特等人在 1920 年代以后转向新客观性的实践,他们所用的主要是欧几里得几何学中的正交型空间形式,而这种形式正是千百年来人们出于自身的理念在自然中建立空间秩序所采用的。这本身就是个矛盾。表现主义建筑看上去是非常规的,其形式表现却恰恰是从自然对象出发的。维基百科将卡斯帕·大卫·弗里德里希(Caspar David Friedrich,1774—1840)于 1824 年所画的《冰海》与格罗皮乌斯于 1921 年设计的三月烈士纪念碑并置,不难看出两者间的关联性(图2.19、图2.20)[47]。

　　关于陶特,一般认为他在 20 世纪早期的实践是表现主义的,而布洛赫似乎并不把他的作品归于表现主义之列。在《希望的原理》一书中,布洛赫对陶特的《城市之冠》做出批评。陶特在这部著作中,构想了"天堂之屋"(Haus des Himmels),"其平面由七个三角形构成,墙体、天花和地板都用玻璃制成","灯光把房屋变成璀璨的星体"。文学家希尔巴特在《玻璃建筑》中首次提出要用玻璃建筑覆盖大地的表面,陶特由此得到启发,试图将整个大地晶体化。布洛赫对此持有怀疑的态度。用玻璃进行"晶体化",与埃及人用石头进行"晶体化"相比,可谓异曲同工,布洛赫称之为"埃及式的冒险"(图 2.20);而其建筑形式又是无根可依的哥特式,"其光芒没有任何内容,像失控的

图 2.18　弗里德里希：冰海

图 2.19　格罗皮乌斯：三月烈士纪念碑

火箭般向四方散播"。这似也是一种综合，但是在布洛赫看来，这样的综合是没有根基的。其症结在于，纯粹的功能形式与毫无关联的丰富性分别起作用，以致想象力变得"更无家可归"了。尽管陶特和希尔巴特的方式也可能像绘画与雕塑中的进展一样有趣，但在建筑学中却没什么成果[5]861-862。布洛赫在《乌托邦精神》一书中曾经对表现主义有过良好的期待，但在《希望的原理》中却对陶特和希尔巴特在建筑学上的探索感到失望。

2.3.6　现代建筑的乌托邦

"空洞空间的建造"一节的第二部分内容是关于理想城以及城市规划的。在分析了古代的城市、文艺复兴时期的理想城乃至陶特和勒·柯布西耶的理想城构想之后，布洛赫又谈论起现代建筑的乌托邦问题。这不难理解，如果说城市规划为理想的城市提供一个框架，那么理想城市的实现最终还是要借助建筑学的途径，因为建筑物是构成城市的单元。在这里，布洛赫谈到工程学与建筑学的结合，提出"作为建筑学的工程艺术"(Ingenieurkunst als Architektur)的概念，即："建筑学作为现实艺术(wirkliche Kunst)结合进来的工程学"，而这样的建筑学也"必须重现于现实社会(eine konkretere Gesellschaft)的门槛"。一般的建筑概念大多以艺术为主体，或是艺术与技术并重，像布洛赫这样将工程学作为建筑概念的主体，是不多见的。在他看来，作为建筑学的工程具有"原初的力量"，也具有"重要的乌托邦效应"。这其实与他的关于技术乌托邦的思想是相应的。不过，对于现代技术在建筑领域里的效应，布洛赫似有所疑虑。技术乌托邦的一个重要作用就是对人的解放，而在现代建筑领域，"抽象的技术"则与人的"解组织欲望"结合起来。现代技术的抽象性不难理解，那是机器生产方式的必然后果。布洛赫在机器生产方式的分析中已提到机器的"解组织化"，那是将手工生产方式加以拆解并重新做出程序安排。那么，布洛赫在建筑领域再提"解组织化"，该如何理解？古典建筑强有力的传统通过欧几里得几何学的空间形式原则，早已形成了物质环境的组织或机体，布洛赫称之为"晶体化的乌托邦"。他认为新建筑与抽象的技术密切相关，并为"晶体般的城市乌托邦"提供其自身的解体化。从前面一节的分析可知，功能主义建筑的空间形式仍然是欧几里德几何学的，其结果也是晶体化的，而真正能为"晶体般的城市乌托邦"提供其自身的解组织化的应是非欧几里得的泛几何学的方式，也就是表现主义建筑后来的主导倾向。布洛赫只是笼统地说"新建筑"，在这个问题上显得有些含糊。不过，从他所列的这种解体化的后果[如"没有灵韵的住宅"(das Haus ohne Aura)，"了无生机且与人疏远的城市景观"，"射线的锥体或其他投影几何学的模仿"]来看，并没有达到预期的效果[5]869。

关于现代建筑的乌托邦问题，布洛赫一方面是在一个大的建筑历史框架下讨论，另一方面则是在社会的框架下讨论。就前一方面而言，从埃及的面向死亡的晶体到哥特式的生命之树，那曾经是

图2.20　陶特：天堂之屋

历史上的建筑的乌托邦形态。而对于现代建筑而言，埃及的建筑乌托邦与哥特的建筑乌托邦之间的综合是不可能的。布洛赫认为那只是"拙劣模仿的幻想"(läppisch-epigonale Phantasterei)[5]870。尽管布洛赫对现代建筑运动的发展有些负面的看法，但他仍然对现代建筑的乌托邦抱有希望。他也将建筑视为一种"空间艺术"(Raumkunst)，其晶体的整体特性是"特别热切进取的人性"，而不是"最终只是引向埃及之死的明晰性"；至于"如今晶体中的'哥特风格'"，应是指陶特在城市之冠中的构想，布洛赫对此并不以为然。他提出两个重要问题，一是"如何才能以明晰的方式重建人类的完满性"，二是"建构的晶体(architektonische Kristall)如何才能与真正的生命之树、与富于人性的装饰相渗透"。无论是"空间艺术""建构的晶体"，还是"真正的生命之树"(wahrer Baum des Lebens)、"富于人性的装饰"(humane Ornament)，布洛赫都是在普遍的意义上使用这些概念的[5]870。

虽然布洛赫在一个大的建筑历史框架下讨论现代建筑的乌托邦问题，但他的观点绝不是历史主义的。他所提出的上述两个重要问题，其实表明了他的立足点是在当下，视野则面向未来。如果现代建筑能够以明晰的方式重建人类的完满性，且建构的晶体也能与真正的生命之树、富于人性的装饰相渗透，那可能是一种全新的状态，这说明布洛赫在思考建筑学的未来可能的走向时，已经摆脱了历史风格的羁绊。就此意义而言，布洛赫思想中的现代性倾向是很明显的。他甚至从"古典主义包裹起来"的皮拉内西(Giovanni Battista Piranesi，1720—1778)和勒杜的作品中体会到"一种全新的空间预感"(eine völlig neue Raumahnung)，这样的空间感将"抽象的晶体形式"(die abstrakte Kristallform)、"空无一人的晶体形式"(menschenleere Kristallform)远远地抛在后面。布洛赫始终强调的是人性之于建筑的重要性，其实有着从德国古典哲学到马克思主义哲学的思想根源。他从黑格尔关于建筑学的定义中得到启示：尽管建筑学形成的是"非有机的自然"(die anorganische Natur)，但它的目标是作为一个富于艺术性的外在世界，与精神相亲近。不过，布洛赫在此对黑格尔的精神概念做出修正，明确指出"精神意味着人类主体"(das menschliche Subjekt)。那么与精神亲近就是要与人类主体亲近，建筑学最终寻求的是"人性的表现"。此外，布洛赫还从马克思主义关于自然的人化的思想中得到启发，对自然的秩序有了新的理解，即不能以无主体的、非辩证的方式来描述自然[5]871。

布洛赫关于现代建筑乌托邦的思想虽然没有历史主义的倾向，但并没有割断与历史的联系。在"城市规划，理想城市以及真实的透明性：饱和透明性的渗透"一节的最后，布洛赫谈了建筑乌托邦的共同特征，他将"伟大的建筑学"(die große Architektur)视为"建造起来的阿卡迪亚"(ein gebautes Akadien)。阿卡迪亚是希腊中部的一个山区，在希腊神话里是牧羊神潘(Pan)的出生地，也是田园主义以及与自然和谐的代名词。由此可以体会到布洛赫的建筑乌托邦理想中与自然、历史的连接。此外，伟大的建筑学还是个"庇护所"(Schutzkreis)，是"建造之前的家"(vorausgebaute Heimat)，而"庇护所"或"建造之前的家"也是"一个更好世界的构想在建筑学中的实现"。"建造之前的家"意味着什么？也许是指史前人类聚居于山洞中的状况。以洞穴为"家"就意味着在辽阔的大地上找到一个确定的场所，它的定位性、保护性以及包容性的意象相对于纯自然的生存状态而言就是"一个更好世界"。自古以来建筑空间形式出现很多很大的变化，但对作为"家"的

"一个更好世界"的追求历经漫长的历史过程持存下来，成为人们不断改善自身生活环境的内在驱力。如此看来，布洛赫将建筑乌托邦的理想追溯到人类原初的状态，可谓意味深长。对于作为人类之家的建筑而言，在满足了定位性与保护性的前提下，建筑的包容性显得是本质性的特征。建筑作为一个包容者，可以容纳绘画、雕塑等其他的艺术形式，更为人们提供了"家"，或"与家的联系"。布洛赫说，"所有伟大的建筑作品以自身的形式筑就乌托邦，筑就对于一种适合人类的空间的期望（die Antizipation eines menschadäquaten Raums）"，其实这也是就建筑之为"家"的理念而言的。人对于自己家园的希望就是人性的一部分具体内容，建筑乌托邦

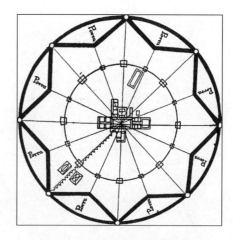

图 2.21　菲拉雷特：斯弗金达城

就应该是这样的人性的体现。而布洛赫在这个问题上更进一步，他将建筑视为"有机性与人性向晶体的变动"，是基于人性的"具有严格意义的空间形式"。这样的形式不是抽象的，而是物质性的建造与有机性的装饰的统一。[129]871-872可以说，布洛赫最终还是将装饰与人性联系起来，这可能是装饰的正当性的依据。布洛赫的主张预示了装饰在表现方面的存在论地位，那将是伽达默尔所要捍卫的[48]164。与前面所述黑格尔的"非有机自然"以及马克思主义的"自然的人化"（Humanisierung der Natur）相比，布洛赫关于建筑乌托邦的理想显得更为具体，它的一个实际任务是赋予石块以生命，其方式应该是富于人性的装饰性的表现。这样的"生命之石"将构成一个更好的世界[5]872。

　　就社会的框架而言，现代建筑的乌托邦问题就显得不那么乐观了。布洛赫关于建筑的概念里包含了"现实社会"与"现实艺术"的两方面内容。特别值得注意的是现实社会这个概念在布洛赫关于现代建筑运动的反思过程中的作用。在讨论新建筑与抽象技术的解组织化问题时，他想到了"冰冷的自动化世界"（die eiskalt Automatenwelt），这个世界是由商品社会形成的。在这样的社会里，人类的劳动分工以及抽象的技术也都得到强化，最终导致商品社会的异化。布洛赫认为"功能性的建筑学"（funktionalistische Architektur）反映并加倍增强了这样的状况，是令人深思的[5]869。在前面一节中谈到布洛赫对陶特和希尔巴特在建筑学中的探索感到失望，其实这种失望是一种整体性的失望。因为建筑学与其他艺术相比是一个"社会化的创造过程"（eine soziale Schöpfung），这样一种根本特征就注定建筑学的改变是与社会的改变相对应的。布洛赫对现代建筑的失望，其实是对晚期资本主义社会的空洞空间的失望。如果不对晚期资本主义社会加以改造，建筑学就不可能有什么改观。所以他要说，"只有开始建设一个不同的社会才会使真正的建筑学（echte Architektur）成为可能"，至于何谓"真正的建筑学"，他的注解是："由其自身的艺术意志从建构与装饰两方面（konstruktiv und ornamental）同时加以充实的建筑学"[5]862。

　　布洛赫坚持认为，在"严格性与丰富性"（Starr und Überschwung）之上，存在一种"第三可能性"。"严格性"与"建构"相对应，"丰富性"与"装饰"相对应，因而真正的建筑学就是建构与装饰的综合，是这"第三可能性"。然而在住宅工程以及建筑学中，这"第三可能性"还没有出现。晚期资本主义社会处在经济的无政府状态中，开始建设一个新社会就是要改变这样的状态。布洛赫想到马克思主义在社会的秩序方面所做的努力，而随着社会秩序的确立，人的完满性也获得相应的空间。布洛赫认为这正是马克思主义的力量之所在。而他的建筑乌托邦理想最终是"一个无阶层差异的社会的空间艺术"（die Raumkunst einer klassenlosen Gesellschaft）[5]871。作为一位马克思

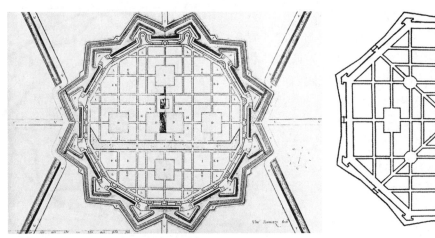

图 2.22　斯卡莫奇:理想城　　　　　　　　　　　　图 2.23　吉奥瓦尼:理想城

主义思想家,布洛赫将建筑的乌托邦与理想社会联系起来,是自然的事。

2.3.7　理想城

对更好世界的希翼与想象一直是欧洲思想史的一条主线。柏拉图的理想国,莫尔的乌托邦,康帕内拉的太阳城,都表达了不同时代的理想。在另一条发展的路径上,也就是在城市与建筑的历史上,早在古希腊时代,就有建筑师希波达莫斯(Hippodamus of Miletus,公元前 498—公元前 408)提出了理想的城市规划状态,亚里士多德在《政治学》中说他是"第一个没有从事过政治工作而对理想城邦制度有所论述的人"[49]。布洛赫在《希望的原理》"空洞空间的建造"的第 2 节"城市规划,理想城与真正的明晰性:晶体渗入丰富性"中,以此为开端,对欧洲历史上的城市规划做出简明的分析。布洛赫从希波达莫斯的城市规划活动中看到的是建筑师与政治家的古老的联系,而亚历山大大帝(Alexander the Great,公元前 356—公元前 323)与他的建筑师狄诺克拉底(Dinokrates,？—公元前 324)关于阿托斯山(Athos)的宏伟建造计划,也体现了这样的联系。及至罗马帝国的奥古斯都大帝以及后来的东罗马帝国君士坦丁大帝也都在都城的规划建设上起了主导作用。另一方面,就城市形态而言,大致有自发生长的具有弯曲结构的形式以及经过规划的几何学的形式两大类。布洛赫没有明确指出前者的自发性,但对这两类之间的差异还是有所理解的。关于前者,他列举了"哥特式的城市地图""弯曲性""古老德国小镇令人舒适的丰富性",关于后者,布洛赫指出其特征是"环绕埃及人的规则的结构、建筑以及城市地图"。在城市问题上,布洛赫也以富于活力的哥特式与规则化的埃及式相对。而随着垄断资本主义、帝国主义经济的发展,城市几何学,也就是整个新兴资产阶级城市结构的乌托邦,最终取代了中世纪的自发性的城市结构[5]864-867。其实这个过程在文艺复兴时期之初就已开始。早在 15 世纪,意大利的建筑师就开始设计各种形态的理想城。布洛赫说理想城的最早的设计是由弗拉·吉奥孔德(Fra Giocondo,1433—1515)在 1505 年完成的[5]867。这和建筑史上的说法有出入。早在 1465 年,菲拉雷特(Filarete,1400—1469)就设计了斯弗金达城(Sforzinda)(图 2.21 菲拉雷特:斯弗金达城),克鲁夫特称之为"第一座全面规划的文艺复兴理想城"[50]54。

布洛赫还提到斯卡莫奇(Vincenzo Scamozzi,1548—1616)、瓦萨里·伊尔·吉奥瓦尼(Giorgio Vasari il Giovane,1562—1625)、皮拉内西以及勒杜等 4 位建筑师关于理想城市的设想。在文艺复兴时期,理想城的空间结构基本上都是对称的,且有一个中心,如斯卡莫奇设计的理想城是多边形(图 2.22);吉奥瓦尼的理想城是矩形与放射结构的结合(图 2.23)[5]867[50]96。

图 2.24　皮拉内西:古罗马的坎玻·马奇奥区　　　　图 2.25　皮拉内西监狱系列之七:吊桥

　　大量的理想城设计预示了城市形态从中世纪的不规则状态向几何化的空间秩序的转变,这是一种探索,布洛赫称之为"为混乱的生活提供一个清晰生活的框架"。皮拉内西是 18 世纪的建筑师,原本以表现罗马废墟的铜版画闻名,他利用早期的古典建筑以对称的方式来设计理想城。不过,那个时代的资产阶级社会与文艺复兴时期的社会已有很大的不同。从布洛赫的分析可以看出,文艺复兴之初,自由资本主义计算的抽象原则鼓励理性的理想城的构想。到了皮拉内西的时代,资产阶级社会又日渐缺乏对称性,这是由市场经济的不确定性或无政府主义状态所导致的。皮拉内西在《古罗马的坎玻·马奇奥区》一画中描绘了规模宏大的对称格局(图 2.24),与他的由巨大拱券、楼梯和机器构成的地下监狱系列铜版画形成鲜明的对比(图2.25)。皮拉内西的理想城构想是否出于对资本主义社会城市无序发展的反思,这不太易于确定,不过,布洛赫从苏维埃建筑师对皮拉内西的推崇中似乎有所领悟。关于勒杜,布洛赫认为他可能是"所有乌托邦建筑学中至为特别的未来聚落的设计师"。18 世纪 70 年代,勒杜在阿尔克-瑟南(Arc-et-Salines)设计皇家的德绍盐场(Salines de Chaux),并以此为中心规划了一座理想城。他没有沿循以往的内城和边缘的模式,而是将建筑分成小组群,同时也彼此协调,形成现代的单体建筑系统。他到处都设计了公园、工作中心以及相应的建筑(图 2.26)。勒杜的理想城仍然是几何结构的,但他设置了大片的绿地,这在以往的理想城构想中是没有的。不过,布洛赫还是更看重勒杜的单体建筑系统的几何性。他特别提到,勒杜将建筑师称为"上帝的对手",这是对人类创造的极强的自觉意识。勒杜想要以一种普罗米修斯的方式来形成的世界,最终还是处在一个在几何学上完整的宇宙的秩序之中[5]867-868。

　　关于 20 世纪的理想城构想,布洛赫提到陶特和勒·柯布西耶。他认为,在他们的城市规划中,"与宇宙协调"(Einschwingung in den Kosmos)的倾向涵盖了"人性的建筑学目标及其表现"(den humanen Architekturzweck und seine Ausprägung),这就像是世间与星辰联系起来的神话,不仅仅用语言来表达,而且也在对一个"外在框架"的崇拜中表现出来[5]868-869。布洛赫将这个外在框架与城市乌托邦等同看待,在其中这个神话"向整个现代表明它的有效性"。其实,"与宇宙

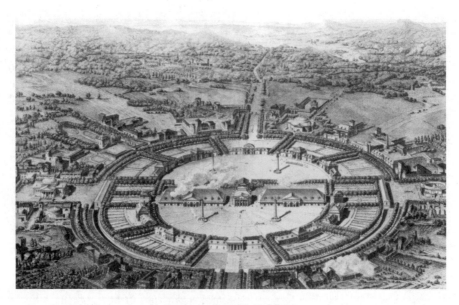

图 2.26　勒杜：德绍理想城

协调"就是为了城市乌托邦的秩序寻求根据,最终又诉诸于几何学,这可能是出于人们对宇宙秩序的推测。事实上,无论是陶特的城市之冠,还是勒·柯布西耶的光明城市,都依照一定的几何学原则。勒·柯布西耶在 1925 年的《城市规划导则》中将城市视为人类对抗自然的行动的结果,并指出几何学是其基础。而几何学也是表明完美、神圣地象征的物质基础[5]869。其实这也反映了古老哲学与神学的观念。作为一个马克思主义思想家,布洛赫最终是从政治与经济方面来看待资本主义的城市乌托邦构想的。在他看来,自从巴洛克时代的城市规划以来,总体的几何性成为资产阶级理想城的关键词,除去几个不懂得城市规划的时期,如 19 世纪后半叶,城市规划受到个体利益的阻碍而彻底放弃,而到了垄断资本主义时期,在所谓受到调控的帝国主义经济中,对规则的城市结构乃至建筑就有狂热地追求[5]866。

　　那么,社会主义的乌托邦应该是什么样的图景?布洛赫意识到马克思主义对于城市规划的意义。他在关于城市规划的批评中指出,马克思主义主张"空间应该为人性的丰富性而设置"。这是一个十分重要的前提,有了这样的前提,空间秩序就不应是规定性的,而是为人的生活提供丰富的可能性。基于这个认识,布洛赫认为,马克思主义并不是将早先那些抽象的社会乌托邦中交替涌现的内容(如莫尔的主体自由或康帕内拉的建造秩序)简单综合,而是实现一种转化,即将前两种要素转化成第三种要素——"自由本身的建造领域"(das gebautes Reich der Freiheit)。布洛赫指出,马克思主义根本无意于对自然秩序做出"无主体的非辩证性的描述"(subjektlos-und-dialek-tischer Abbildlichkeit),也无意于"与宇宙协调"。这个论断表明他对马克思主义关于人改造自然的学说具有非常深刻理解。马克思主义强调人自身的主体性的作用,是因为人之改造自然乃出于自身的目的,最终还是要以人自身的尺度为标准。布洛赫进一步指出,马克思主义的具体的倾向就是"自然的人化",可以说是把握了马克思主义关于改造自然的理论的本质。城市作为人改造自然的一部分成果,也应该体现人自身的尺度,体现"自然的人化"这个本质[5]870-871。不过,布洛赫没有能论述"自然的人化"在城市规划的结构关系上的体现,与他对资产阶级理想城的分析相比,这显得有些空泛。他的着眼点最终还是放在形式方面。

　　布洛赫最终还是意识到陶特和勒·柯布西耶的城市乌托邦其实并没有涵盖"人性的建筑学目标及其表现"。从他对无生命的晶体形式的批评可以看出,以几何原则为基础的以往的建筑乌托邦乃至城市乌托邦的构想，都不能归于人性的表现。他从马克思主义"自然的人化"理论得到启发，想到无阶级社会的"空间艺术"（Raumkunst）不能停留在"抽象的晶体状态"。"空间艺术"可以涵盖城市、建筑、园林以及所有"自然的人化"的结果，社会主义的"空间艺术"就是要超越"抽象的晶体状态"，其形式特征就在于"人性的表现"。那么，什么样的形式是"人性的表现"？布洛赫从皮拉内西和勒杜所做的老式城市规划中感受到一种关于全新空间的"空间预感"（Raumahnung），还有现代那些"非形式主义的玻璃雕塑与玻璃建筑"，有时会有"陌生的建筑形式、空间形式"，"奇异的曲线与立体"蜂拥而至。布洛赫认为这些看上去是"虚假的宇宙的形式"，实际上正是人性的表现[5]871。为什么布洛赫要将"奇异的曲线与立体"视为"虚假的宇宙的形式"？事实上，宇宙之大远超乎人类的想象，其形式是难以把握的，因而任何有关宇宙形式的断言都不可能为真。而人们以曲线形式指称宇宙，其实正是由于人从自身以及周围自然事物的主要的形式特征出发而推及更大的范围，这也许就是出于人性的判断。

　　无论如何，布洛赫将马克思主义"自然的人化"理论与乌托邦理想联系起来，指明了无阶级社会的空间艺术与以往社会的建筑乌托邦、理想城的根本区别，是极为有意义的。"自然的人化"其实就是以人为本对自然进行改造，其目的是出于人自身的生存与发展的。与远古聚落的诸神崇拜、中世纪对基督教天堂的向往、近现代权力与资本力量对城市空间的支配性相比，"自然的人化"最终指向的是人的解放，惟其如此，前面所说的"自由本身的建造领域"才有可能得以实现。

注释

［1］ Ernst Bloch. The Utopian Function of Art and Literature. Jack Zipesand Frank Mecklenburg, trans. Cambridge, Massachusetts, London：The MIT Press,1988.

［2］ Vincent Geoghegan. Ernst Bloch. London：Routledge, 1996.

［3］ 克鲁夫特. 建筑理论史——从维特鲁威到现在. 王贵祥，译. 北京：中国建筑工业出版社,2013.

［4］ Neil Leach. Rethinking Architecture：A Reader in Cultural Theory. London and New York：Routledge Taylor & Francis Group,1997.

［5］ Ernst Bloch. Das Prinzip Hoffnung. Frankfurt am Main：Suhrkamp, 2009.

［6］ 卡尔·马克思. 1844 年经济学—哲学手稿. 刘丕坤，译. 北京：人民出版社,1979.

［7］ Marilyn Stokstad & Michael W. Cothren. Art History, Vol. 2. Fourth Edition. Boston, etc.：Prentice Hall, 2011.

［8］ 关于培根并没有什么科学实验的经验，可以参见弗卡约里的《物理学史》中的相关内容。弗卡约里. 物理学史. 戴念祖，译；范岱年，校. 桂林：广西师范大学出版社,2002.

［9］ http://www. duden. de/rechtschreibung/Subjekt.

［10］ http://www. poetry-archive. com/b/Jerusalem. html.

［11］ Ernst Bloch. Geist der Utopie：Faksimile der Ausgabe von 1918. Frankfurt am Main：Suhrkamp,1985.

［12］ Ernst Bloch. Geist der Utopie. Berlin：Verlegt Bei Paul Cassirer, 1923.

［13］ Lewis Mumford. The City in History：Its Origins, Its Transformations and Its Prospects. New York and London：Harcourt,1989.

［14］ http://www. spiegel. de/international/germany/the-late-19th-century-saw-the-birth-of-modern-berlin-a-866321. html.

［15］ 这一段内容 2000 年版的英译本与原文还是有出入，此句英译作"great spiritual and intellectual works are latent"，疑是将"Werte"误译为"works". 参见：［12］17.

［16］ Ernst Bloch. The Spirit of Utopia. Anthony A. Nassar, trans. Stanford：Stanford University Press, 2000:12.

［17］ "Organisierung"意为"组织"，从词源学来看蕴涵有机体的组织之意，"Entorganisierung"意为"解组织化"，根

据上下文,指的是机器的动作将有机体的动作加以分解;英译作"de-organization"。参见:[5]771-772.

［18］Ernst Bloch. The Principle of Hope. Vol. 2. Trans. Neville Plaice, Stephen Plaice and Paul Knight. Cambridge, Massachusetts,1995.

［19］杨·保罗是德国浪漫主义作家,《泰坦》是他的四卷本小说,于1800—1803年间出版,讲述了英雄阿尔巴诺·德·西萨拉(Albano de Cesara)的成长历程。见:https://en. wikipedia. org/wiki/Titan_(Jean_Paul_novel).

［20］谢林是19世纪德国唯心主义哲学家,安德鲁·鲍威(Andrew Bowie)认为,他的反笛卡尔式的主观性解释以及对黑格尔唯心论的批评影响了后世的思想家,如基尔凯郭尔、马克思、尼采、海德格尔等。见:Bowie, Andrew,"Friedrich Wilhelm Joseph von Schelling", The Stanford Encyclopedia of Philosophy(Fall 2016 Edition), Edward N. Zalta (ed.), URL=http://plato. stanford. edu/fall2016/entries/schelling/.

［21］Derek Clifford. A History of Garden Design. London: Faber and Faber,1962.

［22］Wolfgang Braunfels. Monasteries of Western Europe: The Architecture of the Orders. New Jersey: Princeton University Press,1972.

［23］Banister Fletcher⟨F. R. I. B. A.⟩ and Banister F. Fletcher⟨F. R. I. B. A., Architect⟩. A History of Architecture on the Comparative Method. Fifth Edition. Revised and Enlarged by Banister F. Fletcher. London: Nabu Press,2011.

［24］https://en. wikipedia. org/wiki/Pompeian_Styles.

［25］伯克哈特是19世纪著名的瑞士艺术史与文化史学家,他的《意大利文艺复兴的文明》一书在艺术史与文化史领域产生重要影响。瑞士艺术史学家海因里希·伍尔夫林是他的学生。后来的建筑理论家吉迪翁是伍尔夫林的学生。参见:ⓐ https://en. wikipedia. org/wiki/JacobBurckhadt;ⓑ https://en. wikipedia. org/wiki/Heinrich_W%C3%B6lfflin;ⓒ https://en. wikipedia. org/wiki/Sigfried_Giedion.

［26］戈特弗里德·森佩尔. 建筑四要素. 罗德胤,赵雯雯,包志禹,译. 北京:中国建筑工业出版社. 2010.

［27］Dan Cruickshank, ed. Sir Banister Fletcher's A History of Architecture. 20th Edition. Oxford: Architectural Press,1996.

［28］http://www. deepertruth. com/journal/article-1. html.

［29］https://en. wikipedia. org/wiki/Deism.

［30］https://en. wikipedia. org/wiki/Egyptian_pyramids;

［31］http://www. culturefocus. com/Egypt_pyramids. htm.

［32］黑格尔. 美学. 第三卷上册. 朱光潜,译. 北京:商务印书馆,1981.

［33］Biblica. Die ganze Heilige Schrifft:Deudsch(Luther 1545). Euangelion Sanct Marcus,Capitel 16. 见:http://lutherbible. net.

［34］Albert Samper,Blas Herrera. The Fractal Pattern of the French Gothic Cathedrals. Nexus Network Journal,2014(16):Issue 2,251-271. 参见:http://link. springer. com/article/10. 1007/s00004-014-0187-7/fulltext. html.

［35］Biblica,Die ganze Heilige Schrifft:Deutsch(Luther 1545), Die Offenbarung Sanct Johannis,Capitel 22, 参见:http://lutherbible. net/biblica2/B066K002. htm.

［36］迈蒙尼德是12世纪伟大的西班牙系犹太哲学家,律法学者(Torah scholar),著有《论戒律》、《迷途指津》等著作,对阿奎那、斯宾诺莎、莱布尼茨和牛顿等思想家产生影响。参见:Seeskin, Kenneth, "Maimonides", The Stanford Encyclopedia of Philosophy (Spring 2017 Edition), Edward N. Zalta (ed.), URL=⟨https://plato. stanford. edu/archives/spr2017/entries/maimonides/⟩.

［37］Philip Babcock Gove,ed. Webster's Third New International Dictionary of the English Language⟨unabridged⟩. Massachusetts: Merriam-Webster Inc. 2002.

［38］康德. 判断力批判. 宗白华,译. 北京:商务印书馆,1964.

［39］Spade,Paul Vincent and Panaccio,Claude. "William of Ockham". The Stanford Encyclopedia of Philosophy(Fall 2015 Edition). Edward N. Zalta(ed). URL=⟨http://plato. stanford. edu/archives/fall2015/entries/ockham/〉.

［40］ Ernst Bloch. Formative Education,Engineering Form,Ornament. 见：Neil Leach， ed. Rethinking architecture：A Reader in Cultural Theory. London and New York：Routledge Taylor &. Francis Group,2004.

［41］ http：//www. visual-arts-cork. com/sculpture/Wilhelm-lehmbruck. htm.

［42］ https：//en. wikipedia. org/wiki/Alexander_Archipenko.

［43］ Georg Simmel. Die Groß stadte und das Geistesleben. 见：Rüdiger Kramme， Angela Rammstedt， Otthein Rammstedt. Georg Simmel Gesamtausgabe Bd. 7：Aufsätze und Abhandlungen 1901—1908 Band I. Frankfurt am Main：Suhrkamp,1995.

［44］ https：//en. wikipedia. org/wiki/Expressionism.

［45］ 布洛赫原文只提及蓝骑士成员马尔克,而两个英译本都多了"Klee"(克利),参见：[12]20,[1]83,16[15].

［46］ https：//en. wikipedia. org/wiki/Blobitecture.

［47］ https：//en. wikipedia. org/wiki/Expressionist_architecture.

［48］ Hans-Georg Gadamer. Wahrheit und Methode：Grundzüge einer Philosophischen Hermeneutik. J. C. B. Mohr (Paul Siebeck),Tübingen,1999.

［49］ Aristotle. Politics. 参见：http：//data. persus. org/citations/urn：cts：greekLit：tlg035. persus-eng1：2. 1267b

［50］ Hanno-Walter Kruft. Trans. By Ronald Taylor，Elsie Callander and Antony Wood. A History of Architectural Theory from Vitruvius to the Present. New Jersey：Princeton University Press,1994.

图片来源

(图 2. 1)Derek Clifford. A History of Garden Design. London：Faber and Faber,1962

(图 2. 2)Wolfgang Braunfels. *Monasteries of Western Europe：The Architecture of the Orders*. New Jersey：Princeton University Press,1972

(图 2. 3)、(图 2. 4)、(图 2. 5)、(图 2. 6)、(图 2. 7)Banister Fletcher〈 F. R. I. B. A. 〉and Banister F. Fletcher〈F. R. I. B. A. ，Architect〉. *A History of Architecture on the Comparative Method*. Fifth Edition. Revised and Enlarged by Banister F. Fletcher. London：Nabu Press,1905

(图 2. 8)http：//www. pompeiiinpictures. com/pompeiiinpictures/VF/Villa_016_p6_files/image012. jpg

(图 2. 9)http：//www. pompeiiinpictures. org/VF/Villa_016_p6_files/image006. jpg

(图 2. 10)https：//www. richardcassaro. com/forbidden-pagan-wisdom-written-in-stone-on-masonic-high-gothic-cathedrals

(图 2. 11)https：//www. almendron. com/artehistoria/wp-content/uploads/2014/12/egipto-fig-79. jpg

(图 2.12)郑炘摄

(图 2. 13)https：//upload. wikimedia. org/wikipedia/commons/5/5e/Wilhelm_Lehmbruck％2C_1911％2C_Femme_％C3％A1_genoux_％28The_Kneeling_One％29％2C_cast_stone％2C_plaster％2C_176_x_138_x_70_cm_％2869. 2_x_54. 5_x_27. 5_in％29％2C_Armory_Show_postcard. jpg

(图 2. 14)http：//socks-studio. com/2013/09/28/bruno-taut-the-city-crown-1919/

(图 2. 15)https：//upload. wikimedia. org/wikipedia/en/4/4a/Image-Chagall_Fiddler. jpg

(图 2. 16)https：//www. domusweb. it/content/dam/domusweb/en/architecture/2011/02/15/the-rudolf-steiner-goetheanum/big_325380_8032_DO110206013_UPD1. jpg

(图 2. 17)http：//www. kmtspace. com/mendelsohn10b. jpg

(图 2. 18)http：//www. essential-architecture. com/IMAGES2/expressionist(2). jpg

(图 2. 19)https：//ids. lib. harvard. edu/ids/view/43182064? width＝3000&.height＝3000

(图 2. 20)、(图 2. 22)、(图 2. 23)Hanno-Walter Kruft. A History of Architectural Theory from Vitruvius to the Present. Trans. By Ronald Taylor，Elsie Callander and Antony Wood. New York：Princeton Architectural Press,1994

(图 2. 24)http：//b03. deliver. odai. yale. edu/60/dc/60dcf510-66fc-4148-9279-3c9388b411a5/ag-obj-177974-002-pub-large. jpg

(图 2. 25)https：//upload. wikimedia. org/wikipedia/commons/4/48/Claude-Nicolas_Ledoux_Die_Salinenstadt_Chaux. jpg

(图 2. 26)https：//upload. wikimedia. org/wikipedia/commons/2/29/Piranesi9c. jpg

第 3 章

齐格弗里德·克拉考尔：
具有建筑学专业背景的目光

齐格弗里德·克拉考尔是一位难以界定的人物,格特鲁德·柯赫(Getrud Koch,1949—)说,他的名声是一系列错误的累计[1]3。的确,加在克拉考尔头上的名衔是很多的,如著名的电影理论家、记者、哲学家、法兰克福学派的一位远亲、散文作家或小说作家,不过,如此多的头衔事实上都是和他的背景情况的复杂性相关联的。克拉考尔于 1941 年到美国定居,这可以看作是他的学术生涯的分水岭:他的那些涉猎广泛的文化批评似乎全部留在了欧洲,而在新大陆,他的研究工作集中于电影理论上。通过《宣传和纳粹战争片》(1942)、《从卡里加里到希特勒》(1947)以及《电影的本性:物质现实的复原》(1960)等三部重要的电影理论著作,克拉考尔成为与巴赞齐名的写实主义的电影理论家,尽管他对于非虚构性的电影本性的阐释备受争议。1988 年,以研究德国现代社会学思想著称的英国社会学家大卫·P.弗利斯比所著的《现代性碎片:齐美尔、克拉考尔、本雅明著作中的现代性理论》一书出版,在英美思想界产生持久的影响。弗利斯比在本书的第二章介绍了克拉考尔关于现代性问题的思考,指出他为《法兰克福时报》以及其他杂志写的许多文章都反映了他对魏玛时期的文学与艺术的先锋运动的批评,而且他还特别强调克拉考尔对那个时期的建筑上的先锋运动的批评[2]4,而此时的建筑理论界对此并无了解。

　　克拉考尔学术背景的复杂性与他所受教育的复杂性分不开。格特鲁特·柯赫在《介绍齐格弗里德·克拉考尔》一书中为克拉考尔的生平编了一个时间年表。从中可以看出克拉考尔早年的专业教育背景与职业经历[1]ix-xii。1907 年克拉考尔 18 岁,这一年对他来说是很有意义的:中学毕业,在达姆施达德(Darmstadt)工业大学开始建筑学专业学习,并在柏林艺术学会听齐美尔的讲座。1908—1909 年先后在柏林工业大学、慕尼黑工业大学继续学业,并从慕尼黑工业大学毕业。1911年在一家建筑师事务所工作,与此同时,继续研究哲学、社会学以及认识论等方面的问题,并准备博士论文。1914 年以学位论文《论 17 世纪至 19 世纪初柏林、波茨坦及边境地区城市的铁艺发展》获博士学位,之后在法兰克福的一家建筑师事务所工作。其时正值第一次世界大战,克拉考尔参加了阵亡将士纪念陵园的设计竞赛。1918—1920 年间,在奥斯纳布吕克(Osnabrück)、法兰克福、柏林等地受雇于建筑师事务所或做临时建筑师的工作,同时也开始哲学方面的论文写作。此时克拉考尔也结识了阿多诺(时年 15 岁),在周末指导他研读康德的《纯粹理性批判》[1]8。1921 年《法兰克福时报》任命他为终身自由撰稿人,1924 年成为此报的编辑。这样克拉考尔就彻底改行了。在为时报工作期间,克拉考尔撰写了大量关于城市文化批评、文学艺术批评以及电影理论等方面的文章,也刊用了许多瓦尔特·本雅明的文章。他还写出小说《金斯特》。关于这部小说,克拉考尔曾经写信给布洛赫说,它通篇都是非常准确地描述了他自己[3]39。尽管克拉考尔以悲凉的笔调表明对他所从事的建筑职业的厌恶之情,但他受过建筑教育并从事过建筑设计工作的背景,使得他的文化批评具有很独特的视角:以建筑空间作为文化批评的切入点,如旅馆大堂、购物拱廊街、电影院、电影场景、职业介绍所、咖啡馆、舞厅等。对于克拉考尔来说,建筑空间是借以理解社会的手段,从他的《告别林登拱廊街》《旅馆大堂》以及《职业介绍所》等文章来看,建筑空间的意义与社会生活方面的隐喻相关。

　　在 1920、1930 年代,克拉考尔为《法兰克福时报》写了近两千篇文章。早在克拉考尔于 1933年开始流亡之际,他就有选取此期间的一些文章编辑出版的想法,30 年之后,他将这些文章编辑成书,即《大众装饰:文集》,由苏尔肯普·费尔拉格出版社(Suhrkamp Verlag)出版[3]11-12。1995年,此书由托马斯·Y.列文(Thomas Y. Levin)译成英文。克拉考尔的这些早期文论在 20 世纪晚期引起思想界的关注。相关研究表明他是一位涉猎广泛的文化批评家,他的早期思想在现代性问题研究方面具有高度重要性。英国建筑学者奈尔·里奇于 1999 年将 20 世纪的一些哲学家关于建筑与城市问题的文论编辑成一个读本,书中收录了克拉考尔的《旅馆大堂》与《职业介绍所》等两篇文章[4]51-62,这意味着克拉考尔的早期文论开始进入建筑理论的视野。2000年,美国艺术史与建筑学者安东尼·维德勒所著《弯曲空间:现代文化中的艺术、建筑与焦虑》出版,在第一部分的"通道空间:齐美尔、克拉考尔、本雅明的疏离建筑"一章中,维德勒提到了克拉考尔的自传体小说《金斯特》,介绍了金斯特——克拉考尔在"一战"期间在法兰克福设计的阵亡将士纪念馆以及奥斯纳布吕克住宅区,重点分析了旅馆大堂这个侦探小说中的典型的疏离性的空间[5]71。2003年,在德国魏玛包豪斯大学举办的主题为"媒体·建筑——调解的危机"的国际研讨会上,纽约哥伦比亚大学艺术史和建筑学教授约安·奥克曼(Joan Ockman)提交了《在装饰与纪念碑之间:齐格弗里德·克拉考尔与大众装饰的意涵》一文。奥克曼的文章传达了这样的信息:克拉考尔为《法兰克福时报》写的有关现代建筑展的报道与评论,表明他对现代建筑的批评是随着现代建筑运动而展开的[6]78-79。这个信息对于建筑理论界而言是极有价值的,尽管来得过于迟缓。

　　2011年,苏尔肯普出版社出版了由英迦·缪尔德-巴赫(Inka Muelder-Bach)编辑的克拉考尔著作集共九卷,其中第五卷是从1906—1965年近60年间克拉考尔发表的论文、小品文及评论文章,分4个分册。第一分册收集的是1906—1923年间的文论,第二分册是1924—1927年的文论,第三分册是1928—1931年间的文论,第四分册是1932—1965年间的文论。从中可见,克拉考尔不只是关注城市与建筑方面的问题,而且对家具以及用品也很感兴趣,事实上,他对现代性问题的探究也正是通过种种具体的迹象展开的。他关于城市、建筑、家具以及日常用品等方面的文章多达60余篇,都是那个先锋时代的产物,有许多内容还不为文化批评界、建筑理论界所知。本章将对克拉考尔的相关文论(包括已经译成英语的以及尚未译成英语的)做精密解读,以期挖掘出他对现代建筑理论与现代艺术理论有价值的看法。

3.1　自然的几何学

　　在《大众装饰》一书的引言部分,"少年与公牛"描述了一位13岁的少年在法国南部普罗旺斯的椭圆形竞技场上斗牛的场景[这里所说的椭圆形竞技场应是指尼姆市(Nimés)的竞技场],"两个平面"说的是马赛港及港口广场,"城市地图分析"谈了巴黎郊区与中心区。这3篇文章分别涉及建筑空间以及城市空间的形式,有椭圆、矩形等几何形状。尼姆竞技场原本是古罗马剧场,19世纪开始用于斗牛及其他公共活动。建在平地上的竞技场或剧场,都是人为的几何形式。可以称得上自然的几何形式的,应是古代希腊的剧场。它们利用山谷盆地为场地,将周围山体适当改造而成层层看台。虽然场地及看台有着明确的几何关系,但这样的几何关系是在山谷盆地这样的自然的框架下展开的(图3.1、图3.2)。

　　港口也是利用自然的港湾空间,沿岸布置码头、道路、广场以及房屋而成。港湾形态大多呈曲线状,而马塞港则是矩形,这应是对原本的自然地形有所改造的结果。至于"城市地图",克拉考尔谈的不完全是地理意义上的地图,而可以说是城市社会生活的地图,他是以巴黎的郊区与中心区为例来进行分析的。一提起城市,人们一般会想到那是规划的结果。而克拉考尔想到的是,辉煌的市中心区并不是规划出来的。如果说马赛港的几何学是自然框架下的几何学,那么巴黎郊区与市中心的形成就体现了自发性——那是自然的本性。人为的形式基本上是依照几何学的方式产生的,即使是复杂的形式,也可以通过分析的几何学方式加以描述。可以说几何学体现了人对物质形式的处理方式。自然的几何学则意味着人为的形式受到自然形式的影响,而人为形式也会对自然形式产生作用。人的作为就在这样的相互作用的过程中显现出来。反过来,自然的几何学也可作为理解人的作为的一条线索。如此看来,克拉考尔所谓"自然的几何学"是意涵丰富的。

图 3.1　尼姆竞技场　　　　　　　　　　　　图 3.2　雅典卫城下的剧场

3.1.1　少年与公牛

"一个少年杀死一头公牛",原本是小学识字课本中的例句,克拉考尔用来作《少年与公牛》这篇文章的开场白,也是这部文集的开篇之句。竞技场在他的笔下是"一个黄色的椭圆"(gelben Ellipse),在那里"阳光在沸腾"。竞技场上有 4 类存在物:看台上的醉醺醺的观众;场上独自站立的戴着固定式发辫的 13 岁少年;一个牵线木偶,几个像烟圈一般盘旋的人;一头迷迷糊糊的公牛。少年应是斗牛的主角,牵线木偶和那几个围着公牛转的人应是少年的助手。克拉考尔笔下斗牛的场面全无惊险,更像是一种惯常的仪式。那少年面带礼仪般的微笑,他的一套动作想必已是程式化了的。牵线木偶根据仪式规则给出一阵阵刺激,红披肩对那公牛而言就是一个刺激,公牛会把它当作对头来攻击。然而红披肩在木偶的操纵下飘忽不定,克拉考尔称之为"流动的褶子"。在他看来,对于公牛那样的强力而言,流动的褶子之轻反倒是无法攻击的对象,也就是常言所谓有劲使不上,因而,那样的力量"面对流动的褶子之轻时会消退"[7]470-471[8]。

牵线木偶还会变身,摇身一变而成一个橙子小姑娘。这女英雄是个小奇才,而公牛就是一个痴呆的造物。在小奇才的笑声中,在她摇摇摆摆的动作的诱惑下,"公牛陷入精明算计过的节奏的陷阱中"——"三副小刀装点着眼罩,就像针扎进纱线球一样,而小刀的缎带在迎风飘荡"。中了招的公牛试图把小刀甩掉,但无法成功。那些小刀的位置可能是分布合适的,这又让克拉考尔想到了几何学;"几何学坚定地设定在凸出物上"。此语表明,至少对公牛这样的痴呆的造物而言,人的作为是不可抗拒的。在最后阶段,少年打开一块红得像公鸡的鸡冠一样的布,布的后面藏着一把利剑。克拉考尔又用几何学来表述它们:布—平面,利剑—线。最后的一些动作仍然是由牵线木偶完成的。牵线木偶使得那块布闪闪发光,用利剑划着越来越小的圆圈。克拉考尔将这个动作称为"装饰",公牛在这样的装饰的力量(Gewart der Ornamente)面前瑟瑟发抖[7]271。

那些先是像烟圈一样围着公牛盘旋的人,然后攻击它的许多部位,现在更具威胁性地逼近它,以致它将当场死亡。而事实上,利剑最终的一击由牵线木偶发出,公牛这个"受到惊吓的要素"畏

图 3.3　马赛港

缩了,文章至此就结束了对公牛的描述,而未提它是否被杀死。接下来就写观众的欢腾场面。克拉考尔在文章最后的几句中依然使用几何学的术语。所谓"利剑之线"(Degenlinie)应是利剑在空中划过的轨迹,原本懒洋洋的大众因之而欢欣鼓舞。太阳照耀在椭圆(斗牛场)上,小小的胜利者绕场一周,观众的帽子、包包都抛向空中,还有花束,场面十分热烈。而文章结尾处重复了第二段中的那句:"少年站在那里,面带礼仪般的微笑"[7]271。

　　从"一个黄色的椭圆""几何学坚定地设定在凸出物上""平面和线的特征""利剑划着越来越小的圆圈""烟圈""懒洋洋的大众的曲线""利剑之线",到"太阳照耀在椭圆之上",克拉考尔以这样的蕴含几何学因素的陈述为线索,将斗牛场的形态、斗牛士们的作为、观众的状态联系成一系列情节。不过,克拉考尔笔下的斗牛毫无惊险可言,也许法国南部的公牛过于衰弱? 另一方面,少年作为主角,似乎没有做出什么攻击性的动作,那些攻击性的动作都是那个牵线木偶完成的,而牵线木偶并不受少年的操控。值得注意的是,牵线木偶用利剑划出越来越小的圈,其实这并没有什么真正的攻击力,却使公牛瑟瑟发抖。也许这样的动作具有威胁性,克拉考尔称之为"装饰的力量",是很有意味的。我以为这是对事物装饰性的一种新的理解。如果这种"装饰的力量"具有威胁性,那么在此意义上,"装饰性的事物"就不像实用艺术中那些不具备实际功用的东西那样可有可无,而是与那些攻击性的动作一起,虚虚实实,共同构成斗牛的一系列程序。

3.1.2　两个平面

　　在《两个平面》一文中,"两个平面",一个指的是"海湾",另一个指的是"四边形"。"海湾"与"四边形"分别是本文两个章节的标题。作为一个具有建筑学背景的专栏作家,克拉考尔对城市物质空间的描述很在行。在"海湾"一节中,克拉考尔开篇就说,马赛是一座耀眼的剧场(Amphitheater),围着矩形的老码头崛起(图3.3)。短短的一句话,既点出马赛城市的形态特征,以及克拉考尔对它的理解,也表明港口城市形成的规律。"矩形"(Rechteck)这条几何学线索,从一开始就显现了。接着是对这块矩形区域的描述：它"就像一个广场（Platz），只是铺上了海水，三面都围上一排排房屋立面，彼此都很相像。从入海口到海湾，正对一条大街，卡内比埃勒大街（Cannebière），那是万街之街，打破海湾发光的平静，将码头延展进城市的内部"。这个广场的意象是很奇特的：升起的台地，矩形的怪物，住房在它的基础上升起，就像喷泉一样。还有一些教堂都指向这个广场，这个广场就成为所有透视的灭点。裸露着山岩的山丘也面向它[9]。克拉考尔用拟人的写法，把广场比作竞技场，把周围的事物比作观众，而且这个竞技场是很独特的，因为很少有这样的观众聚集在这样的地方。

为什么克拉考尔要将马赛海湾称作"广场怪物"（Platzungeheuer）？这个被海水覆盖的广场的关键之处在于它是矩形的。自然的海湾多呈弯曲状，若是以分形几何学的方式去分析，海岸线可能是在一个大的弯曲结构中的复杂形式。马赛海湾的矩形显然是人们通过对自然海岸线的改造形成的。可以说，马赛海湾之怪就在于它的不符合自然常态。克拉考尔在文中还提到海湾中人迹罕至的地方，在那里，海岸线保持着自然的弯曲状态。克拉考尔在此用了拟人化的手法，说海湾是在"懒散地闲逛"，这表明这部分海湾没怎么受到人为的影响。而"海岸将直线的东西弄弯曲"，则表明了人的作为的另外一条路径：顺应自然地形条件去建造。不过，在矩形的那部分海湾，也就是东港区，之所以有这种几何化的状态出现，很可能是因为此处原初的海岸线并没有很大的曲率，人们稍事整理即可形成直线形态。东港区建造于 19 世纪 40 年代，其时虽已进入工业化时代，但人们改造自然的能力与 20 世纪不可同日而语。因而克拉考尔仍然将马赛港的几何形态归结于自然的几何学[9]468。

克拉考尔想象了帆船捕鱼时代的情景，马赛港就是一个万花筒。帆船驶进驶出，构成活动的画面。气派的贵族宅邸在岸线后面闪闪发光，向入港的帆船致意。原来的海湾本是一条"万街之街"（die Straße der Straßen），就像《圣经》对基督的赞誉之词"万王之王"（King of the Kings）一样，那是何等壮丽的景象！但眼下已进入现代社会，原本壮丽的景象已失去光采，"万街之街"退化成"一个矩形"。如果就此以为克拉考尔是在怀旧，那就错了。接下来的一段，克拉考尔话锋一转，将城市喻为一张渔网。如果城市是一张渔网，那它就是巨大的，远洋巨轮、新建的房屋、设施都是它的捕获物。这些捕获物并不是被动的，而是与海岸线一起表明一条强有力的轨迹。我们可以从中体会到现代港口城市崛起时的生机勃勃。在这样的过程中，旧有的事物可能会衰败，如"光秃秃的仓库的墙面萧瑟凄凉"；也可能会转变，如"旧时的宫殿转变成妓院"。妓院倒不是什么新的事物，而要"比所有悬挂祖先画像的画廊都更为久远"。时代更替，世事沧桑，而妓院这样的场所持存下来。人类在这方面真可谓持之以恒。也许真正能够体现现代性的是，"不同民族的人民混杂在一起，组成人民大众，如潮流般涌上大道和集市大街"[9]469。

在"四边形"一节中，"四边形"（Karree）应是指一个广场，克拉考尔没有明说是哪一个，从他对这个广场周边纷乱的街巷环境的描述来看，应该是让·热雷广场（Place Jean Jaures）。在这一节中，克拉考尔谈了他对这个广场及其周围街巷的感受。本节以类似箴言的句子开始："找对了地方的人就不再寻找它"[9]469。从城市设计的角度来看，街巷是交通空间，人群在其中流动；广场是多条街巷汇聚之处，是开敞空间，人群可在其中聚集。至少对于周边街巷而言，广场是其目的性的空间。如果要说找对了的地方，那应该是广场。但克拉考尔并不这么看。虽然小巷"如弄皱的纸质飘带一般交织在一起"，崎岖不平，建筑高低错落，构件外显，如"横梁跨越土壤褶皱""一排排飞扶壁""阿拉伯符号""楼梯的盘旋"，就像即兴创作的场景一样，但在本节的最后一段，克拉考尔认为这些小巷是"生动的"，即使它们构成的状态是混乱的，也"没有人会寻找这个四边形（即这个广场）"。与开始的那一句联系起来看，克拉考尔在这里所言又有了新一层意涵：找对了地方的人就

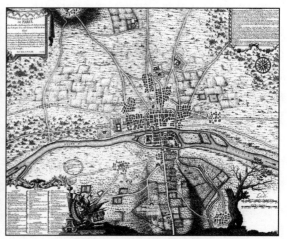

图 3.4　马赛让·热雷广场　　　　　　　　　　　　图 3.5　1180 年巴黎地图

不再寻找别的什么了。而生动的小巷才是找对了的地方。广场虽然"以一种巨大的样板方式标示在城市的纷乱之中",但是"兵营般的街区(Kasernenblöcke)围着它","水平线都是用尺子画的,死一般僵直",广场边上也没有棕榈树,可以说这个空间很荒凉。更糟糕的是,这个广场上只有一个人。接下来,克拉考尔就此展开想象。这个人独自处在广场中心,四边形每一边的向心之力都作用在他的身上。这个人并不孤单,但其他人躲在围合广场的四面之墙的后面,他们是旁观者。他们的视线穿过百页窗,穿过墙体,越过广场空间,汇聚在这个人的身上。克拉考尔甚至将这样的状况想象为法院庭审,是不是有些夸张了? 不过,这个广场空旷荒凉,缺乏生气,克拉考尔说它"压制了梦想中令人同情的、温存的、属于私人的那些部分","是一个缺乏怜悯的矩形(ein Quadrat ohne Erbarmen)"[9]469-470,还是有道理的。

通过小巷与广场的比较,克拉考尔写出了不同性质的城市空间中的体验与感受。小巷以非简明几何的方式交织在一起,看上去杂乱无章,其实那是人类聚落的一种自发生成的方式。而广场的矩形是后来在既有的街巷组织中拓展出来,表明了一种以简明几何方式重构城市空间的意识。前者的自发性与杂乱、多样、生动的特征联系起来,后者的规划意识则导致秩序、单一、乏味的后果。克拉考尔赞许小巷,贬抑广场,体现出一种超前意识,在那个具有很强的总体化倾向的时期是难能可贵的。从谷歌卫星所摄此一带照片来看,让·热雷广场似是在不怎么规则的街区中切割出来,就像当年奥斯曼对中世纪以来形成的巴黎城区所做的"外科手术"一样(图 3.4)。在克拉考尔看来,这种以简明几何方式规划出来的秩序空间并不理想,而小巷的杂乱状态也并非全无秩序,只不过它们的秩序(ihre Ordnung)只为梦者所熟悉[9]470。

3.1.3　城市地图分析

在《城市地图分析》这篇文章中,克拉考尔通过对城市社会生活的考察,说明巴黎郊区与巴黎中心区的差异。巴黎郊区有大量的棚屋,普通人,包括底层公务员、工人、生意人以及不怎成功的人在那里生活。这些人共居一处达几百年之久,不能用阶级来定义他们。而在市中心区的大道上,存在一个上层社会,虽然克拉考尔并没有解释这个上层社会,但由于级差地租的关系,住在中心区里的人大抵要比郊区的人富有一些,这不难理解,当年奥斯曼就是通过提高城区房租的方式将大批无产者驱赶至郊区的。这方面的差异可以通过两类区域的街道上的商业活动以及人群的活动反映出来。关于郊区,克拉考尔选取圣奥昂大街(文中为 avenue St. Ouan,疑为 Avenue de

Saint-Ouen)每个星期六下午的露天市场为例。其实这是一个集市,商贩聚集在此,是因为人们有为过星期天而备货的需要。他十分生动地描写了露天市场的情景。大道上摆着货摊,店铺敞开门窗,到处是各类食品、日用杂货,也就是普通人家日常的必需品。它们形成"商品之流"(Warenstrom),从开敞的店铺倾泻而出,"爬上建筑的立面";到处是购货的人群,时而挤作一团,时而又作鸟兽散。而关于市中心区,克拉考尔并没有说具体的地方,但那里存在一个上流社会,有着郊区所缺乏的"感官上的辉煌"(sinnliche Glanz)。何谓"感官上的辉煌"?应是指宫殿般的建筑,以及珠宝、皮草、晚装之类的高档商品给人的感觉吧。中心区的人群(Menge)和那些郊区的人群有很大的不同。"他们的流动不受一个目的的驱使,也不受时间的促逼,他们缓慢地荡来荡去"[10]。这样的人群其实还是由这样的个体构成的,这样的个体与齐美尔所说的"冷漠个体"(blásé)相类似[11],在本雅明的笔下,这样的个体就是"闲逛者"(flanèur)[12]。闲逛者来自各个阶层,会在中心区的街道上消磨整个下午。这样的个体形成的是涣散的群体,其行动不可意料,更无从组织;而郊区那些为生计而忙碌的普通人们,在露天市场里目的明确,集散迅速。克拉考尔从中体会到力量与潜势,所以他要说:"革命在郊区酝酿,绝非偶然"[10]510。

与前两篇文章相比,《城市地图分析》在几何学术语的使用方面没有那么直接,而是含蓄的。郊区、中心区在概念上分别与边缘、形心相对应。边缘与形心的概念对于文艺复兴时期的理想城市规划而言是重要的,那是一种在一定界域内以形心为控制点的作法,是一个静态的存在,如吉奥瓦尼所做的理想城设计(图2.24)[13]96。而对于巴黎这样的历史悠久而又不断发展的城市而言,形心的概念是不适用的,只能有个大致的核心区域的概念,而且核心区域和边缘区域也是在变化着的。公元358年是罗马人建巴黎城的元年,罗马人在西堤岛上建造宫殿,那就是当时的城市中心了。至于郊区,那可能是个现代的概念。从1180年版的巴黎地图来看,巴黎城区很小,只是西堤岛及塞纳河北岸由城墙在西、北、东三面围合的区域,而城区以外的区域除了几片建成区以外,基本上是田野和森林(图3.5)。

现代郊区的概念是指随着现代工业的发展在原城区的外围区域形成的居住区与商业区,这原本是个自然而然的过程,而在巴黎,由于19世纪奥斯曼的改建计划,大批的城市贫民被迁往城市郊区,形成赤贫的"红带"。这样,城市空间的分异被人为强化了。以今天的眼光来看,其实圣奥昂大街离市中心区并不很远,位于巴黎老城区的西北角上,南端与之相接,北端与贝西埃大道相交。1903年的巴黎城市地图将巴黎城墙内侧的贝西埃大道以内的区域都划入城区范围,因而圣奥昂大街一带应是巴黎城区的边缘部分。

3.1.4 建筑物形式的表现问题及其他

值得注意的是,《城市地图分析》一文一开篇就触及建筑的概念问题。克拉考尔在说明巴黎郊区棚户居民的成分之后指出,"几百年来他们共居的方式,表现在这些避难所的形式(Gestalt der Asyle)中"[10]508。"Asyl"意为"避难所""收容所",克拉考尔用以表明那些被迫离开巴黎中心区的底层人们的处境。这些人仿佛是难民,而郊区那些房屋就是他们的避难所。英译作"shelter",既是避难所,也是棚屋,可谓一语双关[14]。既然是避难所或棚屋,建筑标准就不会高,只可视为建筑物(building),谈不上建筑艺术(architecture)。克拉考尔表示生活方式可以通过避难所的形式表现出来,这就意味着建筑物的形式具有表现性。而在建筑理论中,通常以为是建筑形式(architectural form)才具有表现性。艾克曼(James S. Ackerman, 1919—2016)在有关建筑(architecture)的概念的解释中提到,建筑实践的目的就是要"实现文明人类的实际需求和表现需求"(the practical and expressive requirements),而表现需求指的是,"通过建筑的形式表达人的经验和理念"。而且艾克曼也将这样的表现需求作为区分建筑（architecture）与建筑物（building）的根据[15]1088-1089。根据艾克曼的说法可以得出一个推论：建筑物是无需去表现什么的。与克拉考尔同时代的哲学家维特根斯坦用动作与姿态的区别来类比建筑物与建筑的分野，而建筑物与简单的动作相对应，不具备表现性[16]510。我们应该如何理解克拉考尔的看法与通常的看法之间的差异？

艾克曼的看法的一个关键点是"表现的需求"。受这样的需求的驱使，人们在建筑的前期工作阶段就会有所设想，并在最终的结果中自主地将自己的理念与经验表现出来。艾克曼所谓建筑的"表现需求"是出于建筑主体的自主意识，而克拉考尔所谓那些社会底层成员几百年来以共居的方式在棚屋的形式上表现出来，并不是说他们具有自主的表现意识。按照建筑与建筑物的概念上的区别，那些棚屋建造之初是没有什么表现的意向的。克拉考尔用避难所这个词来定义社会底层的居所，应该意识到简陋建筑物的单纯的实际目的。然而这些普通人世代生活在这里，他们生活的方式自然而然地表现出来，就像简单动作的表达性或表现性随着动作的展开而得以体现那样。可以说是生活方式赋予原本没有表现性意向的棚屋以表现性。

这篇随笔还涉及其他一些建筑理论以及现代城市规划理论方面的问题，如建筑对人的行为的影响、人流动线组织问题、中心区的服务半径及其实际意义问题以及世界性城市的趋同化问题等，这些问题至今仍然是我们关注的热点，可以说克拉考尔具有极强地超前意识。先来看建筑形式对人的行为的影响。中心区的闲逛者人数众多，克拉考尔称之为"熙熙攘攘的要素"（die Elementen des Gestriebes），再加上车水马龙，形成现代大都市空间中的流动。克拉考尔为什么要说，那些宫殿的"形象已不能凭借其优雅比例的力量（die Gewalt ihrer feinen Proportionen）来控制"这样的流动[10]510？对于现代大都市里的"冷漠个体"而言，城市幻景的强刺激都难以引起他们的兴趣，更何况建筑上那些由来已久却还需要用心去体会的东西呢。那些衣食无忧的闲逛者，兴趣大概是在珠宝、皮草和晚装上，而怀有某种动机的闲逛者，就像本雅明所说的造访市场的知识分子那样[11]36，哪还有什么心思去感受建筑优雅比例的力量？

关于人流动线的组织问题，似乎是针对人的有目的的行动而言的，而中心区里的闲逛者们漫无目的，就很难说什么动线组织。克拉考尔意识到，这些"熙熙攘攘的要素……在沥青路面上留下纷乱的踪迹"，完全是自发的行为，而不是根据什么规划。也没有人能发明这样的规划。而巴黎的中心区虽然辉煌，但并不是规划出的中心。中心区的商店有高档商品，对"外围的穷人"而言，好像那是为他们"储备的好运"。克拉考尔说，可以通过画半径的方式让外围的穷人通达中心区为他们储备的好运，而不是通过实际的路经，这很有些讽刺性。在现代城市规划的过程中，通过画半径的方法可以确定商业以及公共设施的服务范围。但是，中心区高档商店的服务半径对外围的穷人而言毫无意义。从郊区通往市中心的大道是宽阔的，但这并不是外围的穷人通达那些为他们储备的好运的实际路径。在此意义上，克拉考尔指出通往市中心的大道的空洞性是个现实问题，就是可以理解的[10]510-811。

克拉考尔是通过巴黎市中心的一座小报亭联想到世界性城市的趋同化问题的。他将这座小报亭称为"小圣殿"（winzige Tempel），并说"整个世界的出版物都会在这里会聚"。这难免有些夸大其辞。不过，有些国家的报纸出现在这里，甚至现实生活中敌对国家的报纸并排放在一起，显示出世界性的视野。而世界性城市的产生也是现代性的标志之一。在克拉考尔看来，巴黎并不是唯一的世界性城市。在那个时代，除巴黎以外，伦敦、柏林、罗马、纽约等都可说是世界性的城市。克拉考尔认为，"世界性城市变得越来越相似"，"它们的差异正在消失"[10]510-511。在某种意义上，克拉考尔对世界性城市的趋同发展具有超前的意识。不过，从形态方面来看，其实这些世界性的城市之间的差异还是很明显的。首先，地理环境上的差异不是轻易就能消除的，城市的建造活动是在自然的特定的框架下展开,我们仍然可以称之为自然的几何学。其实,世界性城市的趋同化并不主要是形式上的,而更多是在空间结构上、公共设施的设置上以及城市交通的方式上具有类似的特征。

3.2 建筑空间的文化批评

作为一个具有建筑学背景的记者,克拉考尔为法兰克福时报以及其他一些文化类杂志撰写的文章往往会涉及建筑学的内容,有时甚至是以一些专门的建筑空间为专题的。这一节将分析《旅馆大堂》《林登拱廊街》以及《职业介绍所》等 3 篇文章。旅馆大堂、拱廊街以及职业介绍所都是现代城市中的一些典型的公共场所,折射出现代城市社会生活的一些特征。克拉考尔通过旅馆大堂与教堂之间的比较,揭示了现代人在这个特定场合的疏离特征;在柏林的林登拱廊街,克拉考尔向我们展现了资产阶级社会生活的另一面,亦即那些被资产阶级的体面所排斥的难登大雅之堂的事物;职业介绍则是现代工业社会的产物,在经济萧条时期,失业大军聚集在那里,寻求就业的机会。克拉考尔在那里体会到一些"空间意象",进而探究它们所反映的社会现实基础。事实上,克拉考尔在对旅馆大堂以及林登拱廊街的反思的过程中,空间意象的概念也都起了重要的作用。也正是因为它将这些场所的空间意象与社会文化的现实基础联系起来,使得他的文化批评既有物质环境层面上的具体性,又触及更为深层的内涵。

3.2.1 教堂与旅馆大堂:两个并存领域的比较

《旅馆大堂》是克拉考尔于 1922—1925 年间写成的侦探小说研究系列中的一篇,收录于由英迦·缪尔德-巴赫编辑的克拉考尔著作集第 5 卷第二分册。此文是克拉考尔魏玛时期文论的代表作之一,由他本人收录于《大众装饰》一书中,列在《建构》的标题下。侦探小说是 19 世纪产生的现代文学的一种新体裁,爱伦·坡的《摩格大街凶杀案》以及柯南道尔的《福尔摩斯探案集》都是早期侦探小说的杰作。对于这种新的文学形式,文化批评家们给以较多的关注,也是可以理解的。不过,克拉考尔对侦探小说的研究,并不是出于对其玄机重重的情节发展的兴趣,而是由于侦探小说能解开丧失实在性的现代社会之谜。奈尔·里奇在《反思建筑:文化理论读本》中所收录的《旅馆大堂》一文有删节,删去了开篇的 3 个自然段,可能是因为这部分内容并没有切入"旅馆大堂"的正题。而克拉考尔在《大众装饰:魏玛文集》中收录的《旅馆大堂》是未经删节的,由此我们可以对这篇文章有个总体的印象。开篇这 3 个自然段似乎是泛泛而谈,是理论上的,而不是针对"旅馆大堂"的,其实这些理论上的阐述都与下面对"旅馆大堂"的分析相关。

克拉考尔在文章开篇就指出两个并存的层面,一个是由专注于上帝的共同体构成的上层领域(hohen Sphärenort),另一个是实在性较少的领域(Sphäre minderer Wirklichkeit)[17][18]。专注于上帝的上层领域的共同体生活于法律之内也超越法律之外,持有一个永远站不住脚的中间立场,介乎自然和超自然之间。这个共同体其实就是信众的共同体,有坚定的信念,却处于自相矛盾的境况中。克拉考尔说这样的共同体"生活于法律之内也超越法律之外","介乎自然和超自然之间",对此应该如何理解?有信仰的人仍然有日常生活的一面,也就是尘世的生活,这样的生活需要在法律的框架内展开,这是一个基本的出发点;超越法律之外则表明了从道德方面提出更高的要求。这并没有什么不好,问题出在"介乎自然与超自然之间"。信众本属于自然的一部分,但又试图表明与上帝这个超自然的存在或"未知者"(Ungekannt)建立起连接的关系,是令人疑惑的。克拉考尔所以要说他们持有一个缺乏根基的"站不住脚的中间立场"。而在实在性较少的领域(应是指日常生活的世界),情况也并不怎么好。克拉考尔用了一个词"existentielle Zug",即"存在之流"英译作"existential stream",表明了存在的不确定性,这让我们想到古希腊泰勒斯(Thales of

Miletus，624-546)所谓"万物皆流"的说法[17][18]。在这里,克拉考尔使用了"Existenz"(existence)与"Wirklichkeit"(reality)这两个哲学术语。它们都是西方哲学的基本概念,含义是很丰富的。根据《韦伯斯特第三版新英语国际大词典》,"existence"主要是指:① 独立于人的意识、与非存在相对的状态或事实;② 所有存在形式所共有的存在方式;③ 存在总体;④ 特殊存在;⑤ 有生命的存在[19]796。克拉考尔是在独立于人的意识的、与非存在相对的状态的意义上使用这个词的。"reality"是"real"的名词形式,"real"的基本义涵是"真的""名符其实"的,"reality","实在",就是"真的品质或真的状态"[19]1890。如果说"存在"是一个描述性的语词,涵盖实际的事物与可能的事物,那么"实在"就是一个判断性的语词,与被认为是事物真的本性相对应。如此看来,克拉考尔所说的"实在性较少的领域"就是难以把握的领域了。由于存在在流变,对存在的意识以及对真正情况的意识被减弱了,感觉也受到蒙蔽。而现实的事件受到歪曲,构成一个迷宫,被蒙蔽的感觉在这个迷宫里迷失,再也不能知觉到哪些事件是被歪曲的[7]175-176。

信众共同体自认为其领域是实在的,但克拉考尔却视之为自相矛盾的,应是受到否定神定世界的启蒙思想的影响;而现代的日常生活的世界又令人难以把握。可以说,现代社会存在的两个领域的实在性多少都被克拉考尔否定了,而且他也没有打算在形而上学的意义上对社会存在的实在进行探究。关于这两个并存的领域,克拉考尔显然对实在性较少的日常生活领域更感兴趣。他正视这个领域的问题,并想到通过艺术的途径对这个领域加以整合。

从第四自然段起,克拉考尔开始谈旅馆大堂,不过,话题是从作为"上帝之屋"(Gotteshaus)的教堂引入的,而且对旅馆大堂的分析也是通过与教堂的比较展开的。教堂是与信众共同体的上层领域相对应的场所,而旅馆大堂是侦探小说中频频出现的特定场所。在这一段里,克拉考尔是从存在论的角度来谈论教堂与旅馆大堂的。他首先指出,在上帝之屋里,信众集会完成了建立连接的任务。从本文开篇的论述可知,这里所说的"连接"指的是信众完成的与上帝在精神上的连接,这样的连接关系是教堂之为教堂的基础,如果人们放弃这样的关系,也就是说人们不再这样使用教堂,那么教堂就只有装饰性的意义了。这意味着教堂就不成其为教堂。不过,在高度文明的社会里,废弃的教堂会作为"特许之地"(ausgezeichnete Stätte)而存在,是对不复存在的过往事物的证明。其实使用中的教堂也可说是现实中联合起来的共同体之存在的证明。而旅馆大堂是作为教堂的反转意象(Kehrbild des Gotteshaus)而被构想出的,因而它是一个否定的教堂(negative Kirche),而只要人们遵循那些支配不同领域的条件(Bedingungen),它也能转变成一个教堂[7]178。对于这样一个论断应该如何理解? 首先应该明确的是,克拉考尔作为一个受过建筑职业训练的人,对于建筑的功能性目的自不会陌生。如果就旅馆大堂本身而言,其主要目的乃在于提供一个接待投宿客人的登记入住和办理结账手续的场所,那么它与作为信众聚集场所的教堂之间的功能意义上的关联就是十分微弱的。而这里所说的旅馆大堂是有特指的,即侦探小说中频频出现的旅馆大堂,那么它的奇异的神秘性就不止于一般的旅馆大堂那点简单的功能了。在这样的语境里,克拉考尔把旅馆大堂作为教堂的反面来看待,正是出于对发生在其中的活动的复杂和诡异的理解。这个论断的第二层含义涉及功能活动性质的转变导致场所性质转变的问题。"支配不同领域的条件",是就信众共同体的上层领域和缺乏实在性的日常生活领域而言的,这样的社会存在的区别最终会反映到建筑类型上来。另外,他的这个论断还表明,按照与信众共同体的上层领域相应的原则对原本是旅馆大堂的场所重新作出安排,这个场所就转化成教堂。但他并没有说教堂可以转化成旅馆大堂。克拉考尔在这里并没有谈论这两类建筑的形式问题,只是谈及支配它们相应的领域的条件,至于那些条件是什么,克拉考尔没有解释。不过,根据常识,我们可以说那些条件既包含活动的程序,也包含物质方面的因素,以及表现性的因素。在教堂里,支配了信众共同体的上层领域的条件有布道、礼拜的程序，以及与此相关的圣坛、讲坛、信众座椅等物质因素，还有与基督教相关的表现性因素，如十字架、圣母像、描绘了圣经故事的彩色玻璃窗，甚至空间结构、形式乃至装饰都可能带有与教义相关的表现性；而在旅馆大堂里，支配了缺乏实在性的底层领域的条件有办理登记入住、退房手续的程序，以及与此相关的总台、客人等候用的座椅等物质因素，至于表现性的因素，似乎缺乏像教堂那样的主题意义，有可能表现的是奢华、雅致、简朴之类的概念。相形之下，满足旅馆大堂使用的条件要简单一些。就程序安排与物质因素而言，教堂与旅馆大堂相互转化都是可以的；就主题意义的表现性因素而言，从旅馆大堂向教堂转化，是一个从无到有的过程，相对而言是易于做到的，从教堂向旅馆大堂转化，则是一个去除的过程，而教堂的表现性因素并不一定能完全去除。

　　克拉考尔对来教堂的人与来旅馆大堂的人加以比较。在教堂和旅馆大堂，人们都是作为来客而出现的，但是人们来到教堂是为了拜见神明，而来到旅馆大堂的人们却是无所遇的。旅馆大堂是一个除了包容他们之外别无其他功能的空间。信众和旅馆客人们也都从各自的生活中暂时分离出来，但是信众聚集在教堂中祈祷和崇拜，超越共同体生活的不完善，并不是要克服它，而是在内心中忍受它。处在宗教仪式中的共同体不断重构自身而脱离尘世共同体，这种从日常生活的提升也阻止日常生活本身的堕落。显然教堂信众的聚集体现出一种张力，然而在旅馆大堂就不存在这样的张力。人们来到旅馆大堂只不过是从日常生活的熙熙攘攘的非实在状态（Unwirklichkeit）之中转移到一个与虚空（Leere）相遇的地方，在那里他们只是一些参照点（Bezugspunkte）。在侦探小说中，懒散地坐在旅馆大堂里的人都是些"被清空的个体"（entleert Individuell），是"理性建构的复合体"（rational konstruierte Komplexe），从他们身上，克拉考尔看出了康德所说的超验主体（Transzendentalsubjekt）。超验主体被还原至一种非实在性的纯粹的形式关系，对自身对事物都同样地漠不关心，这正是由于被清空了所有的意义而极度贫困化的现代存在。从这样的超验主体，克拉考尔引出一系列关于康德美学的思考[7]179。

　　教堂信众的聚集和旅馆大堂来客的逗留一样，都体现出平等性（Gleichheit）。在面对上帝的时候，信徒之间的差异就消失了，而成为享有同一命运的存在。这样，信众就具有很强的认同感，即"我们"感。不信神的人即使像正常的人那样进入"我们"中间，正常的人的自信仍是被搅扰了。可以说，只是在信仰认同的基础上，平等性才会超越人为界限和自然隔离所导致的种种差异。在暂时的宗教共同体生活中，差别化的事物必须与其独立的单一存在断绝关系，以便实现教堂所寻求的一致性。然而在旅馆大堂里，平等并不是基于与上帝的关系，而是基于与虚无（Nichts）的关系。克拉考尔在此提到了虚无的概念。虚无，非存在，都是和上帝这个绝对的极限事物相对的。旅馆大堂中的经理也占据了像教堂中的未知者（即上帝）那样的位置，但他却表现为客观上的虚无，一种匿名性，对此散布在大堂中的人们都毫无疑问地接受了。而客人们彼此不相识却仍然能共处一室。这是一个无关系的空间。人们于其中并没有丢开目的性活动，而是为了一种只与自身相关的自由暂时将它搁置，并沉浸于松弛与漠然的状态中。这样的平等是无关系的平等。克拉考尔在此提及齐美尔关于社会是"社会化的游戏形式"这个定义，但认为它只是局限于描述的层面上。在旅馆大堂这个社会的一角，人们从拥挤嘈杂中脱离，确实与实际生活保持了一定距离，却又无需像教堂信众那样面对来自上层区域的影响。一个造物出现于教堂之中，将自己看作是共同体的一个支撑，而在旅馆大堂里，匿名性和无关系使得人们成了理性社会化基础的非本质性根基（wesenlose Grundelement）。克拉考尔在此使用"非本质性"这样的饰词，言外之意是具有确定关系的个体才具有本质性[7]182。

　　克拉考尔还提到信众成员的匿名性：在祈祷中，名字所指定的经验上的存在已消失，因而他们不

图 3.6　柏林林登拱廊街, 1930

再作为特定的存在而彼此相识。面对上帝, 名字所代表的差异和关联(如身份、地位、社会关系等)都不重要了, 而与上帝的共同的关系使信众成为"我们"。在旅馆大堂, 那些不再具有自我的"我们"转化成"匿名原子的隔离"(Isoliertheit anonymer Atome)。这意味着教堂中的共同体在旅馆大堂中消散了, 但是与名字联系在一起的个体性并没有恢复。如果说在教堂中信众的匿名性是由信众与上帝的关系所导致, 那么在旅馆大堂里那些懒散个体保持一种彼此隔离的匿名性, 就是由旅馆大堂这个空间的功能特征所决定。因而克拉考尔要说, 在旅馆大堂里, "名字也迷失于空间之中"[7]184。

文章最后, 克拉考尔想到信众集会的神秘性与旅馆大堂里人们的神秘性。教堂里的神秘性与上帝有关, 是超法律的。而在旅馆大堂里, 人们不受张力的作用, 但内在的熙熙攘攘仍然潜藏着。这样一种神秘性在面具之间流动, 它并没有戳穿人的外壳, 而是遮住所有人性的面纱。克拉考尔从斯凡·艾尔维斯塔德(Sven Elvestad)的侦探小说《死亡进入旅馆》中引用了一句话, 其中提到客人们之间流动的"奇异的神秘性"(seltsame Geheimnisse)。他认为这个词组是讽刺性的含糊其辞。侦探小说就是针对诡异的非法活动、犯罪活动写出的, 但在旅馆大堂这样带有"奇异的神秘性"的场所, 合法的活动以及非法的活动都是在隐秘中展开。表面上空洞的形式(Leerform), 其实在内里却是有活动的。侦探只要将非法的活动从虚无的表象分离开, 真相就会显现出来[7]186。

3.2.2　林登拱廊街

克拉考尔在《法兰克福报》任职期间写了一些有关巴黎和柏林城市意象的简短随笔,《告别林登拱廊街》(Abschied von der Lindenpassage)是其中的一篇, 收录在《大众装饰》一书中"消退: 走向灭点"的标题下, 作为全书的结束。拱廊街是有拱形顶盖、一侧或两侧设有商店的通道, 在 19 世纪玻璃和铁用于建筑之后, 拱廊街的拱顶往往被玻璃顶所取代。不过, 从本雅明对巴黎拱廊街的考察来看, 玻璃顶早在 19 世纪上半叶就已用在拱廊街上, 看来柏林的拱廊街改用玻璃顶差不多晚了一个世纪。克拉考尔这篇文章正是在林登拱廊街拆除拱顶改造为玻璃顶之际有感而发。伴随着顶部的改造工程还有街道两边店面的装修: 冰冷平滑的大理石板覆盖在商店之间的柱子上, 而檐口下的梁托、圆窗、柱式、扶手、圆雕饰等文艺复兴建筑的模仿, 已成为"逝去的夸夸其谈"(welken Bombast)。唯有最后一根带有复杂饰样砖雕的柱子, 留在冰冷大理石的巨大坟墓(kühle Marmorassengrab)中(图 3.6)。克拉考尔以其建筑学专业的素养, 十分精到地描述了拱廊街建筑的主要变化,显然他对这样的变化并无好感,并为本文的结论性评价埋下伏笔。另一方面他将过去那些繁复的建筑装饰称为"逝去的夸夸其谈",这说明他对过去的东西也没什么好感[20]393-394。

接下来的内容主要是回忆林登拱廊街在改造以前的状况。如果以为克拉考尔是以怀旧的心绪来写此文,那就错了。在他看来,拱廊街是穿过资产阶级生活的过道。他将拱廊街的隐喻性特征与资产阶级的非公共性生活领域联系起来,向世人展现了那些被排除在大雅之堂之外的琐粹事物。解剖学博物馆、色情小书店、杂货店、美容室、咖啡馆、旅行社、全景画馆、旅游纪念品店、光学仪器店、邮票店、彩票店,就是将那些琐粹事物分门别类地容纳起来的场所。这些属性不同的场所聚集在昏暗的拱廊之下,却通过发生于其中的活动而有些诡异的关联。拱廊街入口处的一侧有两家旅行社,轮船模型和赞美诗般的广告引诱人们去旅行。行李箱商店、纪念品商店、西洋景馆、眼镜店、邮票店以及明信片商店,这些与旅游相关的商业也随之而进入拱廊街。在那个时代,旅行大概是属于资产阶级所特有的消遣。西洋景作为那个时代影像技术的发明,将异国风情尽收于窥视孔的后面;头像、建筑、远古动物等互不搭界的东西在邮票商店中汇聚;五彩缤纷的明信片可以让人的梦境以不同的版本得以实现……而克拉考尔从这万花筒般的状态中,体会出"无家可归的意象"(obdachlose Bilder)[20]397。

建筑立面这个术语在克拉考尔那里,成为资产阶级体面的隐喻。立面之前,是大教堂、大学、节庆演讲与游行之类的高贵程序;而立面之后,就是拱廊街所包容的"欲望、地理上的游荡以及许多造成不眠之夜的意象"。林登拱廊街被克拉考尔称为"内西伯利亚",这大概是个可怕的词汇。广漠的西伯利亚在沙俄时代是犯人们的流放地,到了斯大林时代又成了持不同政见者的流放地。在这里,克拉考尔用它作为林登拱廊街的隐喻,就是将林登拱廊街视为接纳被资产阶级的"立面文化"(Fassadenkultur)所驱逐、流放的事物的场所。这些被放逐的事物在拱廊街昏暗的顶盖下组织起来,以其污秽的存在向压制它们的资产阶级理想主义的傲慢存在对决。它们自甘堕落,也拒绝接纳象征理想主义的建筑形式要素,如拱窗,檐口以及栏杆之类的"自以为了不起的文艺复兴风采"[20]398。然而,如果要以阶级的观念来看,拱廊街所包容的难道不也是资产阶级生活的一部分吗?那么,以立面为界的台前与幕后的对立事物就表达了资产阶级世界的两面性。

拱廊街的改造也意味着对自身存在形式的否定,是对短暂性的见证,而短暂性正是现代性的特征之一。克拉考尔在文章结尾提问:"在一个自身就是一个通道的社会中,拱廊街意味着什么?"通道是一种线性空间,在其中没有什么事物可以停留。通道的意象与变化、短暂等概念相关,那么,这个最后的问题已在此作出解答:拱廊街几乎成了短暂性的代名词,在这里,最新创造出来的事物比其他地方都要更早地终结。解剖学博物馆所展示的不正是我们短暂的自身吗?所以克拉考尔说,"在这条拱廊街上,我们与死去的自身相遇。"那么,把拱廊街比作停尸间,就没什么可大惊小怪的了。而改造过后的拱廊街又怎样呢?新的玻璃屋顶,花岗岩饰面,使得拱廊街看上去像百货公司。商业设施有了些变化,比如西洋景馆被一家电影院所取代,商品也来自大量生产。即使解剖学博物馆依然如故,却早已让人提不起兴致。克拉考尔意识到,去除了各类装饰的冰冷花岗岩饰面,使得建筑变得空洞起来。所有的事物都变得哑然无声,"小心翼翼地卷缩在空洞的建筑后面"。至此,我们可以理解为什么克拉考尔开篇就将改造后的林登拱廊街形容为"冰冷花岗岩的巨大坟墓"。而克拉考尔所说的"那建筑已完全是中性的了",又意味着什么?也许是指既非象征资产阶级体面的文艺复兴样式,亦非那些媚俗的东西,那么资产阶级世界的两面性也就不再是个问题。可是,克拉考尔对这种状态仍然有些担心:很难说这样中性的状态会产生谁知道是什么的东西,也许是法西斯主义,也许什么也不是[20]399。其时法西斯在意大利已甚嚣尘上,而德国的政局也处在微妙的状态。克拉考尔的担心并非多余。

3.2.3 职业介绍所

如果说林登拱廊街是资产阶级内室的话，那么职业介绍所(Arbeitsnachweis)就是无产阶级的内室，是另一种类型的拱廊街。《论职业介绍所：一种空间的建构》一文写于1930年，其时德国陷入经济危机多年，失业大军已构成一个独特的社会阶层。克拉考尔开篇就说："每一个社会阶层都有一个与它相关联的空间"。可是，与失业大军相关联的职业介绍所并不是一个生活空间(Lebensraum)，而是一条拱廊街(Passage)[21]。我想这是个通道空间的隐喻。失业大军聚集在这个通道空间里，等待机会，以便成为收入不错的"就业存在"。然而，"这条拱廊街人满为患"这个事实表明，失业大军并不能如愿离开这个通道空间。《职业介绍所》一文与《告别林登拱廊街》一样，也是写于1930年，如果说林登拱廊街令人忧郁的话，那么职业介绍所这条拱廊街就更令人沮丧了。

作为一位具有建筑学背景的批评家，克拉考尔考察职业介绍所的视角是很独特的。他通过对职业介绍所的位置、环境、建筑观感、室内场景、陈设、警示标语、广告等诸多方面的描述，生动地建构出职业介绍所这样一个特殊的空间。克拉考尔以记者的身份考察了柏林的几家职业介绍所，但并不是像有的记者那样带个滤网去生出些事端来，而是要弄清失业者在社会所处的实际位置。他的出发点是，每一个典型空间都来自典型的社会关系，不存在意识的扭曲性干预。因而就失业者在社会体系中所处的实际地位而言，对职业介绍所这样的典型空间进行具体的观察，远胜于关于失业数据的评论或相关的议会争论。由此克拉考尔引出了空间意象(Raumbilder)的概念："空间意象就是社会之梦，哪里的空间意象的象形文字被解码，哪里的社会现实基础就会表现自身"[20]250。"意象"，德语为"Bilder"，有着多重意涵，大致分为两类，一类是实体性的，一般译作"形象"，一类是表象性的，一般译作"意象"或"印象"。从形象到意象，是一个观念化的过程，而从意象到形象，则是一个观念外化或具体化的过程。英译者将"Bilder"译为"image"。《韦伯斯特第三版新英语国际大词典》对"image"的解释较为精致，释义有8项之多，其中第4a义是"有形的或可见的表象"，第5a(2)义是"一群人所共有的心理概念，象征了对事物的基本态度及取向"[22]。克拉考尔注意到空间意象的表征作用，以象形文字来隐喻，可以说"Bilder"一词在克拉考尔那里，是形象与意象两义的综合。他也正是通过对职业介绍所的诸多空间意象的象形文字进行解码，来阐明德国经济危机时期失业大军的生存状况。

克拉考尔首先谈论的是职业介绍所的选址。职业介绍所通常的位置比一般工作场所要差。一方面是所处城区较差，克拉考尔以一家新成立的汽车司机职业介绍所为例加以说明，其所处区域治安较差，雇主们不愿来到一个没有安全感的区域，不放心把昂贵的车子停在无人照看的大街上。另一方面，职业介绍所在街区中的位置也是比较差的，它们往往设在大型建筑群的后部，阴暗，交通不便。他详细描述了一个冶金工人职业介绍所的状况。它处在建筑群中最黑暗的区域，在两进由砖墙围起来的阴沉的院子后面的三层楼上，克拉考尔称之为"世界的尽端"。这样的职业介绍所就像一座仓库(Speicher)——是失业者，亦即那些被社会暂时抛弃的人们的仓库[20]482-483。

克拉考尔将街区中的建筑区分为前部和后部，应是就街区与干道的关系而言的。面临干道的一面就是建筑物的前面，那里填充了生产程序与分配程序；而职业介绍所往往设在背街的后院里面，那里挤满了失业者。由此可以得出这样一种空间意象：失业者们耐心地从后面等在当代生产线前，他们就像是从那条生产线上排泄出的生产废品，而他们所在的空间简直是个垃圾间(Rumpelkammer)。另外一种空间意象是，填充了生产程序与分配程序的建筑物矗立在职业介绍所的前面，遮挡了失业者们的整个地平线，那么职业介绍所所在的后半部分就处在雇主们所占据的前方建筑的阴影下。所以克拉考尔要说："失业的个人没有他自己的太阳，他的面前永远只是个雇主"。这个空间意象所展现的社会现实就是：失业者们对前半部分建筑所蕴含的生产程序与分配程序的依赖，致使前半部分建筑成了权力的象征。这个空间意象在职业介绍所的内部空间格局中也体现出来：大厅中央有一个升起来的小指挥台，那是失业者们关注的焦点。官员在台上喊出空缺的职位，或是宣读工作通知，其实是在传达来自前面的权力的声音。在一般情况下，就业是个双向选择的进程，但在经济危机时期，失业者大大多于生产程序所能提供的职位，才陷入被选择的境地。在这样的情况下，生产程序成为崇拜的对象，而职业介绍所的职员也明确表示，职业介绍所是为雇主服务的。由此可以看出，在失业者的期望与职业介绍所的主旨之间，存在明显的错位。克拉考尔为什么要将生产程序说成是"黑暗的命运"（ein dunkles Verhägnis）？按理说，在经济危机时期，生产程序本身也处在风雨飘摇之中。像黑暗的命运那样压在男人们和女人们的心头的事物，其实并不是生产程序，而是经济危机本身。不过，对失业者而言，那些生产程序与他们的心愿的关系更为直接一些。经历了经济危机仍然能够提供就业机会的生产程序实属不易，但它们所能提供的职位数量相对于众多的失业者而言可谓少之又少，以致失业者在漫长的等待过程中屡屡失望，就此意义而言，生产程序成为"黑暗的命运"，也就可以理解了[20]251-252。

克拉考尔将职业介绍所视为一个拱廊街那样的通道空间，是仅从其职能出发而言的。这样的通道空间介于失业者与生产程序之间，没有像林登拱廊街那样的现代性意涵。失业者们只是希望通过这个空间到达布置了生产程序的目的性空间，而在这之前，失业者在这里所能做的只是等待。克拉考尔说，"因为空缺的职位与失业者的数目相比可以忽略不计，等待就几乎成为一种自我终结。"日子久了，失业者们对空缺职位的状况变得麻木，对自己能否被选上也已漠不关心，这和前面所描述的众人围着宣读空缺职位的官员、翘首以盼的状态截然不同。这样，等待就转而成为停滞，通道空间转变成滞留空间，失业者在此失去目标，只是消磨时间。具有讽刺意义的是，这些运气不怎么好的失业者，其消磨时间的方式竟是掷骰子、下棋、打扑克之类的机会的游戏。原本出于生计来此等待就业机会的失业者们，最终悠闲起来，其实这也是无奈的。克拉考尔将这样的状态称为"强制出来的悠闲"（aufgezwungene Müßiggang），可谓意味深长。虽然失业者们在此以悠闲的方式消磨时间，但是他们并不认为这就是他们来此的目的。即使他们在此滞留会长达数月，他们仍然把这里视为一个通道——一个自身不作为目的的空间[20]253-254。

克拉考尔在本文中提到了文字在建筑中的运用。他说，支配职业介绍所的概念"透过所有的细微之处流露出来"。前面所说的建筑选址、职业介绍所在建筑群中所处位置、内部空间的布置等都可算作是细微之处，通过它们，建筑的空间意象已然反映了一定的社会现实。我们可以将这诸多方面视为建筑语言的表达，不过，由于建筑语言的抽象性，其空间意象的会意程度就受到制约。职业介绍所作为一个中介机构，在为雇主提供选择雇员的机会的同时，还要承担管理众多失业者的职能，比方说，让失业者们遵纪守法、爱护公物、保持个人卫生等，在这些方面，建筑语言的作用不怎么直接。于是，就要在建筑中使用能够明确表达管理者意图的文字。管理者们在职业介绍所的墙壁上张贴了一些标语，如"失业者们！保护并爱护公共财物！""为了个人的平缓行进，必须无条件遵从大厅门卫的命令""不允许在阶梯上作不必要的等待"。至于其作用，克拉考尔表示怀疑。这些标语都可划归"公共警告"之列，而根据克拉考尔的分析，在德国，公共警告并无恶意。这意味着，公共警告并没有预设人们会去做所要警告的事。于是并无恶意的人们对这样的警告不必当真。不过，克拉考尔从这些并无恶意的布告中还是体会到一些不合逻辑之处。比方说，贴在冶金工人职业介绍所墙上的保护公物的警告，对纺织女工来说就是不必要的。与锁匠相比，纺织女工的体格要柔弱得多，不可能给等待室里的那些由厚重木料做成的、经得起猛烈撞击的桌椅造成什么伤害。至于在阶梯上等待，那大概是职业介绍所里的失业者太多了，以至厅堂已容纳不下。如果失业者们可以从那里即刻转移出去,就不会出现这样的现象(因为人们一般都理解楼梯间是个交通空间,而不是个适宜于逗留的空间),那么此类装饰了楼梯间的标语就是不必要的。而在就业艰难的时代,职业介绍所里人满为患,那么此类标语事实上形同虚设[20]252,255,257。

3.3 克拉考尔文本中空间、处所、场所等概念及其用法

在《旅馆大堂》《论职业介绍所:一种空间的建构》《等待的人们》《中产阶级的反叛》《施达德尔艺术学院的扩建》《新建筑》等文章中,克拉考尔使用了"空间"(Raum)、"处所"或"场所"(Ort 或 Platz)等术语。克拉考尔作为一个受过建筑学教育的哲学家,在使用"空间"与"场所"这两个术语时,一方面是在一般意义上加以考虑,另一方面也考虑到与建筑相关的意义。

3.3.1 一般空间与具体空间

旅馆大堂与职业介绍所是现代社会的两种典型的空间,克拉考尔通过对其空间特征与人的行为特征之间的关联的分析,从不同的侧面揭示了现代社会的问题。克拉考尔在许多地方都使用了"Raum"一词,通过空间意义的具体化使得文章的主题内容得以深化。在《旅馆大堂》一文中,共有8处用了"空间"这个词。第1处及第2处是在第5段:"因而他们在这个空间中(im Raum)是些来客——这是一个包容他们的空间(im Raum, der sie umfängt……ist),除此之外别无其他功能"[7]178[23]。这个陈述表明了旅馆大堂这个空间的性质:只有包容来客的功能。其实这个性质是由那些无所事事的来客造成的。

第3处、第4处与第5处是在第6段,说的是共同体的生活属于"zwei Räumen",即"两个空间"[17]178[23],克拉考尔在此分别指的是"由法律覆盖的空间"(der vom Gesetz überdachte Raum)以及"超越法律的空间"(das Raum jenseits des Gesetzes)。第4处是在第7段:"正如大堂是并不越出其自身之外的空间(der Raum ist, der nicht über sich hinausweist)一样,与它相关的审美状况也将自身构成为其自身的界限"[7]180[23]。这3处空间都涉及范围与界限的问题,值得思忖的是,旅馆大堂这个空间并不超越自身之外。要理解这一点,可能要与教堂空间做个比较。按照克拉考尔的说法,教堂空间对于聚集其中的信众共同体而言具有重建作用[7]178[23],而旅馆大堂空间对于丧失所有关系的来客而言不会起到任何作用。如果说教堂空间由于信众的活动而产生张力,对于信众活动之前的空间而言是一个超越的话,那么旅馆大堂空间无论在客人来之前还是在客人来之后,都不会有什么变化,也就是说,不会"超越自身之外"。

第5处是在第9段:"在此,在无关系的空间中(im Raum der Beziehungslosigkeit),环境的改变并没有丢开目的性活动,……"。这里所谓"环境的改变"指的是从教堂转到旅馆大堂,尽管旅馆大堂是个"无关系的空间",但人们来此的活动还是有目的性的,如投宿者来此办理入住手续,离店客人办理退房手续,住宿者来此休闲,不过,人们在这里的活动彼此并无交集,仿佛彼此由括号隔离开一样,各自保持自由[7]181[23]。

第6处是在第10段:"在这两种空间里(im beiden Räumen)人们从根本上认为自身都是平等的",英译者在此译为"in both places"[7]183[51],其实无此必要。第7处也在这一段:"……回响在空间中的声音(die den Raum durchwirkende Stimme)对这种平等而言会是一种干扰"。第8处是在第12段:"在此职业从个人分离,而名字也迷失于空间之中(der Name geht unter im Raum),因为只有无名之群才能作为开始点为比率服务"[7]183-184[23]。前两处说的是教堂与旅馆大堂的静谧对这两个空间中的人们的平等性所起的作用。教堂里的信众无论其社会身份如何,在面对上帝之际都是同样的存在,这是可以理解的;而克拉考尔将旅馆大堂里的静谧看作是用来消除差别的,最

终使人们进入一种与虚无相遇的平等中去。也许这只能说是一定的心理感受，事实上，旅馆还是有所分级的，价格的差异已经将来客预先做出划分。至于个体在这两种空间中的匿名性，还是有所不同的。可以参照"3.2.1"一节中的相关分析来理解。无论是平等性还是匿名性，理解教堂与旅馆大堂这两种空间的性质上的差异是很重要的。另一方面，克拉考尔在这8个地方都是在具体的意义上使用"空间"这个词的。这8个"空间"均前置定冠词，但并不是海德格尔所指的"这个空间"，而是指教堂的空间或旅馆大堂的空间，或与其后的定语共同限定"空间"这个词，因而文中所指均为具体的空间。

在《论职业介绍所：一种空间的建构》一文中，共有16处出现"空间"这个词。第1处是在文章标题中："一种空间的建构"（Konstruktion eines Raumes）。在第1段有5处用了"空间"一词："每一个社会阶层都有一个与它相关联的空间（den ihr zugeordneten Raum）（第2处）"；"这个阶层的狭小居住空间（enge Lebensspielraum）（第3处）"；"失业者们的典型空间（Erwerbslosen typische Raum）显得更为慷慨（第4处），但结果还是一个家庭的对立面，而决不是一个生活空间（Lebensraum）（第5处）"。"这个阶层"指的是那些"依附性的卑微存在"，所谓"依附性的"是指必须通过获得一个职位来维持生计的状态的性质，这样的阶层就是工薪阶层。随着经济状况的恶化，就业机会的减少，这个阶层的成员要想维持在这个阶层中而不沦为失业者并非易事。他们还是想要把自己想成是中产阶层，但这个阶层已经沉沦了。他们的居住空间十分狭小，"不适宜居住的斗室"（verwohnbaren Kubikmeter）就是明确的写照。相形之下，为失业者提供的"典型空间"却是慷慨得多——职业介绍所空间宽敞，以容纳众多的等待职位的失业者[20]249。

在第2段有3处用了"空间"一词："就业交易空间（der Raum des Arbeitsnachweises）由现实本身所填充（第6处）"；"每一个典型空间（typische Raum）都由典型的社会关系所产生（第7处），……"；"诸空间意象（die Raumbilder）就是社会之梦（第8处），哪里的任何空间意象的象形文字（Hieroglyphe irgendeines Raumbildes）被解码（第9处），哪里的社会现实基础就会表现自身"[20]250。何谓"典型的空间"？典型的事物体现为一种确定的类型，以鲜明的形式体现出显著的特征，那么典型的空间就有两个要点：确定的类型，以及显著的特征。在克拉考尔看来，职业介绍所就是一种典型的空间。正因为存在雇主与雇员这样的社会关系，职业介绍所才应运而生。

第3段有两处，一是"人们在这个空间（dem Raum）觉察出，它被排除在社会之外（第10处）"，二是"在普遍的情况下，让与他们的空间（der ihnen angewiesene Raum）几乎不可能有什么别的外观（第11处），而只能是个垃圾间"[20]250-251。前一处指的是职业介绍所这个空间，在正常的情形下，职业介绍所应该是一个中转空间，失业者来这里可以找到工作重返工作岗位。这样它才是与社会有关联的空间。而人们觉得它被排除在社会之外，主要是因为聚集在这里的人们失去了工作职位，又难以找到新的工作机会，这就意味着与社会脱节了。后一处用了隐喻，指的是失业者成为被生产程序排泄下来的废料，堆在职业介绍所这个垃圾间里。

第4段有1处："在这些仓储空间（in diesen Speicherräumen）（第12处），人们以耳语的腔调谈论起它（生产程序），也带有宿命论，仿佛它是个灾祸。"这里克拉考尔又将职业介绍所隐喻为"仓储空间"，储存的是失业者这样的"货物"。第5段有1处："在职业介绍所，统治它的概念透过所有的细微之处流露出来，如果有这么一个地方，在那里这些概念畅行无阻，那么它就处在这个权力狭隘地凌驾于失业工人之上的空间之中（in diesem Raum）（第13处）。"在第6段有1处："但这个空间（dieser Raum）实际上并不是一个房间，至多是个通道（第14处）"。职业介绍所的大厅应该是个室内空间，但克拉考尔并不以为它是个房间，可能是因为到这里来的失业工人只是为了寻找工作机会，并没有将这个空间视为最终的目的性空间。他们希望的是，通过这个通道找到合适的工作。在第 7 段,"它(公正)必须平衡数量,时间与空间的量(Zeit-und Raummaße)都要起引导正义的作用(第 15 处)。"这里是唯一一处在一般意义上使用的"空间",不过,"时间与空间的量"这个一般性的概念再次还是有所指的:失业工人在职业介绍所里等待所用的时间以及排队等候所占据的空间位置。克拉考尔可能是讽刺性地使用"公正"这个词的。最后 1 处是在文章的结尾处:"事故的画面也成为来自快乐上层世界的明信片,没有什么比这更能表明这个空间的特征(die Beschaffenheit des Raumes)了"(第 16 处)[20]252-257。克拉考尔提到一幅题为"想想你的母亲"的画,它是在提醒人们注意操作机器时可能发生的危险。此外,职业介绍所的墙上还挂着一些宣传画以及警示性的标语,所有这些都在强化职业介绍所这个典型空间,而事故画面起到最强的作用[20]252,256。在所有这 16 处中,只有第 15 处的"空间"是一般性的,其余皆是具体的,有特指的。

3.3.2 建筑空间

在一些关于建筑的论文中,克拉考尔在建筑学的意义上使用"空间"(Raum)这个术语。在《施达德尔艺术学院的扩建》一文中,克拉考尔提到扩建部分与老建筑平行,中间通过 1 座短的连接体与之联系。他很赞赏扩建部分的"空间布置"(die Raumanordnung),说它"是极其实用的",还提到空间布置的清晰性,其作用在于"可以让短暂的来访者一目了然"。在这里,克拉考尔涉及现代建筑设计的空间布置与流线引导的问题。从主楼梯上至 2 楼,有 7 个很大的绘画展厅,其中 5 个大厅"配备了塔式天窗采光(Laternenlicht)"。这样的天窗和一般的天窗(Oberlichte)不一样,不产生炫光,使得展厅具有"清晰而均匀的采光",另一方面,"这些空间完全排除了夏日的炎热"[24]199-200。

《新建筑》一文是克拉考尔对斯图加特德制联盟展的大型室内展以及密斯·凡·德·罗组织的威森霍夫住宅区的评论,有 6 处使用了"空间"(Raum)这个词。在第 1 自然段,有两个"Räumen",意思都是"房间",大意是说那些自来水供水设备、洗浴设备,以及小型技术设备早先很少放在房间里,在当今的住宅里,这些设备得到恰当的利用[25]。在第 2 段,克拉考尔说,"新住宅必须与人们变化了的空间感(Raumgefühl)相适应"(第 1 处)。所谓"变化了的空间感"应是指现代建筑对空间界限的突破、空间的流动感与渗透感,因此克拉考尔要说"这空间感觉与私人的封闭状态相比又是有敌意的"。然而,克拉考尔又意识到,"那种私人性"仍然很顽强,"在现代的许多地方又以其室内装饰追求一个逝去的纪元"[25]。可见,克拉考尔对新建筑的空间感有十分敏锐的意识,但同时他又意识到这样的开放的空间感与私人性之间的对立。事实上,现代建筑的空间感在公共建筑上是个突破,在居住建筑上则受到一定的制约,主要原因在于,以家庭为单元的私人性乃是居住建筑的本质特征。空间的流动与空间的渗透只能在私人的界域内发生。另一方面,私人的界域也是多重选择的保障,因而在现代居住空间产生的同时,怀旧的室内空间仍然层出不穷。这样的状况表明,建筑师不可能彻底地规定人们的生活空间——在建筑师设计出的"空洞的空间"里,至少在室内空间里,个人可以根据自己的生活需要去充实它们。后来的反现代主义者们攻击现代建筑的实践与主张,是不是夸大了建筑师的作用?

在第 3 自然段,克拉考尔谈到在一座单独的房子里,一个"大起居空间(der grosse Wohnraum)"(第 2 处)将一个餐厅包括在内。然后又提到勒·柯布西耶的一座住宅,在其中卧室、更衣室以及洗浴设施不再与"主要空间(der Hauptraum)"(第 3 处)清晰地隔开。所谓"主要空间"其实就是前面所说的"大起居空间"。这是对新建筑的"变化了的空间感"的例说。在这一段,克拉考尔还提到钢结构等新技术为威森霍夫住宅区新建筑提供了很大的自由,正是由于这些新技术,不连续的室内墙体、空间的多重组合、隔墙灵活分隔等现代建筑的做法才成为可能[7]633。

图 3.7　密斯和莉莉·赖希：斯图加特德制联盟展室内展的玻璃房间

第 5 段描述了平面及模型展，美国及几乎所有欧洲国家都精选了现代建筑的实例参加。这些实例的照片加以放大而成巨幅照片，当然，照片的尺寸要根据空间（Raum）（第 4 处）来确定。这里所说的空间指的是展厅空间。在第 6 段，克拉考尔对这次大型展览的负责人莉莉·赖希（Lily Reich）的工作表示赞赏，说她是这个大型展览的负责人，"组织并分配了诸空间（die Räume）"（第 5 处）。这里所谓"空间"，其实也是展厅这个展示空间[7]634。

第 11 段谈的是潘考克斯教授（Prof. Pankoks）指导符腾堡地区的家具厂家在大礼堂里办的家具展，克拉考尔注意到"它并不以德制联盟的原则为约束"，"制作精良的有皮革软垫的家具""书柜""安乐椅"适合放在"有教养的男士房间"里。克拉考尔认为，在这个展览中留出"这样一个家具空间（ein solcher Requisitenraum）"（第 6 处），对德制联盟而言可能是适合的。一方面，如克拉考尔所言，这样的空间说明德制联盟所认识到的新建筑的必要性并不表明是更令人信服的，另一方面，德制联盟为这样的空间留出一个位置，也说明德制联盟对于超出自身原则之外的事物的宽容[7]637。

第 13 段主要谈论了新住宅与社会系统的适应性关系。克拉考尔承认住宅形式是社会系统的反映，但他并不认同人性会在新住宅中直接解放出来这样的观点。新住宅的简朴形式往往与禁欲主义联系起来，但是禁欲主义并不是出于人们的自觉，而是迫于当时经济状况的压力。在此克拉考尔提到这些新住宅的"空间形式上的革命（eine Revolution gegen Raumgebilde）"（第 7 处），并认为这在我们的时代是个"时代错误"[7]638。拉考尔的判断隐含了人性与禁欲主义之间的对立。他似乎并不认同仅从经济原因来确定新住宅空间形式上的革命的正当性。言外之意是，如果人们在有能力过一种奢侈的生活的时候，去选择简朴的生活方式，那才是具有自觉意义上的革命。20世纪后半叶以来建筑的发展表明，人们是难于有这样的自觉的。在经济状况好转以后，人们转而抨击现代建筑中禁欲主义倾向的种种弊端，诸如抽象、冰冷、僵化、机械、乏味，最终归结于无根性、非历史性、非人性的特征。也许建筑上的种种实践以及理论探讨适应了经济繁荣、技术进步的新的境遇，在这样的情形下，有谁会去认真想想节制的价值呢？

第 14 段是关于在室内展览中"由密斯和赖希所构想的奇特空间（ein merkwürdige von Mies van der Rohe und Lilly Reich erdachte Raum）"（第 8 处）。这是一个玻璃盒子，它的墙体由乳白色玻璃和深色玻璃共同构成（图3.7）。克拉考尔说这个空间中的"每一个装置以及每一个动作都施了魔法"，墙上似乎在上演"影子戏"（Schattenspiel）。这是影像在玻璃墙面上折射、反射所产生的光怪陆离的效果。"非实体性的轮廓"（k8örperlose Silhouetten）在空中飘荡，可能是指多重镜像反射形成的影像幻觉，克拉考尔说它们与玻璃房间的镜像一起"败坏自身"，大概是不成形的意思吧。克拉考尔甚至说这样的状况是"对不明确的幽灵的召唤"，"随着光线的反射像万花筒那样多变"。可见，克拉考尔对这个由于玻璃折射产生的多重影像而显得有些魔幻的空间持批评态度，并由此推断新住宅并不意味着完满性[7]639。

3.3.3　场所，处所，地方

克拉考尔在《旅馆大堂》及《论职业介绍所：一种空间的建构》中，对"Ort"或"Platz"的用法也是很精致的。在《旅馆大堂》的第 2 段，克拉考尔指出审美上的重负可能会将艺术家置于"错误的地方"(falsche Ort)。在《旅馆大堂》一文的第 4 段，克拉考尔指出，教堂预设了一个已经存在的共同体，在教堂里，聚会完成了建立连接(Verknüpfung)的任务。一旦参与聚会的成员放弃(教堂)这个处所(der Ort)建基于其上的关系，教堂就只有装饰的意义了。这是"Ort"一词在本文出现的第 2 处。这里所说的"连接"，应是信众与上帝在精神上的连接，通过礼拜来完成。这一点我在"3.2"节里已作出说明。在这里，克拉考尔表明了某种特定的关系之于相应场所的意义，一旦这样的关系消失，原本与其相应的场所尽管已经建造起来，却也不再成其为原来意义上的场所，而成为一种装饰。至于旅馆大堂，克拉考尔在这一段里没有说它是场所，而是说它作为教堂的反转意象被构想出，是一个"否定的教堂"(negative Kirche)。为什么会这样？克拉考尔在第 5 段说出了原因：散布在旅馆大堂中的人们之间、人们与管理者之间不存在任何关系，处在真空之中，这样的无关系状态正与教堂中存在那种关系的状态相反[7]176-178。

在第 5 段，克拉考尔用"hier und dort"指称教堂与旅馆大堂，英译本译作"in both places"，是可以的，此句意为："在这两个场所中，人们是作为来客出现的"。教堂与旅馆大堂同为场所，但教堂以信众与上帝的关系为基础，旅馆大堂中的人们并无任何关系[7]178[3]51，如此看来，关系只能作为场所类型意义的基础，而并不是确定场所一般意义的根据。无论存在什么样的关系，或根本就没有什么关系，场所之所以形成，乃在于其中发生的人的使用活动。信众在一定的区域聚集起来做礼拜，这个区域就成为礼拜的场所；人们在旅馆大堂里办理入住或退房手续，或是坐在一边埋头读报，于是大堂就成为这样一种接待客人、供客人等候、休闲的场所；至于教室，那是学生学习的场所，公园是市民休闲娱乐的场所，……那么，场所的属性也随人的使用活动的属性而定。第 4 处是在第 6 段："在教堂这个处所(an dem Kirchenorte)，那些个体相遇"，英译本此处译作"at the site of the church"，侧重"场地"之意，似乎不妥。第 5 处也是在第 6 段："共同体的这种向起始点的回归，必须受到处所上(örtlich)和时间上的限制。"英译本将"örtlich"译作"spatial"，可能是为了与"temporal"对应[7]178[3]51。

在《论职业介绍所：一种空间的建构》一文中，有 9 个地方使用了"Ort""Platz"以及与其意相近的词。第 1 处在第一段，克拉考尔提到越来越多的居住区(Siedlung)形成了，那些有依附性的卑微存在仍然乐于把自己与沉沦的中产阶级联系起来，他们把这些居住区当作他们的"典型的处所"(charakteristischer Ort)[20]249。第 2 处、第 3 处以及第 4 处都在第 3 段中。第 2 处说的是职业介绍所的选址比起"一般的工作场所"(normale Arbeitsstätte)来更为不利。第 3 处说的是职业介绍所所处的环境不好，周围到处都是驳船的形象，对于来招工的雇主的高级轿车而言不是个合适的停车场所(geeignete Aufenthalt)。第 4 处说的是与冶金工人职位相关的职业介绍所处在"最为黑暗的区域中的一个地方"(Platz, in den dunkelsten Regionen)，英译者很自然地译为"a place in the darkest regions"[20]250[3]58。克拉考尔在此用词很考究，"Regionen"指的是较大的以一定的方式形成的空间范围，"Platz"可以指其中的空间部分。

在第 4 段，克拉考尔谈起职业介绍所里的警告、布告，它们就是统治职业介绍所的诸般概念，如果有任何对这些概念的支配性毫无异议的地方(irgendwo)(第 5 处)，那它必定是在这个源自凌驾于失业工人之上的狭窄权力范围的空间中。第 6 处也在第 4 段，克拉考尔谈到他得到有关职位的信息，说自然科学的陈述并"不适合于这个场所"(an diesem Platz ……nicht am Platz wäre)，克拉考尔有意在此使用了字形方面的修辞。在第 5 段，克拉考尔讥讽这样的布告就像梦游者那样，在所有参与者都醒着的时候，在"这样一个处所"(an solechem Orte)这样的"布道"取得的煽动性效果却与自身无关(第 7 处)。第 8 处在第 6 段："我不知道有一个地方(Örtlichkeit)，在其中等待的活动是如此失去道德约束"。这要从前文所说失业者们戴着帽子待在职业介绍所里这一点去理解——在室内应脱帽,但克拉考尔认为这个空间并不是一个房间,至多是个通道,因而失业者们这样做并没有什么不妥。第 9 处在最后一段,克拉考尔在这里提到"这里的基本存在",也就是职业介绍所里的基本存在,应是指失业的大众。这个存在"毫无意识地凝视空虚",指的是失业大众对墙上的警告、布告、标语、宣传画视而不见,但这些招贴又维持了"它的场所"(seinen Platz)[20]252-253,256。

通过上述分析可见,克拉考尔对"Ort""Platz""Region"等词的使用是很精致的。"Region"在空间范围上较大,"Ort"与"Platz"的共同之处是作为具有一定目的的空间部分来使用的,人们在其中存在,或者与物一起处于其中。其微妙的差异在于,"Ort"在空间定位方面的含义更强一些,从前面齐美尔对"Ort"的用法以及后面海德格尔对"Ort"的用法可以看出这一点。克拉考尔将新建的居住区称为沉沦的中产阶级的"典型的处所",是因为那些居住区由于地租级差的关系大多建在城市边缘地带或郊区,英译者将之译为"suburbs"也有这方面的考虑[3]57。至于此类词语与"Raum"之间的区别,乃在于所指的那部分空间的具体性上。直观来看,"Raum"漫无边际,就我们的认知能力而言,"Raum"是唯一的。当我们指称各种具体的空间时,其实我们是在想象中从这个唯一的空间分隔出诸多有所限定的空间;而"Ort""Region""Platz"等概念只能是有限的空间部分。"Raum"可以指离开大地的空中的空间,而"Ort""Region""Platz"都是依附于大地的。

3.4 关于现代建筑的批评

列文在《大众装饰》一书的引言中写道,克拉考尔在 1921 年 8 月放弃了不怎么成功的建筑师生涯,加入《法兰克福时报》而成为领薪的作者,为的是作为一个记者追寻他对社会学与哲学的热情。早在 1906 年,克拉考尔就开始为《法兰克福时报》撰写文章了。克拉考尔的第一篇关于建筑的文章题为《关于高层建筑》,于 1921 年 3 月 2 日发表在《法兰克福时报》上。这一年的 8 月,克拉考尔正式成为《法兰克福时报》永久自由撰稿人。在这一年中,克拉考尔还写了《建筑师协会的立场问题》《法兰克福老大桥》《法兰克福新建筑》《德国城市建筑艺术》《建筑学的》《法兰克福殡仪馆设计竞赛》《大法兰克福》《东港》《德制联盟大楼》《咖啡馆工程》《建筑评论》《舒曼大剧院》等 12 篇有关城市与建筑的文章。除了《建筑评论》一文刊登在《新艺术与文学》之外,其余文章都发表在《法兰克福时报》上。1922—1931 年,克拉考尔写了许多有关城市与建筑的文章,其中,1922 年发表的有关建筑的文章包括:《技术之屋》《城市规划的基本概念》《达姆施达德的新剧院》《法兰克福高层建筑》《沃尔夫泽克住宅》《图书馆》;1923 年:《布劳恩·菲尔斯住宅》《建筑师地位的危机》《关于城市景观》《形式的表现力》《法兰克福高层建筑》;1924 年:《法兰克福新剧院》《法兰克福博览会场地扩建》《斯图加特艺术之夏》《德制联盟大会》《罗马艺术博览会》《烧制工人的境界》《国立包豪斯学校特别展》;1925 年:《老城的非存在:一种哲学推理》;1926 年:《"大海关"设计竞赛》《德制联盟》《一个建筑师的家》;1927 年:《德制联盟展:住宅》《新建筑》;1931 年:《德国建筑展开幕式》《德国建筑展:目前的评论》《建筑展巡视》《社会主义城市:恩斯特·梅的演讲》《东部建筑展》《今天的家具》。

从 1921—1931 年这 11 年间,克拉考尔写出以上 40 余篇关于城市与建筑的文章,大多数发表在《法兰克福时报》上。这段时间正是现代建筑运动蓬勃展开的时期。克拉考尔既有建筑学背景,又有记者的敏感,以极大的兴趣关注这个运动,并写出了许多关于现代建筑的评论文章。这些文章是面向公众的,但有着相当的理论深度。当我读这些艰深的文字的时候,一方面感到它们反映了克拉考尔深厚的哲学理论基础以及他的富于辨证性的分析精神,另一方面想到的是,德国的受众具有极强的理解力。令人惋惜的是,这些文章大多没有译成英语,克拉考尔也没有将它们以专题文集的形式出版。写出《建筑理论史》的德国建筑理论家克鲁夫特,注意到同时代的德国哲学家布洛赫关于现代建筑的批评,是最有可能将克拉考尔的建筑理论引介给英美建筑理论界的学者,但他还是没有注意到克拉考尔的这些文论,很有可能是因为,克拉考尔移居美国后以他的电影理论著称于世,他的电影理论家的身份遮蔽了他的早年的建筑学背景与专栏作家的工作。回望20世纪,英美建筑理论界在很长的时间里错失了这些与现代建筑运动同步的反思性的文献,的确是令人遗憾的。

3.4.1 改建与扩建工程:现代与传统的关系问题

在建筑历史的漫长过程中,既存建筑的改建与扩建是长期存在的,其原因多种多样。建筑的改建有时是由于整体用途改变,有时是由于内部局部功能的调整,至于扩建,是在原有建筑的基础上增加新的部分,总之,建筑的改建与扩建是出于生活方面的需要。1922年,克拉考尔在放弃他的职业建筑师生涯,成为专职记者不久,写出《达姆施塔特新剧院》一文。

虽然标题上说的是新剧院,但它是由路德维希五世侯爵(Landgraf Ludwig Ⅴ)于1606年建成的,起初是作为"跑马厅"(Reithaus)为宫廷体育运动会而建。1670年,在部分改建之后,这座建筑用作剧院,也许是德国最古老的剧院建筑。1710年,恩斯特·路德维希侯爵(Landgraf Ernst Ludwig,1667—1739)委托著名的剧场建造家"宫廷首席建筑师"路易·雷米·德拉佛赛(Louis Remy de la Fosse,1659—1726),对剧院加以扩建,以满足增长的需要。不过,克拉考尔对这次扩建评价不高,称之为"三流的剧院"(Drei-Rang-Theater)。1810年,在路德维希十世侯爵(Landgraf Ludwig Ⅹ)主持下进行当时较大规模的改造,并于1810年10月26日以莫扎特的歌剧《提图斯》开幕。1819年,很重要的浪漫派建筑师冯·莫勒尔(von Moller)建了一座新的宫廷剧院后,这座剧院就弃之不用了。1871年这座剧院毁于火灾。1879年重新扩建。最后达姆施达德市拥有它,将它用作战争救济机构。1920年,同情表现主义的导演哈尔通(Gustav Hartung)就任达姆施塔特剧院经理,着手对剧院内部进行改建[26]。可见,这座建筑建成三百多年以来,历经用途改变而改建、扩建,又毁于火,战争期间(应是第一次世界大战)又改用作战争救济机构。不过,这座剧院的故事还没有结束。第二次世界大战期间,剧院被夷为废墟,直到20世纪90年代初,才进行修复,改建为历史馆。自1994年起,老剧院成为黑森州档案馆,黑森城市档案馆以及黑森历史学会的所在地。

《达姆施塔特新剧院》这篇短文几乎通篇都是在谈论这座剧场的建筑历史与室内设计的问题,可以说是篇建筑学专业的论文。而这篇论文又是在《法兰克福时报》上发表的,那么克拉考尔就做了一件十分有意义的事:让公众成为建筑学专业论文的受众。这篇论文主要讨论的是哈尔通就任剧院经理之后进行的剧院内部的改建工作。剧院内部改建工作是在城市建筑官员布克斯鲍姆(Stadtbaurat Buxbaum)的指导下,由舞台建筑师皮拉尔茨(Pilartz)完成的。克拉考尔认为这个改建工作是成功的,一方面是节约了经费,另一方面使得现存空间的魅力有了极大的提高,特别是经皮拉尔茨处理的大厅的色调产生了新的特别的室内效果。克拉考尔在这里提到改造后的剧院,其走廊、楼梯、前厅与回廊、附近的小房间,"给人的感觉是老式的,安逸的,熟悉的,以至让人有安全感";更为重要的是,"各个空间的比例、陈设都依照受传统制约的人们的实际需要的情绪"。这就涉及设计的出发点的问题。其时现代建筑运动已经展开,而这座建筑的改建仍然沿用传统方式,应是考虑到这个地方受传统制约的观众的需要与情绪。但为了节约经费,改建设计必定是做了相应的简化,例如楼梯是"简朴实用的",这又体现出一定的现代精神,因而克拉考尔将这个工程视为"较为少见的更大成就的实现,也是出于现代精神(Geist der Gegenwart)的缘故让老建筑复兴的完美典范"[24]375-376。

1924年5月4日,克拉考尔在法兰克福时报上发表《法兰克福的一座新剧院——德国艺术舞台》一文,报道了位于大伽鲁斯大街(der Großen Gallusstraße)上的波哈格海尔住宅(Haus Behaghel)的水晶宫改造成德国艺术舞台的事。这是一篇很短小的报道,他所关注的一方面是使用上的事,一方面是形式以及空间上的事,体现了他曾经作为建筑师的专业素养。改建工作由建筑师威廉·博赫尔(Wilhelm Böcher)负责。从使用方面来看,从前厅到 1200 座的观众厅,沿途安排了衣帽间、有彩色装饰的冷饮部,是便于使用的。观众厅旁边的休息厅在演出结束后还可改作"红酒餐厅"(Weinrestaurant)使用,类似后来常见的"多功能厅"。从空间效果方面来看,在宽敞走廊的中间设一排柱列,贯穿整个空间,让人有些忘记这原本是"不对称的格局"(unsymmetrische Anlage)。克拉考尔还提到室内"石膏花饰堆砌的华丽"(überladene Pracht der Stukkaturen),天花上的装饰嵌着绿色的玻璃光带,整个室内布置以及光线效果不怎么有艺术性。不过,他觉得"当今公众还是需要有大都市娱乐场所",言外之意,娱乐场所的气氛可能更重要一些[27]。

在《施达德尔艺术学院的扩建》一文中,克拉考尔主要谈了三方面的问题,一是新楼与老楼的衔接方式,二是空间布置,三是画廊的天窗设置。新楼与老楼相平行,两者在中间通过一座短的连接体建筑联系在一起。克拉考尔认为,这样的组合在城市建筑方面是不足的,如果在两侧庭院的终端建造连廊,情况就会好一些[24]199。其实他是从城市沿街建筑界面的连续性出发的。在这座建筑的室内空间处理方面,克拉考尔还是有很高的评价。他认为,关于建筑的"空间布置"(die Raumanordnung),实用性是很重要的,而且应该具有"明晰性"(Übersichtlichkeit),以便来访者能一目了然。从过去悬挂歌德肖像的主楼梯处上楼,就可进入 7 个很大的绘画大厅。这涉及流线组织的明晰性问题。此外,展厅的天窗设置也很有特点,克拉考尔说他几乎不知道有一座德国的画廊能像这样为了绘画效果而有清晰而均匀的采光,他觉得这必定是设计师深思熟虑的成果[24]200。

3.4.2 珀尔茨希的影院建筑:表层的表现

拉姆西·布尔特(Ramsay Burt)认为,克拉考尔从 1916—1922 年间从事过建筑师的工作,对那个时期的建筑必定是熟悉的[28]80。在《消遣的祭礼》一文中,克拉考尔提到 UFA 宫、珀尔茨希设计的卡皮托尔影院、马尔莫豪斯影院、辉煌宫等影院建筑,说这些大众影剧院的特点就是雅致的表层辉煌(elegant surface splendor)[29]。影剧院建筑至为重要的空间是观众厅,"表层辉煌"应是观众厅的内部空间效果。文中提到的建筑师珀尔茨希是德国现代建筑运动的先行者之一,他的影剧院建筑刻意营造一种梦幻之境的感觉,带有很强的表现主义倾向。克拉考尔在这里没有用"装饰"这个词,而用了"表层"这个词,他是对的,因为珀尔茨希的观众厅设计采用大尺度的曲线形态,同时又注重细致而简洁的纹理(图 3.8、图 3.9)。而"surface"有事物外表界面或构成这个表面的物质性覆层之意,在这个意义上,它就不是二维的概念,而是有一定深度的,"表层"可以表达这种既有结构又带表面的意涵。

克拉考尔将这样的作法称为新的"影剧院的建筑学",它超越了传统意义上的装饰概念,其表现力不仅是局部结构性的,而且也是整体结构性的。在他看来,这样的建筑学企图创造一种气氛,并以此来震撼观众,但它绝不像威廉俗气的教堂那样无节制地炫耀。"威廉"应是指威廉二世,是德国的最后一位君主,1866—1918 年在位。这位皇帝有着称霸世界的雄心,在视觉艺术以及建筑艺术上倡导一种与帝国威望相称的风格,在建筑上是新巴洛克风格。其实例为柏林的 750 米长的"胜利大道",道路两边摆了大小雕像近一百座,艺术批评家们嘲弄这样的作法,许多柏林人称之为"玩偶大道"[30]。在这里他是以庸俗的方式来表现强权,至于克拉考尔说他的教堂是俗气的,道理是类似的:以庸俗的方式表现神圣的事物。而对于新影剧院建筑的另辟蹊径,克拉考尔持赞成的态度。他说:"影院的建筑学已经发展成一种避免风格上无节制的形式。趣味已经支配了所有的维度,并且以一种精致的工艺上的想象力产生了高级的室内美化"[3]323。

图 3.8　珀尔茨希:柏林首都电影院　　　　　图 3.9　珀尔茨希:大剧院观众厅

事实上,由于珀尔茨希的影剧院内部空间形式的处理可以归于表现主义之列,既与以往过度装饰的作法不同,也有别于其他新建筑流派的、抽象性作法。克拉考尔由此看出一种新型的建筑空间的表现方式——避免了在风格上无节制的形式,但在空间效果方面有极强的表现力。"风格",在建筑史领域指的是某位建筑师或一定历史时期的建筑师在建筑形式表现方面所特有的方式。某种建筑风格的形成需要一定的原创性,随着不断的重复而成为程式化的东西,甚至不同风格的因素拼凑在一起,而成为折衷主义的建筑。那样的建筑大概就是"风格上无节制的形式"了。由于 20 世纪以前的建筑风格大多含有装饰性的因素,那么"风格上无节制"也就意味着装饰上的无节制。欧洲建筑史上曾经出现过这样的状况,直到 20 世纪现代建筑运动开始,这样的状况才有所改观。克拉考尔意识到建筑风格与装饰之间的联系,在风格上有所节制,是装饰有所节制的前提。"避免风格上无节制的形式",虽然表明对风格乃至装饰的一种谨慎的态度,但这个表述对于装饰而言是比较宽容的,因为它的等值的表述形式是"在风格上有所节制的形式",这意味着并不是要取消风格,也就并不是要取消装饰。在这里我们可以体会到克拉考尔关于装饰的微妙的态度。"所有的维度"意味着体积与空间,这说明珀尔茨希的影院建筑并不是以表面的(二维的)装饰取胜,而是旨在形成三维的空间效果;此外,高级的室内美化是通过基于精致工艺的想象力来达到的,而不是表面上多种风格的堆砌。克拉考尔的这段话十分深刻地揭示了这种类型的现代建筑的实质。

3.4.3　恩斯特·梅自家的住宅

在法兰克福,社会民主党人路德维希·兰德曼(Ludwig Landmann, 1848—1945)于 1924 年当选市长,开始启动一系列住宅及公共建筑工程,即"新法兰克福工程"(Die Siedlungen und Bauten des Neuen Frankfurt),并任命建筑师恩斯特·梅(Ernst May, 1886—1970)负责城市建筑的所有部门,主管这个工程。法兰克福的新法兰克福工程、德绍的包豪斯以及斯图加特的维森霍夫住宅区是这个时期德国现代建筑的具有历史意义的实践。格罗皮乌斯、阿道夫·迈尔、费迪南德·克拉默尔(Ferdinand Kramer, 1898—1985)、布鲁诺·陶特、马尔特·斯坦(Mart Stam, 1899—1986)等著名的建筑师都参与了设计[31]。

新法兰克福工程主要是为了解决住房短缺问题,恩斯特·梅以卫星城的方式在老城区的外围规划了几个居住区,以快速干道与公共交通将它们与老城区连接起来,在规划中贯彻了霍华德的田园城市理念;他还改组了建筑工业,引入标准化设计、建筑构件及部品工业化生产模式,使新法兰克福工程经济、有效、快速地展开。另一方面,梅还将新法兰克福工程在先锋杂志《新法兰克福》

图 3.10　恩斯特·梅住宅　　　　　　　　图 3.11　恩斯特·梅住宅大厅转角窗

上发表,将它的创新理念传播到欧美诸国以及全世界。新法兰克福工程的成功使得国际现代建筑大会(CIAM)于 1929 年在法兰克福召开。梅为法兰克福的普劳海姆住宅区所做的"最小生存空间住宅"(die Wohnung für das Extenzminimum)成为本届大会的主题[32]。

　　恩斯特·梅还在法兰克福的金海姆(Ginnheim)建造了他自己的住宅,这是一座贯彻了现代建筑理念的建筑。克拉考尔在 1926 年 9 月 19 日为《法兰克福时报》写了一篇题为《一个建筑师的家》的短文,他对这座功能紧凑、外观简朴的住宅有较好的评价。一开始,克拉考尔描述了这座住宅所处的环境:这座住宅在一个斜坡上,可以望见宽广的尼达平原,稀疏的林木,以及划分了的农田;它的背面陶努斯山(Taunus)在延绵[33]。克拉考尔还以专业的眼光对这座住宅做了分析,说它由两个建筑体块构成:主体部分从东面向西面延展,而家务性的侧翼在南北方向上展开。这样的构成显示了一种 L 形的结构。事实上,梅做出这样的布局,是出于对住宅所处的场地条件以及他自己对生活空间的安排等方面的考虑。尼达平原在住宅的西面,住宅的主体部分包括贯穿两层的大厅、餐厅、主卧室等,由东向西延展,可以让这些主要的空间都有很好的景观朝向;所谓"家务性的侧翼"包含了车库、佣人房、楼梯间、卫生间等,在主体部分的东侧由北向南展开,相对于景观朝向而言是退隐的。那个通高的大厅在外观上对应了两层高的转角玻璃窗(图 3.10、图 3.11)。克拉考尔也意识到梅在外墙上扩大玻璃面的意图,即:"为了将平原和陶努斯山收入住宅的视野内",而且觉得恩斯特·梅做得还不够,"如果大玻璃窗再往下降一些,风景就尽收眼底"[7]466。克拉考尔的感觉是对的,从这个大厅的照片来看,面对这样好的景色,如果做成落地玻璃窗就更好了。

　　克拉考尔对这座住宅的内部空间也有较为深入地分析:这座住宅有一个贯穿两层的大厅空间,底层的 3 个起居空间(Wohnraum)围着它布置,并通过宽阔的推拉门与它连接(图 3.12,从平面图来看,应是两个房间直接对大厅开门。一个是大厅东侧的房间,它通往车库,更像是个过厅;大厅北侧有两个房间,一个是餐厅,另一个房间是厨房,餐厅对大厅开门,而厨房则对餐厅开门)。如果把门打开,这个空间就成了"空间结晶"(Raumkristall)。这是个核心空间,从这里有一个楼梯通向二楼的一个回廊,通过这个回廊可以进入主人卧室、女儿房间以及露台。人们还可以在主体建筑的平屋顶上活动。阳光和空气直接到达至为偏僻的角落[7]467。"在……平屋顶上活动""阳光""空气",这 3 个要点都是新建筑的特征。平屋顶以钢筋混凝土技术为条件,一方面可作为平台供人活动,另一方面还可做成屋顶花园。这两点往往是先锋建筑师们为平屋顶提出的必要根据。至于阳光和空气,勒·柯布西耶已在走向新建筑一书中做出阐明。

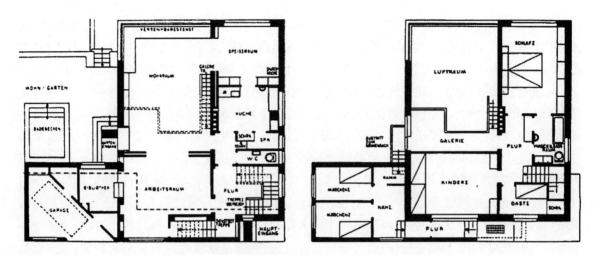

图 3.12　恩斯特梅·住宅平面(左,一层平面;右二层平面)

　　恩斯特·梅在厨房的设置上是很有创意的,通过递菜窗的轨道,调味品可以在厨房用桌与餐具柜之间往返。克拉考尔由此而将这个厨房称为"一个机械化的艺术小展室"(ein mechanisches Kunstkabinett)。他对现代技术的关注,一方面是考虑到技术为生活带来的便利,另一方面也考虑到现代技术在建筑以及物品的形式上所带来的变化。他特别提到家具的制作(die Tektonik der Möbel)与房屋的建构(die Tektonik des Hauses)相协调。在这里他使用了"die Tektonik"一词,相当于英语的"tectonics",其形容词形式为"tectonic",根据《韦伯斯特第三版新英语国际大词典》,这个词源自晚期拉丁文的"tectonicus",由希腊语的"tektonikos"转来,词干"tekton"意为建筑工匠、木匠,后缀"ikos"侧重技术的含义,"tektonikos"意为"与熟练于建造的建筑工匠或木匠有关的"。在德语中,"die Tektonik"有 3 层含义,一是地理学上指"地壳构造与运动的原理",二是在艺术史学上指"艺术作品的内在结构的原理",三是在建筑学上指"一些单个构件和谐构成一个整体的原理"。现代英语的"tectonics"具有建筑学与地理学两方面的意涵,在建筑学上意为"建造(如房屋建造)的科学与艺术,既与使用有关,也与艺术设计有关"。在此意义上,"tectonics"与"archi-tectonics"同义。相形之下,英语词典更倾向于在学科的意义上解释"tectonics",而德语的解释更侧重原理性的意义,就构成的原理而言,反倒可以触类旁通。克拉考尔将"die Tektonik"用在家具上,可以说对此词义的把握是十分准确的[34][19]2348。至 20 世纪 60 年代,爱德华·塞克勒(Eduard Sekler)通过对"tectonics""structure""construction"等词的比较,明确了"tectonics"一词的表现性意涵[35]102。而早在 20 世纪 20 年代,克拉考尔就不止于在建造或构造的意义上使用"die Tekton-ik"。首先,克拉考尔将这个词与家具制作联系起来,应是考虑到这个词的词源学意义。那么家具的制作与建筑的建构相协调意味着什么?克拉考尔在这里提到了"姿态":"灯具和椅子显示一种有棱角的姿态(ein kräftiges Benehmen),果断而又不失亲切"。这与他在文章开始对这座住宅的陈述相呼应:"这座住宅出自一种果断的建筑观念(jener entschlossenen Baugesinnung)"。这种果断的建筑观念最终反映在建筑的室内与建筑的外部形式的处理上。两者的"造型都是通过平面和立体形成的",这是典型的现代建筑的做法,果断的形式感由此而生。而灯具与家具显示出一种"有棱角的姿态",其实也与现代建筑的形式感相通。他甚至注意到家庭用品的适合性问题,他认为用玻璃做铁制桌子的台面是合适的,而桌布就不适合再铺在上面[7]466-467。他的感觉是对的。人们习惯于将桌布盖在木桌上,一方面是由于在日常生活中木材易于受到损伤,桌布可以起到一定地保护作用,同时也可以遮盖已受到损伤的桌面;另一方面可以利用不同类型的桌布起到美化的作用。而足够厚的玻璃台面置于铁制成的支架上,是现代技术条件下形成的桌子,具有轻质、高强、透明的特征,一般的日常生活中的碰撞或擦刮不会造成什么损伤,桌布对于玻璃台面而言是不必要的。另一方面桌布将玻璃台面的透明性遮盖,也不符合现代性对事物如其所是的要求。

前面已经提到,意识到建筑作为一种姿态的表现性的现代哲学家中,还有维特根斯坦,不过他是在 1942 年提出的。而克拉考尔在 1926 年就已提出了建筑观念、建构、姿态等概念,意识到这些概念的表现性,并将其扩展至室内家具与陈设的范围,甚至将建筑的色彩也视作表现的手段,从而在梅的住宅上体会到一种从整体到局部贯彻始终的现代性的感觉。在文章的结束部分,克拉考尔称赞这座住宅"是为厌恶黑暗的人量身定制的家","他们热爱运动,并且自觉地关心这个时代"[7]467。通过这样的溢美之词,克拉考尔想要传达什么信息呢? 两层通高的大厅有两层高的玻璃窗,在面向优美景色的同时,也可让阳光照亮大厅;与古典建筑的对称格局相比,这座住宅的体量与空间的非对称组织具有一定的动态特征。可以说,克拉考尔对明亮与动态的赞赏,其实就是对现代建筑的赞赏。

克拉考尔还将梅自家住宅的做法视作一种构成主义(Konstruktivismus)。构成主义是发端于 20 世纪 20 年代俄国的艺术与建筑的运动,其特点是以现代工业技术与社会需要为前提,将立体主义的手法与完全抽象的、无目的性的相似要素的"构成"结合起来。事实上,那个时代的新建筑流派(如荷兰风格派以及包豪斯)在这一点上都是相通的。虽然克拉考尔指出,梅的住宅的构成主义可能只是达到完善的形式创造的途径,但他并没有以此为结论,他的意思是既使如此,也没必要一开始就明确说出这一点,他的结论是"构成主义同样是必要的"[7]466。约安·奥克曼在《装饰与纪念碑之间:齐格弗里德·克拉考尔与大众装饰的建筑意蕴》(2003)一文中谈到克拉考尔对梅的住宅的评价,并没有注意到克拉考尔的这个结论性的意见[6]79。事实上,构成主义的简明性与人们的节俭生活相适应,克拉考尔对此还是持肯定态度的。相形之下,从早先欧洲借来的富丽堂皇的东西就显得流于表面了。不过,克拉考尔在这里并没有说明"节俭生活"的原因,到了写《新建筑》一文的时候,他意识到另外一个问题,那就是所谓"节俭生活"是由于战后经济困难而被迫去过的,他对新建筑的禁欲主义做法的看法有所转变[7]638。

3.4.4　空间形式的客观性与装饰

德语"Sachlichkeit"是"sachlich"的名词形式,有客观性、现实性之意。根据《杜登德语在线词典》的解释,"sachlich"有 3 层含义:① 只由事物本身来定,而不由感觉或偏见来定;客观的;② 以事实为根据的;③ 没有装饰的[36]。在德国现代艺术活动以及现代艺术评论中,"Sachlichkeit"是一个关键词,克拉考尔在关于现代建筑、家具、用品等实用艺术的评论中,也常用到这个词。由于这个词具有"客观性""以事实为根据""无装饰"的意涵,用它来指称现代实用艺术的特征是较为适合的。克拉考尔在一篇评论恩斯特·梅和弗里茨·维歇尔特(Fritz Wichert,1878—1951)主编的《新法兰克福》杂志的文章中,称赞恩斯特·梅在他的建筑里成功实现的精神,即:"无装饰的客观性精神(ein Geist der schmucklosen Sachlichkeit),并认为这样的精神也贯彻在这本杂志中[37]。

克拉考尔对恩斯特·梅的赞赏超过其他的现代建筑师,"无装饰的客观性精神"在这里有着完全正面的意涵。而在其他的文章中,克拉考尔对客观性的信念似乎没有如此强烈。1926 年,克拉考尔在《德制联盟:莱茵-鲁尔区大会》一文中谈到,在过去几年里德制联盟内部的讨论主要是针对手工业与工业之间的关系,诸如"如何达成科学的、正确的形式观念""以每个作品的品质准确而又令人信服地表达真实的感觉"之类的问题,人们已经充分发表了看法,达成了共识:"让艺术作品有所突破","让客观性成为新的信条"[38]。在这里,克拉考尔是以一种中间的立场看待"客观性"这个概念的。

不过，在两年前，克拉考尔在《斯图加特艺术之夏》一文的第二小节"德制联盟展：形式"中，在承认对用于房屋的工业艺术品（曲颈瓶和装饰品）存在着客观的需要（Objektive Erfordernisse）的同时，还指出情感（Seele）也会注入其中。人们对事物的客观需要一般是指人们对事物的用途有所要求，所谓产品的"客观性"应是就此而言的。如果以"客观性"作为某一类用途的产品形式的唯一根据，那么这一类产品就只会有一种形式。事实上这样的状况并没有出现。某一类产品形式的多样性表明，设计者对产品的客观性的理解本就有所不同，如果再注

图 3.13　密斯·巴塞罗那椅

入各自的情感，那么产品的最终形式必定是有所差异的。在这里，克拉考尔还意识到材料对于家具、布艺、花瓶、罐子等家庭用品的重要性。产品的客观性除去其用途之外，还包含其制作材料的属性，比方说一把木制的椅子与一把钢制的椅子，由于所用材料的特性的不同，做法上有所区别，钢椅与木椅最终在形式上是不同的。所以克拉考尔要说，家庭用品的"形式有着不同的根据"。而为什么他又对找到用品形式的"正确的根据"存有疑虑[39]？在这里他没有做出说明。7 年后，也就是 1931 年，克拉考尔就柏林的德国建筑展写了 3 篇文章。在第 3 篇《建筑展巡游》一文中，克拉考尔谈了他对钢椅的看法。密斯在这届建筑展中，在一座巨大的仓库中展出了"我们时代的住宅"，其中有他自己设计的钢椅，包括著名的 X 椅，即 1929 年为巴塞罗那国际博览会德国馆设计的巴塞罗那椅（图 3.13）。

近一个月前，克拉考尔已经看过这个展览，在《德国建筑展》一文中称赞密斯的"我们时代的住宅"本身就是符合时代精神的建筑观念的实例，并认为这个实例并不是自命不凡的，而是优雅的[40]。但这次，克拉考尔对钢椅提出了批评。展厅里到处都是钢椅，给他的印象是，木器时代最终结束了，但他还是很怀念过去的椅子，显然那指的是木制椅子。他觉得钢椅的骨架虚弱不堪，也许它满足了静力学原理，然而它的振颤让他感到不可靠，而且它的单薄与身体部分的壮硕不相称。克拉考尔说，这样的椅子"仿佛不是给人本身用的，而是给人的 X 线影像用的"[41]。钢椅的轻巧与木椅的厚重本是材料特性使然，如果它们都达到足以支撑人的体重的强度，那么从使用方面来看都不成问题。然而克拉考尔的批评表明，仅从产品的用途与材料的客观性出发来确定产品形式的根据是不够的。人对产品会产生视觉经验，由视觉经验引发的心理感受也应该予以考虑。如此看来，克拉考尔在 7 年前对产品形式的客观性根据有所疑虑，并断言"情感也会注入其中"，确实有先见之明。至此，他当时对"回归纯粹的客观性是对生活的拯救"这个观点提出质疑[39]，也就是可以理解的。

克拉考尔对客观性这一概念有认同，也有疑虑。至于"新客观性"（die Neue Sachlichkeit）这个概念，克拉考尔并不以为然，甚至称之为"陈词滥调"（Schlagwort）。这个词原本是由曼海姆美术馆馆长古斯塔夫·弗里德里希·哈特劳布（Gustav Friedrich Hartlaub, 1853—1963）于 1923年提出的。1925—1927 年间，他组织了一些以"后表现主义"（Nachexpressionismus）的精神进行创作的艺术家作品在德国主要城市进行巡回展，并以"新客观性"为作品展的名称。哈特劳布原初的用意是号召艺术家们不要沉迷于自我情感或浪漫的幻想，而是回归所描绘的客体本身。这一系

列巡回展影响很大,"新客观性"很快就成为魏玛共和国的公共领域的口号,其含义也超越哈特劳布原初的理解,扩展至文学、建筑等领域。在《一个建筑师的家》一文中,克拉考尔对恩斯特·梅住宅所体现的"果断的建筑观念"(entschlossene Baugesinnung)持肯定的态度,但并不认同为了这种观念造出"新客观性"这样的陈词滥调。克拉考尔对"新客观性"这个概念持谨慎的态度,一方面是因为他赞赏表现主义的艺术与建筑,这一点已在前面一节中有所分析;另一方面是因为他并不以为客观性可以有新旧之分。在他看来,恩斯特·梅在这作品中的意图就是要客观,为了实现这个意图,就必须放弃装饰(即"Schmuck",因为那是满足过去的社交活动所需要的东西),并创造出单纯的平面、空间、体量[7]466。其实这也正是现代建筑中不同于表现主义建筑的另一条路径:几何抽象性。在这里,克拉考尔似接受了这样的抽象性,并将其与客观性等同起来。如果说客观性就意味着非浪漫地接受现代生活的实际,那么这样的客观性在审美上也是必要的。

3.4.5　关于建筑及家庭用品的色彩

自然的世界是五彩缤纷的。建筑、家庭用品乃至所有人工产品都有着千变万化的色彩。建筑的色彩由所用材料的色彩组合而成。建筑材料一般包括两大类,一类是自然的材料,一类是人工合成的材料。就材料色彩而言,一类是材料本身就有的色彩,另一类是在材料表面人为覆盖颜料而具有的色彩。家庭用品乃至所有人工产品的色彩的分类也大致如此。色彩分为冷色系、暖色系以及中性色系。在物质环境中,不同性质色系的色彩与色彩的明度相结合,可以给人丰富的心理感受。由此色彩在建筑环境上的运用也就具有表现性。克拉考尔注意到这一点,在《达姆施达德一座新剧院》一文中对这座剧院的改建中色彩的运用进行了深入地分析。

在这篇论文中,克拉考尔特别称赞了剧院室内的色彩处理。剧院内部不同的空间采用不同的色调,例如前厅的主基调是华丽的金黄色,走廊和楼梯大部分是深红色,通过门的绿色而有些间隔,可作为排练舞台使用的大厅的主基调是绿色,号称"绿色大厅",剧场经理的办公室叫"蓝屋",主基调想必是蓝色了。色彩的丰富变换形成多样的室内效果,有的空间"富丽堂皇地闪闪发光",有的空间"散发出高雅而庄重的气息",有的空间"将自身烘托得十分温暖,产生欢乐之情",而更重要的是,这些空间的色调是根据空间的预定目的加以处理的,反过来说,"每一个空间都通过色彩获得它的特点"[24]376。在这里,克拉考尔注意到一种关于室内色彩运用的功能主义倾向。从他前面的介绍可以看出,这座剧院的室内改建是以传统的方式进行的,而没有采用现代建筑的方式。事实上,在实用艺术领域,艺术处理要结合使用目的来考虑,自来就是一项基本原则。早在古典时代,维特鲁威就谈到建筑柱式类型的"得体"的问题,那其实也是对形式与功能关系的认识的深化[13]26。也许传统功能主义与现代功能主义的差异只是体现在形式与功能关系的密切程度上。克拉考尔还注意到,皮拉尔茨通过色彩变幻的色阶以及细部处理,在观众厅形成惊人的效果:"墙面与木装修沉浸于群青与变化多端的绿色调中,它们的流动使得暗褐色的座椅变得柔和,以此就像舞台帷幕的无光绿色变成一种特别的波动状态,在它的朦胧中,柱头、墙裙嵌板装饰、缘饰以及包厢冠饰的金色不时地闪耀着,给人以希望"[24]376。

另一方面,克拉考尔还注意到表现主义建筑师布鲁诺·陶特对彩色建筑的号召。陶特也是个画家,对色彩的感觉很强,在他的建筑实践中也善于运用色彩,如柏林花园城法尔肯伯格住宅区(Gartenstadt Falkenberg housing estate,1912)以"颜料盒住宅区"(Paint Box Estates)而著称。特别是在1927年举行的斯图加特维森霍夫住宅展上,密斯、格罗皮乌斯以及勒·柯布西耶等人的作品都是纯白色的,而陶特的作品大胆使用了原色,以至勒·柯布西耶说他是盲目用色[42]。在现代建筑运动中,建筑的外部与内部都大胆地使用白色粉刷,或以白色粉刷为主,是形式的抽象化倾

图 3.14　安妮·阿尔贝斯编织　　　　　　　图 3.15　贡塔·施托尔茨尔编织
作品:壁挂(1924)　　　　　　　　　作品:红绿狭缝挂毯(1927)

向在建筑上的反映。克拉考尔似乎并没有注意到这一点,而是关注色彩对于建筑的视觉效果所起的作用,并对建筑中多种色彩的运用这一迹象表示赞赏。

　　在《新建筑》一文中,克拉考尔谈论了斯图加特德制联盟展的大型室内展。其中提到室内设计师莉莉·赖希。赖希当时已经与密斯合作。她作为这个大型展览的负责人,组织并分配了展示空间。她在两层通高的展厅里用浅色织物与深色织物围合出一系列像密斯设计那样的室内空间,其中布置了她和密斯合作设计的钢制桌子与椅子。克拉考尔注意到织物形成的"浅色的背景",与原有建筑的华丽动人的栏杆、屋顶结构共同构成一种展示空间。浅色织物的背景使得钢骨架与黑色皮革、深色玻璃的家具显得很突出,也很美[7]634-635。《新建筑》一文还提到室内展中密斯与赖希合作的一个"奇特空间","它的墙体由乳白色玻璃和深色玻璃共同构成"。不过,在这里克拉考尔对玻璃的色彩运用未作评价,而是对玻璃的反射作用使得这个空间光怪陆离不以为然[7]638-639。

　　1924 年,法兰克福的钦格勒小展室(Zinglers Kabinett)展出了魏玛包豪斯新近的产品。克拉考尔看后,于同年 11 月 18 日在法兰克福时报上发表一篇短文《国立包豪斯学校特别展》。在文中,克拉考尔对陶器的色彩运用持赞赏的态度,说那些漂亮的花瓶、各种风格的壶、全套餐具,盒子以及杯子"通过有活力的色彩的流动而有了匀称的效果"。还有包豪斯师生制作的儿童玩具,"它们是五彩缤纷的,也是几何形的,并且让孩子们的幻想有最大的空间"。克拉考尔还提到织物"给人的感觉很迷人",说它们的"纹样如此精致,就像色调表一样"[43]。其时包豪斯纺织作坊已有一些女生通过自学掌握了工业化纺织与印染技术,并通过伊顿、保罗克利以及瓦西里康定斯基的形式课程的训练,发展出织物的富于现代感的色彩与形式语汇[44]。她们中间有贡塔·施托尔茨尔(Gunta Stölzl, 1897—1983)、安妮·阿尔贝斯,她们日后都成为卓越的纺织艺术家。而她们学生时代的作业已经是具有原创性的作品了(图 3.14、图 3.15)。

　　克拉考尔在 1924 年所看到的包豪斯的织物作品就是学生作品,因为施托尔茨尔是在 1925 年才成为德绍包豪斯纺织作坊的负责人[45]，安妮在 1930 年才从包豪斯毕业并留在纺织作坊工作[46]366-367。那些学生作品的丰富的色彩与抽象的形式给克拉考尔留下深刻的印象。

3.4.6 关于建筑的审美分析

从 1921 年开始，克拉考尔为《法兰克福时报》撰写有关建筑的报道与评论，这些文论在不同程度上反映了他关于建筑的美学观念。这个时期正值现代建筑运动迅速发展，有着建筑学背景的克拉考尔敏感地注意到新建筑在材料上以及形式上的种种变化，对新建筑的形式做出十分精致的审美分析。总的来说，克拉考尔对现代建筑艺术中的表现主义、构成主义持肯定的态度，也在一定程度上接受建筑形式的客观性根据，只是对极端的去除装饰的做法以及由此而来的纯粹形式有些疑虑。

在《法兰克福新建筑》一文中，克拉考尔报道了海因纳大道上的费斯特香槟酒窖(Feist-Sekt-kellerei am Hainerweg)扩建工程。他认为这座建筑是具有艺术价值的。新建部分通过一个横向的建筑体块与老的建筑群连接。它的正面墙上在二层分布了一排细长的柱子，支撑着平缓的坡屋顶。整个建筑是用钢筋混凝土建成的，因此承重柱可以很细。这一点与古典建筑的壮硕石柱有很大的不同。不过克拉考尔觉得钢筋混凝土柱是"非同寻常的纤细"的，却仍有着"精心考虑的比例"，还有它的白色与暗淡的底层矿渣混凝土墙形成对比，这些处理"赋予立面一种优雅"，有着十分出色的表现性。他也注意到新建部份的细节，说它的"装饰很有节制，是恰当的"，"所有的细节像手工制作那样完善"。最后他指出这座建筑特别有创造力的是用钢筋混凝土制成的门框，表明一种原创性以及完全适合于材料性能的处理[47]。值得注意的是，纤细的钢筋混凝土柱仍然有着精心考虑的比例，其实意味着确立了全新的比例关系，而克拉考尔也欣然接受了。

法兰克福技术馆建于 1922 年，是一座钢结构建筑，由古斯塔夫堡工厂设计并建造，立面部分的设计委托给建筑师。为此还在前一年举办了一个定向的设计竞赛，评委会由彼得·贝伦斯主持，法兰克福建筑师克里斯托弗·路德维希·贝尔诺利(Christoph Ludwig Bernoully, 1873—1928)的设计获胜。在工程实施期间，克拉考尔写了《技术馆》一文，应该是根据设计图写出的评论。根据他的描述，这座展馆的一期工程是主体大厅，有 170 米长，48 米宽，在那个时代可说是很庞大了。展馆在长边的方向沿街布置，长边即成为正面。桁架沿垂直于长边的方向布置，其中间部分像山墙一样轻微隆起。这样的做法有利于大跨度屋面的排水，在短边的方向会出现山墙的形态。不过，克拉考尔认为"正面单纯水平的部分也许在审美上更为有效"。在桁架中间部分隆起不高的情况下，从长边的方向看去显得是平屋顶的样子。平屋顶是现代建筑有别于传统坡屋顶建筑的鲜明特征之一，也是使得建筑形体呈现立方体的关键因素。勒·柯布西耶在"新建筑五要点"中以屋顶花园作为平屋顶的合理根据，并未涉及平屋顶本身的审美问题[48]99-100。在很长时期内，建筑师们采用平屋顶的形式，并不一定是从屋顶空间利用方面出发，往往是单纯将平屋顶作为现代建筑的标志。而克拉考尔直接在审美方面肯定平屋顶的作用，也可说是一个理由吧。在立面处理上，克拉考尔提到贝尔诺里的设计"预定用柱子将立面加以划分"，"其间隔与内部的结构间隔相对应"，的确，钢结构建筑比较易于达成这种空间形式在室内与室外的对应性。克拉考尔还提到"通过建筑艺术的方式"(dadurch architektonisch)，在他看来，"外形的美化"(figürliche Schmuck)就是建筑艺术，通过美化处理，建筑的中间部分就被特别强调出来。此文最后一句是，"此外博览会主办方还想做的是，使这座宏伟新建筑的庄严立面成为可能"，这向我们传递这样一个信息，即业主的意向往往成为建筑师创作的根据，事实上也规定了建筑师设计的方向[49]。

钢筋混凝土技术的成熟促进了高层建筑的产生。高层建筑以其超乎寻常的高度突破了传统建筑的体量，在形式的处理上也形成了新的模式。克拉考尔分别于1922年和1923年写了关于法兰克福的一座高层建筑的评论，这座建筑是法拉克福的弗里茨·弗格尔公司(Firma Fritz Vogel & Co.)开发的建筑群中的一座塔楼，由法兰克福建筑师弗里茨·弗根伯格(Fritz Voggenberger，1884—1924)设计并承建。这座塔楼有15层，高达60米，在当时的法兰克福可谓标志性的建筑。这座建筑在建造之初曾引发邻里的争议，后来业主方在总体布局上做出调整才与邻里达成和解。克拉考尔对这座建筑给予很大的关注，并将它与美国的"摩天大楼"联系起来，可能是由于他意识到高层建筑将成为大都市建筑未来的趋向。在1922年的《法兰克福高层建筑》一文中，克拉考尔较为全面地介绍了这座建筑与场地、邻里街区的关系、建筑的功能布局、建筑中的交通流线、建筑的防火等问题，堪称一篇建筑学专业的论文。

在这篇文章中，克拉考尔认为这座高层建筑在节日大厅前的空旷广场上的布置有着"实际与审美两方面的根据"(aus praktischen und ästhetischen Gründen)，他还从城市建筑审美的立场(ästhetisch-städtebaulich Standpunkt)出发，认为这座建筑在高度上的支配地位表明在这个位置上是适合的，在此升起的塔楼从很远望去就是霍恩佐勒恩大街(Hohenzollernallee)上的焦点，也是莫尔特克大街(Moltkeallee)和俾斯麦大街(Bismarckallee)的制高点[50]。不过，有关这座高层建筑的"建筑艺术"(Architektur)的讨论主要是在最后一段完成的。这里所谓"建筑艺术"，还是指建筑形式处理方面的问题。他首先注意到高层建筑的"巨大正面"(die ungeheuren Fronten)，那是以"巨大的体量"(große Masse)在起作用。高层建筑的形式处理在很大程度上就是通过一些方法化解其巨大的体量感，如"竖向条带"(Vertikalgliederung)的设置、"分节"(ins Kleinliche verfall-end)，可以让各个建筑部分显露出来。前者指的是通过壁柱之类的竖向构件在立面上形成竖线条，后者应是指楼层、窗户、窗下墙形成的水平向划分。克拉考尔还说，窗户装置在墙面上，可以形成"装饰带"(ornamentales Band)，作为一长条中的一段而"表现出来"。窗户能够成为"装饰带"并具有"表现性"，应是由于其玻璃面的透明或反光的效果，这样的表现性与传统建筑中厚重的墙体与壮硕的石柱的表现性截然不同。克拉考尔必定意识到新建筑的轻的表现性，甚至在对作为承载层的底层做形式分析时，指出它的钢筋混凝土线脚在端部不是向内收分，象征了体量向空间的弱化。这可能是指线脚上部向外悬出，这种前倾的形态与传统建筑从基座向上收进的做法所产生的稳定感不同，而克拉考尔认为这样的处理"更富于表现力"(reicher ausgebildet)，表明他对新建筑的形式还是持赞赏态度的。更为有意义的是，他认为高层建筑的阶梯状形态显得特别有益，体量由此而有了动感[24]405。由上述分析可见，克拉考尔对于建筑的审美判断是基于专业知识的基础之上的，体现了很强的分析特征。

这样的关于建筑的审美分析还是针对作为物的对象展开的。而在《旅馆大堂》一文中，克拉考尔通过对旅馆大堂中客人的心理状态的分析，涉及审美活动的主观性。一方面，克拉考尔从旅馆大堂中个人的漠然状态联想到康德所说的无利害性的审美心意状态。在侦探小说中，旅馆大堂往往作为一个场景，散布其中的人们毫无关联，宛如处在真空之中[17]179，这样的个体就是"被清空的个体"(entleert Individuum)。事实上，这些个体是侦探故事线索中的角色与局外人的混杂，只有那些真正的局外人才可称得上是"被清空的个体"。克拉考尔将这样的个体称为"理性建构出的复合体"(rational konstruierte Komplexe)，可以和康德所说的"先验的主体"(Transzenentalsubjekt)相比拟。这样的个体对自我、对事物都同样漠不关心，似可发展为康德所说的无利害性的心意状态。康德在《判断力批判》中，将不带任何利害性的愉悦或不愉悦作为审美判断的第一个契机，并以此将美的概念与快适、善的概念区分开，这是就审美主体而言

图 3.16　维也纳梅尔克本笃会修道院外观　　　　图 3.17　维也纳梅尔克本笃会修道院室内

的[51]40-47。克拉考尔将这样的审美无利害性的状态称为"审美的隔离"（Isolierung des Ästhetische）。关于审美对象，康德以审美判断的第三个契机即合目的性的概念加以规定，指的是对象的无实际目的的主观合目的性，与对象的完善性区分开[51]58,59,64,65。其实，康德作出这样的规定，只是为了将事物美的方面与其他方面区分开，同时也表明审美活动需要有独立的视角，不能受事物内容或实际方面的羁绊。克拉考尔将这样的状态称为"内容的缺失"（Inhaltslosigkeit）。克拉考尔指出，懒散地坐在旅馆大堂里的个人沉浸于对一个自我创生的世界（der sich selbst erzeugenden Welt）的冥想中，无利害性地得到满足。而这个世界的合目的性（Zweckmäsigkeit）与一个目的的任何表现都没有关系。克拉考尔认为这样的状态对康德关于美的定义而言是个例证[17]179。他将侦探小说中旅馆大堂里的人们与康德所说的审美主体联系起来，从审美活动中体会到一种断裂，其实那是现代性在审美活动中的反映。

　　另一方面，克拉考尔还讨论了审美的另一个范畴——崇高（Erhabenheit）。我们知道，康德在《判断力批判》第一部分第二卷"崇高的分析类""对审美的反思判断力的说明的总注释"一节中，提出了崇高的定义：崇高就是直接通过对感官利害的抵抗而令人愉悦的事物。在这一节中，他还提出了对自然的崇高的情感与道德感的连接[8]107-108。这样，崇高的概念就不像美的概念那样只与纯粹的形式有关，由此克拉考尔看到伦理方面的力量。他认为，正因为康德在崇高的定义中考虑了伦理的因素，通过崇高的审美可以将破碎整体的碎片重新组织起来。然而，在旅馆大堂里，美感丧失所有的崇高品质，没有任何向上努力的意向，而且"无目的的合目的性"也耗尽了其内容。如果说纯粹审美的无利害性的心意状态导致一系列断裂、与旅馆大堂的活动相对应的话，那么崇高特征就应在教堂里体现出来。克拉考尔认为，在教堂里美利用了一种重新表明自身意义的语言，不过，其作用似有所差异，靠背长凳上的装饰有着启示的意义，而那些崇拜上帝的合唱却弥漫着感官上的愉悦，显得漫无目标。在这里，克拉考尔涉及到教堂这样的特定空间中审美的适宜性问题。[17]179-180。

　　克拉考尔从康德关于纯粹的形式之美中意识到一些负面的意涵。他觉得纯粹形式的美学为自身设置了界限，由于自身界限的限制而走到尽头。这样的美学"把自己连根拔起"，将"上层的领域"（即精神性的领域）弄模糊，表明自身就是空洞的。基于这样的思考，克拉考尔断言纯粹的形式之美出现在无意义形式的和谐（nichtssagende formale Harmonie）之上。这就是"美在形式"这样

图 3.18　圣加尔大修道院教堂图书馆室内　　　　图 3.19　克拉考尔:法兰克福一座办公楼设计方案

的主张的症结所在。于是他有了一个大胆的设想:如果人们能够使自己超越形式之外,那么就会有一种成熟的美。他称之为"完善之美"(ein erfülltes Schönes)[17]180。我们知道,在西方美学史上,关于美的概念的讨论长期以来是围绕着审美对象的形式问题展开的,美学理论存在较强的形式主义倾向。克拉考尔注意到崇高概念中伦理因素的作用,并强调它对只涉及形式因素的美的概念的优越性及其对碎片的重构作用,可以视为一种先声。20世纪后期美学理论界对崇高美学有了新兴趣,并影响了建筑理论,凯特·奈斯比特将崇高美学视作20世纪后期建筑理论的范式之一,并指出对崇高美学进行重新考虑,可以重新引导建筑发展的走向,并超越形式主义[52]30。不过,20世纪后期建筑理论中的崇高美学偏重于奇异、怪异、惊骇等特质,与传统崇高美学的向上的意向相去甚远。克拉考尔在20世纪早期就意识到崇高美学的内在性,并想到将人自身对形式的超越作为"完善之美"的前提,是难能可贵的。

3.4.7　关于装饰

与布洛赫相似,克拉考尔的许多文论都关注装饰问题。作为具有建筑学专业背景的专栏记者,建筑装饰问题对他而言并不陌生,而随着职业的变化,他对装饰问题的研究扩展到社会文化层面。特别是在现代建筑运动时期,去除装饰似已成为新建筑的重要标志,而装饰也成了新建筑的禁忌。在这样的背景条件下,克拉考尔对待装饰的态度从早年个人的兴趣转向冷静的观察,表明他对装饰概念的深层理解。

在第2章中,已经说明"装饰(ornament)"的释义包含两方面内容:一是附加于一个主体结构之上的起修饰作用的东西,一是本身就起修饰作用的属于整体结构的一部分。而人们谈论装饰的时候,往往用的是前一方面的意涵,而忽视后一方面的意涵。另一方面,从装饰的释义还可以看出,能够称得上装饰的事物应该是雅致的、美的。从文化人类学的角度来看,装饰的美的属性其实是随古老信仰附带产生的,至于装饰的雅致的属性,那大概是文明发展到一定程度的结果。而人们在使用"装饰"这个词的时候,并没有说"装饰"所指的事物是雅致的或是美的,只是说这事物是什么。如果要谈装饰的属性,则需要饰词,于是就有了"美的装饰""虚假的装饰"之类的说法,这样,"装饰"一词本身是中性的。事实上,"装饰"一词的语用学意义与人们的装饰行为相关,这是因为装饰行为并不保证其结果必定是雅致的或美的。有时人们装饰行为的结果甚至是丑陋的、粗糙的、媚俗的。可以说,"装饰"一词的释义只是为装饰规定了一个好的标准。如果人们真的能如词

图 3.20　克拉考尔：法兰克福阵亡将士纪念馆
设计方案

典释义所规定的那样行事，那么关于装饰的看法本可积极一些。

装饰在建筑空间形式上的应用自古以来就是十分普遍的。在建筑理论史上，通常将建筑装饰视为相对于建筑的主体结构而言的附加因素。装饰的附属性地位首先是由阿尔伯蒂（Leon Battista Alberti，1404—1472）在《建筑论》中明确的：装饰是配属性的或附加上去的特征[53]151，从中可以看出形式本身的美与附加装饰相分离这一理念的雏形以及一定的去装饰化的意向。不过，历史上包括阿尔伯蒂在内的相当多的学者并不反对在建筑上使用装饰，而是对装饰在建筑上的使用作出规定，此类作法应是源自维特鲁威［Vitruvius，公元前 80（70）—公元前 15］的"得体"（decor）的概念。这就是所谓的"西方建筑学传统"，不过人们的装饰行为并不总是能够如词典所定义的那样，也不像理论家们规定的那样，有时是过度而又缺乏标准的。按照安东尼奥·圣埃利亚的说法，18 世纪以后，由于形形色色的风格因素毫无意义地混杂在一起，掩饰现代房屋的结构，就不再有任何建筑学了[51]34。按照罗格·帕顿（Roger Paden）的分析，鲁斯并不反对这个传统，而是对他同时代的建筑师们的过度装饰的做法感到不满[54]45。其实 18 世纪乃至 19 世纪的洛可可建筑的外部大多还算有所节制，比较极端的是其室内、家具以及装饰品。例如维也纳梅尔克本笃会修道院（Benedictine Monastery，Melk，Vienna），室内装饰要比外部装饰复杂的多（图 3.16、图 3.17）[55]984，至于圣加尔大修道院教堂（Abbey Church，St. Gall）的图书馆室内、天花上的纹样以及书橱两边的没什么结构作用的柱头，可谓无所顾忌了（图 3.18）[55]991。如果说建筑的外部装饰主要是产生视觉效果，那么室内装饰、家具、陈设以及物品则与人的生活密切相关。阿道夫·鲁斯、勒·柯布西耶、安东尼奥·圣埃利亚等现代建筑师们不约而同地将装饰作为攻击的目标，应是意识到充斥装饰的生活环境对新的生活方式的阻碍作用。

作为一个接受过古典建筑学教育并从事过设计职业的人，克拉考尔对装饰的兴趣由来已久，在他的自传体小说《金斯特》中，他提到金斯特从很小的时候起就喜欢画装饰图样，那是在作业本边上的空白处随手画上去的"螺旋线系统"，"在上方逐渐变细"[56]22。他对装饰的兴趣在他的建筑学专业的学习过程中继续得到滋养。他所接受的建筑学教育仍属于古典建筑范畴，他早年的建筑设计，如法兰克福的一座办公大楼、阵亡将士纪念馆，皆可归于有适度装饰的新古典主义建筑之列（图 3.19、图 3.20）。他在 1914 年完成的博士学位论文以 17～19 世纪初的柏林等城市的铁艺发展为课题，还绘制了精致的插图（图 3.21）。

1927 年，克拉考尔为法兰克福时报写了一篇文章，题为《大众装饰》，1963 年由他本人将他在魏玛时期写的一些文章编辑成文集，也冠以《大众装饰》这个标题。其实，在他写博士论文的时候，他的同时代的先锋派建筑师们已达成在新建筑中去除装饰的共识，并将对装饰的态度提升至道德的层面。克拉考尔在成为专栏记者以后，写了一些关于现代建筑乃至现代工艺美术等方面的评论，也涉及装饰的问题。从以下的分析可以看出，克拉考尔关于建筑装饰问题的思考是非常深入的。

在《斯图加特之夏艺术节》一文中，克拉考尔谈了他对近年来德国新建筑以及德国工艺美术行业的状况的一些看法。1924年1～9月,在斯图加特老火车站地区举办了建筑展以及工艺美术作品展。在"建筑展"一节中,克拉考尔提到斯图加特的恩斯特·瓦格纳教授(Prof. Ernst Wagner, 1876—1928)为博施公司员工设计的住宅,设计者预计到住户自我改建的可能,只是提供粗糙的外壳和陈设简单的房间,而住户可以根据需要与愿望着手进一步的改建,也可以出于特别的理由进行装饰[39]96。克拉考尔对此并没有什么异议,只是提出了"他的(即住户的)家的机制"(Organismus seines Heimes)作为附加条件。相形之下,展览的主办者所持的观点就显得极端一些。德制联盟展的标题就是"去除装饰的形式"(Form ohne Ornament),克拉考尔称之为"摆脱装饰"(Los vom Ornament)。主办者认为当前的状况只相当于一个艺术练习,其目标是放弃"装饰性的附属物"(die schmuckende Zutat),为对象赋予"适当的形式"(eine gebotene Form)。克拉考尔称之为"不夹杂情感的口号"(die unsentimentale Losung),表明了自愿的自我约束以及实事求是的意识[39]97。

图3.21　克拉考尔:马尔腾教堂墓地大门测绘图

在某种程度上,克拉考尔对工艺美术状况以及德制联盟展主旨似有疑虑。一方面他意识到"工艺美术"已被引入歧途,出现退化的现象。工艺美术的危机在于内在关系的丧失,主要体现在"工艺"与"艺术"之间的脱节。艺术方面往往坚持"自主性"(Selbständigkeit),使得产品出于"浪漫的意愿",克拉考尔指出其症结在于逃避现实生活的条件而缺乏内在的必要性(innerer Notwendigkeit)。有鉴于此,这届展览会贯彻了德制联盟符腾堡州工作组的任务,使得"形式"具有纲领性的意义。这说明德制联盟的主旨对于克服"浪漫的意愿"来说是有积极意义的。但另一方面,克拉考尔又认为德制联盟的主旨体现了"禁欲主义的观念"(asketische Gesinnung),在他看来,由这样的观念得出的物之形式(Gestaltung der Dinge)在实际中显得是唯一的方式,但这方式并不是本真的,而是"先前的关隘",本来好不容易才克服,现在却又要走向那里[39]98。

为什么说禁欲主义并不是本真的方式?在某种程度上,人类历史的进程体现为两种力量的交织作用,一方面是禁欲主义对肉体欲望以及物质需求的控制,另一方面是人的对更好生活的向往。一般而言,后一种力量有着出于人类自然的正当性,而禁欲主义似乎与此相背离。如果对更好生活的向往是历史发展的一种原初动力,那么这种向往就是本真的。而对禁欲主义,我们就不能轻易地说它是本真的。如何理解克拉考尔所说的"精神上的真实性"(die geistige Wirklichkeit)[39]98?这个概念其实也是与人类自然的正当性联系在一起的。人的生活离不开各类用品,用品形式在一定程度上也反映了人的生活状况以及人的生活态度。对于用品而言,其形式之于其功能的内在的必要性是至关重要的,如果以禁欲主义的观念去衡量,功能上的必要性就成了用品形式的唯一根据,剔除装饰性的因素是其自然而然的结果。而如果以"精神上的真实性"去衡量,那么用品形式除了功能上的必要性之外可能还会有其他方面的考虑。克拉考尔认为,精神上的真实性本就是未来的装饰形式(Zierform)的温床。与禁欲主义观念上的真实性相比,精神上的真实性可能更符合人性。

　　克拉考尔还提到"交际文化"(die gesellige Kultur)，也就是在人们的交往过程中发展出的文化，它总是以不断增长的尺度为大众的消遣场所，在这样的文化中"美化的物"(die geschmückten Dinge)才会产生。不过，从人类学的角度来看，"美化的物"的产生似乎并非易事。按说在"美化的物"是在"必需品"(Notwendige)的基础上产生的，"美化的物"就是"美化的必需品"；然而，按照克拉考尔的看法，一个民族在生产出必需品之后，就把它的力量用在"美丽但并非必要的个人生活的物品"的生产上。这意味着用力用偏了。所以克拉考尔要说，这样的状况"在精神上以及实际上破坏了用品的装饰性发展(die ornamentale Ausbildunng des Nutzdings)的前提"。更糟糕的是，人们并不思改进，而是"坚持谎言和伪装"[39]98。

　　克拉考尔所说的"用品的装饰性发展"并不是指简单地添加装饰，应该是指用品形式本身的装饰性的产生，其实是对物的"美化"方式的说明。而"美丽但并非必要的个人生活的物品"则属于另一个层面的问题。克拉考尔提到"家居工艺品"(die Dinge der Werkkunst zu Hause)，包括家具、布艺、花瓶、罐子等，这些物品都是使用上的必需品，如果它们经过美化，那就是美化的必需品；有的布艺、罐子则纯粹是摆设，是装饰物，如果它们经过美化，那就是"美丽但并非必要的个人生活的物品"。由于有了纯粹使用上的必需品、美化的必需品、纯粹的装饰品的分别，家居工艺品的形式有着不同的根据。克拉考尔意识到，要想在诸多根据中找到正确的根据，在现时代是很难的。但他还是想到一个途径，对"虚假的附加物"(künstliche Zutat)要加以节制，以便为生活重新赢得内在的关联。在这里他又想到"纯粹的客观性"(pur Sachlichkeit)，"避免虚构的附加物"以及"诚实的表达"(ehrliche Eingeständnis)孰轻孰重，但似乎又都少了些什么。所谓"两种典型的必要性"，应是指"避免虚构的附加物"与"诚实的表达"这两种方式，克拉考尔认为"新艺术的苦行僧"总是受到它们的影响。"避免虚构的附加物"意味着将"朴素的基本形式"(die schlichten Grundformen)导向一种"减法处理"(Substraktionsverfahren)的方式，也就是说，干脆将所谓的装饰从装备完满的事物上去除，并将"不完整的剩余物"(kärglichen Rest)完全解释为形式。"诚实的表达"意味着只是"回归形式"，其目的也是为了将装饰从形式本身(die Form selber)重新驱逐出去[39]100。

　　在这一节中，克拉考尔注意到魏玛国立包豪斯学校的创作，说它的创作已经将它的构成主义上升为原理。包豪斯学校的参展作品是橱柜、椅子、玩偶等产品，克拉考尔说包豪斯的橱柜和玩偶有着"立体般的幻想"，椅子在这个机械的世界里也要"服从一个逻辑"，能够和阿基潘柯的雕塑作品配对。阿基潘柯是乌克兰立体主义雕塑家，他用几何化的多面体和消极的空间构成抽象的人体雕塑。克拉考尔大概是从他的人体雕塑体会出机械之感，与这个机械的世界很合拍；而包豪斯的这些构成主义的产品也有着"立体般的幻想""服从一个逻辑"，也可以说与这个机械的世界很合拍。不过，克拉考尔在这里尚未对包豪斯作品的方向有明确的肯定态度，反倒有些担心"建构要素的严格的风格化是否会诱发新的浪漫主义"，而且他还将包豪斯的创作归结于"无所畏惧的虚无主义"[39]101。

　　1个月后，克拉考尔为《法兰克福时报》写了一篇题为《国立包豪斯学校特别展》的短篇报道。这次特别展是在法兰克福的钦格勒小展室举行的，展品主要是瓷器，包括漂亮的花瓶、各种风格的壶、全套餐具、盒子以及杯子。在这篇短文中，克拉考尔对包豪斯产品赞誉有加，这些产品去除了装饰，但"形体严格的客观性与美感的轮廓结合在一起"，并"通过富于活力的色彩流而具有匀称的效果"[7]164。具有"严格的客观性"的形体应是指符合用品使用要求、材料性质的形体，"美感的轮廓"意味着形式本身就是美的。用品的形式既符合使用要求、材料性能,本身又具有美感,是现代设计的美学原则。克拉考尔能够这样理解,似已从1个月前关于用品形式处理的困惑中解脱。他不再将去除了装饰的形式视为"不完整的剩余物",也不再认为形体的严格客观性的后果只是回归形式。

　　对于用品的形式,克拉考尔最终还是接受了现代设计的美学原则,这意味着他接受了去除装饰的做法。而在建筑领域,克拉考尔对待装饰的态度是微妙的。在《斯图加特之夏艺术节》一文中,克拉考尔提到乌尔姆市明斯特广场上的建筑群,说它们是"自杀性的工程"。他对建筑、门拱以及凸肚状的"浪漫做法"十分不满,说它们给人的感觉很糟糕,甚至说,"如果非要建造不可,宁愿建造钢筋混凝土建筑,也要比这些衰败的媚俗的东西强"[39]96。克拉考尔对"浪漫的"一词十分反感,可能是因为"浪漫的"一词蕴含了回归过去、逃避现实、非理性等方面的负面意义。《告别林登拱廊街》一文也流露出克拉考尔对于建筑装饰的态度。他将透过玻璃顶看到的"檐口下的梁托、圆窗、柱式、扶手、圆雕饰"等细节都视为"逝去的夸夸其谈"。可以说,那些装饰性的细节并没有让他有什么好感。而在拱廊街改造过程中去除了装饰的花岗岩板所带来的变化更让他有很糟糕地联想。克拉考尔并没有像同时代的那些先锋建筑师那样去除装饰而喝彩,反而说去除了各类装饰的冷漠的花岗岩饰面使得建筑变得空洞起来,所有的事物都变得哑然无声,"小心翼翼地卷缩在空洞的建筑后面"[20]393-394。在《新建筑》一文中,克拉考尔也谈到建筑上的装饰问题,他承认"被去除的装饰"(die abgeschlagen Zierate)通常都是低级的,但又担心"留下的没有得到有意义的补偿"。他推测新建筑很有可能是以剩余物为根据的事物,这意味着对去除了不好的多余物的要素进行与时代相适应的建造上的安排[7]639。总之,克拉考尔对建筑装饰的看法似乎隐含了一个内在的尺度,凭借它拒斥无节制的媚俗的装饰,同时又对清除装饰的做法感到忧虑。他从包豪斯的瓷器设计体会到一种客观性与形式美感的综合,事实上,他也从珀尔茨希的表现主义影剧院建筑上体会到类似的表现性。

注释

［1］Getrud Koch. Siegfried Kracauer：An Introduction. Jeremy Gaines，Trans. Princeton：Princeton University Press，2000.

［2］戴维·弗里斯比. 现代性的碎片. 卢晖临,周怡,李林艳,译.北京:商务印书馆,2003.

［3］Siegfried Kracauer. The Mass Ornament：Weimar Essays. Thomas Y. Levin，Trans. London：Harvard University Press，1995.

［4］Neil Leach. Rethinking Architecture：A Reader in Cultural Theory. London and New York：Routledge Tylor &Francis Group，1997.

［5］Anthony Vidler. Wraped Space：Art，Architecture and Anxiety in Modern Culture. Cambridge，Massachusetts，London：The MIT Press，2001.

［6］Joan Ockman. Between Ornament and Monument：Sigfried Kracauer and the Architectural Implications of the Mass Ornament，Thesis. Wissenschaftliche Zeitschrift der Bauhaus-Universität Weimar，2003.

［7］Siegfried Kracauer. Knabe und Stier：Bewegungsstudie//Herausgegeben von Inka Mülder-Bach. Essays，Feuilletons，Rezensionen，Band 5. 2(1924—1927). Berlin：Suhrkamp，2011.

［8］Siegfried Kracauer. Lad and Bull：A Study in Movement. 参见：[3]33-34.

［9］Siegfried Kracauer. Zwei Flächen. 参见：[7]468.

［10］Siegfried Kracauer. Analyse eines Stadtplans. 参见：[7]509.

［11］Georg Simmel. Metropolis and Mental Life. 参见：[4]70.

［12］Walter Benjamin. Paris，Capital of the Nineteenth Century. 参见［4］36.

［13］Hanno-Walter Kruft. A History of Architectural Theory from Vitruvius to the Present. Ronald Taylor，Elsie Callander and Antony Wood，Trans. New York：Princeton Architectural Press，1994.

［14］Siegfried Kracauer. Analysis of a City Map. 参见：［3］41.

［15］艾克曼是美国当代著名建筑历史学家，撰写了《大英百科全书》"建筑学"词条的大部分。The New Encyclopaedia Britannica. 15th Edition，Volume 1. Chicago，London， etc.：Encyclopaedia Britannica，Inc.，1981.

［16］Ludwig Wittgenstein. Vermischte Bemerkungen. 见：Werkausgabe Band 8. Fankfurt am Main：Suhrkamp，2015.

［17］Siegfried Kracauer. Die Hotelhalle. 参见：［7］175.

［18］这两个词语的英译分别是："the higher realms"，"the spheres of lesser reality"，见：Siegfried Kracauer. The Hotel Lobby. 参见：［3］173.

［19］ Philip Babcock Gove，ed. Webster's Third New International Dictionary of the English Language〈unabriged〉. Massachusetts：Merriam-Webster Inc. 2002.

［20］Siegfried Kracauer. Abschied von der Lindenpassage//Herausgegeben von Inka Mülder-Bach. Essays，Feuilletons，Rezensionen，Band 5. 3(1928—1931). Berlin：Suhrkamp Verlag，2011.

［21］Siegfried Kracauer. Der Arbeitsnachweis：Konstruktion Eines Raumes. 参见：［20］249.

［22］Siegfried Kracauer. On Employment Agencies：The Construction of a Space. 参见：［3］57，［19］1128.

［23］英译做"two realms"，即"两个领域"，"Raum"本就含有"realm"之意，汉语中"空间"也含有"领域"之意，英译者其实是对"raum"作了进一步的说明。参见：［18］，［3］51.

［24］Siegfried Kracauer. Der Erweiterungsbau des Städelschen Kunstinstituts. 见：Herausgegeben von Inka Mülder-Bach. Essays，Feuilletons，Rezensionen，Band 5. 1(1906—1923). Berlin：Suhrkamp，2011.

［25］Siegfried Kracauer. Das Neue Bauen. 参见：［7］632.

［26］Siegfried Kracauer. Ein Neues Theater in Darmstadt. 参见：［24］374，377.

［27］Siegfried Kracauer. Ein Neues Theater in Frankfurt：Die Deutche Kunstbühne. 参见：［20］73.

［28］Ramsay Burt. Alien Bodies：Representations of Modernity，"Race"，and Nation in Early Modern Dance. New York：Routledge，1998.

［29］Siegfried Kracauer. Cult of Distraction：On Berlin's Picture Palaces. 参见：［3］323.

［30］https://en. wikipedia. org/wiki/Wilhelminism.

［31］https://en. wikipedia. org/wiki/New_Frankfurt.

［32］http://www. moma. org/collection/works/6107.

［33］Siegfried Kracauer. Das Heim eines Architekten. 参见：［7］466.

［34］http://www. dwds. de/? qu=tektonik；

［35］爱德华·F·赛克勒. 结构，建造，建构. 凌琳，译；王俊阳，校. 时代建筑. 2009(2)：102.

［36］http://www. duden. de/rechtschreibung/sachlich.

［37］Siegfried Kracauer. Das Neue Frankfurt. 参见：［20］30.

［38］Siegfried Kracauer. Der Deutsche Werkbund：Rhein-Ruhr-Tagung. 参见：［7］412-413.

［39］Siegfried Kracauer. Stuttgarter Kunst-Sommer. 参见：［7］100.

［40］Siegfried Kracauer. Deutsche Bauausstellung：Vorläufige Bemerkung. 参见：［20］522.

［41］Siegfried Kracauer. Kleine Patrouille durch die Bauausstellung. 参见：［20］549.

［42］https：//en. m. wikipedia. org/wik138-0900-1817i/Bruno_Taut.

［43］Siegfried Kracauer. Sonderschau des Staatlichen Bauhaus. 参见：［7］164,165.

［44］http：//bauhaus-online. de/en/atlas/das-bauhaus/werkstaetten/weberei.

［45］http：//en. wikipedia. org/wiki/Gunta_St%C3%B6lzl.

［46］尼古拉斯·福克斯·韦伯. 包豪斯团队：六位现代主义大师. 郑炘、徐晓燕、沈颖，译. 北京：机械工业出版社,2013.

［47］Siegfried Kracauer. Frankfurter Neubauten. 参见：［24］232.

［48］Ulrich Conrads,ed. Programs and Manifestoes on 20th-Century Architecture. Cambridge,Massachusetts：The MIT Press, 1987.

［49］Siegfried Kracauer. Das Haus der Technik. 参见：［24］355,356.

［50］Siegfried Kracauer. Das Frankfurt Hochhaus. 参见：［24］400.

［51］康德著. 判断力批判. 宗白华,译. 北京：商务印书馆,1964.

［52］Kate Nesbitt. Theorizing A New Agenda for Architecture：An Anthology of Architectural Theory 1965—1995. Princeton：Princeton Architectural press, 1996.

［53］莱昂·巴蒂斯塔·阿尔伯蒂. 建筑论—阿尔伯蒂建筑十书. 王贵祥,译. 北京：中国建筑工业出版社,2010.

［54］Roger Paden. Mysticism and Architecture：Wittgenstein and Meanings of the Palais Stonborough. Lanham·Boulder·New York·Toronto·Plymouth·UK：Lexington Books：Rowman & Littlefield Publishers，2007.

［55］Dan Cruickshank,ed. Sir Banister Fletcher's A History of Architecture. 20th Edition. Oxford：Architectural Press, 1996.

［56］Siegfried Kracauer. Ginster, Bibliothek Suhrkamp. Frankfurt：Suhrkamp Verlag, 1963.

图片来源

（图 3. 1）、（图 3. 3）、（图 3. 6）Siegfried Kracauer. The Mass Ornament：Weimar Essays. Thomas Y. Levin, Trans. London：Harvard University Press，1995

（图 3. 2）郑炘摄

（图 3. 4）http：//map. 51240. com/#1=weixing

（图 3. 5）http：//www. oldmapsofparis. com/map/1180

（图 3. 7）、（图 3. 19）、（图 3. 20）、（图 3. 21）Joan Ockman. Between Ornament and Monument：Siegfried Kracauer and the Architectural Implications of the Mass Ornament，Thesis. Wissenschaftliche Zeitschrift der Bauhaus-Universität Weimar,2003

（图 3. 8）

（图 3. 9）http：//www. graphicine. com/hans-poelzig-passivity-and-hermeticism/

（图 3. 10）Edited by Claudia Quiring, etc. Ernst May：1886-1970. Prestel，München. London. New York

（图 3. 11）郑炘根据恩斯特·梅学会网站所刊照片绘制,http：//ernst-may-gesellschaft. de

（图 3. 13）http：//www. laurabielecki. com/blog/wp-content/uploads/2012/03/Barcelona-Chair-Knoll-studio-1024x877. jpg

（图 3. 14）http：//www. albersfoundation. org/art/anni-albers/wallhangings/#slide3

（图 3. 15）http：//pietmondriaan. com/pm/wp-content/uploads/2015/11/gunta-stoelzl-2. jpg

（图 3. 16）、（图 3. 17）、（图 3. 18）Dan Cruickshank, ed. *Sir Banister Fletcher's A History of Architecture*. 20th Edition. Oxford：Architectural Press, 1996

（图 3. 22）https：//www. art-bronze-sculptures. com/images/product_images/popup_images/248_2. jpg

第 4 章

瓦尔特·本雅明：
   从过去投向现代的目光

瓦尔特·本雅明是 20 世纪西方的杰出思想家。由于他的文论主要是关于文学与艺术的,一般把他视为文学理论家与批评家。不过,就他的文论所涉及的知识领域之广泛、思想之深邃与复杂的特点来看,他应该是批评理论的先驱之一。他的思想来源是十分复杂的,既有犹太神秘哲学的根源(这在他的语言哲学中有所反映),又有救世主义倾向(这源于他的潜在的犹太精神以及与犹太复国主义者革舜·肖勒姆、乌托邦思想家布洛赫的交往),也有马克思哲学的影响[与贝尔托特·布莱希特(Bertolt Brecht, 1898—1956)的学术交流与合作]。本雅明一直没有在德国的大学谋到教职,而是作为自由撰稿人谋生。与齐美尔、克拉考尔相类似,本雅明也是处在当时的学术机构之外的,而且状况要更糟,特别是在最后的流亡时期,必须要为“最低的生存”而进行常年的斗争[1]15。

本雅明的学术生涯大致以 1926 年为分界线,这之前的著述主要是文学批评方面的,这之后的著述主要是关于艺术、社会状况的思考以及围绕巴黎这座 19 世纪的都城展开的现代性批判。对于建筑理论而言,本雅明的后期研究是关注的重点。本雅明关于巴黎的研究,显然是一个庞大的计划,直到他生命的结束也未能完成。这项研究被本雅明称作《拱廊街工程》(Die Passagen-Werk)。巴黎的拱廊街作为发达的商业与新建筑技术的综合性成就,是 19 世纪现代性的象征。本雅明正是从拱廊街这个 19 世纪的新生事物出发去探究现代性与古代性交互作用之下的巴黎。作为新事物的拱廊街出现于巴黎城这个古代性的总体性存在之中,十分符合本雅明关于现代性的界定,即:既有环境中的新奇。不过,从本雅明在这个研究中所做的读书笔记以及相关书目的摘录来看,他的研究所涉及的问题远不止于拱廊街本身。也许“拱廊街”就是现代性事物的总体性的隐喻。值得注意的是,本雅明对近现代建筑理论家卡尔·博迪赫尔(Karl Gottlieb Wilhelm Böttcher, 1806—1889)、阿尔弗雷德·哥特霍德·迈尔(A. G. Meyer)、希格弗莱德·吉迪翁、阿道夫·贝内、多尔夫·施特恩贝格(Dolf Sternberger, 1907—1989)等人的著作做了研读,做了摘录,也表达了自己的一些看法。本雅明对现代建筑运动的进展十分敏感,他关注的问题甚至是很专业的[2]45-46[3]3-4。

事实上,本雅明有着较为丰富的建筑学理论知识基础,这一点从早期论文《德国悲剧的起源》一文中即已初见端倪[4]124-125,及至后期对现代性的研究,更体现出他对建筑乃至城市问题的深刻理解。从他的《莫斯科日记》《柏林记事》以及《驼背小人》等文章中,可以看到有关周围环境的敏锐观察,而这些只言片语又似是于不经意间说出的。在《巴黎,19 世纪的首都》《单向街》《超现实主义》《卡尔·克劳斯》《经验与贫乏》《机械复制时代的艺术作品》等文论中,本雅明对不同时代的建筑艺术,特别是现代建筑艺术的理论问题有所涉及。

从 K. 米歇尔·海斯(K. Michael Hays)主编的《1968 年以来的建筑理论》论文集中可知,较早关注本雅明文本的建筑理论家是曼弗雷多·塔夫里,他在 1969 年发表《走向建筑意识形态的批评》一文,在其中的“先锋派辩证法”一节中,解读了本雅明的《论波德莱尔的一些主题》。塔夫里注意到拱廊街与巴黎的大百货公司、世界博览会一样,从资本的观点来看为人群的自我教育提供了一种空间与视觉的工具,进而将公众的意识形态与作为生产单位的城市的意识形态联系起来,那么公众的意识形态就成为协调“生产-分配-消费循环”的工具[5]16-17。1974 年,塔夫里在《闺房里的建筑学:批评的语言和语言的批评》一文中,提到本雅明的《机械复制时代的艺术作品》及《作为生产者的作者》两篇文章,并认为后者是他的最重要的论文之一,也提到本雅明文本中关于技术创新的政治价值的观点的可疑之处[5]166[6]。由于塔夫里在建筑历史批评方面的影响力,本雅明的文本进入建筑理论的视野,如法国学者伯纳德·惠特(Bernard Huet)在《形式主义-现实主义》(1977)一文中,引用本雅明关于法西斯主义是最糟糕的形式主义的说法,来说明他的“形式主义首先是政治性的"这一观点[7];罗伯特·西格雷斯特(Robert Segrest)在 1984 年发表的《外围工程:设计笔记》一文中,认为本雅明在《拱廊街工程》中的意图就是超现实主义者与理性主义者的相互对立的意象融合进"历史的现在"(historical present)[8]。此外,本论文集收录的比亚特里兹·克罗米娜(Beatriz Colomina)的《新精神:建筑与公共性》(1988)、马克·威格利(Mark Wigley)的《建筑的翻译,巴别塔的生产》(1988)、安东尼·维德勒的《奇异建筑:论现代怪异》摘录(1992)、詹妮弗·布鲁默(Jennifer Bloomer)的《理论与肉体的预示:闺房之桌》(1992)等文章都在各自关心的问题上受到本雅明文本的启发。

1990 年代以来,人文学者与建筑学者对本雅明有关城市与建筑的文论有了更为深入的研究。马西莫·卡奇亚里在 1993 年出版的《建筑与虚无主义:论现代建筑哲学》一书的"玻璃链"一节中,从吉奥吉欧·阿加姆本(Giorgio Agamben)对本雅明《经验与贫乏》(1933)一文的解读开始,指出钢与玻璃的功能性建筑表明了对经验前提的系统性清除。本雅明对希尔巴特的"玻璃文化"以及陶特玻璃宫的理解,其实扩展了现代建筑理论的视野[9]187-189。奈尔·里奇主编的《反思建筑:文化理论读本》(1997)收录了本雅明的《论波德莱尔的一些主题》《巴黎:19 世纪的首都》两篇论文,对于建筑理论界而言,后者显然会引起更多的关注。哲学家安德鲁·本雅明(Andrew Benjamin)在 2005 年编辑出版了《瓦尔特·本雅明与艺术》论文集,并与查尔斯·莱斯(Charles Rice)在 2009 年共同编辑出版了《瓦尔特·本雅明与现代性的建构》(2009)论文集。前一本文集收录了加拿大建筑理论家德特勒夫·莫汀斯的《瓦尔特·本雅明与建构的潜意识》,在这篇论文中,莫汀斯深入研究了本雅明对卡尔·博迪赫尔的建构理论的解读,对吉迪翁的钢铁结构作为潜意识空间的视觉工具的理解,以及吉迪翁自己关于模仿机能的见解[10]148。后一本论文集收录了彼得·施密德根(Peter Schmiedgen)的《本雅明城市景观中的室内性,室外性,与空间政治》,此文研读了本雅明的《单向街》《1900 年左右的柏林童年》《拱廊街工程》《那不勒斯》《莫斯科日记》等文论,讨论了资产阶级与后资产阶级的室内问题,而空间的"多孔性"(porosity)可能是施密德根对本雅明的空间概念分析后得出的概念[11]154-156。比特莱斯·汉森(Beatrice Hanssen)于 2006 年主编出版了《瓦尔特·本雅明与拱廊街工程》,收录了德特勒夫·莫汀斯的《史前史的诱惑与恐吓面孔:瓦尔特·本雅明与玻璃乌托邦》以及泰拉斯·米勒的《"先于其时代的玻璃,早熟的钢铁":本雅明拱廊街工程中的建筑,时间与梦幻》两篇文章,两位建筑学者对本雅明的相关文本作出十分精密的解读,这在以往是不多见的。两位作者不约而同地以本雅明所关注的玻璃、钢铁、混凝土等新材料为切入点,根据本雅明文本中有关现代建筑的内容,从不同的视角对本雅明的批评理论与现代建筑理论之间的关联做出分析。通过本雅明对吉迪翁的《法国建筑:钢铁建筑,混凝土建筑》的摘录与评注,也许我们应该重新理解吉迪翁的空间概念是以新的建筑材料为基础的[12]225-239[13]。2005 年,安德鲁·鲍兰廷主编出版《建筑理论:哲学与文化读本》,在第二部分"基础工作"中,鲍兰廷通过本雅明对超现实主义作家路易·阿拉贡(Louis Aragon,1897—1982)《巴黎的乡下人》以及马克思《资本论》的摘录,将本雅明与超现实主义、马克思主义联系起来,并以本雅明《巴黎,19 世纪的首都》(1939 年提纲)开始的两段为例,说明本雅明的文本将建筑落实在社会过程以及生产过程的物质文化之中,而又不失对仍有价值的刺激品质的感触。鲍兰廷的论述简明扼要,向我们揭示了本雅明文本中所蕴含的超现实主义与马克思主义的信息[14]88-91。

2010 年,澳大利亚建筑学者格沃尔克·哈图尼昂(Gevork Hartoonian)主编出版《瓦尔特·本雅明与建筑》论文集,收录了建筑学、艺术史学以及批评理论等领域的 9 位学者所写的研究本雅明有关建筑文本的论文,这可能是本雅明建筑美学思想研究专题论文的首次集中发表。哈图尼昂在引言中指出了本雅明文本中某种对实用主义目的而言难以企及的事物。我想那是由于本雅明关于建筑理论问题的思考将辩证性与历史哲学、心理分析、文化批评等领域结合起来,具有十分开阔的视野,他的理论核心最终是指向人本身的,由此而具有一种持存的理论价值,历经"历史"与"理论"终结的呼声、研讨室以及设计工作室泛滥的"折叠""解构""现象化"的企图以及"哲学应用于建筑"的情境,对于当代的建筑理论研究而言仍然是具有启发性的[15]1。

4.1 拱廊街:未完成的工程

自 1927 年起,本雅明投入到巴黎拱廊街的研究中去,这显然是一个庞大的计划,直到他生命终结也未能完成,只留下大量的摘录与思考的片断。在第二次世界大战期间,本雅明在逃往西班牙之前,将这些手稿交给供职于法国国家图书馆的法国思想家乔治·巴塔耶代为保管,他们是通过 1930 年代中期的马克思主义学者圈以及社会学学院相识。巴塔耶将这些手稿藏于这家图书馆中[16]158[17]。20 世纪 70 年代,这些手稿以《拱廊街工程》之名收录于罗尔夫·提德曼(Rolf Tiedemann)和赫尔曼·施威潘豪塞(Hermann Schweppenhäuser)编辑的《瓦尔特·本雅明全集》之中,是为第五卷,1999 年由霍华德·爱兰德(Howard Eiland)和凯文·麦克劳林(Kevin McLaughlin)译为英语。《拱廊街工程》英译本共分为译者前言、报告、手稿、初稿、早期草稿、补遗等 6 个部分。其中,报告(或大纲),包括《巴黎,19 世纪的首都》的 1935 年与 1939 年的两个版本;在 1935 年的提纲中,本雅明从拱廊街、全景画、世界博览会、室内、巴黎大街以及路障 4 个侧面来分析 19 世纪巴黎的状况,而每一个侧面又分别与著名的历史人物联系起来:拱廊街与傅立叶(Baron Jean Baptiste Joseph Fourier,1768—1830),全景画与路易·雅克·曼德·达盖尔(Louis-Jacques-Mandé Daguerre,1787—1851),世界博览会与格兰维尔,室内与路易·菲力普(Louis Philippe,1773—1850),巴黎大街与波德莱尔,路障与乔治-欧仁·奥斯曼男爵(Baron Georges-Eugène Haussmann,1809—1891)。本雅明选取这样几个片断,是受到超现实主义的蒙太奇表达方式的启发,而对于具体问题的分析,则带有马克思主义的倾向。1939 年的提纲删去"达盖尔与全景画"一节,增加了导言与结论[2]3-13。

手稿部分以英文字母排序,先是大写字母从 A～Z 排完,小写字母以 a～w,但其中有 12 个字母是缺项。对应字母序号的还有标题。手稿部分中与建筑、城市有关的内容有:A. 拱廊街、时新服饰用品商店、售货员;C. 古代巴黎、地下通道、拆除、巴黎的衰落;E. 奥斯曼化、街垒战;F. 钢铁建筑;I. 室内、痕迹;K. 梦之城与梦之屋、未来之梦、人类学虚无主义、荣格;L. 梦之屋、博物馆、温泉浴室;P. 巴黎街道;S. 绘画、青年风格派、新奇;T. 照明方式;W. 傅立叶;Z. l. 塞纳河、最古老的巴黎。在手稿中,本雅明做了大量的关于建筑学方面的论述的摘录,主要来自卡尔·博迪赫尔的《希腊建筑与德国建筑的原理之于我们时代的建筑》、阿尔弗雷德·哥特霍德·迈尔(A. G. Meyer)的《钢铁建筑》、吉迪翁的《法国建筑:钢铁建筑,混凝土建筑》、阿尔伯特·德·拉帕朗(Albert de Lapparent)的《钢铁世纪》、阿道夫·贝内(Adolf Behne)的《新生活——新建筑》、多尔夫·施特恩贝格的《青年风格派》等文论。

"初稿"部分是关于巴黎拱廊街的相关内容,标题为"巴黎拱廊街(I)";"早期草稿"包括"拱廊街""巴黎拱廊街(II)""土星之环或关于钢铁结构的评论";"补遗"包括"1935 年纲要,早期版本""1935 年纲要的材料""拱廊街的材料"。从中可以看出,本雅明为《拱廊街工程》做了大量的准备工作,特别是在"拱廊街的材料"中,他列出了各种类型的建筑物、构筑物以及建筑要素,如新老地下墓穴、地铁、葡萄酒窖、古代遗址、贫民窟、屠宰场、时装店、桥、门与窗、拱廊街、旅馆、舞厅、巴黎最小的广场、教堂窗户、蒙索公园(Parc de Monceau)、伯特肖蒙公园(Parc des Buttes Chaumont)、艺术品交易街、"巴黎的楼梯间,窗,门以及告示牌"、不同市区的舞厅、500 座以内的剧场、巴黎的大小迷宫、拱门下的扇子工厂……。在手稿中，本雅明从有关具体物质环境的文本入手，探寻上个世纪(19世纪)巴黎城市社会生活的迹象，就像齐美尔从社会现实的碎片把握总体性一样。正如弗利斯比所说的那样，本雅明像一个拾荒者那样寻找已经逝去的现实，在此意义上，本雅明文本中的那些细节与齐美尔文本中的碎片相类似，而且这样一些碎片为总体保留了通道。[1]256 准确地说，正是一些来自文本的碎片，以此出发去考察历史问题，应是一种反思性的历史哲学的方法。而在这样的反思过程中涉及的建筑理论问题，也就具有历史哲学上的意义。尽管这个工程没有完成，但本雅明的意向与思考的路径已经向我们昭示，这部手稿就是一个巨大的思想宝藏，有关现代建筑的反思是其中的一部分，值得我们去深入探寻。

4.1.1 拱廊街与商业

本雅明在《拱廊街工程》中原本用的词是"die Passage"，意为"有屋顶的街道"[18]，法语文本中有用"galerie"的，也有用"passage"的，英译本一般译作"arcade"。德、法语境中，"passage"主要是有通道之意，而英语的"arcade"则具有形式方面的含义。"arcade"在建筑史上有两种类型，一种是联拱，即一系列由柱子或墙垛支撑的拱券横向排列，每一个拱券可以抵抗相邻拱券的侧推力；另一种是拱廊，即一系列由柱子或墙垛支撑的拱券纵向排列，其上或有平顶或有拱顶，也可以与联拱结合起来形成空间拱券结构。18世纪后期，"arcade"有了新的意涵，随着钢铁与玻璃在建筑上的应用，不是太宽的街道两边的建筑物上覆盖上玻璃顶，这样的有玻璃顶的街道就称为"arcade"，汉译作"拱廊街"。拱廊街作为一种新型的城市建筑形式出现于18世纪后期的巴黎，最早的有玻璃顶的拱廊街是建于1799年的杜凯勒拱廊街(Passage du Caire)，至1811年，据一本巴黎导游书介绍，巴黎的拱廊街已有140条。本雅明在《拱廊街工程》手稿部分的"A1,1"段，引用了《巴黎插图导游手册》中的内容：这些拱廊街是新近的工业奢华的发明，有玻璃顶，墙面饰以花岗岩板，通道穿越几个街区的建筑物。最为优雅的商店沿着通道两边排开，从上部采光。拱廊街就是一座城市，一个缩微的世界，顾客可以在其中找到他们所需的一切。当雨水突然降临，拱廊街对没有准备的人们而言就是一个避难所，人们可以安全地散步，商人们也可从中获益。本雅明在这段引文后面注了"天气"一词。在后面的一段"A1a,1"，本雅明再次提到拱廊街为散步提供保护，使人们不受恶劣天气的影响，同时他还提到，直到1870年，街道主要考虑的是马车的通行，行人只能在狭窄的便道上行走。因而拱廊街才是散步的好去处：既可以避雨，又不必再为繁忙的马车交通而心惊肉跳。在"A3a,7"段，本雅明明确指出拱廊街从传统街道的转变。贸易与(车行)交通本是街道的两个要素，而在拱廊街里交通退化了，只剩下诱惑人的商业[2]83-85,93[3]31-32,42。

在《巴黎，19世纪的首都》的1935年提纲及1939年提纲中，本雅明指出巴黎拱廊街出现的两个条件，第一个条件是纺织品贸易的繁荣，第二个条件是钢铁开始应用于建筑[3]3,15。关于第二个条件，我将在关于钢铁建筑一节中讨论，这里主要谈第一个条件，也就是商业对拱廊街的作用。拱廊街为商业的发展提供了一块天地，而拱廊街中的商店后来又发展成百货商店(Warenhaus)。本雅明从吉迪翁那里得出百货商店的原则："几层楼面形成一个单一的空间。可以说，它们可以'一瞥'全局"。他还注意到百货公司的一个自明之理："欢迎人群并一直引诱他们"，吉迪翁也表明，这个道理在巴黎春天百货商店(Au Printemps)的建造(1881—1889)中导致"堕落的建筑造型"(verderbte architektonische Gestaltung)。百货商店的建筑造型为什么是"堕落的"？这应该与商家的目的有关。为了引诱人们购物，需要营造诱人的购物环境，渲染商品的诱惑力。受到环境气氛的刺激，有的人有可能会激发出即时的购物冲动，而所购物品不一定是必需品。对商家而言，这样的冲动对提高营业额大有好处。而营造氛围鼓励这样的冲动，多少带有一定的欺骗性，在伦理

图 4.1 歌剧院拱廊街

上是有问题的,建筑作为实现这个目的的手段,也就有了负面的意义。本雅明的注解是:"商业资本的功能!"[19]。

本雅明还从 19 世纪的一些学者的著作里了解几条著名的拱廊街的状况,如歌剧院拱廊街(Passage de l'Opéra)、维罗-多达拱廊街(Passage Véro-Dodat)、杜凯勒拱廊街、全景影院拱廊街(Passage de Panorama)等。根据 J. A. 杜劳勒(J. A. Dulaure),巴黎歌剧院周围的街道原本狭窄,行人总是为马车所困,一组观众在 1821 年产生一个想法,利用某些构筑物将这座新的歌剧院与街道隔离开。方法是,用木头建造有顶盖的窄小的拱廊,人们就可以在歌剧院的前厅与这些拱廊之间建立直接而安全的联系,再通过这些拱廊通向街道(图 4.1)。可以说,这些拱廊就是歌剧院与街道之间的一种仅供行人使用的过渡空间。拱廊两侧的房屋底层是商店,二、三层是公寓,公寓上方架设巨大的玻璃顶,覆盖整条拱廊街。杜劳勒还指出,维罗-多达拱廊街的名字出自两个富有的屠户维罗和多达,他们在 1823 年承担了这条街的建造,包括邻近的建筑物在内,那是一个庞大的工程。当时有人把这条拱廊街描述为"两个街区之间的可爱的艺术品(beau morceau de l'art)"[2]84-85[3]32-33。

关于杜凯勒拱廊街,本雅明摘录了查尔斯·勒夫维(Charles Lefeuve)在《巴黎古代建筑》(Les Anciennes Maisons de Paris)一书中的内容:它的主要业务是平版印刷。当拿破仑三世对商业流通取消印花税之后,杜凯勒拱廊街一定是曾经用灯光装点自己。这说明商业的繁荣与政府的政策分不开。当商家从政策刺激获益,也会想到改善自身的经营环境。杜凯勒拱廊街的商家愿意把钱花在建筑的美化(embellissement)上,但这条拱廊街并不是完全有玻璃顶覆盖的,有几处还是露天的,所以在下雨的时候,在这条拱廊街里还是需要雨伞的。这里蕴含了建筑学方面的一个问题,即在有了一定的经费时,是先考虑使用方面的因素,还是先考虑形式美化方面的因素。在建筑理论上,一般是要求在满足使用要求的基础上考虑美观的问题。而对于商家而言,使用要求与美化要求的先后次序还有另外的考虑。事实上,这条拱廊街主要部分还是有玻璃顶的,露天的状况是局部的。这意味着这条拱廊街的遮风避雨的功能基本上满足了,在此情形下,商家优先考虑建筑的美化问题,自有其理。本雅明摘录了这段文字,接着注了"梦幻之屋""天气""埃及装饰"这样 3 个关键词,说明他注意到使用与美化的双重问题。关于"埃及装饰",本雅明在"A10,1"段作出说明。杜凯勒拱廊街是在拿破仑从埃及返回后建造的,以浮雕的形式展现了些埃及的特征,例如在入口的上方雕个像斯芬克斯之类的头。在"A2,7"段,他进一步提出要探究商业事务对劳特雷蒙(Comte de Lautréamont)和阿尔蒂尔·兰波(Arthur Rimbaud)的影响[2]86[3]33,37,55。

虽然在手稿中"拱廊街"只在 A 部分的标题上出现,但是有关拱廊街的描述与评论几乎贯穿手稿的各个部分。在"C2,4""C2a,6""C3,4""C3,6"段,本雅明谈了与拱廊街入口处相关的事物。一般而言,建筑物、建筑群或商业街的入口处往往是一个重要的部位,拱廊街的入口处也是如此。拱廊街入口设有门廊,本雅明称之为"门槛",这意味着拱廊街还是与通常的街道有所分界。然而,门槛并没有用石头台阶标示出来——拱廊街的路面与其他街道的路面之间没有高差,是连续的;

但是通过门廊的设置,拱廊街的"门槛"还是被提示出来。而且,通过一些物品在拱廊街入口处的设置,"门槛"的作用就更是得到加强。本雅明说,"商业世界知道利用门槛"。他观察入微,罗列出拱廊街入口处设置的东西:邮箱,会下锡蛋或金果仁蛋的母鸡,在锡牌上打出我们名字的机器,称体重的机器,投币机器以及算命机器。关于邮箱,本雅明称之为"表示人们要离开的这个世界的最后机会",至于其他的物品,则是"门槛守护神":母鸡下的锡蛋里面内含奖品;自动算命机可以将我们的名字自动地打在一块锡牌上,"它会把我们的命运固定在我们的领口上"。这些装置不只是在拱廊街的入口处,而且也设在溜冰场、游泳池以及铁路站台的前面。本雅明还提到"阶梯引向药店""雪茄店在拐角处"。这样的建筑上的处理以及建筑的选址也有着商业方面的考虑。本雅明把这些作法都称为"商业的建构性符号(architektonische Embleme des Handels)"[2]138[3]86。

4.1.2 拱廊街与傅立叶的街廊

傅立叶是法国19世纪的空想社会主义思想家,他在《四种运动和普遍命运的理论》一书中,提出了他的建构在情欲系列协调制度基础上的乌托邦理论。在傅立叶那里,情欲具有丰富的涵义,是人的本质特征的反映。情欲本身没什么不好,只是蒙昧社会以来的制度压制了它们,或是将它们向与善相反的方向发展[20]8-11。他的超越了文明制度的和谐制度就是要让情欲得到正向的发展,这大概是十分理想的状态,本雅明称之为"美德过剩的社会"。在这样的社会里,"尼禄会变成比费奈隆更有益的社会成员"[3]16。尼禄·克劳狄乌斯·德鲁苏斯·日耳曼尼库斯(Nero Claudius Drusus Germanicus,37—68)是罗马帝国的暴君,弗朗索瓦·费奈隆(Francois Fenelon,1651—1715)是法国天主教会提倡宗教改革的主教,两人的道德品行不可同日而语。而本雅明如是说,指的是在傅立叶设想的乌托邦里,尼禄那样的人是不可能产生的。事实上,傅立叶将和谐制度置于根本的位置上,隐含了对人的本质特征的两面性的担忧。

本雅明在《拱廊街工程》手稿部分的"W"一节中记下了傅立叶思想的要点,摘录了其他一些批评家对傅立叶的看法,也谈了他自己对傅立叶思想的看法。其中一个主要内容是有关法郎斯特尔(Phalanstère)的,法郎斯特尔是傅立叶设想的乌托邦。在"W5a,5"段,本雅明摘录了傅立叶关于法郎斯特尔的论述。傅立叶将法郎斯特尔设想为一个由街廊(rue-galerie)联系在一起的出租住房的系统,有20个不同的房租价格,从50~1000法郎不等。房租价格有如此大的差别,应该与住户的社会地位有关。但是傅立叶的看法表明,房屋的外观不应表现社会阶层的差异。在他看来,让侧翼的住宅有下等阶层的外观是有害的。他倡导的是不同社会阶层共存的居住模式。本雅明在这里加注:"在街廊的一个单一的断面上,不同社会地位的住户将居住在一起"。在这一段的开始,本雅明就表明这段的内容是有关傅立叶的"机械的概念模式"(maschinelle Vorstellungsweise)的[21]774-775[3]629。不过,在此前的"W4,4"段,本雅明就表示,这并不是一个责备,而是说法郎斯特尔在结构(Aufbau)上的复杂性[21]772[3]626。

在1935、1939两个版本的《巴黎,19世纪的首都》提纲中,本雅明都是在第一节里将傅立叶与拱廊街联系起来。在1935年版的提纲中,本雅明开篇没有加引言,直接进入"I. 傅立叶,或拱廊街"的正文。在1939年版的提纲中,本雅明加了引言,表明他的研究旨在揭示19世纪的新行为形式,基于新经济与新技术的创造是如何进入幻境世界(l'univers d'une fantasmagorie)的。对这些创造的阐明并不只是理论上的,而且也是直接通过可感知的显像加以说明。拱廊街、博览会、市场、居室的室内、奥斯曼对巴黎的改造,甚至傅立叶的法郎斯特尔,本雅明都视之为"幻境"。以此本雅明将傅立叶的法郎斯特尔与拱廊街联系起来。而两者之间还有一层直接的关联,傅立叶将原本服务于商业目的的拱廊街转变成居住的场所,法郎斯特尔成为"拱廊街之城"(ville en passa-

图 4.2　傅立叶:法郎斯特尔

ges)$^{[2]60,63[3]16-17}$。在这里,本雅明还提到傅立叶的"街廊"的概念。

"街廊"的概念,是傅立叶在 1822 年发表的《建筑学的一项发明:街廊》一文以及在 1827 年出版的《经济的新世界或符合本性的协作的行为方式》一书中提出的。按照傅立叶的设想,法郎斯特尔的街廊从中央大厦向两侧延伸,通达侧翼的建筑。侧翼建筑是内廊式,一侧房间面向田野或花园,另一侧房间面向街廊,而街廊与房屋同高,一侧是房间,另一侧对外开窗(图 4.2)。而且街廊是在建筑的第二层展开,因为在底层需要为马车的穿行留出通道,这是建筑上所谓过街楼的做法$^{[22]}$。事实上,傅立叶注重的是街廊顶盖的遮蔽功能。街廊作为有顶盖的通道,可以遮风蔽雨,并且通过暖通设施,在冬季采暖,在夏季送风,而保持四季温暖如春,是房屋之间有效的连接方式。正因为如此,傅立叶将街廊视为建筑学的一项发明,是和谐制度下的法郎斯特尔优越于文明制度下的城市与城堡的明证。

在"A3a,5"一段,本雅明摘录了 E. 希尔柏林(E. Silberling)的《法郎斯特尔社会学词典》[Dictionnaire de sociologie phalansterienne (Paris,1911)]中关于"Rue-galerie"的定义:"法郎吉的街廊是和谐宫的重要部分,而在文明社会不可能有这样的概念。在冬季供暖,在夏季通风。内部街廊以连续柱廊的方式位于法郎吉的第二层(卢浮宫的走廊可以被认为是一个模型)"$^{[23]}$。"A4a,4"及"A5"两段摘录了傅立叶本人对街廊的说明。前一段出自 E. 普瓦松(E. Poisson)编辑的《傅立叶选集》,原本是傅立叶《建筑学的一项发明:街廊》一文的最后一段,主要是说街廊为法郎斯特尔带来的好处,如在冬天人们可以穿着轻薄的衣服和彩鞋去剧场和歌剧院,不必担心泥泞、惧怕寒冷。有顶盖的、采暖的、通风的街廊具有巨大的价值$^{[24]}$。"A5"一段摘录的是《建筑学的一项发明:街廊》一文的第一段。在这里,傅立叶开宗明义,指出街廊是一种内部联系方式,只此一点就足以让人鄙弃文明社会的宫殿和城市。法国国王作为文明社会的主要君主之一,在他的图莱利宫竟然没有门廊,以至在雨天出入之际需要许多侍从为他打伞$^{[2]95[3]44}$。

在手稿中,本雅明对傅立叶的"街廊"的概念是有所理解的。街廊有两个要点:一是以卢浮宫的走廊为原型,二是有遮风避雨的好处。而在 1935 年、1939 年的两个纲要中,本雅明都提到傅立叶对拱廊街做出反向修正:将拱廊街这样的商业场所转变成居住场所。从建筑学的角度来看,卢浮宫的走廊与拱廊街在形态上是有区别的,前者是侧廊,后者是中廊,这意味着傅立叶对卢浮宫走廊的原型作出修改,使得法郎吉的街廊与拱廊街相类似。如此看来,本雅明就有理由认为傅立叶从拱廊街中认识到法郎斯特尔的建筑学原则$^{[2]63-64[3]16-17}$。本雅明甚至将傅立叶的法郎斯特尔视为"拱廊街之城",并指出这个"拱廊街之城"是一个梦,使巴黎人直到那个世纪的下半叶都陶醉于他们的幻想。其中一个著名的梦想是托尼·莫瓦林博士(Docteur Tony Moilin)于 1869 年写成的《2000 年时的巴黎》。在此书的第一章"巴黎的转变"中,第二节就是关于拱廊街的,他一开始就说,一旦社会主义的政府对巴黎的所有建筑物都具有合法的所有权,建筑师们就要建造新社会所必需的街廊$^{[2]101[3]53}$。本雅明认为是傅立叶的"街廊"概念为莫瓦林提供了蓝图$^{[2]64}$。

4.1.3 关于拱廊街与街道的空间概念

本雅明的文本表明他具有很强的空间观念,这可能与他阅读了许多同时代建筑理论文论有关。从他有关空间方面的摘录来看,比较重要的来源有迈尔的《钢铁建筑》、吉迪翁的《法国建筑》、贝内的《新住宅-新建筑》等。在"F4,4"段,本雅明摘录了迈尔关于拱廊街的论述。迈尔认为拱廊街至为基本的构件是屋顶,墙体的作用被削弱了,成为首先具有"诸店铺的墙或立面"的作用,其次才是作大厅的隔墙。拱廊街空间的重要特征是,在顶部有所覆盖,而在侧面则体现出诸多商业空间的连续性,因而拱廊街不是"一个由建筑围合的空间"(ein umbauter Raum)。在这里迈尔是在具体的意义上使用空间一词的。在接下来的一段,本雅明摘录了迈尔关于巴洛克教堂内部空间特征的论述。在迈尔看来,穹顶下的主厅侧面相接的一些耳堂可以视作大厅空间本身(ihrer eigener Raum)的延展,于是巴洛克教堂的主厅比以往任何时候都要更宽敞。但是这个主厅仍然存在向上的吸引力,如天顶画中的欢庆场面。迈尔在此用了"Kirchenräume"一词,即"教堂空间",这样的空间的目标就不止于仅作为"聚会的空间"(Versammlungsräume)。迈尔认为,巴洛克教堂主厅的竖直向上趋势要强于水平延展趋势。本雅明对巴洛克教堂主厅空间的这样两种趋势有较好地理解,并将拱廊街与巴洛克教堂主厅加以比较。他的关于拱廊街的空间概念是,拱顶下的街道空间可以说是中殿(Kirchenschiff)的遗迹,这个中心空间与一排拱廊街上的商店相连,那么这些商店就像耳堂一样成为这个中心空间的横向延展。本雅明由此得出结论说,"从建筑方面来看,它仍然处在老式'主厅'的概念领域之内"。另一方面,他也注意到,在拱廊街这个商业空间里,教堂主厅的那种竖直向上的趋势不存在了,而水平扩延的趋势得到加强[2]221-222[3]159-160。

在"L.梦幻之屋,博物馆,温泉馆"一节中,本雅明谈论了拱廊街空间的梦幻特质。在"L1a,1"段,本雅明说拱廊街是没有外部的房屋或通道,就像梦幻一样[2]513。这样的感觉一方面出自拱廊街是由玻璃拱顶覆盖这样一个事实,另一方面,拱廊街两边的墙体的作用被弱化,其后的空间与拱廊街空间之间的划分就不很强烈。特别是在拱廊街的入口处,按说那也是个门户,诸如下了金果仁蛋的母鸡、算命机器等物品设在那里,本雅明称之为"门槛守护神"。本雅明为什么要说"它们通常既不是在室内,也不是在室外"[2]141?可能是因为这个门户后面的拱廊街空间已说不清是室内空间或是室外空间了。在"M3a,4"段,本雅明将街道称为"城市的内室"(die Kammer der Stadt),将拱廊街称为进入内室前的"客厅"(der Salon)[2]533,由此可见,拱廊街仍然是个过渡性的空间,而它的这种过渡性其实与它的空间上的模糊性有关。

如果说拱廊街之所以是个梦幻空间,原因就在于其内外空间的模糊性,那么街道就应该很明确地是外部空间了。然而,在"M3a,4"段,本雅明又明确地指出,街道以及拱廊街相对于集体而言又都是室内空间。在他看来,街道空间就是"在房屋外墙之间"的空间,这意味着房屋外墙对街道空间所起的作用与限定室内空间的墙壁一样,而集体在街道空间中"所经验到的、学到的、所理解的以及所想的"与个体在室内四壁的庇护下所做的一样。接着,本雅明在街道的细节与室内的细节作比较:"光亮彩饰的商店招牌"与"资产阶级客厅挂的油画"一样;"写着'禁止张贴'的墙面"是"写字台","报刊架"是"书房";"邮箱"是"青铜胸像";"长凳"是"卧室家具";"咖啡馆的平台"是"阳台";"筑路工人把他们的夹克挂在上面的栏杆"是"门廊";"穿过院落引向开敞空间的通道"是"让资产阶级气馁的长长走廊",这条通道是院落通往"城市房间"的入口[2]533。本雅明将街道上的设施、家具与室内的摆设、家具相类比,甚至在空间概念上将建筑的庭院与街道内外颠倒。街道成为"城市的内室","die Kammer"意为"房间",尤指"卧室""寝室",可统称为"内室"。街道空间竟然成为内室,这样的空间观念可能过于戏剧化了。不过,如果我们撇开物理意义上的室内外空间的分别，单从私人领域与集体的活动空间的分别来看，居住的室内与街道空间是可以互为内外的。对于街道这个集体活动的空间而言，作为私人领域的居住的室内空间是外在的，就此意义而言，将街道视作属于集体的城市生活的内室是可以理解的。

更为有趣的是，本雅明在"L1,5"段让房屋的室内空间与街道空间互为翻转。"居住的室内移到室外"，其实是针对资产阶级而言的。本雅明说，仿佛资产阶级对自己的成功非常自信，以至他不在意房屋的立面。一般而言，人们对自己的房屋的立面还是很在意的，仿佛那是脸面一般。能够不在意房屋立面，一种可能是主人对身份的表达有另外的理解，比方说富有的主人选择一种简朴的生活方式而身居陋室。而更多的人可能是因为房屋立面已经足以表明自身的身份，从而不必再去考虑这个问题。从这段文字的语气来看，本雅明指的是后面的状况。他进一步说，资产阶级的家，"无论你选择从哪里切开，哪里都是立面"[2]512。这说明资产阶级的房屋里里外外都很考究，在此意义上，房屋就不存在内外之别，于是，"街道成为房间，而房间成为街道"。在这里，本雅明运用了建筑师制图的剖面原理，于无意中说出了"剖立面"的要点：希望看到的并不是剖切到的部位，而是迎面看到的投形部分。

在"M1a,4"段，本雅明从 H. 德·阿尔摩拉（H. d'Almeras）所写的书中摘录了一段有关 1839 年 5 月 17 日举办的英国大使馆舞会的描述，这场舞会装点了大量的花朵，还订了一千多个玫瑰花丛，以致那里成了花的海洋。本雅明称之为"一场真正的空间化妆舞会"（ein wahres Maskenfest des Raumes），意思是说，空间被大量的花朵化妆了。在摘录的后面，本雅明注了"室内"，并指出："今天，口号并不是纠缠，而是透明性"。括号里面写了"勒·柯布西耶"，其后加了惊叹号[2]527-528。显然，本雅明意识到，通过大量花朵的装点将空间加以化妆的做法已过时了。他从这样的纠缠中想到的是勒·柯布西耶与现代建筑空间的透明性，而透明性其实最终指向明晰性。

4.1.4 街道、路径与迷宫

本雅明在《拱廊街工程》手稿中，在"P. 巴黎街道"的"P2,1"段，谈论了"街道"（Straße）、"路径"（Weg）与"迷宫"（Labyrinth）的问题。他认为，从神话特征方面来看，路径与街道表明这两个词有着完全不同的意义[2]647。在德语中，"Weg"与"Pfad"同义，在现代的意义上，不归类于通车的交通线路，由此也就和可以通车的"Straße"区别开。朗氏德汉双解词典的解释是相对狭小的路，用石头铺成，而不是铺设沥青路面。这里面隐含了"Weg"的前工业时代的意义[25]2044。英译本将"Weg"译作"way"，根据"WordReference. com"，"way"（路径）的第 8 义是"a path or course"，"path"的第一义是"人或动物的足在大地上踩踏出的路或通道"。由此，路径一词更有着原始的意义[2]647,[25]2044,[26]。本雅明将它称为"较为古老的词"，表明他对词义的精准把握。本雅明说，"路径带有对迷路（Irrgang）的恐惧，游牧部落的头领必定听过到远处迷路的回音"。远古的游牧部落追随猎物，不断地扩大活动范围，不断地在未知的森林里搜寻。对于没有定居的游牧部落而言，迷路意味着什么？可能是进入没有什么猎物的区域，或是部落成员脱离集体，后果都是很可怕的。本雅明又提到"孤独的流浪者"（einsamer Wanderer），这样的人居无定所，巴黎街道上的浪游者是否也是这样的人？对他们而言，路径存在着"无数的转向"，于是需要不断的"定向"。即使他们漫无目标，但他们还是要分辨哪些街道是可以浪游的，因而"指引游牧部落的远古力量的迹象"仍然存在[2]647。

根据杜登德语词典，"Straße"的首要词义特别是指：城市或城镇为交通工具而设的确定的交通道路，以及步行道。朗氏德汉双解词典将"Straße"定义为：为了包括自行车在内的交通车辆通行的较宽的道路，路面坚硬而平滑。英语中对应"Straße"的词是"street"，意为"城市或城镇中通常有铺面的公共道路[25]1732[27][28]。城市或城镇是人的有目的活动作用的结果,城区范围就意味着人的控制范围。在这样的范围中设置的街道,具有明确的指向性,也具有相当的确定性。特别是对那些经过规划的城市而言,城市规划以各城区的合理分布及其有效联系为原则,街道在本质上是为了联系各城区、各个目的地而设,人们可以根据街道的名字以及房屋的名字、编号到达目的地。本雅明说,"人们在街道上行走,不需要任何熟悉路径的引路人"[2]647,应是就此意义而言的。这里所说的"人们"应是指城区范围中的市民,城市本为他们而设,如果城区不是很大,市民们对城区内的街道大多会有不同程度的了解。即使是在范围较大的城市,人们至少在自己生活的区域内是"熟悉路径"的人。

在这一段的最后,本雅明说,"人们并不是在漫步中喜欢上街道的,而是在沿循单调的、吸引人的不断展开的沥青带的过程中喜欢上街道的,不过,这两种恐怖——单调的、漫步的,综合表现的是迷宫"[29]。为什么沥青路面会吸引人?也许是它的新奇的缘故?也许是对浪游者而言的?浪游者们漫无目标,只为沥青铺就的街道所吸引,结果就是在街道上进行"单调的漫步"。其状况就像迷宫中的人一样。其实迷宫与城市一样,也是经过规划的,只不过迷宫有意设置歧路,夸大了找寻出口的困难。迷宫中通往出口的路径隐藏在一系列规则之中。要想走出迷宫,就需要"熟悉路径的引路人"的指引。迷宫中的人虽然想要找到出口,但事实上难以做到,他们只能在迷宫的路径上进行"单调的漫步"。"单调"与"漫步"对于迷宫中的人来说才是"两种恐怖的综合"。

4.1.5 关于巴黎街道

街道是城市的动脉。通过街道,城市才能维持日常的运转。而对于一座城市的认知与体验,在通常的情况下是通过在街道上的运动来进行的。街道有宽有窄,有直有弯。对于欧洲的城市而言,从中世纪城市向现代城市的转变,在许多场合体现为城墙的拆除、街道的拓宽与取直。巴黎城市的这个转变在17世纪就已开始,最初是在路易十三的城墙拆除后,沿着城墙遗址建了几条林荫大道(Grands Boulevards),后来奥斯曼改造巴黎时期,又将中心城区的一些街道拓宽。那些新拓宽的街道考虑了人车分流,适合人们漫步。而在这之前,巴黎街道大多狭窄,人流车流不分,当车辆越来越多时,就不再适合步行了。因而在那个时代,拱廊街才是步行的好去处。本雅明就此意识到,当奥斯曼改造巴黎之后,随着人行道加宽,特别是那些林荫大道,人们闲逛的范围就不再局限于拱廊街,拱廊街的衰落也就不可避免了。当然,还有其他一些因素,如电灯的使用使得街道的照明有了保证,禁娼的法令也使得拱廊街失去诱惑,还有户外文化的发展[2]140,街道露天商业的繁荣,所有这些都使得巴黎的街道具有新的活力。特别是街道商业活动,本雅明在"M3,1"段称之为"巴黎人栖居他们街道的技术"。他摘录了德国人阿道夫·施塔尔(Adolf Stahl)在1857年关于巴黎街头小商品交易活动的描述,并说在多年后,他在圣日耳曼大街(Rue St germain)和拉斯佩尔大街(Rue Laspeyres)的转角处有同样的经验,这说明巴黎街头的商业活动经久不衰[2]531。

本雅明也关注关于巴黎街道的细节,在"M2,6"段,他提到路面的一种做法,即"碎石铺路法"(macadamization),其好处是可以降低车轮的噪音。在这样的街道上,咖啡馆平台上的人不用打喊大叫就可以和马车上的人谈话[2]529。"P2,7"段是本雅明从卢西安·杜倍赫(Lucien Dubech)与皮埃尔·德·伊斯皮策(Pierre d'Espezel)所著《巴黎历史》(1926)中摘录而来,从中可知,人行道于1802年在勃朗峰路(rue du Mont-Blanc)以及德昂汀路(Chaussée d'Antin)上不同的邻里中建造,人行道路面比街道路面高出3英寸或4英寸,而且还努力去掉道路中间的排水沟[2]648。不过,本雅明更多是从19世纪的作家那里摘录有关巴黎街道的描述的。在"P4a,1"段,本雅明摘录了作家维克多·雨果(Victor Hugo,1802—1885)《悲惨世界》关于老巴黎街道下水道、排水沟、阴沟的

图 4.3　雨果:城与垮塌之桥　　　　　　　图 4.4　雨果:死亡之城

细节描述的片段。从雨果的描述中可见,19 世纪 30 年代巴黎许多街道上的阴沟仍然是"哥特式的",它们"讽刺性地显露出狭窄的入口",那是"巨大而呆滞的石板间隙","有时被石块围着,展现出纪念性的厚颜无耻(une effronterie monumentale)"[2]653。如果以现在的眼光,哥特时代的阴沟也是历史文化遗产的一部分,对它的评价可能是另外的样子。而在雨果笔下,那个时代的巴黎正是"悲惨世界"赖以展开的地方,以作家批判性的眼光来看,巴黎街道细节发散出负面的意涵,是可以理解的。

　　"P4,1"段是保罗-厄尔内·拉蒂埃尔(Paul-Ernest Rattier)所著的《巴黎的另一面》(Paris n'existe pas)(Paris,1857)中有关老巴黎的生动描写。从中可以了解"真正的巴黎"原本是个什么样子,那是座"黑暗的、泥泞的、臭气熏天的城市","挤满了死胡同、死路、神秘的通道",还有把人"引向魔鬼的迷宫";那些狭窄的巷道里有各色人等,诸如江湖医生、钟表贩子、拉手风琴的人、驼背人、盲人、跛子、小矮人、缺腿的瘸子、吵架中被咬掉鼻子的人、小丑、吞剑的人,还有四条腿的孩子、巴斯克巨人之类的怪物。本雅明加注为:"雨果的绘画,以及奥斯曼对巴黎的想象堪与之相比"。作家雨果也画画儿,大多是单色调为主,许多画作色调阴沉,形象怪异,与拉蒂埃尔描写的意象很接近,在这一点上,可以说本雅明的艺术感觉是很准确的(图 4.3、图 4.4)。而"奥斯曼对巴黎的想象",本雅明原文是"Haussmanns Vision von Paris","Vision"指的是"在幻觉中存在的意象",即"幻象",或是"对未来事物的想象",即"幻想或憧憬",英译本直接译为"vision"。作为拿破仑三世时期的巴黎行政长官,巴黎改建计划的策划者与实施者,他对巴黎未来的设想似乎正与拉蒂埃尔的描述相反。这有些令人费解[2]652,[3]524。

4.1.6　奥斯曼工程

　　本雅明在《拱廊街工程》的第 E 节以"奥斯曼化,街垒战"为题、在《巴黎,19 世纪的首都》(1935年及 1939 年版)的第六节以"奥斯曼,或街垒"为题谈论了奥斯曼的巴黎改建工程。在《拱廊街工程》"E1,6"段,本雅明从阿道夫·施塔尔的《巴黎来信》(1857)了解到奥斯曼对巴黎的改建工作。奥斯曼激进地改建计划在拿破仑三世治下(1850—1870 年)实施,主要是沿着通过协和广场与市政厅的轴线展开[2]180-181,[3]121。奥斯曼从开通宽敞的街道入手,自认为是对易于构筑街垒的老巴黎进行"剖腹取肠",也就是让一条宽阔的中央大道贯穿这部分城区[30]230。无论是《拱廊街工程》,还是《巴黎,19 世纪的首都》提纲,有关奥斯曼工程的内容的标题都与"街垒"有关,这说明本雅明很注重奥斯曼在政治、军事方面的意图。继 18 世纪末的大革命之后,19 世纪的法国处在一个动荡的时代,共和与帝制屡有反复,巴黎作为首都,自然是争夺的焦点。街垒早在 1789 年的法国大革命中就出现了,在 1830 年反对波旁家族的绝对君主制的"七月革命"中得到大量地使用[31]。本雅明在"E1,4"段提到,巴黎在 1830 年有 6000 处街垒,当时的情况可想而知。可能是因为街垒在城市局势动荡时所起的作用令人印象深刻,所以从城市当局角度出发,如何设法来避免街垒的设置,也就是自然而然的事。借助民众运动取代查理十世的路易·菲利普是一位受惠于街垒的国王,他当政后想到的是用木材来铺设路面,因为木材不适合建造街垒。想来这也算是接受了前任的教训。这一点本雅明在《巴黎,19世纪的首都》的提纲中有所提及,在《拱廊街工程》"E1,4"段还摘录了卡尔·斐迪南·古茨科夫(Karl Ferdinand Gutzkow,1811—1878)《巴黎来信》中的话,说的是人们阻止建筑材料用于革命[2]180,[3]121。后来奥斯曼实施巴黎改建计划时,采用的措施是拓宽街道,这是因为在宽阔的街道上设路障或建造街垒,都不是容易的事。还在军营和工人街区之间开出捷径,以便出现紧急情况时军队能迅速赶到。本雅明对奥斯曼的意图也有深刻地理解,他在两个版本的提纲《巴黎,19世纪的首都》中都坚持认为,奥斯曼工程的真正目的是保证这个城市能免于内战,而且奥斯曼想要使得在巴黎的街道上永远不再建造街垒。不过,他又对其效果表示怀疑:街垒在巴黎公社时代复活,比以往任何时候都更牢固且更安全。它横断林荫大道,经常有一层楼高,并遮住它后面的战壕[2]57,[3]12,24。而根据科斯托夫的考证,奥斯曼的努力在巴黎公社时期是很有成效的,因为革命的堡垒只是处在那些未经"清除内脏"的区域如蒙马特高地、贝勒维以及巴特扎卡等[32]266。

在奥斯曼改建工程之前,巴黎城市的空间形态主要是在中世纪的自发性发展过程中形成的,其特点是街巷狭窄,且蜿蜒曲折。奥斯曼在这样复杂的形态中开出宽阔而笔直的大道,其实是将一种几何化的理性结构强加在原有的自发的状态之上。即使他的原初的考虑是军事方面的,但是当这个新的理性的结构形成之后,它所产生的影响是多方面的。新的大道及其两边的整洁的建筑立面的处理给人以秩序化的印象,与中世纪城市的自发形态形成很强地对比。这样的对比来自空间形态方面,很容易将人引向审美方面的判断。本雅明将奥斯曼城市规划的理念说成是"面向开敞景观开放的漫长而笔直的大道"[2]56,这个判断也蕴含了审美的意义。此外,新的结构对于改善公共卫生条件、保证交通顺畅以及建构社会秩序也都具有一定的作用。

本雅明还摘录了勒·柯布西耶在《城市规划》(1925)中有关奥斯曼改建工程的论述。勒·柯布西耶认为奥斯曼的街道改建计划并不是"基于城市规划科学的严格推论",而带有全然的任意性[2]184,[3]125。这是一个很有意义的判断,它表明奥斯曼其实是以非理性的方式将理性的结构强加在中世纪的城区结构之上的。勒·柯布西耶也说,"奥斯曼在巴黎切开巨大的沟壑,实施了最可怕的手术",但是奥斯曼所能使用的技术与装备条件是贫乏的,是机械时代以前的东西,诸如"铁锹、鹤嘴锄、马车、抹子、独轮手推车"之类。在他看来,使用如此简单的工具,取得如此令人羡慕的成就,是难能可贵的[2]194,[3]133。尽管他对奥斯曼计划的任意性有些疑虑,但是对其结果还是持赞赏的态度。

也许还可以从城市社会秩序方面来考虑奥斯曼的改建工作。中世纪欧洲许多城市的意象是几座高大的教堂俯瞰街巷狭窄崎岖的城区,如果说教堂代表着空间秩序,那么这种秩序对周围空间的作用看上去不是很强。到了19世纪,资产阶级的世俗机构和宗教权力机构似乎难以再忍受这种混乱状态。在杂乱无章的街区里开辟笔直宽阔的大道,意味着权力机构在努力扩展其秩序控制范围,与其相关的词语如"切口""切腹取肠"或"清除内脏"等也都是表明城市的"病理学"混乱状态的隐喻。然而,在开始的阶段,单凭开通大道的方式还难以彻底改变中世纪城区。从奥斯曼所做的理查-勒努瓦林荫大道规划可以看出,秩序只是在大道及大道两侧的建筑上得以确立,而街区内部的状态仍然是极为混乱的,吉迪翁把这样的表面整洁而内里杂乱的状态比作衣柜(图4.5)[33]149。不过,随着大道的不断开通并形成网络,空间秩序也不断得到强化,混乱的街区也就被大道的表面张力围成一座座孤岛。这样的空间秩序化是很有成效的。随着房屋的翻新和房租的

图 4.5　奥斯曼工程

提高，无产者们自然被驱赶至城郊，在那里形成新的贫民聚居区，本雅明称之为"赤带"（ceinture rouge）[2]72-73,[3]23。

奥斯曼自命为"拆迁艺术家"，而他的名字也成为一个专业术语——奥斯曼化（Haus-mannization）的词根。他的工作摧毁了许多中世纪街区，可以说，巴黎正是在奥斯曼化之后才由中世纪的城市转变为现代大都市。本雅明在《巴黎，19 世纪的首都》提纲（1939）中提到，作为巴黎城市摇篮的西提岛（Ile de la Cité），在奥斯曼工程开始后，"只有一座教堂、一座公共建筑以及一座兵营存留下来"，不难想象，老建筑的拆除力度有多大。这种大规模拆除以及新建的结果，就是形成对巴黎市民而言十分陌生的环境，因而本雅明要说巴黎市民们"不再有家的感觉了"，而且他们也开始意识到大都市的"非人性的特征"（caractère inhumain）[2]73,[3]23。在这里本雅明既没有怀旧的感伤，也没有对新奇事物的欢欣，而只有十分平静的陈述。事实上这个陈述向我们表明，中世纪及以前的社会的古代性与城市化进程的现代性之间出现难以弥合的断裂。我们还可从中体会到一个悖论，通常以为在中世纪城市社会人性是受到压制甚至是禁锢的，但其城市环境反倒使人有家园之感；在现代大都市社会，人性不再受传统的制约，但其城市环境却又带有"非人性的特征"。

在《巴黎，19 世纪的首都》提纲（1935）中，本雅明还提到，奥斯曼工程使得巴黎的街区失去"其独特的外观"（ihre Eigenphysiognomie）[34]。本雅明在此多少表达出一种美学方面的考虑。20 世纪的学者们赞赏中世纪的城镇时，大概也是出于美学方面的考虑。就我个人的经验，中世纪城镇的复杂形态的确蕴含了许多意想不到的视景，与新古典主义以来的明晰的空间形式秩序相比，让人有更为丰富的空间体验，因而更为有趣。然而，我们漫步于其中的、中世纪留存下来的城市环境，其实并不是真正意义上的中世纪城市，而是保持了其个性化特征的，又适应了现代社会要求的城市。这可能是我们可以从审美的方面来谈论中世纪城市的前提。而在社会学家那里，问题的关键在于城市形态背后的社会结构上。如果我们回到中世纪，面对一个中世纪的城市社会，可能我们就不会那么轻松地赞赏中世纪城市的个性化特征了。其实奥斯曼计划也正表明了这样一种担心，即：杂乱无章的中世纪欧洲城镇形态可能会成为败坏的社会生活的滋生地。然而奥斯曼计划通过城市物质环境的改造去平定社会动乱，显然是过于乐观了。城市结构的秩序化并不能拯救第二帝国内外交困的命运。本雅明说，巴黎焚城对奥斯曼工程是个恰当的终结，其实，奥斯曼早在巴黎公社起义前一年就被临时政府解职[2]58,[3]13。

4.2　关于现代建筑的思考

从本雅明在《拱廊街工程》中所做的有关建筑理论著作的笔记以及一些关于建筑的思考片段来看，本雅明对现代建筑的发展十分关注。本雅明关于建筑学方面的摘录，主要来自卡尔·博迪赫尔的《希腊建筑与德国建筑的原理之于我们时代的建筑》、阿尔弗雷德·哥特霍德·迈尔的《钢铁建筑》、吉迪翁的《法国建筑：钢铁建筑，混凝土建筑》、阿道夫·贝内的《新生活——新建筑》、多尔夫·施特恩贝格的《青年风格派》等著作。可以说，本雅明对建筑理论问题的思考是十分深入的，也体现了较强的专业性；另一方面，本雅明还从歌德、雨果、阿拉贡、布勒东等人那里，了解了文学家和人文学者们对建筑及相关领域的问题的看法。

4.2.1　关于技术的思考

受马克思政治经济学的影响，本雅明赋予生产力的发展以极为重要的作用，而生产力水平又有赖于科学与技术的进步。本雅明的文论对技术发展给予极大的关注。在《拱廊街工程》的"K.梦幻城市和梦幻之屋，未来之梦，人类学虚无主义，荣格"一节中，本雅明写下有关技术思考的几个片段。首先本雅明注意到机器的重要作用。在"K3，1"中，他引用了马克思在《资本论》中的一段话。马克思通过机器生产与传统手工生产的比较，表明机器生产的巨大力量与成效，他以纺纱机与袜子织机为例，说明机器同时运转的工具数量从一个工人的手工工具所受到的器官的限制（die organische Schranke）中解放出来[35]。最终，机器运转效果的节奏在经济节奏中产生变化。本雅明由此也想到生活节奏也随之大规模加速了。

关于技术与自然的关系，特别是以机器生产为标志的现代技术与自然的关系，是本雅明十分关注的问题。人们很容易将技术与自然对立起来，这可能是出于人类中心论的考虑，特别是当现代技术为人的改造自然带来巨大的能力，这种对立就更明显了。在现代主义的时代，主导的观念是强调现代技术之于人的能力的价值。而那个时代也曾有过不同的声音——德国哲学家路德维希·克拉格斯（Ludwig Klages，1872—1956）在1913年做了一次题为《人与地球》的演讲。在这篇演讲中，克拉格斯对现代科学技术以及进步的观念显然是持有保守的态度，对科学占据前所未有的高度、技术已征服地球这样的现象并不以为然，将工业时代称作"历史上的血腥时代"。克拉格斯主张要像古代先民那样象征性地看待自然——森林和泉水、巨砾和洞穴都充满生命；他特别提到，当古希腊人想要在溪流上架桥，他们会祈求河神原谅他们的行为，会为河神举行祭酒的仪式[36]。其实克拉格斯是想要提醒人们尊重自然，与自然和谐相处。后来这篇著名的演讲被视为绿色运动的蓝图。而本雅明对克拉格斯的观点并不认同，认为他是"试图在自然的象征空间（Symbolraum）与技术的象征空间之间建立乏味的经不起推敲的反题"[2]493。

其实本雅明反对的是将技术与自然简单地对立起来。在他的观念中，技术也蕴含在自然的过程之中。在"K1a，3"一段中，本雅明提到"真正新的自然形式"（wahrhaft neuen Naturgestalt），并在其后的括号里说明，技术在根本上也是这样的形式[37]。如何理解这样的一致性？从根本上来说，人类也是自然的产物，技术作为人类在自然中活动的结果，与自然有着不可分割的关系。因而技术并不是凭空出现的。但是技术与自然之间的一致性也不是简单的一致性，这是因为技术本身有着"辩证本质"（dialektisches Wesen）。本雅明认为在技术中都存在着"另外一个冲动"，这个冲动具有"陌生于自然的目标"，这意味着如果自然自有其目标的话，那么技术的目标就是另外一回事了。此外，技术中还存在着"外在于自然并与自然敌对的手段"，更为重要的是，"这些手段将自身从自然解放出来并统治自然"[2]500-501。事实上，技术与自然的关系取决于人自身的态度。在那个时代,对技术的乐观的态度极端地体现在技术决定论中,人性的价值让位于技术崇拜了。而机器生产给人的直观印象是,作为机器操作者的工人被固定在生产线上,似乎成为附属于机器运转过程的补充因素了。本雅明虽然不赞成克拉格斯的反题,但还是意识到技术的异化现象。

本雅明还提出"形式世界"(Formenwelt)的概念,他在论及机械、电影、机器制造以及新物理学中出现的形式世界时,着重指出这些形式世界并没有得到"我们的帮助"。按照一般的理解,这个陈述是不可思议的,因为这些形式世界的确是要通过人的发明或人为的工具才能出现的。而进一步去想,我们发明这些自然中原本不存在的事物,其实还是因为我们发现了它们的要素在自然状态下潜在的重新组织的可能性。没有我们的帮助,应是意味着这样的可能性使得新的形式可以如其所是的那样出现。那么这里所说的"我们的帮助"可能指的是出于我们主观方面的、与潜在的可能性无关的作为。接下来本雅明提出两个十分深刻的问题:"形式世界是在何时、以何种方式向我们表明自然对它们起了什么作用? 在何时我们会达到那样一个社会状态,在其中这些形式或那些由它们而生的形式,自身向我们展现为自然的形式(Naturformen)"[2]500?

前一个问题问的是"自然的作用",后一个问题问的是"自然的形式"。"自然的作用"指的是自然对这些形式世界自身的形成所起的作用,所谓"自然的"可以理解为出于这些形式世界的本性,这样的作用是"自然而然的";至于"自然的形式",并不是"自然事物的形式",而是符合这些形式所属事物本性的形式,即"自然而然的"形式。在"K1a,3"一段中所谓"真正新的自然形式"(wahrhaft neue Naturgestalt)其实也可以如此来理解。事实上,能够让形式世界以如此方式向我们呈现的社会状态是理想中的。另一方面,形式世界是否能够自然而然地向我们呈现,也取决于它们是否具有自足的存在根据,以及这样的根据是否被我们所理解。本雅明在《拱廊街工程》中有很大的篇幅是摘录有关建筑艺术的论述,写下关于建筑、室内乃至城市的多重思考,但在说明这些"形式世界"时并没有提到建筑,这是值得我们思忖的。

本雅明对技术的关注贯穿《拱廊街工程》全书。在"K2a,1"一段中,他表明从原始历史找出19世纪的一部分这样一个打算。为什么要将久远的原始时期与19世纪联系起来? 技术的发展是一条线索。工具之于原始时期,就像现代技术之于19世纪一样,都是对前面的状态的革命性的突破。本雅明想到的是,"技术总是从新的视角展现自然",我们可以将这个陈述视作他在"K1a,3"一段中所说的"真正新的自然形式"的延伸。本雅明为什么又说,在技术开始的时候,在19世纪的生活安排中,"原始历史的诱人而又吓人的面孔"就清晰地表达出来[2]496? 让我们想象一下,在原始人创造出石器,并以此为工具利用自然的材料制作出不同于自然事物的物品时,他们可能会惊喜,也可能会入迷。原始历史的诱人之处可能就包括这个方面。至于原始历史的吓人之处,我们可能会想到原始人装饰自己而在身体上进行疼痛的划痕与刺纹,诡异的图腾,以巨石建构出的祭祀神明的场所,以及那里的血腥的祭祀仪式等,其粗野程度超乎文明社会的想象。在19世纪,通过以机器为标志的现代技术,与生活相关的用品以不同于手工产品的新形式出现,其简明性相对于手工产品的复杂性而言是个突变,而以钢铁结构为标志的工程形式相对于传统文化所滋养的品位而言可谓粗野的怪物,给人们的心理带来震惊甚至恐怖。这样的状态与原始历史存在着某种程度上的关联。

当本雅明提及"原始历史的诱人而又吓人的面孔",他指的是"在技术开始的时候",其时技术的使用是有限度的。真正恐怖的是,技术用于部落间的战争。随着技术的发展,武器越来越锋利,战争也就越来越残酷。及至20世纪第一次世界大战爆发,现代技术的运用使得这场战争成为有史以来杀伤力最大、破坏性最强的一场战争。1933年,本雅明写出《经验与贫乏》一文,其时战争结束已有10余年,欧洲正处在战后恢复阶段,但战争带给人们的内在的创伤并不易于治愈。在这篇文章中,本雅明对技术的态度不像在《拱廊街工程》中那样表明对技术自身本性的理解,而更多地倾向于反思技术的极端运用给人类带来的后果。对于经历了那场大战的一代人而言,影响更为深远的可能是他们的经验在多方面被否定,正如本雅明所指出的那样,战略经验被阵地战所否定,经济经验被通货膨胀所否定,身体经验被饥饿所否定,道德经验被统治力量所否定[38]291。以往许多方面的经验在现代不再起作用,而现代从根本上不同于以往时代的本质特征就在于现代科学技术的进步。传统经验在许多方面被否定,以至人们在现代面临经验的贫乏,而这样的贫乏状态与技术的发展分不开。本雅明敏锐地意识到这一点,在他看来,一种全新的贫乏正是随着技术的惊人的发展降临在人类的头上[38]292。

在本雅明看来,现代的经验上的贫乏不只是在个人层面上的贫乏,而且也是人类总体经验上的贫乏。这意味着技术所产生的影响是全面的,也是深刻的。本雅明还将这样一种从个人经验到人类总体经验上的贫乏视为"一种新的野蛮状态",对于这样一种状态,他的态度是微妙的。一方面本雅明引入"一种新的积极的野蛮的概念",其实那并不是真的野蛮,那是伟大的创造者所需要的"一个新的开端"。本雅明提到了那些伟大创造者的名字,如哲学家笛卡儿、物理学家阿尔伯特·爱因斯坦(Albert Einstein,1879—1955)以及画家保罗·克利,他们的共同之处就是"首先要清除出一块干净的桌面(reiner Tisch)"[39][40]254。这意味着新的开端与既有事物之间出现一个断裂,以便新地创造活动可以不受既有事物的影响。在这个意义上,本雅明是个比较激进的现代主义者。另一方面,本雅明又对贫乏-野蛮状态感到忧虑。他说,"我们变得贫乏了。我们丢弃了一个又一个的人类遗产,常以其真实价值的百分之一把它抵押在当铺,只为换取'当代的'零花钱"。与前面那种为了新的创造活动清除出一块干净的桌面的野蛮状态相比,这样的野蛮状态就不是积极的。他把被丢弃的人类遗产隐喻为不计价值的质押物,所换取的"当代的"零花钱显然是不值得的。而那些零花钱被那些更缺乏人性的强权人物所控制,没有用到正道上,就更糟糕了,他预感到"经济危机已到门外,它的后面迫近的战争之阴影在跟随"。所谓强权人物显然指的是政治家,20世纪的历史表明,那些纳粹、法西斯、军国主义的政治家们正是一系列历史悲剧的根源。不过,他最终还是对"那样一些人"抱有希望。"那样一些人"就是艺术家,由于强权人物已经垄断了控制事物的权力,艺术家们只能"以不多的资源重新开始",他们把全新的事业"建基于洞见与弃绝的基础之上"。最后,本雅明指出了这个事业的指向——在建筑上、绘画上以及文学上超越文化,但他又加了一个条件——"如果需要的话",这很耐人寻味[38]296。

4.2.2　钢铁建筑

本雅明在拱廊街的研究中,阅读了卡尔·博迪赫尔的《希腊建筑与德国建筑的原理之于我们时代的建筑》、阿尔弗雷德·哥特霍德·迈尔的《钢铁建筑》、吉迪翁的《法国建筑:钢铁建筑,混凝土建筑》、阿道夫·贝内的《新生活——新建筑》、阿尔伯特·德·拉帕朗的《钢铁的世纪》以及一些历史书籍中有关钢铁技术在建筑、家具以及制品中应用的内容,并就其重点内容做了摘录。本雅明高度评价迈尔与吉迪翁的著作,称之为仍有生命力的书,是任何未来的历史唯物主义建筑史的序言。特别是迈尔的著作,成功地将19世纪的钢铁建筑置于建筑历史与建筑史前史的情境之中,置于住宅自身的情境之中[12]225-226。

在《拱廊街工程》的手稿部分,本雅明用"F"一节来摘录有关钢铁建筑的文论并谈了他们自己对钢铁建筑的看法。在"F1,1"段,本雅明提出了"钢铁结构的辨证推论"(dialektische Abteilung der Eisenkonstruktion),即:钢铁结构既不同于希腊的石头结构(Steinbau),也不同于中世纪的石头结构。前者的屋顶是有椽条的屋顶(Balkendecke),后者的屋顶是拱券的屋顶(Bogendecke)。

他是从收录在《卡尔·博迪赫尔诞辰 100 周年纪念》(柏林,1906)文集中的"希腊建筑与德国建筑的原理之于我们时代的建筑"一文了解相关情况的。此文是博迪赫尔在 1846 年 3 月 13 日做的一个演讲。本雅明摘录的这段文字是关于屋顶结构的,博迪赫尔在此将钢铁称为"某种特别的材料",认为只有在这种材料应用到建筑上之后,一种新的无法预想的屋顶系统才有可能被接受。而且在未来的建筑中,钢铁注定要成为屋顶结构系统的基础性条件,由于其静力学特点,钢铁结构注定会推动这个系统超越希腊建筑与中世纪建筑,就像拱券结构推动中世纪超越古代的石梁柱结构一样。如果从拱券结构借用力学原理,并将它用于全新的未曾预想过的系统中,那么对于这个新系统的艺术形式而言,希腊的形式原理也必定会被接受[2]211。

在《巴黎,19 世纪的首都》(1935)第一节"傅立叶与拱廊街"中,本雅明也谈到钢铁结构,他将钢铁结构视为拱廊街产生的第二个条件。钢铁是在拿破仑帝国时期开始用于建筑的,其时钢铁结构技术对于古希腊意义上的建筑复兴是个贡献。本雅明在此也引用了博迪赫尔在这个问题上的看法——对于新系统的艺术形式而言,希腊模式必定会盛行。本雅明的行文可能会造成误解,仿佛博迪赫尔的观点表明拿破仑时代帝国风格的必然性,其实博迪赫尔是从纯粹的建构原理来谈希腊模式在他的时代的钢铁建筑上的运用的[2]45-46。事实上,本雅明对于拿破仑在建筑上倡导的基于古典主义理想的虚张声势的帝国风格并无好感,称之为"革命的恐怖主义风格"(der Stil des revolutionären Terrorismus)。一种新型的建筑材料与技术在应用之初与政治方面的考虑相遇了。本雅明说,正如拿破仑没有认识到国家作为资产阶级的支配工具所具有的功能性质一样,帝国时期的建筑师们也没有理解钢铁的功能性质(die funktionelle Natur),他们利用钢铁材料设计出与庞培柱式相似的支撑,模仿住宅的工厂,就像后来火车站起初呈现出瑞士山中的牧人木屋的样子。可以想见,那时的建筑师们在新的建造方式面前有些手足无措了。对此我们不必过于惊讶。新旧事物交织的意象持存于集体意识之中,特别是在新的生产方式出现之际,旧的生产方式仍起着支配性的作用。一般而言,以钢铁模仿石柱式,其实与古典文明之初以石材模仿树干或纸草的形象一样,都是习惯使然。也许那也是新的建造技术最终具备相应的形式所必须经历的过程。但就技术方面而言,适合的建筑艺术处理就是要根据所用材料的功能性质及其建造方式的特点确定适合的形式,本雅明对此有深刻的认识,从他有关基于钢铁材料功能性质的建构原理(das konstruktive Prinzip)对建筑艺术处理的支配作用的论述可以看出这一点。事实上,他的这个观念有着他的技术哲学的基础,与前面一节所分析的有关技术的"自然而然的形式"的看法是一致的。另一方面,本雅明还注意到,建筑史上为日常生产与生活的建筑(包括谷仓和马厩的农场建筑、花园与公园里的建筑)模仿神庙建筑的线索,与工厂建筑模仿住宅的线索可谓异曲同工。关于这一点,他在"F1a. 1"中摘录了雅各布·法尔克(Jocob Falke)的《现代时尚史》(1866)中的相关论述[2]213。其实这条线索表明的是一种向善的态度,神庙是人们用以尊奉神明的场所,其形式要表达他们的虔敬,那也是令他们满意的形式。至于人们将这样的形式用到日常生活中,也是因为他们对此很满意。最终这就成为趣味的问题——他们喜欢这样的形式。

让我们再回到博迪赫尔。博迪赫尔是 19 世纪德国的建筑理论家,是卡尔·弗里德里希·申克尔(Karl Friedrich Schinkel,1781—1841)的学生。申克尔的建筑观从浪漫主义转向古典主义以后,博迪赫尔应是受到影响。他在 1852 年完成《希腊建筑》一书,除了受到申克尔和谢林等人的赞赏之外,大部分德国的建筑师并不怎么接受。此书标题的德语原文是"Die Tektonik der Hellenen",在上面提到的那篇演讲中,也可以体会到博迪赫尔对希腊建筑原理的辩护之意。事实上,很长时期里,博迪赫尔在建筑史上是被忽视的。汉诺-沃尔特·克鲁夫特(Hanno-Walter Kruft,1938—1993)的《建筑理论史》在论述 19 世纪的德国建筑理论时并没有提及博迪赫尔。直到弗兰姆普敦在 20 世纪后期写出《建造的诗学》一书,论及博蒂赫尔在建构方面的理论探讨,他才进入建筑理论界的视野。此外,佛朗西斯·马尔格雷夫(Harry Francis Mallgrave)在 2005 年出版的《现代建筑理论——历史的研究,1673—1968》第五章"德国理论的兴起"中,以较长的篇幅论述了博迪赫尔及风格争论的问题,表明博迪赫尔在建筑理论史上的地位[41]112-113。在 20 世纪 30 年代,本雅明能够找到博迪赫尔的文本,并从中体会出与他的技术哲学相通的意蕴,表明他在建筑理论上具有很深的造诣。

在"F. 钢铁建筑"一节中,本雅明还从吉迪翁的《法国建筑》一书中了解了 19 世纪钢铁建筑的发展状况。在"F2,6"一段中,本雅明摘录了吉迪翁关于 1811 年建造的谷物交易所的论述,那是建筑师希波吕忒·贝朗日(Hippolyte Bellangé)与工程师布鲁内(Brunet)合作的作品。在这个工程中,建筑师与工程师的角色首次不再集于一个人身上。希托夫(Jakob Ignaz Hittorff, 1792—1867)建造了火车北站,他也是从布朗日那里对钢铁结构有所理解,但那还不是以钢铁来建造,只是钢铁的应用。吉迪翁指出了问题之所在,即木结构的技术简单地转化到钢铁上来。这意味着人们还没有掌握适合于钢铁这种新材料的建造技术。在"F2,8"段,吉迪翁的论述是关于钢铁建筑向工业化的转向,其至为重要的一步是特殊断面形式的锻铁或钢材由机器预制。一开始是制造火车用的铁轨,这是可组装的铁构件的开端,也是钢铁结构的基础。本雅明在括号里作注,要注意新的建造方式缓慢地与工业结合起来,工字钢是在 1845 年首先在巴黎用于楼板结构的。其时正值石匠们罢工,木材价格上升。这说明除了技术方面的进展之外,经济因素也为钢铁建筑提供了契机[2]215-216。

本雅明对钢铁建筑的研究的另一个来源是 20 世纪的德国建筑师 A. G. 迈尔的《钢铁建筑》一书。在手稿的"F3,7"段,本雅明摘录了迈尔的论述:"石头建筑的技术是立体切割术(Stereotomie);木建筑的技术是建构(Tektonik)。钢铁建筑与它们有共同点吗?"这段摘录显然是迈尔在此书开篇的部分对不同建造技术概念的辨明。而这样的十分专业化的术语对本雅明而言必定是很有意义的。接下来本雅明注意到石头与钢铁给人的不同的感受:石头——体量具有的自然的精神,钢铁——人工压缩的耐久性与韧性。至于迈尔对钢铁、石头、木头 3 种材料在同样维度的条件下,重量与抗拉强度之间的关系,并得出钢铁的性能最强的结论。那些明确的数量一定给本雅明留下了深刻的印象[2]219。

由于钢铁的材料性能,在满足同样结构要求的条件下,钢铁构件的截面比木构件或石构件的截面要小。从外观上来看,钢柱或钢梁都显得纤细一些,这对于习惯了木构建筑及石构建筑的构件外观尺寸的人们来说,钢铁构件在外观上显得要弱一些。迈尔更是将人们对钢铁材料的不信任与它不是由自然直接提供这个事实联系起来。本雅明提到"那些人",他们应是对钢铁材料性能有很好了解的人,应是工程师们。在他们看来,"技术绝对论"(technische Absolutismus)对于钢铁结构而言是根本性的。所谓技术绝对论其实就是技术决定论,以此为基础,钢铁结构的合理性就在于材料的结构性能与建筑结构要求之间的适合关系,而不是顾及人们对建筑结构外观的传统观念。本雅明说这些人"认识到钢铁结构与关于建筑材料的价值与实用性的传统概念的反差的程度"[2]219-220,但他们并没有向这样的传统概念妥协。在"F4a,5"段,本雅明摘录了吕西安·杜贝赫(Lucien Dubech)与皮埃尔·德埃斯皮泽(Pierre D'Espezel)关于大众对埃菲尔铁塔之类的钢铁结构的不满地分析。根据他们的说法,1878 年左右,人们对钢铁建筑(l'architecture du fer)抱有很大的希望。但是这种希望并不是出于对钢铁结构本身特质的理解,而是将钢铁结构视为哥特建筑本质的恢复[42]。由此可以看出工程师们与大众在钢铁建筑形式上的分歧:前者在探索适合于钢铁这种新型建筑材料性能的新形式,后者则希望钢铁建筑的形式能够满足哥特建筑的理想。显然，本雅明倾向于工程师的看法。

在这里遇到的其实是建筑形式由什么因素来决定的问题。在"F3a,5"段，本雅明提到"建筑中技术的必然性"(die technischen Notwendigkeiten im Bauen)这样一个概念，同时也表明在其他的艺术门类中也都有"技术的必然性"。所谓"技术的必然性"，指的是技术如其所是的那样存在，是技术的"自然"，也可以视为技术绝对论的另一种表达。本雅明的问题是，在一个更早一些的时代，建筑中(以及其他艺术中)技术的必然性是否像当今那样完全决定了形式与风格。他给出的答案是否定的。在他看来，在当今钢铁建筑中，技术的必然性才决定了建筑的形式与风格，而且也许是建筑史上首次如此[43]。

图4.6　洛吉耶:原始棚屋

一般而言，建筑中的技术乃至其他艺术门类中的技术都只是手段，是为建筑与艺术的目的服务的。建筑的目的是多方面的，但其根本的目的就是为了形成一个遮风避雨、抵抗严寒酷热的空间，我们可以称之为原初的目的。也许原始棚屋的建造与这个目的的关系最直接。在原始棚屋的想象中，一根圆木搭在两根树干的分叉处，这两根树干又由两根圆木在两侧斜向支撑，自然就形成一个遮篷的框架。在空间需求的前提下，木材的材料特点以及相应的建造技术也就决定了原始棚屋的形式(图4.6)。以后的木构建筑以及石构建筑可能就变得复杂了，无论是木材还是石材，人们在其上的作为超出了原初的目的，也超出了纯粹技术方面的考虑。比较常见的是对木构件或石构件加以雕琢。而当钢铁作为建筑材料问世之际，人们就已经意识到这种材料与传统材料的基本区别就在于它的不可雕琢的特性。但是人们已习惯了木构与石构建筑的形式，于是人们想到用铸铁的方式将铁浇铸成各种风格的装饰性形式。或者用石头做钢铁结构的饰面，就像拉帕朗所谓"带有石头饰面的钢铁结构"(die Eisenkonstruktionen mit Steinverkleidung)那样[2]229。显然这样的处理不是出于钢铁技术的必然性。当钢铁以型钢以及钢管的形式成为大量性使用的建筑材料，它的不可雕琢性就是其技术的必然性之一。出于这样的技术必然性，钢铁建筑的形式就不可能呈现传统建筑那样的装饰性。钢铁材料因此就成为与以往所有自然材料不同的材料，也因此"彻底地决定了形式、风格"，而且是有史以来"第一次如此"[2]220。如果说原始人以树木建造的原始棚屋具有自然的形式是因为他们没有比原初目的更多的要求，那么钢铁材料所具备的技术的必然性就迫使人们放弃那些不适合这种必然性的目的。本雅明从钢铁建筑的技术的必然性上体会出一种"最小"的标准(der Maßstab des "Kleinsten")，即最小的量，"小"和"少"。由此可以引向"极简"的标准，而极简的标准其实也是现代建筑的美学标准之一。本雅明在此将"极简"的标准视为"在技术性与建筑性的建造(Konstruktionen der Technik und Architektur)中建立起来的标准"，而且是早在理论敢于接受它们之前就已经确立了。这是一个十分有意义的判断[44]。另一方面，极简的标准可以在"Konstruktionen der Architektur"中建立起来，看来本雅明并没有像巴塔耶那样为这个概念

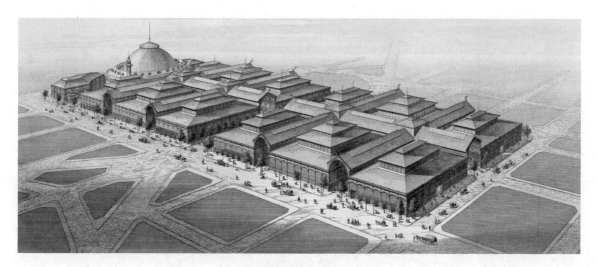

图 4.7 巴尔塔:巴黎大堂鸟瞰图

赋予负面的意涵[45]。

在 1933 年写成的《经验的贫乏》一文中,本雅明将现代人类总体经验上的贫乏与技术的发展联系起来。现代钢铁建筑技术的必然性所导致的极简的标准,其实也是经验贫乏的原因之一。从前面一节的分析中可知,本雅明对技术所导致的经验贫乏——全新的野蛮状态既持有积极的看法,也流露出疑虑。从积极的方面来看,全新的野蛮状态是"一张干净的桌面",可以作为伟大的创造者的新的开端。就室内的经验而言,资产阶级的内室装饰繁缛,到处都留下主人的痕迹。如果要想从这样的状态摆脱出来,就要像诗人贝尔托·布莱希特(Bertolt Brecht,1898—1956)所说的那样,"消除痕迹"! 有鉴于此,本雅明想到希尔巴特所倡导的"玻璃文化",也想到包豪斯所用的钢铁,因为玻璃与钢铁都是难以留下痕迹的材料,可以用来创造开始新的生活的房间[38]294-295。

19 世纪最著名的钢铁建筑有伦敦的水晶宫和巴黎的埃菲尔铁塔。在建筑史上,建筑理论家们大多认为水晶宫对现代建筑的发展起了很重要的作用。本雅明对这两座建筑都很感兴趣,在手稿中摘录了一些有关它们的论述。关于前者,他摘录了迈尔、A. 德米(A. Demy)、A. S. 德·当库尔(A. S. de Doncourt)、阿尔伯特·德·拉帕朗等人的论述片段,关于后者,他摘录了迈尔、艾贡·弗里德尔(Egon Friedell)等人的论述片段,他也摘录了文学家与艺术家们对埃菲尔铁塔的抗议信。关于水晶宫,拉帕朗在《钢铁的世纪》(Le Siécle du fer)一书中指出,建筑师约瑟夫·帕克斯顿(Joseph Paxton,1803—1865)以及承包商福克斯及汉德森(Fox 和 Henderson)已经系统地解决了不使用大尺度构件的问题。最重的构件是 8 米长的空腹铸铁大梁,不超过 1 吨重。经过预先设计,这些尺寸较小的构件可以在工厂里制作,再快速运输至现场组装。拉帕朗指出钢铁结构的价值就在于其经济性[2]229。关于埃菲尔铁塔,迈尔说出了钢铁建筑与传统建筑的根本区别:在钢铁结构中,"造型的力量让位于精神力量的巨大跨度,它将非有机的物质力量导入最小的最有效的形式,以最有效的方式将这些形式结合起来"。构件尺寸小了,数量就会增多,埃菲尔铁塔的构件数量达 12 000 个,铆钉数量达 250 万个。在施工现场,"人们听不到将形式从石头中释放出来的雕琢之声",而是看到起重机和脚手架,思想对肌肉力量的支配通过它们体现出来[2]223。

19 世纪较为著名的钢铁建筑还有建于 1853 年的巴黎大堂(Les Halles,即巴黎中心市场),由建筑师维克多·巴尔塔(Victor Bartard,1805—1874)设计。巴尔塔用钢铁和玻璃以及砖石建造了这个建筑群。场地东西轴线的西端是建于 18 世纪中期的圆形的谷物交易所,巴尔塔以此为终

第 4 章

图4.8　巴尔塔:巴黎大堂

端设置了纵向的玻璃拱廊街,两侧各设置6个交易大厅(图4.7、图4.8)。巴黎大堂早在12世纪就成为巴黎的中心市场,有"巴黎之腹"之称[46]。本雅明在"F5,4段"指出,巴尔塔设计上的失败,"原因在于砖石与钢铁结构的不幸的结合",他还提到1851年伦敦博览会的展馆最初的方案,也就是由弗伦敕曼·霍尔娄(Frenchman Horeau)设计的方案,也是在钢铁结构中使用了砖石。两位建筑师都在钢铁结构中使用砖石,可能是为了让钢铁建筑更符合人们的审美习惯。这也是一种折衷的办法,是将新材料与传统材料加以折衷的办法。伦敦人最终接受的是纯粹钢铁和玻璃的水晶宫,没有用霍尔娄的方案。而巴黎人还是更喜欢巴尔塔的结构。但后来被称为"大堂城堡"(le fort de Halle)的巴黎大堂还是被拆除了。本雅明这样说,仿佛巴黎人已从审美习惯中解放出来[2]224。事实上,巴黎大堂迟至1970年代才被拆除(本雅明在30年代怎么会说到拆除问题?令人费解),原因并不是形式上的,而是因为其业态不符合市场需要,同时涉及地铁站点的问题,最终结合地铁站建成带有下沉广场的新的商业中心,即大堂广场(Forum les halles)(图4.9)[47]。

　　总之,本雅明通过一些建筑理论家、工程师的著作从不同的方面了解19世纪的钢铁建筑的实践与理论,通过他所摘录的那些片段,可以看出德语世界与法语世界的知识界在建筑、城市乃至文化批评领域的理论思考的深度。拉帕朗是法国的矿山工程师和地理学家,竟能写出关于同时代钢铁建筑的论著,在关于伦敦水晶宫的分析中揭示了钢铁建筑技术之于建筑工业化的前景;迈尔作为建筑师,他的《钢铁建筑》一书具有相当的理论深度。"雕琢"就是"将形式从石头中释放出来",这是对石构建筑的造型过程的绝妙的描述;而当他断言在钢铁建筑中造型的力量让位于精神力量的巨大跨度时,他已经将那些抗议埃菲尔铁塔的文人、画家、雕塑家、建筑师们远远地抛在后面。吉迪翁作为现代建筑运动"魔鬼作家",在后来的《时间,空间,与建筑》一书中倡导一种符合时代精神的形式与空间观念,本雅明没有能看到那部著作。但在《法国建筑》一书里,吉迪翁已经想到了伴随钢铁建筑而来的新的空间感。本雅明在"F3,5"一段中提到吉迪翁给出的马赛轮渡大桥的图片,由此想到新的钢铁结构开放了宏伟的城市景观,而这样的景观长期以来只是由工程师和无产者所见证[2]218。相形之下,建筑师就无缘这样宏伟的景观了。不过,建筑师与工程师合作,创造出水晶宫那样的超出传统建筑师所能想象的巨大的室内空间,在人们的日常经验中产生巨大的震撼,也是非常了不起的成就。本雅明作为一个文人,从工程师和建筑师那里领会了钢铁建筑所蕴含的巨大的精神力量。他对钢铁建筑的研究本是出于对拱廊街研究的需要,因为钢铁与玻璃是拱廊街产生的物质条件。但在阅读相关文论时，本雅明可能受到更多地启发。在19世纪这个现代的史前史时期，钢铁建筑率先以简明的形式呈现出来，体现出极强的先锋性。作为一个关注现代性的思想家，本雅明对此应是有所感触的。

4.2.3 玻璃乌托邦

玻璃作为建筑材料，随着19世纪钢铁建造技术的发展，而大量性地应用到建筑上来。可以说，玻璃的大量性应用也是现代建筑产生的先决条件之一。出于某种敏感，作家保罗·希尔巴特在20世纪初写出《玻璃建筑》一书，给陶特、格罗皮乌斯等建筑师以启发。希尔巴特认为，我们的文化在某种程度上是我们的建筑学的成果，因而，如果想要将我们的文化提升至一个较高的境层，就必须改变我们的建筑。希尔巴特改变建筑的突破口选在去除生活空间的封闭性上，而不是当时困扰建筑界的形式问题，这是极为有意义的。为了去除生活空间的封闭性，他想到用玻璃制成的墙体，也就是后来大行其道的玻璃幕墙，此外他还想到钢铁建造方式使得墙体从垂直性的限制中解放出来，可以说他关于改变建筑的设想体现了非同寻常的预见性[48]32-33。

去除生活空间的封闭性这个主题，正与本雅明对超现实主义的思考相关联。本雅明在《超现实主义——欧洲知识界之最后一景》一文中，想到在莫斯科一家旅馆里许多西藏喇嘛所住房间的门全部敞开的情景，其实那也是对封闭性的一种抗拒。就此意义而言，住在一所玻璃房子(a glass house)中，就像敞开房门一样，是一种典型的革命美德。本雅明提到"关于个人自身存在的自主判定"(discretion concerning one's own existence，那其实是出于自身存在的自由意志，属于私人性的范畴)，原本是贵族的美德，现在已越来越是小资产阶级暴发户的事了[49]228。个人自身的存在需要相应的空间，即个人的空间，这个空间是个人存在的一定范围内的外延，从而具有一定的封闭性并留下个人的痕迹，这本无可非议。但是小资产阶级暴发户的内室远不止于此，他们过于强化自身的存在，而且是以自己特有的布置物品的方式留下痕迹，本雅明在《经验与贫乏》一文中例举了"横线脚上的饰物，沙发上的垫子，窗户上的透明画，壁炉前的护热板"。在本雅明看来，强化自身的存在痕迹成为资产阶级内室的行为规范，而作为其结果的室内布置又反过来迫使主人接受尽可能多的习惯。本雅明又说，"那些习惯更适合于人所生活其中的室内，而并不适合于人本身"。此语意涵深刻，涉及人的行为与环境之间的关系问题。人先是创造了自己生活其中的物质环境，这个过程体现了人的意志与行为对物质环境所施加的影响，而一旦物质环境形成之后，就成为一个空间框架，反过来又对人的行为施加影响。如果物质环境布置得越是细致，就像资产阶级内室那样，它对人的规定性也就越强。那些摆设甚至与主人的存在联系在一起，本雅明称之为主人自己的"在世痕迹"。在这里，物品成了主人在世的象征，难怪当物品毁坏时主人会有那样激烈、荒诞的反应[38]294。而在《超现实主义》一文中，本雅明在谈论超现实主义革命之后的总体贫乏时，提到"奴役的和被奴役的对象"，其实也是对主人与物品之间关系的进一步阐明[49]229。

革命者应该克服"关于个人自身存在的自主判定"，要从资产阶级内室那样的封闭性空间及其过度的在世痕迹中解放出来。这意味着要改变传统建筑的那种实体封闭性以及传统室内布置的方式。本雅明在《超现实主义》以及《经验与贫乏》两篇文章中都提到玻璃这种材料。玻璃材料用在住宅上，由于其透明性及其表面的坚硬光滑的特性，可谓一举两得。就前一方面而言，玻璃的透明性使得隐私无处藏匿，用本雅明的话来说，"玻璃是秘密的死敌"，因而玻璃建筑可以与革命者的公开性，即"道德的展示"联系起来。至于玻璃材料的后一方面的特性，本雅明作了十分有趣的解释："玻璃是这样一种坚硬、平滑的材料，没有什么可以附着在上面"，是"一种冰凉、冷静的材料"(ein kaltes und nüchternes)，是"占有的死敌"[50]。在由这样的材料构成的室内，很难留下痕迹。

图 4.9　1987 年的巴黎大堂广场

让室内简洁一些,或者说简朴一些,对于"革命者"而言是无可非议的;但是将玻璃建筑的透明性与革命者的公开性,即"道德的展示"联系起来,是不是过于理想化了? 也许本雅明所说的"革命者"是相对于传统文化的创新者,似乎更像是先知,以其引向更好未来的言行感召众人,向众人展示未来乌托邦的可能性,那么,公开性也只能是出现在类似布道的场合,或是可以展示的场合。革命者能够彻底摆脱私人性吗? 日常生活的琐碎之处,性别方面的差异,个人独处的需要等,似乎是私人性的基础性的方面,都是需要受到尊重的。

在《拱廊街工程》手稿部分,本雅明在谈论钢铁建筑时,也涉及玻璃建筑。在"F4,1"段,本雅明摘录了迈尔在《钢铁建筑》一书中有关玻璃的论述。迈尔提到玻璃是在 15 世纪开始用在建筑上的。他认为几乎无色的玻璃以窗户的形式支配了房屋,至 17 世纪,荷兰房屋的窗墙比达到 1/2。迈尔还说,"通过玻璃和钢铁的建造方式,空间的发展已停顿下来"。对此该如何理解? 采光要求促使窗墙比不断增加,这样的变化影响了室内空间的整体发展,而到了用玻璃和钢铁建造之时,钢铁结构杆件之间都可以安装玻璃,窗墙比达到最大化,甚至屋顶也可以用玻璃来覆盖。就采光而言,钢铁与玻璃建筑的室内空间可谓发展到极致。迈尔还指出钢铁与玻璃建筑源于遮蔽植物的阳光房。本雅明由此想到的是,拱廊街的起源"应是与植物的存在有关",就像这个世界的起源与植物有关一样[2]221。

在"F3,2"段,本雅明谈到 19 世纪前 30 年间钢铁与玻璃的建造所形成的景观:"冬日花园布满灰尘的幻景(fata morgana),火车站单调的透视,铁轨交汇处有一个幸福小祭坛",所有这些都是"虚假建造"(spurious construction)的结果。本雅明为什么要说,在那个时代"没有人知道如何用玻璃和钢铁来建造"? 玻璃在 15 世纪就已问世,且很快就用到建筑上来;铁作为一种合金材料出现的要更早,但迟至 18 世纪末才在建筑上得到应用。长期以来,玻璃是与石头、木材等传统材料一起使用的。钢铁用于建筑之初,人们还没有认识到这种新材料的特性,像对待传统材料那样将它们纳入传统建筑的造型方式之中,或是将钢铁与石材混用,或是将铁浇铸成传统建筑的样子。所谓"虚假的建造"应是就此而言的。本雅明提出这个看法,是由于他意识到只有将玻璃和钢铁这两种材料直接用在建筑上,才有可能最适当地利用这两种材料的特性。而适当地使用玻璃和钢铁来建造这个问题最终是通过飞机库和筒仓（当然还应包括阳光房、水晶宫）得以解决的，那样的建造才可说是真实的建造，那显然是后来的事。如果以此作为一个开端的话，玻璃与钢铁分别用在建筑上，就显得过早了，本雅明所谓"过早出现的玻璃，早熟的钢铁"大概是就此而言的[2]217-218,150[51]。

4.2.4　新旧交织的意象，梦幻之屋

在19世纪，钢铁与玻璃作为建筑材料的组合是一种全新的尝试，这种技术上的变革本该产生新的视觉想象，但是在19世纪，这大概是不容易的。本雅明在《巴黎，19世纪的首都》（1935年提纲）中指出，与新生产方式的形式相应的是集体意识中的新旧交织的诸意象，至于其原因，他用马克思的看法做了解释：新的生产方式在开始时仍然受到旧的形式的支配。对照他在《经验与贫乏》一文中关于"干净的桌面""新的开端"的论述，本雅明在这里描述了一种较为复杂的状态。这并不意味着本雅明在对待现代性的问题上从激进转向保守。在《经验与贫乏》一文中，他谈论的是那些具有伟大创造力的个体，如笛卡尔、爱因斯坦、保罗•克利等人。对他们而言，清除出一张干净的桌面是他们首先要做的——"以少而始，进而建构"（mit Wenigem auszukommen；aus Wenigem heraus zu konstruieren...）；而在《巴黎，19世纪的首都》（1935年提纲）中，本雅明谈的是存在于集体中的意象，而集体的状态是复杂的，要想让集体达成统一的意象，可能是很困难的。本雅明始终都是用意象的复数形式——"Bilder"（images），也说明这一点。不过，本雅明认为这些意象是"希望的意象"（Wunschbilder），因而这样的意象还是积极的。通过这样的意象，集体寻求克服社会产物的不成熟和社会生产组织的不足，并完善之[52]。

本雅明认为这些希望的意象努力使人们远离陈旧的事物，也包括刚刚逝去的事物。他也提到由新事物驱动的想象力。但是这样的想象力并没有面向未来，而是返回"原始的过去"（das Ur-vergangne）。这样的状况在19世纪的艺术潮流中是存在的，自然主义、现实主义、印象派以及象征派的绘画都在不同的程度上背离了学院派追求典雅的传统，其中后印象派绘画的原始主义倾向甚至脱离所有已经形成或正在形成的艺术风格，表现出原始的、野性的力量。本雅明在《经验与贫乏》一文中所说的"新的积极的野蛮概念"（einer neuer, positiver Begriff des Barbaren-tums）[38]292，其实在19世纪已经有所萌动了。在建筑上这种积极的野蛮概念是如何体现的？本雅明十分敏感地意识到钢铁和玻璃的运用在现代建筑中的作用，也意识到新建筑形式的基础在于理解钢铁材料的功能性质[2]46。这种意识其实与他在"K3a，2"段所说的"自然的形式"概念相吻合，也就是说，钢铁建筑的形式应该由钢铁材料的性质自然而然地产生。这样，钢铁建筑就不会模仿庞培的柱式了。在"K1a，3"段中所谓"真正新的自然形式"其实也可以如此来理解。本雅明在"F3，2"段说使用钢铁和玻璃进行建造的问题是通过飞机库和筒仓的建造得以解决的，不过那大概是在20世纪初才开始的[2]500,493,217-218。其实较早真正解决钢铁结构建造问题的是桥梁工程师，在"F3，5"段，本雅明提到建于19世纪的马赛轮渡大桥，那是吉迪翁在《法国建筑》中为说明钢铁结构提供宏伟的城市景观而举出的例证。从莫霍利-纳吉（Laszlo Moholy-Nagy，1895—1946）摄于1928年的马赛轮渡大桥的照片中，可以看出十字形交叉的钢梁与旋转钢梯所形成的动态的空间关系（图4.10）[2]218。其构件的无装饰特征表明，钢铁桥梁的形式已经摆脱钢铁建筑对古典石构建造形式的模仿，与本雅明所说的"真正新的自然形式"相符合。技术上的自然形式其实就是排除文化因素影响的形式，与艺术上"返回原始的过去"的希望意象可谓异曲同工。及至20世纪建筑中的粗野主义倾向，都表明跨度极大的新旧交织的意象所具有的生命力。

新旧交织的意象最终导致新旧事物并存的状态，这样的状态与20世纪在一定范围内出现的

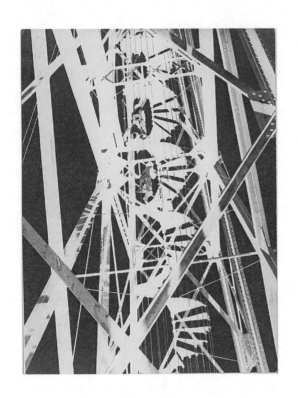

图 4.10 莫霍利-纳吉:马赛大桥

新事物替代旧事物的状态有很大的区别。本雅明把目光投向 19 世纪的拱廊街。拱廊街是 19 世纪在商业繁荣以及技术进步的条件下出现的新的城市建筑形式,但是其时巴黎城市仍然处于总体上的古代性状态。这十分符合本雅明关于现代性的界定,即:既有环境中的新奇。新奇的拱廊街出现于古代性的背景之中,这样的新旧交织的现代性状态与绝对的替代性的现代性状态有很大的区别,我们可以称之为宽容的现代性状态。如果一个纪元的存在是前一个纪元的梦想,那么,本雅明在 19 世纪的巴黎所发现的新旧交织的意象就预示了 20 世纪晚期欧洲城市所出现的反差极大的新旧建筑并存的现象。时隔一个多世纪,但其存在的逻辑却是共通的。

新的事物是未曾出现过的事物,相对于既存的背景而言,一旦显现,即为陌生的异在之物——陌生于人的知觉,有别于为人所熟悉的背景。新旧交织的意象相对于人的知觉而言,实质上就是陌生的意象与熟悉的意象的混杂。而陌生的意象有时是反常的,在某种程度上与梦之意象是类似的。本雅明在《拱廊街工程》"K"节以及"L"节中谈论了梦幻之城、梦幻之屋的相关内容,也谈论了拱廊街空间的梦幻特质。在"L1a,1"段,本雅明说,"拱廊街是没有外部的房屋或通道,就像梦幻一样"。这样的感觉一方面出自拱廊街是由玻璃拱顶覆盖这样一个事实,另一方面,拱廊街两边的墙体的作用被弱化,其后的空间与拱廊街空间之间的划分就不很强烈。在"L2,4"段,本雅明摘录了 S. F. 拉尔斯(S. F. Lahrs)的《巴黎来信》中的一段话,说的是巴黎的罗莱特圣母院(Notre Dame de Lorette)的室内处理"有着卓越的品位",但并不适合教堂的室内。它的"辉煌的天顶适合于装点世界上最灿烂的舞厅",它的灯饰"看起来像是来自城市里最优雅的咖啡馆"[2]515。罗莱特圣母院于 1836 年建成,其时法国正在路易·菲利普治下,属新古典主义风格。这座教堂的室内处理的确与传统的教堂有较大的差异,特别是主厅的天顶,一反文艺复兴以来的宗教性的装饰处理,而使用了图案化的植物叶饰加藻井的做法(图 4.11)。这似乎有悖教堂建筑装饰的原则,即教堂建筑的装饰要与基督教教义、圣经的内容相关。关于这一点,康德在《判断力批判》中曾经说过,"人们会把在观照里直接悦目的东西装置到一个建筑上去,假使那不是一所教堂"[53]68。而在罗莱特圣母院,如此重要的空间不用宗教的题材来装点,对于正统的学者而言,实在说不过去。难怪拉尔斯对这座教堂的室内会有所抱怨。而本雅明对此并不反感,正如他在前面意识到拱廊街空间强化了教堂主厅的水平扩延趋势,在这里他觉得是"拱廊街的梦幻之屋"与教堂再次相遇了。之所以是"梦幻之屋",拱廊街必有一些不合常理之处。随着奇特的花纹布满主厅的天顶,也许教堂空间本身就成了梦幻之屋了。当他说"拱廊街建筑风格蔓延到神圣的建筑"的时候,他似乎没有什么惋惜之情,而只是平静地陈述事实[54]。

梦产生于睡眠之中,终结于觉醒之际,对于梦而言,睡眠与觉醒就是截然分开的反题。但是本雅明并不以为这样的反题可以确定人类意识的经验形式,关键在于意识状况从个体(Individuum)向集体(Kollektivum)转化。本雅明将事物分为内在于个体的事物与外在于个体的事物两类,前者其实属于个体的身体、感觉,后者则是个体以外的所有事物。这样的区分对于古典的观念而言是可以理解的,而本雅明在此又引入集体的概念,向我们展现另外一种图景:外在于个体的事物内在于集体。他特别提到建筑、时尚、甚至天气都处在集体的内部。根据上下文的关系来看,建筑与时尚可以说是处在集体意识的内部。集体的意识从根本上来说来自个体的意识,如果每个个体的意识只是出于自我,那么如此形成的集体意识就不是关联性的,而是潜意识的状态,就像某些心理活动在心灵的某处发生时个体没有觉察一样,也像没有确定性的梦的结构一样。如此看来,本雅明将集体的意识视为"潜意识的、无定形的梦的结构",也就是可以理解的。如果集体意识持续维持潜意识的状态,那么建筑和时尚就像消化或呼吸之类的"自然过程"一样,处于"永远自我同一的轮回"(Kreislauf des ewig Selbigen)之中。打破这个轮

Notre-Dame de Lorette.

图 4.11 巴黎罗莱特圣母院室内

回,历史才会显现。在建筑史上,对建筑发展的判断往往是从技术进步、艺术趣味的变化等方面找原因的,而本雅明想到的是政治方面的原因。他认为,直到集体在政治上把握了建筑和时尚,这种永远自我同一的轮回才会终止[2]492。他这样说,可能是因为集体在政治上采取行动,就意味着相当多的个体的意识达成一致,而集体的潜意识状态就产生变化,集体的意识觉醒了。这就是说,意识的状况从个体向集体转化。

在"K1,4"段,本雅明所说的"梦中的集体"(das träumendes Kollektivum),其实就是在其中个体意识自行其是的集体。这样的集体穿过拱廊街,就像沉睡的个体梦到自己开始一次穿越自己身体内部的"微观旅行"那样。建筑内在于集体,而集体又内在于拱廊街,由此可见拱廊街具有极强的包容性。如果说拱廊街是一条通道的话,那它也是集体的梦幻的通道。本雅明说,梦中的集体穿过拱廊街,"与拱廊街的内部产生密切的关系"。他对拱廊街的研究仿佛是在追寻穿越拱廊街的梦中的集体,但他强调,"我们必须随它觉醒,以便在时尚和广告中,在建筑物和政治中,将19世纪作为它的梦幻结果详加解释"[2]491-492。

4.2.5 关于几位现代建筑师

本雅明身处现代建筑运动的浪潮之中,他的文论对现代建筑的状况也有所反映。在《拱廊街工程》中,本雅明从建筑历史与理论的著述中,对19世纪的一些著名建筑师的相关内容作了摘录,如贝朗日、克劳德·尼古拉斯·勒杜、亨利·拉布鲁斯特(Henri Labrouste, 1801—1875)、巴尔塔、奥斯曼,也从吉迪翁那里了解了勒·柯布西耶的情况,并对他的新建筑有所评论。此外,本雅明还在《卡尔·克劳斯》一文中谈到阿道夫·鲁斯,在《经验与贫乏》一文中涉及鲁斯与勒·柯布西耶,在《超现实主义》一文中提到勒·柯布西耶、雅各布斯·约翰内斯·彼得·伍德(Jacobus Johanes Pieter Oud,1890—1963)。

《拱廊街工程》涉及较多的19世纪的建筑师,这也从一个侧面反映出本雅明从前面一个时代

寻求本时代事物起源的意图。本雅明对几位建筑师的选择也是有所考虑的。选择贝朗日，是因为他和工程师布鲁内设计了谷物交易所的复杂的钢铁与铜的结构，在这里，建筑师与工程师在业务上首次有了分野[2]215。选择拉布鲁斯特，是因为他成功地将钢铁装饰性地用在在圣日内韦弗图书馆（Bibliothéque Sainte-Genevíeve）和国家图书馆（the Bibliothéque Nationale）的结构上[2]214。而在结构上装饰性地使用钢铁，相对于用铸铁浇铸成古典样式的构件而言，是个了不起的转变。前面已经提到，维克多·巴尔塔是巴黎大堂的设计者，在这个工程中，他试图将砖石与钢铁结构结合起来，本雅明称之为"不幸的结合"，显然这种尝试没有成功。相形之下，英国建筑师帕克斯顿单纯用钢铁和玻璃建造了伦敦水晶宫，大获成功[2]221。至于奥斯曼，这位自诩为"拆迁艺术家"的建筑师，启动了巴黎的大规模改建工作，对巴黎城市的发展产生深远的影响[2]179-181。本雅明是从考夫曼的《从勒杜到勒·柯布西耶》一书中摘录有关勒杜的内容的，勒杜之所以能进入本雅明的视野，是因为他在建筑的自主性（die architektonische Autonomie）这一问题上的立场[2]204[3]143。所有这些在建筑的技术与艺术上的探索，无论是成功的，还是失败的，对于20世纪现代建筑运动的发展都是有价值的。

在《拱廊街工程》中，勒·柯布西耶的名字首先出现在"E2a，1"段及"E5a，6"段，本雅明引用了他在《城市规划》一书中有关奥斯曼工程的评价。作为一个建筑师，勒·柯布西耶注意到奥斯曼所能使用的技术手段是十分贫乏的，只是些铁锹、抹子、独轮手推车之类的机器时代以前的简单工具，但他的成就是令人羡慕的[2]184,194。在"L. 梦幻之屋，博物馆，温泉浴场"一节中，本雅明对勒·柯布西耶的建筑与城市的理念有了十分深刻地理解。在"L1a，4"段，本雅明说："勒·柯布西耶的作品似乎终结了'房屋'的神话般的装饰（die mythologische Figuration）"。我们知道，勒·柯布西耶与其他现代建筑师一样，都在建筑的表面摈弃了传统石构建筑的繁复的装饰。本雅明为什么将建筑上的装饰称为"神话般的装饰"？古典时代的神庙建筑装饰的确与神话相关，哥特时代的教堂建筑装饰则有着宗教方面的象征性。"mythological"这个词本身也有"虚构的"之意，对于一般的房屋而言，装饰一般是附加于必要的结构之上而又与之无关的东西，理解为"虚构的装饰"也是可以的。接下来本雅明摘录了吉迪翁的一段话，在这里吉迪翁谈了传统建筑之"重"与现代建筑之"轻"的问题。关键在于承重墙与非承重墙的区别。在他看来，像巴洛克建筑那样，"只要荷载与支撑的游戏在实际上与象征意义上都有所夸大"，"从承重墙那里获得意义，那么重就是合理的"，这意味着，传统建筑之"重"自然会产生纪念性；而现代建筑由于框架结构中非承重墙的出现，在外观上荷载与支撑的关系就可以不必显现了。特别是外墙的悬挑、通常的水平条窗以及玻璃幕墙的运用，就像勒·柯布西耶的新建筑五条原则所说的那样，使得建筑的外观"尽可能的轻"，"如空气一般"，那么现代建筑的"轻"终结了"重大的世代相传的纪念性"，也就是自然而然的事[2]513-514。

在"M3a，3"段，本雅明摘录了吉迪翁关于勒·柯布西耶作品的更为激进的看法。他认为勒·柯布西耶的住宅既不是空间性的（räumlich），也不是造型性的（plastisch）。英译者分别译作"spatial articulation""plastic articulation"，显然是加入了自己的理解。在"L1a，4"段的摘录中，吉迪翁还只是在说勒·柯布西耶的建筑造得尽可能像空气那样的轻，而这里他甚至将"空气"（Luft）作为勒·柯布西耶作品的构成要素，于是，重要的既不是"空间性"（Raum），也不是"造型性"（Plastik），而只是"关系与渗透"（Beziehung und Durchdringung）。如果考虑到空气的连续性，那么就只有一个"不可分的空间"（eines einziges unteilbares Raum），"分割内部与外部的外皮消失了"[2]533,[3]423。不过，今天看来，这样的连续性大概只能是在温和的气候条件下才是可能的。

在"L1a，5"段，本雅明谈了他对勒·柯布西耶的"当代城市"（ville contemporaine）的理解。他说那又是"沿着高速公路的一种聚落（Siedlung）"，其范围内的交通工具是汽车，甚至飞机也可以降落在其间。其实勒·柯布西耶的"当代城市"只是他的一些构想,事实上,这样的城市的构想在"二战"后的欧美诸国新城建造过程中也只是部分实现的。在新城区的建造中,高速公路一般是在其外围通过,城区范围内的道路系统只不过是在尺度上比传统城市道路系统有所放大,或适度引入立交系统。至于飞机,至多是直升机,一般是在超高层建筑顶上建个停机坪供其升降。关于这些进展,本雅明无法预见到。他强调要在勒·柯布西耶的构想中获得一个立足点,却又主张在那里将"富有成效的一瞥"以及"创造形式与距离的一瞥"投向 19 世纪,这很耐人寻味[2]514,[3]406。也许本雅明是想在当代城市与 19 世纪的城市之间做比较。

在有关室内的一节中,在"I1a,8"段,本雅明引用了勒·柯布西耶对 19 世纪城市的批评:"直到目前,正是堡垒化的城市使得城市规划瘫痪了"[2]284。在这之前的"I1,2"段,本雅明从建筑理论家阿道夫·贝内《新住宅——新建筑》中了解到家具的堡垒化。贝内说,"可移动的(家具)十分清晰地从不可移动的(房地产)中发展而来"。大衣橱可与"中世纪的堡垒"相比,这就像堡垒中的狭小居住空间周围环绕着由城墙、坡道、护城河构成的庞大外部工程那样,衣橱中的抽屉和衣架也被一个庞大的外壳所包容[2]281。通过堡垒的意象,本雅明将阿道夫·贝内所说的家具与勒·柯布西耶所说的城市联系起来:"在资产阶级的作用下,城市就像家具一样保持了堡垒的特征",那其实指的就是 19 世纪以来的事。勒·柯布西耶的确也意识到城市的堡垒化特征给现代城市规划造成的困难[2]281。

本雅明在《经验与贫乏》一文中将勒·柯布西耶与阿道夫·鲁斯相提并论,而从建筑史的角度来看,两位建筑师的作品的差异还是较为明显的。从装饰方面看来,虽然鲁斯在理论上对装饰有负面的评价,但他的住宅设计并不是完全拒绝装饰的,而勒·柯布西耶在这方面可谓言行一致。本雅明是在谈论希尔巴特关于玻璃乌托邦的构想时提到鲁斯与勒·柯布西耶的,他觉得这两位建筑师建造的住房成为可变的、可移动的玻璃房子,适合于希尔巴特心目中的人民居住[38]294。就玻璃房子而言,鲁斯的作品显得玻璃面还不够多,勒·柯布西耶的作品也只能说有些接近。由于勒·柯布西耶的建筑采用了框架结构,其内部的划分是可变的,但要成为可移动的房子,还是有距离的。

在《超现实主义》一文中,本雅明是在谈论超现实主义的激进自由概念时提到勒·柯布西耶、伍德所设计的住宅房间的。本雅明认为,超现实主义者们的信念是,在这个世界上只有经过成千上万人的艰苦卓绝的牺牲才有可能换来自由,而且人类为了自由的斗争有着至为明确的革命形式,是唯一值得奋斗的事业。但他疑虑的是,超现实主义者们是否成功地将这种自由的经验与其他的革命经验、革命的建构性一面以及革命的专制性一面结合起来。此外,他还提出一个问题,即如何能想象一种只是以巴黎的美新大道(Boulevard Bonne-Nouvelle)为指向的生活,一种只在勒·柯布西耶、伍德(设计)的(住宅)房间里才有的生活。巴黎的美新大道是中心区的一条林荫大道,西接奥斯曼大道,东接圣马丁大道,是奥斯曼工程的产物。19 世纪的巴黎人在林荫大道上漫步蔚然成风,可以说以美新大道为指向的生活就是闲逛。这样的生活显然谈不上是革命的生活。另一方面,伍德在早期是荷兰风格派建筑师,主张将严格理性的经济的建造技术与用户的心理需要以及审美要求加以调解,主张"诗意的功能主义"[55]。他在斯图加特威森霍夫住宅展的参展作品与当时的几位现代建筑师的作品是类似的。本雅明在此说的"在勒·柯布西耶、伍德(设计)的(住宅)房间里才有的生活"指的是什么?这两位建筑师设计的房间由于去除了装饰而十分简洁,但还不能说在这样的房间里生活就是革命的生活[48]228。

1930—1931 年,本雅明写出《卡尔·克劳斯》一文。卡尔·克劳斯(Karl Kraus, 1874—1936)是奥地利著名作家,文学与政治刊物《火炬》(Flacker)的主编。1900 年代,这本杂志吸引了许多著名的作家、艺术家发表文章,如作家彼得·阿尔滕贝格(Peter Altenberg, 1859—1919)、画家奥斯卡·柯柯施卡(Oskar Kokoschka, 1886—1980)、作曲家阿诺德·勋伯格(Arnold Schoenberg,

1874—1951)、诗人弗朗茨·韦弗尔(Franz Werfel，1890—1945)、作家奥斯卡·王尔德(Oscar Wilde，1854—1900)以及建筑师阿道夫·鲁斯，在维也纳的知识圈里有很大的影响。克劳斯倡导简明性，厌恶矫饰与奇异的表述方式，在哲学界引起维特根斯坦的共鸣，在建筑界有了鲁斯这样的知音，而维特根斯坦也正是通过《火炬》杂志了解了鲁斯。本雅明意识到鲁斯与克劳斯之间的关联，在《卡尔·克劳斯》一文中将鲁斯称为克劳斯的"战友"(Mitstreiter)，并指出克劳斯对新闻界的斗争在鲁斯的作品里也得到生动的反映[56]。

在论及鲁斯的时候，本雅明提到"维也纳工作室"，即"Wiener Werkstätte"，英译为"Viena's Workshops"。这个工作室是由年轻的建筑师约瑟夫·霍夫曼(Josef Hoffmann，1870—1956)及艺术家科罗曼·莫索尔(Koloman Moser，1868—1918)发起，在企业家弗里茨·维伦多夫尔(Fritz Wärndorfer)的支持下于1903年开始运作，至1905年就发展到有100位雇员的规模。工作室的原初理念是创造从建筑到用品的"整体艺术作品"(Gesamtkunstwerk)，除建筑设计及工业设计之外，这个工作室还有皮具、瓷釉、瓷器、珠宝以及明信片的生产线，后来还设有木工作坊、女帽车间，并与其他企业合作开展纺织印染业务。由于其成员具有维也纳分离派的背景，维也纳工作室的设计与产品带有风格化的倾向，后来变得富于装饰性，甚至是巴洛克般的奇思妙想了[57]。这样的倾向与鲁斯的理念是不同的，本雅明对此有较好的理解，说鲁斯在维也纳工作室"工艺美术工作者、建筑师"中发现了"他的命中注定的对手"(seine providenziellen Gegner)[58][59]259。考虑到当时维也纳工作室声势浩大，对手未免也多了些。本雅明说，鲁斯在许多文章中都发出战斗的呐喊，特别是在《装饰与罪恶》一文中。他觉得这篇文章引发了"闪电"，但又意识到"闪电"自身的之字形态正描述了一个令人好奇的曲折路径。不过，本雅明并没有在装饰问题上深究，转而谈了鲁斯关于艺术品与用品区分开的想法，而克劳斯也想要把信息与艺术品分离开。新闻应该传递真实的信息，文学可以进行艺术处理。克劳斯斥责海因里希·海涅(Heinrich Heine，1797—1856)是个装饰家，因为他混淆了新闻与文学的界限。其实这里又引发另一个问题，装饰家做的事是不是属于真正的文学呢？就像装饰家在建筑上添加虚假的装饰之类的事，是不是属于真正的建筑呢？本雅明在此提出"失真性"问题，事实上，相对于作品的失真性而言，作者行为上的失真性可能是更为严重的问题[56]354。另一方面，鲁斯将艺术品与用品分离开，可谓与维也纳工作室的艺术工业针锋相对，不过鲁斯的这种分法未免有些极端，按照他的原则，大概只有纪念性的建筑称得上是艺术作品。

克劳斯本人是个矛盾的综合体，他既是"恒定的世界骚扰者"，又是"永恒的世界改良者"，人们宁愿相信他是后者。而本雅明不这么看，他从克劳斯身上看到更多的基本力量：怨恨与诡辩交替的仁爱，对人类最深切的反感，以及在与复仇混合时才活跃的恻隐之心。本雅明分别举出布莱希特和鲁斯对克劳斯的评论。布莱希特说，当时代开始伤害自身的时候，克劳斯就是那伤害；鲁斯说，克劳斯站在一个新时代的前沿。本雅明认为布莱希特之言是"深察洞见"，而鲁斯的评论不可与之同日而语，完全弄错了。在本雅明看来，克劳斯恰恰是站在"末日审判的门槛"，想着"分担罪过"，那应是源于深层的宗教救赎意识，也许就是他无法摆脱的"犹太性"。在此意义上，本雅明认为克劳斯并不是个"具有历史意义的天才"(historischer Genius)，如果他背对着创造，终止对逝去事物的哀悼，那他是在为末日审判准备控诉材料[56]366。看来作为建筑师的鲁斯对文化人的理解还是不够的。

在《卡尔·克劳斯》一文的结束部分，本雅明引用了鲁斯的一句值得注意的宣言："如果人类的工作只是毁灭，那它就是真正人性的、自然的、高尚的工作"[56]383。这是一个极端的说法。虽然本雅明没有直接对这个说法有什么分析，但他对毁灭与创造的分析表明，人类的工作并不只是毁灭(destruction)。也许我们应该将毁灭与创造视为人类工作的两个方面。毁灭是对既有事物的否定，而创造似是以这样的否定为前提。本雅明在《经验与贫乏》一文中所说的那些"伟大的创造者"

中间的"无情的人"从清除出一块"干净的桌面"开始,也是这个意思。问题在于,长期以来人们注重的只是创造性,人们也以为只是在免受任务与管理约束的意义上才会有创造性。本雅明提出了"作为受到管理的任务的工作"(die aufgegebene, kontrollierte Arbeit),这样的工作模式包含政治工作与技术工作两个方面,这样的工作伴随着灰尘与碎石,毁灭性地介入事务,粗暴对待已获得的成就,批判它的环境,与沉溺于创造的业余爱好者相对立[56]383。也许本雅明的说法有些夸张,但要想毁灭性地清除出一块"干净的桌面",政治工作与技术工作结合起来是极为有效的办法:政治的模式可以排除社会性的障碍,技术的模式可以提供有效的手段。

本雅明称赞鲁斯的作品是"无邪而纯净的,具有令人着迷的、净化心灵的高超技艺。"这应该是指他的住宅外表简洁,没有什么人们喜闻乐见的装

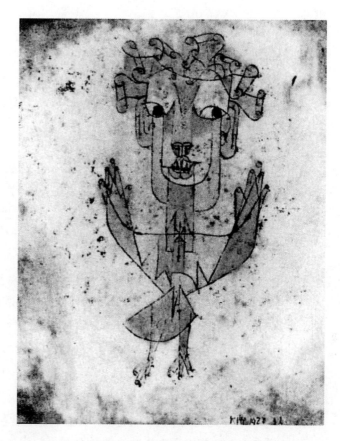

图 4.12　保罗克利:新天使

饰。接下来一句中的"Unmensch"(怪物)应是指鲁斯设计的住宅,它作为更为真实的人道主义的信使站立于人们中间。它也是"空洞的惯用语"(der Überwinder der Phrase)的征服者。本雅明在此用隐喻表明鲁斯的住宅没有使用毫无意义的装饰,其硬朗的形式与纤细的松树格格不入,反倒与吞噬松木的刨子为伍,与宝石格格不入,而与纯化矿石的熔炉为伍。这些坚硬粗野的形式都是现代技术的产物,对于传统形式而言就是一种"毁灭"。普通的欧洲人还没有把生活与技术统一起来,因为他仍然迷恋于"创造性的生存"(schöpferisch Dasein)。不过,本雅明还是认为有人必定已经跟随鲁斯与"装饰"巨龙(Drache "Ornament")搏斗了,而且也听到希尔巴特关于创造的星际语言,或是看到克利的那幅"新天使"的画(图4.12),并理解一种通过毁灭来表明自身的人性[56]383-384,[60]。由此我们可以体会到本雅明文本中所蕴含的激进的现代性意识,其实这在《经验与贫乏》关于玻璃建筑的论述中已经很明确了。

类似的激进观点也可从本雅明的《超现实主义》一文关于布勒东的《娜佳》的评述中见到。他提到了一些"过时的事物",如"最初的钢铁建筑""最早的工厂厂房""最早的照片""已经开始灭绝的物品""大钢琴""5年前的服装""追求时尚而那时尚却又退潮的酒店",对此人们或是遗弃或是出于怀旧的情绪加以保存,而超现实主义者布勒东则从中感觉到"革命的力量"。将"过时的事物"与"革命的力量"联系起来,的确需要有幻想。对于超现实主义者而言,复归于"过时的事物"并不是为了怀旧,而是止于生产,从而产生"极度的匮乏"(destitution)。本雅明说这种极度的匮乏不仅是社会性的,也是建筑上的,是室内的匮乏,也是被奴役的对象以及奴役人的对象的匮乏,这样的状态其实就是生产停滞而需求累积的状态,而超现实主义者们能够意识到,这样的极度的匮乏可

以即刻转变为"革命的虚无主义"[49]229。就此意义而言，奥斯曼的美新大道以及勒·柯布西耶、伍德的住宅都属于新事物的生产，当然就不会导向"革命的虚无主义"。事实上，建筑师的工作目标正是与此逆向的。勒·柯布西耶提出"建筑或革命"的问题，出发点还是为了"避免革命"，尽管那是《走向新建筑》的结束语[61]251。本雅明从美学方面对现代建筑师的理论与实践有所赞赏，但在革命生活的意义上，他深知无法将现代建筑师们引以为同道，他的疑虑自有其理。

4.3　关于室内

本雅明对室内问题很关注，在《巴黎，19世纪的首都》(1935年提纲)一文中以一个章节专门讨论了室内问题，《拱廊街工程》手稿部分的"G. 展览，广告，格兰维尔""I. 室内，痕迹"等章节，《驼背小人》《单向街》《莫斯科日记》等著作，也都涉及室内问题。本雅明关注室内问题，一方面是因为他在19世纪路易·菲利普治下的"普通公民"的室内与19世纪末青年风格派或新艺术运动设计的室内之间找到某种联系，也就是私人性的问题，那其实也是现代性的问题的一个侧面，即个体试图在总体化趋势下为自身留出一定的私人性的空间；另一方面，通过对巴黎浪游者的考察，本雅明发现巴黎街道与住宅室内并不是截然分开的外部与内部的关系，而是有室内外相互渗透、翻转的意象。本雅明童年时代所处的富裕家庭的室内环境必定给他留下深刻的印象，而他成年之后长期处在颠沛流离的状态，为最低的生活而斗争，安逸的室内对他来说早已成为遥远的回忆。

4.3.1　19世纪的室内

在《巴黎，19世纪的首都》提纲中，本雅明谈了路易·菲利普时代的资产阶级尽可能与外界隔离的内室。私人性是此类内室的本质特征。路易·菲利普执政之初广受欢迎，被誉为"公民之王"(Citizen King)，这从一个侧面反映当时法国社会有了较强的公民意识。对于公民而言，"私人"(Privatmann)的概念是个基础。所谓私人，法语为"particulier"，英译作"private individual"，其本质是有自主性的个体。本雅明说，"在路易·菲利普治下，私人走上历史的舞台"[2]52,[3]8。事实上，这种个体的自主意识也是复杂的现代性的一个方面，而且这样的意识也内在地决定了私人空间的独立性。

另一方面，在这个时代资本主义大工业生产方式已经形成，与以往的手工业或家庭作坊的生产方式相比，一个根本的转变是工作场所与生活场所分离开。本雅明说，在路易·菲利普的治下，私人的生活空间(Lebensraum)首次与工作场所(Arbeitsstätte)区别开来，办公室是其补充。如果说私人为了就业不得不在工作场所或办公室处理现实问题，那么在自家的房间这样的"私人性的环境"里，私人就把商业与社会两方面的考虑都排除在外，并将室内维持在他的想象中。由此而生出室内的幻觉效应：对于一个个人而言，私人性的环境就代表了他的世界，"在其中他把遥远的地方和遥远的过去集合起来"[62]。"遥远的地方和遥远的过去"(die Ferne und die Vergangenheit)意味着从空间与时间两方面脱离现代性的现实，如此形成的室内也可说是私人逃离现实的避难所。如果说本雅明在拱廊街、巴黎大道、建筑乃至现代大都市诸方面看到现代性进程不可逆转的步伐的话，那么在室内他看到了处在现代性进程中的私人对现代性的抵抗。

在《拱廊街工程》手稿部分的第I节，本雅明专门谈论了室内的问题。家具是室内主要的构成因素，本雅明关于室内问题的探究从家具开始，也可说是抓住问题的关键。在"I1,1"段，本雅明摘录了E. 勒瓦索尔(E. Levasseur)《1789—1970年代法国阶级斗争史与工业史》一书中关于1830年代室内家具的背景情况。根据勒瓦索尔，浪漫主义在1830年在文学中占了上风，继而进入建筑学，将奇异的哥特样式添加在房屋的立面之上，甚至直接用纸板来制作。浪漫主义也对家具施加影响，一时间家具也做得奇形怪状。这样的状况使得家具与室内的整体性不复存在，人们从古老城堡、家具库房以及废品商店直接拖来各式家具,来装点现代的沙龙[2]281。不同时期、不同风格的家具不加选择地拼凑在一起,可能会带来趣味方面的问题,也可能会有梦幻的感觉。本雅明将弗朗茨·黑塞尔(Franz Hessel,1880—1941)"败坏趣味的梦之纪元"的说法用来说明 19 世纪的室内:这个纪元完全适合做梦,在梦中布置家具[2]282,[63]。

19 世纪室内聚集了不同时代、不同地方的物品,人们就像收藏家一样。本雅明将收藏家类比为西西弗斯(Sisyphus),也就是希腊神话中那位悲剧性人物,由于触怒众神被罚把巨石推上山顶这一周而复始、无法完成的苦役。收藏家不断地占有物品,但不可能占有所有的物品,在某种意义上,收藏与西西弗斯的苦役是类似的。不过,收藏家通过将收藏物品的商品性质剥离,赋予所藏物品以持久的鉴赏价值。这是以藏品持久的鉴赏价值弥补不可能实现的量的价值。在这个意义上,收藏家的室内就成为有效抵制现代性的短暂性的场所,成为艺术的避难所,也成为一些物品的避难所,因为在这里物品能够摆脱"被使用的辛劳"[2]53。在"I3,2"段,本雅明提出人们只需准确地研究一下"大收藏家的家的面相学",就会得到了解 19 世纪室内的钥匙。大收藏家不断地收集物品,以致物品逐渐取代家居生活,本雅明称之为"诸物的世界"(Dingwelt)[2]288。

另一方面,本雅明注意到室内的痕迹问题,在《拱廊街工程》手稿部分,他就是在"室内,痕迹"的标题下,摘录了相关文论的片断,并写下一些自己的看法。如果说私人将自己的居室经营成随己所愿的幻觉般的私人性环境,从个人生活与工作分离的角度来看是合理的,那么私人在自己的居室里刻意留下种种痕迹仿佛能将幻觉转变成实在的事物。居住在某处,就意味着会在那里留下痕迹。一些日常用品(如被单、椅罩、盒子、罐子)都会留下生活的痕迹。在 1939 年提纲中,本雅明对室内的痕迹问题做出进一步解释。他认为,从路易·菲力普时代开始,资产阶级就开始倾向于在私人生活的痕迹方面做出补偿。在居室内部,天鹅绒和长毛绒由于可以保存触摸的痕迹而受到偏爱,这是不是有些病态[2]68?而将室内痕迹与侦探小说联系起来,也不免有些诡异。不过,本雅明注意到家具、陈设与日常用品在室内的作用,这是对的,因为人们并不是仅仅依靠建筑的四壁就能展开具体的生活。在房屋内部,墙壁一般是根据不同的生活内容起到划分空间的作用,如果要在不同的空间里展开具体的生活,就要借助家具、陈设与日常用品。反过来说,室内的家具、陈设以及日常用品构成了一定的生活场景,它们的存在也表明人的生活状况。于是,对那些展示特定生活场面的博物馆而言,家具、陈设,特别是日常用品,都是值得关注的细节。本雅明在《莫斯科日记》中提到,在那些"四十年代日常生活博物馆",通过纸、便条、睡袍、桌子上或椅子上的围巾等细节布置,房间看上去还像是有人居住的[64]148。

在"I2,6"段,本雅明使用了一系列比喻、隐喻,进一步揭示了 19 世纪住宅室内的本质特征。人们用不同时代风格、不同区域特征的物品装饰室内,形成梦幻般的居住环境,本雅明将这样的空间比喻为"一个诱人的造物穿上不同情调的服装"。在这里,空间仿佛成为有形体的事物,但它是无生命的,只不过是个"人体模型"。本雅明又联想到时间,提到"世界历史的伟大时刻",那可能是就 19 世纪作为现代主义运动酝酿时期的意义而言的。然而处在安逸状态中的资产阶级对这个伟大的时刻没有什么意识,对他们而言,世界历史的伟大时刻不过是个"长袍"。本雅明在此再次使用了隐喻。在这长袍下面,"人们与虚无、琐碎、陈腐交换共谋的眼神",这是一种虚无主义状态,在本雅明看来是资产阶级安逸状态的至为内在的核心。本雅明甚至认为 19 世纪的室内本身就是陶醉与梦幻的刺激因素,并将资产阶级的心境与印度大麻的陶醉联系起来。接着本雅明继续使用隐喻,表明 19 世纪的室内生活就是在自己的周围编织一个"蜘蛛网",又用明喻的方式说世界的事件就像许多被吸干的昆虫,松散地挂在这个网上。本雅明最终将 19 世纪的室内隐喻为"洞穴"(Höhle),这让我们想起柏拉图的洞穴隐喻,那是人们安于洞穴内认知的局限,而在这里,人们也不喜欢挣脱这个洞穴,大概是因为贪图安逸的梦话般的感官刺激[2]286。

在"I3,4"段,本雅明对 19 世纪室内风格混杂的原因做出探讨。他认为风格的伪装源自支配关系变得模糊不清这样一个事实。这里有两个问题,一是"支配关系"(die Herrschaftsverhält-nisse)指的是什么? 二是为什么在 19 世纪支配关系会变得模糊不清? 所谓支配关系应是指权势者对人的指使或对物的占有。至于后一个问题,需要从历史方面来理解。在欧洲史上的很长时期内,王族与贵族有着久远的世袭、分封的传统,权势者们对人或物的支配关系是很清晰的,特别是对物的选择体现出与其传统相应的品位;而资产阶级的构成较为复杂,有相当一部分人白手起家而跻身富裕阶层,带有明显的暴发户特征,在他们的居室内部布置家居、购置用品,不考虑什么风格传统的一致性问题,正如本雅明所指出的那样,哥特式、波斯式、文艺复兴式的风格变化在中产阶级的餐室中扩展开来。可以说,资产阶级对物的支配关系的模糊不清正是源自其自身的无传统性,而无传统性也可以说是源自其无根性。资产阶级原本有这种支配性的权力,但他们在自己的居所室内没有使用这种权力。本雅明说他们也不再在那些"直接的、未经调解的形式"中使用这种权力,这意味着什么? 所谓"直接的、未经调解的形式"可以理解为纯粹属于某种风格的形式,那么这句话的意思或可以理解为资产阶级不再坚持纯粹风格的形式,最终导致风格的滥用。这样,本雅明说"他们居所的风格是他们虚假的直接性",也是可以理解的。此段最后两句是两个短语:"空间中的经济托辞"(Wirtschaftliches Alibi im Raum),"时间中的室内托辞"(Interieuralibi in der Zeit),也许是本雅明想要继续探究的问题[2]289。

"I4,4"段谈论了 20 世纪室内对 19 世纪室内乃至更为久远的居住形式的变革。本雅明断言,"所有居住的原初形式并不是在房屋(Haus)中生存,而是在壳(Gehäuse)中生存"。这里所说的"壳"(shell)并不是指具象的壳体,应该是指能起到庇护作用的物,在人类建造出最初的房屋之前,此类的物就是山洞。本雅明还提到"人类在母亲子宫里居住的意象"。其实,无论是壳还是子宫,都是起到庇护作用的物,可以让人们不受外界的干扰自如地在其中居住。19 世纪室内的生存状况其实是与这样的久远的居住意象联系在一起的。而在 20 世纪,随着现代建筑的出现,旧有意义上的居住终结了。本雅明十分敏锐地把握了现代建筑的特征:"多孔性(Porosität)""透明性(Transparenz)""采光"(Freilichtwesen)"空气流通"(Freiluftwesen),所有这些特征对于 19 世纪壳子般的居住形式(Gehäusewesen)而言是一个突破。对于室内来说,青年风格派的作用可能更为直接,所以本雅明要说,青年风格派从根本上动摇了壳子般的居住形式。至于"通过酒店客房来生活;通过殡仪馆存放死者"。这可能是更为极端的状态了,传统意义上的居家生活以及安葬方式都改变了[65]。

4.3.2 镜面与室内外空间交织

镜面是玻璃的一个种类,它的特性是反射。在手稿中,本雅明用了"R. 镜面"一个章节摘录关于镜面的论述,并记下他自己的一些看法。他在多处围绕镜面的反射特性来谈。在"R1,6"段,本雅明设想了两块镜面相互反射的情景,如果那样的话,撒旦(der Satan)就会施展他的诡计,并以他的方式打开对无限(Unendliche)的视角。一会儿是神圣的,一会儿又是撒旦般的。在此本雅明可能是在说镜面特性所导致的神秘感。克拉考尔在谈论密斯和赖希在斯图加特大型室内展中展出的玻璃房子时,评价基本上是负面的,甚至将玻璃镜像称作"对幽灵的召唤"[6]639;相形之下,本雅明对镜面特性的作用似乎很感兴趣[21]667。

在"R1,2"段,本雅明说,在门和墙都用玻璃制成的地方,从室内就不能看出室外了。这也是早期镜面的特性,如果镜面朝向外部,玻璃的内侧看到的是反射涂层,是不透明的,这与后来的镜面玻璃不一样。镜面玻璃的特性是,从外表看是镜面,是不透明的,从室内向外看又是透明的。本雅明时代乃至 19 世纪时的镜面只能是前者，因而他有关镜面的论述都是以单向的反射性为基础的。在"R1，1"段中，他摘录了卡尔·古茨科夫的《巴黎来信》中对巴黎街市夜景的描述：沿着墙面延伸着许多镜面，街道两侧的商品相互映射，借助灯光，获得人为的扩延，奇妙的放大[21]666。在"R2a，1"段，本雅明摘录了迈尔谈论水晶宫时关于玻璃与镜面的作用的论述。他说，无色玻璃的越来越强的透明性将外部世界带入室内空间，而在墙上装镜面，又将室内空间的图像投射给外部世界。在迈尔看来，墙体原本作为"空间的容器"，在这两种场合，由于玻璃的透明性与镜面的反射性，"墙体"的意义都被剥夺了[21]671。不过，本雅明对镜面的作用有自己的看法，他认为镜面可以将开敞的空间与街道带入咖啡馆里。这个陈述正与迈尔的陈述相反。而从经验来看，本雅明的陈述似更合理一些。在"R1，1"段里，本雅明还将镜面在室内所形成的作用称为"诸空间的交织"

图 4.13 雷东：金色小屋

(Verschränkung der Räume)，并认为这也是吸引浪游者的景观。为什么诸空间的交织会吸引浪游者？家具、陈设之类的物品在表明这是室内，但咖啡馆里的镜面又映射了街景，对于那些以街道为家的浪游者而言，这种内外空间的交织必定是有趣的。他又提到窗玻璃和镜面在咖啡馆里的大量使用可以使得室内更亮一些，也使得那些巴黎小酒馆的角落和缝隙显得宽敞一些，令人愉悦一些[21]666。

　　本雅明由置于室内的镜面反射出室外的景象，提出空间交织的概念，这与现代建筑的室内外空间渗透、流动的概念是不同的。后者体现的是一种空间上的连续性，通过建筑构件的组织关系，使得建筑空间的室内外边界不再像传统建筑空间那样明确；而前者是在传统的建筑空间内部发生的，只是利用镜面的反射性造成视觉上的错觉。这样，在咖啡馆之类的室内空间大量使用镜面，可以通过视觉作用让室内外空间交织在一起，并具有扩大空间感的作用。如果镜面大量使用在拱廊街中，情况又会怎样呢？本雅明在"R2a，3"段指出，镜面在拱廊街中大量使用一方面会令人难以置信地扩大诸空间（这一点与前面所说的镜面用于咖啡馆、小酒馆的效果是同样的），另一方面又使得定向（die Orientierung）更加困难。值得注意的是，本雅明在此提出空间定向的问题。拱廊街是许多商店、咖啡馆等建筑聚集在一条有顶盖的街道上，人们会面临线性流动与目的空间定位的问题。如果在拱廊街里大量使用镜面，镜面的反射特性可能会造成光怪陆离的效果，会干扰定向，本雅明在此段开始的时候所说的"拱廊街的模棱两可状态"（die Zweideutigkeit der Passagen），可能更多是由定向的困难所造成的[21]672。

　　在"R2a，3"段，本雅明对玻璃的反射特性做出深入的思考。他说，虽然拱廊街这个"镜面世界"可能会有许多方面，的确是无限多的方面，但它就保持了一种双边的关系，它总是这一个，由此又立刻会产生另一个。"使自身变形的空间（der Raum，der sich verwandelt）是在虚无的内部（Schoße des Nichts）做到这一点的"[21]672。本雅明在此可能说的是镜像的非实在性。在"R1a，

5"段,本雅明就提到象征派画家奥迪龙·雷东(Odilon Redon,1840—1916),说他画些东西,仿佛它们是在一个暗淡的镜面中,然而他的世界是扁平化的,是与透视相对的(图4.13)。在这里,本雅明又说雷东在虚无的镜面中看到事物的样子,还知道让事物与非存在(Nichtsein)共存[2]672[67]。本雅明在"R1a,7"段指出,拱廊街的问题并不在于照亮内部空间(Erhellung des Innenraumes),而是要减弱外部空间(Dämfung des Außenraumes)。镜面的反射性所带来的事物本身及其镜像的模棱两可的效果,正可用在拱廊街上[21]668。拱廊街本是在商业街上覆盖玻璃顶形成,相对于沿街的那些商店而言,拱廊街在覆盖玻璃顶之前就是外部空间。虽然在共享的玻璃顶下,诸多商店有了共处一个空间之内的感觉,但原本的商店立面仍然给人以外部之感。而镜面的应用可以在减弱原本的外部空间方面起作用。

本雅明从19世纪以及他同时代关于巴黎的文本中,了解了镜面以及玻璃在巴黎城市建筑室内外的应用,他的视角并不局限于此,而是扩展到拱廊街,甚至整个巴黎城市。在"R1,3"段,本雅明明确提出巴黎就是"一座镜面的城市"(die Spiegelstadt)。它的沥青路面平滑如镜。甚至路人的眼睛也是有眼帘的镜面,在宽阔的塞纳河床、整个巴黎的上空,天空就像悬在妓院床的上方的水晶镜面一样。他甚至将巴黎的城市意象称为"镜面般的景观"(spiegelgleichen Perspektiven);从远处望去,凯旋门、圣心教堂、先贤祠就像是盘旋在大地之上的图像一样,而且是以建筑的方式打开了一个幻景[21]666-667。

4.3.3 苏联的室内经验

关于家具与室内布置的意义,本雅明在《莫斯科日记》中也有所论及。他在1926年12月15日所写的日记中,记下了他对圣巴西尔天主教堂的观感:"教堂里面不仅空荡,而且像一只被屠宰的鹿一样被挖空了内脏。现在成了教育群众的'博物馆'。"在俄罗斯这个以东正教为国教的国度里,天主教徒本就不多,至20世纪初,俄罗斯的天主教徒只有50万人。前苏联时期天主教更是受到压制,天主教堂大多废弃,或改作他用。至1930年代末,只留下莫斯科的圣路易教堂和圣彼得堡的德斯教堂还在使用。而本雅明看到的圣巴西尔天主教堂,显然已不再作为教堂被使用。不难想象"空荡"的"教堂里面"是个什么样子:讲坛、圣器、座椅荡然无存,礼拜堂成了一个空壳,本雅明把它喻为"像一只被屠宰的鹿一样被挖空了内脏",我想这是一个富于同情心的比喻。所谓"教育群众的'博物馆'",只是在原来的祈祷室里保留了用于祈祷的物品,在一间铺着红地毯、灯点得很亮的小屋子里,陈列着些偶像和几本福音书,墙上挂着亚当和基督的画;一位农妇模样的看门的胖女人,对一群无产者讲解那些画,算是"教育群众"了。在这里,我们可以体会到室内设施对于建筑使用的重要作用,而对本雅明而言,其意义还不止于此,在他看来,去掉了室内设施——"就残存的巴洛克风格的祭坛判断,艺术上讲是毫无价值了"[64]25-26,[68]31-32。

在《莫斯科日记》中,本雅明还写下他对所交往的一些人士的家居的观感。他的评价大多是负面的。他所交往的人士有演员、剧场导演拉西斯(Asja Lacis,1891—1979)、剧作家伯恩哈特·赖希(Bernhard Reich,1894—1972),索菲亚·克里连柯(Sofia Krylenko),演员伊洛娃亚(Fanny Elovaya)。这些人是知识分子,大抵可划归"小资产阶级"之列。在本雅明看来,小资产阶级的室内装饰的基本特点是:墙上必须有画儿,沙发要有垫子,垫子要有罩子,螺形托脚小桌上要有小摆设,窗户要有花玻璃。本雅明差不多是将这些基本特点作为小资产阶级室内装饰的标准了,而这些人士的房间均不合标准。本雅明先是谈了索菲亚母亲的房间,说这个房间像他此前见过的所有房间(此处本雅明加了一个括号,在其中例举了格拉夫斯基家和伊列斯家)一样,只有几样家具,而由于房间陈设简陋,这几件外表寒酸的家具显得更惨。伊洛娃亚的房间也像本雅明见过的那些房间一样空荡,"窄架上放着几本书,门附近隔墙边放着两只柳条箱,沿两堵外墙放着一张床,床对面一张书桌和两把椅子"[64]27,35。在本雅明的笔下,这些人的居室或陈设简陋,或空空荡荡,远达不到小资产阶级的室内装饰的水平。至于赖希这位原籍奥地利的剧作家,他的房间则是另一个极端——东西太多了。本雅明说,"作为小布尔乔亚家居的样板,简直不能想象哪间屋子比他的屋子更可怕了。到处都是垫子、罩子,落地柜也挺显眼,帘布多得令你窒息,空气中弥漫着厚尘。窗户边的一角有棵圣诞树,树枝蓬乱丑陋,树顶上有个变形的雪人。"这样的状况与那些苏俄人士的家居形成显明的对照。本雅明对苏俄人士的窘境颇多嗟叹,但对赖希的房间也不以为然。他把赖希的房间归于另一类小资产阶级的室内装饰,称之为任凭商品资本雄赳赳地侵入的"战场",而"人本的东西"在这里根本无法再生存繁衍[64]61。

本雅明在莫斯科期间正值所谓新经济政策时期,社会状况相对平和一些。但从他对莫斯科的文化生活、艺术活动、建筑以及室内的描述来看,十月革命带来的影响还是令人震惊的。他对所交往的那些小资产阶级人士的家居状况的描述,大多是"陈设简陋"、家具"外表寒酸"、房间"空空荡荡"之类的用语,其实那正是革命破除小资产阶级室内装饰标准的结果,是一种极度的匮乏。《莫斯科日记》多少流露出对过去的事物的惋惜之情。两年以后,他的《超现实主义》一文表达出的是另一种态度。在这篇文章中,本雅明从过时的事物中感受到革命的力量,从极度的匮乏中看到革命的虚无主义,我们只能说,他的看法有了极大地改变。

4.3.4　室内与青年风格派

本雅明在 1935 年与 1939 年的两个版本的《巴黎,19 世纪的首都》提纲中都设置了"路易·菲利普,或室内"的小节。两个版本都谈论了青年风格派(Jugendstil),不过内容有所差异。青年风格派源于 1880 年代装饰艺术中的生物形态幻想的时尚,出现于建筑中则是 1890 年代初的事,其时路易·菲利普时代早已结束。而本雅明将在时代上有所差异的事物放在一起来讨论,其实是由于两者之间有些相似。在路易·菲利普时代,私人性成为室内的典型特征,而青年风格派则通过孤独灵魂的变形展现它的个人主义目标,关于这一点可以参看 1935 年版的第Ⅳ节第 1~3 段的内容。本雅明还特别提到凡·德·维尔德在住宅上的个性表现。他说,装饰之于这座住宅,犹如签名之于油画一样[2]52。这似乎是个很有趣的比喻。在某种意义上,签名是至为个人化的事物,在由文字构成的世界里,签名就是个人的显现。通过签名,可以辨认出作品之所由出。那么装饰在这里起的是指称作用,这倒是一个很特别的认识。

在 1939 的版本中,本雅明在"C.Ⅲ"小节中更为深入地讨论了青年风格派与室内的问题。他提到在 19 世纪的最后几年间青年风格派的作品中出现对室内的清除做法(la liquidation de l'intérieur),那其实就是对以往繁杂风格的清除。本雅明注意到青年风格派首次考虑了"一定的建构的形式"(de compte certaines forms tectoniques),它努力将那些建构的形式从"功能性关系"(de leurs rapports functionnels)中解脱出来,并把它们表现为"自然的常量"(des constantes naturelles,可能指的是用钢铁材料制成花卉、植物之类的固定形态。),它还努力把这样的形式"风格化",本雅明称之为"现代风格",并认为,在装饰领域,这种风格努力将这些建构的形式与艺术结合起来。本雅明在这里意识到"建构形式"超越功能性关系的表现性,说明他对这个词的意涵已有所理解。他读过博迪赫尔的书,可能从中了解了有关建构的形式的意义。不过,他将建构的形式与装饰联系起来,其实是在谈装饰性的问题,当他说作为植物生命象征的花朵让自身融入结构的线条之中时,这样的形式就已具有内在的装饰性了[2]691-692。

在《拱廊街工程》的"S. 绘画,青年风格派,新奇"部分内容中,本雅明也讨论了青年风格派的

"建构性"问题。在"S8,3""S8,5""S9a,1"等段落,本雅明提及查拉图斯特拉与青年风格派的关联。他将《查拉图斯特拉如是说》的"在沙漠之女中间"一章中的"花之少女"视为青年风格派的重要母题[69]266-267,并认为查拉图斯特拉用了青年风格派的建构因素(die tektonischen Elemente),而不是青年风格派的有机母题。我们从中可以看出,青年风格派在母题与表现之间有所背离,尽管这个风格有着建构的基础现象(tektonischen Grundphänomen)。可以说,青年风格派的技术基础并不适合自己的有机母题,而本雅明又认为青年风格派"在艺术上对技术做出妥协",似乎应该是"在技术上对艺术做妥协"[2]691-692。

让我们再回到《巴黎,19世纪的首都》提纲(1935)中的第Ⅳ节。本雅明还从技术与艺术的关系方面分析了青年风格派运动。他认为,这个运动的初衷是以象征本真植物自然的花朵形式,来对抗"由技术武装起来的周围世界"(der technisch armierten Umwelt),其方式是借助钢铁结构的新要素——钢梁腹板形式以及混凝土至于建筑塑形的新可能性。将钢铁浇铸成植物的形式用作建筑的构件,其实是以艺术表现为借口来回避新技术实质的问题。本雅明说,青年风格派运动表现了艺术逃离被技术所围困的象牙塔的最后企图[2]53。如果说建造形式从艺术中解放出来是顺应了19世纪生产力发展的话,那么艺术逃离技术的围困至少是对这个历史性潮流的消极回应。"被技术所围困的象牙塔"是个意味深长的隐喻,在这个高端领域,存在一个对艺术的要求:艺术的表现要符合技术的实质。在上个世纪之交,虽然这是一个极高的要求,但已不再是高不可攀。随着高现代主义在满足这个要求方面的成功,包括青年风格派在内的新艺术运动的消极做法也就自动地被边缘化了,而对于技术的对抗更是徒劳的,本雅明将易卜生笔下的建筑大师索尔尼斯(Baumeister Solneß)从高塔的坠落看做是新艺术运动终结的象征:个人以其本质为基础与技术的斗争归于失败。

注释

[1] 戴维·弗里斯比. 现代性的碎片——齐美尔、克拉考尔和本雅明作品中的现代性理论. 卢晖临,周怡,李林艳,译. 北京:商务印书馆,2003.

[2] 仅从《巴黎,19世纪的首都》(1935年提纲)中的"傅立叶,或拱廊街"一节有关钢铁建筑的评述,就可看出这一点. Walter Benjamin. Das Passagen-Werk. Gesammelte Schriften Band V·1. Herausgegeben von Rolf Tiedemann. Frankfurt am Main:Suhrkamp,1982.

[3] Walter Benjamin. The Arcades Project. trans. Howard Eiland and Kevin McLaughlin. Cambridge and London:The Belknap Press of Harvard University Press,1999.

[4] 瓦尔特·本雅明. 德国悲剧的起源. 本雅明文选. 陈永国,译. 陈永国、马海良. 北京:中国社会科学出版社,1999.

[5] Manfredo Tafuri. 'Toward a Critique of Architectural Ideology'. Architecture Theory since 1968. ed. K. Michael Hays. Cambridge and London:The MIT Press,1998.

[6] Manfredo Tafuri. 'L'Architecture dans le Boudoir:The Language of Criticism and the Criticism of Language'. 参见:[5]166.

[7] Bernard Huet. 'Formalism—Realism'. 参见:[5]259.

[8] Robert Segrest. 'The Perimeter Project:Notes of Design'. 参见:[5]557.

[9] Massimo Cacciari. Architecture and Nihilism:On the Philosophy of Modern Architecture. New Haven and London:Yale University Press,1993.

[10] Andrew Benjamin. Walter Benjamin and Art. London and New York:Bloomsbury Academic,2005.

[11] Walter Benjamin. Walter Benjamin and Architecture of Modernity. ed. Andrew Benjamin, Charles Rice. Melbourne:re. press,2009.

［12］Detlef Mertins. 'The Enticing and Threatening Face of Prehistory：Walter Benjamin and the Utopia of Glass.' Walter Benjamin and Arcades Project. ed. Beatrice Hanssen. London and New York：Bloomsbury Academic，2006.

［13］Tyrus Miller. Glass Before its Time，Premature Iron：Architecture，Temporality and Dream in Benjamin's Arcades Project. 参见：［12］240-258.

［14］Andrew Ballantyne. Architecture Theory：A Reader In Philosophy and Culture. London and New York：Bloomsbury Academic，2005.

［15］Walter Benjamin. Walter Benjamin and Architecture. ed. Gevork Hartoonian. London and New York：Routledge，2009.

［16］Stuart Kendall. Georges Bataille. London：Reaktion Books，2007.

［17］Osborne，Peter and Charles，Matthew. 'Walter Benjamin'. Stanford Encyclopedia of Philosophy Archive (Fall 2015 Edition). ed. Edward N. Zalta. 参见：http://plato. stanford. edu/archives/fall2015/entries/benjamin/.

［18］http://www. dwds. de/? qu＝passage.

［19］英译本将"Gestaltung"译为"practices"，显得意涵宽泛了些。参见：［2］91，［3］40.

［20］傅立叶. 傅立叶选集，第一卷. 赵俊欣，吴模信，徐知勉，等，译. 北京：商务印书馆，2004.

［21］Walter Benjamin. Das Passagen-Werk. Gesammelte Schriften Band Ⅴ·2. Herausgegeben von Rolf Tiedemann. Frankfurt am Main：Suhrkamp，1982.

［22］"街廊"，法语为"rue-galerie"，英译作"street-galery"，汉译作"走廊街"。Charles Fourier. An Architectural Innovation：The Street-Gallery. ＜https://www. marxists. org/reference/archive/fourier/works/ch21. htm＞. 参见：［20］228,229.

［23］此段英译为："街廊……是法郎斯特尔最重要的特征，而且……在文明社会不能构想出来……街廊……在冬天供暖，在夏季通风。……街廊，或连续的柱廊，在第二层楼面延展。……那些见过卢浮宫的人会将它视为和谐村的街廊的模型。"参见：［2］92，［3］42.

［24］本雅明为此段注的出处是 Fourier. Anthologie. Paris，1932：144. 参见：［2］94.

［25］叶本度. 朗氏德汉双解大辞典. 北京：外语教学与研究出版社，2010.

［26］http：//www. wordreference. com/definition/way.

［27］http：//www. duden. de/rechtschreibung/Straße.

［28］http：//www. wordreference. com/definition/street.

［29］此处英译本与原文稍有差异，参见：［2］647，［3］519.

［30］Spiro Kostof. The City Shaped：Urban Patterns and Meanings through History. London：Thames & Hudson，2006.

［31］Wikipedia. Barricade. ＜https：//en. wikipedia. org/wiki/Barricade＞.

［32］Spiro Kostof. The City Assembled：The Elements of Urban Form Through History. London：Thames & Hudson，1992.

［33］Sigfried Gedion. Time，Space and Architecture：the Growth of a New Tradition. Cambridge：The Harvard University Press，1944.

［34］"Physiognomie"有"面相"、"外貌"之意，参见：［2］57，［3］12.

［35］原文的"Schranke"用的是单数形式，第三格，做介词宾语，英译作"limits"，是复数形式，疑有误。所谓"器官的限制"，指的是手这个劳动器官的限制，一只手只能操作一件工具，而机器就不受此限。参见：［2］497-498，［3］394.

［36］Ludwig Klages. Cosmogonic Reflections. Trans. by Joe Pryce. ＜http://www. revilo-oliver. com/Writers/Klages/Man_and_Earth. html＞.

［37］"Gestalt"还是侧重外形、形态，英译作"configuration"，含有构形之意，对应德语的"Gestaltung"较为合适，参

见:[2]493,[3]390.

[38] Walter Benjamin. Erfahrung und Armut//Illuminationen, Ausgewählte Schriften 1. Frankfurt am Main:Suhrkamp,1977.

[39] "干净的桌面",可以视为一个全新开端的隐喻,此处汉译本没有译出来,而是与下文的"绘图桌"混在一起,成了"干净的绘图桌",参见:[38]292-293.

[40] 本雅明.经验与贫乏.王炳钧,杨劲,译.天津:百花文艺出版社,1999.

[41] Harry Francis Mallgrave. Modern Architectural Theory:A Historical Survey,1673—1968. Cambridge and New York:Cambridge University Press,2005.

[42] 英译本将"l'architecture du fer"译作"iron construction",事实上,在英语和法语中,这两个词的区别是一样的。参见:[2]223,[3]161.

[43] 英译作"technical necessities in architecture",而以"building"译"Bauen"似更合适些。参见:[2]220,[3]157.

[44] 英译本将前一个"Maβstäb"译作"criterion",将后一个复数的"Maβstäbe"译作"dimensions"。参见:[2]223,[3]160.

[45] 巴塔耶在《建筑学》词条解释中,曾经提出"la composition architecturale",多米尼克·法奇尼《Dominic Faccini》的英译本译作"architectural construction"。参见:Georges Bataille. Architecture. Oeuvres completes,tome I. Premiers Écrits 1922—1940. Paris:Groupe Gallimard,1970:171.

[46] Wikipedia. Les Halles. <https://en. wikipedia. org/wiki/Les_Halles>.

[47] 巴黎大堂广场自2010年开始再次重建,于2016年完工。参见:[46].

[48] Paul Scheerbart. 'Glass Architecture〈excerpt〉'. Programs and Manifestoes on 20th-Century Architecture. ed. Ulrich Conrads. Massachusetts:The MIT Press,1987.

[49] Walter Benjamin. 'Surrealism:The Last Snapshot of the European Intelligentsia'. One-Way Street and Other Writings. trans. Edmund Jephcott and Kingsley Shorter. Thetford,Norfolk:Lowe & Brydone Printers Limited,1979.

[50] 关于玻璃的这两种材料特性,可以将《超现实主义》以及《经验与贫乏》两篇文章的相关内容联系起来看。后者原文的"Material"一词,汉译作"物质",在此还是译作材料合适一些。参见:[48]228,[38]294,[40]256.

[51] "Zu früh gekommenes Glas,zu frühes Eisen",英译作"Glass before its time, premature iron",参见:[3]211.

[52] 英译作"images","wish images",参见:[38]292,[2]46,[3]4.

[53] 康德.判断力批判,上册.宗白华,译.北京:商务印书馆,1964.

[54] "Übergreifen"意为"蔓延",英译作"encroachment",意为"侵蚀",负面意涵更强一些。参见:[2]515,[3]408.

[55] Wikipedia. Jacobus Oud. <http://en. m. wikipedia. org/wiki/Jacobus_Oud#>.

[56] Walter Benjamin. 'Karl Kraus'. 参见:[38]354.

[57] Wikipedia. Wiener Werkstätte. <http://en. m. wikipedia. oeg/wiki/Wiener_Werkstätte>.

[58] "工艺美术工作者",本雅明原文是"Kunstgewerbler",并无贬义,而英译为"the arts-and-crafts mongers",意为"艺术与手工艺贩子",显得用词刻薄;"providenziell",英译作"providential",除"特别幸运"之意外还有一层"特别适合"的意思,英语的词义所外延,于是这句话在英语中的言外之意有点像我国常言所谓"棋逢对手"。参见:[56]354.

[59] Walter Benjamin. 'Karl Kraus'//One-Way Street and Other Writings. trans. Edmund Jephcott and Kingsley Shorter. Norfolk:Lowe & Brydone Printers,1979.

[60] 本雅明在《历史哲学论纲》中对这幅画有另外的理解,参见:Walter Benjmin. Walter Benjmin:Selected Writings,Vol. 4(1938—1940). Trans. Edmund Jephcott and Others. ed. Howard Eiland and Michael

W. Jennings. Massachusetts and London：Belknap Press，2003：392.

［61］勒·柯布西耶. 走向新建筑. 陈志华，译. 西安：陕西师范大学出版社，2004.

［62］英译本将"Lebensraum"译为"the place of dwelling"，"Arbeitsstätte"译为"the place of work"，相形之下，德语在关于空间的语词表达方面显得丰富一些。参见：[2]52，[3]8-9.

［63］弗朗茨·海塞尔，德国作家、翻译家，与本雅明合作翻译了普鲁斯特的《追忆似水年华》。参见：https://en.m.wikipedia.org/wiki/Franz Hessel.

［64］瓦尔特·本雅明. 莫斯科日记·柏林记事. 潘小松，译. 北京：东方出版社，2001.

［65］本雅明在这里用后缀"-wesen"组成了三个词："Freilichtwesen"，"Freiluftwesen"，"Gehäusewesen"，"-wesen"意为"……的事业"，具体而言，可以指"……之类的事"，"Freilicht"意为"户外的光"，亦即"自然光"，对于室内而言，"Freilichtwesen"就指的是"自然采光"；同理，"Freiluftwesen"就是将户外的空气引入室内的事，即"空气流通"或"通风"。"Gehäuse"是传统封闭性居住方式的隐喻，"Gehäusewesen"意为"壳子般的居住形式"，用来指19世纪的室内十分贴切。而"自然采光"与"空气流通"正是用来打破这种封闭性的手段。英译本将这两个复合词译为"its tendency toward the well-lit and airy"，意为"良好采光与通风的倾向"，而通过人工照明的方式获得的采光也可以叫"well-lit"，可见，在英译的过程中，"户外"的意涵不甚明确。参见：[2]292，[3]221.

［66］Siegfried Kracauer. Das Neue Bauen，Essays，Feuilletons，Rezensionen，Band 5. 2，1924—1927. Herausgegeben von Inka Mülder-Bach. Frankfurt am Main：Suhrkamp，2011.

［67］象征主义是1885—1910年间在文学与视觉艺术领域展开的组织松散的运动，起初是在法国兴起，后影响欧洲主要国家。象征主义反对直白的本义再现，推崇富于想象力的再创造及暗示，总体上属于19世纪末思想与艺术领域反物质主义、反理性主义趋势的一部分。雷东与莫罗（Ggustav Moreau，1826—1898）等人的作品激发了象征主义艺术运动。见：Ian Chilvers. Oxford Dictionary of Twentieth-Century Art. 上海：上海外语教育出版社（Oxford，New York：Oxford University Press，1999）.

［68］英译本译注为：可能是尼娜·叶尔莫拉伊娃（Nina Yermolaeva）。参见：Walter Benjamine. Moscow Diary. October：Vol. 35，Moscow Diary（Winter，1985）：31-32. The MIT Press. URL：http://www.jstor.org/stable/778471.

［69］Friedrich Nietzsche. Thus Spoke Zarathustra. trans. Graham Parkes. Oxford and New York：Oxford University Press，2005.

图片来源

（图 4.1）、（图 4.10）Walter Benjamin. *The Arcades Project*. trans. Howard Eiland and Kevin McLaughlin. Cambridge and London：The Belknap Press of Harvard University Press，1999

（图 4.2）傅立叶著. 傅立叶选集，第一卷. 赵俊欣、吴模信、徐知勉、汪文漪，译. 北京：商务印书馆，2004

（图 4.3）www.bittleston.com/artists/victor_hugo/

（图 4.4）https://www.myartprints.co.uk/kunst/victor_hugo/dead_city_ink_wash_hi.jpg

（图 4.5）http://www.arthistoryarchive.com/arthistory/architecture/images/Haussmanns-Paris-08.jpg

（图 4.6）Hanno-Walter Kruft. Trans. By Ronald Taylor，Elsie Callander and Antony Wood. *A History of Architectural Theory from Vitruvius to the Present*. Princeton University Press. 1994

（图 4.7）、（图 4.8）https://en.wikipedia.org/wiki/Les_Halles

（图 4.9）郑炘摄

（图 4.11）https://upload.wikimedia.org/wikipedia/commons/e/e1/Eglise_Notre-Dame-de-Lorette%2C_Paris_11_July_2014_013.jpg

（图 4.12）http://rlv.zcache.com/paul_klee_painting_new_angel_angelus_novus_canvas_print-r54e4a5242c11453f8a3cad864fd32a1c_vofjf_8byvr_630.jpg? view_padding=%5B285,0,285,0%5D

（图 4.13）Elizabeth C. Mansfield. History of Modern Art：Painting，Sculpture，Architecture，Photography. Seventh Edition. Boston etc.：Pearson，2013

第 5 章

提奥多·W.阿多诺:关于建筑与艺术的深层思考

提奥多·W.阿多诺是 20 世纪德国哲学家,法兰克福社会研究所的创始人和主要成员,《斯坦福在线哲学百科全书》称之为第二次世界大战之后德国最重要的哲学家与社会批评家之一[1]。哲学与音乐是贯穿阿多诺学习与研究的两条主线。《阿多诺读本》编者布里安·奥康纳(Brian O'Connor)在引言中指出,早在少年时代,阿多诺就在克拉考尔的指导下,利用周末时间研读康德的《纯粹理性批判》。他在 1921 年入法兰克福大学学习哲学、社会学和心理学,1924 年,在 21 岁的时候,提交了研究胡塞尔现象学的哲学博士论文,之后赴维也纳师从作曲家贝尔格(Alban Maria Johannes Berg,1885—1935)学作曲[2]2,6。虽然他没能成为作曲家,但在音乐方面所受的训练以及所具备的哲学基础,使他在音乐理论研究方面颇有建树,也为他晚年的美学研究打下基础。

阿多诺一生著述颇丰,由罗尔夫·提德曼(Rolf Tiedemann)主编的《阿多诺全集》达 20 卷之多。他的研究涵盖哲学、社会学、音乐学以及美学。其中影响较大的著作有与霍克海默合著的《启蒙辩证法》(1944)、《现代音乐哲学》(1949)、《低限伦理:来自毁灭的生活的感言》(1951)、《音乐社会学导论》(1962)、《否定辩证法》(1966),以及未完成的《美学理论》(1970)。

曾经是阿多诺助手的哈贝马斯,称赞他是一个天才。布里安·奥康纳则认为,阿多诺的天才不仅体现在其思想的复杂上,也体现在他的无与伦比的理解力上。他在哲学、社会学、音乐理论、美学以及文化批评理论等方面作出了强有力的贡献,而更为关键的是,他的知识打破了学科界限[2]1-2。在哲学方面,阿多诺从黑格尔那里继承了辩证的概念,但那是一种否定的辩证,与黑格尔的"同一性"思维的概念迥然不同。在美学理论方面,阿多诺的一个中心议题是艺术的自治。他是要在"为艺术而艺术""艺术作为政治工具"这样两种极端的倾向之间探索一条中间道路。在现代性的问题上,阿多诺的看法也是很有启发性的。他赞赏文学艺术中的现代性,对先锋艺术持肯定态度,但是对启蒙时代以来的社会现代化进程持批判的态度。事实上他已就作为美学概念的现代性以及作为西方文明史中一个阶段的现代性作出分别。

1940 年代,阿多诺与霍克海默在美国流亡期间合作完成《启蒙辩证法》一书,对现代西方社会的状况做出深刻的反思。受到 20 世纪法西斯主义、纳粹主义等极端意识形态及其灾难性后果的触动,这个反思过程指向启蒙理性,甚至指向前现代的希伯来铭文以及希腊哲学文本。本书的第四部分题为"文化产业:作为大众欺骗的启蒙",涉及文学、艺术、娱乐、广告等诸多方面内容,城市与建筑也包含在内。

1966 年,阿多诺为一些德国建筑师作了题为《当今功能主义》的演讲,后来此文由彼得·埃森曼(Peter Eisenmann)编入《对立》(Oppositions)杂志中。其时他已开始美学理论方面的研究。而在建筑理论领域,一些理论家开始对现代建筑运动的实践与理论进行反思,也有的建筑师和理论家开始进行所谓的"后现代建筑"的实践与批评。在这样的背景下,阿多诺联系艺术中的现代主义运动对建筑中的功能主义进行分析、批评,但是他所倡导的由想象力支配的建筑艺术的理念显然迥异于当时已出现的开玩笑般的历史主义,对于拓宽建筑理论的视野具有积极的意义。此文可以说是阿多诺的美学理论在建筑理论领域中的运用。在这篇文章中,阿多诺表明对战后德国重建风格的不满。我们知道,1950、1960 年代联邦德国的重建工作基本上沿循了现代建筑的注重功能与简明形式统一的方式,阿多诺的疑虑表明,他对建筑中的先锋派与其他艺术中的先锋派的态度就有很大的不同。另一方面,阿多诺从艺术的自治概念出发,指出形式与目的之间的辩证关系,为装饰的存在论基础进行辩护,并对鲁斯的建筑文论提出有力的批评。他倡导一种能持续进行审美反思的建筑学,赞赏富于表现力的建筑,这一点和布洛赫的观点接近[3]7,12,16。

阿多诺晚年致力于《美学理论》一书的写作,最终没有完成,但要写的都有了,只差一点组织工作[4]361。格蕾特尔·阿多诺(Gretel Adorno)和罗尔夫·提德曼在本书的后记中提到,阿多诺在

1949—1950 年的冬季学期恢复在法兰克福大学的教学工作,并在 1950 年的夏季学期举办了美学研讨会。随后的几年间他就美学话题做了 4 次演讲,直到 1968 年还在教授美学课程,其时《美学理论》大部分已经完成[4]362。全书分为 15 部分,除了第 4 部分是关于自然美的论述之外,其余内容都是围绕艺术的相关主题展开的。可以说本书的大部分内容是艺术哲学方面的思考。本章先是从阿多诺的艺术哲学中选择模仿与建构、艺术自治等涉及艺术作品形式的论述做出精密解读,因为他对现代建筑的思考也是在更大范围的艺术与哲学的领域中进行。这可能是一个较为丰富的语境。

5.1　关于艺术的哲学思考

《美学理论》的第 1 部分题为"艺术,社会,美学",可以视为全书的 3 个关键词,预示了阿多诺的美学理论是针对艺术与社会的关系而言的。他的美学理论的一条主线是关于艺术自治的问题,他在本书开篇就指出由于社会与人性的对立状态艺术自治所面临的困境[5]9-10,不过,他还是通过考察摹仿与建构的艺术创作方式,深入探究了艺术与社会之间的张力。

5.1.1　模仿、建构与构成

在《美学理论》中,阿多诺将"Mimesis"(模仿)与"Konstruktion"(建构)作为艺术方法的两个关键词。他敏锐地意识到这两种方法在艺术史中的作用,特别是建构的方法所蕴含的艺术自治的可能性。"Komposition"(构成)与建构意涵相近,一般用在绘画与建筑艺术上。关于"模仿"的章节有第 2 部分"境遇"中的"唯我论,模仿的禁忌与成熟"一节,第 3 部分"论丑、美以及技术"中的"模仿与理性"一节,第 6 部分"外观与表现"中的"表现与模仿"一节,第 7 部分"谜语性,真理内容与形而上学"中的"灾难性事物与和解的模仿"一节;关于"建构"的章节有第 2 部分中的"表现与建构"一节,第 3 部分中的"论建构的概念"一节,第 11 部分中的"建构,静与动"一节。

根据"杜登德语在线词典","Mimesis"的 1.a 义为:"(在古代)艺术领域中对自然的模仿性表现",这个定义其实也说明了艺术模仿论的原则。艺术模仿论可以追溯至古希腊的哲学,"Mimesis"的 1.b 义表明,在柏拉图哲学中,指的是一个理念的纯粹模仿[6]。柏拉图在《理想国》中提出"三张床的隐喻":上帝给出床的理念,木匠模仿床的理念制作出实际的床,艺术家再模仿木匠的床画出画中的床。这其实就是艺术模仿论的雏形[7]388-390。在漫长的艺术发展过程中,模仿方式使得艺术表现都是再现性的。但这并不意味着在模仿的方式下艺术作品会有趋同现象,阿多诺意识到,模仿将艺术与个体的人的经验联系起来。我们可以由此想到,正是由于个体的人的经验的不同,才避免了艺术作品趋同现象的产生[5]52。

阿多诺是在第 2 部分"境遇"的"表现与建构"一节中讨论了建构的问题,其实他在此前的"唯我论,模仿的禁忌与成熟"中已有所论及[5]70。"Konstruktion"(建造,建构,结构)的动词形式是"konstruieren"(建造,建构),从"杜登德语在线词典"以及"DWDS-Wörterbuch"的解释可以看出,主要意思一方面是指建造或塑造"技术对象",另一方面是指在思想上、概念上、逻辑上以及艺术上进行建构、确立[8][9]。"Konstruktion"则是指对象(包括技术对象、建筑对象、思想构架、语句与词组结构、几何形式)的建造、建构或构成,也指建造或建构的结果[10]。英译本译之为"construction",动词形式为"construct"。根据《韦伯斯特第三版新英语国际大词典》,"construct"除"建造"之外,还有"通过将部分或元素结合、组装来制造或形成某物"之义,也有"以合乎逻辑的秩序来安排"之义[1]489,后面这两层含义都是普遍性的,可以译为"建构"。而阿多诺也是在普遍的意义上使用"Konstruiern"的名词形式。其实他是将"Konstruction"作为一种艺术创作方式看待的。他认为建构有一种内在逻辑，这个内在逻辑就是蒙太奇原理，或组装原理（das Montageprinzip）[5]56。德语"Montage"从法语"montage"一词借用而来，此词原本用来指电影剪辑术，而成为国际通用的电影术语，汉译"蒙太奇"。根据《WordReference French-English Dictionary》，"montage"第 1 义为"assemblement"，英语解释为"assembly，putting together"，即"装配，组合"之意[12]。《韦伯斯特第三版新英语国际大词典》中"montage"的第二义是"an artistic composition made by combining heterogeneous elements"，即"通过将异质因素结合起来而形成的艺术构成"之意[11]1465。阿多诺将"Konstruktion"与"Montage"联系起来，为下文理解"Konstruktion"的复杂性意涵做了准备。

"Komposition"除作曲、作文之意之外，一般是指根据一个确定的观念进行富于艺术性的构成，或艺术作品的构成，或构成的结果[13]。在英语中，"composition"意为将部分或要素组织起来以构成某种事物[11]466，用在绘画上，通常指的是"构图"。用在建筑上，较早的时候汉译作"建筑构图"。对于古典建筑而言，特别是在立面设计上，通过比例与尺度的方式将各个部分组织在一起，将这个过程称作"构图"也是可以理解的。阿多诺说，在文艺复兴开端之际，艺术从宗教的他治下解放出来，那就是建构发端的一部分，那时称作"Komposition"[5]57。看来他是将"Komposition"与"Konstruktion"等同看待的。不过，"Komposition"的概念在建筑史上出现得要晚一些。从克鲁夫特的建筑理论史的考察来看，文艺复兴时期的建筑理论家们还没有用到"Komposition"这个概念，直到 19 世纪法国的理论家加代才在他的著作中明确引入了"composition"，他是在"组织"的意义上使用这个词的。就此意义而言，"composition"（构成）与"construction"（建构）也是相通的[14]289。

5.1.2 建构、模仿与表现

在《美学理论》第 2 部分中的"唯我论，模仿的禁忌与成熟"一节中，阿多诺表明建构在表现力方面是匮乏的（Ausdruckslosen der Konstruktion）。这不难理解，建构作为艺术作品中不同部分或要素组织的方式，其目的是在这些要素之间建立适当的关系，这意味着建构并不是以表现为目

图 5.1　毕加索：霍尔塔·德艾博工厂　　　　图 5.2　毕加索：女孩与曼陀林

标。事实上,表现在开始时往往是无力的。阿多诺将这样的状态视作"当今有效的艺术"的两极之一,另一个极端是,无法满足的、极度令人沮丧的表现性拒绝每一个最后调解的迹象,而成为自治的建构(die autonome Konstruktion)。我们从中可以体会到当代艺术面临的困境,一方面是对表现性的追求极为顽强,另一方面却是表现的能力十分虚弱[5]70。阿多诺写作《美学理论》的时代在艺术史上已经不再是先锋性的,他也敏感地意识到这一点。

图 5.3　布拉克:小提琴与壶

在"表现与建构"一节中,阿多诺探讨了建构与表现之间的关系。他并不以为艺术要还原至无可争议的模拟的一极和建构的一极,因为高品质的作品都要在这两个原则之间达成平衡。这可能是就前现代的艺术而言的,而在现代艺术的成果中,阿多诺看到的是侧重两个极端中的一方,而不是在这两个极端之间做出调解。超现实主义绘画在局部的要素上侧重模仿,但在整体的安排上有些像梦幻;抽象绘画则侧重建构,要素的处理偏离模仿,甚至完全出于想象,如康定斯基、蒙德里安等人的作品。对于现代艺术而言,侧重一极是其先锋性的内在驱动使然,而在两极之间做作调解是有悖其先锋性的。因而阿多诺要说,那些在这两方面都做出努力且寻求综合的作品,获得的却是"可疑的赞同"[5]72。

虽然建构不是以表现为目的,但这并不意味着建构与表现无缘。关于建构与表现的关系,阿多诺以否定句的形式给出两个要点,一是"建构并不是对表现的矫正",二是"也不通过满足客观化的需要而保证有所表现"。前一点表明建构本身并不构成对表现的否定,后一点又包含了两点,一是艺术作品的理念通过建构的方式得以客观化或得以实现,二是在这个过程中建构也不能保证有所表现。阿多诺的这些看法似有些飘忽不定。在他的观念里,建构与模仿之间存在着辩证的关系,不过,这种辩证关系并不是简单的对立统一——建构一极或模仿一极都不是在中间地带实现自身,而是这样的状况:建构一极是在模仿一极中实现自身的,反之亦然[5]72。

如何理解建构在模仿中实现自身?毕加索和布拉克的立体派绘画就是用抽象的要素建构成具体的对象,如毕加索的"霍尔塔·德艾博工厂"与"女孩与曼陀林"、布拉克的"小提琴与壶",分别用不同的几何形建构了厂房、女孩、曼陀林、小提琴、壶的形象。这是一个复合过程:先将具体对象的构成要素拆解,抽象成相应的几何形,再将抽象了的几何形模仿原型的关系加以建构,最终建构出新的形象(图 5.1、图 5.2、图 5.3)[15]。尽管这些建构出的形象与原型相比是有所抽象的,但还是保持了原型的形象特征,在某种程度上仍然是模仿性的,就此意义而言,建构在模仿的过程中实现了自身。类似的情况在立体派雕塑家亚历山大·阿基潘柯的作品中见到,如"女人与扇子""无题"等,抽象的几何形体的建构在人与物的场景的模仿中实现自身的(图 5.4、图 5.5)[16]。与现代雕塑类似的是,现代建筑本身的几何形态的要素的建构,有时得出较大尺度的抽象雕塑般的结果(图 5.6),有时得出仿生的结果(图 5.7),也都意味着在模仿中实现了自身。

至于模仿在建构中实现自身,可能是艺术作品自来的建构原理。让我们来看意大利画家杜奇奥的"基督与撒玛利亚妇人"一画(图 5.8),画中描绘了撒玛利亚一个有罪的妇人接受了基督所传的福音后,引领众人走出城堡来见基督的场景。画中城堡要素(包括城堡塔楼、城墙、城门、城门前

图5.4　阿基潘柯：女人与扇子

图5.5　阿基潘柯：无题

的桥)和桥所跨越的沟壑、石铺桥面及路面、水井、岩石等诸多要素本身都是模仿性的，但是城堡诸要素与沟壑、水井、岩石的大小与位置关系都根据画面表现的要求做出调整。基督所坐的水井可能是实际的尺度，而城堡诸要素以及沟壑的尺度都大大地缩小了，岩石与水井、水井与桥之间的位置关系也不一定如实际那样。这样的要素尺寸变化以及要素间位置关系的变化就不再是模仿性的，而是建构性的。为什么要对诸要素做出尺度上的变化？就水井与城堡的距离而言，如果按照实际的尺度关系去表现，水井在画面中就会很小，而以水井为参照物的基督乃至妇人与众人也都会相应地很小。而在画面上赋予基督与其他人合适的尺寸，是出于画面主题表现的需要。为什么水井要保持合适的尺寸？那是因为水井是这个故事的主题物。至于其他景物在尺寸上的缩减，而又能与主题人物、主题之物协调地共处一个画面，足可见杜奇奥在艺术处理上的功力[17]。在杜奇奥那里，模仿性的表现可以是在主观性的建构中实现的，而他的作品所蕴含的特质也影响了现代艺术。福克斯在《包豪斯团队：六位现代主义大师》一书中提到，阿尔贝斯早年从乔托的绘画中获得启示，到晚年更为崇尚杜奇奥的艺术，从他的线条中体会到一种张力，也就是可以理解的了[18]246,430。

5.1.3　建构与还原

阿多诺是在艺术总体的层面上对建构的概念加以分析的，"美学的编年史"(ästhetische Geschichtsschreibung)大概就是从总体来把握艺术发展的内在逻辑。当阿多诺将蒙太奇原理视为建构的内在逻辑时，他已经暗示某种艺术的建构始于对既有状态的破除。建构本来是一个将不同的要素组织成一个整体的过程，由于引入蒙太奇原理，原本强制形成的整体就出现材料与重要因素的拆解(Auflösung von Materialien und Momenten in aufergefolgte Ganzen)[19]。这意味着建构的过程包含了它的反方向的行动。材料的拆解意味着打破现存的状态，而建构事实上就成为重构："某种平滑、和谐的事物，一种纯粹逻辑性的品质，重又被想象出来"。事情还不止于此。重构的艺术还会"寻求将其自身建构为意识形态"(Ideologie)。如果某种艺术的意识形态形成了，结果会怎样？意识形态作为一种共同的信念，带有总体性的特征，会作为一个宽泛的框架影响艺术活动。阿多诺认为当代艺术被"居主导地位的整体性虚假"(Unwahrheit des herschenden Ganzen)污染了，这说明当时的意识形态出了问题，当代艺术由此而招致"极大的不幸"[5]91。阿多诺是在1960年代末做出这样的判断，那个时代在政

图 5.6　山岩般的建筑

图 5.7　有机形态：E.萨里宁设计的
TWA 航空港

治与文化上动荡不已,波普艺术在以消费为目标的文化产业中显得很有号召力。事实上,艺术评论家们对现代先锋艺术在文化产业中是否能保持"先锋性"一直是有疑虑的。格林贝尔格(Clement Greenberg,1909—1994)早在 1939 年就意识到以追求利润为目的的大众文化对真正艺术的理念的侵害,媚俗的东西甚至偷用先锋艺术的形式手段[20]。

尽管如此,阿多诺似乎对真正的艺术的建构还是抱有希望。他承认艺术作品中存在"理性因素",而建构就是理性因素所能采取的唯一可能的形式。他想到文艺复兴开始时的状况:艺术从"宗教膜拜的他治"(kultische Heteronomie)下解放出来。从文艺复兴时期的绘画来看,解放了的艺术不再受宗教膜拜主题的支配,随着人文主义的兴起,艺术家们转向古典的主题。阿多诺为什么要说,"艺术从宗教膜拜的他治下的解放是建构发现的一部分"[5]91? 就绘画艺术而言,难道中世纪宗教膜拜支配下的作品无需建构吗? 通过对中世纪绘画与文艺复兴时期绘画的比较,也许可以说后者的"建构性"更强一些(图 5.9、图 5.10)。

图 5.8　杜奇奥:基督与撒玛利亚妇人

阿多诺将艺术作品类比为"单子"(Monade)[5]91。单子是莱布尼茨在 1714 年写成的《单子论》一文中所提出的核心概念,指的是"单一的实体"(a simple substance),与复合体(compound)相对。单子自身是完美的,也是自足的,可以称为"完美实现的实体"(Entelechy)[21]1,2,18。阿多诺是在"完美实现"的意义上使用单子这个词的。不过,按照莱布尼茨的本意,单子是没有部分的单一实体,是真正的自然的原子,是出自上帝的创造,而不是由自然的方式,通过部分的结合而形成的组合体。莱布尼茨将组合体的形成方式称为"构成"(composition)[21]5。

图 5.9　杜奇奥：锡耶纳大教堂圣坛壁画

为什么阿多诺要将艺术作品类比为"单子",而不是"复合体",同时又将艺术作品的创作活动视为"建构"?由于所指对象的不同,阿多诺对单子概念的运用是有别于莱布尼茨的。阿多诺只是在"完美实现""自足"的意义上将艺术作品类比为单子,至于其创作活动的主体乃是人,而非上帝,因而其方式也只能是自然的方式,即建构与构成的方式。于是,艺术作品的创作要以完美实现的实体为目标,以建构或构成的方式为手段。

阿多诺对艺术作品的建构的态度是很微妙的。首先他指出在单子般的艺术品中建构的权威是受到限制的,这其实是进一步明确建构的工具性。他还指出建构是多样因素的综合,但要以建构所控制的定性要素为代价,也要以主体为代价,在这个综合的实施过程中,主体意在取消自身。艺术作品的建构是创作主体做出的行动,主体取消自身就意味着让艺术作品按照艺术自身的原则去发展,而不是主观地去干预。那么该如何理解阿多诺所谓"建构是主体控制的延展"?艺术家必

图 5.10　拉斐尔：雅典学院

定对建构过程有所控制,但优秀的艺术家所做的控制"越是深入","就越是更深地隐藏自身",这其实与我国传统艺术理论中的不留斧凿痕迹是同样的道理。在这里,阿多诺提到了建构对"现实的要素"(Elemente des Wirklichen)所做的处理,其实他是在谈艺术作品与现实生活之间的关系。"建构将现实的要素从它们最初的情境中分离出来并将它们转化到一个点上,在那里它们再一次能够形成一个整体",这意味着对生活素材的重构。那个重新形成的"整体"(Einheit),

图 5.11　蒙德里安:红、蓝、黑、黄
　　　　　与灰的构图

图 5.12　基希纳:月光

应该是艺术作品的整体,它是内在地强加在那些从现实转化而来的要素之上,而不是一个让它们外在地服从于它的"他治的整体"。这样,艺术作品就与原来的情境产生距离。如果说原来的情境是具体的,用阿多诺的话来说是"唯名论的境地"(nominalistische Situation),那么,艺术作品最终所表现出来的情境则是普遍性的。至此,我们可以理解阿多诺关于建构之于艺术作品的作用的论断:"通过建构的方式,艺术不顾一切地想要逃离它的唯名论境地,以其自身之力将自己从偶然性的意义中解脱出来,并获得包罗万象的聚合结果或普遍性的结果"[5]91。

阿多诺提到"蒙德里安那样的构成主义者流派"(konstruktivistische Richtung),说这样的流派"起初采取与表现主义相对立的立场"[22]。在艺术史中,蒙德里安早期的绘画艺术被称为"新造型主义"(Neoplasticism),与凡·杜埃斯堡共同创立风格派。他以非对称的矩形色块与横平竖直的直线作为构图要素进行抽象绘画的新的尝试,也许可以视之为立体派意象的平面化与纯净化(图 5.11)[23]。表现主义绘画着重表现个人的心境与情绪,画面活跃,甚至有些狂野,但其抽象与变形大多还是基于具体的物象(图 5.12)[24]。蒙德里安的作品中,画面的要素迥异于自然的物象,完全几何抽象化了。阿多诺从蒙德里安的作品中看出建构对审美的主体性的批判性还原,与康德所谓"抽象而超验的潜藏的主体成为审美主体"的过程相比,这似乎是一个反向的过程[5]91。这意味着主体在艺术作品中的自我表现趋于弱化,由此阿多诺想到,在建构主义出现以前很长时期,黑格尔美学就认识到"艺术作品的主体的成功就在于艺术作品中主体的消失",对此可以理解为主体出神入化而达到忘我之境;至于"只有通过这样的消失,而不是讨好现实,艺术作品才有能够突破仅仅是主观的理性",我们可以从中体会到,主观的理性正是艺术作品应该突破的障碍。那么突破了主观理性的艺术作品又该指向何方? 阿多诺没有明说。如果我们对艺术作品的最终指向有正面的预期,就有可能想到艺术作品最终会指向真理[5]92。按照黑格尔美学的说法,随着建构过程的展开,艺术作品的主体趋于消失。然而阿多诺又说,当代建构性艺术张力的缺失不仅仅是主体性弱化的产物,而且也是建构理念本身的结果[5]91。这样的状态似乎与黑格尔美学的洞见相悖。也

第 5 章

许可以理解为,当代艺术的问题在于主体性虽然弱化了,但还没有消失。主体性弱化意味着主体的控制力减弱,主体性没有消失,则表明艺术家还没有克服主观理性,更谈不上达到忘我的境界。至于建构理念何以导致建构性艺术张力的缺失,则令人费解。

5.1.4 关于艺术自治的问题

19 世纪以来,艺术自治一直是艺术理论家们关注的问题。在这个问题上,激进的理论家们的观点的共通之处是,艺术的价值在于自身的完善,而不是看它是否符合外在的目的要求。阿多诺所谓艺术自治(Autonomie der Kunst)的概念,指的是艺术的内在精致化,通过形式法则达到崇高化的境界,与康德的"无目的的合目的性"概念有着一定的关联[2]242。它是《美学理论》的中心主题之一,也是十分复杂的问题。"Autonomie",在一般的意义上指的是独立、自由以及自我管理的品质或状态,是个体的或群组的自由。哲学上指的是自由意志[25]。艺术的自治一般指艺术有其自身的规律,艺术作品要根据艺术自身的规律来创作,艺术作品也正是因为符合自身的规律而成其为艺术作品。因此,艺术的自治问题最终要归结于艺术的存在论问题。

德语"Kunst"是个多义词,就艺术作品创造那一方面的意义而言,"Kunst"主要是与美的对象的创造有关,那么对于艺术而言,艺术作品具有一定的审美价值是很重要的[26]1096。因而艺术的自治可以说是艺术概念的逻辑的结果。在《美学理论》中,阿多诺将艺术的自治问题放在社会历史的框架中来讨论,这是因为,艺术作为一种社会文化现象,有着很强的历史背景的影响。在西方艺术史上,长期以来艺术一方面是在基督教的框架下发展的,另一方面,艺术家们的工作受到权贵赞助人的影响。到了现代,极权国家对艺术的控制也是十分严格的。只是在资产阶级的时代,在极权国家出现之前,艺术的自治成为资产阶级自由意识的一项功能,这才使得艺术从社会的诸多直接控制中摆脱出来[27]。虽然阿多诺对艺术摆脱社会的直接控制持赞成的态度,但是对"为艺术而艺术"的主张却不以为然,正如奥康纳所指出的那样,为艺术而艺术的作品不能与实在衔接,是虚假的慰藉[2]240。

《美学理论》第 1 部分标题为"艺术,社会,美学",开篇谈的是艺术的自明性(Selbs-tverständlichkeit)的丧失的问题:"不证自明的是,与艺术相关的事物如艺术的内在生命,艺术与这个世界的关系,甚至艺术存在的权利等都不再是自明的"[5]9。阿多诺意识到,艺术中的绝对自由总是局限于特殊的事物上,这就与整体的不自由相矛盾,而且在整体中艺术的地位也是不确定的。"整体"在此应是指社会整体。阿多诺将艺术的自治追溯至艺术从祭祀分离之际,如此看来,艺术的自治有着古老的渊源。至少在日常使用的陶器的纹样上,艺术没有承载过多,也许那只是出于人的天性。在某种程度上,那时的艺术自治是"由人性的理念所滋养的"。然而,在很长的历史时期内,由于社会总是缺乏人性的,因此艺术的自治就是支离破碎的。为什么阿多诺要说社会总是缺乏人性的? 可能是因为很长时期里社会总是处在神话的建构、宗教的影响、权贵的掌控之中。尽管如此,"艺术的自治仍然是不可取消的"。阿多诺认为,所有让艺术具有社会功能的努力都是注定要失败的,因为艺术本身对社会功能就把握不住,而且通过社会功能,艺术又表现了它自身的不确定性。他注意到艺术必然从神学的框架下回撤,也不再无条件地要求"救赎的真理"(die Wahrheit der Erlösung),而救赎本身是一种"现世化"(Säkularisierung),艺术曾经因此而得以发展,但是艺术为这个如其实存的世界提供慰藉,剥夺了任何对其他世界的希望,又强化了自治的艺术想要摆脱的那种着迷状态,与自治的原则相悖[5]10。阿多诺以十分宽广的历史性的视角看待艺术自治的问题,向我们表明艺术在与古老信仰、宗教、社会生活的关系中所面临的困境。在原始时期,与不惜牺牲生命的远古祭祀的终极目的性相比,日常生活对艺术的要求就显得轻松多了,阿多诺说那个时代的艺术没有承载过多,应是就此而言的。可能唯有在原始时期的日常生活中,艺术的自治才是真正可能的。

在第 3 部分"论丑、美以及技术"的"论建构的概念"一节中,阿多诺将艺术作品的建构视为一个"事实上不可逆转的过程",而且这个过程也不容忍"任何外在于它自身的事物"。这个过程其实指向艺术的自治。在他看来,即使它从"外在的技术性功能形式"(auswendige technische Zweck-form)那里借来其纯粹的形式原则,建构还是想要让自身成为真正自成一体的事物。他对建构的自治的潜力有深刻的理解,并由此想到"纯粹建构的、严格客观的艺术作品"与工艺用品之间的对立。在这里阿多诺提到阿道夫·鲁斯。在鲁斯的概念中,工艺用品的形式只能出于功能性的考虑,与纯粹艺术无缘。阿多诺对此并不认同。如果仅通过对功能形式的模仿就能产生工艺用品,那么无目的的合目的性(Zweckmäßigkeit ohne Zweck)就成为一种讽刺[28]。看来除去对功能形式的模仿之外,还是要考虑工艺用品形式自身的建构问题。如果我们将建筑视为较大尺度的工艺用具,构成建筑本身的物质要素面临自身的建构问题就是显而易见的。在建筑的场合,一般性的建构(Konstruktion)问题最终归结于建筑所特有的建构(Tektonik)问题。

在第 12 部分"社会"的"艺术的双重特征:社会事实与自治"一节中,阿多诺继续谈论了艺术的自治问题。他承认艺术具有社会事实(fait social)与自治这样的双重本质。他认为,艺术自治的关键在于它不能还原至社会的需求,这是因为,当艺术承认他治的合理性时,比方说来自政治方面的需求,艺术就失去其本质。自治的艺术虽然摆脱了社会的直接控制,但并不是与社会无关,而是站在社会的对立面,具有批判的特质。比方说,在交换原则支配下的社会里,一切都是为他者,人本身的价值也要受到交换原则的评价。而艺术的纯粹的内在精致化做法本身就是对交换原则的抵抗,它默默地批判了对人的价值的贬低,这样,艺术仅凭其"单纯的存在"(bloßes Dasein)就批判了社会[5]335。不过,阿多诺以"批评性"作为艺术自治的标准,对于大多数人来说是不是过于严格了? 现代文化产业为大众提供了多方面的慰藉,而且至今不衰,也许经验世界中的感官享受还是易于接受的。也许艺术只好分为"慰藉性的"艺术与"批评性的"艺术两大类,显然前者的受众要远多于后者。

在《当今功能主义》一文中,阿多诺也引入了艺术自治的概念,那是对强调外在于形式的目的性的功能主义的抵抗。显然他将使用之类的外在目的与政治目的等同看待,不过,他的论证并没有指向对社会的批判性,而是倾向于为装饰进行辩护。自治艺术作品的基本性质是:艺术作品无论其是否被某种外在目的所驱动,都必须检验其自身的内在逻辑。这意味着,需要严格对待的是,艺术作品的形式符合其自身的内在逻辑,至于艺术作品的形式与外在的目的,其关系就不那么严格了。如果装饰可以在艺术作品自身的内在逻辑方面得到支持,那么就有其存在的根据。阿多诺以勋伯格的音乐作品为例对装饰问题加以分析。勋伯格是奥地利现代音乐家,他的 12 音体系与无调性音乐对 20 世纪西方音乐产生深远的影响。阿多诺注意到,在勋伯格的《第一室内交响曲》这部革命性的作品中,仍然有装饰性主题,伴以一个两拍节奏,这即刻令人想到瓦格纳(Wilhelm Richard Wagner, 1813—1883)《众神的黄昏》中的中心主题以及布鲁克纳(Anton Bruckner, 1824—1896)《第七交响曲》第一乐章的主题。我们知道,音乐中装饰音是旋律音的辅助音,是就音质与音色方面的处理而言的,而装饰性主题是通过装饰音的处理实现的。与旋律音的主题性相比,装饰音的处理显然侧重于乐音的"物质性"层面。阿多诺认为勋伯格的这种关于物质的信念出于"工艺美术"(Kunstgewerbe)对物质的高尚性(the nobility of matter)的崇拜,甚至在自治的艺术中继续提供灵感。他也意识到关于物质的信念与适合于物质的建构理念(the ideas of a construction fitting to the material)结合起来的重要性[3]7。

阿多诺通过对勋伯格音乐作品的分析,向我们表明自治的艺术的一些重要原则。按照通常的

图 5.13　密斯：巴塞罗那馆

看法，音乐与建筑之间存在某种程度上的类比关系，那么阿多诺关于物质的信念与适合于材料的建构理念的概念，对于建筑学而言就是极具发性的。在建筑学领域，对物质的"高尚性"的崇拜可以体现在建筑材料特性的表现上，而适合于材料的建构理念则与建筑构件出于结构与构造原则的组织与表现有关。可以说这些方面的处理无需顾及建筑的使用目的，只需符合建筑自身的内在逻辑即可。不过，这样的处理对于建筑而言并不是一般意义上的装饰，而是表现性的，也就是建筑所特有的"建构"(tectonics)，我们可以视之为建筑的自治性处理。也许我们不应在一般的意义上理解勋伯格的装饰性主题，其实那正是音乐艺术的一种自治性处理方式。阿多诺还没有使用建筑所特有的"tectonics"一词，不过他后来在论及想象力问题时用了"architectonic"这个近义词，表明他对建筑的自治性处理是有所理解的[3]13。而在这里，他将艺术的自治从外在目的的要求区分开，并分析了艺术的自治性处理，其实是以此来为装饰作辩护："追求自治的艺术并不意味着要无条件清除地装饰要素"[3]7。我们现在可以说，在建筑学的场合，建构表现这样的自治性处理与一般的装饰作法有所区别，因而笼统地追求建筑的自治并不构成对装饰的辩护。但在当时，建构的概念在建筑理论领域尚未引发普遍的自觉意识，作为哲学家的阿多诺已经从音乐的建构性类比中接近了建筑的建构理念，是难能可贵的。

阿多诺指出，关于物质"高尚性"的信念与适合于材料的建构理念结合在一起，一种非辩证性的美的概念(an undialectical concept of beauty)与此相关，而这个概念促使自治的艺术就像自然保护区(a nature preserve)一样[3]7。我们应如何理解这个概念？阿多诺之所以将美的概念称为"非辩证性的"，是因为美并不是通过思辨得来的，而是通过对事物的感受得来的。如果我们将着眼点放在物质的"高尚性"以及适合于材料的建构理念上，所体会的美就是切合于物性的。而使艺术像自然保护区一样，就是为艺术提供一个独立的区域，让艺术在自身范围内发展，不受外在因素的干预。这里，阿多诺其实是在为自治的艺术寻求美学方面的理论根据。

虽然阿多诺关于装饰的概念比较宽泛，以致他没有将建筑上出于结构、构造以及材料等物质方面的考虑与一般的建筑装饰区别开，但是他的分析隐含了前一方面的考虑，那样的考虑最终会导向建构性的表达。阿多诺一开始就说他很严肃地怀疑他是否有权对建筑师们演讲，并在演讲即将结束之际，说明他尝试让建筑师们意识到一些矛盾，而非专家不可能给出解决的办法[3]6,17。事实上建构的表现长期以来即已存在于建筑历史中，本雅明在这个问题上更为敏感一些，在他的"拱廊街工程"手稿中,他已注意到 A. G. 迈尔所说的"Tektonik"[29]219。而建筑理论界只是晚近的时候才将它作为一个理论议题,肯尼斯·弗兰姆普敦写出《建构文化》一书,距阿多诺的演讲已是将近 30 个年头。而在建筑理论领域,注重多种材料自身特性的表达以及建构性的表现之类的做法,往往被寄望于可以克服现代建筑几何空间形式简约处理的抽象性,甚至可以汇入地域主义的实践中去。对于建构本身而言,这样的期望也是强加的。这其实也是一种悖论的境地,如果"tectonics"属于建筑自身的事务,就像"construction"属于艺术作品自治的方式那样,那么它也必定带有"建构的综合"(die Synthesis der Konstruktion)的普遍特征,即:被建构的诸要素"完全没有自愿同意强加在它们身上的事物"[5]92。事实上,侧重材料物性表达以及建构性表现的做法并不必然地与侧重抽象空间形式表达的做法对立,它们之间只不过是有些差异而已。就此意义而言,密斯的巴塞罗那馆就是两种作法的奇妙综合(图 5.13)。

5.2 功能主义:合目的性形式与装饰

用具要满足其作为工具的功能,是很自然的事。就此意义而言,功能主义并没有什么不妥之处。不过,激进的现代建筑师们将功能主义作为基本原则之一,并与去装饰化的行动联系起来,几乎是从一开始就受到思想家们的质疑。从克拉考尔在 1920—1930 年代对现代建筑运动的批评,就可以看出这一点。由于多方面的原因,阿多诺在晚年才力图完成他的美学理论,不过,这并不意味着他是到了晚年才开始相关思考的。事实上,他在音乐理论方面的研究使得他有能力深入探究前卫的现代音乐艺术的内在本质特征。从他在 1930 年代与本雅明的通信中可以看出,他对包括建筑在内的艺术问题有较为深刻地理解;写于 1940 年代的关于文化产业的论文也表明他在艺术理论方面的深厚的知识基础。他的未完成的《美学理论》的中心议题是艺术的自治,而这个主导思想在《当今功能主义》一文中就已经体现出来。

5.2.1 功能主义的信条:绝对事实

包括建筑在内的人造产品的形式与其所服务的目的之间的关系,是现代美学所关注的中心问题之一。"形式遵循功能",起初由美国建筑师路易斯·沙利文提出,不过,他所谓的"功能"不仅是实用功能,他原本是从自然形式乃至生活中所有事物的形式得到启发的[30]266-267。后来的功能主义者们将这句话当做信条,功能的意涵变得狭窄,主要指实用的功能。而要求形式与实用功能之间有严格对应的关系,则是功能主义信条的合乎逻辑的结果。阿道夫·鲁斯在美国期间了解了沙利文的看法,并将功能主义信条与去除装饰的主张联系起来。阿多诺认为,在鲁斯的思想中,在功能主义的早期阶段,绝对事实(absolute fact)将有目的的产品(purposeful products)与在审美上自治的产品(aesthetically autonomous products)分离开[3]6。所谓"绝对事实",即不依赖其他任何事物的不受限制的事实,在功能主义者看来,就是产品的目的性。比方说,对于书桌而言,能够让人坐下来读书写字这个目的就是绝对事实,是基本的出发点,书桌台面的高度、尺寸都要依据这个出发点来确定。也许我们可以将这样的关联称为绝对关系。"在审美上自治的产品"指的是什么?那应是指没有什么明确的、使用目的的产品,如放在室内某个地方的陈设之类的产品,审美方面的考虑可能更多一些。

有目的的产品与审美上自治的产品的区分,其实表明了实用艺术与纯粹工艺品之间的差异。前者的评价标准是以满足实用目的为依据的,不能抛开实用目的来谈用品的艺术性;后者的评价标准似乎可以单纯从审美方面出发,这就意味着后者不是以什么具体的实际目的为前提的。鲁斯由这样的区分得出推论:对实用物品进行虚假的艺术处理是令人厌恶的。同时,他还为他的分析加上历史的维度:如果某个用品的用途不再被需要,就失去其意义。另一方面,鲁斯也反对将"无目的艺术"(purpose-free art)进行"实际的再定向"(the practical reorientation),这其实就是反对将纯粹的艺术引入实用领域,也是对艺术与手工艺运动的幼稚意图的否定[31]6。鲁斯坚持让工艺、纯粹艺术分别与实用目的、纯粹审美目的相对应。其实,在他的《建筑学》一文中,鲁斯似乎走得更远。在否定建筑物与艺术有任何关联的同时,他也否认建筑学是一门艺术。建筑学只有很小一部分可以归于艺术之列,那就是纪念碑。他的理由是,凡是服务于某种实际目的的事物都应排除在艺术领域之外[31]83。阿多诺意识到,鲁斯主张在实用艺术领域回归"诚实的工艺"(an honest handicraft),是为了让这样的工艺本身会服务于技术革新,而不是简单地从艺术那里借用形式。但阿多诺又感到,这样的主张简直就是一种悖论:艺术一方面抗议目的性对人类生活的支配,一方面又还原至它所反对的实际层面[3]6。不过,以现在的眼光来看,鲁斯让实用艺术回归"诚实的工艺"的主张,还是蕴含了一种潜在的可能性,即实用艺术可以从诚实的工艺本身发展出来,因而诚实的工艺并不是注定要还原至实用目的本身。

5.2.2 关于装饰

功能主义信条在20世纪初对于改变18世纪以来滥用装饰的倾向产生过积极的影响。事实上,在建筑理论领域,长期以来持续存在着将实用功能性形式与附加装饰区分开的倾向。而对待建筑中的装饰,理论家们大多持比较谨慎的态度。我们知道,阿尔伯蒂在《建筑论》中明确了装饰的附属性地位,他相信美是某种内在的特质,而装饰并不是内在固有的,是某种配属性的或附加上去的特征。从中可以看出形式本身的美与附加装饰相分离这一理念的雏形以及一定的去装饰化的意向[32]151。在哲学领域,关于形式的合目的性及装饰问题,康德在《判断力批判》一书中有过比较深入地分析。在他看来,事物形式的合目的性(purposefulness)有着丰富的意涵:形式的合目的性分为主观合目的性与客观合目的性,前者与美相关,而后者则与事物的用途以及完满性有关。而主观合目的性就是无目的的合目的性[33]59,64-65。康德对事物形式作出这样的区分,为的是让形式的美的方面摆脱实际的利害性的羁绊。至于装饰,康德仅为其保留了一种作为刺激因素的地位:当审美趣味微弱的时候能够保持对形式本身的注意[33]63-64。现代功能主义者们所主张的形式合目的性,其实就是形式的客观合目的性,其激进之处是,他们跨越了康德在主观合目的性与客观合目的性之间所作的分别,将美的概念与形式的客观合目的性联系起来,甚至只将客观合目的性的形式视为美的形式。而装饰则更是无存在的必要,连康德所赋予的次要地位都不具备。

阿多诺注意到现代功能主义者的激进之处:在音乐领域,勋伯格在作曲上作出革新;在新闻方面,卡尔·克劳斯抨击新闻写作的陈词滥调;在建筑领域,则有鲁斯对装饰加以拒绝。他们都是通过严格地专注于表现方式或建造方式,以同样的活力来抹去装饰[3]6。阿多诺从这样的反装饰倾向中意识到一种严格的目的论。他承认任何产品都有着合目的性的要求,但他同时也主张产品有不受目的约束的一面。产品的合目的性与产品有不受目的约束的自由(freedom from purpose)这样两个方面自来就联系在一起,不能绝对地分开。这样的艺术哲学与康德关于形式的美学是原则、是相呼应的。产品具有合目的性,就意味着客体形式有着客观的合目的性;产品不受目的的约束,就意味着客体形式有着无目的的主观合目的性。不过,阿多诺提醒我们注意艺术不受目的约束的那一面,并不是要指向纯粹的美的形式,而是说艺术作品的形式并不是单纯以目的性要求为根据,从而为装饰的运用留出可能的空间。总而言之,"没有什么形式是彻底由其目的所决定的"[3]7。

阿多诺采取了一种宽容的审美态度。他认为,"没有什么事物是仅作为审美对象自身而存在的"[3]7,这意味着,对事物的审美要来自人的意愿。由于事物分为自然事物及人造产品,这个问题要分开来看。自然事物如何存在并不以人的审美意愿为根据,其存在有其自身的根据。自然事物出于造化,有其自身的尺度,人本身也属自然的一部分,那么人自身的尺度与自然万物的尺度有着内在的关联。自然事物与人合于其自身的尺度，也就具有与人的"美感"相合的品质，但我们不能说这种品质就是自然事物与人的存在根据。至于人造产品，由于人自来就有审美方面的诉求，在其创制过程中就已经贯彻了审美的理念。不过，大多数人造产品都出于一定的实用目的，即使是纯粹为了鉴赏而作的艺术品，由于市场的作用而具有商业方面的价值。

事实上，大量的目的性存在于社会生活中，如社交活动，舞会以及娱乐活动都是有目的性的，不过，在阿多诺看来，这些目的性已经融合于无目的艺术之中。他将"无目的的合目的性"称为"目的性的升华"(sublimation of purpose)，也拒绝将"纯粹的合目的性"与"无目的审美活动"对立起来。[3]7 目的性的升华似乎形成一种张力，没有什么事物能够作为审美对象本身而存在，而是处于这种张力的作用场之中。可以说，目的性的升华就意味着目的性与艺术性的综合，是所有产品形式的形成的内在动力。阿多诺甚至指出，至为纯粹的目的性形式也要由理念来滋养。在这里，他提到了"形式的透明性与可理解性"(formal transparency and graspability)这两个概念，关键是这样的理念事实上是从艺术的经验中得来。通过目的性升华这个概念，阿多诺否定了功能主义者的美在于纯粹功能性形式的主张，也为装饰的存在提供合理的依据[3]7。

阿多诺在这篇演讲开始时表明他的很严肃的疑虑，那就是作为建筑的门外汉是否有权在建筑师的面前发言。在否定目的对于形式的彻底决定性时，他想到的是从自己所熟悉的音乐专业出发来做出说明。前一节已经提到，阿多诺以勋伯格的《第一室内交响乐》为例作出说明，称它是"革命性的作品"。这部作品写于1906年，采用与两年前完成的"d小调第一弦乐四重奏"相同的单乐章形式，其时勋伯格尚未发明十二音体系，因此所谓"革命性"应是就作品的形式而言的。阿多诺前面已经说过现代音乐与现代建筑共同致力于抹去装饰，而音乐中的装饰主要是指装饰音，如弦乐中的颤音，钢琴的琶音。那么阿多诺所说的"装饰性主题"应是指由装饰音构成的主题。他觉得即使是这部革命性的现代音乐作品，也无法避免装饰性主题的出现，而反对装饰的鲁斯曾经就这部作品写过些富于洞见的文字(大概是赞许的文字)，就很有讽刺性了。这个两节拍的装饰性主题令人想起瓦格纳的《众神的黄昏》的一个中心主题，以及布鲁克纳的第七交响曲第一乐章的主题。至此，阿多诺得出一个重要的论断："装饰是持续的发明，凭其自身的品质而言就是真实的"[3]7。

5.2.3 风格与装饰

风格一词的意涵十分丰富，在写作与演讲方面，风格指的是某种有特征的表达方式；用在某些事物上，指的是其独特的品质、形式或类型，所谓建筑风格即是这样一个概念。事实上，就建筑作为语言这样的意义而言，某种建筑风格也可视作特定的表达方式。阿多诺想到了一种源自物质领域的语言的概念，建筑当属此列。另一方面，某种建筑风格总是与一定的时间和空间联系在一起的。例如欧洲建筑史上的"帝国风格"指的是在第一帝国期间(1804—1814)在法国兴起的新古典主义建筑。不过，阿多诺更多是从时间观念对风格概念加以阐释的，因而他的理解带有深刻的历史意识。在他看来，在一种风格的框架内，一种源自物质领域的语言是必要的；然而在另一种风格框架内，原来是基础性的语言有可能不再是合法的，也有可能表面性的，甚至是极为装饰性的。于是，昨天是功能性的事物，明天可能就不再是了[3]6。

这样的风格概念蕴含了一种历史动力。对于形式的必要性或装饰性的判定仅在一定的风格框架内才是有效的。在建筑学领域，倡导机器美和反对装饰的现代建筑对必要的形式与装饰因素有严格地判定，那么对装饰的批评就只能在现代建筑这个风格框架内进行。其实鲁斯对装饰的批评有着人性发展方面的依据：人从纹饰自身、配以饰物到去除装饰，是文明发展的必然结果。现代建筑的去除装饰与这样的人性发展相对应。阿多诺意识到鲁斯并不是不分青红皂白地弃绝装饰，他所要批评的是那种对当下而言丧失其功能意义和象征意义的事物。鲁斯对装饰的批评蕴含了一种历史动力的意识，而阿多诺从中体会出一种反向作用的历史动力：对当下而言是再现性的、奢侈的、华而不实的甚至有些可笑的要素，都可以出现在以往的必要的艺术形式之中，而且根本就不可笑。以现在的观念去批评巴洛克艺术，就是缺乏教养的行为[3]6。这其实涉及语境的问题。如果我们将风格框架理解为语境的话，对装饰的批评就不能跨语境展开。

阿多诺指出，鲁斯将进入现代文明的人对装饰的弃绝作为他的预设，他以先知般的语言向我们描述像郇山(Zion)那样的神圣城市，其实那就是无装饰状态(the state free of ornament)的乌托邦[3]10。但问题是，这个预设能否成立。至今人们仍然没有完全弃绝装饰，例如女士们对饰物的迷恋、对自己身体部分的修饰与化妆，此类事实已表明鲁斯的预设是不能成立的，而且也表明鲁斯关于我们这个时代不可能生产新的装饰并已克服装饰的预言是过于乐观了。如果风格就像鲁斯所说的那样在过去意味着装饰，那么拒绝装饰就是拒绝风格。阿多诺从鲁斯所期待的无装饰状态体会出一种对人性的曲解。那样的状态将"尖角的残酷打击""经过算计的光秃秃的房间与楼梯"强加在人的身上，阿多诺称之为"野蛮踪迹"，并不无讽刺地说，"据说人是它的唯一尺度"。阿多诺对此产生敏锐的怀疑："对风格的绝对拒绝本身就是一种风格"[3]10。事实也是如此，那种拒斥任何风格的功能主义的建筑被统称为"国际风格"。奈尔·里奇在20世纪末出版的《建筑学的反美学》一书中，也提到阿多诺的这个论断。事实上，功能主义建筑也属于建筑中的一种乌托邦幻想，在里奇看来，此类幻想不过是建筑精英无视大众趣味、更无视大众实际需要的抽象的美学实验[34]11。

阿多诺在演讲中为装饰性的事物做出有力的辩护，但还是恪守一定的尺度。对于功能主义的形式，也就是"纯粹以目的为指向的形式"，阿多诺也并非一概否定。在他看来，功能主义的形式虽然表明是不足的、单调的、无效的、目光短浅的、实际的，但也会有个体的杰作涌现出来，而且在这成就自身内部也存在某种真实的东西，但问题在于人们并没有意识到这一点，只是将这个成功归结于创造者的"天才"。对于装饰，阿多诺也并非一味肯定。对于以往装饰在建筑上的滥用，阿多诺认为那样的做法其实是将"外在的想象的要素"(the external element of imagination)作为一种矫正因素带入作品中来，然而，利用这样的源于作品外部的要素其实也是于事无补。基于这样的分析，阿多诺指出如此做法的结果只能是错误地复原装饰，因而现代建筑对这样的装饰的批评是正当的[3]10。

5.2.4 再论功能主义，客观性与绝对的表现

在《当今功能主义》一文接近结束的部分，阿多诺从有用性(usefulness)与无用性(uselessness)的概念出发对功能主义的问题再次做出分析。功能主义关心的是对有用性的服从。无用的东西受到攻击，是因为艺术上的发展已经表明，无用的东西在审美方面固有其不足。不过，阿多诺也提醒人们，只是有用的东西也存在负面的影响，如：它可以是蹂躏世界的手段，与罪恶交织在一起，除了给人类带来虚假的慰藉之外否定一切[3]15。有用的东西就是工具性的事物，其本身的价值是中性的。而阿多诺在审美的方面论述无用事物的不足，在有用事物的不当使用方面论述其害处，这两个方面并不是处在同一个层面上。这在逻辑上是个障碍。也许阿多诺在说了无用事物的不利地位之后，紧接着说有用事物的种种不是，是在表明他对这个问题的辩证的态度，而且也为他对以有用性为基础的功能主义的批评埋下伏笔。

功能主义似乎与资产阶级社会有着自然而然的亲缘关系。"有用"才能以为"利"，这个古老的原则在资产阶级社会得到极端的强化。阿多诺对此有深刻的认识。他说，在资产阶级社会，"有用的对象会是最高的成就"，是"人化了的物"(an anthropomorphized "thing")，是"与对象的和解"(the reconciliation with objects)，这样的对象不再没有人性，在人们手中也不再蒙受羞辱。这种对有用性的推崇导致对无用事物的必要性的怀疑。既然单纯有用的事物就已经富于人性，没有什么实用价值的装饰还有什么存在的必要呢？阿多诺注意到这一点。由于他的演讲的宗旨是为装

饰做辩护的，那么他要解决的问题就是在逻辑上为装饰提供存在的理由。他想到了所谓的"自治的艺术"（autonomous art），那也是资产阶级时代来临之际的产物。所有自治艺术的存在理由是，那些无用的对象表明它们在某一方面可能还是有用的。这样的一种联系就超越了有用性与无用性之间的反题，同时也表明不能将有用性作为艺术评价的标准[3]15-16。

在《美学理论》的"表现与建构"（Ausdruck und Konstruktion）一节中，阿多诺进一步分析了功能主义问题。他并不是要完全否定建筑的功能，而是在讨论建筑空间形式表达功能及超越功能的可能。他也对功能主义拒绝传统形式或半传统形式的表现表示理解。在这里，他提到了"模仿地表现"。"模仿"（Mimesis）指的是在艺术与文学中对自然以及人的行为的模仿性表现。模仿的表现功能，其前提是要从自然、从人的行为方面加以理解，而不是抽象地来理解。关于这个问题，阿多诺在《美学原理》的"综合与'主观观点'的辩证法"一节中说得很清楚："模仿将艺术与个体的人的经验结合起来"[5]52。这样，"当建筑直接从其目的出发，模仿地将这些目的作为作品的内容有效地表现出来，伟大的建筑就获得其超功能性的语言（überfunktionale Sprache）"[5]72。他以 H. B. 夏隆的柏林爱乐音乐厅为例加以说明。他认为这个音乐厅的美在于其对交响音乐而言是理想的空间环境条件（具体来说是音响条件、灯光效果、观众席与演出席的位置安排与流线安排）。这些条件其实是音乐厅观演空间的功能要求的具体化。阿多诺说这个音乐厅"将自己与这些空间环境条件融合在一起，而不是从它们那里借用些什么"[5]73，这意味着这个音乐厅的空间形式与这些空间环境条件融合在一起。其实这里说的还是空间形式与使用功能的关系问题，只不过夏隆作为一位坚持表现主义倾向的建筑师，极富于想象力地解决了这个问题。夏隆受哈林·雨果（Häring Hugo，1882—1958）的有机建筑理论启发，选择了一种不同于理性主义的新方向——从项目的功能与具体情况出发来发展建筑空间形式，其结果有很强的表现力，但并不是刻意为之。特别是在柏林爱乐音乐厅设计中，其外部形式是内部空间的反映。阿多诺对这样的表现十分赞赏，并联系毕加索立体主义作品及其后的变体的创作，说明不以表现为出发点反倒获得比那些追求表现的作品更强的表现力[5]72。

阿多诺还从"Sachlichkeit"出发谈论功能与表现的问题。"Sachlichkeit"这个概念，在克拉考尔关于新建筑的评论中出现过，英译为"objectivity"，意为基于可观察的现象的、而不受情绪或个人偏见影响的判断，汉语的"客观性"或"客观倾向"应可表达这个含义[35]。客观性在德国现代艺术理论中是个重要的主题，而且往往与功能性的作品联系起来。德国与奥地利的建筑师们很容易就接受功能主义的主张，其实是由于他们意识到作品的功能就是客观性的体现。阿多诺意识到艺术作品中的客观性有着"二律背反"的特征：通过其刻板的合法性，艺术作品完全客观化后，就走向了它的反面，而只是"单纯的事实"，那么作为艺术就是无效的。他把这样的状态称为"危机"，至于解决这个危机的方式，要么"把艺术抛在后面"，这意味着去艺术化；要么"改变它的概念"，这意味着对艺术要有新的认识。但这并不表明阿多诺就此认可这样的状态，只讲"客观性"就是只讲实际，而在阿多诺看来，"只讲实际的东西是野蛮的"[5]96-97。

"Neue Sachlichkeit"（新客观性）是由 G. F. 哈特劳布于 1920 年代造出的术语，用来指称德国的非表现主义艺术，并用作一系列巡回艺术展的名称，后来成为关于魏玛时期德国公共生活态度的关键词，文学、艺术以及建筑的创作都与之相适应。新客观性主要反对表现主义的自我投入与浪漫的期许，标志着对世界的实际方面考虑的转向。在建筑界，原本是表现主义的建筑师如陶特、门德尔松、珀尔茨希等人都转向新客观性的做法，即强调直接的、注重功能的、讲求实际的建造方法，格罗皮乌斯、密斯以及包豪斯的实践也都带有类似的特征。这样的建筑也称为"Neue Bauen"，即"新建筑"。阿多诺对新客观性的建筑也有所研究，他意识到，新客观性对表现及所有模仿的谴责其实是与反装饰的倾向联系在一起的。主张新客观性的建筑师将表现、模仿与装饰等同看待，说明他们的相关概念并不清晰。在阿多诺看来，在虚假装饰的表现方式之外还存在其他的可能，那就是"绝对表现"（absoluter Ausdruck）。新客观性对虚假装饰的谴责是有道理的，但对于绝对表现的作品而言就没什么道理。阿多诺提出"绝对表现"的概念，与虚假的装饰相对，绝对表现不是任意性的、主观性的，而是完美的、纯粹的表现，而且是有目的的。阿多诺将柏林爱乐音乐厅归于伟大建筑之列，就是因为它的绝对表现[5]73。

5.3 建筑的空间意识及其他

阿多诺在题为《当今功能主义》的演讲中对现代建筑做出富于洞察力的反思。从建筑理论的观点来看，这篇演讲信息量很大，除功能主义与装饰这个核心问题之外，他还探讨了建筑的空间意识、手工艺与想象力、建构与表现、象征与表现等问题。特别是他从音乐性类推至建筑的空间意识，对建筑的空间意识与建筑目的之间的辩证关系做出说明。在《启蒙辩证法》（与霍克海默合著）与《美学理论》等论著中，阿多诺也谈论了与建筑、城市相关的问题，关于现代工业社会所产生的大众文化的欺骗，建筑与城市也属于其中的一部分，《启蒙辩证法》提出了尖锐的批评；至于工业景观的丑陋，《美学理论》显得要积极一些，并指出了改善的方向——从历史悠久的文化景观中得到启示。

5.3.1 音乐性，建筑的空间意识

阿多诺在《当今功能主义》一文中提出了一个核心概念，即"Raumgefühl"，在德语中，"gefühl"主要有两层含义，一是"feeling"，即"感受"，一是"sense"，即"意识"，由于阿多诺用这个词来表明对一系列空间意象（spatial images）的综合把握，所以"Raumgefühl"应理解为"空间意识"，而不是"空间感受"。他强调说，"这种空间意识不是一种纯粹的、抽象的基质（a pure, abstract essence），也不是对空间性本身的意识，因为空间只有作为具体的空间（concrete space）、在特定的维度内才能构想出来。"在这里，阿多诺谈到"具体的空间"的概念，与克拉考尔、海德格尔对空间概念的理解是相通的。这说明，现代哲学家们对日常生活所发生的空间与哲学上定义的单一的抽象空间之间的区分是很清楚的。值得注意的是，阿多诺没有在感官感受的意义上谈论空间，可能是因为他在这里面临的问题是要探讨建筑空间的建构。接着他又指出，"空间意识与目的密切相关。即使当建筑试图将这种意识提升至合目的性的范围之外，它仍然同时内在于目的之中"[3]13。阿多诺如此强调建筑的目的与空间意识之间的密切关系，是因为他意识到这两者成功的综合才是伟大建筑的主要标准。

在确立了基本原则之后，阿多诺提出了一系列问题：一个确定的目的如何成就空间？通过什么形式？通过什么材料？仿佛他是一位开始工作的建筑师。答案是：目的、空间、形式、材料，所有这些因素都相互联系在一起。在这里，阿多诺又想到想象力，那是"建构的想象力"（architectonic imagination）。"architectonic"原意为"符合建筑技术原理的"，引申为"创造一个结构整体或秩序的"之意，可译作"建构的"，与"tectonic"近义，根据上下文，此处用的应是引申之意。建构的想象力就是合目的性地将空间明确表达出来（articulate）的能力。只有当想象力将合目的性注入空间与空间意识之际，空间与空间意识才能超越贫乏的目的性[3]13。这是个富于辩证性的论断，同时赋予想象力与合目的性以同等重要的地位，其意义在于可以拆解形式合目的性与目的性之间的明确对应的关系，而这正是激进的功能主义者们所主张的信条。

阿多诺在论及空间意识问题的时候，表明了一种谦逊的态度，因为他感到作为一个非专家（non-expert）的局限性。他完全意识到空间意识之类的概念会退化成陈词滥调，最终还会用到艺

术和工艺上去,但是他担心不能清晰地表达这些概念,而这些概念在现代建筑中曾经很有启发性。不过,作为一位音乐理论家,阿多诺对音乐性(musicality)的概念是熟悉的。他将音乐性的概念与空间性(spatiality)的概念加以对照,进而对空间意识的概念加以分析,是一个很有意义的尝试。他允许自己作一定的推测:在视觉领域,与空间的抽象概念相对的空间意识,可以与听觉领域的音乐性相对应。音乐性不能还原至抽象的时间概念:不用听节拍器就能凭空构想时间单位的能力。与此相似,空间意识也不能局限于空间意象(spatial images),尽管建筑师在看他的纲要和蓝图时,这些空间意象是先决条件,这种方式与音乐家读他的乐谱是一样的[3]13。阿多诺将"空间意识"与"空间意象"相对,其实是将"空间意识"作为对一系列"空间意象"加以建构而得出的整体意识,那么"空间意象"就是要素性的。他进一步指出,空间意识要求的东西更多,要求艺术家能够出于空间本身来想出些东西来,而这些东西并不是随意出现在空间之中,也不是与空间毫无关联[3]13。

空间、材料与目的之间产生相互作用,最终形成不可单方面还原的整体。这可能就是对建筑空间而言的功能结构,阿多诺坚持这个功能结构不能进一步还原,因为他相信没有什么思想能够导向一个绝对的开端。在此我们可以体会到阿多诺在建筑空间问题上对抽象的拒绝。空间意识与目的密切相关,最终达成一种综合,而这种综合对于伟大建筑而言是个主要标准:即使空间意识被提升至合目的性范围之外(也就是超越功能性),也仍然同时内在于目的之中[3]13。在这里,我们可以体会到与现代功能主义理论不同的另外的思想路径。

阿多诺意识到视觉领域的空间意识与音响领域的音乐性之间的关联。音乐性不能还原至抽象的时间概念。音乐家出于时间本身、出于组织时间的需要,创造他的旋律以及音乐结构。但是音乐结构并不能仅凭借时间关系以及单个音乐乐段而得出。与此相类似,空间意识也不局限于空间意象。空间意识似乎要求更多,即使是出于空间本身所能想到的某种事物,也不能还原至抽象的空间观念。阿多诺明确指出了空间意识与抽象的空间观念的不同,其关键在于空间意识必定是与实际目的联系在一起的。在生产性的空间意识中,目的在很大程度上承担了内容的角色,与建筑师出于空间方面的考虑而创造的形式要素相对立。就目的(内容)这一方面而言,与之相关的新"客观性"的禁欲主义概念包含了"真"的因素;就形式这一方面而言,事实上包含了仅以满足功能需求为目的的形式与出于主观表现的形式这样两个方面,前者与目的并不矛盾,而阿多诺所说的形式主要是指主观表现性的。那么在阿多诺的概念里,在内容与形式之间就存在一种张力,不过他对待这种张力的态度是积极的,他正是从这样的张力中看到艺术创造的可能性——艺术通过目的而表现自身。为此艺术的主观表现必须经过实际的调解。对于建筑学而言,未经实际调解的纯粹主观表现的结果就不是建筑,而是电影场景。如果建筑能够更强烈地将形式建构(formal construction)与功能要求这两个极端相互调解,就会达到一个更高的水准[3]13-14。值得注意的是,阿多诺在此用的是"调解"(mediate)这个词,而不是"统一"。一般而言,将两个对立的极端加以调解,其前提是两者都具有同等重要的地位,并获得同样的尊重。在建筑学的场合,如果让形式建构服从功能安排,那就是功能主义的主张;如果将形式建构置于首位,那就是形式主义了。因而在这两方面做出调解,就是一条综合性的中间道路。当然,从建筑学内部来看,由于建筑类型的差异,形式建构与功能要求两者的重要性并非完全等同,比方说,公共性较强的文化类建筑在形式建构方面的考虑就要多一些,而工业建筑在功能方面的考虑显得更重要一些。可能有人会说,阿多诺对这个问题的处理多少有些粗糙。事实上,阿多诺的用词正表明他在这个问题上所面临的两难境地。由于建筑空间与实际生活的关联,必须要拒绝不切实际的主观表现,必须强调功能的重要性,所以他要说,主观表现的地位在建筑学中由为了主体的功能所占据[3]13-14。

5.3.2 手工艺与想象力

阿多诺从鲁斯、勒·柯布西耶的相关文论中,体会到手工艺与想象力这两个概念是相互排斥的。在鲁斯看来,过去几个世纪的繁荣的装饰是想象力的结果,他称之为想象的形式。要想以纯净的建造取代想象的形式,必须拒绝想象力,仅以手工艺者的方式来工作,即:心目中只有目的,眼前只有材料和工具。而勒·柯布西耶则是鼓励想象力的,他将创造性的想象视为建筑师的任务。事实上,鲁斯与勒·柯布西耶对想象力概念的理解是不同的,阿多诺敏锐地意识到这一点,所以他要说,手工艺与想象力这两个概念在正在进行的争论中摇摆不定,我们不要轻易在不严格的意义上接受它们。关键是要弄清,真正的艺术活动需要对材料和技术有简明的理解[3]11。

然而,人们对手工艺的理解并不是简明的。进入工业社会之后,"手工"这个音节显示了过去的生产方式,它令人想起简单的商品经济,然而这样的生产方式已经消失了。至于艺术与手工艺运动的努力,不过是将这样的生产方式还原至化妆舞会[3]12。化妆舞会意味着什么?面具起着关键的作用。将生产方式还原成化妆舞会,其实就是表面性的做法。阿多诺还提到他所认识的一位手工艺拥护者,他在想着把手工艺作为模式化的规则,以此来节约作曲家的工作量。阿多诺对此不以为然,因为他意识到艺术作品要保持独特性,就必须排除这样的形式化。由于这位手工艺拥护者的企图,手工艺已转变成它想要批判的东西,即同样无生机的具体化的重复,而这正是装饰所曾经宣扬的。这可能是对"手工艺"这个词的理解问题,在鲁斯那里,手工艺者的工作方式是心目中只有目的、眼前只有材料和工具,这样的手工艺会导致纯净的形式。显然,鲁斯的手工艺概念与那位手工艺拥护者的手工艺概念不同[3]11。

至于想象力的概念,阿多诺认为,没有经过批判的分析,就绝不能采用。想象只是尚未出现的事物的意象,光有这样一个概念是不够的。另一方面,将想象力还原为对材料目的的预期的适应,也是不够的。人们或是将想象力的概念抬高至非物质性的天堂(也就是纯粹精神领域),或是在客观的基础上诅咒它。相形之下,阿多诺认为瓦尔特·本雅明的观点就要好得多:想象力是插入最详尽细节的能力[3]12。不过,如果没有一定的条件,这个概念仍然是令人费解的。阿多诺在接下来的分析中,注意到超越材料与形式的事物。但这种超越并不是指超越材料与形式的给定状态去发明出什么附加物来。他认为,不可能将勒·柯布西耶的想象壮举完全归结于建筑与人体之间的关系上,这是因为,在材料与形式中存在着也许是不可理解的东西,艺术家把握了它,并发展出超越材料和形式的事物[3]14。阿多诺指出,材料与形式绝不只是由自然给定的,那些缺乏思考的艺术家们才会轻易这么说。他认为在材料与形式中有历史的积淀,也充盈了精神,其实他是意识到这些物质因素有着深厚的历史与精神的内涵,而艺术想象力的任务就是将这样的内涵唤醒。材料与形式以其静默的基本语言(quiet and elemental language)向艺术想象力提出问题,想象力予以回应,就是它最低限度地进展。为什么是"静默的基本语言"?材料与形式是无声的,但它们在那些有想象力的艺术家眼里是有所表达的。阿多诺在这里让这些承载了历史与精神积淀的材料与形式成了提问者,艺术想象力能够做出解答才是合格的。这让我想到,路易斯·康(Luis Kahn)曾经向砖这样的材料提问,颇有点儿反其道而行之的意思,其实是康体会到砖的"静默的基本语言",替它自问自答[36]。

阿多诺想象了一种在建筑艺术方面的综合性的创作活动,在其中个别的推动,甚至目的以及内在规律都融合在一起,在目的、空间以及材料之间就发生了相互作用。这些方面没有一个能构成一个其他方面可以还原的原初现象(Ur-phenomenon)[3]12-13。这个论断值得我们深思。事实上,从建筑分析的角度来看,我们确实是从功能、空间形式、材料这样3个范畴出发来考虑问题的,但这并不意味着建筑艺术可以还原到其中任何一个范畴上,因为建筑设计最终是这3个范畴的综合考虑的结果。即使是在适应性使用(adaptive uses)的场合,空间形式似乎可以不受单一目的的约束,但空间形式相对于适应性使用的尺度还是有所规定的。作为一个哲学家,阿多诺继续将他的论断抽象化:由哲学提供了一个洞见,即:没有什么思想能导向一个绝对的开端(an absolute beginning),这个洞见将对美学产生影响。何谓"绝对的开端"?"absolute"有完满、完全、纯粹等意涵,"an absolute beginning"就有纯粹的开端之意,阿多诺将它归于"绝对事物"之列,称之为"抽象的产物"。阿多诺将他的论断抽象化,其实是为了超越建筑艺术的领域,向其他艺术领域扩展,道理是一样的:任何艺术的构思都不可能还原至一个纯粹的开端。阿多诺以音乐为例对此加以说明。音乐长期以来注重单个音调的首要性,但最终还是要发现其构成因素的更为复杂的关系。单个音调只有在系统的功能结构之中才获得意义,而这种功能结构就是音乐构成因素之间的关系。如果没有这个结构,音调就只是一个物理实有体(physical entity),单从它那里不可能抽取出一个潜在的审美结构[3]13。通过这样的分析,阿多诺向我们说明艺术创作的整体结构的重要性,而寻求单一的原点往往是徒劳的。由此他引出了建筑的空间意识(a sense of space)的概念,建筑中的想象力与它相关。

5.3.3 象征与表现

阿多诺关于装饰的概念是比较宽泛的,他将事物形式中仅与实际目的相关的方面之外的其他方面都归于装饰之列。在《论当今功能主义》一文中,他提到了象征主义的美学原理,即一个实体(substance)在其自身内部就具有其自身的充分形式(adequate form),这样一个信念意味着这个实体已经注入了意义[3]8。"substance"是哲学术语,对应希腊语的"ousia",即实体,指的是作为所有外在表现的基础的事物,物质的或精神的终极实在[11]2279;"adequate form"指的是足以满足需要的形式。也正因为实体自身具有这样的形式,才能成为事物所有外在表现的基础。这也涉及某一事物的"是之为是"的问题。这样的概念类似于康德所说的客观的内在合目的性,与对象的内在可能性根据联系起来。康德通过客观的内在合目的性概念在一物上的表象,进而涉及物之形式的完满性问题,即事物何"以是之为是"的问题[33]64-65。

象征主义的实践并不止于事物形式的自指称,而是要运用符号,特别是将象征意义注入事物之中,或是通过视觉表达或其他感觉表达的手段来表现不可见的、无形的或精神性的事物。这意味着象征的表现要超越象征载体自身。在此意义上,象征表现可以让实用艺术有更为丰富的内涵。而实用艺术在潜在的形式上以及对材料的兴趣上都有过分的行为(the excesses),阿多诺认为对实用艺术的过分行为的抵制要从这两方面入手。不过,他并没有深入讨论"潜在的形式",而主要谈了对材料的态度。人们对事物的固有美(innate beauty)有着古老的信仰,阿多诺认为那是与珍贵要素联系在一起的魔术的基础,而通过工业生产出的人工产品就不允许有这样的信仰,而且在新近的自治艺术的发展中出现的危机也表明,有意义的组织(meaningful organizaion)并不依赖材料本身[3]8-9。"organize"意为根据某种原则或理念对材料加以秩序化的安排,如果组织原则(organizational principles)过于依赖材料,结果就只会是个拼凑(patchwork)。而对材料的注重似已成为实用艺术或合目的性艺术的传统,但阿多诺还是认为有意义的组织更为重要,所以他要说,合目的性艺术中适应材料的理念对这样的批评不能漠然处之[3]9。在这里,阿多诺用了两个词组,一个是"有意义的组织",一个是"组织原则",前者应是就象征性而言的,后者是合于理性的。

虽然阿多诺坚持自治的艺术的组织原则自有其理性,但还是承认某些非理性的东西对社会而言又是必要的。他说,"尽管有特别的规划,社会进程总是由于其自身的内在性质而漫无目标且非理性地发展。这样的非理性在所有的结果和目的上都留下痕迹,因而也在用来取得这些结果的手段的理性上留下痕迹"。接着,阿多诺以广告为例加以说明:"……一个自我戏弄的矛盾出现于无所不在的广告上:它们的意图是合于利润的目的。然而所有的合目的性都是由其材料适合性尺度从技术上来定义。如果一个广告是严格功能性的,没有任何多余的装饰,那么它就不能实现它作为广告的目的"[3]9。广告的最终目的是让看过广告的人购买广告所力荐的产品,从而实现利润。按理说,人们通过产品的说明书了解产品的用途、用法,然后就可以决定是否购买它。但实际中的广告总是要添加一些吸引人的因素,还要请些有影响力的人物出场给予很高的评价。广告可能是个美妙的骗局,多少需要些夸张的表现。而人们居然大多接受这样的表现,真是不可思议的事。

鲁斯排斥装饰,甚至将装饰与道德上不良的行为联系起来,将装饰追溯至色情的符号,而且十分厌恶色情象征的做法。他将"出于内心冲动在墙上涂上色情符号的""我们时代的人"称作"一个罪犯""一个堕落的人",并确信"从卫生间墙上涂鸦的量就可衡量一个国家的文化"。阿多诺举出超现实主义画家们利用南方国家大量涂鸦的表现的事例,表明墙上涂鸦并不说明文化上的缺失。他认为,最好是从心理学论据方面来理解鲁斯对装饰的憎恨。鲁斯排斥装饰,主要是因为他从装饰中看到的模仿的冲动与理性的符合客观的表现(rational objectification)背道而驰;他也在装饰中看到一种与快乐原则(the pleasure principle)有关的表现,甚至在悲伤和哀悼的事物中也是如此。鲁斯看到了这样的快乐原则,又顽强地拒绝它,只能说是心理上的问题了。阿多诺认为这个快乐原则是个出发点,由此人们必须承认,"在每一个对象(object)里都有一种表现的因素"(这里所说的"对象",应是指人所创制的产品),而这样的表现又不仅仅归属于艺术,也不能从使用的对象分离开。阿多诺作出这样的分析,旨在说明即使是功能性的对象也有着表现性。于是,即使这些对象失去表现性,人们也会通过回避它来对它表示敬意。所有过时的使用对象最终成为一种表现,成为一个纪元的集合图景。阿多诺由此得出结论:实用性的形式以其对用途的适合,最终会成为一个象征[3]9。这是一个大胆的论断,它一方面表明表现不只是艺术上的事务,而且也存在于所有人造产品之中,这就使得鲁斯的纯净主义主张失去现实的基础;另一方面它通过断言实用性的形式本身就具有象征性,也肯定了使用对象的超越其自身目的性的价值,也就是历史文化方面的价值。布莱克曾经诅咒过的"撒旦般的作坊"若是存留至今,大抵会作为工业遗产保护起来。它们的烟囱不再冒出滚滚黑烟,它们的机器不再轰鸣,但它们的形式成为工业化时期的象征。现代建筑运动时期的那些功能主义建筑在20世纪后期招致多方面的批评,但现在看来,它们作为那个先锋时代的象征仍然具有其重要的历史地位。这也应验了阿多诺关于实用性的形式转变为象征的论断。

5.3.4　建筑与人

在《当今功能主义》一文中,阿多诺讨论了建筑与人之间的辩证关系。建筑是为人的,似已是不证自明的道理,不过,如果只是在一般的意义上谈论人的概念,那么这个道理只能停留在抽象的层面上。作为个体,人与人之间既有类似性,又有差异性。由于个体在自身需要上的诸多差异是难以逐一考虑的,除了专为特定个体建造的建筑如私家住宅之外,建筑空间的功能安排不可能针对每个个体,而是通过将个体加以分类来进行。另一方面,建筑空间的大小与形式因素的尺寸需要来自人体工学方面的考虑,但通过人体工学得来的基本尺寸在性别、年龄等方面是平均意义上的,至少是从民族、国家乃至一定区域范围的人群得出的平均尺寸。阿多诺意识到主体的功能不是由某一个具有恒定身体特征的普遍化的人(generalized person)所决定[3]15,这是对的,因为具有恒定身体特征的普遍化的人并不是实际的存在,而是一个抽象的概念。而事实上人都是作为既相互类似又有所差异的个体存在于社会之中。如果说依照抽象的人的概念来确定功能是难以想象的话,那么依照所有个体的未经协调的要求来确定功能几乎也是不可能的事。阿多诺想到了具体的社会规范(concrete social norms),在一定程度上这也是对的。不过,社会规范又是依据什么来确定为人的功能,阿多诺并没有加以分析。一般而言,社会规范仍然是出于对人的考虑,只不过这个"人"不是抽象的人,而是作为个体的、社会的人。个体的概念仍然处在古典观念的范围内:个体性包含了理性(思考能力)与动物性(本能)两个方面。在个体的、社会的人这一概念里,我们并不能笼统地说个体性与社会性是相互对立的两个方面。个体的理性是极为复杂的,一方面,它通过个体间的交往而带有一定的社会性特征,另一方面,它又根据社会性对个体的本能加以控制,这样,在某种程度上,个体的社会性是以个体的理性为基础的。然而,个体的理性同时也与社会规范保持一定的距离,是以为其精神方面的发展留出空间。因此,主观的欲望包含了本能与精神两方面内容。

先来看个体的本能方面。社会规范所要解决的就是,在时间与空间方面对出于个体本能的功能要求予以集合性的规定。可以说人们最终是凭借社会规范对自身的本能加以控制的。不过,从历史的角度来看,社会规范有失效的时候,其结果是放纵本能;也有过于严厉的时候,其结果是压制本能,而严厉的时候居多,因而个体的本能受到社会规范的压制是较为普遍的现象。既然为了主体的功能是由社会规范所决定的,那么这样的功能就在较多的情况下对个体的本能形成压制。阿多诺必是意识到这一点,所以他说,合乎功能的建筑表现了经验主体的理性特征,而这正与经验主体受压制的本能(the suppressed instincts of empirical subjects)相对[3]15。

至于个体的精神方面,阿多诺认为经验主体的理性特征在召唤人性的潜力(a human potential)。人性潜力应属精神性事物的范畴。除去那些极端的社会之外,社会规范对待它一般是较为宽容的,不像对待本能那样进行较为严格的控制。那么人性潜力是否能够得以发展,更多地要看主观方面的努力了。阿多诺认为这样的人性潜力主要是由先进的意识来把握的,而在长期以来精神上无能的大多数人那里被窒息了。在此我们可以体会到阿多诺的精英主义倾向。精神上无能的大多数人可能自满于出自本能的客观需要。即使如此,与人类相适宜的建筑也不能仅限于实际状况来看待人,亦即不要狭隘地看待人。这意味着,如果建筑与人类相适宜,就应超越人的实际状况,在精神的层面上有所考虑,也就是说,要考虑人的精神需要。阿多诺为什么要如此强调精神方面的考虑?这是因为他已意识到功能主义的局限性。功能主义过于注重出于本能的客观需要,往往忽略精神方面的需要。这样的倾向一旦发展为一种思想,不加考虑地替代主观欲望,就会转变成野蛮的压迫[3]15。

阿多诺说:活着的人们,甚至是最落后的人们,尽管在传统上不成熟,仍然有权利实现他们的需要,即使那些需要是虚假的。对照一下鲁斯关于现代文明的人弃绝装饰的观点,虚假的需要在此就是与使用价值无关的需要,是精神方面的需要,比方说对装饰的需要。阿多诺为虚假的需要辩护,其实也就为装饰的存在进行了辩护。他甚至从虚假的需要中体会到一点自由。那么,合乎逻辑的建筑,也就是只为满足"真实的客观需要"的功能主义建筑,对有些人而言就显现出一定的敌意,因为它抑制了他们天性所需所想的东西[3]15。事实上,大多数人的需要并不止于本能方面,因而阿多诺的观点还是具有一定的普遍意义的。

从阿多诺对"真实的客观需要"与"虚假的需要"的相关论述中,我们可以领会一种在物质需要及精神需要都有所考虑的、完整的人道主义精神。那么能够完整地体现人道主义精神的建筑,就应该在人的物质需要与精神需要方面都应有所考虑。然而,建筑在这种目的指向之外,又享有自治性,对于阿多诺而言,这样的双重性似乎是难以调解的。他说,"因为建筑既是自治的,又带有目的指向,所以就不能简单地否定作为人的人们;然而如果建筑要保持自治,那么就必须要明确地否定人们的存在"[3]15。从专业的角度来看,后一点立论尚存疑虑。建筑中可能属于自治范围的事务包括建筑艺术与建筑技术两个方面,如果说建筑艺术的自治需要脱离实用目的指向而否定人们的存在,那么专注于建筑自身制作的技术方面的自治,似乎与人们的存在无关。因而在这样的场合,建筑的自治并不是要否定人们的存在,只是对人们的存在暂且不予考虑。

然而,就建筑作为艺术那一方面而言,现实留给它的自治的范围可谓少之又少。阿多诺说,从鲁斯到勒·柯布西耶和汉斯·夏隆这样的伟大建筑师都能意识到,他们的石头与混凝土的作品中只有一小部分不能完全由非理性的业主与管理者的反应所解释[3]15。对于一般的建筑师们而言,情况可能更令人沮丧。也许我们可以称之为对建筑师的不公正。其实这只是个体的建筑师面对个体的业主与管理者的情况,如果我们在普遍的意义上思考建筑与个体的人之间的关系,结果可能是另外的样子。从前面的分析可知,为了主体的功能是由社会规范决定的,建筑是实现它的手段。于是作为决定性的社会规范的代言者,建筑也就间接地成为作为个体的人的规定者。问题的关键在于,支配性的社会规范与个体的要求、倾向之间存有差异,如果过于机械地从社会规范出发而忽视个体要求的差异或不给个体的倾向留有余地,那么我们也可以体会到另一种不公正。正如阿多诺所说,"在建筑学中,事物并非普遍正确,而在人们中间,事物并非普遍不正确"[3]15。

5.3.5　技术、艺术与自然的审美问题

功能主义者们先是将作品的功能性目的作为形式的根据,继而将技术手段纳入考察范围。在现代建筑运动中,建筑师们不仅将满足功能目的的功能性形式视为美的形式,而且也将真正的技术产品视为美的形式。在《美学理论》的"论丑的范畴"一节中,阿多诺也谈到这个问题。他认为这样的看法是由鲁斯说出,由技术官僚们附和的。事实上,功能性的形式以及技术产品的形式并不是以审美为目的的,如果这些形式是美的,那也只是"附带发生的美"(beiherspielende Schönheit)。阿多诺感到疑虑的是,一方面人们还是"以迟钝的传统范畴(诸如形式和谐,甚或给人深刻印象的庄严)"来看待桥梁或工厂之类的功能性作品,来度测这种"附带发生的美";另一方面,人们又以桥梁或工厂的功能性来寻求它们的形式规律,从而做出如下的论断:功能性的作品由于它们对这种形式规律的忠诚,而总是美的。阿多诺认为这样的论断是急于为这样的作品所"缺乏的东西"做出辩解,并减轻"客观性"的"内疚"(sclechtes Gewissen)[5]96。

单纯从审美方面来看,现代钢结构大跨度桥梁之美源自钢铁材料与结构技术本身,无法用形式和谐或庄严感之类的传统美学范畴来描述。如果将功能性、技术性与客观性联系起来,问题可能就更多了。为什么客观性会有"内疚"?功能性作品又缺少了什么?如果视野再开阔一些,可以看到早期工业社会的焦炭城镇以及城市贫民聚居区,那是更大尺度的功能性作品,是由极端的功能性乃至技术性所导致的非人性状态。在此意义上,可以说功能性作品缺少了对人性的考虑,而客观性也成为一种有效的托词,因而对于此类负面的现象,至少以客观性概念为根据的人们理应是有所愧疚的。而功能主义者以及技术至上论者不去认真反思功能性作品的负面作用,反而从传统美学的原则中为功能性作品的形式寻找依据,不过是自欺欺人,阿多诺对此持批评态度。

在这一节中,阿多诺还提到人们对"技术与工业景观的丑陋"产生的印象,并指出这样的印象不能用形式术语做出充分的解释。关于工业景观的审美,浪漫主义者以及人文主义者多有负面的评价,而现代主义先锋建筑师们大多持有赞赏的态度。无论是负面的评价,还是赞赏,出于形式方面的考虑是显而易见的。对此阿多诺另有一番见解。在这里他又提到鲁斯,说在鲁斯的意义上"具有美学完满性的功能性形式"(ästhetisch integren Zweckformen)可能会使工业景观(Industrielandschaft)的丑陋印象持续不变[5]75。言外之意,工业景观是有着改善的可能的,但前提是不能仅限于工业景观的形式本身来看问题。阿多诺由工业景观想到技术与自然的关系,并通过对丑陋概念的分析,深入地探讨了工业景观改善的可能性。

阿多诺认为,"丑陋的印象源于暴力和毁灭的原则",这与美的事物的和谐有着根本的区别。在他看来,技术对于自然而言就是一种暴力[5]75。另一方面,阿多诺将艺术作品视为纯粹的人工产品,而这样的人工产品也会对自然施加暴力,似乎成为自然的对立面。阿多诺说技术针对自然的

暴力并没有通过艺术的描绘反映出来,这也难怪,艺术自身就对自然施加暴力,怎么可能顾及其他呢。事实上,对自然美的压制有着哲学方面的根源。在"作为'涌现'的自然美"(Naturschönes als 〈Heraustreten〉)一节中,阿多诺理出了两条线索,一条线索是美学兴趣集中在艺术作品上,这个趋势自从谢林写出《艺术哲学》以来就形成了;另一条线索是自然美在美学中的消失,那首先是由康德倡导自由与人性尊严的概念而发端,再由席勒和黑格尔强有力地将这样的概念移植进美学中,随着此类概念的支配作用的加强,自然美从美学中消失是必然的结果[5]97-98。看来在压制自然美方面,技术、艺术乃至哲学形成了一定程度上的共谋。

至此我们应可理解阿多诺对于改善工业景观的丑陋印象的期望了。让我们再回到"论丑的范畴"一节。看待工业景观不能仅从其自身的形式原则出发,如果按照鲁斯的主张,从功能性形式自身的美学完满性来看问题,那么工业景观的形式就自有其理。阿多诺要超越工业景观本身来看问题。他首先想到的是"技术生产力的重新定向"(Umlenkung der technischen Produktivkräfte),这种重新定向既根据"预期的目标",也根据"技术上形成的性质"来引导这些生产力。这种重新定向应该是发生在解决匮乏问题之后,生产力的解放能够延展至其他的维度,而预期的目标也不再只是生产量上的增长。值得注意的是,阿多诺坚持要根据技术上形成的性质,而不是复归旧的形式。由于工业景观的问题在于"设定的目标"与"自然想要表达的东西不相符合",阿多诺给出两点改进措施,一是让"功能性的建筑"适合于自然景观的形式与等高线,二是所用的建筑材料来自周围的自然景观,建筑就可与周围的自然景观形成一个整体,就像以往的城堡那样。阿多诺在此并不是倡导要模仿城堡的外形,而是要吸取城堡在地形与材料等方面与周围景观相关联的做法,所谓"文化景观"也就是这种可能性的一个美丽的模式[5]75-76。

5.3.6 关于文化产业与文化景观

1947 年,阿多诺与霍克海默合作完成《启蒙辩证法》一书,对启蒙时代以来偏激理性导致的非理性状态作出深刻反思。在第 4 部分"文化产业:启蒙作为大众的欺骗"开篇,两位思想家就否定了社会学关于文化混乱状态的看法,而是认为"当今文化以同一性影响一切","电影、广播以及杂志形成一个系统","文化的每一分支在其自身内部是一致的,而且在一起也是一致的","甚至政治上对立的双方在审美的表达方面也都有同样不容改变的节奏"。他们首先分析了建筑乃至城市在不同政体下的趋同状态:"在权力主义国家与其他国家之间,装饰性的工厂行政楼和展示馆没有多少差异","鲜亮的纪念性建筑(the bright monumental structures)在各个方向拔地而起,展现了跨国公司的系统性的独出心裁",而那些以跨国公司为发展目标的松散企业系统也有着"纪念性的建筑",那都是些荒凉城市外围区域里的"阴郁的住宅与商业街区";"在混凝土中心(concrete centers)周围的老房子已经像是贫民窟了","郊区的那些新的简易建筑,如国际贸易博览会的轻薄结构,唱着技术进步的赞歌以欢迎客户,在短暂的使用过后就像易拉罐一样丢弃它们"[37]94。

霍克海默和阿多诺首先提到工厂建筑、跨国公司大楼、城市外围的商住街区、博览会简易建筑等建筑类型,它们其实是现代工业社会发展的产物。所谓"混凝土中心"应是指城市中心区的建筑由混凝土建成,那也是现代工业社会的产物。为什么他们要将这样一些建筑归于"文化产业"?电影、广播以及杂志属于文化产业是毋庸置疑的,建筑一般不会直接归于文化产业的范畴。不过,就这些建筑的表现性特征而言,它们还是在不同程度上带有文化产业的产品属性的,而且它们具有较大的尺度,在较大的范围里对城市社会生活产生显著的影响。此外,建筑构成了人们的日常生活环境,是每天都要面对的事物。这些都可能是他们首先选择建筑来谈论文化产业问题的原因。

从这个章节的标题来看,霍克海默和阿多诺将文化产业视为启蒙运动的后果,而且还是对

图 5.14　柏林会展中心

大众的欺骗。就他们所列举的建筑类型来看,种种迹象表明了不同程度的欺骗性。在工厂的行政楼里对内运行着管理程序,这在某种程度上也代表了权力机制,而对于客户而言也有着工厂形象展示的作用;工厂的展示馆是产品陈列的地方,也具有一定的广告作用;与纯粹生产性的车间相比,这两类建筑的外观一般带有一定的装饰性处理。"装饰性的"(decorative)一词正暗指欺骗的方式。跨国公司财力雄厚,可以通过"鲜亮的纪念性建筑"来展现自己,而那些小企业财力有限,建筑位置偏远,样子难免寒酸,却也有着"纪念性",可谓自欺欺人了。至于博览会的临时性建筑,只是为了展会期间的短暂繁荣,会后大多拆除。霍克海默和阿多诺对这种机制的合理性有所质疑。后来许多城市都设立了永久性的会展中心,情况有所转变:建筑是永久的,不同的展会通过室内布置的改变即可接续举行(图 5.14)。不过一年一度的世界博览会至今仍是沿循旧制,令人费解。

　　霍克海默和阿多诺还对现代城市规划的本质做出探讨。作为具有马克思主义背景的思想家,他们深刻地认识到"资本的整体力量"对"城镇规划工程"的驱动作用。城镇规划将个体作为自治的单元保存在卫生的小公寓里,目的并不是为了改善他们的生活条件,而是要让他们完全服从"资本的整体力量"。我们知道,资本主义社会的城市改造工程是在级差地租的作用下展开的,作为商品经济的基本运行机制,生产与消费这两大类活动占据了地价高昂的城市中心区域,住宅区则大多向城市边缘甚至外围区域发展。霍克海默和阿多诺指出,城市中心被统一地要求用于生产与休闲,而"生活的细胞"(the living cells)则结晶化为"同质性的、组织良好的建筑群"(homogenous,well-organized complexes),总之,一切都是向着趋同的方向发展[37]94-95。

　　从"5.3.5"的分析可见,阿多诺在《美学理论》"论丑的范畴"(Zur Kategorie des Häßlichen)一节中,提出了文化景观的概念。这是一个具有较长时间维度的历史性的概念。在"论文化景观"(Zur Kulturlandschaft)一节中,阿多诺继续讨论了这个问题。他认为文化景观是 19 世纪出现的人工领域的概念,使得自然美的概念出现明显的转变。可能是因为 19 世纪的文化景观包括远大于以往工匠作坊的工厂,所以阿多诺要说文化景观"起初显得完全与自然美相对立"(图5.15)[5]101。最初的工厂完全从生产程序自身的需要出发,在自身的美观方面的考虑是不充分的,而且更缺乏对自然环境的考虑。可能还来不及像后来的文化产业那样对大众进行欺骗。

阿多诺将文化景观的概念扩展至"历史性的作品"（geschichtliche Gebilde），并从历史上文化景观的美中寻找出与自然美的关联。在他的宽广的历史视野中，并不存在以风格为线索的历史主义的踪迹。在这里，阿多诺指出历史性作品的美在于它们与其地理环境之间的某种关系，再次提到山坡上的小镇就地取材的做法，如用同类的石材（das verwandte Stein-material）（图5.16）。不过他并不以为文化景观就带有公认的与自然美相关联的特征，而是强调历史以及历史的延续性在文化景观的形式与表现中的作用。这里所说的景观应包括自然景观与文化景观[5]101。由此可见阿多诺对于自然的微妙态度以及对历史价值的意识。尽管他赞赏功能性建筑对自然景观的形式与等高线的适应，也赞赏建筑的就地取材的做法，但他并不以为自然就应该是支配性的。其实阿多诺关于自然美的观念带有历史的维度，明了这一点，就不难理解，"自然凌驾于人的时代不会为自然美留有空间"。至于农业时代，自然只是"行动的直接对象"，人们并不会把它作

图 5.15　19 世纪工业景观

图 5.16　德国小镇：历史性的作品

为景观来欣赏[5]102。因此，人们能够将自然作为审美的对象，必然要以克服对自然的恐惧，摆脱对自然的依附性利用为前提。而能够做到这两点，需要经过漫长的历史过程。反映在文化景观上，就是"历史的表现"，阿多诺称之为"储存在文化景观中的最为深厚的抵抗力"。历史在文化景观中留下印记：无论是伟大的事迹还是令人感叹的悲剧，都作为逝去的事物蕴含在文化景观之中。正如阿多诺所说，"文化景观，甚至当房屋还在矗立之时就像废墟一样，包含了已陷于无声的挽歌"[5]102。

值得注意的是，阿多诺提到历史与历史的延续性是以动态的方式将景观整合在一起。历史上，"动态"一方面意味着事物的不断的更迭，另一方面也意味着新的事物不断涌现而叠加起来。前一种方式是极端现代性的，其目标是以新的事物取代过去的事物，后一种方式原本是前现代漫长时期所通行的，20世纪后期以来重又获得广泛的认同。阿多诺意识到前一种方式的内在动力其实是源自一种否定历史的审美意识，这样的意识"将过去的维度当做垃圾加以清除"。阿多诺对此持否定的态度，他认为，"没有历史的记忆，将不会有美"[38]。

此外，阿多诺还注意到山坡上的小镇的无规划特征。虽然有时围绕教堂或市场的城镇布局会产生规划的效果，但大多数情况下不会有一条形式法则预先起决定性的作用[5]101。这其实涉及历史上较为常见的自发的城镇生长模式。在这样的模式下，城镇的建造体现为一个过程，后来者与先在者之间存在着多样的适应性关系，其中有许多富于智慧的处理方式，也有许多令人意想不到的精彩之处，那是现代规划模式难以做到的。不同的文化中也都存在类似的做法，那

就是"没有建筑师的建筑"（architecture without architects）。按照批评家们的说法，阿多诺蔑视地摊文学，具有精英主义的倾向，但在城市与建筑的鉴赏方面，阿多诺反倒赞赏那些自发的现象。这可能是由于现代规划与设计的专业人员之所为存在过多的问题，动摇了阿多诺对专业水准的信念。

注释

［1］ Lambert Zuidervaart. "Theodor W. Adorno". The Stanford Encyclopedia of Philosophy（Winter 2015 Edition）. Edward N. Zalta（ed.），URL=<http://plato. stanford. edu/archives/win2015/entries/adorno/>.

［2］ Theodor W. Adorno. The Adorno Reader. ed. Brian O' Connor. Oxford & Victoria：Blackwell Publishing，2000.

［3］ Theodor Adorno. 'Functionalism Today'. Rethinking Architecture：A Reader in Cultural Theory. ed. Neil Leach. London and New York：Routledge Taylor & Francis Group，2005.

［4］ Theodor Adorno. Aesthetic Theory. ed. Gretel Adorno and Rolf Tiedemann. trans. Robert Hullot-Kentor. London and New York：Continuum，2002.

［5］ Theodor W. Adorno. Gesammelte Schriften, Band 7，Ästhetische Theorie. Frankfurt am Main：Suhrkamp，2014.

［6］ http：//www. duden. de/suchen/dudenonline/mimesis.

［7］ 柏拉图. 理想国. 郭斌和，张竹明译. 北京：商务印书馆，2002.

［8］ http：//www. duden. de/rechtschreibung/konstruieren.

［9］ http：//www. dwds. de/? qu=konstruieren.

［10］ http：//www. dwds. de/? qu=konstruktion.

［11］ Webster's Third New International Dictionary of the English Language<unabridged>. ed. in chief. Philip Babcock Gove. Massachusetts：Merriam-Webster Inc. Publishers，2002.

［12］ http：//www. wordreference. com/fren/montage.

［13］ http：//www. duden. de/rechtschreibung/Komposition.

［14］ Hanno-Walter Kruft. A History of Arcitectural Theory：From Vitruvius to the Present. Trans. Ronald Taylor，Elsie Callander and Antony Wood. New York：Princeton Architectural Press，1994.

［15］ Wikipedia. Pablo Picasso. URL=<https://en. wikipedia/wiki/Pablo_Picasso>.

［16］ Wikipedia. Alexander Archipenko. URL=< https://en. wikipedia/wiki/Alexander_Archipenko>.

［17］ Wikipedia. Duccio. URL=<https://en. wikipedia. org/wiki/Duccio>.

［18］ 尼古拉斯·福克斯·韦伯. 包豪斯团队：六位现代主义大师. 郑炘，徐晓燕，沈颖，译. 北京：机械工业出版社，2013.

［19］ "aufergefolgte"字面意义为"强加的"，参见：［5］90.

［20］ Clement Greenberg. Avant-Garde and Kitsch. URL=<http://www. sharecom. ca/greenberg/kitsch. html>.

［21］ Gottfried Wilhelm Leibniz. The Monadology. trans. Robert Latta. 第1、2、5、18 段，URL=<http://home. datacomm. ch/kerguelen/monadology/monadology. html>.

［22］ Konstructivismus,通常译作"构成主义"，考虑到与"Konstruction"的对应关系，似应注意其"建构性"的意涵。参见：［5］91-92.

［23］ The Art of Piet Mondrian. URL<http://www. pietmondrian. com/art. shtml>.

［24］ H. H. Arnason，Elizabeth C. Mansfield. History of Modern Art (7th Edition). US：Pearson，2012.

［25］ http：//www. duden. de/rechtschreibung/Autonomie.

［26］朗氏德汉双解大词典.叶本度,译.北京:外语教育与研究出版社,2009.

［27］原文说的是"直到现代集权国家出现之前,社会对艺术的控制一直在起着直接的作用,而在资产阶级时代,社会的控制就不那么直接".参见:［5］334,［4］225.

［28］英译本此处译作"purposelessness without purpose",意为"无目的的无目的性",疑为笔误.参见:［5］92,［4］58.

［29］Walter Benjamin. Das Passagen-Werk. Gesammelte Schriften Band V·1. Herausgegeben von Rolf Tiedemann. Frankfurt am Main：Suhrkamp, 1982.

［30］汉诺-沃尔特·克鲁夫特.建筑理论史:从维特鲁威到现在.王贵祥,译.北京:中国建筑工业出版社,2005.

［31］Adolf Loos. Architecture. On Architecture. trans. Michael Mitchell. California：Ariadne Press, 1995.

［32］莱昂·巴蒂斯塔·阿尔伯蒂.建筑论.王贵祥,译.北京:中国建筑工业出版社,2010.

［33］康德.判断力批判,上卷.宗白华,译.北京:商务印书馆,1964.

［34］Neil Leach. The Anaesthetics of Architecture. Cambridge and London：The MIT Press, 1999.

［35］"Sachlichkeit"是"sachlich"的名词形式,"sachlich"主要意思是仅由事实(物)本身确定,而不是由感觉或偏见确定的,英语的解释也类似.由于"Sache"一词本身的多义性,也有对"客观性"的译法有不同意见."Sache"既指"事实",又指"物""对象",而这些语词的差异是显而易见的,"物性"无法涵盖"事实性",而用"客观性"是可以涵盖这些的.参见:ⓐ http://www. duden. de/rechtschreibung/sachlich. ⓑ http://wordnetweb. princeton. edu/perl/webwn? s=objectivity&sub.

［36］Wikipedia. Louis Kahn. URL=<https://en. wikipedia. org/wiki/Louis_Kahn>.

［37］Max Hockheimer and Theodor W. Adorno. Dialectic of Enlightenment：Philosophical Fragments. ed. Gunzelin Schmid Noerr. trans. Edmund Jephcott. California：Stanford University Press, 2002.

［38］原文是"Ohne geschichtliches Eingedenken wäre kein Schönes".参见:［5］102.

图片来源

(图 5.1)http://www. famous-paintings. org/pablo-picasso-paintings/79. jpg

(图 5.2)https://upload. wikimedia. org/wikipedia/en/1/1c/Pablo_Picasso%2C_1910%2C_Girl_with_a_Mandolin_%28Fanny_Tellier%29%2C_oil_on_canvas%2C_100. 3_x_73. 6_cm%2C_Museum_of_Modern_Art_New_York. . jpg

(图 5.3)http://www. georgesbraque. org/images/paintings/Violin-and-Pitcher-1910-Oil-on-canvas. jpg

(图 5.4)https://upload. wikimedia. org/wikipedia/en/a/a0/Alexander_Archipenko%2C_1913%2C_Femme_%C3%A0_l%27%C3%89ventail_%28Woman_with_a_Fan%29%2C_108_x_61. 5_x_13. 5_cm%2C_Tel_Aviv_Museum_of_Art. _Reproduced_in_Archipenko-Album%2C_1921. jpg

(图 5.5)https://upload. wikimedia. org/wikipedia/en/b/b5/Alexander_Archipenko%2C_1912. jpg

(图 5.6)www. onedecor. net/wp-content/uploads/2016/06/Architecture-Expressionism-like-a-mountain. jpg

(图 5.7)www. onedecor. net/wp-content/uploads/2016/06/Architecture-of-expressionism-very-wonderful-too. jpg

(图 5.8)https://upload. wikimedia. org/wikipedia/commons/d/d4/Duccio_di_Buoninsegna_-_Christ_and_the_Samaritan_Woman_-_Google_Art_Project. jpg

(图 5.9)https://upload. wikimedia. org/wikipedia/commons/f/f0/Duccio_maesta1021. jpg

(图 5.10)https://upload. wikimedia. org/wikipedia/commons/4/49/%22The_School_of_Athens%22_by_Raffaello_Sanzio_da_Urbino. jpg

(图 5.11)https://www. moma. org/collection/works/79002? artist_id=4057&locale=zh&page=1&sov_referrer=artist

(图 5.12)https://www. moma. org/collection/works/70114? artist_id=3115&locale=zh&page=1&sov_referrer=artist

(图 5.13)http://miesbcn. com/the-pavilion/images/#gallery-18

(图 5.14)吕文明摄

(图 5.15)https://www. ilpost. it/wp-content/uploads/2012/06/112766500_10. jpg

(图 5.16)郑辰暐摄

第 6 章

伯特兰·罗素:从美的理想转向社会的重建

伯特兰·罗素是 20 世纪英国哲学家与逻辑学家,分析哲学的代表人物之一。我们知道,20世纪的哲学始于对德国唯心主义的反抗,在这个过程中,罗素起了重要的作用。罗素著有自传、自传性的概要,还写了关于自己的哲学思想的历程。罗素自幼由信奉新教的祖母抚养,直到 18 岁进入剑桥大学读书之前,一直在家中接受较为严格的教育,产生很强的逆反心理。根据罗素的自述,他在少年时期喜欢数学,乃是由于数学没有伦理学方面的内容,而不必涉及不确信的问题。随着对数学的兴趣扩展至哲学,罗素背离了神学的观念[1]4。16 岁的时候,以希腊语练习之名,写下了自己对上帝、自由意志以及永生等问题的疑问[2]36-45。1890 年入剑桥大学三一学院,学了 3 年数学,1 年哲学。毕业 3 年后出版《论几何学基础》,标志着他在数学、哲学以及逻辑学等领域学术成就的著作基本在此后的 20 余年间完成,如《莱布尼茨哲学批评》(1900)、《数学原理》(1903)、《论指称》(1905)、《哲学论文》(1910)、《数学原理》(1910—1913,与阿尔弗莱德·诺斯·怀特海合著)、《哲学问题》(1912)、《我们关于外间世界的知识》(1914)、《神秘主义,逻辑,及其他论文集》(1918)、《数学哲学导论》(1919)、《心灵分析》(1921)、《逻辑原子主义》(1924)。

罗素早年对数学有浓厚的兴趣,大学时代专修数学与哲学,特别是皮亚诺的数学逻辑对他产生影响,他在《我的哲学的发展》中也明确指出,正是意大利数学家皮亚诺的数学逻辑引导他走向一种数学哲学之路[3]54。从他的著作以及关于他的哲学史论述中我们可以知道,数学以及逻辑的研究似乎成了他进行哲学判断的尺度,而新的逻辑方法的引入使他感到,从莱布尼茨、斯宾诺莎(Baruch Spinoza,1632—1677)、黑格尔到布拉德雷(Francis Herbert Bradley,1846—1924)的形而上学的整个基础都会土崩瓦解[4]394。在与维特根斯坦交往的过程中,罗素受到《逻辑哲学论》的影响,并发展出逻辑原子论(logical atomism)的学说,尽管维特根斯坦总是抱怨罗素并没有理解他的思想。不过,《逻辑与知识》一书的编者罗伯特·查理斯·马什(Robert C. March)仍然认为罗素的哲学已被普遍地看作代表了那个时期最重要的倾向[4]392。安东尼·肯尼则提到,罗素写于1905 年的、提出了摹状词理论的《论指称》一文为 20 世纪的哲学带来一种语言学的转向。这可能是罗素对现代哲学的一个杰出贡献[5]58-59。

与大多数分析哲学家不同的是,罗素热衷于社会政治活动,且带有左翼倾向,主张和平与核裁军。他在 1920 年代来过中国,这个古老的东方文明的国度给他留下深刻的印象,并引发他的深切同情,而这种深切的同情也在他所做的中西文明比较中体现出来[6]20-22。罗素早年对数学寄予极高的希望,觉得那是一个理想的世界,甚至在数学推理的过程中能体会到审美的愉悦[3]157。一次世界大战的悲惨后果促使罗素从数学世界回撤以面对现实的世界,正如他在《我的哲学的发展》一书的第 17 章"从毕达哥拉斯回撤"中所说的那样,这场战争使他不可能再继续生活在数学这样的抽象世界里,面对周围无边的苦难,他那些关于抽象的理念世界的高高在上的思想显得浅薄且无足轻重[3]157。罗素开始关注社会、历史与文化诸方面的问题,写出《社会重建原理》(1916)、《人为什么要争斗》(1917)、《自由之路》(1919)、《赢得幸福》(1930)、《悠闲颂》(1935)等书,旨在从社会文化、政治、教育等方面寻求社会重建之路。建筑作为一种社会文化现象,也进入他的视野。他是在《悠闲颂》一书中以《建筑与社会问题》为题谈论建筑的。他并不是就建筑论建筑,而是将建筑作为讨论社会问题的切入点,并将建筑的改进(architectural reform)与社会的改造联系起来。他的一些设想对于改善工业社会的生活环境很有意义。

罗素在美学方面没有专门的著述,他的一些美学思考散见于关于数学、伦理学、文化批评、与友人往来信件以及自传中,其中对建筑不乏评论。不过,他似乎对现代建筑运动缺乏了解,甚至没有这方面的意识。根据卡尔·斯巴多尼(Carl Spadoni)的研究,罗素早年曾经读过约翰·拉斯金的《现代画家》《威尼斯之石》等著作[7]52。罗素对拉斯金关于绘画理论中的某些有悖逻辑的说法很反感,但对他的建筑审美趣味还是很欣赏的[7]52-53。然而罗素并没有再读拉斯金有关建筑的其他论著。从他关于建筑审美的只言片语中，我们可以体会到，罗素有关建筑的鉴赏趣味可能还是倾向于典雅的古典传统的。由于他明确表示对现代艺术的不理解[4]43，而且对自幼所受到的清教徒式教育的影响颇有微词[2]153-199，我们很难想象当他面对现代建筑的抽象形式以及带有禁欲主义倾向的纯粹形式时会有什么正面的评价。不过，从《建筑与社会问题》一文中可以看出，如果撇开建筑形式的审美问题，仅从建筑对于社会的作用来看，罗素似乎比那些试图通过建筑来改善社会状况的先锋建筑师们还要激进，他甚至为建筑上的改进描绘了一种乌托邦社会的前景[8]34-36。就建筑之于社会改造的意义而言，罗素是富于现代主义精神的，只是在审美态度上显得保守一些。

罗素倡导建筑在空间分配、使用安排等方面的改进，同时又保持了较为传统的审美趣味，这个事实本身就向我们表明建筑发展的另外一种可能性：通过空间的合理分配与使用就可以取得建筑的改进，进而形成合理的生活制度，在这个过程中，建筑形式是否要做出什么改变，也许并不是个重要问题。对于欧文在新拉纳克的集合住宅的实践，罗素赞赏其幼儿园的设置，而对其集合住宅以生产单位为出发点提出批评[8]36，这些都与建筑形式无关。如果建筑师们能够意识到，建筑形式对于生活方式的改进并不会起到决定作用，那么至少对偏激的形式主义做法会有所节制。而罗素在审美趣味上的保守态度并没有影响他对建筑的社会改良作用的积极期望，这是值得建筑理论界思忖的。

罗素在继承英国经验论传统的基础上，将逻辑分析的方法引入哲学领域，进而引发哲学史上的语言学转向。事实上，罗素在对外在世界的认识中，将直观经验与理智判断结合起来，摆脱了传统的经验论与唯理论的困扰。当然，我们感兴趣的是，罗素的哲学是否对建筑理论有所启示。建筑属于这个世界的一部分，建筑空间也是一种空间类型。哲学家们关于这个世界与空间的思考，可以为关于建筑与建筑空间的思考形成一个基础语境，这是我关注哲学家们的相关思考的出发点。在《我们关于外间世界的知识》一书中，罗素强调科学方法在哲学中的运用，特别是在空间的概念与经验的分析上，在考察直觉经验的同时，也注重逻辑判断的作用。他认为逻辑可以应用到经验事务中，其作用在于分析，而不是建构[9]8。建筑理论关于建筑与建筑空间的思考可以从中得到启发，不过，需要明确的是，逻辑在有关自然的经验事务中起着分析的作用，而在建筑空间、建筑空间与自然空间的接合中，逻辑应是参与到建构的过程之中。

6.1　关于空间的认识

1914年罗素在哈佛大学做了系列演讲，旨在说明哲学中逻辑分析方法的性质、作用以及限度。他在序言中也表明，他用以说明逻辑分析方法的核心问题是未经处理的感觉材料与数学、物理学中空间、时间以及物质之间的关系问题[9]V。事实上，罗素在谈论了当时的哲学思想上的倾向、逻辑作为哲学的本质这两方面的问题后，并没有直接谈论物理世界，而是谈了他对人们所处的"外在世界"的看法。"the external world"，汉译本译作"外间世界"，而罗素在此说的并不是"在空间上外在的"(spatially external)，而是指外在于人的[4]63,[10]73，理解为"外在世界"可能更好一些。在这篇题为《我们关于外间世界的知识》的演讲中，罗素从一些具体的方面出发来谈他对外在世界的看法，这样的路径其实仍然属于英国哲学中强有力的经验论传统。在后来关于物理世界的演讲中，罗素也是通过与感觉世界的比较加以分析的。

6.1.1　视觉空间与触觉空间

在《我们关于外间世界的知识》一文中，罗素首先提到哲学史上对感觉世界(the world of

sense)的实在性的怀疑,如印度神秘主义、巴门尼德(Parmenides of Elea,公允前 6 世纪晚期或 5 世纪早期)以来的希腊与现代的一元论哲学、贝克莱(George Berkeley,1685—1753)的哲学、现代物理学。在这里,罗素使用了一系列术语,如"sensible appearance"(可感的外观),"the abstract entities"(抽象的实有体),"the subjectivity of sense-data"(感觉材料的主观性),"sensible evidence"(可感的证据),"the immediate objects of sight or touch"(视觉的直接对象,或触觉的直接对象)[9]63。罗素对这些术语的使用是很考究的。"可感的外观"暗示了客观的存在,同时也使寻求实在的哲学家们在这个词之外想到的是另外的可能,如"感觉不到的外观""与感觉无关的事物如其所是的样子"。在哲学史上,"可感的外观"总是受到批评,甚至是斥责,与其自身的不确定性有关。"抽象的实有体"作为逻辑分析的结果而具有不变的性质,巴门尼德和柏拉图正是因为"可感的外观"的流变与"抽象的实有体"的不变性不符合而拒绝其实在性的。至于贝克莱,则干脆以"感觉材料的主观性"为由而无视"可感的外观"的存在。"可感的证据""视觉的直接对象"或"触觉的直接对象",都是就现代物理学而言的,前面一个术语指的是借助仪器观察到的,后面两个术语指的是日常经验中的。

在这篇演讲里,罗素准备用现代逻辑的方法来解决我们关于外在世界的知识这一至为古老的哲学问题,不过,他的前提是认可"个人感觉上的亲知"(personal sensible acquaintance)以及"感官证据"(evidence of the senses)的确定性,由此感觉的材料就与客观的存在相对应。他甚至对用以构造世界的材料(data)做出"软""硬"之分,并将"感觉事实"(facts of sense)与"逻辑的普遍真理"(the general truths of logic)作为最硬的材料——至为确定的材料。对于罗素而言,空间应该也归于感觉的材料之列。关于一般的空间(space)概念,罗素并没有做出说明,只是在解释"外在的世界"的概念时,说明此处的"外在的"并不是指"在空间上外在的"。一方面,"这个直接给定的世界"是空间性的,另一方面,它"不是完全包含在我们的体内"[9]70-71, 73。就前一方面而言,空间与这个世界是同一的,我们无法想象这个世界处在空间之外的样子。就后一方面而言,这个世界主要还是处在我们身体之外的。因而,"外在世界"的意义就是外在于主体的。

在以蓝色眼镜为例说明在眼睛与对象之间的介质不能仅凭视觉来确定时,罗素谈到了视觉空间(the space of sight)与触觉空间(the space of touch)。由于镜片在干净的情况下,只能通过触觉来感受,因此他认为,为了知道蓝色镜片处在我们与透过镜片看到的对象之间,我们必须要知道如何将触觉空间与视觉空间联系起来。在这里,罗素对这两种空间的关联做出解释。触觉空间与视觉空间相互关联的关键在于,触觉空间中的某个位置(a certain place)能够与视觉空间中的某个相应的位置联系起来。这意味着,对于透明的对象而言,我们首先是通过确定它在触觉空间中的位置来确定它的存在的。罗素提到对象"在同一视线上的空的视觉位置",那是其透明性所致的。触觉空间与视觉空间相互关联的意义在于,透明对象在触觉空间中的位置与其在视觉空间中的位置相对应,即使它的视觉位置看上去是空着的[9]80。

对于可见的物体,触觉也是十分重要的。通过触觉,我们可以了解这个物体的质感。不过,罗素通过触觉与视觉之间的关联想到的是,如果一个可见物体经由触觉发现是坚硬的,那么即使不再被触摸,其坚硬的性质仍然是保持着的。他由此得出的推论是,可感对象的作用在许多场合可以通过先前发生的事情加以说明[9]84。在《物理学世界与感觉世界》一文中,罗素继续对触觉与视觉相互关联的经验做出说明。他说,"首先要注意的是不同的感觉具有不同的空间"。特别是触觉空间与视觉空间,经过幼儿时期的经验我们才学会将两者联系起来。而这两种感觉都能容纳其中的那一个空间(the one space)则是一个"理智上的建构"(an intellectual construction),而不是一个材料[11][10]113。

由此，我们可以对罗素的空间概念做出进一步的探讨。存在一些与不同的感觉相对应的空间，这些空间是经验上的；我们只能通过理智上的建构让这些不同的感觉空间容纳在一个共同的空间里。罗素甚至认为，那个无所不包的空间无需以为是真的存在。那一个空间由一些空间构成，作为一个逻辑的建构（a logical construction）是有效的，但还是没有理由设定它的独立的形而上学的实在性。其实，罗素是拒绝承认那个无所不包的空间具有存在论的地位。将所有可感对象容纳进来的那个无所不包的空间是心理活动的产物，罗素认为，康德将空间表述为"一个无限的给定的整体"，说明他在心理学上是无知的。在罗素看来，一个无限的空间不是给定的，而一个可以称为给定的空间不是无限的[11][10]113。在这里，有必要对"给定的"（given）做出说明。罗素所谓"给定的"指的是由人的理智设定或假定，而这样的理智上的设定是以感觉经验为基础的。其实罗素在这里说的是人的经验的有限性问题，也许我们可以想象无限，但无法经验无限。关于这一点，罗素在第114页也有所论述，"不存在无限的感觉材料""我们所见之任何表面的扩延性必定是有限的"，都是同样的道理。

6.1.2　视景空间与个人空间

在《我们关于外间世界的知识》一文中，罗素对视觉空间的特征做了进一步的分析。他将所有感知到的以及未感知到的世界景象所构成的系统称为"视景"系统（the system of "perspectives"）。由于每一个人占有一个特定的空间位置，各有自己的视点，且不可重合，因而每个人所感知的世界的景象是有差异的。罗素将个人所感知的"视景"称为"个人的世界"（private world）[12][9]88,[10]66。与此相应的空间有三种类型，一种是每一个视景所包含的其自身的空间，即视景空间（perspective space），一种是与每一个视景相对应的"个人的空间"（private space），另一种是唯一的一个总的视景空间（one perspective-space），每一个单个视景连同其自身的个人空间都是构成这个总的空间的要素[9]89。这三种空间是相互关联的。个人的空间不仅仅是视觉上的，也包括触觉、听觉以及味觉等其他的感觉，理解个人空间与个人的视景空间之间的这种蕴含关系是很重要的。个人的视景空间包含一系列视景，而总的视景空间则是所有个人的视景空间的总和。这个总的视景空间是一系列视觉经验及其相互关联的产物，罗素只是将这种经验上的空间称为"无所不包的"，与他的关于空间的概念是一致的。

罗素在分析视景空间与个人空间的关系时用了"points of view"，这个词组通常意为"观点""视角"，是引申的用法，罗素为之加了引号，用了它的字面含义，即"视点"。他认为视景空间是诸个人空间的"视点"的系统，也是诸个人空间自身的系统。虽然罗素没有为"视点"下定义，但他表示这些个人空间每一个都可算作视景空间中的一个点[9]90。也许罗素是在位置的意义上使用"点"这个词的。值得注意的是，罗素在这里说的"视景空间"应是指总的视景空间。

罗素引入了视景空间中一个事物所处的"位置"（place）的概念。他用一个便士作说明。对于视景空间而言，一个便士的铜币有两个面，一个是看上去是圆形的面，另一个是它的看上去是像一条有一定宽度的直线的侧面。这样两个面其实是两个方向上的视景，随着视点距便士的远近，视景有大小上的变化[9]90-91。这其实说的是透视的现象。在这两个方向上的视景所形成的两条直线的交汇之处，就是"便士（在视景空间中）所处的位置"[9]91。这个位置是便士本身所处的位置，在这个位置上，视景不再存在了，用罗素的话说，就是"当我们离它如此近以至它触到我们的眼睛，便士就不再呈现任何外观了"，这就像我国古语所谓"一叶障目"一样。罗素认为这不会有什么问题，因为便士的诸多视景所形成的空间秩序（spatial order）在经验上不依赖于所选定的事物。这不难理解，这样的空间秩序是由视觉机能形成的，不论在这个位置上有什么样的物体，这个空间秩序都是一样的。他又用两枚其他的便士在这个位置上作为替代,来说明这个位置就是原来的便士所在的位置,显得有些令人费解[9]90-91。其实将这个位置上的便士本身视作一系列视景的结束,是可以理解的。

关于一个个人空间与视景空间诸部分之间的相互关系,罗素的解释是,如果在某个个人空间里存在一个给定事物的一个显像(aspect),我们就将这个显像在个人空间中所处的位置与这个事物在视景空间中所处的位置联系起来。这里所说的视景空间也应该是总的视景空间。罗素在这里的用词是"aspect",此词的含义较为丰富,根据《韦伯斯特-梅里安英语大辞典》,其第1.d义为:"一个对象在一个特定位置的部分",例句中有"the dorsal aspects of the feet",即"足背"之意;第2.a(2)义为:"appearance to the eye or mind",可以说"aspect"与"appearance"同义,即"显现的行动或过程""显现的状态或形式"[13]103。罗素在此用以表明事物在个人空间中显现的样子,译作"显像"是可以的。由于个人视野的方向性,一个给定事物显现的那个显像是局部的,随着视点的变动,事物也就呈现不同的显像。在此意义上,罗素在下文中所谓"事物的不同的显像"就是可以理解的。汉译本将此词译作"样相",这是两个同义词的叠加,有"外观"之意。"外观"一般是在总体的意义上使用的,即:一个给定的事物具有一定的外观。我们可以说,随着视点的变动,事物的外观呈现出不同的部分,而不说事物呈现不同的外观。因此,"aspect"译作"样相"不太妥当[10]70。

接下来,罗素指出,在视景空间中有两个位置与一个事物的每一个显像有关,一个是这个事物所在的位置,另一个是所讨论的显像形成其部分的视景所在的位置[9]92。这说明,一个显像只形成视景的一个部分。另一方面,与一个单一显像相关的两个位置可以区分为"显像在那里显现的位置"以及"显像从那里显现的位置"。前者应是指显像的位置与事物所在的位置相重合——显像与事物重合,这一点可以参照罗素前面对便士的两个方向上的视景的分析。后者说的是事物在不同视景中的显像,罗素认为这些显像应该构想为"从事物所在位置向外扩展"。事物的这些显像随着与事物所在位置距离的增加而有不同的变化,关于这样的变化的规律,罗素说,如果我们只是考察事物所在位置附近的显像,是不能把握的。在这里,他提到也应该考察"处在这些显像由此显现的那些位置上的诸事物",而这里所说的"诸事物"指的是什么,有些令人费解。最终,他认为"经验事实"可以通过我们的建构(construction)来加以解释[9]93。

6.1.3　视觉与触觉相互关联的启示

作为一个哲学家,罗素不能回避这个"外在世界"的存在问题。通过对哲学史上关于感觉世界的种种怀疑的回答,罗素肯定了感觉材料与客观存在的关联性,并在经验事实与逻辑建构之间建立起连接。建筑学的世界显然属于感觉的世界,罗素关于视觉与触觉之间的相互关联的分析对我们而言是有启示作用的。罗素认为,"经验已经教会我们,只要我们看到某些有色的表面,我们就能通过触觉获得某些预期的软或硬以及可触形状的感觉。这也使我们相信,所见到的事物通常是可触的,而且不论我们是否触摸它,它都具有我们触摸它时所应感受到的硬或软。"[9]80尽管罗素不像其他的新实在论者那样谈论实在相对于主体的独立性问题,但他在这里提到对象的硬或软的性质相对于感觉的独立性,表明他在经验的领域还是与新实在论者有些共通之处。而更为有意义的是,罗素主张触感可以被推论出来,这意味着在触觉的品质被感受到之前就假定它们,在逻辑上是不必要的。由此可以看出,触感的推断是以经验为前提的,当视觉显像与触觉经验结合起来,就会导致由视觉显像决定的感受[9]80。

对此该如何理解?当我们看到一个对象,只是对它的大小、形状、色彩等视觉特征有所了解,而要了解它的轻重、表面质感,则要通过触觉。这是我们通常的经验。这个看上去综合了视觉与触觉的经验,只在首次感知一个事物时是有意义的,如果后来再次见到这个事物时仍然要通过这两个感觉经验来感知,就表明这两个感觉之间尚没有建立起相互关联。事实上,我们在日常经验中,通常可以通过逻辑建构将视觉经验与触觉经验联系起来,而且在一般情况下,在对一个对象的初次感觉过程中,视觉经验与触觉经验的联系就可能完成。这意味着当我们再次见到这个对象时,就有可能联想起它曾经给我们的触觉经验。那么,至少在认知的方面,视觉经验可以替代触觉经验了。但是对于建筑师而言,这样的替代并不能成为忽视触觉经验的理由。现象学拓宽了建筑学的考察范围,它的意义在于提醒建筑师在考虑视觉效果的同时,也要关注其他感觉经验的作用。至少要将与人的身体接触的部分从那些只可远观而不可触及的部分区分开来。建筑中与人的身体接触的部分主要是地面或楼面、墙面,天花板一般是不会触及的,因而建筑师往往是在地面、楼面以及墙面的做法上考虑材质的触感。而对材质触感的考虑也往往结合了房间的使用状况,例如厚而柔软的地毯用在卧室里是合适的,用在舞厅里就不合适,在那里要用表面光滑的硬质材料,如大理石板、漆面木地板等。

6.2　关于建筑与艺术的审美问题

作为一个哲学家,罗素在美学方面没有专门的著述,但这并不意味着他对艺术与审美的问题不感兴趣。事实上,罗素在他的自传中,在与亲友们的通信中,经常夹杂了对自然风光、城市、乡村景色以及建筑的赞美,也有对艺术作品的看法,也会涉及美学理论问题。正是基于这一点,卡尔·斯巴多尼写出了《罗素论美学》一文。不过,到了晚年,在与友人的通信中,罗素又不止一次地表明他对美学问题特别是关于图形艺术的判断力缺失,如:美是一个他从来没有任何看法的主题,他没有充分的能力对绘画做出评价,他也从不认为,美学问题在其哲学的重要性上与伦理学问题以及价值陈述的一般问题有什么重大不同[3]80。其实罗素在青年时代是将美与伦理价值联系在一起的,他早年文本中的建筑隐喻向我们展现了完美的理想世界。

6.2.1　文本中的建筑隐喻

罗素在《自由人的祈祷》《数学研究》等早期文论中善于用建筑的隐喻来说明问题。《自由人的祈祷》发表于 1903 年 12 月的《独立评论》杂志上,《数学研究》发表于 1907 年 11 月的《新半月刊》杂志上,这两篇文章都收录在 1910 年出版的《哲学论文》一书中。在《自由人的祈祷》一文之始,罗素借用了歌德《浮士德》中的魔鬼梅菲斯托(Mephistopheles)以及浮士德博士(Dr. Faust),借梅菲斯托之口向浮士德说出带有现代科学意识的"创世纪"。尽管这个创世纪里有了"炽热的星云(nebula)无目的地在空间中回旋""星云开始成形""中心体抛出星群""星群冷却下来"等现代科学的陈述,但是这个世界的来历仍然是推测出来的。而且它的毁灭与重生说不定是出于上帝的恶作剧。罗素说这就是科学呈现给我们信仰的世界,甚至比上述更没有目的,更没有意义[14]59-60。

梅菲斯托所描述的世界在时间上的悠久与空间上的广博,远超出我们的想象,最终还是会归于毁灭。罗素对此作了进一步的说明,并在这个说明的过程中使用了一系列与建筑或构筑相关的隐喻。这个世界的确定性其实是令人悲观的,比方说太阳系注定会死亡,整个宇宙也会毁灭。当然那会是一个漫长的过程,而作为个体的人的生命十分短暂,更令人感慨。罗素说,"热情、英雄主义、思想的高度以及情感的强烈程度都不能将个体的生命留在坟墓(the grave)之外""人类成就的整个殿堂(temple)注定会掩埋在一个毁灭了的宇宙的废墟(débris)之下"。即使如此,人类仍存理想,而且还要为那些理想找到"一个家园"(a home)。这说明年轻的罗素还是十分乐观的。不过,这种乐观的态度并不是盲目的,而是在清醒认识到这个世界不以人的意志为前提的真理的基础上加以秉持的,就像罗素所说的那样,"唯有在这些真理的脚手架(scaffolding)之内,在绝望的坚实基础(foundation)上,灵魂的居所(the soul's habitation)才能安全地建造起来"。罗素为什么在此用"脚手架"而不是用"结构"(structure)? 灵魂的居所才是一个人们所要建造的结构,真理的脚手架隐喻正说明真理本身只是提供建造的外在的条件,并不是结构本身。可以说罗素在这里的用词是极为精准的[14]60-61。

那么,在这样一个外在的非人世界,人这样的弱小的造物如何能持有自己的抱负? 如何能为灵魂建造居所、为自己的理想建造一座圣殿? 罗素提到"想象的领域","音乐""建筑"(architecture)、"不受困扰的理性王国"(the untroubled kingdom of reason)、"诗词的金色黄昏般的魔术"、圣殿的预兆就显现于上述的领域里。"音乐"与"诗词的金色黄昏般的魔术"属于艺术范畴,"不受困扰的理性王国"指的是科学领域,"想象的领域"可以涵盖科学与艺术,建筑则是科学与艺术的综合。由此可见,人是通过科学与艺术的方式来建造灵魂的居所、理想的圣殿的[14]65。

在罗素的想象里,"除去少有的生来没有罪恶的精灵之外",对于普通人而言,"在进入那座圣殿之前都要穿越一个黑暗的山洞"。"山洞之门(the gate of cavern)令人绝望",山洞的地面"铺设了放弃希望的墓石"。在这样的山洞里,自我与诸多欲望都注定要死亡,以便灵魂能从"命运的帝国"(the empire of fate)中解放出来。人们一旦出了山洞,"出世之门"(the gate of renunciation)将引向"智慧的黎明"[14]66。对于灵魂而言,这个山洞也许可被视为一个净化的通道,只是这样的净化与死亡的恐怖景象联系起来,未免过于残酷。

在所有的艺术中,罗素推崇悲剧。在对悲剧的赞美中,罗素使用了一系列与建筑、城市以及军事设施相关的隐喻。在他的陈述中,悲剧在敌国的中心、在敌人的最高山峰之巅建造起"闪光的城邦"(shining citadel),它有着"坚不可摧的瞭望塔"(impregnable watch-towers),可以俯瞰敌人的"兵营和军械库"、敌人的"队列和要塞";它的围墙内,自由的生命延续着,外面则是"死亡、痛苦、失望的军团以及所有暴虐命运的卑劣首领"。罗素还提到"神圣的壁垒"(sacred ramparts),"无所不见的高处""无价的自由遗产""自由的家园"(the home of the unsubdued),所有这些都属于悲剧所建造的"无畏之城"(dauntless city)[14]67。

罗素晚年在《我的哲学发展》一书中回顾了他的哲学思想的历程,在第十七章"从毕达哥拉斯回撤"中引用了《数学研究》的一些段落。在《数学研究》一文中,罗素用建筑来隐喻或类比数学世界,而在《我的哲学发展》一书中,罗素也是用了建筑的隐喻来否定他早期关于数学的乐观思想的。早年罗素沉浸于数学的研究之中,视数学原理为确定性的事物,盛赞数学这个"纯粹理性的世界"(the world of pure reason),说它不知什么妥协,也没有实际的局限,更不会成为创造活动的障碍,这样的创造活动在那些"辉煌的大厦"(splendid edifices)里体现了对完美状态的热切渴望,所有伟大的作品由此而迸发。"辉煌的大厦"应是指数学世界里的一个又一个命题的构造,那应该是出于逻辑的建构。几代人"远离人的激情,远离可怜的自然的事实",逐渐创造了"一个有秩序的宇宙"(an ordered cosmos),"纯粹的思想"可以像在"它的自然而然的家"(its natural home)中那样住在那里。"一个有秩序的宇宙"隐喻了数学世界,纯粹思想的"自然而然的家"则隐喻了它诞生的空间,同时作为数学世界的类比[3]156。

在这一章里,罗素接着引述了他早年的看法:"思考非人的事物(what is non-human),发现我们的心灵能够处理并非由它们所创造的材料,意识到美既属于外在世界也属于内在世界,这样就能克服无能、虚弱以及在敌对的力量之间放逐的可怕感觉。数学将我们进一步带离人性的事物,进入绝对必然的领域,不仅仅是现实的世界与它一致,而且每一个可能的世界也必定与它一致,数学甚至在这里建造一个居所(habitaion),或是发现一个永恒存在的居所,在那里我们的理想完全得以实现,我们的最好的希望也不会受到阻碍。"[3]156可见,罗素当年对数学寄予了怎样的希望,数学竟然成为进入必然的理想世界的途径了,甚至能为我们的理想建造或发现一个"居所"。然而,第一次世界大战最终把他的心境毁灭了。他不再能生活在一个抽象的世界里,因为他过去关于抽象的理念世界的那些高高在上的思想在周围无边的苦难面前显得单薄而微不足道。在这里,罗素将数学视作"非人的世界"(the non-human world),将它隐喻为一个"暂时的避难所"(occasional refuge),并用隐喻表明,这个世界并不是可以建造"永久居所"(permanent habitation)于其中的国度[3]157。

接着罗素继续对他的新旧思想加以比较,值得注意的是,他还是用建筑乃至建筑要素的隐喻来完成这个比较的。他说,他也不再觉得理智优越于感觉,也不再觉得只有柏拉图的理念世界才通向现实世界。他曾经认为感觉以及建立在感觉之上的思想都是一个"牢笼",只有当思想从感觉解放出来,人们才能脱离思想的牢笼。现在他不再有这样的感觉了,他认为感觉以及建立在感觉之上的思想都是"窗户",而不是"监狱的栅栏"(prison bars)[3]158。从思想的牢笼隐喻转向思想的窗户隐喻,表明了罗素在思想倾向上从唯理论向经验论的转变。

6.2.2 关于艺术与美的看法

罗素在自传里说,在他整个童年时代,祖母对他而言是最重要的人。这意味着他在成长的过程中受到祖母的很大的影响。他的祖母是苏格兰长老会的教徒(a Scotch Presbyterian),后来又成为一位论教徒(Unitarian),在政治与宗教上属于自由派,但在道德方面要求极其严格。罗素自传里面提到,他小时候需要祖母给他的安全感;14岁以后就有些叛逆,觉得祖母的智力有局限性,而且对她的清教徒式的道德观感到不满;但是随着年龄的增长,罗素日益意识到祖母在他的人生观的形成方面所起的重要作用,诸如:无畏精神、公益精神、蔑视习俗以及不盲从多数人的意见等。不过,罗素祖母的苦行的清教徒生活方式对他的影响也是很深的,他在自传中提到他的"清教徒的灵魂"(Puritan soul),还有他的"清教徒式的生活",都说明了这一点[2]153,199。

年轻时代的罗素似乎在试图摆脱祖母的影响。祖母希望罗素成为一个一位论教派的牧师,而罗素早在11岁的时候就对数学产生浓厚的兴趣,16岁的时候在"希腊语练习"中表明了对宗教的怀疑,18岁考入剑桥大学三一学院学数学,很快就在数学与哲学领域表现优异。另一方面,尽管罗素自幼是在祖母的近乎苦行的生活方式下生活,但他一直努力尝试摆脱戒律的约束,对周围的美好事物保持着感受的欢欣,而且对"优美"一词的使用毫不吝啬。

1902年,罗素正在写《数学原理》一书,在给友人吉尔伯特的信中,罗素从美学的角度谈了他对数学的看法:"对我而言,数学能够像任何音乐一样成为卓越的艺术品,也许更卓越。"他将数学与音乐相类比,直观来看有着量的规定性方面的原因。而量的规定性最终会引向确定性。罗素还认为数学"以绝对的完美把伟大艺术的特性、神圣的自由和不可避免的命运感结合起来",甚至认为"数学建造了一个理想世界,在其中所有事物都完美而又真实"[2]149。也许这些都是他在写作《数学原理》过程中的感受。

在同一封信里,罗素还谈了他对艺术与美学的看法。他谈到,在艺术方面他当然已经让自己有了常识,那就是不能认为《家,甜蜜的家》比巴赫的音乐更好。前者是由 J. H. 佩恩(J. H. Payne,1791—1852)作词、亨利·毕肖普(Henry Bishop,1786—1855)作曲的抒情歌曲,表达了对甜蜜的家的眷恋,充满温情;巴赫是巴洛克时代的作曲家,他的音乐体裁丰富,涵盖艺术歌曲、协奏曲以及弥撒曲,体现了对和声、对位以及动机组织等技巧方面的把握,既有艺术之美,又有理智的深度。因而将《家,甜蜜的家》与巴赫的音乐相提并论是有悖常识的。在这里,罗素提到功利主义者的观点。哲学上的"功利主义"有两方面含义,一是某物的价值可以由其有用性来衡量,二是关于要为最大多数的人谋取最大幸福而采取行动的理论[2]150。罗素说,功利主义者坚持一个美的对象本身并不是好的,而只有用作一个工具时才是好的。可见罗素在此所说的功利主义的观点应是就前一方面而言的。他在此对功利主义者关于美与善之间的联系的看法表示有所疑虑。

罗素在《我的哲学的发展》一书中引用了他于1907年在《新半月刊》上发表的论文《数学研究》中的几段话,表明了他那个时期对数学的态度。在这里,他声称:"数学不仅具有真理,而且也具有至高的美,那是一种冷峻而简朴的美,就像雕塑那样。数学并不诉诸于我们较弱天性的任一部分,也没有绘画或音乐那样华丽的装饰,而是极为纯净的,能够达到只有最伟大的艺术才能显示的完美。"[3]155 五年前,罗素将数学与音乐相类比,说的是数学能够成为艺术品;在这里,他又将数学与雕塑相类比,强调了数学作为艺术的纯粹性方面。而音乐与绘画一样具有装饰性,这让我想到阿多诺在为装饰辩护的时候以勋伯格的革命性作品《第一室内交响曲》中的装饰性主题为例,说明在得到艺术作品自身内在逻辑方面的支持的情况下装饰自有其存在根据[15]7。显然,罗素并不是在存在论的意义上谈论音乐的装饰性,而且当他褒扬数学作为艺术的纯粹性时,就已经隐含了对装饰的贬抑。值得注意的是,关于装饰,罗素用的词是"trappings",其动词形式"trap"原本的意涵是"诱捕""诱骗"等,其动名词的复数形式转义为"服饰""外部标志"等[13]2432。罗素使用"trappings",而没有使用通常的"ornaments",也许有了些言外之意。第一次世界大战爆发以后,罗素推崇数学的抽象世界的态度有了变化。他感到,在他周围巨大的苦难面前,他原来的有关抽象理念世界的浮夸的思想就显得浅薄而无足轻重[3]157。的确,罗素原本对数学的估计是过高了。他甚至申明数学能把我们带入"绝对必然的境界"(the region of absolute necessity),现实世界以及每个可能的世界都要遵从它[3]156。

1910年出版的《哲学论文集》一书中的第一部分是"论伦理学要素",其中的第六节是"善与恶的评价方法"。在这一节的第41小节,罗素对好的事物与坏的事物的判断做出分析。他首先指出一种明显的差异,某些孤立地看是坏的或中性的事物,在作为整体的好的事物中是其基本构成部分,某些好的或中性的事物,在作为整体的坏的事物中是其基本构成部分。那么,对于孤立的事物的判断与对于作为一个更大的整体的构成部分的判断是不同的。这里遇到的困难是,构成部分本身的好坏与作为整体的事物的好坏是不是正向的关系。有些乐观主义者主张世界上所有邪恶的事物对于构成最好的可能的整体而言都是必要的,罗素认为这在逻辑上并非荒唐,但得不到事实的证实。与此相类似,所有好的事物都是最坏的可能整体的不可避免的构成部分,这样的观点在逻辑上也并非荒唐,但没有人赞同[14]53-54。早在1890年,罗素在读拉斯金的《现代画家》一书时,就已经在日记里对拉斯金的"合适地结合起来的不完美因素导致完美"的理论表示异议,并给出反例:如果任何局部的因素是丑陋的,那么作为整体的面容之美或景观之美就受到玷污[7]53。罗素在本书中提出的另一个观点是:一个好的整体的构成部分也都是好的,一个坏的整体的构成部分也都是坏的,其实这类似他在读拉斯金著作的日记里所说的,但在这里罗素没有给予肯定,只是说:"一个复杂整体的价值不能通过其构成部分的价值的叠加来度测;整体往往比其部分价值的总和要更好些或更坏些。"[14]54 这个解释与格式塔心理学的整体性原则相类似,这在那个时代似已成为哲学领域与艺术理论领域的共识。但事实上,这个解释并没有回答上面的问题。在这里,罗素有关审美经验的例说出现了。他说:"在所有的审美愉悦中,重要的是受到赞美的对象应该真的是美的;在对丑陋的赞美中就有某种可笑的东西,甚至是令人厌恶的"。他坚持认为,"总体说来,对美的事物的欣赏比起对丑陋事物的欣赏要更好一些",这在字面意义上可被认为指的是形式上的问题,而当罗素说"爱一个好人比爱一个坏蛋要好一些"的时候,就有了道德方面的考虑。在这里,罗素提到莎士比亚喜剧《仲夏夜之梦》中着了魔法的仙后泰坦尼亚(Titannia)对同样着了魔法变成蠢驴的织工伯特姆(Bottom)的恋情,并说这样的恋情可能与朱丽叶对罗密欧的恋情一样富于诗意,

图 6.1　特纳:威尼斯风景

图 6.2　斯图尔特《名人的梦魇》

但是泰坦尼亚受到嘲笑。这可能是因为前者的戏谑成分使它自身显得不那么美。通过这样的例说，罗素的结论是:"许多东西必须作为整体来评价，而不是局部地获得评价。这个道理同样适用于邪恶。在此类场合，整体可被称作有机的统一体(organic unities)。"[14]54-55 在这个论述的过程中，我们可以体会出罗素并没有将审美的问题囿于事物的形式方面，而是将事物的审美与其伦理价值联系起来。我们也可以领会到他的论断有一个前提，那就是美的事物与善联系在一起，丑陋的事物与恶联系在一起。这可能是理想的状态，而现实中也有丑陋的形式包裹了善的内在品质，或美丽的形式后面隐藏着邪恶的情况，罗素没有给出进一步的解释。

在 1929 年，罗素在一次采访中，当被问到对现代艺术有什么看法时回答说:"我对当今艺术没什么看法。"卡尔·斯巴多尼以此作为《伯特兰·罗素论美学》一文的开场白[7]49。斯巴多尼认为罗素的这个回答并不是虚假的谦虚，而是直言了他对现代艺术的忽视。虽然 20 世纪初的先锋绘画主要是在法国、意大利、德国等大陆国家发展起来，但是早些时候英国的色彩丰富的风景画已经预示了绘画艺术的趋向，特别是英国水彩画家特纳(Joseph Mallord William Turner，1175—1851)的风景画，其明亮的色调与豪放的笔触早已突破传统的框架(图 6.1)。根据斯巴多尼的研究，罗素曾经读过拉斯金的《现代画家》，应可了解到拉斯金对特纳风景画的推崇，然而他在读书笔记中关注的是拉斯金的艺术理论方面，意识到拉斯金的心灵"完全是数学思维的反例"[7]53，以致他对本书的理解上有很大的困难。当他读完《现代画家》第二卷，感到拉斯金的艺术理论难以接受，特别是"合适地结合起来的不完美因素导致完美"这个陈述。看来理论方面的反思使得罗素忽略了拉斯金对杰出现代画家的介绍，而罗素需要的也许正是这部分内容。

罗素晚年在给友人威廉·W.莱德(William W. Reid，1811—1897)的信中说，他没有写过关于绘画主题[7]50的文章的主要原因是他不能充分地欣赏绘画。他说他从音乐和建筑那里能得到极大的快乐，而从绘画和雕刻那里得到的快乐就很少，同时坦言对一般的抽象艺术不能形成任何判断。在给其他人的信中，罗素也表达了类似的看法，如"我没有充分的能力对绘画做出评价……我感到我不能赞助或公开地推动绘画，因为我没有关于这个领域的专业知识""我对与图形艺术有关的所有东西都没有看法……艺术哲学是我没有研究过的课题，因此我所表达的任何看法都没什么价值"[7]49。事实上，罗素的文本并没有完全回避绘画。1950 年代，插图画家查尔斯·W.斯图尔

图 6.3　杜密埃:立法议员的肚皮　　　　　　　　图 6.4　戈雅:理性沉睡,怪物丛生

图 6.5　菲力克斯·托珀尔斯基:
罗素肖像

特(Charles W. Stewart)为罗素的《名人的梦魇》一书画插图。罗素看了他寄来的一些草图后很喜欢,回信说很高兴请他画这些插图,特别是"存在主义者"一章的插图以及"查哈托波尔克"(Zahatopolk)一章中那位女子被烧的插图(图6.2)。此书写于1954年,罗素在简短序言中说,此书所说的梦魇有些是虚构的,另一些则再现了可能的恐怖。"查哈托波尔克"是关于印加帝国的想象,罗素在自传中提到,这个故事讲的是原本是自由驰骋的思想后来僵化成无情迫害的正统观念。从罗素给斯图尔特的信中可以看出,罗素对那些有现代感的插图还是能够欣赏的,甚至还会提出建议。罗素把这封回信录入自传中,并在他的前面写了按语,说他很希望能找到一位像杜密埃(Honoré Daumier, 1808—1879)那样的画家,像戈雅(Francisco de Goya, 1746—1828)那样就更好,能够用插图点出这本书的讽刺性[2]562。杜密埃是19世纪的法国画家、漫画家,他的画以讽刺当时法国的社会生活与政治生活而著称(图6.3)。戈雅是18—19世纪的西班牙画家,他的铜版画系列"随想"(Los Caprichos)以反讽的笔调表达了他对当时的西班牙社会和教会的看法(图6.4)。事实上,罗素写下这样的按语,就说明他对美术史还是有一定了解的,而不是像他自己所说的那样,他没有充分的能力对绘画做出评价,是因为他没有关于这个领域的专业知识。联想到罗素拒绝用菲力克斯·托珀尔斯基(Feliks Topolski, 1907—1989)所作罗素肖像作为《哲学问题》的封面(图6.5)[7]50,也许我们可以说,罗素对包括现代绘画在内的绘画艺术的判断主要还是根据他个人的喜好做出的。至于他自称的在视觉想象力方面的无能,那也有可能是一个托词。

6.2.3　关于自然与园林

　　罗素自幼由祖母抚养,与祖母一起生活在彭布罗克府邸(Pembroke Lodge)。彭布罗克府邸是位于伦敦里士满公园中的一栋不怎么规则的两层房屋,在祖父母40多岁的时候,女王把这房子赐给

图 6.6　彭布罗克府邸　　　　　　　　　　　　图 6.7　彭布罗克府邸花园

了他们。罗素在 1876—1894 年间在这里生活(图 6.6)。彭布罗克府邸有 11 英亩的花园,在罗素 18 岁以前,这个花园在他的生活中起很大的作用。花园西面视野很开阔,从易普松高地(Epson Downs)一直延展至温莎城堡(Windsor Castle)(图 6.7)。罗素在他的自传中说,他逐渐熟悉了那辽阔的地平线和那一览无遗的日落景象,而这两种景象对他以后的生活之快乐都是不可或缺的[2]9。

其实,童年的罗素是在自家的那座很大的花园里看到自然的景象并了解自然的。由于彭布罗克府邸位于泰晤士河东侧的高地上,罗素才可以看到辽阔的地平线(图 6.8)。他还在自传里经常会准确地说出各种植物的名称,多少是得益于他童年在花园里的经验。当他回忆童年的时候,他如数家珍般地说出那里的许多优良树种,诸如栎树、山毛榉、欧洲七叶树、西班牙栗树、欧椴树等,还有印度亲王送的柳杉和产于喜马拉雅山的雪松。不过,在他住进来以后的那些年里,这座花园日渐被人遗忘,大树倒下,灌木覆盖了小径,常青的灌木树篱(box-hedges)几乎长成了大树。这都是没有人打理的后果。但他还是很喜欢在花园里玩,他童年的每天最主要的时刻都是在花园中独自度过的。他熟悉花园的每一个角落,年复一年地在一个地方寻找白樱花,在另一个地方寻找红尾鸲的窝。刺玫在缠绕的常青藤中绽出花蕾。他也知道哪里能发现最早的风铃草,哪株橡树长叶最快。他的窗外还有两株高达 100 英尺的伦巴第白杨[2]20。

罗素在自传中提到,整个童年他的孤寂感越来越甚。临近青春期,孤寂感更难以忍受。使他能够免于消沉的是大自然、书本以及数学[2]20。后来他游历了许多地方,感受到不同的自然景色,写下赞美之词。1902 年 8 月 2 日,罗素在伍斯特郡百老汇(Nr. Broadway,Wors.)附近的小巴克兰(Little Buckland)给戈尔迪(Goldie)写信,说这里的景色非常迷人,"满是柳树的大平原,夕阳在其中落下,另一边则是高耸的群山"[2]177。同年 12 月 28 日,罗素从佛罗伦萨给古典学者吉尔伯特(George Gilbert Aimé Murray,1866—1957)写信,说"这里的美景无与伦比""灿烂的阳光日复一日""屋后是一座小山,覆盖着丝柏、松树,以及仍长着秋叶的小橡树,空气中回荡着低沉的意大利钟声"[2]153。婚后,在第一次世界大战爆发之前,罗素夫妇每年都要去意大利旅行。接连两年的秋天,罗素夫妇都是在威尼斯度过的,罗素说他对那里几乎每一块石头都了如指掌,也特别喜欢亚平宁山脉的风光。晚年,罗素在费斯廷约格(Ffestiniog)的一所房子里愉快地工作,那所房子坐落在小山顶上,从那里可以鸟瞰山谷,他把所看到的景象称为"一幅古老的启示录般的伊甸园版画"。罗素自传还提到晚年在北威尔士住过的一处房子,那里"有一个可爱的花园、一个小果园和一些漂

261　　　　　　　　　　　　　　　　　　　　　　　　　　　　　　　　　　　第 6 章

图 6.8　从彭布罗克府邸西望

亮的山毛榉树",房子周围的视野非常开阔,"向南可以看到海,向西可以看到波马多克山和卡纳封山,向北沿着格拉斯林山谷往上,可以看到斯诺登山",罗素被那里的景色迷住了[2]542,544。

1950年代初,罗素在里士满公园附近的另一处宅邸生活过一段时间,他常去彭布罗克府邸的花园里散步,但心情忧郁。花园的一半美极了,到处是杜鹃花、风铃草、水仙花和鲜花盛开的山楂树。但当局把这很美的半个花园用有刺的铁丝网围起来,生怕公众来观赏,罗素说他们很小气[2]542。事实上,彭布罗克府邸及其花园于1903年归达德利伯爵夫人所有,1929年后转至一位企业家名下,第二次世界大战期间又被军方征用。如今对公众开放,成为休闲、举办婚礼的地方。彭布罗克府邸及其花园其实是里士满公园的园中园。里士满公园占地2 500英亩,是伦敦最大的皇家苑囿。1637年查尔斯一世将它作为皇家狩猎场,迄今已逾四个世纪。彭布罗克府邸网站介绍说,在长期的不对外开放的状态下,公园的围栏保护了它免受不断生长的伦敦城区的蚕食,因而造就了世界上最好的城市公园之一[16]。里士满公园里还有其他一些府邸,在长期的不对外开放的状态下,这些园中园都有明确的界线。罗素的说法与彭布罗克府邸网站的介绍有差异,乃是出发点的不同所使然。

从罗素自传中看到的大多是对自然景色或园林景观的赞赏,那可能是他到了晚年以后的看法,而在他年轻时代,特别是在他着迷于数学的时代,情况就有所不同。罗素在《我的哲学的发展》一书的"从毕达哥拉斯回撤"一章中谈到,他早年对数学那样的纯粹理性世界极为赞美,那个世界远离人的情感,远离"自然的可怜的事实(the pitiful facts of nature)"[3]156。为什么罗素要将自然归于"可怜的事实"? 这可能是由于他将数学的纯粹理性世界与毕达哥拉斯的神秘主义乃至柏拉图的理念世界联系起来,他甚至厌恶这个"实在的世界"。而实在的世界是以自然为依托的,自然在他那里受到贬抑,也就是可以理解的。

6.2.4　关于建筑的审美

尽管罗素多次提到他在视觉想象力上的无能,以致他无法对绘画艺术做出评价,但他似乎还是想在其他的艺术门类中找到感觉。罗素在1913年游历意大利的维罗纳时写信给友人奥托琳·莫勒尔(Ottoline Morrell,1873—1938),说他"极为喜欢建筑",建筑就像音乐那样打动他,并使他快乐。

他认为维罗纳比除去威尼斯之外的其他任何意大利城市都要美,而且他对哥特式的意大利圣真诺教堂印象深刻[7]73-74。在此可以看出,罗素不仅对建筑、城市都能欣赏,而且还会对城市的整体意象加以比较并做出判断。50多年后在给莱德(W. Reid)的信中,罗素说他从音乐以及建筑那里得到"极大的快乐"[2]50。不过,当罗素将建筑与音乐并列的时候,他忽视了建筑本属于视觉艺术之列这个事实。

图 6.9　伦敦帕丁顿火车站

从他的自传来看,罗素对建筑的感受自童年时代就已开始。他的自传是以他四岁时抵达祖母的彭布罗克府邸开篇的,不过他记不清抵达那里时的实际情形,而记得路过伦敦火车站,也许是帕丁顿车站,车站的那个大玻璃顶有着令人不可思议的美。19世纪中期以后,伦敦的几座较大的火车站采用了钢结构玻璃顶,帕丁顿车站至今还在使用(图 6.9)。

如果罗素的记述准确地反映了他当时的感受,那么他在四岁的时候就能感受到建筑的美,而且是不同于日常所见的新建筑,真是令人称奇。另一方面,罗素童年对周围环境的一些记忆也是很清晰的,例如在抵达彭布罗克府邸的头一天在仆人厅(the servants' hall)里喝茶的情景:那个房间高大而空荡,有一张又长又厚重的大桌子,几把椅子,还有一个高凳,他就坐在那个高凳上和仆人们一起喝茶[2]5;还有在六岁时,在他祖父去世后不久,一家人去珀斯郡(Perthshire)的圣菲朗斯(St. Fillans)度夏,他记得一家有着多节木门柱(knobbly wooden door-posts)的奇特的老旅店[2]21。

成年后,罗素仍然保持了对建筑的敏感。前面提到,1902年8月,罗素在伍斯特郡百老汇附近的小巴克兰给戈尔迪写信,说这里的景色非常迷人,在这封信中,罗素还说,所有的村舍都用上等的石头建造,大多数房屋都是詹姆斯一世(James I, 1566—1625)时代的或更古老,他们住在一所美丽如画的古老农舍里。前面还提到,同年12月,罗素从佛罗伦萨给古典学者吉尔伯特写信,说那里的美景无与伦比。在这封信中,罗素还谈到,贝伦森(Bernard Berenson, 1865—1959)以他优雅的品位装修了这座房子,房子里有几幅非常好的画,还有一间十分吸引人的书房。贝伦森是罗素第一位妻子爱丽丝的妹夫,是一位艺术评论家。在与贝伦森的交往中,罗素曾经试着理解审美经验,似乎不怎么成功。虽然在信中罗素称赞贝伦森的优雅品位,但还是对"美丽地存在的事务"(the business of existing beautifully)有所疑虑。罗素能接受的"美丽地存在的事务"似乎是"本来就如此的"(hereditary)事务,否则他的"清教徒的灵魂"总是会受到震动。不过他不能认为他的这样的感觉是合理的,因为总会有人应该保持"美丽家园的理想"。在这里,我们可以体会出罗素的言外之意:贝伦森对他的房屋所做的装修应可归于"美丽地存在的事务",但并不能算是本来就如此的事务。可能的推论是,未经装修就呈现出美的房屋才算是本来就美的。罗素可能没有意识到,他的"清教徒的灵魂"其实与现代性的观念是相通的。但他似乎对他的"清教徒的灵魂"有

图 6.10　莫里斯和韦布：肯特郡的红屋　　　　　图 6.11　C. F. A. 沃伊斯：瓦尔维克郡主教教区村舍

些许遗憾。罗素在此还提到"the mental furniture"，可理解为"精神内涵"，他的意思是说，在外表如此优雅的场合，对精神内涵的要求也是很高的[2]153。

罗素和夫人在晚年访问了希腊，在自传中谈了他对希腊建筑乃至风光的感受。他们去了雅典、斯巴达、阿卡迪亚、梯林斯、德尔斐、埃皮道洛斯（Epidaurus）等地方。罗素喜欢希腊的风土人情，在自传里留下许多赞美，如"山顶上仍是白雪皑皑，而山谷里却到处都是开花的果树""孩子们在田野里嬉戏，人们似乎都很快乐"。罗素比较喜欢的地方是阿卡迪亚、埃皮道洛斯以及雅典，他说阿卡迪亚这个地方很可爱，还特别提到，"月光下的卫城非常美，也非常安静"。对德尔斐觉得无动于衷，对斯巴达甚是反感，说它是个泰格图斯山下的"阴沉之地"（dark spot）。而这座山何以"散发出令人恐惧的邪恶的气息"，也许罗素是从历史的视角来看的吧。罗素对希腊的名胜古迹印象深刻，但他发现一座拜占庭时代的小教堂让他感到更亲近一些，对他而言，这种亲近感在帕提农神庙或异教时代的任何其他希腊建筑物里都是没有的。他承认基督教的观点对他的影响比他想象的要大，当然那影响是针对情感方面而言的[2]541。

罗素经历了现代建筑运动的酝酿、产生以及发展的过程，但他并没有给予关注，这是十分令人遗憾的。斯巴多尼的研究表明，罗素早年读过拉斯金的《现代绘画》与《威尼斯之石》等书，并认同拉斯金对哥特建筑的赞扬[7]52。然而，没有迹象表明罗素对《威尼斯之石》有更为深入的了解，或是读过《建筑七灯》一书。而《建筑七灯》在建筑史上曾经有过重要的影响，那么问题就来了：罗素自认为对绘画之类的视觉艺术缺乏判断力，读的却是拉斯金关于绘画的论著；自认为建筑和音乐都能给他带来极大快乐，却没有深入研究拉斯金的建筑学论著。很有可能的情况是，拉斯金关于绘画艺术判断方面的有悖逻辑之处引发他的反感，从而导致他不再去接受拉斯金的其他方面的研究，这确是令人遗憾的事。

罗素说他极为喜欢建筑，那大概指的是古典的或传统的建筑。不过，从他的文论来看，他对新建筑的出现还是有所感觉的。前面已经提到，他很小就觉得伦敦火车站或帕丁顿火车站的玻璃屋顶有着令人不可思议的美。其时火车站的屋顶已是由钢铁与玻璃建成，一般被认为是处在现代建筑源起阶段。这说明幼年的罗素对新奇的事物还是很敏感的。在1883年，他叔叔常带他去拜访物理学家廷达尔（John Tyndall，1820—1893），其时廷达尔的住宅正在建造，罗素说它"开始了新的时尚"[2]35。由于缺乏相关材料，我们无从判断这个新的时尚意味着什么。从建筑史来看，19世纪的欧洲建筑处在所谓"后文艺复兴时代"，已经有了新的建筑材料和新的建造方式，不过传统建

图6.12　19世纪工业城景象　　　　　　　　　　　图6.13　维多利亚时代工人排屋

筑还是处于主流地位。尽管如此，从莫里斯和菲利普·韦布设计的肯特郡的红屋以及C. F. A. 沃伊斯（C. F. A. Voysey，1857—1941）设计的瓦尔维克郡主教教区村舍可以看出，以传统建造方式以及传统材料建成的住宅体现了简化的倾向（图6.10、图6.11）[17]1129,1152。

罗素对于廷达尔的住宅没有给出什么评价，也就无从判断他对新的时尚的看法。在自传中，罗素还提到他在少年时期已感到祖母在知识与推理方面的局限性，他记得曾经试图使她明白，一方面要求居者有其屋，另一方面又由于新房子丑陋（eye-sore）就主张不去建造，这是前后矛盾的[2]10。从这个陈述我们可以推断的是，这两个前后矛盾的主张可能是祖母提出来的，而罗素只是从逻辑的角度指出它们的问题，并没有否定"新房子是丑陋的"这个命题。

从《建筑与社会问题》一文中可知，罗素对19世纪的两种典型的建筑形式——带有烟囱的工厂以及工人家庭居住的排屋——持批评态度（图6.12、图6.13）。这两者表明了现代生活的一种古怪的不协调。这样的建筑形式主要是在城市郊区展开，而在地价很高的区域建造巨大的办公楼、公寓或酒店之类的建筑物[8]30。这涉及建筑类型在城市的分布问题。从前一节的分析可知，罗素是从社会生活的公共性出发对这样的布局持有异议。但他并不止于此，而且也从审美上加以否定。他说："如果一个时代的社会理想要从其建筑学的审美品质加以评判，那么最近的一百年体现了人性所达到的最低点。"[8]31在罗素看来，由工厂和漫无边际的工人排屋构成的郊区景观是丑陋的。但是罗素并不认为郊区的丑陋是不可避免的。只要放弃纯粹的追求利润的动机，由市政当局建设而不是由私人企业建设，有了预先的道路规划以及大学庭院那样的建筑，郊区就有可能是悦目的。罗素还想到欧文的合院式集合住宅，那是作为社会主义运动的一部分，对此罗素有良好的期待。罗素将丑陋与私人利润动机联系起来，他认为，丑陋与烦恼、贫困一样，是人们成为私人利润动机的奴隶所付代价的一部分。言外之意，建筑上的美观只有通过公益的动机来获得。由此可见，罗素最终是将建筑乃至城市的审美问题与政治方面的考虑结合起来[8]37-38。

在现代美学家们看来，这样的美学理解可能多少有些粗糙。自康德以来的美学更倾向于将事物的形式之美或丑与其现实方面的因素区分开，也与其现实的原因区分开。不过，在一篇题为《怎样才能自由和幸福》的演讲中，罗素对工业文明社会的生活审美状况做出分析。他意识到人们从清教主义、基督教教义中继承了一种功利主义的人生观与信仰，即人生以一种远景为目的。对事物好坏的判断不是根据其真正的价值，而是根据其用途。罗素并不赞成这样的判断方式，他主张任何事物的美都在于事物本身，而不是事物的用途。这是一个十分关键的区分，由此可以判断，罗素的见解最终还是归于康德美学的路径。他进一步表明，他承认功利主义的地位，但不能接受用功利主义的态度来评判艺术事物[18]102。在这里,罗素所说的功利主义更倾向于事物的实用方面,似与古典的功利主义概念不同。功利主义(utilitarianism)这个术语在18世纪法国和英国的思想家们那里带有正面的意涵:它表明了一种追求对最大多数人而言的最大幸福的立场。耶洛米·边沁(Jeremy Bentham,1748—1832)在《道德与立法原理导论》一书中提出的功利性(utility)概念,指的是任何对象中的一种性质,它倾向于产生利益、益处、快乐、善或幸福,阻止伤害、痛苦、邪恶或不幸,这个概念对于个体、团体乃至共同体而言都具有同样的意义。约翰·斯图尔特·密尔(John Stuart Mill,1806—1873)在《功利主义》一文中将功利主义的信条归结为"最大幸福原则"(Greatest-Happiness Principle),即行动的正确与否就在于它们是促进了幸福还是带来不幸[19]。如果"最大幸福原则"蕴含了正面的价值,那么功利性概念就可与实用性概念区分开。如此看来,罗素还是将功利主义等同于实用主义了。

罗素将事物的美从事物的用途中剥离,并没有否认事物的美可以与事物的用途并存,他只是表明事物的美与事物的用途并无关联,显然这与现代功能主义美学的信条相悖。按照功能主义的形式原则,事物形式的根据在于其功能本身,恰当地满足了功能要求的形式本身就是美的,而与功能要求无关的形式因素是多余的。其实这样的信条与清教主义原则也有着内在的渊源关系。前面提到罗素在自传中所说的他自幼的教育背景所形成的"清教徒的灵魂",虽然他尽力摆脱它的影响,但这种根深蒂固的特质还是使他在看到贝伦森别墅时对"美丽地存在的事务"有所疑虑,对"本来就如此的"事务感到心安理得。而"本来就如此的"事务是否可以理解成"本来就是美的"事务吗?从他的"事物的美在于事物本身"这个论断来看,是可以如此理解的。然而这里会有一个问题,一个具有一定用途的事物的"事物本身"是什么?或者,一个用具何以成为用具呢?具体到"用具",是不是可以说"用具的美在于用具本身"呢?而"用具本身"能够与用途无关吗?看来罗素的论断还不足以解释这样的问题。

6.2.5 建筑的表现

在《建筑与社会问题》一文中,罗素谈论了中世纪的一些典型的建筑,如城堡、教堂、市场、交易大厅、市政建筑以及宫殿。在欧洲史上,中世纪指的是自公元5世纪西罗马帝国灭亡至15世纪文艺复兴之始的一千年,它的别称是"黑暗时代"。关于这个时代,负面的记载显然是多不胜数的,诸如北方日耳曼人入侵所造成的文化上的毁灭、匈奴入侵导致的民族大迁移、封建领主割据、战乱频仍、宗教裁判所可怕的审判等。一般而言,这个时代可以划分为前半期和后半期,大致以10世纪为界。蛮族入侵的灾难性后果在前半期是很明显的,其影响主要体现在城市文明的破坏方面:罗马时代繁荣的城市生活衰败了,城市数量大大减少,在英格兰,城市几乎全部消亡[20]。在中世纪的后半期,情况有所好转。随着商业活动的展开,一些聚集在领主城堡周围的聚落逐渐发展成独立性日益增强的城市,具有一定政治地位与经济地位的市民阶层形成了;基督教会在市民社会中逐渐建立起层级系统,成为与世俗权力系统平行的政治力量。城堡、教堂以及包括交易大厅、市政大厦在内的城市公共建筑,可以说是欧洲中世纪社会代表性的建筑形式,也反映了那个时代政治经济的状况。罗素将这三类建筑作为分析的对象,表明他在社会历史与建筑历史方面均有较好的素养。

罗素认为,中世纪最好的建筑物,并不是由封建制度产生的,而是由教会和商业产生的[8]29。首先需要明确的是罗素所谓"最好的建筑物"的含义。"最好的"这个饰词在此指的并不是某一个建筑,而是某一类建筑。另外,很难就不同类型的建筑的使用、功能处理的优劣加以比较,因而"最好的"这个饰词应是就艺术处理方面而言的。城堡是封建制度的产物,军事方面的考虑是优先的,因而不能归于最好的建筑之列。罗素将其视为建筑的艺术动机受到限制的例证,他认为,"大人物

图 6.14　苏格兰城堡

们的城堡是为了军事上的坚固而设计的,如果具有美,那纯属偶然"[8]28-29。大教堂是信众们聚集礼拜上帝的地方,向信众们展示上帝的荣耀则是大教堂设计的目的。而罗素为什么要说"大教堂表现了上帝和他的主教们的荣耀"? 这里面多少有些嘲讽之意。英国与其他低地国家(low countries)的羊毛交易活动十分活跃,这在弗兰德斯(Flanders)壮观的布业交易大厅、市政大厦以及略有逊色的英国市场中"体现出自豪"。由商业活动所促成的城市公共建筑,罗素认为是在意大利这个现代富豪集团的诞生地达到了完美。他称赞威尼斯在总督宫(the Doge's palace)和商业王子的宫殿中创造了一种新型的庄严美,而且威尼斯和热那亚这两座城市在审美上也都是令人满意的[8]29。

从罗素的分析可见,建筑艺术主要是与主题表现(上帝和他的主教们的荣耀)、概念表现(庄严、自豪)或审美表现相关的。他将城堡的军事目的与艺术动机区分开,也许是因为满足军事目的的建造必是实在的技术上的事。城堡的坚固有赖于高而厚重的石构墙体,这是不言自明的,而用艺术的手段来表现城堡的坚固,却是匪夷所思的。如此看来,罗素的看法是有道理的。不过,建筑艺术所涵盖的并不只是主题或概念的表现,以我的理解,除去空间形式的意义表现之外,纯粹形式关系、建构、建筑的装饰以及空间组织等方面都属于建筑艺术的范畴。而从纯粹的形式关系以及建构的做法上,可以发展出仅与建筑本身相关的艺术处理方式。在这方面,罗素同时代的哲学家塞缪尔·亚历山大(Samuel Alexander,1859—1938)提出"出于房屋自身的目的建造房屋",可以说是有较深的理解[21]240-241。如果建筑艺术可以仅与建筑本身相关,那么任何一类建筑都可能展现美观,只要它们的建造技艺达到一定水准,形式关系符合美的规律。出于军事目的的城堡也不例外,只要它满足这两点,就能展现美观,且不是偶然的(图 6.14)。

罗素在这篇文章中还谈论了文艺复兴以后的欧洲建筑的状况。他以轻松的笔调概述了文艺复兴建筑对北方产生的影响。这个过程是随着佛罗伦萨美第奇家族的女儿们远嫁阿尔卑斯山以北的那些国王、诗人、画家展开的,在此过程中,阿尔卑斯山以北的建筑师们效仿佛罗伦萨的模式(Florentine models),贵族们也以乡村住宅取代城堡。罗素提到乡村住宅不设防范,其实那是因为文艺复兴以后的社会已经从中世纪的封建割据状态解放出来。乡村住宅所表现出来的新的安全感,其实也是社会安全的体现。在这样的条件下,法兰西和英格兰原本粗野的贵族才开始行动以获取意大利富人的优雅(polish)。罗素认为这样的安全感又被法国大革命摧毁了,而且从那时起,"传统的建筑风格"(the traditional styles of architecture)也失去它们的活力。法国大革命所带来的动荡是整个社会的,其影响力远非封建时代领主们之间的战争所能比。在社会整体性的动乱中,任何风格的建筑都不可能成为安全的屏障,因而动乱留给人们的是内心深处的不安全感。

罗素提到拿破仑对卢浮宫的扩建,说那是炫耀的庸俗(a florid vulgarity),显示的却是不安全感。也许是因为建筑对于攻击已不再有任何防范的可能,拿破仑只好放弃从建筑方面营造什么安全感,转而追求享乐了[22][8]30,[23]131。

罗素指出,19世纪有两种典型的建筑形式,一是工厂,二是工人阶级家庭的小排屋。这两种建筑形式都具有表现性,前者"表现了工业化带来的经济组织",后者"表现了社会的分立性"。"represent"有"代表""表现""体现"、"再现"等义,汉译作"代表"。一般而言,一个具体事物可以"代表"另一个具体事物,对于抽象的事物而言,只能说它在具体的事物中有所体现或表现[8]30,[23]131。虽然罗素没有说这两种建筑形式是如何有所表现的,但他的感觉是对的。所谓"经济组织"应该是指生产的组织,工业化的生产组织方式与中世纪的家庭手工业作坊的生产组织方式有很大的不同,是集中化的、规模化的、程序化的,而这些特征都在工厂的总体布局与具体形式中体现出。至于工人家庭的小排屋,从外观上也很容易看出其单元化的组合方式,一个单元对应一个家庭。不过,工厂以及排屋这两种建筑形式的表现性与前面所说的宗教建筑、宫殿以及公共建筑的表现性不可同日而语,在那些建筑的营造中常有集全社会的财力物力的状况,其主题表现、概念表现以及审美表现都是出于一些主动的意象,可说是一些初始动机;而那个时代的工厂及排屋的目的首先是要满足生产及生活的基本要求,其出发点并不是为了要表现什么意象。但它们仍然具有表现性,类似的情况在第二章关于克拉考尔所谓巴黎郊区棚户区的表现性的讨论中可以见出。

6.3　建筑的社会性问题

1935年,伦敦乔治·阿兰及安温出版社出版了罗素的《悠闲颂》一书。此书包括15篇论文,其中第三篇题为《建筑与社会问题》。在这篇文章中,罗素从关于建筑艺术的目的的分析开始,谈了中世纪建筑艺术的表现问题,并从中世纪僧侣社会的共有制得到启发,对19世纪以来英国的集合工厂与独户住宅的建筑类型提出批评。在前面的章节中,已经讨论了这篇文章有关建筑美学方面的内容,其实,罗素写这篇文章的主要意图乃在于通过建筑的方式来改造社会。在这里,激进的社会改良意识与保守的建筑审美倾向奇特地并存。

6.3.1　建筑的目的

一说起建筑的目的,一般以为不外乎建筑的功能性目的与建筑的审美目的,所谓建筑的双重性即为如此。不过,建筑的这种双重性并不是从一开始就存在的,而是在建筑发展至一定阶段后才显露的。一般而言,审美方面的考虑出现得要晚一些,那么这是否意味着在早期建筑中就只存在功能性的目的呢? 罗素说:"从最早的时代起,建筑就有两个目的:一方面是纯粹功利性的(utili-tarian)目的,即提供温暖和庇护;另一方面是政治性的目的,即通过石头的辉煌表现而给人类强加一种观念。前一个目的对穷人的居所而言就够了;但诸神的庙宇和诸王的宫殿,其设计要激发对上天的力量及其世间宠儿们的敬畏。"[24][8]28,[23]130这段文字显露出另外一种建筑目的的双重性,即建筑的纯粹功利性目的与建筑的政治性目的。

为什么是纯粹功利性的目的,而不是功能性的目的? 功利性与功能性都涉及使用或实用,但是功利性一词包含了价值判断。就建筑的初始目的而言,"提供温暖和庇护"对所有的人都是有利的,但是作为建筑的标准,还不能满足功利主义的"最大幸福原则"的要求。罗素把它称为"纯粹功利性的目的",可能是个过高的估计。然而对最大多数的人而言都是有利的这个原则仍然表明了较为正面的价值取向,我们可以称之为基本的功利性原则,那么,将建筑提供温暖和庇护的目的视为基本的功利性目的可能是较为合适的。

功能性只涉及使用,并不像功利性那样需要面向有利于最大多数人的价值。那些使用或用途可能是面向所有人的,也可能是面向一部分人的。有些用途对某些人而言是日常的,对另一些人而言却是遥不可及的。建筑的政治性目的属于功能性目的之列,是社会权力机制在建筑上的体

图 6.15 雅典卫城　　　　　　　图 6.16 罗马共和时期卡皮托里一带想象图(19世纪)

现。在早期社会,建造献给神明的圣殿的决定可能由部落的首领做出,但它表达了部落全体成员的意志;罗素所谓"通过石头的辉煌表现而给人类强加一种观念",应是指这样的状况。他还特别提到雅典卫城(the Acropolis at Athens)和罗马的朱庇特主神殿卡皮托里山(the Capitol in Rome),说它们显示了那些荣耀之城的至高无上的威严,可以教诲它们的公民与盟友(图 6.15、图 6.16)[25][8]28,[23]130。后来帝王们建造奢华的宫殿,其出发点大概是象征国家尊严与追求奢靡享乐的奇特的混合。事实上,出于信仰和国家观念的政治性目的具有历史意义上的正当性,然而通过建筑的方式表达国家观念是难于把握的,而且就设施而言,也难于确定什么样的奢侈程度是合理的。随着政治性目的作用的扩散,建筑呈现出从华丽宫殿、殷实人家到贫民陋舍的巨大差别。罗素注意到政治性目的的这种决定性作用,将它与功利性目的相对,表明了建筑之于一部分人(显然是掌控权力的那部分人)的目的与建筑之于最大多数人的目的之间的差异。

最大幸福原则隐含了人生而平等的思想基础,然而在社会现实中的平等概念是与经济的交换原则联系在一起的。如果最大幸福原则是理想社会的基本原则,那么一个以社会公正为目标的社会必然要对以经济交换原则为基础的社会生活做出调节,使得最大幸福原则所展现的图景成为社会发展的方向。建筑作为社会现实的一部分,也会体现出最大幸福原则与经济交换原则之间的相互作用。建筑的"纯粹功利性的目的"应该反映最大幸福原则,但在社会现实中,建筑的"纯粹功利性的目的"是可疑的。罗素也很有可能对功利主义的内在意义并未深究,但建筑的"纯粹功利性的目的"这个概念的提出为我们敞开一个新的视域,我们由此可以审视建筑目的的道德哲学的基础。

6.3.2　公共空间

罗素在中世纪建筑的分析中,指出教会与商业产生了中世纪最好的建筑,而且更看重商业活动所促成的交易大厅、市政大厦等城市公共建筑。至于教会建筑,令他感兴趣的并不是大教堂,而是修道院、神学院和大学。对罗素而言,更为重要的是,这些建筑都以一种共有制(communism)的有节制的形式为基础,它们是"为了一种和平的社会生活而设计"。他说:"在这些建筑物中,属于个人的一切都是斯巴达式的和简朴的,属于公共的一切则都是华丽和宽敞的。一间坚固而简朴的密室就让谦逊的僧侣心满意足;厅堂、礼拜堂和餐厅的华丽则显示出这种制度的骄傲。"[8]29以西方历史上最大的修道院法国勃艮第的克鲁尼修道院(Cluny in Burgundy)为例,可以看出这种共有制下的空间安排[29]47,55。图6.17为1043年扩建后的克鲁尼修道院平面图。对应底层平面的例行会议室、僧侣客厅以及僧侣会议厅的楼上是僧侣宿舍。相对于修道院礼拜堂、喷泉大厅、餐厅等公共空间而言,这一部分建筑的柱距要小一些,表明其上层的房间划分是较小的。

事实上,罗素所提及的中世纪教会的共有制,只是就普通教士内部而言的。中世纪的教会不仅在政治上享有平行于世俗政权的地位,而且也控制了相当大的一部分地产,甚至可以向市民征税,从而具有优裕的经济地位。可以说,中世纪的教会是一个强势的社会利益集团。教会仍然沿循了当时社会所通行的所有制形式。而在管理着教会庞大地产的高级教士与普通教士之间,差别

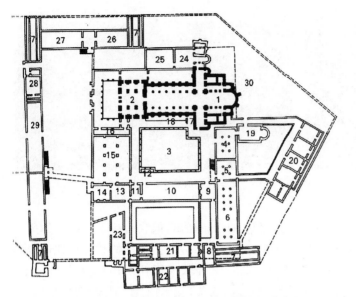

1. 修道院教堂　2. 教堂前厅　3. 回廊　4. 例行会计室　5. 僧侣客厅
6. 僧侣会计厅　7. 公共厕所　8. 浴室　9. 暖房　10. 食堂　11. 餐具室
12. 喷泉　13. 厨房　14. 居士厨房　15. 库房　20. 医务室　30. 墓地

图 6.17　克鲁尼修道院平面

是显而易见的。因而中世纪教会的共有制仅是在自身内部的普通教士中间实行的，只是局部的现象。罗素赞许这种共有制，其实是肯定它在控制个人私欲、提高公共价值方面所具有的积极意义。罗素将共有制与伴随着 19 世纪机器生产而来的个人主义加以比较，正是基于这样的考虑。

罗素还提到，英国的这些修道院和神学院大多已成废墟，供游客游览，而剑桥和牛津的大学仍然属于国民生活的一部分，保持了中世纪共有制的美[8]29。这其实也是指大学里的公共空间有着类似于修道院公共空间的特征。大学里的公共空间包括会堂、图书馆、餐厅等。大学的会堂是师生聚会、学术交流的地方，图书馆是师生研究、学习之地，餐厅也是师生交流的场所。这些公共空间大多是高大华丽的，罗素在剑桥大学三一学院就读，后又执教，对此应是有具体的体验。安东尼·肯尼在《牛津西方哲学史》一书中用了剑桥大学三一学院大厅的照片，称之为 G. E. 摩尔、伯特兰·罗素和路德维希·维特根斯坦的精神家园（图 6.18）[5]55。

6.3.3　集合工厂与独户住宅

对西方社会而言，19 世纪是步入现代化的转型期。它有两大特征，一是机器生产，一是民主的个人主义。前者是工业革命的产物，后者则是前一个世纪法国大革命所产生的深远影响。罗素认为这两种时代特征分别对应了两种典型的建筑式样，即机器生产对应带烟囱的工厂，民主的个人主义对应一排排工人阶级家庭居住的小屋："工厂表现了工业化带来的经济组织，而小屋则表现了社会的分立性（the social separateness），这是个人主义的人们的理想"。这种个人主义的理想深入到社会的各个角落，即使是在地租昂贵的地方，也就是城市中心区域，办公楼、公寓以及旅馆之类的巨大建筑物，也只是表达了建筑上的集合性。从社会学的角度来看，其中的个体并不能形成像一所修道院里僧侣们那样的群体，而是尽可能地力图保持自己的独立[8]30。

关于"个人主义"通常有正反两方面的解释，作为个人而享有天然的权利、个性解放、自立与自信，都是其正面的意涵，而"松散性"则是其负面的意涵，至于无政府主义，则可视为个人主义的极致。事实上，带有社会主义倾向的思想家对待个人主义的态度往往以批判性居多，例如圣西门主义者们（Saint-Simonists）重视的是共同体的利益，而不是个人的利益[27]；欧文主义者们（Owenists）使用个人主义这个词时是带有贬意的[28]。罗素对待个人主义的态度，应是受到这些早期社会主义者的影响。

集合的工厂和城市边缘一排排独户住房，是 19 世纪以来英国工业城市的典型景象，罗素从中体会到"现代生活的一种奇怪的不协调"。令他感到不满的是公共生活的缺失。在他看来，个人主义在建筑上的体现是一户一房的原则，每座住房都是个人生活的中心；在公共领域，每座住房的男主人由办公室、工厂或矿山集中起来，进行大规模的生产活动，然而这种经济性的活动算不上是公共生活。罗素特别提到"非经济性的社交需求"，这可能才是真正的公共生活，却没有相应的公共建筑，只能在家庭里进行。而工人的小屋空间狭小,在工人家庭里进行社交活动是很局促的。也许小酒馆可以作为工人的社交场所,但是并不适合工人家庭之间的交往。由工厂和小屋这样的建筑所反映的社会生活状况,一方面是集中的生产,另一方面是独门独户的居家生活[8]30-31。事实上,这样的社会生活状况只是就工人阶级而言的。而在英国上层社会,从来就不乏非经济性的社交活动,而且也有相应的空间,诸如高级酒吧、沙龙、餐馆、舞厅等,而自家宽敞的宅邸也可以举行社交性的聚会。

既然公共生活的缺失主要是就工人家庭而言的,那么需要明确的是,这种只求个体性的状况是工人们作为一种理想来追求的,还是当时的社会为工人及其家庭所能提供的最低限度生存条件。在那个以榨取劳动的剩余价值为主要获益手段、工人处于普遍性贫困状况的时代,答案只能是后者。因而我们不能说工人家庭的小屋

图 6.18　剑桥大学三一学院大厅

是"民主的个人主义"的产物。从刘易斯·芒福德对那个时代工业城镇的描述来看,对于工人而言,更糟糕的可能还不是公共生活的缺失问题,而是极为恶劣的生产与生活的条件问题[29]458-465。罗素将公共生活的缺失归咎于个人主义,这样的联系未免有些牵强。事实上,社会成员要求一定的自我独立性,乃是作为个体的人的基本前提,这倒并不能说是个人主义的主张。另一方面,家庭作为社会的基本单元,要求相应的生存空间,也是正当的。无论是一户一房,还是集合住宅,每户家庭都要有独立的空间,这并不能说是个人主义的理想,只能说是基本的要求。而这样的基本要求必须由有所分隔的建筑形式来保证。

我少年时代的经验告诉我,即使是在社会主义制度下,工人及其家庭的公共生活有了很好的安排,而工人家庭也还是要有各自的小屋。在我自幼生长其中的那个电厂大院里,工人们有一个大食堂,一个回民食堂,一座可以放电影、演节目、开大会的大礼堂,一座露天游泳池,一座浴室,一个样子很别致的俱乐部,里面有一个小小的图书室、一间棋牌室,还有一个高大的乒乓球室,那是我少年时代最想去的地方;还有一个小医务室,儿时经常感冒,没少去那里;大院里还有一座包括托儿所在内的幼儿园,我在那里度过我的快乐的童年时光;在铁路北面的属于电厂的另一处生活区里,有一所电厂子弟学校,从小学到初中再到高中,我在那里接受了完整的初等教育。如此完善的公共设施,谅必超出罗素的想象。然而,成了家的工人们的住宅还是独户的。一排排砖砌平房被划分为一个个家庭单位。一个十分奇特的现象是,在文化大革命期间,尽管大力提倡集体主义、贬抑个人主义,工人们还是自发地在自家门前砌筑院墙,形成一个个小院。这样的小院在住宅之间、住宅与通道之间形成一种隔离,强化了家庭的私密性要求。院子的一侧还搭建一个小棚屋,用作厨房。由于有公共食堂,原本的工人住宅是没有考虑厨房的。人们自发地建造厨房,还是想多有一个选择。一般的情况下,中午在食堂就餐,晚上自家做饭。日常生活中有选择余地,总是好的。

6.3.4　小屋与妇幼问题

如果说罗素将工人小屋视为个人主义在建筑上的体现,多少有些勉强,那么他通过考察一户

一房的状况,指出不利于妇女和儿童的诸多问题,则可谓体察入微,且极有启发性。罗素在写作《悠闲颂》的时候,西方社会在男女平等以及妇女选举权等问题上已达成基本共识,但在日常生活中妇女的处境并没有多大改观。其原因在于,妇女没有参加生产性的劳动,没有独立的经济收入。对于工薪阶层的家庭主妇们而言,情况尤为如此。于是妇女们只能呆在家中,操持家务,照顾孩子。由于妇女们没有独立的经济收入,只能依靠丈夫的工资过活,这很容易让丈夫产生是他在养家糊口的感觉。事实上,妇女们操持家务,就是在工作,而且既辛苦,又没有工资。在罗素看来,这样的状况对妇女来说是不公平的[8]31-32。

罗素说,选择一户一房的建筑类型是和妇女的地位相关联的。事实上,当工人的收入状况处于较低水平、社会又没有提供另外的选择的时代,妻子们只能在单独的小房子、单独的小厨房里单独做辛苦的家务。对于妻子们而言,这种状况是无从选择的。而这样的状况是令人沮丧的,正如罗素所说,妇女在自己的屋里简直像个囚犯[8]31。罗素还列举了妇女作为妻子、母亲所面临的种种不利状况:她不得不把保姆、厨师和女仆的事务集于一身;由于她并未受过相关训练,做起这些事情几乎不可避免地很笨拙;由于总是精疲力尽,孩子们对她而言是一个烦扰,而不是快乐的源泉;她心身疲惫,又从来没有空闲,情绪无法得以调节,最终变得容易发怒,心胸狭窄,满怀妒忌。而母亲们的状况又对孩子们的成长产生不利的影响。罗素所说的种种弊端是不难想象的:一个贫穷、无知、忙碌的母亲不可能提供适合孩子的膳食;当孩子们的母亲做饭与做家务时,他们常常妨碍她,结果使她厌烦至极,难免挨一顿打;由于居住条件差,孩子们缺乏能够进行自由而不受伤害的活动场所,其成长环境也缺少阳光和空气。这些状况,综合起来,很容易使他们身体虚弱、神经过敏、缺乏活力[8]33。

以上这些弊端可能是极端的情况,罗素也说,这类事情并不是普遍发生的。然而要避免此类事情的发生,就要求"母亲必须有超常的自我约束、智慧和体格"。这样的品质,罗素称之为"人类罕见的品质"(exceptional qualities of human beings),并不是每一个母亲所具备的,那么只是依赖这种罕见的品质来避免此类事情的发生,就几乎是不可能的[8]33。罗素想到要从制度上解决此类弊端,是对的。

6.4 关于建筑的改进

在《建筑与社会问题》一文中,罗素将不利于妇女与儿童的诸多问题归咎于一户一房的居住形式,并由此想到建筑上的改进问题。20世纪妇女解放运动促成妇女进入职业领域,而且许多婚后妇女仍然工作谋生。由于职业妇女享有经济上的独立性,比起传统的家庭妇女来,就不再是丈夫们的附庸。然而家务仍然是存在的。如果夫妇双方在家务分担问题上难以达成共识,那么家务往往就成为家庭纠纷的导火索。不过,由于妇女的天性(也许说是被社会赋予的特性更好些)使然,或是在家庭纠纷中往往处在弱势地位,许多职业妇女在工作之后回家,又接着做家务,结果是操劳过度。这样的状态,对于妇女而言,其实是另一种形式的不平等。如果妇女要真正从大部分家务中解脱出来,必然要依赖家务劳动的社会化。罗素意识到,家务劳动中许多部分并不是非要由母亲去做的,而是可以分配给不同的专业人员。其实他所说的就是家务劳动的社会化。同时罗素指出,如果要做到这一点,那么首先要做的就是"建筑的改进"(architectural reform)[30][8]32-33,[23]133。后来,在《社会主义场合》一文中罗素进一步将妇女解放与儿童福利事业联系在一起,再次提出建筑改进的设想,并特别提到设立幼儿园[31][8]94-95。

6.4.1 总体设想

罗素从中世纪修道院的共有制得到启发,主张要将类似的共有化因素引入建筑中去。根据罗素的设想,原有的居住形式要予以改变,住宅只保留起居与睡眠的功能,将厨房、餐厅之类的空间从单独的小屋或公寓中分离出去,集中设置,再增加公共礼堂、托儿所。这样,改进后的居住形式就包括纯居住部分和公共部分。罗素主张单独的小屋、带有自己厨房的公寓都应拆除,这种推倒重来的做法足可见他对原有居住形式的决绝态度。在这一点上,罗素仿佛是一个激进的现代主义者。

关于重建的居住区,罗素在形态方面也有所设想。他主张在原有的居住建筑拆除后,在原地建造起一座座高楼。他所说的"高楼"应是相对于两层的小屋而言的,可能是多层建筑,也可能是高层建筑。通过建筑层数的增加来降低建筑的覆盖率,从而使居住区留出开敞空间,这是比较专业的想法。在罗素的想象里,这些多层或高层的住宅楼围绕 1 个四方形的中央广场,广场南面的建筑要低些,以便让阳光照进来。公共性的建筑包括 1 个公共的厨房、1 个宽敞的食堂、1 个托儿所,以及供娱乐、集会及放映电影的礼堂。关于这些公共建筑的位置,罗素只是明确提到托儿所应设在中央广场上,其他的并未加以说明,不过,既然设置了中央广场,将公共建筑设在广场上或广场周围是便于使用的[8]34。

这样的总体设想是针对工人家庭的独户居住方式而言的。值得注意的是,这样的格局与传统的城镇空间形态有很大的不同。通过提高建筑层数降低建筑覆盖率,从而使得高楼之间有宽敞的空地,有充分的日照,这是现代的城市规划的做法。在这一点上,罗素的设想与勒·柯布西耶的光明之城的设想有着惊人的一致。没有迹象表明罗素对现代建筑运动有所了解,更不可能知道勒·柯布西耶的现代城市理念。当他面对以往工人住宅的种种弊端,首先想到的是如何有针对性地改变不合理的现状,这样的对现实的回应一如勒·柯布西耶面对巴黎老城区的拥挤、缺乏阳光时而产生的意图。改造这个世界,是关注社会状况并具有一个更好世界理想的人们所不约而同的行动,只不过着眼点有所不同。作为一个关注社会状况的哲学家,罗素想到的是如何通过建筑的布局方式以及建筑使用空间方面的调整来改善工人家庭的日常生活。从当时的社会状况及工人家庭生活的境遇来看,罗素的设想有着积极的意义。以今天的眼光来看,出于历史文化遗产方面的考虑,无所约束地拆除旧城区、建造新城区的做法已显得问题重重。

6.4.2 家庭生活的转型

关于新的居住区的建筑,罗素首先谈论了托儿所的设置及其对儿童成长的种种益处。罗素对托儿所的建筑、设备、家具以及用品都有所考虑,而且是以儿童的安全、身心健康为出发点。在他看来,托儿所建筑不应有台阶,不要有可触碰到的明火火炉,盆子、杯子和碟子应以不易碎的材料做成[8]33。如果不设台阶,也就不能有楼梯,那么托儿所建筑只能是平房。罗素提到火炉,是和英国的气候条件相关的。(我想起儿时北方的托儿所,我们所在的大房间有一个很大的火炉,周围有一圈铁制护拦,它对活蹦乱跳的幼儿们来说是绝对必要的。)罗素还提到托儿所要有自然通风的活动室,天气好的时候,幼儿可在室外活动,天气不好的时候,如果不是最恶劣的天气,就可在一侧是开敞的活动室里活动。这里罗素想到了一种有屋顶的半开敞的空间。至于孩子们的餐饮,自断奶后直到上小学之前,都应在托儿所里。孩子们也有自己娱乐的机会,但要有最小量的管理以保证他们的安全[8]34。作为一个哲学家,罗素对现实生活状况有十分深入的了解,对于建筑中的细节之于生活的作用体察入微,是令人赞叹的。

罗素通过对比表明,孩子们在新型托儿所里成长,显然要比在改进前的自家小屋成长优越得多。罗素说,大多数靠工资谋生的人,早年时通常是在大人们的牢骚和禁斥声中生活的。前面关于一户一房制的种种弊端的讨论已说明这种状况的成因。而在新型的托儿所里,孩子们享受着空气、阳光、空间和美食,这些都有益于孩子们的健康。更为重要的是,托儿所是一个安全的场所,罗

图 6.19　新拉纳克镇

素称之为"特殊建造的环境"（a specially constructed environment），孩子们的自由活动可以在其中安全地展开[8]34-35。通过这样的活动，孩子们的冒险精神和体力训练也能自然地得到发展。而在自家小屋这样的"成人的环境"中，物品的设置并不完全是以儿童的安全为出发点的，那么孩子们的活动就要在成人的监护下进行，而出于安全方面的考虑，孩子们的活动是经常被中止或禁止的。这样的状况对孩子们的成长不利，正如罗素所说，"经常禁止孩子的活动是他们在以后的生活中不满足和胆怯的根源"[8]35。给孩子们提供一个"特殊建造的环境"，以便他们的自由活动安全地、不受禁止地展开，这样的考虑是对的。但是在这样安全的环境里，孩子们不会遇到什么危险，又如何能培养他们的冒险精神呢？罗素在这一点上没有深究下去。事实上，为了培养孩子们的冒险精神，还是要让他们在带有危险因素的成人环境里去锻炼，至少要给他们提供摸拟的环境，通过游戏的方式让他们具有识别危险因素的能力，以及面临危险时的应对能力。当然，这个任务并不一定是由托儿所承担的。出于安全方面的考虑，托儿所至多是以模拟的方式组织孩子们进行冒险游戏，而真正能够让孩子们在带有危险因素的成人环境里自主活动的，还是孩子的家长。不过，这个任务并非因操持家务而疲惫不堪的母亲所能胜任。只有在劳动制度有所改进、生活方式有了改变、家庭有了更多的闲暇的条件下，家长们才有可能在这方面花些功夫。

托儿所的设置让家庭主妇受益良多，对此罗素也有所分析：等孩子断奶后，主妇们"可以一整天都把孩子交给在照料儿童方面经过专业训练的妇女""母亲和孩子白天分开，晚上相聚，比一直厮守在一起要亲热得多"。孩子们白天受到托儿保育员的公平照顾后，晚上回到家中，会更喜爱母亲的爱抚。于是，"家庭生活中留下的是美好的事物，而不会有烦恼和有伤感情的事"[8]35。另一方面，公共食堂的设置又让妇女们从买菜、做菜以及洗刷的事务中解脱出来。这样，原本由妇女们承担的照看孩子、做饭之类的日常家务就被社会化了。在这样的前提条件下，从事职业劳动的妇女、男子结婚之后才可不受家务的困扰，继续保持从业状态。可以说，在建筑的改进中托儿所与公共食堂的设置，是家庭生活转型的必要条件。

在罗素的设想里，由于托儿所与公共食堂的设置，住宅自身的功能就极大地简化了——只需满足人们的睡眠要求即可，那么新型住宅就是由卧室构成的。罗素认为，一间备有自己家具的私人房间，对于习惯于此的人们已经足够[8]37。对此该如何理解？对于单身个人而言，一间房就够了，而对于一个家庭而言，至少父母与子女的房间要分开，男孩与女孩的房间也要分开。于是在罗素设想的新型居住区里,住宅的属于家庭自身的功能就大大地简化为就寝了。一般而言,家庭住宅还应有起居、会客之类的功能,但在罗素的设想里,此类功能也可以在一个公共空间中安排。他说,人们可以"逃脱狭小房间和肮脏不堪的限制,进入宽敞的、建筑上可能和大学礼堂一样华美的公共房间。美丽和空间不再是富人们的特权"[14]35-36。通过托儿所、公共食堂以及公共礼堂的设置,传统家庭住宅的许多功能都超越家庭自身的范围,带有社会化、公共化的性质,罗素之所以极力倡导这样的生活方式,简化固有家庭住宅的功能,就是为了有效克服以往一户一房制的种种弊端。经过这样的建筑改进,以往在斗室中产生的家庭纠葛就不复存在了。

19世纪后期以来英国政府所推行的一系列工薪阶层住房改善工作,如贫民窟清除、公租房建造以及优惠购房等,主要是针对物质条件方面而言的[32]。罗素也意识到恶劣的物质条件对工薪阶层家庭生活的不良影响,如前所述,空间狭小、缺少阳光和空气等,对儿童的成长都是不利的。不过,罗素还是把关注的重点放在工薪阶层家庭的生活方式方面。其中的道理不难理解:如果仅是对住房的物质条件做出改善,而不是从生活方式上加以改变,那么妇女只不过是在物质条件好一些的一户一房中继续操劳终日,孩子对她而言仍然是一个烦扰,而孩子也仍然是在成人的环境中备受呵斥。罗素从中世纪教会的共有制得到启发,提出通过公共空间的设置来改变固有的生活方式,进而改善工人家庭特别是妇女的生存状况,因而他所说的建筑改进主要是从社会学的角度出发的。托儿所、公共食堂以及公共礼堂是这种改进的三项标志。

6.4.3 关于欧文的社会改良的实践

19世纪初英国思想家罗伯特·欧文(Robert Owen,1771—1858)在格拉斯高的新拉纳克镇(New Lanark)进行了工业社会改良的实践(图6.19)。从欧文的相关自述中可知,当他接手治理新拉纳克镇时,镇上有13 000人,收容了400~500个贫困儿童。镇上秩序混乱,镇民懒散,放纵无度,盗窃、酗酒时有发生。他决定要在人们的行为中引入导则,同时他也意识到环境对人的行为的影响,而当时新拉纳克镇的环境是很差的,对镇上所有的人都产生有害的影响,因此他决定改变原有的环境。改善环境是从修缮镇上的房屋和街道开始的,并建造新的更好的房屋来接纳新的家庭,设立物美价廉的商店,提供人们所需要的食品和服装,改变以往以高价购买品质差的物品的状况,厂房内部也做了重新布置,更新了机器。这些改变措施是逐步实施的[33]。

欧文还注意到工人住宅的糟糕的内部布置(the bad arrangements in their houses)对抚养儿童、培养儿童都是不利的。这些住宅里空间有限,大部分家庭只有一个房间,儿童们总是妨碍他们的父母,而父母们也不知道对待孩子的正确方法。欧文创办了幼儿园(nursery school),并说服家长们送孩子入园。他还办了学校,12岁以下的学生接受机械、制造等方面的训练。学校里有活动室,天气不好时让孩子们在里面做游戏,礼堂里装饰着动物画、地图,也有从花园里、田野里、树林中来的自然对象,所有这些总是能激发他们的好奇心。活动室和礼堂的尺寸都是16英尺×20英尺。还有一个长40英尺、宽20英尺、高22英尺的大教室,可以容纳所有的班级上地理课,也是孩子们阅读的场所。旁边是1个大礼堂,长90英尺、宽40英尺、高22英尺,三面有回廊,可容纳1 200人[33]。

欧文在新拉纳克镇物质环境方面所做的工作主要是改造。由于当地的山地地形条件的限制,工人的住宅是条形的,而欧文理想中的合院式工人社区是不可能实施的。在1817年,欧文向下议院提交关于"穷人法"的报告,在其中提出了工人社区的新模式。新型社区的面积有4~6平方公里的区域,可容纳大约1 200人居住,所有的人都住在一座巨大的合院式集合住宅中,这座建筑有公共厨房和食堂,每个家庭有其住房,儿童三岁以后由社区照看,父母可以和孩子共同进餐或在其他合适时间看望他们[34]。罗素在《建筑与社会问题》一文中提到欧文在100多年前提出"合院式集合住宅"(co-operative parallelograms)的设想,尽管许多人讥讽它,但它是保证工人们享有"学院般的生活"益处的尝试。"学院般的生活"(collegiate life)指的是像古老修道院、大学那样的合院式建筑中展开的生活,从前面的分析可知,罗素赞赏这样的"共有制"生活以及由此而来的个人空间简朴、公共空间华丽的空间模式。罗素指出,欧文的设想对于那个极度贫困的时代而言显得过早,但对后世而言是可行的,也是合乎需要的[35]。可见,罗素从欧文的设想中体会到一种超越时代的预见性,而他自己对建筑改进的设想也从中受到启发。

不过,罗素也从欧文的设想中看出一个问题,那就是他被新拉纳克的特殊环境误导了,以至他将"合院式集合住宅"视为生产单位,而不仅是居住场所。罗素觉得这是工业化趋势的结果。在他看来,工业化趋势从一开始就过于看重生产而忽视消费和日常生活,以至工厂变得科学化,极尽可能进行劳动分工,而家庭仍然是非科学化的,多种多样的劳动堆积在超负荷的母亲的头上[8]36。罗素对工业化以谋利动机为主导的倾向十分不满,然而他所指出的工业化的种种弊端也正是欧文关于新型工人社区的设想所要克服的。事实上,欧文在新拉纳克就已经做出改善,在改善工厂的生产条件的同时,还创办幼儿园、学校,设立商店,可以说他的出发点是生产与生活并重的。

注释

[1] Bertrand Russell. Portraits from Memory and Other Essays. New York:Simon & Schuster,1956.

[2] Bertrand Russell. Autobiography. London and New York:Routledge,2009.

[3] Bertrand Russell. My Philosophical Development. London:Unwin Books,1975.

[4] 伯特兰·罗素. 逻辑与知识. 苑莉均,译. 张家龙,校. 北京:商务印书馆,2005.

[5] 安东尼·肯尼. 牛津西方哲学史(第四卷):现代世界中的哲学. 梁展,译. 长春:吉林出版集团有限公司,2010.

[6] 伯特兰·罗素. 罗素文集. 王正平,等,译. 上海:改革出版社,1996.

[7] Carl Spadoni. Bertrand Russell on Aesthetics. Russell:the Journal of Bertrand Russell Studies,1984,4. 见:https://escarpmentpress. org/russelljournal/article/view/1619/1645.

[8] Bertrand Russell. Architecture and Social Questions// Praise of Idleness and Other Essays. London and New York:Routledge Taylor & Francis Group,2004.

[9] Bertrand Russell. Our Knowledge of the External World—As a Field for Scientific Method in Philosophy. Chicago and London:The Open Court Publishing Company,1915.

[10] 伯特兰·罗素. 我们关于外间世界的知识. 陈启伟,译. 上海:上海译文出版社,2006.

[11] Bertrand Russell. The World of Physics and the World of Sense.

[12] 汉译作"私有的世界",可能会引起歧义.

[13] Philip Babcock Gove. Webster's Third New International Dictionary of the English Language. Massachusetts:Merriam-Webster Inc Publishers,2002.

[14] Bertrand Russell. Philosophical Essays. New York, Bomba, and Calcutta:Longmans, Green, and Co, 1910.

[15] Theodor W Adorno. Functionalism Today// Neil Leach. Rethinking Architecture:A Reader in Cultural Theory. London and New York:Routledge, 2005.

[16] Richmond Park History[EB/OL]. http://www. pembroke-lodge. co. uk/richmond-park-history.

[17] Dan Cruickshank. Sir Banister Fletcher's History of Architecture. Oxford:Architectural Press. 1998.

[18] 伯特兰·罗素. 怎样才能自由和幸福//罗素论幸福人生. 桑国宽,等,译. 北京:世界知识出版社,2007.

[19] a. Jeremy Bentham. Introduction to the Principles of Morals and Legislation, Chapter 1 [EB/OL]. http://www. laits. utexas. edu/poltheory/bentham/ipml/ipml. c01. html;b. John Stuart Mill. Utilitarianism, Chapter 2 [EB/OL]. http://www. utilitarianism. com/mill2. htm.

［20］大卫·休谟在《英格兰史》中指出，不列颠人在罗马帝国治下曾经在艺术与文明礼仪方面取得很高的成就，建造了24座城市，还有大量的乡村及乡间宅邸，但经过长达150年撒克逊人的征服战争，所有这一切都被毁灭，复归古代的野蛮状态。见：http://oll.libertyfund.org/titles/hume-the-history-of-england-vol-1.

［21］Samuel Alexander. Collected Works of Samuel Alexander. Bristol，UK：Thoemmes Press，2000.

［22］汉译本将"polish"译作"光辉"，将"a florid vulgarity"译作"庸俗的华丽气".

［23］伯特兰·罗素. 建筑与社会问题//罗素论幸福人生. 桑国宽，等，译. 北京：世界知识出版社，2007.

［24］"the heavenly powers"与"their earthly favorites"是并列的关系，都是"for"的介词宾语，都是敬畏的对象。"their"指代的是"the heavenly powers"，汉译本此处译作"其设计要激发地上趋附者们对天上权力的敬畏"，显然错了.

［25］古代雅典是城邦制，主神殿的建造是在罗马共和时期，因而"subject"指的是公民，而不是臣民.

［26］Wolfgang Braunfels. Monasteries of Western Europe：The Architecture of the Orders. Alastair Laing，trans. Princeton，New Jersey：Princeton University Press，1980.

［27］http://lisztomana.wikidot.com/saint-simonism.

［28］Individualism［EB/OL］. http://www.en.wikipedia.org/wiki/Individualism.

［29］Lewis Mumford. The City in History：Its Origins，Its Transformations，and Its Prospects. New York and London：A Harvest/HBJ Book，1961.

［30］汉译本译作"建筑的变革"，"reform"一般意为"改革""改进"，指的是在一定的制度内进行改良的工作，与"革命""变革"的含义不同.

［31］Bertrand Russell. The Case for Socialism.

［32］Improving Towns. Victorian Towns，Cities and slums［EB/OL］. http://www.parliament.uk/about/living-heritage/transformingsociety/towncountry/towns/overview/towns.

［33］Robert Owen Writings. New Larnak 1800—1825［EB/OL］. http://www.robert-owen-museum.org.uk/new_lanark.

［34］Robert Owen［EB/OL］. https://en.wikipedia.org/wiki/Robert_Owen.

［35］"parallelograms"本义为平行四边形，在此指的是住宅的布局，建筑物作为四条边形成庭院，"cooperative"指的是住宅的类型，与独栋住宅相对，即集合住宅. 汉译作"合作四合房"。

图片来源

(图6.1)Edited by Michael Lloyd. Turner. Canberra：National Gallery of Australia，1996

(图6.2)Bertrand Russell. Nightmares of Eminent Persons and Other Stories. London：The Bodley Head，1954

(图6.3)http://www.artble.com/artists/honore_daumier/lithographs/the_legislative_belly

(图6.4)https://en.wikipedia.org/wiki/The_Sleep_of_Reason_Produces_Monsters#/media/File:Francisco_Jos%C3%A9_de_Goya_y_Lucientes_-_The_sleep_of_reason_produces_monsters_(No._43)，_from_Los_Caprichos_-_Google_Art_Project.jpg

(图6.5)http://www.thedailybeast.com/galleries/2012/12/12/20-literary-greats-gripe-about-feliks-topolski-s-portraits-photos.html

(图6.6)、(图6.7)、(图6.8)、(图6.15)郑辰暐摄

(图6.9)、(图6.10)、(图6.14)、(图6.19)郑炘摄

(图6.11)Dan Cruickshank，Ed. Sir Banister Fletcher's A History of Architecture. Oxford • Boston • Johannesburg • Melbourne • New Delhi • Singapore：Architectural Press. 1998

(图6.12)http://forquignon.com/history/global/industrial_revolution/factory_town.jpg

(图6.13)http://www.mexsoc.manchester.ac.uk/symposium/images/Mancotton.jpg

(图6.16)https://upload.wikimedia.org/wikipedia/commons/e/ea/City_of_Rome_during_time_of_republic.jpg

(图6.17)Wolfgang Braunfels. Monasteries of Western Europe：The Architecture of the Orders. Alastair Laing，trans. Princeton，New Jersey：Princeton University Press，1980

(图6.18)安东尼·肯尼著. 牛津西方哲学史(第四卷)：现代世界中的哲学. 梁展，译. 长春：吉林出版集团有限公司，2010

第 7 章

路德维希·维特根斯坦:思行合一的传奇

路德维希·维特根斯坦是奥地利哲学家,可谓 20 世纪西方哲学界的一位奇人。1999 年,也就是 20 世纪的最后一年,英国的托姆斯出版社(Thoemmes Press)出版了由 F. A. 弗劳尔斯三世(F. A. Flowers Ⅲ)主编的四卷本的《维特根斯坦肖像》(Portraits of Wittgenstein),书中收录了主要是由维特根斯坦的亲友所写的回忆录、文章以及书信。弗劳尔斯开篇就说,维特根斯坦是现代哲学史上的最有影响力的人物之一,也是最难以捉摸的人物之一[1]ⅹⅲ。本书的第一部分标题是"背景,家庭与早期岁月",第一篇文章是由阿兰·雅尼克(Allan Janik)和斯蒂芬·托尔明(Stephen Toulmin)合写的《哈布斯堡的维也纳:自相矛盾的城市》,从中可以了解维特根斯坦的家庭及他的早年经历。维特根斯坦在大学时代学的是工程学,1908 年又去英国的曼彻斯特学航空学,两年后在螺旋桨改进方面有了发明并注册了专利,堪称奇迹。但他没有继续研究发动机技术,因为螺旋桨外形所涉及的数学问题引起他更大的兴趣。1911 年,他听从数学家弗雷格的建议,去剑桥大学在罗素的指导下学习逻辑及数学基础,由此开始他的哲学人生。[1]34-35 1914 年,维特根斯坦在继承遗产之后,决定拿出一部分来资助一些艺术家,这其中包括建筑师阿道夫·鲁斯,并开始与鲁斯交往[2]137。1921 年后,《逻辑哲学论》出版,维特根斯坦自以为解决了所有可以解决的哲学问题,回到奥地利去做乡村教师,还与建筑师保罗·恩格尔曼合作为他的姐姐斯通博拉夫人(Mrs. Stonborough)设计并监造了一座住宅。1929 年起,又听从拉姆赛(Frank Plumpton Ramsey,1903—1930)的劝告,回到剑桥大学继续哲学研究[3]10-11,凡 20 余年,终成《哲学研究》一书。维特根斯坦的这两部哲学著作在现代哲学史上自有其历史性的地位,而且他在数十年间就文化与艺术问题写过许多简短的评论,还就美学、心理学和宗教信仰发表演讲与谈话。对于从事建筑理论研究的人们来说,他的那种具体性的、简明的论述方式,以及他对语言性质、语言表达世界的方式和其对逻辑的意义、心灵哲学、美学、伦理学等方面的探究,都是很有启发性的。

维特根斯坦可能是哲学史上直接介入建筑设计乃至建造过程的唯一的哲学家,这是极为令人惊奇的。这可能和他的教育背景有关。根据他的姐姐赫尔明娜·维特根斯坦(Hermine Wittgenstein,1874—1950)的回忆,他少年时就表现出机械技术方面的天赋,他用了一些木棍和线就制成了一台缝纫机的小模型[4][1]117。这说明他自幼就有很强的动手制作能力。1913 年秋至 1914 年第一次世界大战爆发前的不到一年的时间里,维特根斯坦在挪威斯克约尔登(Skjolden)生活期间,自己建造了一座小屋以独居[4]6。此外,他在读大学时修航空动力学,工程制图对他而言至少是个基本功。沃尔夫·梅斯(Wolfe Mays)在《维特根斯坦在曼彻斯特》一文中提到,根据维特根斯坦的同学艾克勒斯(William Eccles,1875—1966)的说法,维特根斯坦和他的对话的主题经常是家具与房屋的设计问题[5][1]135。这说明维特根斯坦很早就关注建筑设计问题。在与鲁斯、恩格尔曼这两位建筑师交往之后,维特根斯坦对建筑艺术的思考更为深入,并最终完成斯通博拉住宅的设计与监造工作。

关于斯通博拉住宅,很长时期内建筑理论界并没有给予充分的关注,直到 1973 年,奥地利学者莱特纳教授(Bernhard Leitner)出版《维特根斯坦的建筑艺术:取自赫尔明娜·维特根斯坦家庭回忆录的资料》一书,才逐渐引起建筑理论界的兴趣。事实上,G. H. 冯·赖特(G. H. von Wright)写于 1954 年的《维特根斯坦传略》已经对这座建筑的理念与特点有了较为明晰的分析,特别是"它的美与《逻辑哲学论》的语句一样是简明而静态的"这个陈述,说明这位哲学家对维特根斯坦的建筑作品早已有了深刻的认识[3]11。近年来,建筑理论界对维特根斯坦的这部建筑作品产生浓厚的兴趣,重要的论著有罗格·帕顿(Roger Paden)的《神秘主义与建筑:维特根斯坦与斯通博拉住宅的意义》(2007 年)、娜娜·拉斯特(Nana Last)的《维特根斯坦住宅》(2008 年),两位作者都试图将这座住宅的设计与维特根斯坦的哲学联系起来。莱特纳在 2010 年出版《维特根斯坦住宅》

一书,对这座住宅的设计做了深入的分析。他将维特根斯坦所做的平面叠加在恩格尔曼所做的平面之上,加以比较[6]31。帕顿和拉斯特也对这座住宅的平面设计有较为深入的分析。我将这座住宅的设计分析作为本章的一节,旨在从使用程序与空间组织逻辑等方面论证维特根斯坦的设计相对于恩格尔曼的设计的合理性。

维特根斯坦的建筑实践活动正处在现代建筑运动蓬勃展开之际,两者之间存在什么关系,是我很想弄清的问题。由于维特根斯坦与鲁斯有深度的交往,合作者恩格尔曼又是鲁斯的学生,人们很容易想到维特根斯坦会受到鲁斯的双重影响。一提起维特根斯坦的这件作品,人们大多会说它具有鲁斯住宅般的外观,这似乎是顺理成章的事。即使是对这件作品有深入研究的帕顿,在指出其内部设计的独特性之前,也先是说了其外部形式处理与鲁斯作品相似[7]65-66。也许,深入了解维特根斯坦自己的一些关于艺术与建筑的审美观念以及他与两位建筑师的交往,可以为理解这部作品提供一个基础。此外,作为一个哲学家,关于这个世界的看法是无法回避的问题,他关于这个世界的描述,特别是对于空间概念的分析,也是值得我们深思的。

7.1 维特根斯坦与鲁斯

鲁斯作为现代建筑运动早期的具有推动性作用的建筑师和理论家,他倡导功能主义,反对滥用装饰,以外表无装饰的、形体简洁的住宅设计而著称;另一方面,他与作曲家阿诺尔德·勋伯格、诗人彼得·阿尔滕伯格(Peter Altenberg,1909—2005)、作家卡尔·克劳斯都是朋友,在维也纳的社交圈有广泛的影响。1914年,维特根斯坦与鲁斯相识,一开始大有相见恨晚之意,5年后就因为鲁斯的《艺术部门指南》小册子而感到失望,彼此也就疏远了。这两位杰出人士之间的关系的变化,并不是简单的人际关系的变化,而是折射了彼此看待事物的态度的差异。

7.1.1 "你就是我"

保罗·威德维尔德在《建筑师路德维希·维特根斯坦》一文中,谈到维特根斯坦与路斯之间的交往。1914年维特根斯坦在继承遗产之后,用其中的一部分赞助几位艺术家,其中包括诗人格奥尔格·特拉克尔(Georg Trakl,1887—1914)、玛利亚·里尔克(Rainer Maria Rilke,1875—1926)、画家奥斯卡·科克施卡(Oskar Kokoschka,1886—1980),以及他很崇拜的建筑师阿道夫·鲁斯。在这之前,维特根斯坦没有见过鲁斯[2]137。威德维尔德提到,鲁斯在新世纪来临前几年间在维也纳大报《新自由报》上发表了一系列文章,另据《阿道夫·鲁斯论建筑》的编者阿道夫·奥帕尔和丹尼尔·奥帕尔(Adolf and Daniel Opel),在1898年维也纳举办的欢庆展会(Jubilee Exhibition)为鲁斯提供了一个机会,《新自由报》请他每周都写一篇关于展会的文章,其中包括《展会建筑:新的风格》《建筑材料》《粉刷的原则》等文章[8]6。卡尔·克劳斯大为赞赏,在他主办的《火炬》(Die Fackel)杂志上发文表示支持,此杂志在维也纳的文化生活中具有深远的影响。维特根斯坦父母家订阅了《自由报》及《火炬》杂志,他的姐姐玛格丽特(也就是后来他与恩格尔曼合作设计的住宅的主人斯通博拉夫人)是卡尔·克劳斯的热心读者,她可能把这杂志带给他的弟弟看。可以确定的是维特根斯坦在1910年以前就读过《火炬》,对鲁斯的建筑理论有所了解。另据恩格尔曼回忆,维特根斯坦告诉他,他在挪威时订阅了《火炬》杂志,这说明他在离开维也纳之前就已是这个杂志的热心读者了[9]123。

1914年,由菲克尔(Ludwig von Ficker,1885—1919)介绍,维特根斯坦与鲁斯见面。从此他们花了许多时间讨论建筑、文化以及哲学问题,在许多问题上看法相近。建筑师保罗·恩格尔曼是鲁斯的学生,经鲁斯介绍,维特根斯坦与恩格尔曼相识,自此开始长达30余年的交往。1965年恩格尔曼将维特根斯坦给他的信以及他关于维特根斯坦的回忆录出版成书。在回忆录的第七章，恩格尔曼谈了维特根斯坦与克劳斯、鲁斯的关系。恩格尔曼在回忆录中提到，鲁斯曾经对维特根斯坦说，"你就是我！"[9]127鲁斯反对同时代一些建筑师不断更新的企图，或是复原老的形式，或是发明新的自以为是现代的形式。恩格尔曼在此用了一句话：在人们不能言说之处，保持沉默。这很像维特根斯坦《逻辑哲学论》结尾处的那句话：凡不可说的，只可保持沉默[10]156。恩格尔曼是在表明，作为建筑师的鲁斯与作为哲学家的维特根斯坦在对待各自所面临的问题时持有类似的态度。对于鲁斯而言，重要的是在正确的人性理念的指引下，以技术之精准设计建筑，从而让正确的、真正的现代形式自然而然地出现。这样的形式并不是在建筑师的作品中明确地、有意图地表达出来，而是自明于其作品之中[9]127。

在 19 世纪末至 1930 年代初，艺术与工艺（arts-and-crafts）的观念在欧洲很盛行，其目标是通过更新那些过时的形式或重新发明被遗忘的形式，来克服工业产品的理性化的技术性的形式，代之以更为理想的生产方式的复兴。鲁斯反对艺术与工艺运动。他认为，上帝创造了艺术家，艺术家创造了他的时代，时代创造了工匠（artisan），工匠创造了纽扣[9]127。这样的带有神启论色彩的观点将艺术家抬到极高的位置，但也在艺术家与工匠之间划了界限。言外之意，艺术家似是引领时代精神的先锋，工匠则负责具体制作。在发表于 1910 年的《建筑学》一文中，鲁斯通过在建筑物与艺术品之间的多方面比较，得出的结论是：只有纪念建筑可算作艺术，其他所有为了实际需要的建筑物都与艺术无关，建筑学也不是一门艺术[8]82-83。建筑历史学家一般认为鲁斯是在美国接受了功能主义的理念，并在英国感受到随工业革命而来的大尺度桥梁、火车站以及展览大厅的钢结构之美。鲁斯将建筑学划归工艺之列，其实是为了建筑学免受艺术风格的困扰。正如恩格尔曼所指出的那样，"艺术与工艺"倾向自从文艺复兴以来将一种较高精神的尊严渗透进科学的（技术—工匠）世界观中，这可以用哲学来表达，这个"哲学家"不断地通过私自明确说出不可说之事物的方式，寻求获得新的更高级的形式[9]128。就此意义上而言，鲁斯在建筑学中所反对的，也正是维特根斯坦在《逻辑哲学论》的写作中以及后来的教学中所攻击的目标。

7.1.2 《艺术部门指南》引发的分歧

在与鲁斯认识两年后，作为哲学家的维特根斯坦就感到他和鲁斯的差异。1916 年 12 月，在给恩格尔曼的明信片中，维特根斯坦对鲁斯忽视他们的约见表示不满[9]3。1919 年鲁斯出版了一个小册子《艺术部门指南》，维特根斯坦从卡西诺山区的战俘营返回维也纳后读了那本小册子，见过鲁斯后，他失望地对恩格尔曼说：

> 几天前我见了鲁斯。我被吓着了，也感到恶心。他已染上剧毒的虚假理智主义。他给了我一本有关"美术办公室"建议的小册子，在其中他谈到对上帝犯的罪过。这的确是个极限。当我去见鲁斯的时候我已有点儿沮丧了，但那是最后的一根稻草[9]17-18。

被维特根斯坦称为"最后一根稻草"的这本小册子，《艺术部门指南》（1919），与《建筑学》（1910）一道是鲁斯的主要理论著作，也都有着宣传意图。这可能是因为，鲁斯乐于借助媒体让更多的人接受他的主张，另一方面，作为维也纳城市建筑师，他或多或少地带了些行政方面的习惯。第一次世界大战结束后，时局有了很大的变化。奥地利从哈布斯堡王朝治下的庞大帝国变成一个小共和国，鲁斯想到的是政府机构必须适应新的秩序，因而他建议设立新的文化事务部，并为之出谋划策，提出一系列导则。他将这些导则基于艺术家在社会中的历史作用之上。他认为，正是通过艺术家，上帝在人的身上实现了文明及文化的繁荣。现在，由于养育艺术并保护艺术家不致沦落至大街上的庸人（那是对上帝犯下的罪过）的君主不存在了，对艺术以及艺术家的责任就落在国家的肩上。国家作为全体公民的总代表，必须教育公民欣赏艺术。鲁斯继续为在每个艺术领域达到这个目标而提出一项计划，其中也包括建筑。他也请了其他领域的艺术家共同签名，关于音乐的计划是由勋伯格签名的（维特根斯坦鄙视他的音乐作品），其他领域的艺术家匿名[2]142。

鲁斯的这个计划其实是出于对艺术家境遇的担心。当古典时代的艺术赞助人制度消亡之后，艺术家们被推向市场。从舒伯特、柏辽兹、梵高等艺术家的境遇来看，市场并不一定能发现卓越艺术的价值。如果市场的参与者能够理解艺术，卓越的艺术就不会被埋没，而市场参与者艺术欣赏水平的提高则有赖于国家的培育，这个道理应可说得通。但是维特根斯坦对此并不认同。罗格·帕顿在讨论斯通伯拉住宅的建筑学语境时提到，维特根斯坦认为这本小册子在哲学上是幼稚的，而且也提到这本小册子的出版使得他和鲁斯的友谊冷淡下来[7]49。维特根斯坦对这个问题的看法可能源自他的家庭背景。他的祖父赫尔曼·维特根斯坦（Hermann Wittgenstein）是羊毛商人，但欣赏音乐，并将他祖母的侄子约瑟夫·约阿希姆（Josef Joachim）送到门德尔松那里学音乐，使他成为一代杰出的小提琴家。他祖父又经约阿希姆介绍与作曲家勃拉姆斯（Johannes Brahms，1833—1897）成为朋友。勃拉姆斯教维特根斯坦的姑妈们弹钢琴，还常参加他祖父家的家庭音乐晚会[11]。这种欣赏音乐的传统在他的父母那里延续下来。他父母的家里也经常办音乐晚会，勃拉姆斯继续参加，此外还有马勒、瓦尔特（Bruno Walter，1876—1962）等[2]142。他的家庭对音乐、文学以及艺术的欣赏，显然不是由国家机构培育出的。几年后当维特根斯坦在乡村教学时，有一天他带领他的最好的学生们去维也纳，参观了所有的大博物馆，有技术博物馆、自然历史博物馆以及艺术史博物馆，还有美泉宫（Schönbrunn），其实他也是在培育乡村孩子们的艺术欣赏能力。不过，那并不是国家规定的课程，更像是他个人的行为[12][2]105。如何将大众引向艺术领域，是通过一些有艺术自觉意识的个人影响周围人群，还是通过国家机构的指令性行动，显然维特根斯坦更倾向于前者。

威德维尔德在分析维特根斯坦对鲁斯的小册子十分反感的原因时，没有意识到这样的差异。在他看来，维特根斯坦本不会不同意鲁斯的艺术普及的理念，因为几年后他在乡村小学教书时，带着他的学生们去维也纳旅行，让他们浏览有着建筑学重要性的历史建筑，参观艺术史博物馆及其他博物馆，或多或少实践了这样的理念。他觉得维特根斯坦对鲁斯小册子的反感主要有两方面原因：一是维特根斯坦关于语言与世界之间的关系的思考以及由此而来的过一种道德生活的信念，使他捐出遗产、在奥地利最贫困地区作教师谋生，也使他不可能认为鲁斯的小册子有什么意义；二是维特根斯坦《逻辑哲学论》的朴实语言以及关于适度表达的结论，与鲁斯文论中的无端的宣传鼓动性的进步信念形成鲜明的对比[2]142。

事实上，鲁斯的文风大抵是带有宣传鼓动性的，在这一点上，写于1910年的《建筑学》一文与《艺术部门指南》并无什么根本不同。而且这两篇文论也都是以上帝作为最终的判断依据。在《艺术部门指南》中，鲁斯所谓"对上帝犯的罪过"应该是指艺术人才的埋没，维特根斯坦在信中特别提到這一点，并说那的确是一个极限。这意味着鲁斯说了"不可说的"。对照一下维特根斯坦在《逻辑哲学论》中所说的，"世界上的事物是怎样的，对于更高者完全无关紧要""上帝不在这个世界现身"，不难推断维特根斯坦是不会同意鲁斯的说法的[13][10]154。不过，鲁斯在《建筑学》一文中也是大谈上帝的，文章开篇就说山中湖岸上的住宅、农场以及小教堂仿佛都是来自"上帝的作坊"一般，一切都优美而平和。其中出现了一座建筑师做的别墅，那是个非谐和音，平和与优美就此消失。他还说在上帝面前，建筑师无所谓好坏。写于1898年的《建筑材料》竟然说"墙纸当然是用纸造成的，但上帝禁止它显现出来"，他指的是墙纸要有织花麻布、壁毯或地毯的图案[8]73,40。看来鲁斯常让上帝在这个世界现身。这些都是写在鲁斯与维特根斯坦见面之前，维特根斯坦应也是看过的。为什么维特根斯坦没有什么反感呢？很有可能的情况是，其时维特根斯坦受到克劳斯对鲁斯赞赏的影响，在一些问题上如艺术与工艺的关系、艺术与实用的关系以及对装饰的限制等都有同感，因而忽略了这些细节。另一方面，鲁斯的《建筑学》与《艺术部门指南》这两篇文论的主旨前后不一致。前文将建筑学从艺术门类中清除出去，可谓惊世骇俗，后文则又让建筑学回归艺术之列，且联合其他门类的艺术家向政府提建议，对于维特根斯坦这样从思想到行动都坚持严格道德原则的人而言是难以接受的。

7.1.3 观念上的差异

威德维尔德在《建筑师路德维希·维特根斯坦》一文中，还谈了维特根斯坦与鲁斯之间分歧的深层原因。他说，虽然开始的时候鲁斯和维特根斯坦都相信，他们从对方身上都认识到一种共同的审美态度，但不久他们的性格以及他们理念的潜在动机上的不同就彰显出来。首先是功能主义问题。鲁斯作为一个艺术家，他的功能主义风格深深地植根于他对实际事物的感觉以及对所有尘世事物的热爱。而维特根斯坦是一位思想家，也是真理的追求者，对他而言，"功能主义"就以文字表现在运转的机制中，并导致伦理原则；而且就设计的美学方面而言，维特根斯坦仍然坚持，功能主义意味着要满足对道德合理性的基本需要。其次是设计理念方面的问题。对鲁斯而言，建筑的目标是便利，使一个人在一天的工作之后有居家之感。与19世纪晚期室内的奢华装修相比，鲁斯的设计初看上去是简朴的，但它们的确渗透了遮蔽与便利的感觉，而材料虽然用得并不唐突，但往往是昂贵的，更不用说奢侈了。而维特根斯坦关于设计的理念旨在从日常生活的堕落中达到道德上的解脱。这种解脱必须通过对任何形式的强力去除而达到，任何不是自身必要的、只是一个偏移的、因而是不诚实的建筑性质，都要去除。简洁性对他而言，既是一个道德工具，也是一个美学工具[2]141。至此可以明了，鲁斯的设计理念与艺术的态度都是有所变通的，多少有些实用主义的特征，而维特根斯坦将审美与道德联系起来，就显得严格多了。

1926年，维特根斯坦同意为他的姐姐设计并监造住宅，这又激怒了鲁斯。他一定是厌恶维特根斯坦在没有建筑专业训练的情况下承接建筑业务，而鲁斯的两个学生恩格尔曼和雅克·格罗格（Jaque Grog）只是配角。从鲁斯的专业角度来看，维特根斯坦是个笨蛋。在1928年，鲁斯看过维特根斯坦参与设计的斯通伯拉住宅后，认为它充其量不过是二流的，他们的关系进一步冷淡了。威德维尔德认为，在住宅建造期间，鲁斯和维特根斯坦至少见过一次。维特根斯坦和玛格丽特一起拜访过鲁斯，无疑住宅建造是他们的话题。他很可能试图让鲁斯相信他的建筑实践是认真的；而鲁斯对这住宅的设计也没有什么直接的影响[2]143。另据亚历山大·沃夫（Alexander Wough）的《维特根斯坦住宅：战争中的家庭》，格罗格在一封信中提到，在房屋建造过程中，他与维特根斯坦经常争吵[32]11。另一方面，维特根斯坦改变了恩格尔曼的初始设计，这已经偏离了鲁斯自从1922年以来沿循的路径，按照威德维尔德的说法，鲁斯的建筑是对现代主义的功能主义的解释，而维特根斯坦之所为则是对现代性概念进行"古典化"（classicizing of modernity）[2]141。

在建筑形式方面，鲁斯并不以为新的形式有多重要，维特根斯坦似乎就没有想到新的形式。在这一点上他们似乎是有共识的。但仔细考察他们的看法，差异还是比较明显的。对鲁斯而言，重要的是新的精神。恩格尔曼在论及维特根斯坦和鲁斯的关系时引用了鲁斯的论断："甚至从老的形式中也会形成我们新人所需要的东西"。恩格尔曼认为鲁斯的论断有其哲学基础：表达能够引向新生活方式的真正新的精神，不一定需要事物的新形式、新的哲学体系。的确，鲁斯对事物价值的判断并不以事物的新与旧为依据，他甚至说，与他周围流行的谎言相比，他与已有几世纪之久的真理更亲近一些[9]128。帕顿也意识到，鲁斯从来没有批评过所谓的西方建筑传统，也没有批评过为这个传统做出贡献的建筑师。他批评的只是他同时代的那些沉迷于各种风格的建筑师[7]45。

维特根斯坦在 1947 年思考了他的建筑设计工作,其时鲁斯已去世十多年。维特根斯坦认为,他在建造房屋时所做的工作就是以一种新的语言把一种旧的风格表达出来,也就是以一种适合我们时代的方式重新表现旧的风格[15]535。在这里维特根斯坦用语言类比建筑形式,如果我们用类似的方法将鲁斯的论断重新表述,就可得出:从老的语言中也会形成我们新人所需要的东西。由此可见,维特根斯坦和鲁斯的指向正是相反的。随着语言的发展,新的语言蕴含老的语言,形成一个不可逆的过程。大量新的语汇对于老的语言而言是未知的,很难想象用过去某个时代的语言来表达未来的事物。因而,从语言学的角度来看,鲁斯想要去做的事是难以做到的,而维特根斯坦想要做的事却是可能的。

7.2 维特根斯坦与恩格尔曼

保罗·恩格尔曼是奥地利的室内建筑师,鲁斯的学生,在现代建筑史上,没有引起什么注意。1926 年,他与维特根斯坦、格罗格合作,为维特根斯坦的姐姐格蕾特尔设计了一座住宅。1934 年,恩格尔曼来到特拉维夫(Tel Aviv, Israel),在那里继续他的室内建筑师生涯,直至 1965 年去世。20 世纪后期,建筑理论界对作为哲学家的维特根斯坦的建筑实践有了很大的兴趣,恩格尔曼也进入建筑理论家们的视野。我们知道,维特根斯坦在与恩格尔曼的老师鲁斯的交往最终不欢而散,而与恩格尔曼却保持了终身的友谊。我通过阅读他们的往来信件、恩格尔曼对维特根斯坦思想的理解,并分析维特根斯坦对恩格尔曼最初设计的改动,一方面感受到维特根斯坦作为天才的原创力,另一方面也感受到恩格尔曼超越建筑师的理解力。

7.2.1 关于恩格尔曼

1999 年在丹麦的阿尔胡斯(Aarhus)举办了主题为"建筑·语言·批评:围绕保罗·恩格尔曼"的国际会议,这次会议由茵斯布鲁克大学布伦纳档案研究所、阿尔胡斯大学艺术史学系以及阿尔胡斯建筑学院联合主办,与此同时,还举办了"保罗·恩格尔曼与中欧遗产:从奥罗穆克(Olomouc)到以色列之路"的巡回展。2000 年,会议论文由朱迪丝·巴卡克茜(Judith Bakacsy)等人编辑,洛多皮. B. V. 出版社出版。本书汇集了朱迪丝·巴卡克茜、阿兰·雅尼克(Allan Janik)、保罗·威德维尔德、娜娜·拉斯特、让-皮埃尔·科梅蒂(Jean-Pierre Cometti)、安德斯·V. 蒙克(Anders V. Munch)等学者的论文,这些论文从不同角度探讨了恩格尔曼与维特根斯坦的关系,并对恩格尔曼的历史作用给予高度评价[16]11-15。

恩格尔曼在去世前,将维特根斯坦给他的信件加以整理,与关于维特根斯坦的回忆录一起出版,题为《路德维希·维特根斯坦来信及回忆录》。恩格尔曼的好友约瑟夫·歇希特(Josef Schächter)在本书的前言中对恩格尔曼做了简要的介绍。从中可见,恩格尔曼在特拉维夫的三十年间是很活跃的,他不只是有着室内建筑师的工作,而且还著书、写论文,参加许多哲学与文学的讨论会[9]ix。这本回忆录是在他生命的最后几个月写的,还没有写到他与维特根斯坦合作为后者的姐姐设计、建造住宅的事,他就去世了。这是十分令人惋惜的事。

歇希特说,恩格尔曼的建筑作品既富于美感,又形式简洁。但他并没有将他作为建筑师的名望转变成获取金钱的手段,而是将这种活动限制到维持最低程度的需要范围内,以便他有时间进行理智上的追求。歇希特还提到,恩格尔曼努力影响他的环境。作为建筑师,他不只是意在改变室内生活,他也想要将城市规划、经济以及理智生活作为一个整体加以改善[9]x。也许歇希特在说恩格尔曼有着"理智的追求"时,他不一定意识到这样的追求(能够让恩格尔曼在很大程度上舍弃原本可以让他舒适生活的本行)对恩格尔曼到底意味着什么。恩格尔曼在有生之年,在贫困中坚持这样的追求,产生的影响却是有限的,这一定让歇希特感到惋惜。如果歇希特能够活到现在,他就不会有那样的抱怨了。有些杰出的人士,事实上已经对他们周围的人和事产生了积极的影响,只是人们在很长时期内并没有意识到,不过,人们最终还是能够意识到那些影响的意义的。这需要时间。今天,当我们翻开恩格尔曼的未完成的回忆录,以及维特根斯在 1916—1937 年间给他的信件,我们会感受到恩格尔曼的谦逊的态度和宽广的视野。能够和维特根斯坦这样一位哲学家沟通,并对连罗素都说难懂的《逻辑哲学论》提出意见,足可见他的"理智的追求"是卓有成效的[9]94。

恩格尔曼在本书"引言"中表明他对发表维特根斯坦信件的疑虑,其中一个原因是,虽然那些信件的收信人和他是同一个人,但时间流逝,他已有了很大的改变。特别是使得维特根斯坦选择他作为朋友、与他聊天、给他写信的那些性格特征,虽然保留了一些,但还是改变了很多。另一方面,恩格尔曼觉得身后的声名就像是天才一生悲剧之后接踵而至的酒色喜剧。所以他在给伊丽莎白·安斯康姆(Elizabeth Anscombe)的信中说,他并不怎么热衷于出版有关维特根斯坦的回忆录,因为维特根斯坦如果发现他的一部分个人理智生活(那原本是以一种特殊的方式表达给一个亲近的熟人的)向更大范围的文学与哲学圈(总体说来他对它们的评价不高)公开,一定会生气的。不过,在安斯康姆的鼓励下,恩格尔曼还是写下了这本回忆录并公开了维特根斯坦给他的信件[9]xⅲ,xiv。

7.2.2　通信:《逻辑哲学论》的出版

维特根斯坦的《逻辑哲学论》于 1921 年发表在德文期刊《自然哲学年鉴》上。其实早在 1917 年,这部著作应已完成。1917 年 4 月初,恩格尔曼寄给维特根斯坦一首路德维希·乌兰德(Ludwig Uhland)的诗《艾伯哈德伯爵的山楂树》。在 1917 年 4 月 9 日给恩格尔曼的回信中,维特根斯坦说乌兰德的诗是非常壮丽的,恩格尔曼在回忆录中特地说到这件事。根据他的说法,其时维特根斯坦的《逻辑哲学论》的写作已进入尾声,可能正要为他的关于神秘的洞见赋予最终的形式。乌兰德是德国 19 世纪诗人、文献学家、文学史学家。卡尔·克劳斯说这首诗"如此清晰以至没有人理解它",恩格尔曼觉得这首诗给他的感受不同于德国伟大文学传统的诗学,而且给他更深的感动,他将这首诗寄给维特根斯坦,应是想和他分享那样的感受。维特根斯坦显然从这首诗中联想到他在《逻辑哲学论》的关键性陈述,在回信中说:"如果你不试着去说不可说的事物,那么就不会丧失什么。但不可说的事物将——不可说地——包含在已说出的事物中"[9]7。恩格尔曼觉得,维特根斯坦在文学方面划出语言表现的可能性的边界,是决定性的成就。但是,恩格尔曼直言,维特根斯坦的哲学《逻辑哲学论》的思想在那个时期远超出他的心智把握之外,也超出他的经验之外。不过,他还是意识到,维特根斯坦的哲学为他打开一扇门,让他有机会去学习如何看待这个世界[9]82。

《逻辑哲学论》的出版十分困难。从他在 1918 年 9 月 10 日给恩格尔曼的信中可知,维特根斯坦从 1918 年起就开始为这部著作寻找出版商,他先是找到出版《火炬》杂志的雅霍达出版社(Jahoda),"屏着呼吸"等待消息,接下来的明信片(1918 年 10 月 22 日)流露出急切的心情,但又不愿写信给出版商询问。他说出版商也许是在对他的手稿做化学检测。请恩格尔曼在维也纳的时候去找"那该死的笨蛋",看看结果如何。最终维特根斯坦还是心存侥幸。三天后的信说,出版商通知他此书出于技术的原因不能出版,但他仍是心有不甘,他想知道克劳斯对此怎么看,也许鲁斯也知道些什么,他想让恩格尔曼了解一下。其时维特根斯坦已经与鲁斯有些疏远了,但为了书的出版,他还是想到了鲁斯。1919 年,他将著作提交给出版商布劳缪勒(Braumüller),也未得到明确答复,这一次维特根斯坦没什么反应,也许他本来就不抱什么希望;年底时的一封信(1919 年 12 月 15 日)中说,罗素想要出版他的著作,可能是以德英对照的方式,罗素自己来翻译并写一篇引言。此信比起前几封信来,情绪明显好了许多。在接下来的一封信(1919 年 12 月 29 日)中,维特根斯坦说他与罗素的会面很愉快。信中再次提到罗素想为他的书写导言，他也同意了。他明白，有罗素这样著名的哲学家写的导言，对出版商来说此书的风险会小一些。他还提到，如果他找不到德国出版商，罗素会在英国把书印出来。从信中还可以看出，恩格尔曼也在托人为他找莱比锡的瑞克拉姆出版社(Ph. Reclam)[9]15,19,23,25。1920 年 2 月和 4 月的信表明，维特根斯坦状态很差。他收到了罗素为他的书写的导言，那也译成了德语。他觉得罗素的导言是个他不同意的杂烩，不过由于那不是他写的，所以他不怎么介意。在接下来的信（1920 年 5 月 8 日）中，他还是难以接受罗素的导言，而且德译本看起来更糟，以至他觉得他的书可能不会印发了。1920 年 5 月 30 日的信，一开始就自问为什么没有再收到恩格尔曼的讯息，并自答说因为恩格尔曼没有写信给他，他说近来是他最悲惨的时期，他一直想着结束自己的生命。他已陷至最低点。瑞克拉姆出版社不会出版他的书，而他也不再介意，看来他最终还是想开了[9]31,33。1921 年的几封信没有提到出书的事。在 1922 年 5 月的一张明信片里，维特根斯坦说，《逻辑哲学论》在奥斯特瓦尔德(Whilhem Ost-wald,1853—1932)主编的《自然哲学年鉴》(Annalen der Naturphilosophie, No. 14)上发表。这其实是他未曾想到的。更糟的是这个版本"充满了错误"（这可能有些夸张），所以维特根斯坦称之为"海盗版"[9]49。

恩格尔曼在回忆录中也提到维特根斯坦的 1920 年 5 月 30 日来信。恩格尔曼说那封信里所说的他的长时间沉默可能是因为在那种特殊的情形下，他发现很难对维特根斯坦说些什么。恩格尔曼帮维特根斯坦出书的活动没有成功，维特根斯坦又对罗素的导言不满意，而恩格尔曼当时觉得，没有罗素的导言，《逻辑哲学论》根本就不可能出版。因而当维特根斯坦在 5 月 8 日的信中说他还是难以接受罗素的导言，恩格尔曼认为他是不想抓住这最后的机会，倍感沮丧[9]116。其实恩格尔曼当时并没有看到罗素写的导言，他在回忆录中说，如果维特根斯坦把导言给他看看，他自然会一如既往地相信维特根斯坦的卓越判断。恩格尔曼意识到，本书至今被视作逻辑领域的重要事件，而没有在更宽泛的意义上作为哲学著作得到理解，罗素的导言可以说是主要原因之一。在恩格尔曼看来，维特根斯坦感到连如此杰出的人同时也是他的朋友的人都不能理解他写《逻辑哲学论》的意图，一定是因此而深深刺痛了，他甚至怀疑他作为哲学家是否能让人理解。这样的沮丧促成了他去做个小学老师的决定。通常的看法是，维特根斯坦在完成《逻辑哲学论》之后，自认为已解决了哲学的所有问题，就去奥地利南部的乡村小学做老师了。那可能是维特根斯坦以轻松感示人的缘故，而对于引以为知己的恩格尔曼，维特根斯坦表达的可能是他的真实的心境。《路德维希·维特根斯坦来信及回忆录》的编者 B. F. 麦克圭尼斯(B. F. McGuinness)在这里加注说，维特根斯坦早在罗素写导言之前很久就决定去做老师了[9]117。不过，恩格尔曼说维特根斯坦的沮丧"促成"了这样的决定，也并无什么不妥。

7.2.3 合作设计

维特根斯坦在 1925 年底写给恩格尔曼的信中说，他对建造一栋房子也应该很感兴趣。这应是指为他的姐姐玛格丽特(Margarethe,即斯通博拉夫人，也叫 Gretel,格蕾特尔)建的房子。1926 年玛格丽特在维也纳的昆德曼大街上购置了一块宅基地，并委托恩格尔曼做设计。其时维特根斯坦又经历了一段危机。他在做乡村教师期间，曾给孩子们开过建筑学课程，根据一个学生的回忆，维特根斯坦让孩子们一遍又一遍地画科林斯柱式，孩子们画了改，改了画，还是达不到他的要求。他发怒了，开始揪孩子们的头发。维特根斯坦还打学生耳光，罚站，最终村民把他赶出学校。随后他在维也纳郊外的胡特尔多夫兄弟会修道院做助理园丁。在这个人危机期间，玛格丽特和恩格尔曼建议他来一起设计她的城市住宅。恩格尔曼作为建筑师其从业经历限于室内设计，维特根斯坦的机械工程方面的训练对这任务而言是不够的,他们又请鲁斯的另一位学生雅克·格罗格来负责建造详图及造价计算[2]144-145。恩格尔曼写的回忆录里没有写到此事。

奥地利具有建筑学背景的媒体艺术家伯恩哈德·莱特纳(Bernhard Leitner)自1960年代以来致力于维特根斯坦住宅的研究,并为这座住宅的保护做出贡献。他分别于1973年和2000年出版两部关于这座住宅的专著。他在《维特根斯坦住宅》一书中对格蕾特尔的建筑师人选做出说明。他认为其时恩格尔曼并没有独立完成过工程项目设计。尽管维也纳有不少著名建筑师如鲁斯、弗兰克(Josef Frank,1885—1967)、霍夫曼(Josef Hoffmann,1870—1956)等,但格蕾特尔并没有考虑过其他建筑师人选,部分原因是,恩格尔曼是维特根斯坦的朋友,而且已经为她的住房做些改建工作;当然,更主要的原因是,格蕾特尔想要参与设计,要让她的生活方式贯彻在设计中,这样的意图可能让著名的建筑师难以接受。她为这座住宅设想了空间程序,她知道她想要什么。而恩格尔曼的任务就是将她的"意图"转化成设计乃至房屋本身[6]24。

关于维特根斯坦为他的姐姐格蕾特尔设计、监造住宅一事,他的另一位姐姐赫尔明娜有较详尽的回忆。她说,格蕾特尔在昆德曼大街买了一块非同寻常的地,比街道稍高一些,上面有一座老宅,是要拆除的,还有一个小花园,里面有棵美丽的老树。周围是简朴的、不张扬的住宅,总之,这块地不在优雅的大都市区。维特根斯坦的两位姐姐对恩格尔曼的专业水准评价很高,在这之前,恩格尔曼已经为赫尔明娜和保罗·维特根斯坦做过室内装修,"将一些非常缺乏吸引力的房间转变成动人的优美的房间"[14]163。赫尔明娜对恩格尔曼的评价显然要比莱特纳的评价要高,考虑到与业主的关系,赫尔明娜所说的选择恩格尔曼作为建筑师的原因更可靠一些。

恩格尔曼在1953年2月16日写给芝加哥的F. A.哈耶克教授(Friedrich August Von Hayek,1899—1992)的信中谈起他和格雷特尔、维特根斯坦在设计阶段合作的事,根据他的说法,维特根斯坦还在当老师的时候,就对这个住宅项目表现出极大的兴趣。只要他在维也纳,他就会对住宅的设计提出很好的建议,以至恩格尔曼最终感到他比自己能更好地理解斯通博拉夫人。而她有很高的品位,有很高的文化水平,在设计过程中也起着十分活跃的作用。不过他和斯通博拉夫人合作的结果让他们双方并不完全满意,出于这个原因,再加上维特根斯坦在辞去教师职位后陷入个人精神危机,恩格尔曼建议维特根斯坦一起来实施这座建筑。在考虑了很长一段时间后,维特根斯坦接受了这个建议。恩格尔曼认为维特根斯坦的介入对他自己和这座建筑而言都是幸事,而且就此意义而言,维特根斯坦才真正是建筑师,他本人并不是。虽然当维特根斯坦开始工作的时候,平面图已经完成,但他还是认为最后的成果是由维特根斯坦取得的[6]23。

莱特纳对恩格尔曼的陈述的最后一点表示质疑,因为维特根斯坦介入之后对平面做了改动。他在《维特根斯坦住宅》(2000年)一书中,刊载了恩格尔曼于1926年5月18日做出的主层平面图、维特根斯坦于1926年11月15日做出的工作图,并将后者叠加在前者之上,以示区别[6]27, 29, 31。其实两者之间大的格局是类似的。即使是恩格尔曼的平面,已是经过与斯通博拉夫人多次沟通,维特根斯坦也已给过建议,因而这两个平面都是他们三个人共同工作的结果,只不过前者由恩格尔曼执笔,后者由维特根斯坦调整并深化。当然,尽管是局部的调整,维特根斯坦的工作仍然极为出色,这一点将在下一节里讨论。

亚历山大·沃夫在《维特根斯坦住宅:战争中的家庭》一书中提到,当斯通博拉夫人请维特根斯坦和建筑师恩格尔曼、雅克·格罗格一起设计她在昆德曼大街上的奢华现代风格的宅邸,维特根斯坦既怕他可能会和他姐姐吵架,又怕和他的合作者们吵架,起初拒绝了,但随后又改变了主意。他很骄傲地自称"建筑师路德维希·维特根斯坦",着手提出明确的要求,为每一把锁子以及暖气装置的每一毫米争吵,坚持拆去刚粉刷好的天花,抬高几厘米,以至在任务完成时,已是超期且超出预算,参与的每一个人都很沮丧,也很疲惫。当路德维希咆哮的时候,锁匠"吓了一跳",格罗格也在一封信中说:"一天最糟糕的争吵、辩论、苦恼之后,我很沮丧地回到家,头很疼。这经常发生。大多是在我和维特根斯坦之间。"[4]122 后来格罗格忍无可忍,最终辞职。看来维特根斯坦在房屋建造过程中坚持已见,非常人所能忍受。

赫尔明娜在《家庭记事》(1945)中说,恩格尔曼与格蕾特尔一起画出了平面,然后维特根斯坦也参与其中,对平面和模型有很强烈的兴趣。他开始更改它们,且日益深入其中,最终就接手干了。恩格尔曼只好给一个具有更强人格的人让路,于是整座建筑直到最微小的细节,就根据维特根斯坦改过的平面并在他的直接监理下建造了[4]122。从多方面迹象来看,维特根斯坦主导了房屋设计和建造过程,而且要求严格。而恩格尔曼与维特根斯坦合作下来,当然是以维特根斯坦为主,这固然说明恩格尔曼较为谦和,但其实更为重要的原因应该是,一方面恩格尔曼与维特根斯坦保持了终身的友谊,愿意为他尽自己的能力去做些事情,就像前面所说的为《逻辑哲学论》的出版而奔波那样;另一方面,在多年的交往中恩格尔曼接受了维特根斯坦的思想和观念,并认为他是一个伟大的思想家,而且他也相信维特根斯坦比起他来更能领会格蕾特尔的意图,可以说他对维特根斯坦在这栋住宅上的主导工作心悦诚服。

7.2.4 恩格尔曼对《逻辑哲学论》的理解

在《维特根斯坦回忆录》第五章"对《逻辑哲学论》的意见"中,恩格尔曼提到,维特根斯坦在奥尔姆茨期间有一阵受语无伦次的困扰,他在形成一个陈述的时候往往要与词搏斗。恩格尔曼经常会说出维特根斯坦想要说的陈述,以此来帮助他找到合适的词。恩格尔曼之所以能做到这一点,是因为他能对维特根斯坦想要说什么有敏锐的感觉[9]94。关于《逻辑哲学论》,恩格尔曼认为,理解作者的意图是理解这本书的关键。维特根斯坦是在研究弗雷格、罗素以及物理学家海因里希·鲁道夫·赫尔茨(Heinrich Rudolf Hertz,1857—1894)的著作的过程中受到激发而写作此书的。而维特根斯坦的思想体系源于深刻的个人经验与冲突,并通过完全原创性的方式呈现出关于世界的综合性的哲学图像。这样的思想体系在某些方面与他的那些建立现代逻辑的老师们的逻辑体系不同。维特根斯坦对他的神秘经验的复杂形式有理性的解释,这种解释的特殊要素同时也是对他那些他高度敬重的老师们所犯错误的纠正。恩格尔曼提醒我们,对维特根斯坦而言要紧的是哲学而不是逻辑,如果不理解这一点,就不可能理解他。至于逻辑,那只是他精致描述这个世界图像的合适的工具。然而,维特根斯坦最终又取消了他自己的世界图像。恩格尔曼认为,维特根斯坦想要说的是,人们努力去"说不可说的事物"也许就是满足人的永恒的形而上学追求的无望的企图[9]96。

《逻辑哲学论》的第 6.522 条是:"的确存在不可说的事物。它自身显示出来,它是神秘的事物。"[10]157 这个陈述对恩格尔曼影响很大。恩格尔曼在论及鲁斯的建筑主张时,对"说出"(be proclaimed)与"显示"(manifest)这样两个用语的含义有很好的把握,这两个用语似表明了不同的对事物的处理方式,他也正是以此来体会鲁斯与维特根斯坦在思想上的共通之处的[9]127。其实这样的关联只是在类比的意义上才是可能的,因为对鲁斯而言只可显示的事物并不一定是神秘的。而维特根斯坦将不可说的事物归于神秘的事物,这是一个合乎逻辑的陈述。恩格尔曼注意到达格伯特·卢恩斯(Dagobert Runes)在《哲学词典》中提到《逻辑哲学论》的"神秘性的结论",认为他其实并没有理解此书的意义[9]96-97。事实上,维特根斯坦的结论是关于神秘性事物的陈述,而这陈述本身并不是神秘的。恩格尔曼在"关于神秘事物的陈述"以及"神秘性的陈述"之间小心地做出区分,对《逻辑哲学论》的理解是很深刻的。

恩格尔曼认为,《逻辑哲学论》并不是对人类语言性质的论述,在此语言性质被认为是描述

(dipiction)的更为复杂的逻辑范畴的特例。他还从哲学史的角度,将维特根斯坦的工作与康德相比较:康德的知识理论聚焦于作为人类思维基本性质的"理性",而《逻辑哲学论》则聚焦于"语言";恩格尔曼意识到这将构成走向全新思维方式的决定性的一步。更为重要的是,恩格尔曼还意识到维特根斯坦小心翼翼地避免任何心理主义的思维[9]99。可以说恩格尔曼的关于哲学的历史意识是比较清晰的。

在关于《逻辑哲学论》的探究中,恩格尔曼提到维特根斯坦在他们相识之初正沉浸在这些思想中,在他们的对话中,维特根斯坦为了将他这样的门外汉引到主题上来采取了一种方法。恩格尔曼将这样的方法视作理解《逻辑哲学论》的最好方法,以此为基础,在后来没有得到维特根斯坦口头解释的情况下,他可以通过自己的努力来理解此书的后部分章节。下面是恩格尔曼对《逻辑哲学论》部分内容的解读:

> 一边是这个世界,另一边是语言。
>
> "世界是一切发生的事情。"也就是说,如果我问一个学生:"什么是世界的构成要素,世界通过它们建造起来?"他也理解了这个问题,那么他很可能会回答:"世界由树、房屋、人、桌子等对象构成;所有对象在一起就是这个世界。"但这是不对的。是一个要素的标记,也就是一个结构的构成部分,才使得世界可以用这些建筑材料重构;但是对象的累积对这个目的来说是不充分的。因为如果不了解将对象彼此联系起来的关系,就不可能有什么重构,尽管这重构是如何不完善。在现实中,桌子只是在关系中才产生,如在这个陈述中:"这桌子在房间里存在",或者"这个木匠制作了这张桌子"等。那么,构成这个世界的要素之一并不是这张桌子,而是桌子在房间里的存在。这样的要素就是一个事实。"发生的事情——一个事实(fact)——是事物状态(states of things)的实际存在。"事物的状态是事物的组织(constellation),而真正实现的事物状态(不仅仅是可能的)就是一个事实。桌子在房间里存在(而不是在厨房里)就是事物的状态。如果它真的在那里,事物的状态就成为一个事实[9]100-101。

恩格尔曼通过桌子的例说阐明了"事物状态"与"事实"的概念,这样的阐明是可以解释"世界是事实的总和"这个命题的。根据《Word Net Search—3.1》,"fact"的第三义为:"已知已发生或已存在的事(event)",而"event"有"在给定的处所与时间发生的事(something,或可理解为出现的事物)"之义[17],事实上"fact"最终还是隐含了事物之义。恩格尔曼在这里引用的是《逻辑哲学论》的第2条,德语原文是:"Was der Fall ist,die Tatsache,ist das Bestehen von Sachverhalten",奥格登的英译本为"What is the case,the fact,is the existence of atomic facts",英汉对照版本据此译为:"发生的事情即事实,是原子事实的存在"。"Sachverhalt"原意为"事实上的状况与过程""事物的状态""事态",奥格登译为"atomic fact",似有借用罗素的术语之嫌,相形之下,D. F. 皮尔士(D. F. Pears,1921—2009)与 B. F. 麦克圭尼斯(B. F. McGuinness)译作"state of affairs",恩格尔曼理解为"the state of things",是较为合理的[9]101,[10]6-7,[18]42-43,[13]25。维特根斯坦将"事实"定义为"事物状态的实际存在",而一个事物状态又是"诸对象(实体、事物)的结合",这就意味着世界的构成要素处在一种关系之中。这样地看待世界的方式与后来的哲学家们看待一个文化的结构主义方式是相类似的。对应于这样的关系的是命题标记(das Satzzeichen)。命题标记乃在于其要素即字词都是以一定方式相互关联的,而不是字词的简单混合。维特根斯坦以命题标记对应事实,他想要表明的是,字词经过一定的方式相互关联而构成一个命题,从而可以表达意义;而单是一些字词摆在一起,比方说与一些事物对应的名称,是不能表达意义的[10]22。他坚持世界由事实构成,其实是在表明这个世界对于人而言的意义。

不过，人们对这样的看法至今仍存疑虑，当代哲学家布鲁斯·昂认为，通过观察和经验推论，可以得出世界是事物的总和而不是事实的总和的结论[19]63。问题可能在于对世界这个概念的理解上的差异。如果从所有事物的总和这个观点来看，世界如其所是地存在，它如何存在，诸事物或存在者之间有什么关系，已是自然而然地得到规定的。这个世界在人出现之前既已存在，或在人消亡之后亦将持存，就其客观性这一方面而言，世界是事物的总和。而这样的世界的概念其实是指自然的世界。而维特根斯坦是从语言方面来看这个世界的，如果这个世界是可以认识的，那么它就可以用语言表达出来。通过语言表达世界就是描绘关于世界的图像。而哲学的任务就是在语言与世界之间建立起关系，这是知识理论的主题，也是维特根斯坦首次在奥尔姆茨期间就让恩格尔曼理解了的洞见[9]102。那么语言与世界的关系是什么？维特根斯坦认为，在图像与实在之间，也就是语言与世界之间必须有共同的东西，那就是逻辑结构。这意味着语言以能够表达意义的命题这样的要素与能够具有意义的事实相对应，恩格尔曼也理解了这一点。他说："一个命题由词（名称）构成，事物的状态（以及事实）由对象构成。一个命题的词形成一个组织（constellation），与构成一个相关事实的事物的组织相类似，因而构成这个事实的图像。"[9]101值得注意的是，恩格尔曼使用了"constellation"这个词，原义为部分或要素的安排，引申为星群之义。恩格尔曼用来指称事物或词的结合状态，其实就是事物或词的组织。这就是事实或命题的基层的定义了，那么，世界与语言之间所共有的逻辑结构，从根本上来说就是事物的组织与词的组织之间所共有的逻辑结构。如此看来，世界由事实构成这个陈述表达的是经过人的认识重构的世界概念。

让我们再回到恩格尔曼关于桌子的例说。桌子真的在房间里存在，这个命题对应的事实只是"在房间里存在，而不是在厨房里"吗？其实我们还需要明白的是这个作为桌子的对象对我们意味着什么。因而除了事物的组织之外，我们还需要了解桌子何以如其所是。作为一种人造产品，桌子的意义是由人赋予的，那么这种产品仅当符合人关于桌子的概念规定时才称其为桌子。尽管习惯上我们将桌子归于物之列，但严格说来它存在于与我们的关系之中，将它称为事实是不错的。而对于纯粹自然的事物而言，情况就有所不同。我们为不同的自然事物命名，只是为了便于将它们区分开来。被我们称作"山岩"或"树木"的事物，其自身的性质与我们的命名无关，它们原本并不存在于与我们的关系之中。承认它们的独立于我们心灵的存在论意义并非很困难，将它们称作事物是很自然的。也许可以将世界视作事物与事实的总和。

关于命题的意义的问题，维特根斯坦在谈论命题标记的时候，也意识到命题标记作为一件事实，通常会被书写或印刷的普通形式所掩盖，于是他觉得当设想命题标记是"由一些空间对象（例如桌子、椅子和书本）组成的时候""命题标记的本质就会变得很清楚"，而且，"这些东西的空间位置就表达出这个命题的意义"[10]59。可以说，维特根斯坦的陈述保持了相当好的一致性。这就像是语法作业中句型的主词的替换练习那样，句型成为一个固定的结构，而主词的可替换性表明，主词所代表的事物对于这个固定结构不起任何作用。然而有的固定结构如比较的句式，如果不清楚用以比较的词的确切含义，命题就是无意义的。

恩格尔曼对维特根斯坦所谓"不可说的事物"有很深刻的理解。维特根斯坦指出语言与世界之间共有一个逻辑结构，他这样想是出于这样一个前提，即上帝不会不合逻辑地创造这个世界。所以维特根斯坦要说，"我们不能说一个'非逻辑的'世界会是什么样子"[13]31。世界是合乎逻辑的，而表达世界的语言也不可能有任何违反逻辑的东西。由于维特根斯坦将世界的逻辑视作上帝之所为，那么语言与世界所共有的逻辑结构也就是不可说的。恩格尔曼理解了这一点，进而指出真的命题自身与世界的关系也是不可陈述的，并最终引向这样的结论：在语言与世界之间的这种关系是不可陈述的[9]101-102。恩格尔曼将这一点视为维特根斯坦的哲学研究与传统哲学的认识论企图不同的原因。另一方面,恩格尔曼也意识到形而上学与自然科学之间的张力。随着自然科学的发展,形而上学的基础日益受到威胁,以至"人们试图设立马奇诺防线来保卫人文学科"。在他看来,维特根斯坦自己也珍视"那些处在危机关头的价值",但不赞成哲学通过说出"不可说的事物"来保护它[9]107。所谓"不可说的事物"就是不能在知识的领域内得以解释的事物。事实上,将所有可说的事物从不可说的事物区分开是很困难的事,而且事物的可说与否与人们的认识能力有关。认识能力低下的远古时代不可说的事物,在认识能力提高以后的现代就成为可说的,现在不可说的事物在未来有可能是可说的。

7.3 维特根斯坦住宅

前面一节提到,1926—1928 年间,维特根斯坦与恩格尔曼、格罗格合作完成了斯通博拉夫人的住宅的设计与监造的工作[20][6]22,之后就重返剑桥继续他的哲学研究。无论是在哲学史上,还是在建筑史上,以哲学为职业的人设计并监造一座建筑,乃是绝无仅有的事。不过,这座住宅建成后,在很长时期里无论是在哲学界还是在建筑界都没有引起什么注意。其原因是多方面的。首先,维特根斯坦自己很少提及他在这座住宅的设计与监造中的工作,只是在《杂评》中有两处结合美学方面的问题谈了对他的建筑工作的看法。莱特纳的研究表明,维特根斯坦只是将这座住宅的设计与建造视为自己家庭的私事。另一方面,合作者恩格尔曼作为建筑师在那个时代缺乏影响力,这座住宅建成后不久就移民以色列,也没有在欧洲的建筑杂志上介绍这个作品。移民后,他的兴趣更多是在文学与哲学方面,晚年写有关于维特根斯坦交往的回忆录,先写了他和维特根斯坦的友谊、对维特根斯坦《逻辑哲学论》的理解以及维特根斯坦与克劳斯、鲁斯的交往,还没有写到他与维特根斯坦合作设计的事就去世了。因而他的《回忆录》于 1965 年出版后主要应是在人文学界引起关注。事实上,维特根斯坦在为他姐姐建造住宅的时候,当时的维也纳建筑师们是知道的。1988 年,奥地利著名的现代建筑师恩斯特·普利施克(Enst Plischke)在与莱特纳的对话中说过,他们知道维特根斯坦建房子的事,但他们觉得他不过是个业余爱好者,没什么意思,他们懒得过去看看[6]33。问题就出在这里,看都没看过,就得出没什么意思的结论。有时候专业人士的自以为是会错失掉有价值的东西。

在 1960 年代后期,通过莱特纳的努力,维特根斯坦住宅得到保护[21][6]46,学术界也开始对它展开研究。自从莱特纳于 1973 年出版《维特根斯坦的建筑:一部资料》以来,关于维特根斯坦的建筑实践的专著有:威德维尔德的《建筑师维特根斯坦》(1994 年)、罗格·帕顿的《神秘主义与建筑:维特根斯坦与斯通博拉住宅的意义》(2007 年)、娜娜·拉斯特的《维特根斯坦住宅》(2008 年)、莱特纳《维特根斯坦住宅》(2010 年)。这些学者专业背景不同,莱特纳是奥地利具有建筑学背景的媒体艺术家,以其"声音空间"装置而著称;威德维尔德是丹麦莱顿大学教育研究生院的教授,著有《认知心理学》(1990 年);帕顿是美国乔治·马松大学哲学副教授,研究方向涉及社会与政治哲学、伦理学、环境伦理学、建筑哲学等;拉斯特是弗吉尼亚大学建筑学副教授,她的研究涉及当代建筑理论与实践,以及建筑、艺术与哲学的关系。尽管背景不同,但这些学者的研究大多倾向于将维特根斯坦的建筑实践与他的哲学思考对应起来,可能是基于设计者本人是哲学家这个事实。当我通过哲学史、传记以及他的著述了解他的生平与思想时,对他设计并监造住宅一事深感好奇。这种好奇也促使我将去维也纳考察这座建筑列入 2016 年暑期欧洲之行的计划中。尽管维特根斯坦自幼就有制作方面的天才,并在大学时代学习航空学,但建筑毕竟需要专门的技能以及更广一些的知识。按照常理,维特根斯坦必须与恩格尔曼、格罗格合作,才能完成设计工作。即使维特根斯坦最终全面接手了设计与监理的工作,那也要有个基础。从可获得的材料来看,恩格尔曼的工作

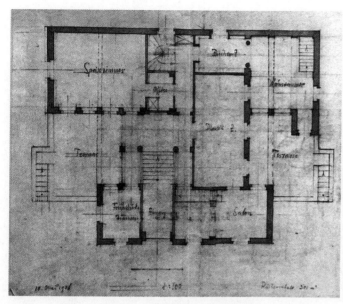

图7.1 恩格尔曼设计的平面

图7.2 维特根斯坦父母家

是这个基础的一部分。在这一节里,我的工作是辨明维特根斯坦对于恩格尔曼的设计在哪些方面是接受的,在哪些方面有所改动。维特根斯坦是个标准严格的人,能够让他接受的事物必合乎一定的标准。但他又对某些事物表现出宽容的态度,甚至这些事物并不是他所赞赏的。这可能不仅仅是审美的问题,更有可能是伦理问题。从相关的回忆录和研究来看,维特根斯坦对这座住宅的监造要求极高,堪称传奇,这里无须赘述。我想仅就他的设计本身做出深入的分析,看看他的调整与改动是否更为合理。

7.3.1 恩格尔曼设计的分析

1926年5月18日,恩格尔曼完成斯通博拉住宅的平面设计(图7.1),迄今为止能得到的是底层平面。从完成度方面来看,这个平面应是在方案设计阶段。底层平面形状是倒"工"字形,北面一翼较长,南面一翼较短,中间连接部分在底层从东西两个方向往里缩进,而此部位在二层以上则与底层南翼两端平齐,从而形成一个纵向的部分,与北翼一起形成"T"形的平面。

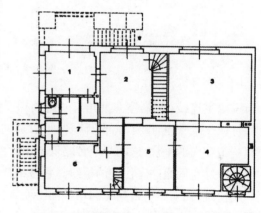

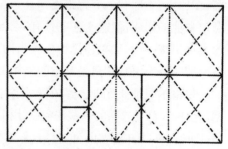

图7.3 鲁斯绍伊住宅底层平面及分析

先来看平面布局。门厅位于南翼偏西侧,门厅西侧是早餐室,门厅东侧是沙龙。门厅正对的是一个小中厅,形成一条轴线。门厅结束处即中厅起始,有一跑楼梯,计9个梯阶,上至主层的地坪。楼梯正对一个雕像基座,以壁龛为背景,它们都处在这条轴线上,形成一个很强的序列。楼梯西侧、东侧均为通道空间,西侧通道连接南翼的早餐室与北翼的餐厅,东侧通道通向音乐室,并连接南翼的沙龙与北翼的书房、楼梯间。音乐室跨越北翼与中间段,东北角上的起居室可通过书房

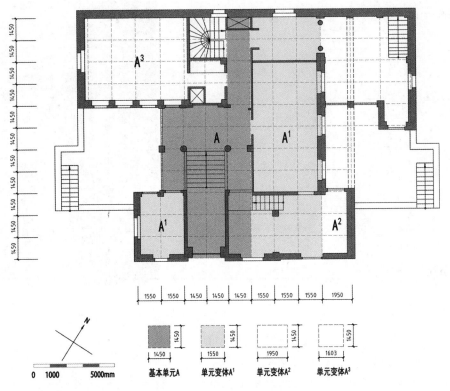

图 7.4　恩格尔曼平面基本单元

与音乐室连接。起居室东北角有一跑楼梯通向二楼，那应是通向女主人的卧室。中厅轴线上壁龛的背面是配餐室，设有一部升降梯，可以通向其下的半地下层的厨房。在中间段的西侧与东侧都有一个朝南的平台，这两个平台略低于中厅的地面，从院子地坪上至平台有 7 个梯阶。

中厅空间是这座住宅的枢纽。莱特纳认为，从一个中厅通往一些房间的模式是维也纳宫厅建筑的传统，而对维特根斯坦和玛格丽特而言，中厅让他们联想到父母在阿里大街（Alleegasse）的宅邸，在那里，中厅有一个直跑楼梯直达二层（图 7.2）。在莱特纳看来，这个中厅的理念出自维特根斯坦和他的姐姐，使这座住宅具有"家族相似性"（family resemblance），而恩格尔曼只是将这个理念表达出来[6]26。如果将昆德曼大街的这座住宅的中厅与阿里大街的宅邸的中厅相比，我们只能说所谓"家族相似性"只是就空间结构关系方面而言的。

恩格尔曼是鲁斯的学生，在这座住宅的设计上受鲁斯的影响，这是通常的看法。如果我们将恩格尔曼的设计与鲁斯的一些住宅设计相比较，差异还是比较明显的。根据帕纳约提斯·托尼基奥提斯（Panayotis Tournikiotis）的分析，鲁斯在住宅平面设计上有一定的尺寸上的控制，但是他往往是以某个空间作为控制的单位，而这空间本身还是可以再分的（图 7.3）[22]67。从恩格尔曼所做的平面图来看，隐约可见网格状的参照线以及定位门洞、走道以及窗洞中心位置的参照线，这表明了一种以基本单元作为各个空间的度测的方式。各个空间各有其基本单元，同时也考虑到相邻空间的基本单元之间的衔接。这样的做法体现出一种从基本单元向整体发展的明晰性。我认为恩格尔曼平面设计的这种控制方式相对于鲁斯的控制方式而言是一个突破，在建筑史上应该有其地位。

那么恩格尔曼是如何确定各空间的基本单元的？中厅作为这座住宅的枢纽，是一个正方形。这个空间再分为一跑楼梯、壁龛前平台以及两侧的通道等四个部分，而这四个部分可以再分，得到一个基本单位尺寸的基本单元（图 7.4）。恩格尔曼的平面图上没有标注尺寸，只标了 1∶100 的比例尺,而在莱特纳书中的平面图是经过缩印的;幸亏他做了一件很有意义的工作,将维特根斯坦的平面叠加在恩格尔曼的平面之上,前者是有尺寸的(图7.5、图7.6)。这种单位尺寸的做法在维特根斯坦修改的平面中得到延续,要略大一些,是1.625米,由此可以推断,恩格尔曼的平面的单位尺寸大概在1.45米。这样,中厅是4个单位尺寸的方形。为什么恩格尔曼将基本单位的尺寸定在1.45米?中厅在进深方向有两跨,中间一排设有4个柱子,楼梯两侧为圆柱,直径0.4米,另外两个柱子为方柱,宽度也是0.4米,这样,中厅的通道在柱间的宽度是1米多一点,这个部位相当于一个门洞,这个最小尺寸对人的通行而言是可以接受的,而对于较大的家具来说可能会窄了。后来维特根斯坦将这个部分的尺寸加宽,可以说明这一点。

这样,中厅划分为16个1.45米见方的基本单元A,前厅有6个基本单元A。其他空间也可以分别划分成若干基本单元,这些基本单元的尺寸在进深方向上都是1.45米,在开间方向上有所不同,主要的使用空间的基本单元尺寸在开间方向上要宽一些,可以

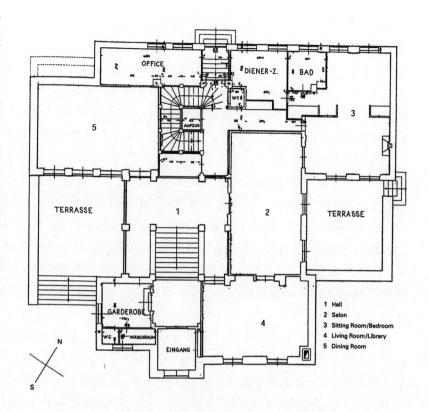

图7.5 维特根斯坦平面

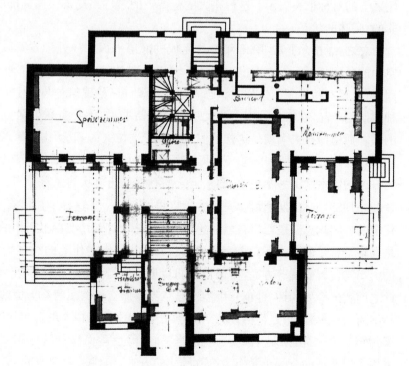

图7.6 维特根斯坦平面与恩格尔曼平面叠加

视为基本单元 A 的变体。餐厅及前厅西侧的更衣间的基本单元尺寸为 1.6 米×1.45 米(A^1),音乐室及其北侧的厨房的基本单元尺寸为 1.55 米×1.45 米(A^2),起居室的基本单元尺寸为 1.95 米×1.45 米(A^3),沙龙与音乐室对应的部分用的是基本单元 A^2,与起居室对应的部分用的是基本单元 A^3。一般而言,在一栋住宅总建筑面积大致确定的情况下,对交通空间的尺寸精打细算,可以使主要的生活使用空间宽裕一些。恩格尔曼对前厅和中厅基本单元尺寸的推敲以及在主要的生活使用空间采用较宽的基本单元变体的做法也体现了这样的考虑。

由于中厅两侧的房间的基本单元有所加宽,基本单元 A 与其变体在空间关系上需要做出转换。恩格尔曼是通过墙垛的处理做到这一点的。中厅通往餐厅的门洞左侧的墙垛成为中厅单位尺寸向餐厅单位尺寸转换的节点,墙垛南侧略微凸出与中厅西侧中间墙垛对应,再向西延伸一小段较薄的墙垛,既可满足餐厅南窗 3 与中厅西侧落地门的交接要求,从餐厅内部看又与门洞的墙垛相对应,这样,这个墙垛的轴线就向西偏移了,餐厅开间方向的单位尺寸扩大至约 1.60 米,而进深方向的单位尺寸仍然是 1.45 米。另一方面,在餐厅开间方向的东西两端,为了保持尽端墙体与窗间墙的宽度一致,西墙往外扩出一些,东侧隔墙也往东偏移,使得餐厅开间尺寸更大一些。

从外部轮廓来看,恩格尔曼的平面有着对称的格局:北翼在东西两侧均超出纵向部分两个单位尺寸。两侧的平台也是对称布置。底层在纵向部分的中间段两侧均缩进一个单位尺寸,在外轮廓上也是对称的,但北翼东南角伸出一个小门斗,连接卧室与平台;而北翼西侧并没有如此处理,于是北翼的西侧与东侧在轮廓上失去对称。门厅设在南翼的第 3 间与第 4 间,在南翼的 9 个单位尺寸中偏于西侧,在底层平面布局上也打破了对称的格局。又由于门厅前的门斗的设置,南翼外轮廓上的对称也失去了。这种在大的框架下的对称格局被一些局部的设置打破,形成一种似是而非的、暧昧的状态。

总之,恩格尔曼在 1926 年 5 月完成的底层平面图尚处于方案阶段,在使用功能的安排、内部空间的分配与组织等方面推敲得还不够。特别是基本对称的外部形体轮廓在局部又添加非对称因素,显得有些生硬。这样的状态表明这个设计尚处建筑师与业主的磨合阶段。私人住宅作为一种定制的产品,在很大程度上要反映业主的要求,如果业主在生活方式上很考究而且又很有品位的话。斯通博拉夫人就是这样的业主。关于这位夫人,亚历山大·沃夫在《维特根斯坦一家》一书中有过介绍:她精通音乐,乐于交际,对医学与科学也有很强的兴趣。在她还是个少女的时候,她为自己的卧室绣了一个地垫,图案是人的心脏及花冠状的血管[14]19-20。另据门格尔(Karl Menger, 1902—1985)回忆,斯通博拉夫人数学也很好[23][1]114。这样一位富有、聪明、有主见的女士,在自己住宅的方案构思阶段给出自己的想法,是很自然的事。维特根斯坦的大姐赫尔明娜也说恩格尔曼是在格蕾特尔的合作下做出一些平面设计的[4]122。在住宅的总体规模、空间使用性质、不同空间的大小与位置安排等方面,格蕾特尔的意见是关键性的。如果按照莱特纳的推断,维特根斯坦在此之前就已介入的话,他也有可能提出意见。那么恩格尔曼在方案阶段做了什么?是不是就像莱特纳所说的那样,只是把格蕾特尔的想法变成图纸?事情并非如此简单,因为从生活的意向性的事物转变为建筑的形态,需要建筑语言的转译过程,而这种转译需要一定的专业基础。恩格尔曼采用了以合适的空间单元作为单位尺寸的方式,构建了一个空间网络,为各部分空间与体量的组织提供了一个结构性的框架,这样的做法在现代建筑史上应是原创性的。尽管各部分之间及整体的关系尚没有精致化,但大的格局已经形成。可以说,恩格尔曼的工作为日后维特根斯坦的工作基础。

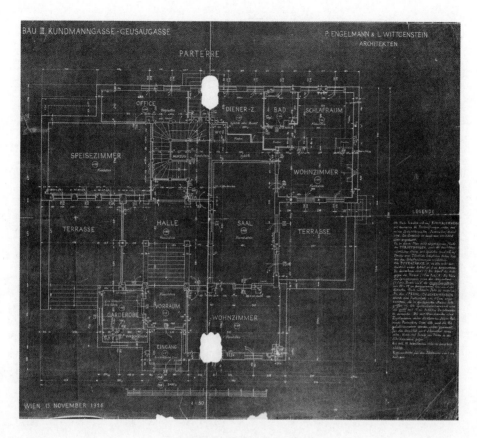

图 7.7　维特根斯坦所做的施工图平面

7.3.2　维特根斯坦平面设计的分析

1926年11月15日的住宅平面图是由恩格尔曼和维特根斯坦共同签署的,不过,人们大多认为这个平面设计主要是由维特根斯坦完成的,从恩格尔曼和赫尔明娜的回忆录也可以看出这一点。这个平面的比例是1∶50(图7.7)。从大的格局来看,中厅周围布置房间的模式延续下来。从体块组合方面来看,中厅以北的体块要比南面的体块宽一些这个基本点也保持下来。原来那种以基本空间单元作为构成因素的做法,在中厅一带以及与中厅关系密切的空间中延续下来,且加以精致化,在相对独立的、封闭性较强的空间部分又有所放弃。维特根斯坦还在功能使用上、剖面关系上以及外部轮廓上对恩格尔曼原来的平面做出调整。

先来看平面使用方面及剖面关系上的调整。首先是门厅部分,恩格尔曼的门厅是一个矩形(2个单位宽,3个单位深),维特根斯坦改为2个方形(2个单位见方),门厅就分为2个部分。前一个方形图纸上标注为"入口"(Eingang),可以视作原来附加的小门斗与主体建筑的一体化,后一个方形是前厅(Vorraum)。这两个空间之间设一道较窄的玻璃门,在前厅与楼梯之间再设一道通宽的玻璃门,强化了门厅部分作为室外空间与中厅空间之间的过渡性的递进作用。门厅部分与中厅共同形成的轴线也得到强化。前厅西侧的房间原为早餐室,现此部位的空间分为两层,底层地面降至比过厅还要低两步的位置,改为带卫生间和盥洗室的更衣室,上面一层要比中厅地坪还要高3步。

过厅东侧的房间原为沙龙,现改为起居室及书房,恩格尔曼此处的地面标高与门厅地面相同,但沙龙并不对门厅开门,这样,进入沙龙就要先上至中厅地面,再从东侧通道回头,进沙龙门后再

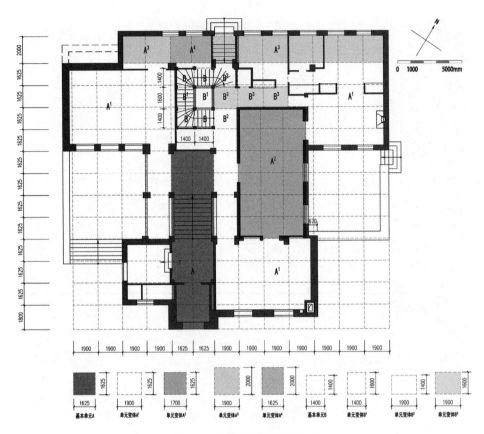

图 7.8　维特根斯坦平面分析

沿楼梯下至沙龙地面。这样的进入方式显然是不合理的。此外，在沙龙楼梯起步的第二步设了一根方柱，结构上并无必要，可能是为了起到强调楼梯的作用。但是沙龙进深方向本就狭小，只有 3 个单位尺寸，再设置楼梯，就更显局促。在施工图设计中，维特根斯坦将此处地坪抬高，使其地坪比中厅地坪低 3 步，而且是直接冲门口下来，不再设平台转向下来。这应该是个改进，而且是一举两得的事。后来他可能意识到这还不够，在施工过程中再加以调整，以致建成后这两个空间是平层。

中厅东侧的房间原为音乐室，现改为沙龙。北翼做了较大的调整：向北扩展了一个单位多一些的体量，对应于中厅东侧通道开了北入口。对应于中厅的是主楼梯间，围绕一个露明电梯盘桓而上。餐厅仍然在原来的位置，北侧增加的体量中邻接餐厅的部分是配餐室，配餐室在主楼梯上行梯段下设门，可以方便地通向北入口东侧的早餐室。北翼东侧是女主人的起居室和卧室、浴室。以上是底层平面的功能与空间的调整。目前可获得的材料是底层平面图，半地下层以及二层平面都不得而知。根据娜娜·拉斯特的描述，半地下室有厨房、仆人房、浴室等，二层包括玛格丽特丈夫房间、孩子们的房间、客房，管家、秘书、女装裁缝、仆人的房间[24]86。

在体形组合以及外部轮廓的调整方面，维特根斯坦的工作是卓有成效的。在中间部分，底层对应中厅的部分在东西两侧仍然往里收一些，不过，恩格尔曼的平面两侧收回的长度是一样的，而维特根斯坦的平面在东侧收回要少一些。对中厅南面的空间与体块的调整是原来正对楼梯的入口空间改为两个与楼梯间相等的方形空间，这个原本略微凹进的空间较多地突出于两侧的墙面。原来入口东侧的沙龙向南扩大，而西侧的空间基本不变。维特根斯坦还对北半部体块做出调整，在北面及东面都扩出去一些，并将原来的东侧平台上进早餐室的小门斗取消，同时北侧增加的体块在西侧从原有体块收回两个柱间。两个平台的调整也是颇具匠心的:恩格尔曼的平面中,狭窄的阶梯在平台外侧对称布置,在维特根斯坦的平面中,西侧平台的阶梯在平台南边通长布置,东侧平台的阶梯横过来置于与女主人起居室交接的部位。从建筑体块来看,隐含了一定的顺时针方向的动势,而平台阶梯的设置则隐含了一定的逆时针方向的动势(图7.8)。前者强一些,后者弱一些。经过多方面的处理,维特根斯坦平面显示出的一定的动态平衡,是个了不起的成就。相形之下,恩格尔曼的平面似乎是在对称与非对称的似是而非的格局中小心翼翼地寻求些变化,还处在不怎么确定的状态。

7.3.3 基本单元

基本单元的做法在维特根斯坦平面的中厅处及其周围得以强化。首先,基本单元尺寸有所扩大,达1.625米[(2.840米+0.41米)÷2=1.625米],中厅纵向轴线上的4个空间用的都是这个基本单元尺寸。而中厅两侧通道的尺寸在宽度上有所调整,达1.9米,这样,中厅两侧通道的柱间宽度可达1.4米左右(图纸的标注为1.39米),相形之下,恩格尔曼所定的宽度就有些局促了,从莱特纳所做的两个平面叠加图可以清楚地看出这一点。而且北翼餐厅以及南翼更衣室的开间尺寸也以1.9米作为基本单元尺寸,中厅部分与北翼以及南翼之间就有了更为简明的交接关系(比较图7.5及图7.8)。这样,中厅及其两侧的部分就有了一个基本单元 A[1.625米(开间)×1.625米(进深)]及其变体 A^1[1.9米(开间)×1.625米(进深)]。

中厅东侧的沙龙东墙从起居室东墙向里缩进0.67米,一方面可以使女主人起居室开间加大一些,另一方面也保持了原先平面中此部位向里缩进的感觉。如此得出的沙龙基本单元变体 A^{2}的尺寸为:1.7米(开间)×1.625米(进深)。北端配餐室、北入口以及女主人的卧室等空间的进深尺寸有所扩大,达2米,形成基本单元变体 A^3[1.625米(开间)×2米(进深)]及 A^4[1.9米(开间)×2米(进深)]。这一部分的空间安排在开间方向与其余部分有所关联,在进深方向不再有什么控制,而是在给定的范围内根据自身的使用做出安排。此外,中厅北面的围绕透明电梯的三跑楼梯有了略小的基本单位尺寸,形成基本单元 B[1.4米(开间)×1.4米(进深)]及其变体 B^1[1.4米(开间)×1.6米(进深)]。这个部分就像是插入体,对其右侧的空间划分产生一定的作用:基本单元变体 B^{1}的进深尺寸决定了通往女主人起居室及卧室的通道的宽度。

另一方面,维特根斯坦在处理各部分空间之间的关系时,对基本单元及其变体采取较为灵活的态度,在开间与进深方向上都做出适当的调整。在开间方向,餐厅开间的处理延续了恩格尔曼的做法,在东西两端分别向外扩展,以保证从室内看去两端的墙体与窗间墙宽度相等。更衣室西侧外墙没有以基本单元 A^{1}的尺寸线为轴线,而是以墙体外边与之重合,这样的处理使得更衣室缩小了一些;女主人起居室及卧室的东侧外墙也是同样的做法。

在进深方向上,除了从入口到中厅的系列空间的柱网轴线严格保持了基本单位尺寸的做法之外,其他房间的墙体都依据基本单位尺寸线做出不同程度的退让或延伸的处理。中厅西侧的更衣室与餐厅的进深处理是很有道理的。更衣室的北墙外沿与餐厅的南墙外沿都分别定位在中厅南边柱列轴线以及中厅北边柱列轴线上,这样的做法是为了建筑西立面上中厅的南柱与北柱都能显示出来。更衣室南墙外沿与餐厅北墙外沿处在基本单位尺寸线上,可以与中厅部位的退让处理相呼应。在设计中,某一部位出于某种原因做出一定的处理,在其他部位也相应做出呼应,从而保持一定的一致性,这是优秀设计的品质之一。能够自觉地在设计中贯彻这样的一致性,是成熟建筑师的标志之一。而这是维特根斯坦的第一次也是唯一的设计,能有这样的自觉,我只能说他是个天才了。这样的处理应该还有其他方面的考虑。餐厅北墙外侧与基本单位尺寸线平齐,可以为北

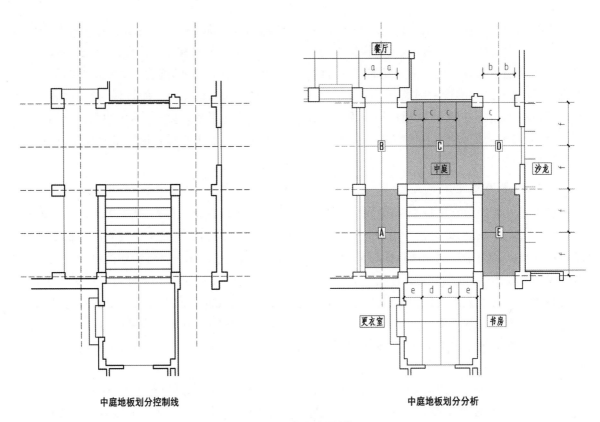

中庭地板划分控制线   中庭地板划分分析

图 7.9 中庭地面划分

面后加的配餐室让出一些空间,配餐室北墙内侧与基本单位尺寸线平齐,也是出于同样的考虑。更衣室南墙外侧与基本单位尺寸线平齐,则可为入口东侧的起居室向南扩展留出空间:起居室南墙从入口南墙退后接近半个基本单位尺寸。这样精致的尺寸微调,一方面有着外部轮廓方面的考虑,这一点在前面已分析过,另一方面也符合内部空间使用功能对空间大小的要求:更衣室中的卫生间尺寸压缩到最小,起居室的尺寸在维持外部轮廓关系的前提下做到最大。这可以说是外部体形与内部空间使用兼顾的范例。沙龙进深的处理也很有特点。沙龙的南墙内沿与中厅南面柱列的北沿平齐,这样沙龙南端第一个基本单位尺寸就有所缩小,沙龙北端最后一个基本单位尺寸也相应缩小。沙龙西墙的内沿也与中厅第 4 纵列柱的东沿平齐。这样处理不仅使得沙龙内部墙面平整,而且也有利于其北侧的空间安排。

    综上所述,维特根斯坦在住宅设计的过程中接受了恩格尔曼的基本单元的理念,并在此基础上做了精致化的处理。除了北侧楼梯间部分的插入体之外,维特根斯坦平面的基本单元有 4 个变体,不过,变体 A^1 占平面的大部分,变体 A^2 仅限沙龙,变体 A^3 及 A^4 可视为北侧附加的部分,具有较强的统一性。基本单元尺寸适当加大,也可以更好地满足使用需要。特别是中厅基本单元 A 与中厅两侧通道基本单元变体 A^1 的设置,使得中厅空间与两侧其他使用空间可以明晰地交接,而不必像恩格尔曼的平面那样出现轮廓非常复杂的墙垛。此外,为了使用、内部空间安排、外部轮廓关系、形式关系等方面的因素,维特根斯坦还在不同部分的交接部位对相关基本单元的开间或进深的尺寸加以调整。可以说,维特根斯坦十分巧妙地在基本单元的基础上根据多方面的要求做出了适应性的发展。

7.3.4 室内地面的划分

    莱特纳对维特根斯坦住宅底层地面的划分问题做了十分详细的分析,他认为维特根斯坦建筑

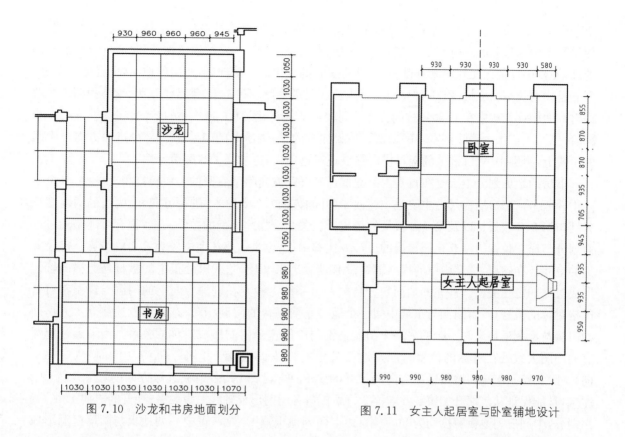

图 7.10　沙龙和书房地面划分　　　　　图 7.11　女主人起居室与卧室铺地设计

中的地面铺装是一个非同寻常的成就，它既是高度原创性的，也是令人印象深刻的。没有一个现代建筑师能想得出来，也没有一个现代建筑师能够以如此激进的方式解决这个重要的建筑问题[6]138。维特根斯坦在住宅地面上用的是人造石板材(Kunststein)。当时的市场上已有了人造石地板的定型产品，一般有几种规格的方形地板或矩形地板。如果采用定型产品，往往会出现小于一块板材尺寸的空当的情况，这就需要将板材切割，于是地板拼缝就出现不规则的情况。一般会将这条不规则的拼缝安排在可能会布置家具的一侧，利用家具将其掩盖。维特根斯坦不接受市场上提供的模度系统，而决意根据地板与门、床、柱、墙之间的关系来自行设计地板规格，这样，他又采用了定制的方式。

先来看入口、前厅与中厅铺地的关系。莱特曼的铺地分析图没有将入口部分纳入，根据照片来看，入口地面在开间方向做了 3 等分，中间一块板材位于入口与中厅的中轴线上。入口地面与前厅地面之间通过门洞之间的分界石隔开。前厅地面中两块板材的接缝位于纵向轴线上，这条位于轴线上的接缝也成为中厅地面划分的控制线。中厅与前厅对应的地面划分是结合两侧通道地面划分来考虑的。为了叙述方便，将中厅地面分为 A、B、C、D、E 等 5 个部分(图 7.9)。A 部分在开间方向分成两块，但中间的接缝并不在柱间的中点上，而是略向左偏一些，这条接缝也贯穿 B 部分。其实这个间距完全可以平分，因为维特根斯坦的板材尺寸可以精确到毫米。他没有这样做，是因为他要以去餐厅的门洞中分线为准，这样就使中厅 A、B 部分板材的这条纵向接缝与餐厅的板材纵向接缝保持一致。同理，D、E 部分板材的纵向接缝也是以通往楼梯间的门洞中分线为准。D、E 部分东侧通道邻接沙龙，由于沙龙的西墙与柱子的东边平齐，那么 D、E 部分右侧板材在开间方向上就比左侧板材长一些。B 部分右侧两块板材接缝处于柱子东沿附近，其宽度也比左侧板材长一些。C 部分最右侧的板材接缝也同样处理。这样从中厅东侧通道开始，就形成一种"宽、窄、宽、窄、窄、窄、宽、窄"的节奏。这样的划分,既保证了板材接缝与中厅主轴线、通道轴线重合,使得整个中厅地面的划分与住宅其他部分的地面划分保持了一定的连续性;同时通过宽窄节奏的处理,使得中厅的地面划分既有逻辑性,又有适宜的变化。上楼梯后,迎面的地面(也就是 C 部分)划分是 3 列较窄的板材(71.5 厘米宽),而右侧板材的宽度超过 1 米,莱特纳认为,维特根斯坦在严格对称的中厅结构中在 C 部分右侧放置一列较宽的板材,强调了向沙龙的转向:在登上最后一步梯阶之后,人们微妙地收到右转的邀请。值得注意的是,进沙龙的门处在 D 部分进深方向上中间的位置上,贯穿 B、C、D 部分的板材横向接缝正对这扇门,也加强了这种引导性。

书房的地面划分主要是在自身内部完成。其开间方向除最右侧的一块板材稍大一些,其余都是 103 厘米。书房地板尺寸主要是 103 厘米(开间方向)×93 厘米(进深方向)。南墙的两扇窗户分别与第 2、3 块板材以及第 5、6 块板材形成对位关系。如此准确的数学关系,很有可能是通过地面划分与窗户位置的相互比照得出的。沙龙比邻中厅,也是这座住宅中较为重要的带有一定公共性的空间。在这里,贯穿中厅的横向轴线没有延续进来,但沙龙入口处正中的板材与此横向轴线形成对称的定位关系。沙龙的地面划分自成一个系统。沙龙在进深方向上的门洞与窗洞都有着严格对称的位置,西墙门洞与东墙中间一个通往东侧平台的门洞相对,东墙北侧通往女主人房间的门洞与南侧通往东侧平台的另一个门洞也都与中间这个门洞形成对称的关系。南墙通往起居室的门洞大致处在对称的位置。沙龙地板尺寸主要是 96 厘米(开间方向)×103 厘米(进深方向)。除北端及南端的地板进深方向的尺寸为 105 厘米之外,其余地板进深方向的尺寸均为 103 厘米,且能保证从南端开始第 2、5、8 等 3 行地板与各门洞形成轴线对位关系;在开间方向上做了 5 次划分,中间三列地板宽度均为 96 厘米,边上两列地板宽度略小,正中一列地板与南墙门洞形成轴线对位关系(图 7.10)。

尽管女主人的起居室与卧室之间没有用隔墙,而是局部用了搁架,暗示了空间的划分,但其地板划分是分开处理的。从沙龙北端的门进入女主人起居室,首先是一块 99 厘米(开间方向)×188.3 厘米的地板,其北边是一块 99 厘米(开间方向)×188 厘米的地板,这两块较大的矩形地板与其东侧的接近方形的较小的地板形成强烈的对比。这个部位的处理其实与前面所说的女主人起居室在开间方向上的基本单位尺寸处理相关:女主人起居室在开间方向上超出起居室东墙两个单位尺寸,但西墙与沙龙东墙保持一致,那么这个部位正是那个多出来的空当。这个狭小的空当也正是通往沙龙及走廊的空间,维特根斯坦通过铺地设计将这个小空当与女主人起居室区分开,并且将这一部分地板相对应的南墙加厚(图 7.11,这是一个非常巧妙的改进),使得女主人起居室可以自足地进行对称格局的安排。女主人起居室在开间方向上划分为 5 列,左边一列宽 99 厘米,中间 3 列宽度都是 98 厘米,右边一列宽 97 厘米。这样的尺寸安排粗看上去有些奇怪,他本可以均分成 98 厘米的,通过分析可见,这种尺寸上的微调也是为了使女主人起居室与卧室之间的地板划分取得一定的对应关系。在进深方向分成 4 排,中间两排长度是 93.5 厘米,南面一排长 95 厘米,北面一排长 94.5 厘米。起居室北面的搁架、东墙上的壁炉、南墙上通往平台的门窗洞也都是对称布置,铺地也与这样的对称格局相对应。卧室与起居室之间的开敞处设有分界石,分界石的划分延续起居室地板的划分,可以加大起居室的空间感觉;卧室地板在开间方向上划分为 5 列,除东端一列宽 74.5 厘米之外,其余 4 列皆为 93 厘米;卧室地板在进深方向上划分为 4 排,北端一排为 85.5 厘米,南端一排是 93.5 厘米,中间两排是 87 厘米。卧室地板在开间方向上的划分既结合北墙正中窗间墙的位置,也结合与女主人起居室地板的划分来考虑。

维特根斯坦对各部分地板尺寸大小的选择也是有所考虑的。最大的地板出现在更衣室上面一层的方形空间里,达 162 厘米×197 厘米,图纸上没有交代这个空间的用途。除此之外,地板尺

图 7.12　柱、梁与楼板节点的一般做法

图 7.13　维特根斯坦住宅中厅柱、梁
与楼板的做法

寸随着空间的公共性向私人性的转变、空间尺寸的递减而递减。中厅地板较大者有 109.5 厘米×161 厘米，沙龙地板主要规格是 96 厘米×103 厘米，餐厅地板主要规格是 95 厘米×101 厘米，女主人起居室地板规格主要是 98 厘米×93.5 厘米，女主人卧室地板尺寸主要是 93 厘米×87 厘米。

　　如果说以一个单位尺寸作为基本单元的做法旨在形成明晰的空间结构关系，那么地板划分主要是解决各个空间自身表面之间的形式关系。因而地板划分是参照门窗位置以及墙垛位置进行的。由于这座住宅的各主要空间有着自身对称的格局，地板划分也相应呈现大致对称的状态。值得注意的是，一个空间中自身对称的地板划分又通过门洞或开洞与相邻空间的地板划分建立起一定的关系，如中厅西侧走廊与餐厅、起居室与沙龙、中庭与沙龙、女主人起居室与沙龙、女主人起居室与卧室等；另一方面，中庭的地板在纵向划分上通过对称与非对称的处理获得一种节奏，既保持了与门厅纵向轴线的一致性关系，又顾及向沙龙空间的转向提示。

7.3.5　一些细节

　　除去总体格局的修改以外，维特根斯坦在一些细节上也有很深入的考虑。恩格尔曼设计的平面中有两处设置了圆柱。一处是在中厅，直跑楼梯尽端处两侧分别设有一根圆柱；另一处是在北翼书房与卧室之间。这种对称设置的圆柱具有较强的纪念性，也显得迥异于其他的矩形柱或墙垛。维特根斯坦的设计将中厅处的圆柱改为方柱，另一处圆柱随着平面布局的调整也自然取消。中厅处的圆柱改为方柱，在形式上使得柱列具有连续性。另一方面，维特根斯坦在此处采用了不同寻常的梁柱结构处理方式。一般的框架梁或分高低不同的主梁次梁，或在纵横向跨度相等情况下纵横向的梁同高，而维特根斯坦在此只让纵向的梁显露在楼板之下。这些纵向的梁只比楼板低几公分，更像是线脚的做法。楼板应是采用现浇的做法，如果楼板足够厚的话，这些纵向的"梁"在结构上就是不必要的。维特根斯坦在此仅在纵向留出类似线脚高度的"梁"，只能解释为出于表现的需要：保持从前厅、楼梯至中厅的纵向连续的空间感。

　　中厅处的柱梁接合部位的处理也是很有特点的。钢筋混凝土结构柱子的宽度一般比梁的宽度要大一些，于是在柱、梁与楼板的节点处通常的样子（图 7.12）。维特根斯坦将柱子顶端约30 厘米的部分略微缩进，在柱子与梁之间形成一个梯度（图 7.13）。这种分节的做法在概念上

图 7.14　门窗的处理

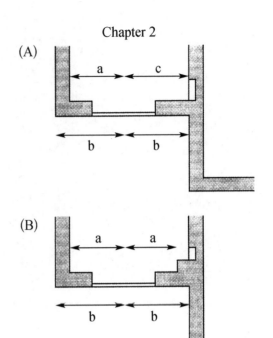

图 7.15　帕顿的图解分析

应是源自古典建筑的柱头部分：装饰性的柱头具有复杂的结构，在柱身与横枋之间形成一个过渡，加强了柱子的承托作用；维特根斯坦采用缩进的方式，有些反其道而行之的样子，但也在柱身与梁之间形成一个过渡。这种柱子顶端缩进的做法产生一种"轻"的感觉，也有一种在竖直方向上升的内在的形式趋势。这样的形式感与维特根斯坦在此住宅整体上追求的竖向趋势是一致的，如餐厅的落地门只用竖向门框，而不用横向门楗；正面的窗户只在下方用两根横向窗楗，此上就是一整块竖向的玻璃，具有明显的向上的趋势；在室内通过显露壁柱或墙垛的方式强调竖向划分。此外，在三个楼层的开窗高度上，形成从底层最高、二层次之、三层最低的韵律，也具有一种向上的趋势（图 7.14）。

在前面的平面分析中我们已知，维特根斯坦改过的平面在总体上达成一种非对称的平衡，但同时他又追求局部的对称。杨·图尔诺夫斯基（Jan Turnovsky）注意到维特根斯坦在确定窗户在墙体上的平面位置时所做的处理。由于外墙转角的作用，从外侧看窗户居中的位置从内侧看就是有所偏移的，建筑师对于这种状况一般是只考虑外侧的居中，而忽视从内侧看的状况。从我自己的经验来看，我们更多是倾向于从建筑的立面来考虑窗户的位置的。维特根斯坦既考虑了建筑的立面，又考虑了窗户位置之于室内的效果，他在内侧加了一段假墙，修正了内侧的偏移，可谓匠心独运。帕顿在《神秘主义与建筑：维特根斯坦与斯通博拉住宅的意义》一书中，对不加假墙的做法与加了假墙的做法做了图解比较分析（图 7.15）[7]32。从前面关于室内地面的划分也可以看出，划分线要对准门框的中心，为了这种局部的对称，不惜让地板尺寸变得较多。

莱特纳在《维特根斯坦住宅》一书中，对中厅的平面及四个内侧的立面做出图示分析（图 7.16）。从平面尺寸来看，中厅部分显露于外的柱与墙垛的尺寸并不是完全对称的。中间两根独立方柱（B、C）的尺寸为 42 厘米×42 厘米，右侧的柱子（D）突出于墙体 21 厘米，可视为另一半埋于墙体之中。而其左侧的柱子（A）突出于落地门 17.5 厘米，这个尺寸与柱子（E）突出于去餐厅之门的尺寸相等。这张图反映了住宅建成后的状态，与维特根斯坦所画的施工图尺寸有所出入。原来

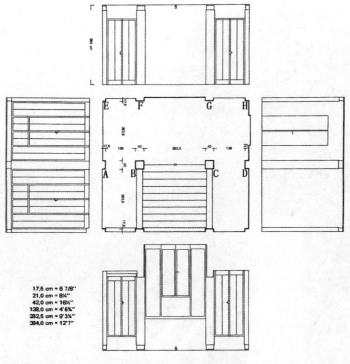

图 7.16　莱特纳的图示分析

的平面图中,中间两根独立方柱(B,C)的尺寸为 41 厘米×41 厘米,左侧的柱子(A)宽 45.2 厘米,柱(A)与柱(E)突出于落地门 20.5 厘米,与右侧的柱子(D、H)突出于隔墙的尺寸相当(图 7.16)[6]63-67。可见,在原来的平面设计中,室内部分的细节尺寸保持了对称性,而最终建造出来的结果左右两端尺寸差 3.5 厘米,以维特根斯坦对细节尺寸的要求之严格,这样的尺寸差异能够留存下来,应是有原因的。问题在于,建成后的中厅的柱子都是 42 厘米宽,柱(A)两侧安装的是落地门,与柱(D)两侧的内部隔墙不同,21 厘米厚的隔墙可以偏向另一侧,与柱(D)的右侧平齐;而在那个时代,落地门通常还不会平齐于墙体的外侧安装,此处的落地门是双层的,至少有 15 厘米厚,在此情形下,通常会有两种选择:一是将落地门对称于柱子纵轴线布置,那么柱子两侧余下的尺寸是 13.5 厘米,与柱(D)内侧尺寸差距过大;二是保证柱子内侧有 21 厘米,可以保证室内的对称性,但柱子外侧的尺寸只余下 6 厘米,差不多与外墙平齐。维特根斯坦选择了另一种处理方式,柱(A)及柱(E)内侧外露尺寸为 17.5 厘米,既与柱(E)纵向外露尺寸相等,又较为接近柱(D)的内侧外露尺寸,可以说这是较为合理的选择了。

维特根斯坦在这栋住宅的设计工作中,通过整体格局、空间组织、形式处理、细节推敲,使得这栋住宅跻身于杰出现代建筑作品之列。尽管这栋住宅在整体上是非对称的,但在重要的空间部分、细节的处理上,维特根斯坦都尽可能追求对称性,可以说,这部作品是整体上的非对称性与局部细节上的对称性的巧妙结合。在这一点上,专业的建筑师也不一定能想到。至于一些细节乃至配件,维特根斯坦也要亲自设计,并找厂家定制,奥地利生产不了,就找国外厂家。根据赫尔明娜的叙述,维特根斯坦设计了每一扇门与窗、每一把门窗锁以及暖气片,他在细节上十分精心,仿佛它们就是有至为优雅比例的精密仪器。他对比例十分敏感,半毫米对他而言也往往很重要[4]122。

在 2016 年暑假的欧洲之行中,我去看了维特根斯坦住宅。这座建筑目前由保加利亚驻奥地利大使馆文化处使用,令人遗憾的是,室内不允许拍照,楼上与地下层都不得进入,只能在一层看看。我在其中徘徊良久,仔细体会了中庭的空间感,观察了梁柱关系以及一些门窗、墙垛的细节。

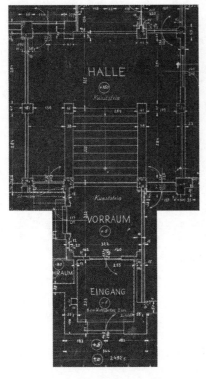

图 7.17　中厅局部平面

图 7.18　凹槽细部

在这之前我已经对这座建筑的设计做了较为细致的分析,这次参观仿佛成了一次验证过程。总的说来,这座建筑没有我从维特根斯坦的设计以及人们对这座建筑的分析中所获得的意象那样精致。即使与那个时代的建筑相比,这座建筑的施工还是略显粗糙,对比例十分敏感、对细节要求甚高的维特根斯坦如何能容忍这样的状态,答案是不难推断的。不过,有的细节还是很精致的,如底层外门窗与地面、墙垛的交接部位,在门窗的内侧是可以从地下室升起的铁幕,墙垛的侧面通过粉刷的方式形成"V"形凹槽,作为铁幕升降的轨道。铁幕是机器加工的,有较高的精度;粉刷的凹槽有赖人工,也要求有较高的精度,否则会影响铁幕的升降。从现场来看,这个凹槽的精度还是比较高的,工人们为此必定付出了极大的努力(图 7.18)。

中厅通往平台的门是双层的,均向内开启。双层门的开启一般是内侧的门向内开启,外侧的门向外开启,这是比较容易的做法。双层门向一个方向开启,需要对两扇门的位置关系做出处理。从图 7.17 可以看出,外侧的门框要比内侧的门框窄一些,墙垛的尺寸也相应地有所变化。维特根斯坦在此颇费心机,可能是为了保持双扇门开启状态与闭合状态的一致性。莱特纳认为,维特根斯坦将落地门视为一种空间分界之屏,那么向一个方向开启才可保持这种屏幕的一致性。

7.4　关于空间的概念

对于哲学家来说,当他开始关于这个世界的思考之时,迟早会遇到空间概念的,而像维特根斯坦那样在《逻辑哲学论》中的第五个命题中就论及"空间",却是很少见的。在维特根斯坦的主要著作中,空间及其类型是基本的概念。《逻辑哲学论》的论述涉及"逻辑空间""空间""颜色空间"这样三个概念,《哲学评论》的论述涉及"空间""视觉空间""感觉空间""听觉空间""欧几里得空间"等概念。值得注意的是,这些空间概念大多是在具体的层面上得到说明的。

7.4.1　空间

维特根斯坦对"Raum"一词的用法是很考究的,在《逻辑哲学论》中,有不可数的形式,也有可数的形式。当他用不可数的形式时,他指的是我们所处的这个无法确定边界的宇宙空间,如"……我们根本不能在空间以外(ausserhalb des Raumes)来思考空间对象(räumliche Gegenstände)"(2.0121);"一个空间的对象必定存在于无限的空间之中(im unendlichen Raumen)""空间中的一点(der Raumpunkt)就是一个变项的位置(Argumentstelle)"(2.0131);"空间(Raum)、时间和颜色(有色性)是对象的形式(Formen der Gegenstände)"(2.0251);"……在几何学中不能用坐标来表现违反空间规律(den Gesetzen des Raumes)的图形"(3.032)。在以上的陈述中,除去做定语的情况之外,"Raum"无冠词限定,这表明它的唯一性与无限性。在《逻辑哲学论》中,2.013 条用了"Raum"的可数形式:"可以说,每一个事物都处于一个可能的事物状态的空间之中(in einem Raume möglicher Sachverhalte);我可以想到这样的空间(diesen Raum)为空,但我无法想到处在这个空间之外的事物(das Ding ohne den Raum)"(2.013)。这一条有三个陈述,第一个陈述中的"ein Raum"指的是每一个事物都存在于其中的包含了"可能的事物状态"的空间,这样的空间其实就是逻辑空间;第二个陈述中的"diese Raum"以及第三个陈述中的"den Raum"应是指这个逻辑空间。在 2.0131 条中,维特根斯坦还提到"一个颜色空间"(den Farbenraum)[10]8,10,12,20。

在《哲学评论》中,维特根斯坦对空间的概念做出进一步的探讨。"主题索引"的第 38 条提出:"回忆和现实必定在一个空间中。同样,想象和现实也在一个空间中。"[25]13回忆是对现实的回忆,二者共处一个空间是自然的事。现实所在的空间就是实际的空间,而想象何以处在实际的空间中? 这是因为我们不可能处在这个空间之外,那么我们的想象也不可能在另外的空间展开。想象不是凭空产生的,而是在与现实的参照中展开。如果我们想象某种存在的事物,我们就在心灵中形成有关它的图像,而我们的心灵无法想象空间之外的样子;即使我们能想象某种世间没有的事物,但我们的想象本身不能处在空间之外。

在《哲学评论》的第 138 条,维特根斯坦谈论了无限性与有限性的问题。在这个问题上,"体验"是很重要的。他提到两种体验:"不能超越有限性的关于有限事物的经验"(eine Erfahrung des Endlichen),以及"关于无限事物的经验"(eine Erfahrung des Unendlichen)。通过体验事实所形成的经验可以使人感受到有限性,而对象则包含无限性。这是因为,事实作为事物状态的实际存在,是确定性的存在,对它的体验的经验也是确定性的——一些经验对应一个事实。一般看来,对象作为可视的、可触的或通过一定方式可观测到的实体,相对于我们经验的有限性而言是无限的。但是维特根斯坦认为对象的无限性指的并不是比"有限的体验"要大,而是指对象是"内涵性的"。也许我们应该将"空间"本身就视作对象,那么对象的这种内涵性就意味着,"在空间中我看见了每一种有限体验的可能性"。维特根斯坦一方面说"对于空间来说没有一种经验会太大或正好填满它",另一方面又强调"这不是因为我们认识所有经验的大小,并且知道空间比所有的经验要大,而是指我们理解这原因在于空间的本质(das Wesen des Raumes)"[25]157。而什么是空间的本质? 空间的包容性表明它不可能被空间对象所充满,而空间对象是无限的,那么能够包容无限的对象的空间也是无限的。空间的本质在于无限性(die Unendlichkeit)。关于空间的无限性,我们只能说它表明了无界的状态。

关于空间的概念,通常以为是在三个维度上无限延展的状态,而维特根斯坦断言"空间没有任何延展(Ausdehnung),只有空间的对象才是延展的,但是无限性是空间的一种特性"[25]158。笛卡尔在《哲学原理》中提出了一种物质与空间共同具有延展性本质的理论,其困难在于无法定义真空现象[26]24-25。维特根斯坦并没有从物质的角度看问题,而是从对于对象的体验方面来谈的,那么对象的可触与可感性就与空间的性质明显地区分开。在此意义上,维特根斯坦的空间观念并没有受爱因斯坦相对论的影响。

关于空间划分的问题，维特根斯坦指出："从某种意义上来说，无限可分性（die unendliche Teilbarkeit）意味着，空间是不可分的，划分与空间无关。"这是因为，空间不是由部分构成的。可见，这里所说的空间仍然是无限的空间。而现实是可以划分的，"空间赋予现实一种无限的划分机会（eine unendliche Gelegenheit der Teilung）"，维特根斯坦在这里甚至用了拟人的修辞：空间对现实说，"你可以在我这里做你想做的事"，他的进一步解释是："在我这里，只要你愿意，就可被划分"。也可以说，现实的划分相对于空间而言是自由的[25]159-160。在这里，我们可以想想建筑学意义上的空间划分。如果顺着维特根斯坦的思路去想，那么建筑空间划分并不是对无限的空间进行划分，而是一种对现实的划分。我们借助各种材料、通过一定的结构与构造方式在空间中形成一定的建筑空间，其实我们是在空间中形成一定的对象。作为对象的建筑空间，就是一种现实，相对于空间而言，它想怎么划分就怎么划分，享有绝对的自由，其规定性来自自身以及其他的现实因素。

7.4.2 逻辑空间与实际空间

《逻辑哲学论》的第五个命题，即"逻辑空间中的诸事实就是世界"，是对第二个命题，即"世界是事实的总和，而不是事物的总和"的解释之一[10]6。何谓"逻辑空间"（logische Raum）？维特根斯坦没有给出解释。根据汉斯-约翰·格罗克（Hans-Johann Glock）《维特根斯坦词典》的解释，逻辑空间一词原出自路德维希·玻尔茨曼（Ludwig Boltzmann，1844—1906）的热力学，这个术语将一个物质系统的独立性质作为一个多维系统中起决定作用的同等物，它们的点构成了"可能状态的集合"（the ensemble of possible states）。玻尔茨曼是在理论的意义上使用逻辑空间这个术语的。维特根斯坦曾经想求学于他，由于玻尔茨曼自杀而作罢。不过维特根斯坦读过他的书，他的逻辑空间的概念可能对维特根斯坦有所启发。格罗克认为，在《逻辑哲学论》中，逻辑空间这个术语指的是"逻辑可能性的集合"（the ensemble of logical possibilities）[27]220。维特根斯坦以空间的观念来看待逻辑，同时将命题标记（das Satzzeichen）与空间中的对象（如桌椅书本）联系起来，使得逻辑空间与事实的空间相对应[10]22。如果按照恩格尔曼对《逻辑哲学论》的解释方式——一边是世界，一边是语言[9]100，而语言又是这个世界的图像，那么逻辑空间就是这个图像的框架。当我们说出"这个世界"的时候，它就处在逻辑空间之中了。

格罗克深入探究了在空间与逻辑可能性集合之间的类比中存在的几个方面：首先是逻辑空间中的一个"位置"由"命题"（在此指基本命题）来决定（3.4—3.42）。它是一个可能的事物状态，与基本命题的真值可能性相对应——为真或为假。其次是逻辑空间中的一个位置要取决于事物状态是否存在，因而逻辑空间与实际空间是对应的，因此，如果事物状态存在，那么逻辑空间中的位置就被占据或被填充。最后，就像空间是物质对象在其中运动的场域一样，逻辑空间是一个可能变化的场域，主要是为事实中的对象的变化着的配置而设[23]220-221。

维特根斯坦将逻辑空间与实际空间相对应的思想，对于现代逻辑而言是很有意义的。基本命题的真值可能性与实际状态（Sachlage）的可能性相对应，有助于克服罗素的摹状词理论中的无意义状态。按照维特根斯坦的理论，如果实际状态不存在，逻辑空间的所有位置就可能是空的，在这样的场合，就不会有命题（它们本身就是事实），因而就没有语言上的表达。罗素的所谓"当今法国的国王"这样的实际状态并不存在[28]49，因而在逻辑空间中不会有位置，不能成其为命题，自然也就不能有语言上的表达。

从建筑学的角度来看，逻辑空间与实际空间相对应也是很有意义的。维特根斯坦提到桌椅书本之类的空间中的对象，显然空间中的对象不止这些，维特根斯坦想到这些对象，可能是因为它们是他平时至为切近的事物。桌、椅和书本是处在空间中的相互关联的对象，它们共同组成了一个"命题标记"。维特根斯坦将命题与字词混合物（Wörtergemisch）区分开，表明他从一开始就没有将逻辑视为一个通过自身融贯而具有意义的系统。如果不与事实联系起来，语言也不能成为有意义的表达，而只是些字词混合物。命题标记的本质在于，它是一个事实。事实的本质在于其各组成部分之间的关系。复合标记"aRb"意味着"a"与"b"具有一定的关系[10]22。如果将逻辑空间与实际空间对应起来，以"a"指代"桌"，以"b"指代"椅"，那么"aRb"指的是"桌与椅具有一定的关系"。如果再加入"c"，指代"书本"，那么就有"aRb""bRc""aRc"这样三组复合标记，分别对应了"桌与椅""椅与书""桌与书"这样三种关系，分别可以表述为三个基本命题："椅在桌旁""书不在椅上""书在桌上"。这三个基本命题共同构成了一个完整表述的命题：桌椅书本共同构成一种适合的空间位置关系。按照维特根斯坦的说法，这个命题给出了实际状态（Wirklichkeit）的图像，同时也描述了一个事实。而当他表示实际状态必须通过命题的肯定或否定来确定的时候，他就引入了命题的真或假的问题[29][10]42。与事实对应的命题的真值可能性，其实是以对应其组成部分的基本命题的真值可能性为基础的，而组成部分自身是否为真则又决定了基本命题的真假。当我们说"桌""椅""书本"这三个名称的时候，就意味着这三个名称所指称的对象如其所是的那样存在。这三个为真的对象共同构成的适合的空间位置关系（也可说是合理的实际状态）又是以人对它们的使用为依据的。人坐在椅子上伏案读书这个使用状态就决定了这三个对象的空间位置关系，书放在椅子上显然是个错误的空间位置关系，而椅子与桌子之间的距离要根据人体尺度关系来确定。至此，我们可以理解维特根斯坦关于"这些事物相互的空间位置（räumliche Lage）就表达了这个命题的意义"这个论断[10]22。维特根斯坦原本是以"桌""椅""书本"为例来说明命题标记的，继而就逻辑空间与实际空间之间的对应关系给出简明的陈述。受此启发，我想到建筑空间的各组成部分相互的空间位置必定表达了一个或一些命题的意义，建筑空间的逻辑是值得深思的。

维特根斯坦在后来的《哲学评论》中其实也贯穿了逻辑的原则。写于1931年的附件中谈论了整体与事实（Komplex und Tatsache）的问题。需要注意的是，维特根斯坦在此用的是"Komlex"，意为"许多事物的集合"，在这样的整体中，作为组成部分的事物仍然保持其自身的个体性。他提到"花""房屋""星辰图像"，它们分别是由"花瓣""砖瓦""星星"组成的整体。总之，"整体是一个空间的对象（ein räumlicher Gegenstand），是由诸多空间的对象（räumlichen Gegenständen）组成的"。整体终究还是物，而事实不是物，是事物状态，所以说"整体并不等同于事实"。维特根斯坦继续分析。他从弗雷格那里得知，说一个红色的圆由红色和圆形组成，或者说它是一个由这些成分组成的整体，都是对这些词的误用，且会引起误解。维特根斯坦进一步分析说，"这个圆是红色的"这个事实不能说成是一个由圆和红色等成分组成的整体，房屋也不能说是一个由砖瓦与它们的空间关系组成的整体[25]301-302。维特根斯坦在"红色"与"圆形"、"砖瓦"与"砖瓦的空间关系"之间做出区分，其实是将对象或物与事实区分开，这样的区分源于他的《逻辑哲学论》。

在这个附件里，维特根斯坦还提到，作为空间的对象，整体可以说是从一个地方移向另一个地方，但不能说是将一个事实移到另一个地方[25]301。房屋是一个空间对象，就其自身而言就是一个整体。既然作为一个整体，就可以从一个地方移向另一个地方，然而在人们的观念里，一座结构坚固、持续妥善使用的房屋会长期持存在一个地方，以致人们将确定的地点性当做建筑的固有属性，而与同样能够居住的车、船等可移动的空间对象区分开。当现象学进入建筑学的时候，理论家们特别重视建筑的地点性，仿佛一座建筑与其所处的场地构成了一个整体。如果我们从维特根斯坦关于空间对象与事实的区别出发，就不难理解，确定的地点性并不是建筑物这个空间对象的固有属性，而是建筑物与大地的某个部分之间的位置关系，是一个事实。传统意义上的建筑的不可移动性正是由这样的事实决定的。另一方面，建筑物与大地的接合是通过基础完成的。从结构的观点来看，建筑的结构可以分为基础结构与上部结构两部分，因而我们并不能笼统地说将一座建筑物从一个地方移到另一个地方。对于木构建筑而言，移建就是先将构件拆下来，再在另外一个地方重新组装,这表明木构建筑的上部结构以及部分基础构件可以移至另一个地方。在有了平移技术以后,一座钢筋混凝土建筑的上部结构可以整体地移向另一个地方,当然,需要重新建造基础结构。建筑与大地的位置关系只是表明建筑与自然的关系的一个方面,建筑与人、社会乃至历史文化的关系具有更强的影响,是更强的事实。作为空间的对象,一座建筑物的上部结构是可以移动的,但如果这座建筑在历史与人文方面具有重要价值的话,人们可能会对移动后的建筑物的历史文化特征产生疑虑。不过,在博物的意义上,具有历史文化价值的建筑的移建还是可以接受的。维特根斯坦关于空间对象与事实的区分是与关于事物与事实的区分相对应的,体现了很强的分析精神以及逻辑上的一致性,可以启发我们深入理解建筑作为物与文化载体的双重特征。

7.4.3 视觉空间

在《哲学评论》中,从第 V 部分开始,维特根斯坦对视觉空间的经验或想象中的视觉经验加以分析,这可以视作对无限空间的有限体验的一个方面。一开始,他是以第一人称的复数形式来谈的,这表明了一种大家通常所共有的感觉。他说:"如果我们环顾四周,在空间里走来走去,感觉我们自己的身体……我们并没有感觉到,我们是以透视的方式在观看空间,或者在边缘上的视觉图像在某种意义上是模糊的。"[25]80 他认为这就是我们感觉的特定方式,十分自然,而且我们已习以为常。值得注意的是,维特根斯坦并没有孤立地谈论视觉,而是与身体、身体的运动联系起来。在第 55 条,维特根斯坦以第一人称单数形式来谈,强调的是他自己的看法。他说,"我只有一个身体。我的感受从来没有超出这个身体"。他还对"我"做出解释:"'我'显然指我的身体,因为我在这个房间里;而且'我'从根本上就是在一个位置上的、在其他身体也共处的同一空间中的一个位置上的某物。"[25]86

在第 72 条,维特根斯坦假设了一种状态:身体的各个部位都能分离,只剩下一只眼珠。而这只眼珠固定在某处不能动并保留着视觉能力。但是这样的状态下的视觉空间(Gesichtsraum)与通常状态下的视觉空间是不同的。通常状态下,眼珠与身体共为一体,如果想知道身后发生的事情,转过身去就可看到。如果转不了身,就像眼珠被固定在某一处的状态那样,那么就不再有这样的观念:"空间在我的四周延展,我是通过转身才得以看见现在在我身后的东西"[25]100-101。由此可见,在"我"周围产生的空间不仅仅是个视觉空间,而是视线空间和肌肉感觉空间的混合。而离开了身体的静止的眼睛就没有一种关于眼睛四周的空间观念,亦即通常的空间观念。"转身"的可能性对于通常的空间观念而言是个前提。

长期以来,人们习惯于将视觉与身体的其他方面的感觉分离开,而且也强调视觉的首要性。当代建筑理论的研究将建筑上的形式主义倾向归咎于视觉的首要性,并接受了现象学对其他身体感觉经验的注意,以此作为对视觉首要性的抵抗。问题是将视觉与其他身体感觉经验对立起来,又陷入另外一种困境。其实我们本可不必将视觉与其他身体感觉经验对立起来,而是像维特根斯坦那样,将视觉与其他身体感觉经验联系起来。在视觉经验与其他感觉经验的相互关联这一点上,罗素也有过十分精致的分析。如果那样的话,建筑理论的论证本可再合理一些。不过,在第206 条的分析中,维特根斯坦又提出了视觉空间的绝对性问题,令人难以理解。他设想了一个"漆黑夜里的两颗星星"的场景,只能看见两颗星的运动,别的什么也看不见;他又假定"通过望远镜观察星空,视野一片黑暗"的条件,只见星光,看不见我们的身体,也就无从将身体用来比较,但还是能看到星图的不同方位。于是他得出结论:"视觉空间是一个有方位的空间,一个其中有上、下、左、右的空间。而且,这些上、下、左、右同重力或左手右手没有什么关系。"他甚至认为视觉空间是有绝对方向的,人们只是将感觉空间的方向与它相对应。问题在于,视觉与身体的其他感觉是分离的吗?按照我们现在的理解,视觉与身体的其他感觉通过心灵这个中枢联系在一起,视觉经验与身体的其他感觉经验都会反映到心灵中去。事实上,维特根斯坦设定的条件只是让身体在视觉中失去参照，其他的感觉经验在心灵中的反映仍然存在，因而视觉空间的方向并没有与感觉空间的方向分离开。维特根斯坦在第206条中再次提到"在视觉空间中有绝对位置（absoute Lage），因此也有绝对运动（absolute Bewegung）"，因为这涉及我们如何能确定一个位置的同一性问题[25]254-255。但是这并不表明视觉空间必须要与感觉空间分离开。他还提到了"视野结构"，而视平线、视点、焦点、方向等视野结构要素还是与身体联系在一起的。

在第71条及第73条，维特根斯坦主要讨论了视觉空间的客观性问题。主题索引中的第71条是："只有在物理空间的语言中，视觉空间才叫做主观的。"在正文中，维特根斯坦指出，"视觉空间本质上是没有主人的"。他假设总是看到自己的鼻子与其他对象一起在视觉空间里（对于高鼻梁的西方人来说，眼睛的余光可以不费力地看到自己的鼻子），但这并不意味着视觉空间就属于他，因而视觉空间就不是主观的，只能说是被主观地理解了。维特根斯坦在这里要说的是，视觉空间就是所看到的客观空间（ein objektiver Raum），两者是相对应的，而且客观的空间是一个以视觉空间为基础的结构。能够作为客观事物的结构基础的事物必然是客观的。关键在于，"视觉空间的描述表现的是一个客体，而不包含主体的任何暗示"。我们可以将第73条的内容视作对视觉空间客观性的进一步阐明。主题索引中的第73条是："在视觉空间中没有一个属于我的眼睛，也没有属于他人的眼睛。"在第74条中，维特根斯坦以书与主人的关系为例，说明视觉空间与人的关系。在他看来，尽管"视觉空间"这个词包含着对感觉器官的暗示，但这种暗示对于空间并不重要。一本书属于某个人这个事实，对于这本书本身的存在而言并不重要[25]100。维特根斯坦在此所说的书"属于某一个人"，应是指某个人购买并拥有了它，书的存在只是因为其内容的缘故。如果这个人是其作者，那么此书的确是由于与此人有关系才能存在。因而这个例说需要排除书的主人是其作者的情况。

在第178、210、212、215、217中，维特根斯坦谈论了视觉空间与欧几里得空间之间的关系。欧几里得空间就是由欧几里得几何学描述的空间。在对空间的描述过程中，欧几里得几何学"把物体的边当做直线，把物体的表面当做平面"，这其实是一个抽象的过程。维特根斯坦称之为"欧几里得几何学结构的应用"，但还是提醒我们，"这些对象不是直线、平面和点，而是物体"。当几何学运用到视觉空间，我们应该意识到它起的是结构性的作用，正如维特根斯坦所指出的那样，"视觉空间的几何学是涉及视觉空间中的对象的句子的句法"。如果视觉空间中的一些对象构成像句子那样的组织，那么几何学就是使它们能够像句子那样组织起来的句法。没有经过句法组织的诸多单个语词是不能成为一个命题的，也就是不能构成一个有意义的组织。如果视觉空间中的诸多对象要成为能够为我们所理解并在其中进行有意义的行动的组织，就需要欧几里得几何学这样的句法[25]103。

维特根斯坦在第212条中以"圆"为例分析了视觉空间和欧几里得空间之间的关系。他说，"假如一个圆确实是我们所看到的东西，那么我们肯定能够看见它，而不仅仅是看见某种与它相类似的东西。如果我不能看见一个精确的圆，那么在这个意义上我也不能看见一个近似的圆。"在这里他谈的是视觉对象的确定性问题：所见即所是。这和传统哲学中表象与理念的概念是不同的。在第215条中，维特根斯坦指出，"说圆只不过是一个理想，现实只能接近它，这自然是毫无意义的"[25]217。这让我们想起柏拉图的理念论：存在一个绝对的理念世界，我们所在的现实世界只是它的不完善的摹本。柏拉图理论的困难在于，如何在不可见的理念世界与可见的现实世界之间做出比较，他的解决办法是让现实世界的人的前世在理念世界中度过，凭记忆将理念世界的标准带到这个世界中来[30]268-270,[31]81-86按照维特根斯坦的理论，柏拉图显然是说了不可说的事物。对于维特根斯坦而言，肯定视觉空间这样一个现实世界的确定性是很重要的，而这样的确定性并不是通过测量得来。在欧几里得空间中我们需要测量，根据某种测量标准以及测量的手段来确定测量的精

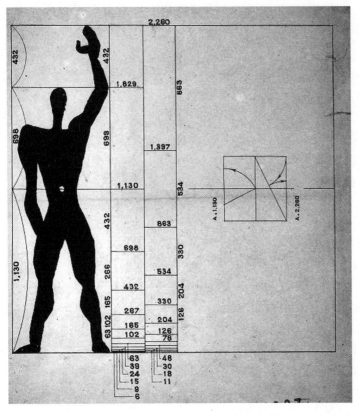

图 7.19　勒·柯布西耶的人体模度

确性。而在视觉空间中,一般情况下我们无法凭借视觉本身来测量。维特根斯坦在这里求助于直观:"视觉空间结构中的距离概念是直接获得的",那么谈论对视觉对象的精确性与近似性问题也是没有意义的[25]269。

后来维特根斯坦可能意识到以直观来解释视觉空间的确定性问题是不充分的,在《蓝皮书》中谈了目测的一些可能性。他列举了 4 中可能的情况:

(1) 有人问:"你如何估计这座建筑物的高度?"我回答说:"这座建筑物有 4 层;我假定每层有 15 英尺高,因此它大致有 60 英尺高。"

(2) 在另一个场合:"我大致知道 1 码的距离看起来有多少;因此它大致必定是 4 码长。"

(3) 或者是:"我可以设想一个成年人可以伸到这个位置;因此它必定是离地面 6 英尺左右。"

(4) 或者:"我不知道;它看起来似乎恰好 1 码。"[32]11

在第一个场合,用了假定与推算。第二个场合用了目测。对于学建筑的人来说,目测似也算是一项环境认知的基本功。目测的基本要点是把握一个目测的单位,或以一个我们熟知的事物为参照。维特根斯坦以 1 码作为目测的单位是较为合适的,过大或过小的尺寸都不适合。一码等于 3 英尺,将近 1 米,以此为单位较易把握,以第一个场合的 15 英尺为目测单位就过长了,而以 1 英寸做目测单位去测量 10 几英尺甚至几十英尺的长度,划分过多,也不易把握。因此维特根斯坦在第一个场合用的是假定。第 3 个场合以人体伸手高度作为参照,这有点像人体模度,就像勒·柯布西耶那张著名的人体模度示意图那样(图 7.19)。第四个场合的陈述显得前后矛盾的,"似乎"显得不太确定,而"恰好"则暗示了精确性,这两个词连用就成问题。所以维特根斯坦要说,最后这个例子会使我们感到困惑。事实上,一般情况下目测只能是近似的。"它看起来好像是 1 码",就是正确的陈述。由于目测的近似性是可被接受的,那么通过目测对一个形状的判断也有一定的宽容度。通过测量获得的形状与通过视觉观察到的形状两者之间存在什么关系? 比方说通过测量得出的 4 米的方形与反映在视觉中的 4 米×4.01米的矩形,我们很可能将后者也视作一个方形。

7.5　关于艺术与审美的问题

维特根斯坦对于艺术与审美的问题一直都很关注,这可能也是出于他的家庭背景的影响。

G. H. 冯·赖特(G. H. von Wright，1916—2003)在关于维特根斯坦的传记中提到，维特根斯坦的习惯是把他的思想记在笔记本上。条目通常是有日期的，因而它们构成了一种日记[3]9。赖特将维特根斯坦的一些个人笔记整理成册，于 1977 年出版，书名为"Vermischte Bemerkungen"，即《杂评》。彼得·温奇(Peter Winch)于 1980 年译成英文，并于 1998 年重译，书名为"Culture and Value"，即《文化与价值》。涂记亮根据德文本译成汉语，标题为《杂评》，收录于《维特根斯坦全集》第 11 卷中。1938 年，维特根斯坦就美学问题为鲁什·里斯(Rush Rhys)和斯迈提斯(Yorick Smythies)等六位学生做了一系列讲演与谈话，前三篇美学讲演的笔记出自斯迈提斯的笔记，第四篇出自鲁什·里斯的笔记，连同他的关于心理学和宗教信仰的讲演一起，由塞利尔·巴莱特(Cyril Barrett)编辑成书，于 1966 年由加利佛尼亚大学出版社出版。汉译本由江怡完成，收录于涂记亮主编的《维特根斯坦全集》第 12 卷中。

在《杂评》中，维特根斯坦对文学、艺术，特别是音乐、建筑作出简明的评论，表明了他的美学以及艺术哲学方面的态度，更为重要的是，这些简短评论渗透了严格的道德意识，那也可视为道德的基准线。其实，他的《逻辑哲学论》明晰表达可说的事物，对不可说的事物保持沉默，也表明了一种恪守道德准则的态度。在《关于美学、心理学和宗教信仰的讲演与谈话》中，维特根斯坦主张从一定的场合或活动开始，通过语词的表达来探究美的事物的具体方面，表明了一种与传统美学不同的探究路径。另一方面他明确提出了审美活动的规则性以及审美事物的合规则性，并且将审美规则与文化联系起来。

7.5.1 关于审美判断

在关于美学的讲演中，维特根斯坦一开始就说美学这个题目非常大，而且完全是被误解了[33]1。他直接谈论"美的"这个词，并认为这个词并不重要。关键是要弄清我们是怎样知道这个词的。在这里他把他的关于语言游戏的理论引入美学讨论之中了。他想到孩子们是通过用夸大的手势和面部表情来学习"美的""好的"之类的词的。"这是美的"这个陈述说明不了什么，关键是要关注说出这个陈述的场合："关注大量的更为复杂的情况，其中有审美表达的作用，但这个表达本身却可能完全被忽略了"。接下来，维特根斯坦设想了一种情境："如果你来到一个语言不通的异族部落，你希望知道什么词对应'善的''好的'，那么你会看到什么？你会看到微笑、手势、食物、玩具。"[33]2无论是孩子对"美的""好的"之类的词的学习，还是在异族部落的沟通，都向我们表明一个道理：我们做出审美判断或伦理判断，并不是从某些词开始，而是从某些场合或活动开始。这与通常的美学和伦理学有很大的区别。

为什么维特根斯坦要说"美的"这个词并不重要？他给出了几点具体的说明。首先是音乐评论，音乐评论中所说的往往是："注意这个过渡""这一小节不一致"；其次是诗歌评论，在诗歌评论中可能会说，"他对意象的运用很准确"。这些陈述都是针对音乐作品而言的，所用的语词也与音乐的特征相关。这些语词的意义更接近于"对的"和"正确的"，而不是"美的"和"可爱的"之类的审美形容词。第三是应该怎样朗诵诗歌，这涉及正确的读诗方式问题。维特根斯坦认为读自由诗要正确地读出重音，还提到韵律问题——作为韵脚的韵律要"像水晶般清澈""而其他的韵律则完全处于背景之中"。维特根斯坦读过 18 世纪诗人克鲁普斯托克(Friedrich Gottlieb Klopstock，1724—1803)的诗歌。克鲁普斯托克在他的诗歌上做标记。维特根斯坦依此读诗，还会做出手势和面部表情，有非常强烈的感觉。而在这样的过程中，审美形容词几乎不起任何作用。第四是关于制服的评价问题。这似乎说得也是他自己的经验。显然他自己知道什么是好的制服，他在裁缝店里想要做制服时，并不说"那太短了""那太窄了"，而会说："看哪！"他不说"对的"而会说："就像这样吧！"为什么不用直接说出自己的判

图7.20 巴黎圣母院大门的处理

断呢？作为一个好的裁缝，他应该自己做出判断，顾客所要做的只是提醒而已。"一个好的裁缝可能一句话都不说，而只是用粉笔做个标记，然后再去改变。"如果对一套制服很满意，会如何表示呢？维特根斯坦的答案是经常穿着它，乐于让人们看见[33]3-5。

第一个例子的评论主体可能是专业的音乐评论家、指挥、音乐教师，第二个例子中的朗诵者掌握了诗歌的读法，这说明审美活动是具体的，审美判断所用的语言要能表达审美对象的具体特征，要说处对象之所以为美的道理，而不是笼统地说它们是"美的"。演奏音乐作品或朗读诗歌则要懂得如何演奏、如何朗读才能表现出作品的美。第三个例子则向我们表明了特殊的可能性：懂行的顾客与好的裁缝，他们似可以心领神会，而无须赘言。

7.5.2 审美规则

在关于审美判断的讨论中，维特根斯坦提到所用语词的意义更接近于"对的""正确的"。如果审美对象在某个方面是"对的"或"正确的"，那就意味着他在那个方面符合了一定的规则。这就引入了"审美规则"的问题。维特根斯坦主要是以学习制衣为例说明学习规则的重要性，并加上学习音乐的类比。裁缝会制衣，是因为他学习了规则，受过训练，就像学习音乐规则就是要学会和声和对位那样。他知道一件外套应当是多长，袖子应当是多宽，等等。因而一个人想要做裁缝，首先就要学习应学的所有规则。维特根斯坦假设他先是学习了所有的规则，然后去裁缝那里做衣服，他可能会有两种看法。一是当利维（听维特根斯坦讲演的学生之一）说"这太短了"的时候，维特根斯坦说："不，是对的，它符合规则。"二是维特根斯坦说他对这些规则有了一种感觉[34][33]5,[35]328。由他来解释规则："不，这不对。这不符合规则。"（另一位学生里斯在注释中补充的是："你不明白，如果我们把它弄得更大些，它就不对了，就不符合规则了。"这句话在上下文中似更通顺一些。)[33]5 在前一个场合中，利维说衣服太短了，表示的是他个人的看法，如果有另外的人看到，也许会有另外的看法，而维特根斯坦根据规则来做出判断，表明他的看法不只是他个人的，而是为懂得规则的人所共有的。他是在对符合规则的东西做出审美判断。而在后一个情况中，他应该是根据规则对利维的看法做出纠正。可见，学习规则对审美判断是至关重要的，而且通过学习规则，可以得到越来越精致的判断。

在前一个情况中，已经涉及规则的相对性问题。维特根斯坦在第16条中对此做了进一步分析。他说："你会把测量外套长度所制定的规则看作表达了某些人的愿望。人们在外套应当有多长这一点上有分歧：有些人并不在乎它是宽的或窄的；而其他人则在乎许多东西。"[33]5-6 这就是所谓仁者见仁，智者见智，这样的状况是不是意味着很难有一些共同接受的规则？其实"有些人并不在乎它是宽的或窄的"这个陈述仍然表明有一个潜在的规则：对于个人来说，存在一个合身的尺寸，尽管人们对这个尺寸的把握不尽相同——有的人认为宽一点合身，有的人认为窄一点合身，有的人觉得宽点儿、窄点儿无所谓——但都是以这个尺寸为参照的,而且偏差也不会过大。这就是说人们对合身尺寸的理解上的偏差都是在一定的范围之内。

关于音乐,维特根斯坦认为,"和声表达了人们希望一起合唱的方式——他们的希望就具体化为这些规则"。和声指的是两个以上不同音高的音按一定规则同时发声,构成和谐的音响组合。和声的规则体现在和弦的纵向结构与横向运动之中。"所有伟大的作曲家都根据它们来作曲"。这里又遇到一个问题,如果音乐作品都依据一些规则,那又如何保证音乐的多样性呢?维特根斯坦的回答是,每个作曲家都在改变着规则。但他又认为这种变化是非常小的,而且并非所有的规则都被改变了[33]6。如果从音乐史的角度出发,一个时期的音乐与另一个时期的音乐在风格上就有着明显的差异,比方说浪漫主义音乐与巴洛克音乐之间的差异还是很明显的。而同属浪漫乐派的作曲家们的作品之间仍有些差异,但这些差异比起不同类型的音乐之间的差异就小得多。如果视角再宽广一些,在西方音乐与东方音乐之间作比较,那么浪漫主义音乐与巴洛克音乐的那些差异又显得微不足道了。

无论如何,艺术作品以及人造产品应该有规则可循,正是由于有了那些公认的规则,才使得艺术与工艺成为可教的、可学的、可以进行审美判断的。既然有规则可循,艺术作品就存在正确性问题。符合规则是正确的,不符合规则就错了。当一个好的裁缝说"太长了""好了",他一定是将所做的衣服与规则相比较。维特根斯坦又说,"当我们谈论贝多芬的交响乐,我们不谈论正确性"。也许可以这样来理解,我们不能以巴洛克音乐的规则来谈论贝多芬音乐的正确性,因为贝多芬已经在古典乐派的基础上开了浪漫主义音乐的先河。在这里,维特根斯坦也提到建筑的正确性问题。他说,"在某些建筑风格中,一个门是正确的,这个东西就是你所欣赏的。但在哥特式教堂的情况中,我们所做的并不是发现它是正确的——它对我们起着截然不同的作用"[33]8。说一个门对于一座建筑而言是正确的,首先是门的尺寸是合适的。关于门的尺寸,我们首先想到的是,它一定要比绝大多数人的正常的身高高一些;如果是高大的公共建筑的主入口,其高度还会根据建筑自身的尺度系统做出调整。为什么在哥特式教堂中,我们就不谈论门的正确性?出于宗教崇拜的缘故,哥特式教堂的体量过于高大,再高大的门也无法与之相称,通常的做法是以建筑的手段将门洞周围的墙体修饰成仿佛是门洞的扩延一样,如巴黎圣母院大门的做法(图7.20)。

维特根斯坦似乎对门给予很大的关注。维特根斯坦在曼彻斯特学工程时,与艾克勒斯是同学。1914年艾克勒斯和妻子装修他们在曼彻斯特的新房子,与维特根斯坦互通信件,谈论的主题与美的原则有关。艾克勒斯说他在设计中只考虑三方面的问题,一是适用,二是建造,三是绝对的简洁。关于建造,他解释说他喜欢最早的建造方式。他随信还附上他自己画的草图,并征求维特根斯坦的意见。维特根斯坦在回信中称赞艾克勒斯的设计,说他们的药柜和化妆桌都是很好的。也提了些意见。他的疑问是,为什么不把门上方的横木放在中间位置,以便上部板材与下部板材是同样的高度[2]135-136。在第2篇关于美学的讲演中,维特根斯坦谈了审美表达和美学反应的问题。他似乎对审美表达存有疑虑。他设想盖了一座房子,在某些方向安装了门窗,人们喜欢这些方向,问题是这件事情一定要说出来吗?泰勒在此做的注释是"我们对这些东西的偏好是以各种方式表现出来的"。如果我们不喜欢某些事物,也可以以行动表现出来——当某个人盖了一栋房子,我们拒绝住在里面或逃走了。维特根斯坦还设想了一个场景:你设计了一扇门,看着它说:"再高点儿,再高点儿,再高点儿……嗯,好了。"另外一个表达是:"再高点儿……太低了!……像这样做。"[33]13前一个表达语气平静,表示的是对一个趋向正确高度的调整的肯定。为什么维特根斯坦会对这是不是满意的表达有疑问？而后一个表达语气激烈，为什么维特根斯坦就将它视作不满意、厌恶的表达，称之为"美学反应"？而在他看来，与美学相关的最重要的东西就是所谓的美学反应。对满意的审美表达有疑虑，而对不满意的美学反应可以有表达，有些匪夷所思。他还认为"我感到不舒服并知道它的原因"这个陈述是完全错误的，因为不舒服是直接感受到的[33]14。这似乎又杜绝了对审美上不舒服的原因做出解释的可能。

尽管维特根斯坦在对审美判断与审美反应的表达方面有些含混，但他明确指出规则对于审美判断的重要性，同时也提出审美判断表达的具体性及多种可能性，在美学史上是有积极的贡献的，而且对建筑理论而言也是具有启发性的。另一方面，他为美学增加了文化人类学的维度，将审美判断的表达定义为一个时期的文化。这样，一套审美规则就带有一个时期的文化的特征。由于文化属于语言游戏，审美规则就与语言游戏联系起来。通过规则而将审美判断、语言以及游戏联系起来，维特根斯坦这个阶段的工作已经预示几年后他的《哲学研究》的重要成果。

从他关于裁缝制衣与建筑之门之类的形象性事物的分析，我们可以体会到对适合与得体的做法的具体说明。他在审美反应上强调直接的感受性，可以看作对康德的审美判断的翻转。我们知道，康德关于主观合目的性形式这个关键概念是难于把握的。虽然康德一再强调，一个客体的合目的性的审美表象是先行于这个客体知识的，其形式在关于这个形式的单纯反思里，就被评判为令人愉快的根据[36]27-28，但是他无法回答审美表象为什么在单纯的鉴赏中令人愉快、如何令人愉快。也许这个问题对他而言，就是不能去作答的，正如在他的先验哲学中，物自体是无从认识、只能被领悟一样，美的本质也是无法去认识，只能在观照中感受。这种神秘主义的倾向，最终导致不可能人为地为美的形式制订规则的结论。然而根据常识判断，艺术美的创造显然是有一定规则可循的，为了解决这样的矛盾，康德想到了天才，也就是天生的内心素质。虽然自然美的普遍规则无从描述，但是自然可以通过天才为艺术提供规则[36]152-153。然而这样的解释依旧是勉强的。至少在建筑艺术方面，我们可以看到另外的现象：发展到一定程度的建筑艺术，其形式必定具备数学上的规定性，因而也就具有一定的合规则性。幸亏维特根斯坦在审美判断的活动中没有像康德那样求助于直观，他必定是意识到数学上的规定性对于审美对象的重要性，因而才一再强调衣服的正确的长度以及门的正确的高度。这可能得益于他10年前所做的建筑设计的工作。在这一点上，维特根斯坦与维特鲁威、阿尔伯蒂、拉斯金、勒·柯布西耶之类的建筑理论家们站到一起了，因为他们都努力使美的建筑形式得到理性的解释，而受康德美学影响的美学家罗杰·斯克鲁登（Roger Scruton）断言这样的形式不可能全部都正确，那些建筑师对美学的理解都是错误的[37]6。如果说康德通过天才在自然美的普遍规则与艺术的规则之间进行沟通的做法，多少有些对感性与理性之间的断裂加以弥补的意味，那么斯克鲁登对建筑理论方面的努力的否定态度，显然是更夸大了康德美学中的感性成分。就我个人的经验而言，我必须为建筑形式美的可理解性做出辩护，因为我们关于建筑空间形式处理的学习与教授，都是根据一定的规则进行的。

7.5.3 关于现代音乐与现代建筑

《杂评》中有一篇写于1930年的《一篇前言的草稿》，那是为他的《哲学评论》的前言写的草稿。《哲学评论》是维特根斯坦于1929年2月至1930年4月间的一些哲学思考的打印稿，原本交给罗素，由罗素为他向剑桥大学三一学院理事会申请延长研究资助金用。1964年，这些打印稿由鲁什·里斯编辑，在牛津布莱克维尔出版社出版。维特根斯坦在提交的打印稿中所附的前言是十分简短的。《草稿》中有两处涉及建筑学内容。在这一短文的开篇，维特根斯坦说贯穿于这本书中的精神不同于欧美文明的主流精神。欧美文明精神通过工业、建筑、音乐表现出来，在今天则通过法西斯主义和社会主义表现出来,这样的精神对本书作者而言是格格不入的。维特根斯坦认为这并不是个价值判断的问题。情况并不是仿佛作者认为当今自身呈现为建筑的那种东西是建筑,也不是仿佛作者对人们称为现代音乐的那种东西没有极大的猜疑[15]458。

维特根斯坦的这段陈述中包含两个命题,这两个命题分别表明了他对现代建筑与现代音乐的态度。"当今呈现为建筑的那种东西"应是指现代建筑,那么前一个命题就表明,维特根斯坦并不以为现代建筑是建筑;后一个命题则表明维特根斯坦对现代音乐不以为然,前面一节提到,恩格尔曼说维特根斯坦鄙视发明十二音体系的现代作曲家勋伯格的音乐。从维特根斯坦对音乐的评论中可知,他比较推崇的音乐家是巴赫、莫扎特、贝多芬、勃拉姆斯,对门德尔松评价不高,对布鲁克纳感到难以理解,对马勒就更不以为然了[15]452,454,471,479,482,545。可以说维特根斯坦关于音乐的品位还是偏向古典的。至于建筑,其时维特根斯坦已有过自己的实践,一般认为他的作品看上去有些像鲁斯的作品,至少在外观上如此。不过,从 7.3 节的分析可见,虽然在这栋住宅的方案设计阶段,斯通博拉夫人和维特根斯坦已经参与讨论了,但住宅的大的平面格局与整体形式还是由恩格尔曼做出的。恩格尔曼是鲁斯的学生,设计上受到鲁斯的影响是正常的。而维特根斯坦后来在深化设计的工作中,在平面格局、外部轮廓乃至建筑细部上都做出精妙的调整,但在建筑的整体形式方面还是沿循了恩格尔曼所做的鲁斯风格的形式意象。之所以如此,也许是因为建筑的形式对他而言并不是个重要的问题,也有可能是出于斯通博拉夫人的喜好。

1947 年,维特根斯坦提到他的建筑工作,直言不讳地说他在建筑时所做的工作就只不过是把一种旧的风格(ein alte Stil)复制出来。他觉得可以用一种新的语言来表达旧的风格,以一种适合时代的节奏来重新表现这种旧的风格[15]535。"旧的风格"该如何理解?这里所谓"旧的风格",我以为并不是简单地指建筑形式上的风格,对于维特根斯坦所做的建筑工作而言,所谓"旧的风格",除去通常意义上的形式之外,还应该包括与他姐姐家庭生活有关的空间组织方式。让我们再回顾斯通博拉住宅的设计。前面已经提到,中厅空间是这栋住宅的枢纽,按照莱特纳的分析,从一个中厅通往一些房间的模式是维也纳宫厅建筑的传统,维特根斯坦父母在阿里大街的宅邸也是这样的格局。维特根斯坦姐姐必定认为这种源自父母家庭记忆的空间格局是十分重要的,因而从恩格尔曼的平面设计到维特根斯坦的平面设计,这个格局一直延续下来。不过,对他自己所做的工作,维特根斯坦还是有着清醒的认识。他认为他的工作并不是对旧的风格的一种新的修正(ein neues Zurechtstutzen),这意味着他已经拒绝了在陈旧的形式上加以简化的新古典主义的一般做法;同时他也认为不能把陈旧的形式拿过来,使它们去适应新的审美趣味,而是要以适合于新世界的方式说出旧的语言,而这样的方式又不必然要与旧语言的审美趣味相一致[15]535。具体地看他在那栋住宅的设计中所做的事情,不难理解,他就是要以现代建筑的方式表达出源于他的家庭记忆的"旧的风格"——中厅空间的格局。但在审美趣味上,斯通博拉住宅的简朴与他父母家的奢华装饰截然相反。

值得注意的是,维特根斯坦为什么不说要以一种新的语言把一种新的风格表达出来?如果风格是与生活方式联系在一起的,那就具有较强的持续性。在此意义上,"新的风格"意味着原有的生活方式的终结,新的生活方式的开始。而维特根斯坦坚持说"旧的风格",应是表明对她姐姐保持一定程度的家庭记忆的做法的认同。维特根斯坦的建筑实践以及他后来的反思,向我们展现了现代建筑的另一种可能的路径:以新的方式在一定程度上保持传统的生活方式的延续性。具体来说,可以通过新的建筑语言形成一种体现了传统生活方式的新的空间,而传统的生活方式仍可在其中展开。遗憾的是,在那个时代,现代建筑理论界并没有意识到这样的可能性,后来的反现代主

317

第 7 章

图 7.21 可升降的机械铁幕

义者们其实也没有意识到这一点。

在《杂评》中，维特根斯坦于 1930 年写道："当今优秀的建筑师与拙劣的建筑师的区别就在于，拙劣的建筑师经不起任何诱惑，而优秀的建筑师却能抵抗住它们。"[15]455 其时，维特根斯坦已于 1928 年完成斯通博拉住宅的建造工作，并于 1929 年返回剑桥，重新开始哲学工作。这个陈述可以说是维特根斯坦完成了一次从哲学向建筑学的深度越界之后的深刻体会。在这里，"诱惑"应是对建筑师的工作而言的，那么，对建筑师的工作而言，"诱惑"意味着什么？而优秀的建筑师又凭借什么来抵抗诱惑？回答这样的问题是不那么容易的。

对建筑师工作而言的"诱惑"可能主要来自两个方面。一方面，技术的进步为建筑师提供了较多的建造技术方式、较高的技术水平以及较为多样的建筑材料选择，在某种意义上，技术与材料的多样选择对建筑师而言就是一种诱惑。根据具体条件选择适宜的技术可能是比较好的做法，这也涉及一定的道德原则问题。当然，如果在选择的可能性较少的情形下，诱惑相对就少一些。在此意义上，前工业时代的建筑师的境遇反倒要比现代建筑师的境遇更为有利一些。其实在艺术史上我们也可以看到类似的情况。包豪斯的艺术家约瑟夫·阿尔贝斯（Josef Albers，1888—1976）十分推崇文艺复兴早期或更早一些时候的画家，如乔托（Giotto di Bondone，1266？—1337），他在可用的绘画技法与颜料都很有限的条件下，做出调整以适应某些限制，并利用空间分配（spatial distribution）的原理获得更强的艺术性。阿尔贝斯由此发展出他的信念："用最少的手段创造最大的效果"[38]245-246。维特根斯坦在他的建筑实践中，也贯彻了类似的理念。就材料而言，他的选择面是很广的。但他没有像鲁斯那样，外表是简洁的白色粉刷墙，室内却使用多种类材料，且不乏奢侈的装饰性处理[39][40]54-55。无论室外室内，维特根斯坦都完全使用人造的建筑材料，而且完全是硬质的：混凝土、砖、白色灰泥粉刷、磨光混凝土地板、钢铁、玻璃等。为了不用织物窗帘，他甚至专门设计了可升降的机械铁幕（图 7.21）[6]119。这种一致性的材料运用，使得维特根斯坦住宅的室外与室内具有一致的简明性。在某种意义上，维特根斯坦抵御了现代技术所提供的材料多样性的诱惑。不过，在住宅设计中，这种较为极端的对一致性的追求可能只是个特例，它的前提条件是：用户是设计师的姐姐，且能接受设计师的种种安排。

7.5.4 建筑与表现

维特根斯坦在他的著作中有多处谈到建筑形式乃至一般事物形式的表达与表现的问题。在

《杂评》中，有一个写于 1929 年的陈述："我的理想是一种确定的冷静"，接着是以"神庙"（Tempel）做的说明："一座神庙为激情提供一个环境，而不是干预激情"[15]453。其实他所说的理想应是指他的理想的对象，具有冷静的特质[41][42]5。冷静意味着自持、不事张扬。而哥特教堂高大的体量、竖直向上的趋势以及圣经题材往往会强化信众的崇拜之情，巴洛克教堂的富丽堂皇、洛可可教堂的金碧辉煌似乎也都是在渲染出不同的神之胜境，显然起到了干预激情的作用。相对来说，古典时代的神庙要显得冷静一些，至少从温克尔曼（Johann Joachim Winckelmann,1717—1768）关于古代希腊神庙建筑适度装饰的做法的分析中可以体会出类似的特征[43]132。维特根斯坦用"Tempel"而不用"Kirche"，应是有所考虑的。

在《杂评》中，维特根斯坦谈到建筑的表达与表现的问题，他说："你会记住优秀的建筑艺术（gut Architekur）给人留下的印象，因为它表达了一种思想。人们也想以某种姿态来接受它。"[44][15]481、[36]32优秀的建筑艺术是因为表达了一种思想才给人留下印象吗？维特根斯坦是在 1930 年代写下这段话的。在那个时代，什么样的建筑在他看来才称得上是优秀的？他在乡村小学教书时带着他的好学生们去参观维也纳的那些大博物馆和美泉宫，那其实都是古典宫殿式的建筑。此类建筑一般来说是体量庞大，用材考究，可能仅凭其外部形式就给人以深刻的印象。而建筑对思想的表达却不一定为人们所理解。尽管建筑对思想的表达不一定为人们所理解，但对于建筑专业人员来说，建筑能够表达思想可能是更为重要的事实。维特根斯坦说优秀的建筑艺术表达了一种思想，可能也是从他的建筑实践中得出的体会。

1942 年，维特根斯坦写下这样一段话："建筑是一种姿态。并非人体的一切有目的的动作都是姿态。每一座有目的的建筑物（Gebäude）也不都是建筑（Architektur）。"[15]510维特根斯坦为什么要说建筑是一种姿态？他将人体的有目的的动作与姿态作比较。姿态是身体的以表达某种意思为目的而做的动作，或是为了表现某个概念而做的动作，只为了某个目的而做的动作不一定有表意的功能，也不一定有表现性，因而就称不上姿态。看来姿态与其他有目的动作的差别就在于表现的功能上。建筑与建筑物的区别就在于，建筑是有表现性的，而仅为了实际目的的建筑物就不一定成为建筑。

1945 年维特根斯坦完成《哲学研究》的第一部分，在这部著作中，他以奥古斯丁（Saint Augustine，公元前 354—公元前 430）关于语言的一段论述开篇。奥古斯丁将人们的意向与其身体的动作（moto corporis）联系起来。通过身体的动作显示人的意向，即人想要做什么或正在做什么。这样的意向对所有民族而言都是存在的，甚至是所有民族的自然语言。身体的动作包括：面部表情、眼神、身体其他部位的动作，他还提到"用以表达我们在寻求、拥有、拒绝或回避某个事物时的心境的音调"，这样的音调不属于身体的动作，但属于自然的语言。奥古斯丁说，当他听到那些词重复地用在不同的句子里的适当位置时，他逐渐学会理解它们指的是什么；在他训练他的嘴说出这些符号后，他就用它们来表达他自己的愿望。维特根斯坦觉得奥古斯丁的这段话给出了关于人类语言本质的特殊的图景[45]3。事实上，奥古斯丁的这段话还表明了人的身体动作的表意作用，而且并没有将身体的动作与姿态区分开。

就人的身体动作对人的意向的显示而言，只为了某个实际目的而做的动作仍然可以是有所表达的——至少可以表明这个动作的目的性，以致我们可以给这个动作命名。只不过简单动作不以表达性或表现性为直接的目的，它的表达性或表现性乃是随着其动作的展开而自然体现出来，并得到理解。那么，姿态与简单动作之间的区别就在于其表达性或表现性是否体现了施动者的自主意识。于是，建筑与建筑物的区别在于，前者从一开始就具有自主表现的目的，后者并没有特别需要去明确表现的目的。但这并不意味着建筑物就没有任何的表现性，关于这一点，我已经在第二章克拉考尔关于巴黎贫民区棚屋表现问题的讨论中做过分析。虽然建筑物没有体现出建造者的自主的表现意识，但与之相关的东西最终会自然而然地表现出来。

在《杂评》中，维特根斯坦还谈论了关于形式的表现问题。在 1946 年的一段陈述中，维特根斯坦提到"纯粹形体的事物"（das rein Körperliche），这可能是指未经修饰、纯然自在的事物，他说这样的事物可能是令人恐惧的。何以如此呢？也许是由于陌生的缘故吧。维特根斯坦建议将人们用以描述天使的方式与描述魔鬼的方式比较一下。然而，两者都不是纯粹形体上的事物，而是经过人们构想的事物。前者与"奇迹"有联系，那是朝着比人们的良好预期要更好的方向发展的，在此意义上，奇迹可以视为"一种神圣的姿态"（eine helige Gebärde）；后者则是以其出人意料的凶恶令人恐惧[15]521。1947 年，维特根斯坦谈论了"自然的奇迹"（die Wunder der Natur），他似乎对艺术向人们显示自然的奇迹这个论断表示怀疑[15]530。

关于形式的意义与象征问题，维特根斯坦还在《纸条集》《关于美学、心理学和宗教信仰的讲演与谈话》中都有所涉及。在《纸条集》的第 201 条，维特根斯坦谈到"收音机内部线路的图示（die zeichnerische Darstellung）"，指出"对于一个对此类事物一无所知的人而言，这样的图示就会是一团毫无意义的乱线"，如果他了解"这个装置及其功能"，"这张图对他而言就是一个充满意义的图像"。维特根斯坦在此涉及专业性的图示与所表达的对象之间的对应关系问题，这里存在着有具体的对象形式向专业性形式语言的转化，这个转化只对经过专业训练的人而言是可以理解的。接下来，维特根斯坦对自己提了一系列问题，如果随意给他一个"毫无意义的物体形式"（sinnlose körperliche Gestalt），他能够随意把它想象成有意义的吗？他能把"随意形成的对象"想象成"使用对象"吗？用于何种用途？从他给出的答案来看，他是可以把一类物体的形式想象成"动物或人的房屋"，另一类形式想象成"武器"，还有的想象成"风景模型"，但这些想象并不是随意的，而是要"按照一定的方法"。他知道如何能够将意义赋予一个毫无意义的形式[46][15]315。值得注意的是，维特根斯坦为"毫无意义的物体形式"举的例子是"在画中的形式"，这里所说的"画"应该是指现代抽象绘画，那些抽象了的形式有的已难以辨别出是什么。

7.5.5　艺术创造力与审美力

1940 年，维特根斯坦在《杂评》中谈到艺术的创造力与审美力的问题。他指出一切伟大的艺术里都有一头被驯服了的野兽。他的这个陈述表明了伟大艺术的创作机制。"野兽"意味着原始的冲动，这样的冲动对于艺术而言是必不可少的，因为它是艺术创作的原动力，是原创性的根源。但这个原动力又必须受到控制，"驯服野兽"就意味着对原始的冲动加以控制。维特根斯坦以音乐作为隐喻加以说明："一切伟大的艺术都把人的原始冲动作为它们的固定低音（Grundbass）。它们不是旋律，而是一种使旋律获得它们的深度和力量的东西。"[15]502从音乐理论方面来看，所谓固定低音，指的是音乐中低音部短小的重复的旋律形式，作为音乐的主要统一性要素起作用。如此看来，固定低音仍然是旋律，只不过由于处在低音部，其音响形象不如其他声部的旋律那样明显。维特根斯坦是从音乐的效果方面出发的，旋律感不明显的浑厚的固定低音在与其他声部旋律的交响过程中，给作品赋予深度与力度。也许这样的深度与力度仿佛源自原始的冲动，而它们在音乐中又受到和声规则的控制，所谓"被驯服了的野兽"大概是就此而言的。

维特根斯坦在这里又提到门德尔松，他觉得门德尔松的音乐缺乏这样的原始的冲动，称他是一个"进行复制的"艺术家。接着又反思了他为他的姐姐所建造的住宅，说它是"绝对灵敏的听力和优雅风度的产物，是（对一种文化等等）深刻理解的表现"。但他对此并不满意，他觉得那里"缺乏那种可以尽情发泄的原始生活、野蛮生活",并借用了基尔凯郭尔的话,说那里也没有健康,甚至将这栋住宅比作"温室植物"(Treibhauspflanze)[15]503。当初维特根斯坦在为他的姐姐设计住宅,几乎是以极端的方式追求优雅和完美,10几年后,又觉得缺了些什么。从音乐史上来看,门德尔松的音乐以优雅和完美的风格著称,仍有其地位。而维特根斯坦自来就对门德尔松的音乐不以为然,并在对自己的建筑实践的反思中将自己的工作与他的音乐相提并论,为野性的缺失感到遗憾。

到了1947年,维特根斯坦又对审美力(Geschmack)做出分析。他认为,审美力主要有两方面的功能,一是对"已经形成的组织结构进行调节",一是"使事物成为可接受的"。就前一方面而言,他两次用了隐喻来说明:审美力只能"拧松或者拧紧螺丝",但"不能制造一种新的钟表装置(Uhrwerk)";"分娩不是审美力的事务"。就后一方面而言,他强调"审美力是感受性的精致化",然而感受性只是说明对事物的纯然的接受,"并不能产生任何事物",也就是说不能创造任何事物。即使是最精致的审美力也与创造力无关。他甚至说"一位伟大的创作者不需要任何的审美力"。这样,维特根斯坦就将审美力从艺术的创造力中完全排除了。然而,艺术家如何能够不经过审美力的判断就能创造出美的艺术作品,是难以说得通的。在这个问题上,维特根斯坦放弃了分析的精神,转而不无神秘地声称:"艺术家的产儿以一种完美创造的状态(wohlge-schaffen)来到这个世界"[15]534。

当维特根斯坦在1938年为他的学生们作美学讲演时,他已经以裁缝制衣、音乐的和声以及门的尺寸之于建筑风格的正确性为例说明了审美规则对艺术创作的重要性。两年后,他在考虑艺术创作的原始冲动时,以固定低音的隐喻表明对这种原始冲动的控制,而这样的控制暗含了审美规则的运用。而到了1947年,当他反思审美力并将审美力从艺术的创造力分离出去的时候,他在艺术哲学方面的解释陷入了困境。其实他本可将审美力与艺术创作中对原始冲动的控制力结合起来,也不必为他的建筑工作感到困惑。

维特根斯坦曾经强调他设计的住宅只是适合他的姐姐,这意味着这座住宅只是他姐姐私人的事情,那么他对他的工作的目的有着明确的认识,当然他不会考虑其他人的感受。沃夫说除去玛格丽特之外,其他的姐姐、哥哥以及他的姐夫都不喜欢这座住宅。他的姐夫耶尔洛姆(Jerlome)甚至在房子建成那一年的家庭圣诞聚会上,当着维特根斯坦的面指责这座"装模作样的新房子"[14]163。当维特根斯坦以缜密的思考完成设计、以一丝不苟的精神监理建造过程,甚至亲身参与建造,大概他想的只是如何完成一座适合玛格丽特的住宅,并没有想到什么艺术的原始动力或充满野性的健康生活。虽然在这个过程中维特根斯坦也注入了自己的理念或审美倾向,但那也是以符合玛格丽特的生活方式为前提的。"优雅风度"显然指的是玛格丽特所欣赏的东西。十几年过去,当维特根斯坦想到内在于伟大艺术的野兽般的原始冲动的时候,发现那正是他的建筑工作所缺乏的,难免会有些失落。以业主的要求为前提,而不是首先从自己的艺术理想出发,这也许正是建筑有别于其他艺术的地方。就此意义而言,维特根斯坦的确做了一个建筑师应该做的事。

注释

[1] F A Flowers Ⅲ. Portraits of Wittgenstein, Vol 1. Bloomsbury: Bloomsbury Academic, 2015.

[2] Paul Wijdeveld. Ludwig Wittgenstein, Architect// F A Flowers Ⅲ. Portraits of Wittgenstein, Vol 2. Bloomsbury: Bloomsbury Academic, 2015.

[3] G H von Wright. A Biographical Sketch// Norman Malcom. Wittgenstein: A Memoir. Oxford: Clarendon

Press，2001.

［4］Hermine Wittgenstein. My Brother Ludwig.

［5］Wolfe Mays. Wittgenstein in Manchester.

［6］Bernhard Leitner. The Wittgenstein House. New York：Princeton Architectural Press，2000.

［7］Roger Paden. Mysticism and Architecture：Wittgenstein and the Meanings of the Palais Stonborough. Lanham：Lexington Books，2007.

［8］Adolf Loos. On Architecture//Adolf Opel，Daniel Opel. Selected. California：Ariadne Press，1995.

［9］Paul Engermann. Letters from Ludwig Wittgenstein with a Memoir. New York：Horizon Press，1968.

［10］Ludwig Wittgenstein. Tractatus Logico-Philosophicus. C K Ogden Trans. New York：Barnes & Noble Books，2003.

［11］Ray Monk. The Laboratory for Self-Destruction.

［12］Luise Hausmann，Eugene C Hargrove. Wittgenstein in Austria as an Elementary-School Teacher.

［13］维特根斯坦. 逻辑哲学论. 贺绍甲，译. 北京：商务印书馆，2005.

［14］Alexander Waugh. The House of Wittgenstein：A Family at War. New York：Doubleday，2010.

［15］Ludwig Wittgenstein. 'Vermischte Bemerkungen'. Werkausgabe Band 8 Fankfurt am Main：Suhrkamp，2015.

［16］J Bakacsy，A V Munch，A L Sommer. Architecture，Language，Critique：Around Paul Engelmann. Amsterdam-Atlanta：Rodopi，2000.

［17］http://wordnetweb. princeton. edu/perl/webwn? s=fact&sub.

［18］路德维希·维特根斯坦. 逻辑哲学论. 王平复，译；张金言，译校. 北京：九州出版社，2007.

［19］布鲁斯·昂. 形而上学. 田园，陈高华，等，译. 北京：中国人民大学出版社，2006.

［20］这座住宅的名称有不同的叫法。维特根斯坦在竣工后写给建筑公司的致谢信中将这栋住宅称为"斯通博拉住宅"（Stonborough House），在家庭内部以及朋友圈里，这栋住宅称为"昆德曼大街"（Kundmanngasse）。莱特纳在他的书中称之为"维特根斯坦住宅"（Wittgenstein House）。维特根斯坦的叫法符合住宅以房主名字命名的惯例，家庭成员及朋友们的叫法强调房屋的位置，以示此宅与家族其他住房的区别，莱特纳的命名应是考虑到保护这栋住宅免于拆除的策略，另一方面，此宅已几易其主，以其主要设计者的名字命名也是合理的。建筑界一般也接受了维特根斯坦住宅的称谓。

［21］斯通博拉夫人一家在房屋建成的当年就搬了进去，1940 年初移居纽约。这栋住宅在默默无闻中经历了第二次世界大战，曾被用作军人医院，也曾被用作苏军的营房和马厩。战后斯通博拉夫人回到这里生活，直到去世。到了 1970 年代，斯通博拉夫人的继承人托马斯·斯通博拉博士（Dr. Thomas Stonborough）将这座住宅卖给维也纳的房地产商弗朗茨·卡特莱因（Franz Katlein），面临拆除的危险。其时莱特纳在纽约城市规划局做城市设计师，得知这个情况后，一方面与托马斯取得联系，对这座住宅做了实地考察，并在《艺术论坛》杂志上发表文章加以介绍。维特根斯坦的这个作品在纽约艺术界引起极大的兴趣，《纽约时报》甚至发表长文《拯救》呼吁保护这座建筑。他还联系了许多哲学家以及维特根斯坦的学生，联名向奥地利驻纽约总领事馆写信抗议拆除这座建筑。而维也纳文化遗产保护办公室负责人皮钦纳坚持这座建筑不是维特根斯坦设计的，在美学上也没有什么价值，拒绝把它列入保护对象。莱特纳为此事找过政府的科学与文化部长赫尔莎·菲伦贝格女士（Mrs. Hertha Firnberg），也无济于事。他一方面继续在媒体上发表有关维特根斯坦住宅的证据，另一方面着手在维特根斯坦住宅里举行一次维特根斯坦论坛。在一个周末，他邀请了许多记者、作家和建筑师来到这座房子里，它的品质和惊人的美让在场的每一个人都心服口服。最终维也纳文化遗产保护办公室宣布维特根斯坦住宅为文化遗产。

［22］Panayotis Tournikiotis. Adolf Loos：Panayotis Tournikiotis. New York：Princeton Architectural Press，2002.

［23］Karl Menger. Reminiscences of the Wittgenstein Family.

［24］Nana Last. Wittgenstein's House. New York：Fordham University Press，2008.

［25］Ludwig Wittgenstein. Philosophische Bemerkungen. Frankfurt am Main：Suhrkamp，2015.

［26］ René Descartes. Principles of Philosophy：SMK Books，2009.

［27］ Hans-Johann Glock. A Wittgenstein Dictionary. Oxford：Blackwell Publishers Ltd，1996.

［28］ 伯特兰·罗素. 论指称，逻辑与知识（1901—1950 年论文集）. 苑莉均，译. 张家龙，校. 北京：商务印书馆，1996.

［29］ Wirklichkeit，意为"实际上存在的状态"，英译作"reality"，意为"现实"，在哲学上指的是"真实存在的事物"，中译一般作"实在"。

［30］ 柏拉图. 理想国. 郭斌和，张竹明，译. 北京：商务印书馆，2009.

［31］ Plato. Plato in Twelve Volumes，Vol 3. W R M Lamb trans. Cambridge：Harvard University Press & London：William Heinemann Ltd，1967.

［32］ Ludwig Wittgenstein. The Blue and Brown Books. Oxford & Cambridge：Wiley-Blackwell，1998.

［33］ Ludwig Wittgenstein. Lectures and Conversations on Aesthetics，Psychology and Religious Belief. California：University of California Press，1967.

［34］ 汉译为"推出了一种关于规则的感情"，令人费解。

［35］ 路德维希·维特根斯坦. 江怡，译. 石家庄：河北教育出版社，2003.

［36］ 康德. 判断力批判，上卷. 宗白华，译. 北京：商务印书馆，1964.

［37］ 罗杰·斯克鲁顿. 建筑美学. 刘先觉，译. 北京：中国建筑工业出版社，2003.

［38］ 尼古拉斯·福克斯·韦伯. 包豪斯团队：六位现代主义大师. 郑炘，徐晓燕，沈颖，译. 北京：机械工业出版社，2013.

［39］ 莱斯利·杜策尔（Leslie Duzer）和肯特·克莱因曼（Kent Kleinman）在《穆勒住宅：阿道夫·鲁斯的作品》一书中，以图示的方式列出穆勒住宅内部所用的材料多达 11 种，其中包括昂贵的意大利产的白绿纹大理石。

［40］ Leslie Duzer，Kent Kleinman. Villa Müller：A Work of Adolf Loos. New York：Princeton Architectural Press，1994.

［41］ 汉译本此处将"Tempel"译作"教堂"，不妥。

［42］ 路德维希·维特根斯坦. 杂评//维特根斯坦全集，第 11 卷. 涂纪亮，吴晓红，李洁，译. 石家庄：河北教育出版社，2003.

［43］ 汉诺-沃尔特·克鲁夫特. 建筑理论史——从维特鲁威到现在. 王贵祥，译. 北京：中国建筑工业出版社，2005.

［44］ 汉译本此处译为"壮观的建筑"，不妥。

［45］ 路德维希·维特根斯坦. 哲学研究. 陈嘉映，译. 上海：上海人民出版社，2005.

［46］ Ludwig Wittgenstein. Zettel.

图片来源

（图 7.1）（图 7.5）（图 7.6）（图 7.7）（图 7.13）（图 7.15）（图 7.16）（图 7.17）（图 7.18）（图 7.21）：Bernhard Leitner. The Wittgenstein House. New York：Princeton Architectural Press，2000

（图 7.2）维特根斯坦父母家：http://www. left-hand-brofeldt. dk/Images/wittgenstein_Allegasse_02_w. jpg.

（图 7.3）鲁斯绍伊住宅底层平面及分析：Panayotis Tournikiotis. Adolf Loos：Panayotis Tournikiotis. New York：Princeton Architectural Press，2002

（图 7.4）（图 7.8）：郑炘、谢飞、郑辰暐、周子杰绘制

（图 7.9）：郑炘、周心怡绘制

（图 7.10）（图 7.11）：周心怡绘制

（图 7.12）：郑炘绘制

（图 7.20）：郑炘摄

（图 7.14）：Roger Paden. Mysticism and Architecture：Wittgenstein and the Meanings of the Palais Stonborough. New York：Plymouth：Lexington Books，2007

（图 7.19）www. ideatorio. usi. ch/sites/www. ideatorio. usi. ch/files/styles/image_gallery/public/uploads/images/gallery/focus-5-4. jpg？itok＝MKURkjbO

第 8 章

马丁·海德格尔:存在与本源之思

布莱克勃恩在《牛津哲学词典》有关海德格尔的词条中,称海德格尔可能是 20 世纪最有争议的哲学家。对许多大陆哲学家而言,他是公认的领袖和中心人物;而对另外一些思想家(分析哲学家)而言,他又是无意义的形而上学的恰当例证,也是纳粹的辩护者[1]169。这一点也可在具有分析哲学背景的《牛津西方哲学史》中见出。撰写"大陆哲学:从费希特到萨特"一章的罗杰·斯克鲁顿关于海德格尔的评述显然过于简短,甚至对《存在与时间》这部他认为晦涩艰深的著作,他也满足于三言两语的解说,因为有评论家读过之后却还没有弄懂它。不过,斯克鲁顿对海德格尔后期思想赞誉有加,尽管仍是三言两语[2]217-218。事实上,海德格尔这位身处乱世而又能潜心学术的学者,留给我们长逾 80 卷的浩瀚文字,岂可三言两语概而括之。

学术界一般倾向于将海德格尔思想分为前期和后期两大部分。前期思想主要以《存在与时间》这部著作为代表。《存在与时间》一书于 1927 年出版,这是他思考了将近 10 年的成果。在这部著作里,海德格尔提出"此在"(Dasein,也就是人这种特殊的存在者)这一基本概念[3]10,[4]9,并确立了由此在出发走向周围世界乃至一般世界的思考路径。后期思想指的是 1930 年代及其后,海德格尔就艺术作品的本原、现代技术、形而上学的终结、语言、思、荷尔德林诗的阐释等方面问题的探究。《二十世纪哲学经典文本·欧洲大陆哲学卷》主编黄颂杰将海德格尔的后期思想视为前期思想的转向,主要是因为他不再将人置于探究的中心,不再遵循从此在到一般存在的思路,而是从一般存在到此在[5]401-402。如此看来海德格尔后来的思考路径与前期相比是逆向的。这样的看法源自对《存在与时间》的思考路径的误解,事实上,"此在"并不处在探究的中心,而是探究的出发点。后来海德格尔所谈论的存在问题也并不全然是抽象的,仍然是相对于人而言的。就存在相对于人的意义而言,海德格尔的思路是连续而明晰的。

海德格尔将现象学的基本原则与解释学的方法结合起来,对此在、周围世界乃至一般世界进行存在论意义上的思考。建筑作为一种切近的存在者,是周围世界的重要构成因素,也成为海德格尔长期关注的课题。建筑理论领域主要是通过海德格尔的《筑·居·思》一文了解到他对建筑的思考。事实上,早在 1920 年代,海德格尔就已在《存在与时间》一书中从此在的空间性特征出发,论述了从建筑到家具、日常用品在此在的周围世界中相对于此在的空间关系。这样的空间关系建立在此在在这个世界上的领会与作为的基础之上。他所说的"用具关联"(Zeugzusammen-hang)以及由此引发的空间关系也都涉及物的使用问题,但与所处时代的功能主义主张相比,具有更为宽广的自然与历史的意义,同时也表达了与人的存在相关的更为具体的内涵[3]100。1930 年代以后,海德格尔陆续发表了《艺术作品的本源》(1935/1936)、《希腊与艺术的起源》《艺术与空间》《筑·居·思》(1951)、《……人诗意地栖居……》(1951)、《人的栖居》(1970)等文论。在《艺术作品的本源》一文中,海德格尔将建筑作品视为艺术作品的一类,建筑作品也就具有艺术作品的一般特征,如物性的特征,也面临着在艺术作品的存在中产生的真理问题,而建筑作品的本质之源也是值得追问的[6]7。在《筑·居·思》一文中,海德格尔通过筑造与栖居的词源学考察,揭示了筑造的真正意义在于栖居,而栖居的意义又在于守护天、地、神、人的原始统一体。同时他还在人的存在意义上对空间概念继续加以分析,空间的设置方式决定了空间的性质,这一点对于有关建筑空间性质的思考而言是很有启发性的[7]153,157-158。最终,通过荷尔德林的诗的引导,海德格尔揭示了诗意的栖居与神性的关联。神性作为人度量自身的贯通天地之间的尺度,其实是一种引人向善的力量,而海德格尔最后还是将诗意与人性联系在一起[8][7]201,207-208。

海德格尔对周围世界、空间关系、建筑作品、作为物的建筑、筑造与栖居以及诗意的栖居等问题做出了深刻的思考,这样的思考构成了他的哲学思想的主线之一,几乎贯穿了他的哲学生涯的全过程。与此同时,20 世纪的现代建筑经历了早期的探索、中期的勃发以及后期的多元化的过程,为周围世界带来显著的变化。然而海德格尔的文论没有对现代建筑的实践与理论有什么直接的回应,我们只能从他对于现代技术的追问中体会到一些忧虑。在技术极大地改变了人的生活的时代,海德格尔似乎更愿意从早期文明中寻求栖居的意义。就他个人的生存而言,他似乎更喜欢栖居于山林之间。亚当·沙尔(Adam Sharr)在《建筑师读海德格尔》一书中提到,他在黑森林的托特瑙堡的小屋在 1922 年建成,只要有可能,他都愿住在那里,漫步于林中[9]6。1959 年退休以后,海德格尔就一直住在那个小屋里,那可以说是隐居。他似乎是在以自己的生存状态表明一种远离技术文明的可能性。为建筑的物质形态以及观念带来变革的现代建筑运动是以现代技术进步为基础的,海德格尔回避现代建筑的相关问题,可能是因为他对技术文明持谨慎态度。

海德格尔的哲学思想在哲学、美学、批评理论、建筑理论等领域产生深远的影响。海德格尔在《存在与时间》中提出的哲学解释学的概念给他的学生伽达默尔很大的启示,伽达默尔深入发展了哲学解释学的方法,旨在揭示人类理解的性质。随着《存在与时间》《什么是形而上学》等著作于 1930 年代传入法国,让-保罗·萨特(Jean-Paul Satre,1905—1980)和伊曼纽尔·列维纳斯(Emmanuel Levinas,1906—1995)都受到海德格尔的影响。至 20 世纪后期,雅克·德里达(Jacques Derrida,1930—2004)从《存在与时间》中的"Destruktion"概念发展出"解构"(déconstruction)的思想。海德格尔关于建筑艺术的思考,也引起当代意大利哲学家吉安尼·瓦蒂莫(Gianni Vattimo,1936—)、当代美国哲学家卡斯腾·哈里斯(Karsten Harries)、爱德华·S. 卡西(Edward S. Casey)等人的关注。瓦蒂莫在《装饰/纪念碑》一文中,对海德格尔的《艺术与空间》《艺术作品的本源》以及《筑·居·思》等文论所涉及的艺术作品与真理、艺术作品与大地的关系以及"空间性"等问题做出深入的分析,他注意到"Ortschaft"(定位性)以及"Gegend"(域)等概念在艺术作品空间性问题上的意义[10]155-157。哈里斯在他关于哲学、建筑与艺术的思考中,对海德格尔的艺术理论做了深刻的反思。他注意到海德格尔对唯美主义以及将艺术与神圣性分离的倾向的拒绝,他的《建筑的伦理功能》一书对海德格尔关于建筑与栖居的本质的思考有较为深入的分析,其中关于四重整体的分析结合了他对现代的栖居生活的理解,不过,他还是将"die Göttlichen"理解为人格化的"上帝的使者"了,于是他对这个语词的意涵的评价是负面的[11]153-158。卡西在《场所的命运:一部哲学史》一书中,以"场所"(place)概念为主线,考察了西方哲学史上场所与空间概念的演变,他以一个章节的篇幅、以"向场所迂回而行"为题,十分深入地分析了海德格尔在《存在与时间》《形而上学导论》《艺术作品的本源》《物》《筑·居·思》等论著中有关场所、空间的概念[12]243-284。

建筑理论界是在较为晚近的时候随着《筑·居·思》的传播对海德格尔关于建筑的思考产生兴趣的。挪威建筑理论家 C. 诺伯格-舒尔兹(Christian Norberg-Schulz,1926—2000)先是于 1976 年在英国建筑师协会季刊上发表《场所现象》(The Phenomenon of Place)一文,主要谈了"场所的结构"与"场所的精神"两方面的问题。他从海德格尔用以解释语言性质的德国诗人特拉克尔(Georg Trakl,1887—1914)的《冬夜》一诗得到启发,想到我们日常的生活世界的基本现象,特别是场所的基本特征。他还提出了"具体空间"(concrete space)的概念,并对《筑·居·思》一文关于"定位区域"(location)以及"边界"(boundry)的定义有较好的理解[13]417-419。1983 年,诺伯格-舒尔兹在耶鲁建筑杂志上发表《海德格尔的建筑之思》,这可能是迄今为止建筑理论家对海德格尔文本所做的至为精密的解读了[14][13]430-438。帕拉斯玛只是在他的论文中略有提及海德格尔的看法[15][13]448-453,至于弗兰姆普敦,他的文章似乎与其标题《论解读海德格尔》不太相符[16][13]442-446。

无论是哲学界还是建筑理论界,在考察海德格尔关于建筑与艺术的思考之时或多或少地忽略了《存在与时间》,也许更合适的说法是错失了这部杰作。我的研究表明,至少在人与其周围世界的关系方面,《存在与时间》提出了有效的框架。尽管海德格尔使用了许多非通常意义上的术语,或是在以往的术语中引入特别的意义,但他论述的问题仍然是具体的,对于人的存在而言也是切身的,这有别于传统形而上学对于世界的思辨。他的从此在出发走向周围世界乃至一般世界的思想路径,不仅只有哲学思想史上的意义,而且对建筑理论而言也具有极大的启示性的意义。对建筑这类与人的存在密切相关的存在者而言,如果能够从人自身的存在论意义出发,那就本可能将建筑的功能使用放在人与空间以及空间中诸物的关系之中来考虑,而不至于将其绝对化。《存在与时间》中有关空间的诸多语词的含义有着微妙的差异,值得我们认真去体会,这样的用词方式也延续在以后的《筑·居·思》《艺术与空间》等文论中。如果建筑理论家们能够理解海德格尔的那些精致定义的空间概念,也许建筑空间的相关理论就有可能有更为丰富的内容。

8.1 此在与世界

从哲学史的角度来看,《存在与时间》这部论著的思考路径是十分独特的。亚里士多德《形而上学》的译注者苗力田先生指出,自古希腊思辨哲学以来即有两种不同的思想路径,一条是以存在为理论核心的存在论或实体论的路经,另一条是肯定现象为真的现象学路径。这两条路径都以实在性为终极目的,只不过存在论指向先验的实在性,现象学则指向经验的实在性[17]96。不过,存在论与现象学最终还是指向外在于人的世界的实在性,而人作为这两条思想路径的发出者,其自身的存在问题却是有所疏忽的。海德格尔注意到这一点,他用"此在"来指称人,就是为了强调这个特殊存在者的存在论意义。他将希腊的存在论称作"无根的",并指出从柏拉图、亚里士多德直到黑格尔,这样的存在论仍然规定着哲学的概念方式。他意识到传统存在论的症结在于,此在是从"世界"方面来领会自己以及一般的存在[3]29。基于这样的认识,海德格尔指出了一条独特的思考路径:从此在自身的空间性与时间性出发,考察切近的周围世界,继而考察一般世界。这样的思考路径与以往哲学有很大的区别,由此我们可以理解,海德格尔想要克服的形而上学,指的正是与此思考路径逆向的对外部世界的推测。另一方面,此在是诸多存在者中特殊的一种,这样的概念消解了主体与客体的那种预设的对立。那么这个世界不再是以往那个主体之外的世界,或是经由主体经验的那个世界,而是由包括此在这种特殊存在者在内的所有存在者所构成的世界。

8.1.1 此在:特殊的存在者

在德语中,"Dasein"一词是由"da"(那里)和"Sein"(存在,是)构成,字面意思是"在那里存在"。根据杜登德语在线词典的解释,"Dasein"有四层含义:一是"存在",二是"人的生存",三是"在场",四是在哲学上的用法,意为"纯粹经验上的关于一个事物或一个人的存在"[18]。黑格尔在《逻辑学》一书中提到"Dasein"一词的词源学含义,即"在一个确定地点的存在",不过在他的用法上是不涉及空间概念的。他只是以"Dasein"表明某种存在的"确定性",与一般的存在区别开,英译为"existence",汉译为"实有"[19]83-84,[20]101-102。海德格尔在《存在与时间》一书中引入"Dasein"(此在)这个概念,以此来指称人这个特殊的存在者,与其他的存在者区别开。

在导论的第一章中,海德格尔就重提存在问题的必要性、存在问题的形式结构、存在问题在存在论上的优先地位、存在问题在存在者状态上的优先地位等方面的问题做出说明,并就此在这个核心概念做出分析。他说,此在是一种存在者(ein Seiendes),但不仅仅是存在于其他存在者之中的存在者。它与其他存在者的本质区别是,它的目的在于它的存在本身[3]16。这多少让我们联想到黑格尔所谓"自为存在"的概念[21][22][23]125。海德格尔将目的性的存在仅限于人,多少带有人类中心论的倾向。也许更为重要的是,此在对存在本身是有所理解的,而这种理解本身也是此在的一种存在上的确定性(eine Seinsbestimmtheit des Daseins)。海德格尔将此在总要与之相关的那个存在称为"人的存在"（Existenz），它也总是从它自身的存在（seiner Existenz）来理解自身[24][4]15。

海德格尔指出，人的存在问题（die Frage der Existenz）只有通过人的存在活动本身（das Existensieren selbst）来澄清。而这样的问题只是此在的"存在者状态"（ontische）上的事务，不需要对此在的"存在论结构"（onologische Struktur）作理论上的透视。海德格尔将此在的"存在者状态"与此在的"存在论结构"区分开，体现出一种分析精神。此在的"存在者状态"应是指人的存在所具备的具体的方面，是关于此在的存在论分析的基础。海德格尔还使用了"Verfassung"一词，陈嘉映译作"法相"，其形而上学的意义可能过于强了，有时又译作"机制"，难以理解，其实此词除"宪法"之意外，还有"状态""心境"等义。由此，海德格尔的陈述就不难理解了："不过我们把人的存在论状态领会为这个存在着的存在者的存在状态（Seinsverfassung des Seinenden）"。而这个存在者的存在状态也是具体的，关于它的观念中也包含了关于一般存在的观念[3]17。另一方面，海德格尔还指出，此在的本质是"在一个世界之中的存在"，这就揭示了此在本身并不是一个孤立的存在。不过，这并不意味着先要从其他存在者的存在状态来考察此在。出发点要放在此在身上，考察此在与其他存在者的关系也要以此在的存在者状态为基础。有两类关于存在的理解，一类是属于此在的关于存在的理解，另一类是关于外在于此在的存在的理解，其中又包含关于"世界"的理解以及在世界内可通达的诸存在者的存在的理解。海德格尔认为前一类理解与后一类理解有着原初的关涉，但从根本上来说，以此在之外的存在者为课题的存在论，都是以此在自身存在者状态的结构为基础的[3]17-18。在这里，海德格尔明确了存在论课题要以此在的存在本身为出发点的思考路径。

在明确了此在的存在者方面及存在论方面的优先地位之后，海德格尔对此在进行了存在论上的分析。海德格尔为什么要说，此在在存在者的状态上是至为切近的，而在存在论上又是最远的？人一向就是此在，也就是说人对自己的存在早已习以为常。人习以为常之事，往往以为本就如此，反倒不去深究其义，甚至有所疏忽，海德格尔所谓此在在存在论上是最远的，应是就此意义而言的。基于这样的认识，海德格尔意识到，此在关于本身的至为切近的存在是有所解释的，但这样的解释往往先于存在论上的解释，并不可以当作适当的导引，同样，对专题性的存在论意义的存在的领悟也不一定源于最为本真的存在状态（die eigenste Seinsverfassung）。此在的倾向是，从某种存在者方面乃至从世界方面来理解自身的存在。海德格尔由此探究到此在的存在论问题的症结所在：此在所特有的存在形式被遮蔽了，以至此在在存在者状态上离自己至为切近，而在存在论上离自己最远，也就是说，此在在存在论的意义上并没有理解自己[3]21-22。通过这样的分析，海德格尔又回到存在论的思考要从此在自身出发的问题上来。

如何通达此在并解释此在？如果把任何随意的存在观念与现实观念通过建构和教条（konstruktive-dogmatisch）灌输给此在，或者用这些观念先行描绘出一些范畴，未经存在论的考察就将这些范畴强加于此在，那是不可能通达此在的，也不能解释此在。因而海德格尔不赞成这样的做法。他认为，如果要通达此在并解释此在，就必须能使这种存在者可以在其本身、从其本身显示自己。可以说，这种存在者的自我显示是与其本身相一致的。而此在是在什么场合显示自己的？海德格尔首先想到的是"此在首先与通常所是"的状态，这样的状态就是"平均的日常生活"（durchschnittlichen Alltäglichkeit）的状态。关于这种状态，不应强调任意的、偶然的结构，而是要强调本质性的结构[3]25。日常生活状态的结构意味着什么？那应该是指此在在日常生活所涉诸因素之间的关系。这样的关系的确定性源于此在自身的确定性。凭借一般经验来看，日常生活中不乏任意的偶然的因素，但如果要在日常生活中真正通达此在并解释此在，还是应该追寻源于此在本身的确定的本质性结构。

《存在与时间》原计划分为两个部分,第一部是依时间性解释此在,第二部是依时间状态问题为指导线索对存在论历史进行现象学解析的纲要。第一部分为三篇,第一篇是准备性的此在基础分析,第二篇是此在与时间性,第三篇是时间与存在。不过,海德格尔最终并没有完成这个写作计划,只是出版了第一部分的第一、第二篇。在第一篇第一章"概说准备性的此在分析之任务"的第九节"此在分析的课题"中,海德格尔对此在的性质作了进一步探讨。此在有两种性质,一是此在的本质在于它的"去存在"(Zu-sein),二是此在具有向来我属的性质(Jemeinigkeit)[3]57,[4]50。就前一种性质而言,海德格尔在"existentia"与"Existenz"之间作了区分。"existentia"带有"现成存在"(Vorhandensein)之意,用在此在这样的特殊的存在者身上是不适合的。海德格尔在此重申了"Existenz"之于此在的意义[3]58,[4]49。事实上,"去存在"一词已表明此在的存在方式了。如果说"现成存在"表明其他存在者的既成状态,那似乎是一种给定的状态,那么"去存在"则隐含了此在自身向着一定的方向存在的意愿。"现成存在者"有着各种"现成的属性",人们可以据以判断"它的是什么"(sein Was),海德格尔给出的例子是"桌子、房屋、树"[25][3]57,[4]50;而"此在"这个存在者的各种性质并不是像其他存在者那样具有的现成的属性,而是"去存在"的种种可能的方式。"此在"这个名称并不表达它的"是什么",只是表达"存在"[3]56-57。

　　对此该如何理解?对于这个存在者而言,"人"这个名称表达了他的"是什么"。我们可以从有关"人"(Mensch)的定义中看出这一点,如 DWDS—网络词典对人的定义:社会性地生活与生产的最高级生物,具有思维和言说的能力,并能够从总体上对这个世界有所认识,并根据他的认知尺度对这个世界进行有计划的改变与组织[26]。"人"具有"思维""语言""社会性""认知尺度"以及"改造世界"之类的属性与能力,尽管这些属性与能力都不是现成的,而是需要经过培养的,但是作为一个种,这些属性与能力是能够实现的,因此关于人的总体的"是什么"还是可以判断的。海德格尔引入此在这个词,意在提醒人们此在这个存在者是何以能"如其所是地去存在"[27][28]67,也就是何以能成为"人的存在"(das Sein des Mensch)。海德格尔以此在这个词来强调人这个存在者的存在意义,是因为他从"理性动物"或"会说话的动物"以及"神人同形论"等与传统人类学密切相关的源头,觉察出对人这个存在者的存在问题的遗忘。

　　关于此在的"向来我属"的性质,其实是说,关系到这个存在者自身存在的"存在"总是"我的存在"。这里所说的"我"并不是狭义上的第一人称单数,而是指"自我"。海德格尔说此在总是要以人称代词说出"我是"或"你是",其实就是这个意思。此外还可以说"他是"或"她是"。另外,从存在论方面来看,此在不能被理解为现成的存在者,关键是此在作为一种自为的存在者,总是把自己的存在作为可能的本己,并对自己的存在有所作为。如此看来,此在的"向来我属"的性质与其"去存在"的本质是联系在一起的。此在的存在方式有本真的(Eigentlichkeit),也有非本真的(Uneigentlichkeit),本真的存在状态应该是如其所是地去存在,至于非本真的存在状态,海德格尔并不以为是"较为少见的"存在,或"较为低级的"存在状态,反而可以对此在具有调节作用[3]57-58,[4]50-51。至于这样的调节作用是正面的还是负面的,海德格尔没有明说,不过从他的乐观态度来看,可能还是正面的作用居多。

8.1.2　此在的时间性与历史性问题

　　在导论的第二章第五节中,海德格尔谈论了此在的时间性(Zeitlichkeit)问题。他将时间性作为此在的存在意义看待,并将此在的诸结构与时间性的模式(Modi der Zeitlichkeit)联系起来。在他看来,长期以来时间作为存在者状态上的标准而起作用,人们由此而素朴地将"时间性的"存在者与"非时间的"存在者区分开,前者包括自然进程与历史事件,后者包括空间关系与数学关系。

此外还有"超时间的"永恒者。作为区分存在领域的标准,时间的意义在于"在时间中存在"。不过,海德格尔认为此类对时间的流俗领悟是不充分的。他的问题是,时间是如何获得这样杰出的存在论功能的,时间这样的事物以什么方式作为这样的标准起作用并完成它,在以这种素朴存在论的方式使用时间概念的时候,它的可能的根本的存在论上的重要性是否表达出来。其实他还是在对存在的意义提问,对时间现象的恰当的观察、恰当的解释,都是以此为基础的,而所有存在论的中心问题也都植根于得到恰当观察、恰当解释的时间现象之中[3]24-25,[4]20-22。

对于海德格尔来说,时间的概念是值得深思的。存在有不同的方式(Modi),也有不同的衍生物(Derivate),存在的方式有变化的过程(Modifikation),而存在的衍生物也有衍化过程(Derivation)。事实上,在这样的过程中,存在自身就体现为时间的过程。于是,存在者不只是作为"在时间中的"存在者,而"时间性的"概念也不只是意味着"在时间中存在的"。"非时间的事物"以及"超时间的事物"就它们的存在而言也是"时间性的"。因而存在、存在的性质与方式在原初的意义上的确定性,都是离不开时间的,海德格尔将这样的确定性称为存在"在时间状态上的确定性"(temporale Bestimmtheit)[3]27。

在接下来的第六节"解构存在论历史的任务"中,海德格尔首先谈论了此在的历史性问题。他说,此在的存在是在时间性中发现自身的意义的。而对于此在而言,时间性是通过历史性(Geschichtlichkeit)体现出来的。海德格尔将历史性视为此在的"一种时间性的存在方式"(einer zeitlichen Seinsart),同时也指出,历史性意味着此在"历史化"(Geschehen)的存在状态。海德格尔以"世界历史性的历史化"(weltgeschichtliches Geschehen)解释"历史"(Geschichte),其实与他前面关于存在者的变化与衍化过程之于时间性的论述是相对应的[3]27。值得注意的是,这里所谓"世界历史性的演化"并不是通常意义上的以各个主要国家的发展与演化为主线的历史,而是以此在为主线的、与此在相关的世界的存在论的"历史化"。

就此在的历史性意义而言,海德格尔提醒我们,此在在实际存在中一向就是像它曾经所是的那样存在,而且也是它曾经之所是。这样,此在总是它的过去,过去的事物成为它的仍起作用的现成属性(vorhandene Eigenschaft)。而此在的存在又是从它的未来方面演化的[3]28。海德格尔辩证地看待此在的过去、现在以及未来的存在,从中可以体会到此在过去存在的延续性。由此可以得到的启示是,此在的历史性并不能与现在乃至未来的进程割裂开来。正如海德格尔所说,正是通过这样的历史性,此在才能确定它的存在基础。那么,此在的过去是不是一成不变的?海德格尔并没有机械地看待此在的过去,而只是将此在的过去视为一种存在的立足点。他认为,此在以其在某一个时段所采取的方式存在,而这种存在是一个成长的过程,在这个过程中,此在对自身有了因袭下来的解释,并由此对存在有所领会。而且这种领会开启了此在存在的诸多可能性,并对这些可能性加以调整[3]28-29。

通过对此在的时间性与历史性问题的分析,海德格尔向我们澄清了此在的存在方式及其对自身存在的领会。这些似乎是不言自明的问题,在哲学史上,特别是在存在论的历史上却是晦暗不明的。此在的这种基本的历史性本身是不易于被察觉的,却又可能通过"传统"(tradition)得到揭示。而这种不易觉察的基本的历史性如何能通过传统得以揭示,是成问题的。海德格尔认为,传统使得此在不再有自己的看法,不再追问,也无从选择。最终这样的状况并不适合于对植根于此在本身的存在所作的存在论领会[3]29-30。如果此在没有觉察出它的基本的历史性,那就更不可能通过传统来揭示这样的历史性。海德格尔意识到传统对此在回溯渊源的阻碍作用乃至对此在历史性的根除作用,对于存在论的历史而言这都是负面的作用。海德格尔提出要解构存在论的历史,其实就是要从中解析出一些原始的经验,从而打破由传统所致的遮蔽。事实上,传统对此在历史性的根除作用早在古希腊时代就已显现出来,按照他的说法,希腊存在论及其历史经过了各种分流与扭曲,至今仍在规定着哲学的概念,表明这两者是从"世界"方面来理解此在自身以及一般的存在。海德格尔所说的"无根的希腊存在论"(diese entwurzelte griesche Ontologie),应是就此意义而言的[3]33,[4]26。

笛卡尔曾经以"我思故我在"(Cogito sum)这个论断作为哲学的新的可靠的基础,康德也继承了笛卡尔的这一立场。然而,在海德格尔看来,正是在此开端之处,笛卡尔并没有将"思维之物"(res cogitans)规定清楚,也就是没有澄清"我在"(sum)的存在意义。笛卡尔想到了"我在",但并没有深思这个存在者的存在意义。他将"res cogitans"这样的存在者视为一种"物",说明他仍然处在的中世纪存在论的传统之中。康德虽然意识到哲学史上对主体的主体性缺乏预先的存在论分析,但他还是没能做出这样的分析,也没有在此在自身结构与功能中理清"先验的时间规定"的现象。时间与"我思"(Ich denke)之间的决定性联系依然晦暗不明。所以海德格尔要说,康德耽搁了一件大事,即此在的存在论[3]32-33,[4]28。其实这样的耽搁在笛卡尔那里就已发生。

8.1.3　此在:在世界之中存在

此在的基本状态是"在世界之中存在"(In-der-Welt-sein)。海德格尔在第一部分的第二章中讨论了这方面的问题。在本章开始,海德格尔先是归纳了此在的一些本质特征,如在自身的存在中对自己有所领会,并向着这一存在表现自身;此在具有向来我属的性质,而这种性质又是本真状态与非本真状态之所以可能的条件。然后海德格尔提到"在世界之中存在"是此在的存在状态,此在的存在上的确定性就是以这样的状态为基础的,而且是先天地(a priori)得到领会的[3]71,[4]61-62。海德格尔在这里使用了"a priori"这个词,是在强调此在本就是在世界之中存在的。

海德格尔造出"在世界之中存在"(In-der-Welt-sein)这个复合名词。这个词的造词法就是在几个词之间加入连字符,使它们形成一个整体,海德格尔说这样的造词法意指一个统一的现象。不过,"在世界之中存在"这种状态在构成的结构性环节上有着多重性。海德格尔给出了三个环节,一是"世界之中"(in der Welt),在这个环节上,我们的任务是追问"世界"的存在论结构,并确定世界性(Weltlichkeit)的概念;二是向来以在世界之中的方式存在着的存在者,涉及"谁"的问题,即是谁以此在的平均日常状态的方式存在着;三是"在之中"(In-Sein)本身,"之中"(Inheit)本身就是一种存在论状态[3]71-72,[4]62。

这三个环节是相互关联的。虽然"在世界之中"是此在存在状态的总框架,但是海德格尔还是首先对"在之中"作了说明。人们通常将"在之中"领会为"在……之中",用这个词称谓一个存在者在另一个存在者之中的存在方式,如:水在杯子"之中",衣服在柜子"之中"。其实这并不是真正意义上的"在之中",充其量不过是"之中"。海德格尔例说的两种存在者中,后者是容器,前者是被容纳的物品。这两个存在者自身都具有在空间(Raum)之中的广延性,并共同存在于空间之中。前者在后者"之中",只是表明两者彼此在这个空间中的"部位"(Ort)方面所具有的存在关系,且以同样的方式在这个空间"之中"处"于"一个"部位"中。一个存在者在另一个存在者之中,可以以一定的层级关系扩展下去,如"长椅在大教室之中,大教室在大学之中,大学在城市之中,直至:长椅'在世界空间之中'(im Weltraum)。这些"在世界之内显现的物"都具有"现成存在的存在方式",也具有一定的位置关系,不过,这些现成的存在者不具有"此在式的存在关系"[29][3]72,[4]63。

海德格尔认为,真正意义上的"在之中"指的是此在的存在状态,是人的一种存在论的性质(Existenzial),但不能理解为一个身体性的物(人体)在一个现成存在者"之中"现成地存在,也不意味着一个现成存在者的"空间上的一个在另一个之中的状态"(ein räumliches "Ineinander"),即

"在里面"的状态(Inwendigkeit)[3]73。在第三章的"C"部分的引语中,海德格尔对"在里面"的状态做了解释:一个自身具有广延性的存在者被广延性事物的广延性界限所围合,在里面的存在者以及围合者都在空间中现成存在。他在此强调此在并不是像这样的存在者那样存在于一个空间容器(Raumgefäβ)之中,此在必须与"在里面"的存在方式划清界限[3]135-136。

海德格尔受到雅各布·格里姆(Jakob Grimm,1785—1863)关于词源意义的研究的启发,对"之中"一词进行词源学的思考。他说:

"之中"(in)源自"innan-","居住"(wohnen),"栖居"(habitare),"逗留"(sich aufhalten);"an"(于)意味着:我习惯了,我熟悉,我照料[3]73。

此外,海德格尔还探讨了"bin"(我是)和"bei"(在……那里、同……一起)之间的关联:"我是"就意味着我居住、逗留于这个我所熟悉的世界;如果从此在的存在来理解,存在就意味着居住在……那里,同……熟悉。这样,海德格尔通过"in"、"an"与"bin"等词的词源考察,将"之中"、"在之中"的含义与此在的本质性存在状态("在世界之中存在")联系起来。他还进一步讨论了"Sein bei"(在……那里存在、同……一起存在)的意义。"das 'Sein bei' der Welt",汉译本译作"依寓世界而存在","寓"本已有"居住"之意,汉译的字面意义是"依世界而居而存在"[3]。这样的译法显得有些累赘。关于介词"bei",英译者译作"alongside"(在……那里,同……一起),但他们又觉得这种译法往往会有歧义。在此他们提醒读者,这里的"bei"与"at"较为接近,如"at home"(在家)。英译本将"Das 'Sein bei' der Welt"译作"being alongside the world",其实与"being in the world"之意是相通的。事实上,"bei"和"alongside"除了有"在……那里"之意之外,还有"同……一起"之意,可以根据上下文关系做出判断。"Das 'Sein bei' der Welt"如果译作"在世界里存在",那么如何与"在世界之中存在"区别开? 也许理解为"同世界一起存在"更好一些。海德格尔后来又提到,"Das 'Sein bei' der Welt"更为切近的意义是"全心投身于世界之中"(Aufgehen in der Welt),因此译作"同世界一起存在"是说得通的。"同世界一起存在"植根于"在之中"的存在状态,是此在的存在特征[30][3]73-74,[4]64,[31]68。

关于"in""an""bei""bin"等词义的解释,此书的英译者约翰·马加利(John Macquarrie,1919—2007)和爱德华·罗宾逊(Edward Robinson)做了较为详细的说明。两位英译者将"之中"源自"innan-"这一段称为"令人困惑的一段",并根据海德格尔的注释查阅了格里姆《小文集》中的两篇短文,一篇题为"IN",另一篇题为"IN UND BEI"。在这两篇短文里,格里姆对一些有"domus"(罗马时代的住宅)之意的古老德语词做了比较,发现所有这些词都有类似英语"inn"(小旅馆)的形式。古德语中还有一个很强的动词"innan",曾经意为"habitare"(栖居)、"domi esse"(在家)、"recipere in domum"(留在家中),其过去时形式"an"或"ann"留存下来。格里姆认为介词"in"源自动词,而不是动词源自介词。海德格尔由此体会到"in"(之中)所蕴含的此在的存在论意义。在"IN UND BEI"一文中,格里姆指出,有一个不规则的词"ann",其复数形式是"unnum",表示"amo"(可爱)、"diligo"(赞美)、"faveo"(喜欢),现代德语中的"gönnen"(乐于见到)、"Gunst"(好意)与之直接相关。"ann"真正的意义是"ich bin eingewohnt",即"我习惯了我所居住的地方"。英译者注意到,格里姆还将"bei"与"bauen"和"bin"联系起来,这对海德格尔是很有启发的[28]67。不过,海德格尔在这里只是将"bei"与"bin"联系起来,至于"bin"与"bauen"的联系,那是在1950年代的《筑·居·思》中完成的。在他看来,"我在"(ich bin)作为人的存在来理解,其动词不定式的"存在"就意味着"在……里居住""同……熟悉"[3]72。

海德格尔从格里姆那里理出这些词义关联,是为了明确此在这个特殊的存在者区别于一般存在者的存在状态。他明确指出，"同世界一起存在"决不是"既存事物的现成共在"（das Beisam-men-vorhanden-sein von vorkommenden Dingen）。他举出日常语言中的一些习惯说法，如"桌子在门的旁边"（这里，"bei"可理解为"在……旁边"），"椅子触着墙"，人们通常以为这说的就是两个现成事物的共在。不过，在海德格尔看来，事情并非如此简单，其前提在于墙是一种能够"为"椅子相遇的事物。也就是说，当一个存在者原本具有"在之中"的存在方式，才能与在世界中现成存在的存在者相接触。他还提出"无世界性的"（weltlos）概念，如果两个在世界之内现成存在的存在者本身是"无世界性的"，它们就不可能有接触，也不能彼此共存[3]74-75,[4]64-65。事实上，一个存在者是否具有"世界性"，关键在于它是否经过此在的作为（即人为），以及它的存在是否与其他具有"世界性"的存在者有关联，最终还是看它是否与此在有关联。

海德格尔举出的这些存在者其实并不是"现成的"，而是经过人的创造活动产生的。桌子和椅子是家具，门和墙是建筑物的构成要素，它们之间的位置关系其实是与此在的存在状态相关的。不过，海德格尔在前面论及"在之中"的那些存在者如长椅、大教室、大学、城市时，称之为"在世界之内显现的物"，说它们具有"现成存在的存在方式"，它们属于"非此在式存在方式的存在者"[3]72-73,[4]63。这显得有些前后不一致。长椅、大教室、大学、城市等事物与桌子、椅子、门、墙等事物一样，都是人为的产物，它们的"在之中"所体现出的确定的位置关系，并不是现成存在的，而是经过人为安排的。那么在存在论的意义上，这些存在者的存在方式是由此在的在世界之中存在的方式决定的。海德格尔还提到岩石的事实上的显现，他的意思是说，如果岩石与此在都可视作世界之中的事实，那么，此在的"事实性"（Tatsächlichkeit）与岩石有着根本的不同。此外，此在的事实性是源于它的"现实"（Faktum），可以称之为"现实性"（Faktizität）[3]75。这样，我们可以看出，海德格尔提到的存在者有三类，一是作为一种"现实"而存在的此在，二是由此在的作为而产生的存在者，三是像岩石那样的纯粹自然的产物。在这一部分论述里，海德格尔只是说人为产物与人的存在不同以及自然产物与人的存在不同，事实上，就"在之中"的意义而言，人为产物——人的关系与自然产物——人的关系是有所不同的。我们可以将岩石之类的自然产物视为现成的"在世界之内显现的物"，而对于长椅、大教室、大学、城市之类的人为产物，就不能这样说。"长椅在大教室之中"，是经过此在的安排，而在这样的安排之前，要由此在先行建造出大教室，制作出长椅。这样的状况与岩石的自然而然的显现是不同的。海德格尔在这个问题上有些疏忽，不过后来他在关于周围世界的分析中，提出从房屋到家具再到用品构成的用具关联，将对此有所修正。

8.1.4 世界与周围世界

海德格尔是在对此在做了准备性的分析、并对作为此在的基础状态的"在世界之中存在"加以解释之后，才在第三章对世界的世界性做出说明。在第十四节"一般世界的世界性观念"中，海德格尔阐明了关于世界的四种概念。首先是世界作为存在者状态上的概念来使用，可以是所有在世界之内现成存在的存在者的总和；其次是世界作为存在论术语起作用，意指前面所说的存在者的存在，不过，他同时又说，世界也可以指包含各种存在者在内的领域（Region）。他给出的例子是"数学家的世界"。问题是，"存在"与"领域"可以等同吗？第三是在此在这个特殊存在者状态的意义上理解的世界概念，亦即现实的此在"在其中""生活"的世界。这样的世界可以指"公众的"我们世界（Wir-Welt），或可以指"自己的"以及至为切近的（家常的）周围世界。最后是世界性（Weltlichkeit）的概念。"weltlich"原本指"属于人世间的"，因此世界性应属于第三个世界概念，即与此在相关的世界。不过，海德格尔似乎还想偶尔在存在者状态的意义上使用这个术语，就加双引号以示区别[3]87-88,[4]76-77。在海德格尔那里，世界性的概念主要是指属于世界的、为世界所特有的那些性质。

事实上,海德格尔是将"世界"作为结构性因素(Strukturmoments)来看待的。他先是将在世界"之中"的存在者列举出来,如"房屋、树、人们、山、日月星辰",接下来又提到"这个存在者的'外观'",这应该指的是这个世界作为一个总体的存在者。他认为,把这个世界的外观描绘下来,并把这个世界上以及随之发生的各种事件叙述出来,只不过是前现象学的"事务",是存在者状态上的。而现象学的任务寻求的是存在(das Sein)。更为重要的是,"现象"是与存在以及存在结构联系在一起的,而存在与存在结构的显现,也使得现象在形式上得以确定[3]85,[4]74。在此我们可以体会到一种建构性的关联——现象在形式上是由存在结构确定的,那么通过现象就可以通达存在的结构,因而我们不能把现象视作表面性的事物,就像常言所说的表面现象那样。在此我们可以体会到,海德格尔的现象学比胡塞尔的现象学更进一步,从"面向事实本身"转到"面向存在本身"。

"世界"现象(Phänomen "Welt")意味着"世界"的存在与存在结构的显现,不过,人们往往是从世界之内的存在者入手的。海德格尔指出,世界之内的存在者是物,包括自然物(Naturdinge)和"有价值的"物("wertbehaftete" Dinge)[3]85,[4]74。一个物是否有价值,是根据它在人们在世界之中的作为中所起的作用而定的。海德格尔在此没有深究何为"有价值的"物,按照通常的理解,自然物能被人们利用,就表明它们对人而言是有价值的,此外,各种人工产物各有其目的性,自然也是有价值的。但是,人们通常以为,自然物的物性(Dinglichkeit)是"有价值的"物的物性的基础。人们首先想到的是要探究自然物的存在性质,这在历来的自然哲学中是显而易见的。尽管这样的探究已经是在存在论的意义上展开,但在海德格尔看来,如此关于自然存在的最纯粹的解释仍然不着"世界"现象的边际。对于世界内的存在者,无论是从存在者状态上加以描写,还是在存在论的意义上加以解释,这样两种指向"客观存在"的方式却都是对世界做了预先的设定。海德格尔既不同意这样的"客观"的预设,也不同意将"世界"视为此在的一种属性,拒绝接受世界是"主观的"事物。他的主张是,要理解世界的世界性概念,那是此在在世界之中存在的构成因素所形成的结构,并从此在的存在论上获得确定性,以此途径我们才能触及世界现象[3]86-87。

海德格尔在第二章第十二节关于此在在世界之中存在的论述中提及"周围世界"(Umwelt)这个概念,并在第三章第十四节"一般世界的世界性观念"中加以解释。"Umwelt"有三层含义:一是指大地、空气、水以及植物所构成的人和动物的生存空间,即自然环境、周围的世界;二是指社会关系,人在其中生活,他的发展也受其影响,即社会环境、周围的社会;三是指一个人所接触的那些人们,即周围的人。德语中表示环境之义的词还有"Umgebung""Milieu",海德格尔使用"Umwelt"一词,一方面是考虑到与"Welt"的词根上的关联,另一方面考虑到的是与"Welt"的意义上的关联,他是将"周围世界"作为"日常此在的最切近的世界"来看待的[3]89。汉译本将"Umwelt"译作"周围世界",较之英译本译作"environment"更为合适[4]78,[28]94。

海德格尔正是在这里明确了他的研究工作的路径:从平均的在世界之中存在这个此在的存在论性质出发,探究一般的世界性观念(Idee von Weltlichkeit überhaupt)。在哲学中,"Idee"一方面指柏拉图的"eidos",即事物的纯粹概念,另一方面指从某个事物得出的高阶抽象的观念或概念。他在此应是在后一方面的意义上使用这个术语的。他主张要对至为切近的在周围世界之内出现的存在者(nächstbegegnende inner-umweltliche Seienden)做出存在论上的解释,由此来寻求周围世界的世界性,也就是周围世界性(Umweltlichkeit)。当然,这样的解释的前提是以此在的存在论状态为基础的,也就是始终要明确此在的"在之中"的存在论意义,"居住""照料""同……一起存在",这些都是源自古老德语的相关词源的启示[3]75。海德格尔认为,此在的存在方式包括"在世界之中存在"以及"向着世界存在",这两种存在方式在本质上都是"操劳"(Besorgen)[3]77,同时他还想到"认识","认识"活动也具有"在世界之中存在"以及"向着世界存在"这样两种现象特征[3]80,而当这两种活动结合起来,此在才能真正地在世界之中存在。在这两种活动的过程中,周围世界乃至一般世界的诸多存在者的存在得到揭示。

8.1.5 用具:周围世界中出现的存在者的存在

在第十五节中,海德格尔讨论了用具与产品之于周围世界的存在问题。事实上,各类建筑物也位列用具与产品之中。弄清用具与产品在周围世界的存在中的关系问题,有助于从根本上理解建筑物之于周围世界的意义。日常的此在在世界之中的存在,就是在世界中与世界内的存在者打交道(Umgang),而打交道也是此在在世界之中操劳的诸多方式之一。在这个操劳过程中出现的存在者有"Zeug"与"Werk"。"Zeug"指的是为了某种目的的使用对象,汉译本大多译作"用具"[4]85,用具其实是一个较为宽泛的概念,所有为了某种用途而制作的事物都可称为用具,而在制作过程中用来加工对象的事物可以称为"工具"。当然,汉语中也有一些用法乃是出于习惯,如我们通常只说"交通工具",而不说"交通用具"。海德格尔所说的"Zeug"涵盖"用具"与"工具",我们可以根据上下文的关系来做出判断。英译者认为"Zeug"在英语中没有对应的词,且认为海德格尔是在集合名词的意义上是用这个词的,故译为"equipment"[28]97。"Werk"指的是劳动的成果、产品,汉译为"工件",此词是机械工程的术语,指的是机械加工中的加工对象,可以是单个零件,也可以是若干零件的组合体,因此以"工件"译"Werk"可能不妥。从海德格尔为"Werk"给出的例子——鞋与表——来看,我们不能把它们称为"零件",只能称之为"产品"。英译者也认为"Werk"一词指的是"the product achieved by working",故以"work"来译"Werk"[4]87,[28]99。"Werk"一词首次出现在第94页第一段,应译为"产品",至于正在制作的东西,海德格尔明确以"das herzustellende Werk"指称,可译作"制作中的产品"。总的来看,用具是一个总体概念,所有的在操劳活动中出现的上手事物都包含在内,制作中的产品一旦完成,也会成为用具。

用具是多种多样的,海德格尔列举了"书写用具、缝纫用具、劳动工具、交通工具、测量用具",而重要的是要先行界说"用具性"(Zeughaftigkeit),也就是使得用具成为用具的性质,这也涉及用具的存在问题。不过,属于用具的存在总是一个用具整体(Zeugganz),这表明一件用具只有在整个用具关系中才能成为它所是的事物。海德格尔在这里(p. 92,第二段)深入分析了用具的本质,他说,"用具在本质上是某种'为了……的事物'"(etwas, um zu ...),他将这种"为了"(Um-zu)的性质视为一种结构,这个结构有着诸如"有用性(Dienlichkeit)、有益性(Beiträglichkeit)、合用性(Verwendbarkeit)、方便性(Handlichkeit)"等不同的方式,而这些方式构成了一个用具整体性(Zeugganzheit)。就其用具性(Zeugfahigkeit)而言,用具就出于对其他用具的依属关系。为了说明这样的依属关系,海德格尔列出如下的"物":书写用具、钢笔、墨水、纸张、垫板、桌子、灯、家具、窗、门、房间,并指出这些"物"并不是先把自己展现出来,然后再作为实在事物的总和塞满一个房间[32][3]92。这不难理解,一个房间里的家具乃至用品并不是随便堆放,而是要经过布置,如书写用具放在桌子上,桌子放在窗前,灯安装在桌子的上方,书橱靠墙,这样才构成一个可以使用的用具整体(图8.1)。

海德格尔为什么要说,"布置"(Einrichtung)是出于房间的缘故做出的,每一个"单个的"用具又是在"布置"中表明自身的?[33][3]92-93,[4]85,[28]98一般而言,家具与用品在一个房间中的布置与房间性质有关。人们会根据什么样的房间来选择相应的用具(包括家具和用品),并根据使用状况加以布置。对于一间卧室,人们需要选用并布置一系列用具来满足睡眠、更衣等方面的使用要求,因此

图 8.1 书房-用具整体　　　　　　　　　　图 8.2 卧室-用具整体

卧室的布置就是出于其使用性质的缘故做出的,而床、床头柜、衣橱、衣架等家具在这个布置中各得其所,被褥、枕头、床罩等床上用品之于床、衣服之于衣橱等依属关系也是由卧室的布置所决定的(图 8.2)。可以说,经过布置的用具构成一个用具整体。海德格尔强调用具的整体性之于单个用具的优先性,其实与他注重上手事物的存在结构问题是相一致的。

在这里,海德格尔还对房间作了解释:房间不是几何空间意义上的"四壁之间",而是一种"Wohnzeug"。中译本将这个词译为"居住工具",中译注称"居住工具"为极其别扭的构词,并认为只是为了应付"Zeug"(用具)在上下文中的联络[4]81。事实上,"Zeug"作为"使用对象",与"Wohn"组词并无什么不妥,只是译成汉语觉得不习惯而已。海德格尔用"Wohnzeug"一词,一方面是出于词形关联的缘故,另一方面应该有强调房间作为居住用的用具整体之意。中译本所译"居住工具"其实已考虑到汉语的习惯表达,"用具"在尺度上似乎要小一些,能够容纳人的较大尺度的使用对象一般不说是"用具",如可以说"交通工具",而不说"交通用具"。不过,"工具"作为劳动、加工产品的那部分用具,带有过强的技术手段性的含义。"房间是居住工具"一语难免让我们联想到勒·柯布西耶的那个引起后世人文主义者批评的"房屋是居住的机器"的口号[34]91。其实海德格尔是在使用对象的意义上使用"Zeug"这个词的,他将"Wohn"与"Zeug"组合起来,英译者译作"equipment for residing",对此并未加说明,应该是不觉此词别扭。按照海德格尔的用法,就"用具"作为"使用对象"的一般意义而言,"Wohnzeug"译作"居住用具"也是可以理解的。

关于用具的存在性质,海德格尔坚持认为那是要在"打交道"的过程中才能真正显现出来的[35][3]93,[28]98,[4]85。与用具打交道,关键是在于熟练使用,而不是理论上的把握。海德格尔以锤子为例加以说明。用锤子来锤,并不是把锤子当作存在的物进行"主题性的"把握,在使用中也无需知道锤子这样的用具的结构[3]93。这是不是有点儿问题? 锤子一般由铁质的锤头和木质的锤柄构成,当人们手握锤柄以锤头锤击某物的时候,那必定是已经知道锤子的结构了:锤柄用来抓握,锤头才是用以击打的部分。

关于产品(包括正在制作的产品)自身的性质以及产品与用具或工具(Werkzeug)的关系,海德格尔也做了深入的探讨。他认为产品具有指引的整体性(Verweisungsganzheit),正在制作的产品就是用锤子、刨子、针等工具加工的东西,海德格尔称之为"Wozu",字面意思是"为了什么目的",这里指的是这些工具所指向的目的性[3]94。其实产品的指引整体性就出于其目的性,产品也将具有用具的存在方式的一面:"正在制作的鞋是为了穿(鞋具),制作好的表是为了看时间"。由此可见,产品的本质就在于其合用性(Verwendbarkeit)。海德格尔还提到产品中向着"材料"的指引，他先举出"毛皮、丝、指甲"(Leder，Faden，Nägel)等自然材料，然后又举出构成锤子、钳子、针等用具的钢、铁、矿石、石头、木头等自然材料。这些用以制成用具的材料的"自然"(即性质)，是在使用中被揭示出来的[36][3]94,[4]82-83,[28]100。由不同的自然材料制成的用具，其使用状况与所用的材料的性质有关，人们在制作用具的时候，也必定想到这样的关联。

在第95页的第二段，海德格尔对产品本质的分析堪称经典。他先是指出制作好的产品指向它的合用性的目的性，它的成分的从何而来，然后考察了在简单手工业条件下以及在批量生产条件下产品与用户之间的指引关系的不同。在手工业条件下，产品包含向着穿戴者、使用者的指引，这意味着产品的制作要以用户的要求为根据。海德格尔在此所谓产品可能是指服装，那要依穿戴者量体裁衣而成。在批量生产条件下，这样的指引就不是指向特定的个人，而是指向"平均"(Durchschnitt)的人[3]95。另一方面，产品作为在这个世界之内上手的事物，不仅是在工坊的内部世界(die häuslichen Welt der Werkstatt)中上手，而且也在公共世界(die öffentlich Welt)中上手。这两个世界都属于周围世界，因而产品是周围世界中上手的事物。以我们的理解，产品作为人工产物，是构成周围世界的基本因素。而在海德格尔看来，公共世界由于属于日常平均的此在，成为所有人都可以"通达"的。这意味着公共世界仿佛是所有人相互交往并对周围世界有所理解的平台，"周围世界的自然"(Umweltnatur)也就随着这个公共世界得以揭示。海德格尔列出周围世界中常见的"小路、大街、桥梁、房屋"，这些都是人的日常生活展开的地方，用海德格尔的话来说，就是此在的操劳活动得以展开的地方，而这样的操劳活动又在一定的方向上揭示了自然，如带顶棚的车站月台考虑到风雨，公共照明设备考虑到日光有无的特殊更替、太阳位置，看表的时候，也于不知不觉中利用了太阳的位置。海德格尔还提到最切近的"产品世界"(Werkwelt)的概念，上面所提及的事物以及其他未提及的人工产物都属于它。人们操劳着投身于这个产品世界之中，意味着人们对它已有不同程度的理解，所谓对于在世界之内的存在者的"揭示功能"(Entdeckungs-funktion)应是就此意义而言的[3]95-96,[4]83-84。

8.1.6 关于世界性

在第十八章关于世界的世界性的分析中，海德格尔提出了"Bewandtnis"与"Bedeutsamkeit"这样两个概念，后者有"意蕴"之意，而前者的含义是较为复杂的。海德格尔同时还使用了有动词转成的名词"Bewenden"，汉译者译作"结缘"，至于"Bewandtnis"，汉译者将它译作"因缘"。汉译者也觉得如此译法意涵过重，但又找不出更合适的词。英译者在此处的注释中也表明，这两个词对于译者而言都在至为难译之列，当人们让某事物"以其自身的方式发展""沿着它的轨迹或倾向"，或"完成将要发生的事物""完成牵涉进来的事物"，它们的词根的含义必定与某种事物已经转变的方式有关。英译者以"involve"译"Bewenden"，以"involvement"译"Bewandtnis"[3]112,[4]98,[28]115。海德格尔在这里使用这两个词，其实还是在表明上手事物这样的在世界之内的存在者的存在性质，也就是说，上手事物是因为牵涉进此在的在世界之中存在的状态才获得这样的关联。因此，"Bewandtnis"译作"关联"或"牵涉"是可以理解的。另一方面，每一个上手事物都有其自身与用具整体的关联，用具整体具有关联整体性(Bewandtnisganzheit)，那么某种上手事物有何种关联，则是由关联整体性预兆出来的。就上手事物自身的关联而言，海德格尔给出了由锤子而关联的一系列上手事物，如锤子同锤打有关联，锤打同修固有关联，修固同防风避雨之所有关联，而这个防风避雨之所又作为此在的临时住所而"存在"，因而上手事物的关联最终是由于此在存在的某种可能性决定的。就某种上手事物与关联整体性之间的关系，海德格尔给出的例子是"一个工厂与单个用具""某个农庄与其所有农具、地产"，由此可以看出，关联整体性总是决定单个上手事物的关联[3]112。

上手事物的关联乃至关联整体性最终体现的是此在在世界之中的理解与作为。海德格尔造出一个词"Bewendenlassen"，汉译者先是译为"了却因缘"，后又译为"结缘"，似含义不清，其实"lassen"有"让持续"之意，"Bewendenlassen"应是指"保持关联"。"保持关联"的关键是，要对关联、用关联做什么（Wobei der Bewandtnis）、用什么关联（Womit der Bewandtnis）有所理解[37][3]113-115,[4]99-100。此在对关联整体性的理解，其实是以此在对自身的"在哪里"（Worin）以及在世界之内存在者的"为什么"（Woraufhin）的理解为基础的。海德格尔认为此在的理解具有自我指引的（sichverweisend）性质，这意味着此在是有自觉的意识的，尽管他尽量避免使用此类德国古典哲学所常用的术语。正是这种自我指引的性质，使得此在与现成存在者的"在哪里"有着本质的区别，而那些以关联的存在方式存在的存在者何以能出现，也是要符合此在的理解的。这样的"在哪里"就是世界的现象，而此在自我指引的"为什么"的结构，则构成了世界的世界性[3]115-116。

海德格尔意识到，此在自我指引的理解活动对于世界性的把握具有关键的作用。此在"在那里"以这种方式理解自己，这个"在那里"其实就是"在世界之中"，在世界之中理解自己，这是此在自来就熟悉的事。此在在世界之中理解自己就是要解决"为什么"的问题，当然，这种自我指引最终转而成为构成世界性关系的指引，而此在的理解又继续在这些关系中得到指引。海德格尔把这些指引关系的关系性质理解为"赋予含义"（be-deuten），而有了含义的关系整体则称作"意蕴"。意蕴是构成此在向来已存在于其中的世界结构的东西。另一方面，显示出来的意蕴也是当作此在的存在论状态来看待的，也是关联整体性可能得以揭示的存在者状态上的条件。于是上手事物的存在（也就是关联）以及世界性本身都被规定为一种"指引关联"（Verweisungszusammenhang）[3]117。

8.1.7　关于自然

海德格尔小心翼翼地在几个与"世界"相关的词之间做出区分，如将"Weltlich"（世界的）归于此在的存在方式，对于在这个世界"之中"现成存在的存在者，则使用"weltzugehörig"（属于世界的）或"innerweltlich"（在世界之内的），其实是为了将此在这个特殊的存在者从其他世界之内的现成存在者区分开。对他来说，这样的区分是反思以往关于世界的存在论的出发点。关键是要把握在世界之中存在这种"此在状态"（Daseinsverfassung），否则就会把世界之为世界的现象跳过去。在此他指出了以往存在论的症结所在：人们力图从自然出发，从世界之内现成的、诸多存在者的当下尚未被发现的存在去解释世界。这样的路径是行不通的。即使是"自然"现象，也要从世界的概念或此在的分析中，才能在存在论上加以把握[3]88。

从世界的概念出发来把握自然现象，这可能是海德格尔对传统存在论的突破。在这里，有必要看看日常语言中关于"世界"一词的解释。根据杜登德语在线词典，"Welt"一词有五层含义。第一义是"大地，人类的生存空间"，第二义是"人类总体"，第三义是"生命（总体），此在，（世界上的）总体关系"，第四义是"自成一体的（生命）领域，领域"，第五义是"宇宙，恒星以及行星系统"[38]。可见，海德格尔关于世界的概念应该是前三层含义的综合，而且他更侧重的是人在世界上存在的关系问题。由于世界概念已经包含了人的存在的含义，因此从世界的概念出发来把握自然，就意味着要从人的存在出发。这里可能有一个问题，自然本是不以人的意志为转移的，人对自然有所认识，并通过语言表达此类认识，这样的事实表明人只是认识了自然对于人所敞开的那一面，或者说人是从自身的存在论的意义上考察自然的。岩石、金属的坚硬程度，土壤、沙滩的松软程度，这样的物性似乎是与人的触觉有关的。

从海德格尔前面关于"周围世界的自然"的论述也可以看出，此在在操劳活动中对自然的揭示，其实是根据自身存在的需要对可资利用的自然性质的理解。然而，我们并不能就此认为，自然在我们的操劳活动中揭示出来的各种性质就是自然性质的全部。海德格尔提醒我们，不可以把自然理解为只是现成存在的事物，也不可理解为自然力（Naturmacht）。我们看到一片森林就说那是林场，看到一座山就说那是采石场，遇到风就说那是扬帆之风，乃是由于如此被揭示的自然是随着周围世界的被揭示而出现的。但是，那个"澎湃争涌"向我们袭来的自然、作为景观令我们着迷的自然却始终深藏不露[3]95,[4]87。让自然随着周围世界被揭示出来，对于我们利用自然的活动而言是自然而然的事，海德格尔在揭示这个道理的同时，又提醒我们自然自有其奥秘之处。我们不应简单地把海德格尔对自然的这种态度视为神秘主义的倾向，而应该从中体会出对自然的敬畏。

海德格尔在后来的一些文论中，在有关艺术、技术问题的探讨中，在不同程度上涉及自然的概念。而他对自然概念的理解则可以溯源至对早期希腊哲学文本的解释上。在《演讲与论文集》第三部"无蔽"一文中，海德格尔对赫拉克利特的残篇第十六做出解释。赫拉克利特被称为"晦暗者"（der Dunkle），但海德格尔不这么看，反而称他为"光明者"（der Lichte）[39][40],[41]281。赫拉克利特的残篇第十六是："一个人如何能在永不消失的事物面前遮蔽自身？"[3]267,[4]283海德格尔提到了基督教神学家亚历山大里亚的克力门（Clemens Alexandrinus）对此残篇的神学解读，显然他并不认同这样的解读，而是坚持赫拉克利特所言仅只谈论一种"保持遮蔽"（Verborgenbleiben）、一种"永不消失"（nie-Untergehen）[3]267-268,[4]283-284。这是这个残篇的两条线索，从前一条线索，海德格尔体会到遮蔽—遗忘的状态；从后一条线索，海德格尔发展出"永不消失者"（das niemals Untergehende）的概念。"永不消失"意味着"永不进入遮蔽之中"。他甚至尝试以一个肯定性的词组替代这个否定性的词组，由此推断赫拉克利特思考的就是"始终持续的涌现"（das immerwährende Aufgehen），进而与"自然"（φυσιζ）联系起来。作为"自然"的"持续涌现"也意味着"向来持续的解蔽"（die eh und je während Entbergung）[3]277,[4]294。海德格尔意识到，这个箴言的道说乃是活动于"解蔽领域"，而并非活动于"遮蔽领域"[3]275,[4]292。我们从赫拉克利特的提问中，可以听到一种弦外之音，人的"遮蔽自身"似乎更是在躲避什么，或者由于自身的愚钝而对自然的解蔽浑然无觉，而赫拉克利特似乎是在嘲弄在自然的持续解蔽的状态中自行遮蔽之人。

不过，后来的人们并不怎么想要在持续的涌现者面前遮蔽自身了，而是热衷于解蔽自然，甚至要借助技术手段以增强解蔽的能力。这个转变其实强化了人对自然的作为的能力。海德格尔在《技术的追问》中指出，技术就是"一种解蔽方式"（eine Weise des Entbergens），而现代技术更是"一种解蔽"（ein Entbergen）[42][7]13,15。海德格尔以古代风车为例，表明传统技术只是在利用自然的能量，而现代技术则是在向自然提出挑战（Herausfordern），可以开发出风流的能量。现代农业与传统农业的区别在于，传统的耕作意味着"关心和照料"，而现代农业的耕作已经沦为在挑战的意义上"设置自然"的订造（Bestellen）了。他还以莱茵河上的水电站为例，说明现代技术对自然河流的"设置"，莱茵河由此也成为某种订造之物（etwas Bestelles）了。最终他提出了"集置"（das Ge-stell）的概念，其中涵盖了挑战性的设置的要求，是现代技术的本质之所在。集置的状态是危险的状态，不过，海德格尔似并不悲观。他想到了荷尔德林的诗句："但哪里有危险，哪里也生救渡"。在此，诗人的悲悯与哲人的智慧汇聚了。海德格尔从希腊文化中找到技术与艺术的古老连接，将救渡寄托于美的艺术、诗意的解蔽之上。也许这样的救渡显得幼稚了些，但从海德格尔的追问与思考中，我们可以体会到某种预见性，可以说他富于诗意地预示了几十年后人们对自然的态度的整体性的转变，尽管那样的转变不是出于艺术或诗意的考虑，而是出于生存环境恶化的逼迫[42]15-16,20,29,35[46]12-14,18,28,35。

8.2 与空间性相关的概念

在《存在与时间》一书中，海德格尔先是从世界内上手事物的空间性问题出发，以期理解此在的空间性以及世界性对空间的确定性等问题。从前面的分析可知，海德格尔将此在的操劳活动视作此在在世界之中存在的方式之一，而在操劳活动中出现的存在者就是"用具"(Zeug)，如果这样的用具得到恰当的使用，就具有"称手的"(handlich)存在方式，处在"上手的状态"(Zuhandenheit)。对于此在而言，得心应手的用具就成为世界内的上手事物。事实上，世界内的上手事物一般都是在至为切近的周围世界之内出现的存在者，日常此在在周围世界的存在离不开此类存在者的存在。这些上手事物在操劳活动中与此在保持一定的空间关系，可以说，它们的空间性在一定程度上构成了周围世界的空间性的基础。在第二十二节，海德格尔对世界内上手事物的空间性问题做出分析。从字面上来看，"上手事物"这个术语已提示出用具的切近。但是这个切近并不是由衡量距离来确定，而是与操劳活动的寻视与用具的使用状况相关。用具的空间性的关键并不在于距离，而在于其方向的确定。为了能够说明用具空间性的本质，海德格尔引入了"Stelle""Platz""Gegend"这样三个具有递进关系的概念。深入理解这三个空间性的概念，对于把握周围世界的空间性本质而言是十分重要的。在后期发表的两篇论文《筑・居・思》(1951)与《艺术与空间》(1969)中，海德格尔继续探讨了空间问题，除这三个空间性的概念之外，他还引入"Ort""Stätte"，对建筑空间的本质、雕塑与空间的关系做出更为深入的探究。

8.2.1 位置与场

在第二十二节的开始，海德格尔明确了这一节的任务，那就是要从现象上明确把握上手事物的空间性，并指出这种空间性与上手事物的存在结构是如何结合在一起的。他提到"首先"上手的事物，那是与其他存在者相比"最先"出现的存在者，而且也是"在近处"的存在者。值得注意的是，海德格尔在这里使用了表示时间先后的词。他是在用词上将时间的先后与空间的远近结合起来，但这并不能衡量上手事物的"近"。上手事物，也就是用具的存在结构在于其"用"，那么此在对用具的用途的理解以及操作的熟练程度就决定了用具之于此在的"近"或"远"。而这样的"近"或"远"也就不是距离意义上的概念，而是有着熟悉或生疏的意涵。随时通达某个用具的方向是很重要的，有了这个方向，用具才能在操劳的巡视中得以确定。海德格尔指出："用具的确定了方向的近处意味着，用具并非在随便什么地方都是现成地在空间中具有它的位置(Stelle)，而作为用具它在本质上是装置的、放置的、设置的、安排好的。用具有它的场(Platz)，或者'在周围布置'(ligt herum)，这与单纯在任意一个空间位置(Raumstelle)上出现有着根本的不同。"[3]137

海德格尔在这个陈述中使用了"Stelle""Platz""Raumstelle"这三个词。"Stelle"与"Platz"是近义词，"Stelle"有"Ort""Punkt"等义，可以指"地点""位置"；"Platz"的基本含义是"eine große Fläche"(宽敞的场地)，可以指城市中的广场，也可以指用于某个确定的目的的场地，当仅以单数形式使用时，指人或物存在的空间或范围，一般可以译作"处所""场所"，此外也有"Ort"之义，与"Stelle"通。海德格尔在此并不是在同义词的意义上使用这两个词，这是在理解这两词的词义时需要注意的。文中所指的在近处的存在者是"用具"，这种一般意义上的"用具"包括所有的人工产物，从钢笔、家具等日常用品到房间、房屋都包括在内，这一点可以参见第十五节关于在周围世界中出现的存在者的存在问题的分析。汉译本先是将"Stelle"译作"地位"，修订版中译作"地点"，"Raumstelle"相应地译作"空间地点"[31]127,[4]119。说某个用具处在一个"地位"上，含义不清；至于"地点"，我们可以说一座房屋处在空间中的一定的地点上，但不能说钢笔之类的用品处在一个地

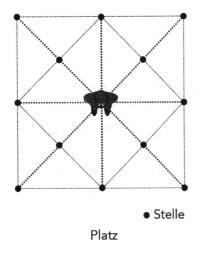

● Stelle

Platz

图 8.3　位置与场

点上,只能说它们具有一定的空间位置,而房屋具有一定的空间位置也能说得通,因此,将"Stelle"译作"位置",将"Raumstelle"译作"空间位置"较为合适些。英译本将"Stelle"译作"position",将"Raumstelle"译作"spatial position",也是较为合适的[28]135-136。当然,我们说用具有一定的空间位置,这只是在存在者的层面上才是有意义的,仅对用具做空间位置上的描述还不足以把握用具的存在结构。也正因为如此,海德格尔引入了"Platz"的概念。

海德格尔并不是在通常的意义上使用"Platz"这个词的,由于用具并不是单独作为一个上手事物出现在此在的操劳活动中,而是由若干用具共同组成"用具关联"(Zeugzusammenhang),所谓"在周围布置"应是就此而言的。处在不同空间位置上的若干用具会占据一定的空间范围,并在这个范围中产生相互作用,那么指称这个作用范围的"Platz"就不能像汉译本那样译作"位置"[4]119,译作"场"可能更好一些。英译本以"place"译"Platz",显然是顺理成章的[28]136。明了"Platz"的意涵之后,海德格尔接下来的论述就变得易于理解了。前面所说的用具的"方向",正是通过诸场的作用确定的:在周围世界上手的"用具关联"使得诸多的场彼此较准方向,使之成为一个整体,而这个整体又对每一个用具的场做出规定[3]137。

在对"Stelle"与"Platz"这两个词的词义做了解释之后,我们可以对海德格尔关于用具空间性问题的论述做进一步的分析。"位置"与"场"是两个涉及用具存在状态的空间概念。单纯在空间中处于某个"位置"的存在者与此在之间仅有距离关系,如果这个存在者作为用具出现在此在的操劳活动中,就具有自己的"场",并通过"用具关联"而定出可以为此在通达的方向。海德格尔认为,"场"就是一个用具所属的"那里"(Dort)和"这里"(Da)。关键是要明了,此处所说的"那里""这里"并不是单纯空间意义上的,而是与此在的操劳活动相关(图 8.3)。诸多用具在此在的操劳活动中形成用具关联、用具整体,因而一个用具的各属其所最终是由用具整体(Zeugganzen)确定的。一个规定了场的用具整体是以"往哪里"(Wohin)为其可能条件的基础。海德格尔还提出"场的整体性"(Platzganzheit)的概念,那其实是与用具关联相对应的[3]137。

8.2.2　场与域

在分析了用具的空间位置与用具的场乃至用具关联之间的关系之后,海德格尔又提出了"Gegend"这一概念。"Gegend"一般指一片区域、地带,在地理学的意义上意味着比"Platz"更为宽广的范围。虽然海德格尔并不是在地理学的意义上使用这个词,但还是把握了"Gegend"蕴含"Platz"这一意涵。不过,应该注意的是,无论是"Platz",还是"Gegend",海德格尔都是与此在的在世界之中存在的方式联系起来看的。此在的操劳活动决定了"Platz"与"Gegend"对于用具的空间位置的作用,"Platz"与"Gegend"并不是静态的空间范围的概念,而是空间作用的状态。"Platz"规定了"Stelle",同时又为"Gegend"所规定。他将用具可能的各属其所的"往哪里"称为"Gegend",就它对"场"的规定的意义上而言,"Gegend"可译作"域"。英译者认为,"Gegend"在英语中没有相对应的词,也许"region"或"whereabouts"的词义至为接近。汉译本将"Gegend"译作"场所",其问题源自对"Platz"(译作"位置")、"Stelle"(译作"地点")的译法的不妥[3]137,[28]136,[4]127。

接下来,海德格尔对"场"与"域"的性质做了比较分析。"场"是通过方向与去远(Entfernheit)

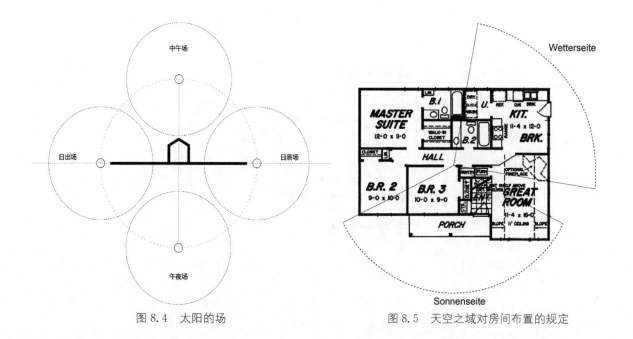

图 8.4　太阳的场　　　　　　　　　　　图 8.5　天空之域对房间布置的规定

的方式构成的,它也总是在一个"域"内并向着这个"域"得到它的定向[3]137-138。因而"域"在"场"的定向乃至空间位置的确定方面起着决定性的作用。海德格尔说,域并不是通过共同现成存在的事物形成的,而是总已在每一个场中处于上手状态[3]138。问题是,场也不是由现成存在的事物形成的,那么场与域的根本区别是什么?海德格尔没有明说,不过,我们可以根据他的相关论述做出推断。那些场自身依赖于操劳的审慎考虑中的上手事物,或者作为这样的事物为人们所遇。每一个上手事物都有各自的场。一个上手事物的上手状态意味着它在有所考虑的操劳活动中确定了"在哪里",并根据其他上手事物进行定向。这也意味着一个场要根据其他的场来定向,而促使这样的定向过程产生的正是域。因而,场是属于一个上手事物的概念,而域则属于若干上手事物。为此,海德格尔以房屋与太阳之间的关联为例加以说明。日常生活要利用太阳的光和热,而太阳自身就有其场,如日出、中午、日落、午夜。为什么说"日出"是个"场",而不是"位置"?这是因为处在"日出"位置的太阳已经处在此在的审视中,那么这个位置就不再是单纯的空间位置了。就光的利用而言,日出而作、日落而息就表明日常此在把握了处在不同场的太阳属性所可能有的不同的适用性(Verwendbarkeit),所以说日出、中午、日落、午夜这些场都透露出此在的审慎考虑(图8.4)。

　　这些场以有规律的持续性同时也以变化的方式成为上手事物,成为寓于场中的域的突出的"征兆"(Anzeigen)[3]138。海德格尔在此使用了"Himmelsgegend"一词,这个词与"Himmelsrichtung"一词同义,即"方位"。"Himmelsgegend"在形式上与"Gegend"有关联,而又意指"方位",与"Gegend"的定向性相符,可谓用词巧妙。"Himmelsgegend"汉译为"天区",这是一个天文学术语,而海德格尔在此显然不是这方面的意思,英译为"celestial region",是比较适当的。是以此词不妨译作"天空之域"[3]138,[4]121,[28]137。海德格尔说这些"天空之域"还无需有什么地理学上的意义,而是先行给出先导性的"往哪里"。这样的"往哪里"是针对域的每一种特殊形式而言的,而域又可以由诸场所占据。接下来海德格尔以房屋为例对此加以说明。房屋有其向阳面(Sonnenseite)和迎风面(Wetterseite),向阳面与迎风面就是天空之域的特殊形式,"诸房间"的分布要依据这两个面定向,其内部的"陈设"再根据其用具性质也向着这两个面定向(图8.5)[43][3]139,[28]137。卡西认为,海德格尔以房屋中的房间安排来说明"域"的作用,是至为令人信服的例子[12]249。

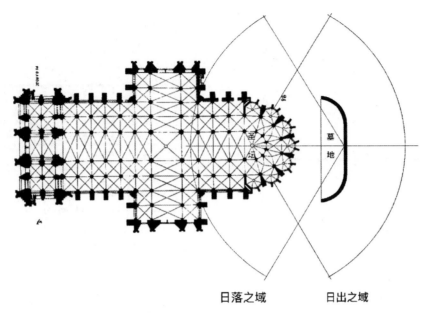

日落之域　　　　日出之域

图 8.6　教堂与墓地的定向

　　在这里,海德格尔谈的是建筑学中的朝向问题。我们一般将房屋的朝向分为向阳面和背阴面,至于迎风面,则涉及主导风向问题,而主导风向又因季节而有所变化。房屋的向阳面是确定的。对于北半球的房屋而言,东、南、西等三个方向都是向阳面,唯北面是背阴面。日常生活中,住宅内各类房间的分布与朝向是相关的,例如起居室、主卧室、儿童卧室一般都安排在向阳面,储藏间、厨房、餐厅、书房、卫生间可以安排在背阴面。海德格尔没有在房间的分布上做出说明,而是提到教堂与墓地的朝向问题:教堂和墓地分别向着日出和日落设置(图 8.6)。

　　教堂向着日出设置,指的是圣坛设在教堂轴线的东端,信徒从西边的教堂大门进入就可向着日出的方向走向圣坛。一般以为,日出和日落分别象征了生与死,而海德格尔似不愿从象征性的方面来解释。他将日出视作生命之域,日落视作死亡之域,而这样的域的意义是通过关联整体(Bewandtnisganzheit)先行揭示的[3]139。"关联整体"是海德格尔在第十八节谈论世界性问题时提出的核心概念之一,涉及上手事物的用途源自此在的存在的原因。此在在世界之中至为本己的存在可能性由生与死规定,这是不错的,但问题是此在如何将日出与生、日落与死联系在一起,象征或隐喻可能是不可回避的。

　　让我们再来思考位置、场、域等三个概念之间的关系。我们可以说用具随便哪里现成地处在空间中的某个位置上,但那只是存在者层次上的,并不涉及存在结构的问题。当我们引入用具的场的概念之时,我们就涉及了用具的存在结构问题。用具处在其场,与用具处在空间中某个位置相比较,其间的差别在于,前一种状况是处在用具联络之中的。即使用具在场中随便堆放,也只是意味着将原有的用具联络搞乱了,其意义还是不同于单从位置来考虑用具的状况。每个用具都各有其场,也就是说,每个用具都有各属其所的确定的地方。而用具的各属其所是由用具关联所决定的。这样,海德格尔又引入了在整体上决定用具各属其所的"何所往"的"域"的概念。包含了方向与距离概念的场总已是在一定的域之内得以定向的。因而在海德格尔的周围世界的概念中,场的概念比起位置的概念来更为重要,而域的概念比起场的概念来更为重要。根据"域"来确定用具的各种场,就构成了周围世界的周围性。事实上,场与域所揭示的周围世界的空间性,最终要与此在的空间性问题相关。虽然此在在世界之中存在,但是它在本质上不是现成存在,它的空间性并

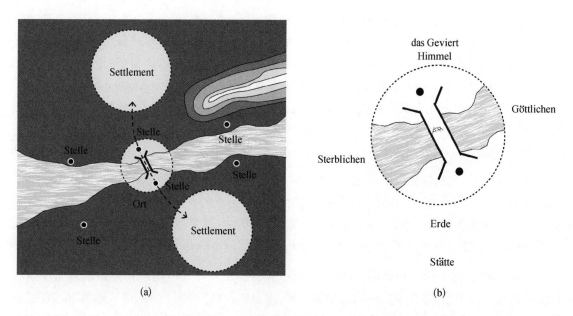

图 8.7 桥:"Ort""Stelle""Stätte"的空间意义

不意味着摆在世界空间中的一个位置上,也不意味着在一个场中上手存在。这不难理解,此在本身并不像在世界内出现的存在者那样处在用具关联或关联整体之中,而是要与此类存在者打交道。此在在世界之中存在的空间性就体现在去远(Entfernung)与定向(Ausrichtung)两个方面(这涉及此在的空间性问题,将在下一节讨论)[3]140。而去远与定向也都反映了此在对世界内存在者的空间性的理解。虽然我们也说此在占据一个场,但这意味着此在去世界上到手头的东西之远而使它进入由审视先行揭示的域——此在从周围世界的"那里"理解自己的"这里",也就是从"域"理解自己所在的"场"。而日常生活也就在"此在"所在的诸场中展开。

8.2.3 《筑·居·思》一文中与空间性相关的术语

1951 年,海德格尔做了题为《筑·居·思》的演讲,后收录于《演讲与论文集》中。在此文中,海德格尔提出一个核心概念"四重整体"(das Geviert),即"天空、大地、神性、人"的四位一体,可以视为此在与周围世界乃至一般世界的内在关系的深化。筑造在本质上是四重整体的具体化,最终归结于空间性的问题上来。在此文的第二部分,海德格尔以桥为例,说明筑造在什么意义上归属于栖居。随着空间性问题的展开,与空间性相关的术语出现在陈述之中。在论述的过程中,海德格尔使用了"Stätte""Ort""Stelle""Platz"等术语。这些都是同义词,其意义需要根据上下文来确定。这些术语是在第 156 页第一段出现的。先来看"Stätte",根据自由德语网络词典,此词意为"具有特殊意义的地方(Ort)""某种特殊事物发生之处(Stelle)"[44],可以理解为"独特之地"。海德格尔认为桥是有其自身方式的物,它为四重整体提供一个"Stätte"(独特之地),以此将四重整体聚集起来。"Stätte"这个词在此处的使用是非常贴切的,一个能够聚集四重整体的地方的确是一个"独特之地"。英译者 A.霍夫施达特尔(A. Hofstadter)将此词译作"site",根据《朗文当代高级英语辞典》,"site"的第一义为"发生过重要的或令人感兴趣的事件的地方或场所",与"Stätte"的意涵是契合的,而中译本将此词译作"场所",还不足以表达其意[45]100,[7]156,[46]162。在第 160 页第一段,海德格尔又谈到"Stätte"[7]160,中译本又译作"场地",估计是笔误[46]167。

至于"Ort",根据《朗氏德汉双解大词典》的解释,其第一义为"ein bestimmtes, lokalisierbares Gebiet oder eine Lage im Raum"[47]1341。"Gebiet"与"Lage"都是指一片区域,是面的概念,中译本

译作"位置"[46]162，而"位置"倾向于点的概念，不足以表示"Ort"的意涵。而汉语中又缺乏这样的对应的词，所以还是用德语的解释为好，即"空间中确定了位置的区域"，可译作"定位区域"。特别是在本文中，桥以及房屋都是由于自身成为一个"Ort"，才成为一个"物"的，因而，对于桥以及房屋而言，"Ort"就是在大地之上确定了位置的区域，即"定位区域"。英译本译作"location"，侧重"定位"之意[45]100。海德格尔在文中赋予此词十分重要的意义。在第 156 页第一段，他将"Ort"视为形成"独特之地"的必经阶段：只有自身就是一个"Ort"（定位区域）的事物才能为一个独特之地设置空间。需要注意的是，"Ort"一词的"定位"意涵的重要性。海德格尔说：

在桥存在以前，定位区域（Ort）并没有现成地存在。当然，在桥立起之前，沿着河流就有许多可以为某物所占据的地点（Stelle）。其中一个地点显示为一个定位区域，而且仅是由于桥才得以如此。因而桥并不是先到一个定位区域而立于其中；相反，一个定位区域仅由于桥才得以实现。桥是一个物；它集聚了四重整体，但其方式是让四重整体有一个独特之地（Stätte）[7]156。

海德格尔在这里又用到"Stelle"一词，在《存在与时间》中，"Stelle"用以描述世界内上手事物或用具之间的空间关系，由于用具不只是包括房屋，也包括各类日常用品，所以理解为"位置"是较为恰当的；而在这里，"Stelle"指的是河流沿岸的诸多部位，是与大地相关的，可以理解为"地点"，中译本对此词的译法是恰当的。英译本将"Stelle"译作"spot"，也是合适的[46]162,[45]100。至此，海德格尔在对桥的空间性问题的描述中用了"Ort""Stelle""Stätte"这三个同义词，通过对它们词义上微妙差异的理解，揭示了桥的存在意义（图 8.7）。

在第 157 页第一段，海德格尔提出了两个问题，一是定位区域与空间处在何种联系中，二是人与空间之间的关系是何种关系。接下来的内容是对这两个问题的解答。海德格尔说桥是一个定位区域，它作为这样的物使得一个容纳了大地、天空、神、人（也就是"Geviert"，即四重整体）的空间成为可能[7]157，由此可见，定位区域支配了一个空间，而这个空间是容纳了四重整体的具体空间。从第 160 页第一段可以看出，人首先与定位区域发生关联，再通过定位区域与诸空间发生关联，这两层关联不是为了别的，只是为了栖居才发生的。人与空间的关系最终还是落在"从根本上得到思考的栖居"上[7]160。

下面再来看"Platz"一词。海德格尔在《筑·居·思》一文中也用了"Platz"的概念，但与《存在与时间》一书相比，其含义有了些弱化，也许是由于"Ort"的意涵过于强了。在第 156 页第一段，他将"Platz"和"Weg"并列使用。"Weg"意为"道路"，"Platz"未作解释。在接下来的一段，海德格尔以"Platz"来解释"Raum"（空间），他说，空间就是为了定居和宿营而清空的"Platz"，这里的"Platz"有"eine große Fläche im Freien, die einen bestimmten Zweck hat"之意，即"一大块有一定目的的空地"，就此意义而言，中译本将此处的"Platz"译作"场地"是可以的[7]156,[46]162。再回到上一段，与道路并列而且由桥这样的独特之地决定的"Platz"，应该是这些道路通向的"定居之地"，可以理解为"场所"。在第 157 页第二段，海德格尔指出，由桥这样的定位区域设置的这个空间"包括距这座桥远近各不相同的诸多场所"。在本文第二部分开始的时候，海德格尔论及桥的诸多作用，如城中的桥从城堡通向教堂广场，乡镇前的桥把机动车和畜力车带向周围的村庄[7]154-155。我们是不是可以将城堡、教堂广场、乡镇、周围村庄等视为诸场所，桥通过道路把它们联系在一起？从前面所说的以为了定居和宿营的目的而空出的"Platz"来解释"空间"来看，是可以这样来理解的。这样，由桥这样的定位区域决定的这个空间就有较大范围。在第 162 页第一段，海德格尔在谈论黑森林的一座农舍时提到公用桌子后面的圣坛，说这个圣坛在客厅里为摇篮和死亡之树（棺材）设置了"die geheiligen Plätze"，中译本将这个词组译作"神圣的场地"[7]162,[46]169，这个译法不妥，在住宅的室内,空间一般不会很大,一般不会说住宅室内有什么场地。"Platz"在这里仍是场所之意。场所作为空间的一部分,可大可小,圣坛设置了一个有神圣意义的空间部分,是可以理解的。

总的来说,"Ort""Stelle""Stätte""Platz"等概念在《筑·居·思》一文中的意涵是比较微妙的,以往一些文本对这些语词的把握多少存在问题。卡西在《场所的命运》一书中论及海德格尔关于桥的思考,他将"Stätte"译为"seat","Ort"译为"location","Plätze"译为"localities"。"seat"意为"所在地",与英译本的"site"相比,含义也要弱一些。卡西在这里将"seat"与"place"等同看待,这意味着他将"Stätte"视为"place"。他也提到"Stätte"或"place"都是"somewhere in particular",也就是"特别的某处"。在他看来,场所(place)的产生包含两个步骤,一是将单纯的地点转化成完全的定位区域,二是通过为四重整体敞开充足空间的方式给予一个所在地,当这两个步骤都完成时,场所就产生了[12]274。这个解释是将场所视为一个最终的决定性概念。然而从海德格尔"这个独特之地决定了诸场所和道路"一语来看,独特之地才是一个最终的决定性概念,其作用有些类似于"域"[7]156。在米歇尔·茵伍德(Michael Inwood)的《海德格尔词典》中,"空间与空间性"词条主要是针对《存在与时间》中有关空间的语词作了较为充分的解释,特别是"Stätte"一词,茵伍德说在《存在与时间》中很少用到,但后来此词变得十分重要,其义在于作为决定性历史事件之地。不过,他对"Ort"一词的解释仍然不够深入[48]199。海德格尔关于空间的诸多近义语词的微妙使用,增加了理解的难度。

建筑界了解海德格尔的思想,大概也是从这次演讲开始的。根据沙尔的说法,这次演讲的听众中间就有著名的建筑师汉斯·夏隆,他听后深受启发[9]1。到了1970年代,诺伯格-舒尔兹在《场所现象》一文中将"place"作为核心概念,在谈到"场所的结构"(the structure of place)时,他引用的应是W. J. 理查森(W. J. Richardson)在《海德格尔:从现象通往思想》一书中对海德格尔相关论述的理解:

The bridge gathers Being into a certain "location" that we may call a "place". This "place", however, did not exist as an entity before the bridge (although there were always many "sites" along the river-bank where it could arise), but comes-to-presence with and as the bridge[12]422.

这一段内容大概是出于对海德格尔原文第156页第一段的理解。参照原文,可以看出理查森对海德格尔的用词理解得还不够深入。理查森以"location"译"Ort",是可以的,但他说我们可以将"location"称为"place",就不对了,因为在海德格尔那里,"Ort"与"Platz"的含义是有区别的。括号中的"sites"对应原文的"Stellen",也并非恰当。根据前面的分析,"Stelle"指的是沿河岸的地点,A. 霍夫施达特的英译本译作"spot"是可以的,而理查森以"site"译"Stelle",显然是消解了"site"原本丰富的意涵。这样的英译本给诺伯格-舒尔兹带来一个很大的误解,以致他赋予场所(place)以极为重要的意涵,甚至以为筑造的目的就是要使得"site"成为"place"。事实上,在海德格尔那里,"Stätte"(site)是一个终极概念,是容纳四重整体的"独特之地";"Ort"(location)是一个重要的概念,是一个在大地上有所定位的区域,但它是随着桥或房屋出现的,用海德格尔的话来说,桥或房屋本身就是这样的"定位区域"。"Ort"的重要性在于它似乎具有手段的作用,可以为"Stätte"设置空间。至于"Platz"(place),海德格尔的解释是较为隐晦的,它的重要性不如"Ort""Stätte"[45]105-106。

肯尼斯·弗兰姆普敦在《论解读海德格尔》一文的开篇就谈到,随着启蒙乌托邦的幻象,人们已习惯于在日常语言以及更为专门的语言中大量使用同义词,但在词义差别的辨别方面不能令人满意。他也注意到一种语言中的一个语词在另一种语言中难以找到对应词的现象。然而当他谈论海德格尔有关空间的语词时,可谓浅尝辄止。也许对于建筑学而言,能够分辨"空间"的抽象性以及"场所"的社会性就已足够[49][12]442-443。无论怎样,建筑理论界对于海德格尔诸多空间语词的微妙意涵及其精致的使用缺乏充分的理解,是令人遗憾的。我在解读海德格尔有关空间的文本时,本着解释学的原则,力图使他的本意彰显出来,我想这是必须去做的事。事实上,海德格尔的空间理论有着一个本质之源,那就是人在这个世界之中的存在。在一定程度上,围绕人的存在而形成的各种空间的性质在《存在与时间》中就已得到昭示。

8.2.4 《艺术与空间》一文中与空间性相关的概念

1969 年,海德格尔写出《艺术与空间》一文,从雕塑作品入手对艺术与空间的关系做出分析。"Ort"与"Gegend"是两个核心概念,其含义可以视为《存在与时间》与《筑·居·思》中相关概念的综合。在这里,"Ort"似是"Ort"与"Platz"两词的词义的结合。海德格尔先是从"Raum"(空间)引出"Räumen"(清空),而"清空",就意味着摆脱蛮荒状态,为人的定居和栖居提供一片空地。用来定居和栖居的那些空地就是"Orten",其特征在于"定位性"(Ortschaft)。就此意义而言,"Ort"可以理解为"定位区域"[50]206-207。这与古代汉语中的"场"(cháng)的意涵相近,颜师古有"筑土为坛,除地为场"的说法,"场"即空地之意。古代汉语的"场"或指祭坛旁的平地,或指收禾之地、果园,这些具体的意涵一直保持到现代。

海德格尔由"清空"想到"设置空间"(Einräumen),那包含了"给予"(Zulassen)和"布置"(Einrichten)两方面的含义[50]207,在这样的过程中产生的"Ort"该如何理解?作为栖居之地,给予的空间具有给定的地点,这也表明"Ort"可以理解为"定位区域"。"设置空间"还让一些事物各属其所,且相互关联,这一点与《存在与时间》中所说的用具各有其"场"相类似,因而"Ort"又有"Platz"的含义。英译本将"Ort"译为"place",也是可以理解的[51][45]117。这里所谓"场"(cháng)应是"作用场"的类比。在《筑·居·思》中,"Ort"是与桥、房屋之类的在大地之上建造的物结合在一起的概念,理解为"定位区域"是可以的;而在《艺术与空间》中,"Ort"既指人的栖居之地,也指雕塑作品所设置出的空间,可以用"定位区域"指前者,用"场"来指后者。

就设置空间的原初意义而言,"清出一片空地"并不是简单的清除性的行为,为了定居而在自然的土地上清出的空地本身就意味着一个开端。海德格尔说,"清空"就是定位区域的释放[50]207,我们可以理解为定居之地释放到大地之上。这意味着定居之人的命运从原来的居无定所的游牧状态转向家园的保有之上。在接下来的关于"Ort"概念的解释中,海德格尔又恢复对"Gegend"这个词的使用,也就是《存在与时间》中所用到的那个具有决定性的"域"的概念。在《存在与时间》中,海德格尔所说的"场"(Platz)是通过方向与去远(Entfernheit)的方式构成的,它也总是在一个"域"(Gegend)内并向着这个"域"得到它的定向。可以说"域"是一个决定性的概念。在《筑·居·思》中,海德格尔没有用"Gegend"这个词,而是用了"Stätte"(独特之地),需要注意的是,是"Ort"(也就是"定位区域")为"独特之地"设置空间,可见"Ort"具有决定性的作用。在《艺术与空间》中,"Gegend"似乎又恢复了《存在与时间》中的决定性意义。海德格尔先是说,"场"总是开放出一个"域",在这个"域"中,"场"将相互依属的诸物集聚在一起[50]207。在这个陈述里,"域"似乎是由于"场"才是可能的。不过,在后来的分析中,可以体会出另外的意义。

海德格尔先是设问:"场是不是首先且只是设置空间的结果?设置空间是在诸场集聚的影响下得到其独特性质的?"他假设这两个问题的答案都是肯定的,那么就有如下的推论:"必须在定位(Ortschaft)的基础上寻求清空的特征""也必须将定位冥想成诸场的相互作用"[50]208。然而,进一步的问题是,场是在哪里定位的?如何定位?海德格尔在这里提出了"预先给定的空间"(der vorgegebener Raum)这个概念,如果这样的空间是通过"物理学-技术的方式"给出的,那么场就并不是定位于这样的空间之中。"物理学-技术的方式"意味着什么?那应该是揭示纯粹自然性质的方式,"通过物理学-技术方式预先给定的空间"其实是单纯的自然的空间。场作为人的栖居之地,其定位不是单纯以自然的空间性质为依据的,而是以人出于自身的存在对自然空间性质的理解为依据的。海德格尔在此引入的"域"的概念与《存在与时间》中"域"的概念是一致的。早在1920年代,海德格尔就已提出"域"对"场"的规定性,如房屋的向阳面与迎风面,那是出于对人的日常生活之"场"与天空之"域"的双重理解;而日落与日出,则与人的生命与死亡的意义联系起来。而在《艺术与空间》中,海德格尔没有像在《存在与时间》中那样给出"域"的明确定义,但他提到"Gegend"一词的古老形式"die Gegnet",意指"自由的辽阔之境"(die freie Weite)[50]207。这个解释耐人寻味。应该如何理解"域"的"自由"?[50]207-208 "域"规定了"场",那么相对于"场"而言,"域"就是自由的,也许可说是"自我规定的"。"域"的自由与辽阔意味着开放性——对物的开放性,因而也意味着将物保养起来,也就是以其共属关联聚集诸物。关于"场"与"域"的关系,海德格尔也做了深入的分析。首先要明确的是"域"对"场"的规定作用。即使是"场"开放了"域",也仍然可以说"域"已是先行存在的,"域"通过诸场得以揭示。诸场之间存在相互作用,而这相互作用是从"域"那里参照诸物的共属关联的。"域"到底是什么?以其"自由"与"辽阔"容纳诸场于其中的,就是诸场所在的那一片自然。"域"对诸场的规定其实就是源于自然的规定,只不过这样的规定带入了人出于自身的存在而对自然所具有的理解;而诸场作为栖居之地,是人为的产物,如果人所应做的就是要"保养并开放一个域",那就意味着要尊重自然,爱护自然,并揭示自然的性质。

就艺术与空间的关系而言,"场"与"域"是两个至关重要的核心。海德格尔主张要从场与域的经验出发来思考艺术与空间之间的相互作用。他所论艺术与空间的关系,主要是就雕塑作品而言的。他谈论的是雕塑作品与空间之间的关系,但他的着眼点是在诸场上,这是因为诸场及其所开放出的域先行于空间而存在。海德格尔说"雕塑与空间无涉",可以理解为雕塑首先是与诸场发生关联的,就此意义而言,"雕塑是诸场的表现"[50]208。值得注意的是,海德格尔是在一般的意义上谈论雕塑的,他没有谈雕塑的题材、类型之类的问题;他也是在一般的意义上谈论场与域的,并没有具体谈论什么类型的场,也没有谈论地理学意义上的区域。在一般的意义上,诸场的目的何在?海德格尔说,"诸场在保养并开放一个域的过程中,在自身周围集聚了户外(空间)(Freie),这个户外(空间)允许诸物逗留,并允许人们在诸物之间栖居"[50]208。可见,诸场最终是和人的栖居联系在一起的。而栖居是人在世界之中的本质的存在,因此,无论何种题材、何种类型,雕塑最终都是与人的存在意义相关的。自《存在与时间》(1927)至《艺术与空间》(1969)的40余年间,海德格尔关于此在或人的存在的空间性问题的思考体现出很强的连贯性,是值得注意的。

8.3 空间性与空间

海德格尔在《存在与时间》一书中是从空间性入手来探讨世界的空间问题的。他先是讨论了世界内上手事物的空间性问题,那其实是有关周围世界的周围性的。然后又谈论了此在的空间性问题,由于周围世界乃至一般世界都是因此在的存在而具有意义,世界内上手事物的空间性最终要归结于此在的空间性。在如此这般的空间性问题解决之后,海德格尔才谈论单纯的、自然的空间本身,并将对自然空间的认识视为一个逆向的"去世界化"的过程。

8.3.1 此在的身体性与空间性

海德格尔强调"在之中"对于此在的存在论意义有别于现成存在事物彼此的"在里面",并不是说此在不具有空间性(Räumlichkeit),相反,他认为此在自身就有它自己的"在空间之中存在"(Im-Raum-sein),当然,这只是在一般性的"在世界之中存在"的基础上才是可能的[3]75。"Räumlichkeit"一般有三层含义,一是与"Raum"同义,大多用复数形式;二是指"三维性",也就是"空间性";三是用在艺术科学中,指"空间效果"或"空间的表现"[52][53]。海德格尔在此用的应是第二层含义,即"空间性"。在如何看待现成存在者与此在的"空间性"问题上,我们可能会不知不觉地持有一种源于亚里士多德的空间观念。当我们将三进向的维度用在一个物体上时,我们是在描述这个物体的体积,而这个物体也占据了与其体积相当的空间,也就是亚里士多德所说的"直接空间"。一个物体容纳另外的物体在它的里面,其实是作为容器的空间在起作用,而这个作为容器的物体与所容纳的物体最终还是共同存在于一个"共有的空间"。物体的"空间性"就是占据空间并在空间之中存在。

至于人的"空间性",我们往往会从物质性与精神性两个方面出发来理解。我们通常会认为人是物质与精神的统一体。当我们这样想的时候,我们已经提出了两种实在的概念:身体—物质,心灵—精神。正如海德格尔所指出的那样,"人们大概会说:一个世界里的在之中是一种精神特质,而人的'空间性'则是其身体方面(Leibkichkeit)的一种属性,那总是以'肉体性'(Körperlichkeit)为基础的"。海德格尔在此使用了两个词,"Leiblichkeit"与"Körperlichkeit",分别是"Leib"与"Körper"的衍生词。中译者将前者译为"肉体性",后者译为"身体性"[3]75-76,[4]66。根据朗氏德汉双解大词典的解释,"Leib"指的是人或动物的躯体或身体;"Körper"指的是构成人体或动物躯体的皮肤、肌肉、骨骼等,此外,"Körper"还可以指数学中的具有三维度的立体,物理学中的物体[47]1133,1067-1068。就人体这个意义而言,这两个词是通用的,不过,从词典的解释来看,"Leib"一词是用"Körper"一词做解释的,而且"Körper"有着更为基本的解释,因此在此以"肉体性"来解释"身体性"是较为合适的。英译本以"bodily nature"译"Leiblichkeit",以"corporeality"译"Körperlichkeit",也说明这一点[28]82。

关于人的空间性以其肉体性为基础这样的认识,在海德格尔看来是处于存在者状态的层面上的。人通常被视为一个具有如此属性的"精神物"(Geistding)与一个"肉体物"(Körperding)的"共同的现成存在",但海德格尔认为,如此构成的存在者却并不表明其本身的存在论上的意义。此外,人们还以为人最初先是一个"精神物",然后才被移至一个空间"之中",海德格尔则认为这是幼稚的看法[3]75-76。海德格尔在《存在与时间》一书中一以贯之的一个观点就是,不能将此在视为一个在世界之中现成存在的存在者,这个观点在此在的空间性问题上也起着主导作用。我们不能将此在的"在之中"与一个存在者在另一个存在者"之中"相提并论,"此在在世界之中"绝非等同于"水在杯子之中""衣服在柜子之中"。这是由此在的存在论本质所决定的。此在是自主的、有意识的存在,具有领会自身与外在事物并有所作为的能力。即使在存在者状态的意义上来看此在,此在身体的肉体性也使得此在从衣服、水之类的存在者区别开来。比方说,一件衣服可以折叠起来放在衣柜中的另一件衣服之上,而人的身体一般不能随意置放于另一人的身体之上,除非是在某种特定的场合,如救护人员背负伤者或病人;人的身体甚至不该挤在一起,否则就是处在受虐状态或是某种非正常状态。

8.3.2 此在的存在论上的空间性

海德格尔认为,关键是要将"在世界之中存在"作为"此在的本质结构"(Wesenstruktur des Daseins)来理解,才有可能认识到"此在的存在论意义上的空间性"[3]76。那么,"此在的存在论意义上的空间性"意味着什么? 这个问题是在第三章的"C"部分才得以说明的。在这一部分内容里,海德格尔从"世界内、空间中的上手事物"出发,探讨了此在的空间性与世界在空间上的确定性。他先在第二十二节谈论了"世界内上手事物的空间性",涉及"位置"(Stelle)、"场"(Platz)、"域"(Gegend)等与空间相关的概念(我在前一节里已经分析了它们),在第二十三节谈论了"在世界之中存在的空间性",最终在第二十四节分析了"此在的空间性与空间"。

在第二十三节"在世界之中存在的空间性"中,海德格尔坚持说,此在本质上决不是现成存在,它的空间性并不意味着要像某个在"世界空间"内的一个位置上出现的事物,也不是在一个"场"中的现成存在[3]140。这不难理解,人与现成之物的区别在于,人是具有自我意识的生存着的存在,是"能动的"。这意味着人的空间性就不可能是固定在某个位置上的。海德格尔以他特有的方式做出解释。此在的空间性是以"在之中"为基础的,包含"去远"(Ent-fernung)与"定向"(Ausrich-tung)两个方面。所谓"去远"指的是此在对于世界内上手事物的把握,而这种把握并不是距离上的。如果一提到"去远的状态"(Ent-ferntheit),就首先且唯一地想到测定距离,那就遮蔽了"在之中"的原始空间性。"Ent-fernung"是海德格尔造出的词汇,前缀"Ent-"有去除、强调之意,英译者在注释中说,海德格尔用的是去除之意。英语中没有这样的对应词,英译者也造出一个词与之对应:"de-severance"[3]140,[26]138-139。中译者译作"去远"[4]122,在字面意义上是可以的,不过我们在理解此词之意时,要注意到这个"远"并不是距离之"远",而是指事物的"分离状态":事物与此在之间、事物与事物之间的"分离状态"。此在的空间性的本质是,在周围世界之中的操劳活动中对上手事物进行了解。要想去除此类"分离状态",必先了解它们,在了解的过程中,"分离状态"自然就去除了。上手事物成为对此在而言的"切近的事物"(Nächste),就意味着它们的"分离状态"被去除了,这样才可说此在是在平均的程度上通达了它们,把握了它们,也辨别了它们。因而去除分离状态,或者说去远,就意味着处于熟悉的状态。在这里海德格尔又提到"打交道"(Umgang)这个概念,从第十五节的分析可知,"打交道"指的是此在在周围世界的操劳活动中与世界内上手事物的交往活动。这样的交往活动需要有一定的"活动空间"(Spielraum),由于此在在本质上就是以去除分离状态的方式在空间中存在,因而此在在这个活动空间中将"周围世界"的分离状态去除了[3]143。这也意味着"打交道"是在对周围世界的熟悉中展开的。

在第143页第一段,海德格尔通过空间位置、场、域等上手事物的空间性概念,进一步说明了去远状态的空间性特征。他认为,此在在操劳活动中将某个事物带到"近处",并不意味着这个事物所处的空间位置(Raumstelle)离此在的身体最近。此在的空间性也不是通过指明一个肉体物(Körperding)现成所在的位置得以确定。此在也可说是占据了一个场(Platz),但这种"占据"与在一个由域(Gegend)确定的场中上手存在有着原则上的区别。事实上,海德格尔还是从周围世界的性质出发来考察此在的空间性问题的。对一个场的占据,就是要将在周围世界上手的事物"去远",或者说去除其分离状态。需要注意的是,上手事物是在一个经由审视(Umsicht)而先行得以揭示的域之中[54][4]82。此在是从周围世界的"那里"理解自身的"这里",这意味着此在所在的"这里"不是一个孤立的空间性的概念,因而此在的空间性是由周围世界决定的[3]143-144。

关于此在的定向问题,海德格尔也是通过上手事物的空间性概念来说明的。在第二十二节关于世界内上手事物的空间性问题的讨论中,海德格尔已经说明了"域"对"场"及"空间位置"的定向作用。在第144页第二段,海德格尔重申了"域"的定向作用。去除上手事物的分离状态,也就是对它的"接近",这个过程就蕴含了定向活动。海德格尔认为这样的接近过程是在一个"域"中先行采取了一个方向,上手事物就是从那个方向向此在接近的,这样此在才能就此发现上手事物的"场"。而此在本身也是有所定向的、去除了分离状态的存在,也总已有其有所揭示的"域"。海德格尔还提到固定不变的左向和右向,其实那是随着此在的"身体性"而来的方向,用在身体上的上手事物要根据身体的左右制定方向,如手套要分左右,而作为手工工具的上手事物如锤子就无左右之分[3]145。

通过对世界内上手事物的空间性以及在世界之中存在的空间性的分析,海德格尔觉得可以在存在论的意义上提出空间的问题了。在第二十四节,他开篇就说,此在作为在世界之中的存在,总已揭示了一个"世界"。此在在这个世界中审视、操劳,使得世界之内的诸多存在者对关联整体性开放,并以审视着的、能够理解意蕴的自我指引的方式保持着诸多存在者的关联。这样的在世界之中存在就是空间性的存在,而且其空间性就体现在去远与定向的过程中。在海德格尔关于世界的思考中,周围世界的上手事物与此在的关联至为密切,反映在空间性上,那些上手事物就是要有所去远、有所定向地向着一个"域"保持关联。海德格尔一直强调"域"对于上手事物的重要性,在这里更是提出"域的现象"(Phänomen der Gegend)的概念,由此此在先行揭示出的空间的定向其实总是与之相关的。值得注意的是,随着世界的世界性展开的空间还不具有三维的多样性,这意味着存在论意义上的空间性尚不涉及米制测量的位置秩序以及区域定位[3]148。

8.3.3 世界与空间

通过上面的分析可知,海德格尔关于空间的概念是基于周围世界的,最终要归于此在的空间性。根据海德格尔的分析,诸多用具或上手事物有着"场的多样性"(Platzmannigfaltigkeit),这些"场"从"域"那里获得的定向(Orientierung)构成了"周围性"(Umhafte),也就是那些在周围世界切近出现的存在者围绕在我们周围的状况[3]138,我们可以将这样的状况理解为用具或上手事物的空间性。随着场与域的概念的展开,周围世界的空间性不仅仅体现在空间测量方面(那只是与距离有关的抽象的方面),而且也体现在此在的存在论意义方面。至此,海德格尔所论的周围世界的空间性总是源自此在的空间性,有关空间的讨论基本上属于关联或关系的范畴。一个问题是,空间本身该如何理解?在第二十二节讨论"场""域"的空间性问题时,海德格尔说了一句意味深长的话:"纯粹空间尚隐绰未彰"[55][4]121。何谓"纯粹空间"(der bloße Raum)?"bloße"原意为"赤裸的",转意为"单纯的",海德格尔所谓"bloße Raum"应是指未受用具整体影响的、与此在的空间性无关的那种空间,即自然的空间。

接下来,海德格尔指出,这个空间(即纯粹空间)分裂在诸场(Plätze)之中[3]139。这意味着这个纯粹的空间随着诸多的场而具体化了。也许这个意象可以视为后来在《筑·居·思》中得到说明的"诸空间"概念。在第二章C部分引言中,海德格尔重提"在里面"(Inwendigkeit)的概念,这个概念说的是"在空间中存在的方式",是有关现成存在者的,即:一个本身具有广延性的存在者被一个广延性事物的具有广延性的界限围绕着。而真正意义上的现成存在者只能是自然的存在者,凡经过人为的存在者就已经处在关联与意蕴的结构之中。我已经分析过,海德格尔在第十二节就此所举的例子所涉及的事物并没有做出这样的区分,可能是由于考虑到此在以外的所有存在者都不具有自我指引的能力。海德格尔坚持要将此在的存在方式同现成存在者的存在方式划清界限,并不是否认此在具有空间性,而是要明确此在本质上的空间性。事实上,海德格尔关于空间的概念是与他关于世界的概念相关的,而他的世界概念其实与通常的世界概念也是一致的。这一点可以在本章第一节(8)小节中见出。通常的世界概念涵盖了自然与社会,在此意义上,海德格尔拒绝承认世界现成存在于空间之中,并将空间视为世界的要素,也就是可以理解的了[3]136。

在第二十三节,海德格尔对此在的空间性、纯粹空间以及世界之间的关系做出说明。在第149页第一段,海德格尔一方面明确了空间的客观性(空间并非在主体之内),另一方面也明确了世界对空间的蕴含关系(空间在世界之中)。然而在论及空间的先天性(Apriori)问题时,海德格尔还是把它与此在的空间性联系起来。当他说作为"域"的空间与这种先天性相遇的时候，还是避开了空间自身的先天性问题。他可能意识到，此在的空间性从一开始就把纯粹空间纳入自己的在世界之中存在的基本关联之中。不过，在审视、操劳的过程中，周围世界的空间性问题还是包含了专题化的内容，如房屋建造与土地测量中的计算与测量工作。在此海德格尔提到一系列关于纯粹空间的概念，如"空间的形式直观""纯粹的同质空间""空间形式的纯粹形态学""纯粹的空间计量

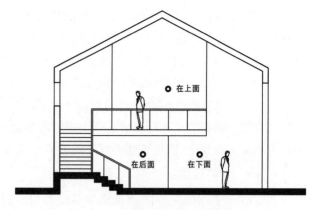

图 8.8　对建筑空间维度的理解

学"，其实这些概念显现了纯粹空间本身，人们可以纯粹地观望纯粹空间，但要以放弃审视为代价。这就是所谓"不加审视而只观望地对空间的揭示"（das umsichtsfreie, nur noch hinsehende Entdecken des Raumes），这样的揭示去除了周围世界之"域"的定向作用，仅从纯粹的维度（die reine Dimension）来理解空间。这也意味着随便什么的"物"可以随便处在一个位置上，不再像上手用具那样受"诸场"以及在审视中获得定向的"场之整体"（Platzganzheit）的规定[3]137。也许我们可以将单纯的观望视作审视的逆向过程，在这个逆向过程中，原本上手的事物沦落为随便什么的"物"，原本上手事物的空间性也失去了关联的性质。再发展下去，就像海德格尔指出的那样，"世界失去特有的周围性，周围世界变成自然世界。"[3]150 海德格尔在这里使用了"verräumlichen"这个复合词，中译者译作"空间化"，可能是参照英译者的译法："spatiallized"。海德格尔在此的意思是说，原本作为上手用具整体的"世界"转变成只是现成的具有广延性的物的关系，这种转变其实指的是原本与此在相关的空间性向纯粹空间性的变化，"wird verräumlichen"理解为"经历空间性的变化"可能更好一些[56][3]150,[4]130,[28]147。这样的空间性的变化实际上是与世界性的变化相关的，海德格尔在世界这个词上加了引号，表明经历如此变化的世界已不能被称为一个世界了，随着上手事物的合世界性（Weltmäßigkeit）的去除，同质的自然空间就显现自身了[57][3]150,[4]130。

　　海德格尔的意思是说，在去世界化的逆向过程中，纯粹的空间得以揭示。得以揭示的纯粹空间具有纯粹的维度，即长、宽、高等三个进向。对于建筑而言，具有相对于人而言的存在论意义的空间维度是什么？海德格尔从上手事物的空间性来理解建筑空间的维度："在上面"就是在屋顶那里，"在下面"就是在地板那里，"在后面"就是在门的那边。这些维度是以人的空间性为参照的（图8.8）[3]138。

　　如果将建筑作为单纯的存在者，那么其空间维度是就长、宽、高等三个进向上的广延性而言的。这很容易让我们想到几何学的框架。几何学产生于古人测量大地之际，那其实也是人对自然要素的理解。通过线与面的测定，一个土地范围得到数量方面的描述。尽管测量大地意味着大地归于人的权属关系之下，但是测量结果仍可视为存在者状态上的。至于房屋建造，构件及构件整体的结构计算、尺寸确定等事务也只属于存在者状态上的，对建筑空间的测量也是如此[3]149。然而，人们测量大地、确定建筑的空间维度，乃是出于与自身的存在相关的目的，因此，人们用物质手段将大地测量的结果施于大地之上，将建筑空间立于大地之上，就已在存在论的意义上建构世界了。这样的过程包含了存在论状态以及存在者状态两方面的工作。建筑空间是为了"在世界之中的存在"（也就是此在）而在世界内建构起来的，用海德格尔的话来说，是"空间的给予"（Raum-geben),或者"空间设置"(Einräumen)。根据日常此在的存在方面(也就是日常使用)的要求,对建筑空间做出划分、安排,布置家具与用品,都属于空间设置方面的内容。这些都属于存在论意义上的事务。事实上,在存在者状态上来考察建筑空间与形式的纯粹形态学以及建筑构件之间的构成关系,也已不再是在自然的状态下揭示纯粹的空间性以及构成建筑的材料的自然属性了,因为此类去世界化的活动并不真的要让建筑空间的各部分不受"域"的规定,让建筑构件变成随便什么的"物"具有随意的位置。在存在者状态上考察建筑自身的事务,其实并不是要去除建筑的来自此在存在论意义上的规定,而是在此类规定的框架下只考虑建筑自身的事务。

8.3.4 空间

在《存在与时间》一书中,海德格尔并没有对空间的概念做出解释。"Raum"一词首次出现于"导论"的第一章第三节中,海德格尔将它作为一个专门领域(Sachgebiet)与历史、自然、生命、此在、语言等并列在一起[3]12。在正文第二章第十二节中,海德格尔描述了一般存在者在空间之中存在的方式,即"在里面"(Inwendigkeit)的存在方式,如"水在杯子里面""衣服在柜子里面",这与此在的"在之中"(In-Sein)的存在方式是不同的。在第三章的C部分引言中,海德格尔再次强调这一点,并暗示一般存在者现成存在于其中的是"空间容器"(Raumgefäß)。同时,"在何种意义上空间是这个世界的构成要素"这个有待确定的问题,以及"而不是世界反倒现成存在于空间之中"这个陈述,也已表明自然的空间的客观存在[3]135-136。

在《筑·居·思》一文中,海德格尔追溯了空间一词的古老意义。"Raum"的古词形式是"Rum",意为"为聚居和露营而清空出来的场所"[7]156。让我们回想远古时代,先民们会在什么样的地方清空出一片场地?他们可能会在林间伐木除草,清理出一片空地,也可能在高山之巅凿去山岩形成台地。

这意味着大地形态的某种改变。在林间草地的场合,清空的场地意味着去除了树与草之后裸露出的土地,那是材质上的变化;在山地的场合,清空的场地则意味着一定范围内的山岩的平整化,那是形态上的变化。在《艺术与空间》一文中,海德格尔对"空间"一词的意义有了更深一层的解释。"Räumen"道说"清空",意味着"roden",即"开垦",也就是"从蛮荒状态解脱出来"。他还进一步谈了"清空"的意义:为人的定居提供空地、开阔地。另外,"清空"是"定位区域"(Ort)的释放。所谓"定位区域"应是指人的定居之地,将"定位区域"释放出来,就是将这个区域转变为人的定居之地。"清空"总是为栖居准备了场所。在海德格尔看来,"清空"并不是单纯的清除行动,而是有所设置的,即"Einräumen"。"设置空间"有两方面含义,一是"给予"(Zulaasssen),即让人的栖居所依赖的在场事物显现在空出来的地方,二是"布置"(Einrichten),即安排那些物的位置并使之相互归属[50]206-207。

对于清出一片空地而言,边界是很重要的条件。无论如何,为了栖居而在广袤的大地之上清出一片空地,从一开始就有了边界的限定。随着"清空"的完成,空地与未加修整的地表之间就形成一条边界(Grenze)。作为原始聚居的空间,清空的场地就是边界之内的那部分地表范围,就此意义而言,海德格尔将空间视为某种"释放到一个边界范围之内的事物"(etwas Freigegebenes),就是可以理解的。海德格尔还提到空间是"某种被设置进一个边界范围之内的事物"(etwas Eingeräumtes)。"Eingeräumte"是动词"einräumen"的过去分词形式转名词用,应从动词之义,"einräumen"有将某物搬进房间、布置房间等义,"Eingeräumte"可以视为这种动作的结果,在一般的意义上,"etwas Eingeräumtes"指的是"某种置入一定范围中的事物"。中译本用了"设置"这个词,表示了这种动作的秩序性;英译本译作"something that has been made room for"[7]156,[46]162,[45]105，指的是"某种让出空地的事物"，其实与"etwas Freigegebenes"的意义是差不多的，相形之下，中译本的译法是合适的。这里有一个问题，为什么说为了居住或露营而清空的场地就已经是被"设置"了的？首先需要考虑的是，预设为场地的那部分林地或山地自身的条件是否适合，其次，根据居住或露营的人数来估计场地的大小，最后是边界形态的确定。一般而言，人们会想到规整的边界，这可能是便于估计场地的大小，同时也与节约劳力有关。如果是在山顶地带，场地边界形态可能还要顺应山体本身的形态。所以说，为一定的目的而清空一块场地并不是随便去做的事，而是从一开始就已有了构建秩序的考虑了。正是在这样的意义上，空间在本质上才是"被设置的事物"（das Eingeräumte）[7]156。

在《艺术与空间》一文中，海德格尔从语词的关联方面对"清空"的行动加以说明。海德格尔用了一个词"Leere"，意为"空着的状态"。一般而言，空间之"空"是一种匮乏。如果"空"与场的特征紧密相连，就不会是一种缺失，而是一种产生。他想到另一个词"Lesen"，意为"收集"，原意就是"在场中起支配作用的集聚"。他将动词"leeren"（清空）与"Lesen"（收集）联系起来：在"leeren"中，"Lesen"被道说出来。于是，"清空一个玻璃杯意味着：集聚一个玻璃杯，以便它能将某物纳入已被清空的空间。清空一个篮子里采集的水果意味着：为它们准备这个场"。结合前面所说的为定居和营地清空的场地，在清空之际就已为定居和营地准备"一个场"了。在雕塑的场合，"空"也在雕塑的表现中起作用。这个"空"是不是可以视作为了寻求并产出雕塑之场而准备？那么雕塑之场又意味着什么？清空的场地为雕塑准备一个场，而雕塑自身也要适合这个场。海德格尔说，雕塑就是"一种将场带入作品之中的表现"，随之而来的是"域的敞开"。由于域是成为人的栖居之地的诸场的聚集，对场具有规定作用，因此雕塑作品最终表现了人的存在意义。还不止于此。海德格尔自1930年代以后关注艺术与真理的问题，雕塑作品最终表现了存在真理这个论断，可以说是他的艺术思想的体现[50]209-210。

海德格尔在《艺术与空间》一文中，从雕塑艺术入手考察了艺术作品与空间之间的关系。一般以为雕塑艺术属于形体塑造的艺术，但海德格尔将雕塑视为一种"雕塑的结构"（die plasitchen Ge-bilde），它的形成并不是在一个体积上雕琢，而是在一个界面上或是设置边界（Ein-grenze）或是去除边界（Aus-grenze）。这样，空间就参与进来。在这篇文章中，海德格尔针对空间的概念提了一连串的问题，涉及不同类型的空间概念，诸如物理学—技术所勾画的空间（der physikalisch-tech-nisch entworfene Raum）、接合成整体的诸空间（gefügten Räume）、艺术的空间（der künstlerische Raum）、日常实践与交往的空间（der Raum des alltäglichen Handelns und Verkehrs）、客观的宇宙空间（der objektiven kosmischen Raum）[50]205。在谈论"清空"的时候，还提到世俗空间（Profane Räume）与遥远的神圣空间（weit zurückliegender sakraler Räume）之分[50]207。我在上一节中已经说明，"物理学—技术的方式"意味着揭示纯粹自然性质的方式，那么"物理学—技术所勾画的空间"其实是自然得以揭示的空间，只不过带有一定的抽象性。除去客观的宇宙空间是总体的自然空间之外，其他类型的空间都是与人的存在相关的具体的空间。海德格尔在谈论雕塑体量与空间的关系时，这个空间也是指与人的存在相关的空间。从上一节的分析可见，与人的存在相关的空间其实是由场与域规定的，而雕塑作为一种上手事物，则自有其场。因而海德格尔要说，雕塑体量总是能表现一个场的结构。他也意识到雕塑体量不再将诸空间彼此划分开，这意味着在体量的表面不再存在一个内部与一个外部的对立[50]20。海德格尔所说的这种体量与空间之间的关系，是不是针对现代抽象雕塑而言的？古典雕塑的体量与空间有着明确的分界，而现代抽象雕塑中那些无定形的、有镂空的作品才使这样的分界变得模棱两可。

8.3.5 诸空间,"这个"空间

海德格尔在《存在与时间》中说出"这个空间分裂在诸场之中",就已经预示了《筑·居·思》一文中"诸空间"概念的产生。在《筑·居·思》一文中,海德格尔区分了两类空间概念,一类是单数形式的"这个"空间("der" Raum),即数学上被设置的空间,具有广延性;另一类是可数名词形式的一个空间(ein Raum)及诸空间(die Räume),是人们日常所穿越的空间,乃是由"定位区域"(Ort)所设置的(也许说通过"定位区域"来设置更好些),它的本质植根于以建造方式形成的物之中。此外,海德格尔仍然保留了不带定冠词的"Raum"的用法,那应该是指一般意义的空间。[7]157-158

"这个"空间先是在单纯的地点之间的距离找到源头的。在第 157 页第二段,海德格尔在指出桥所设置的空间包括距这座桥远近各不相同的诸多场所(Platz)之后,又说这些场所眼下还只是一些单纯的地点(Stelle),在它们之间存在可以测量的距离(Abstand)[7]157。言外之意,场所这个概念本身就含有地点的意义,当然除此之外还有其他的意义。不过,就确定一个距离这一点而言,想到场所的地点意义就够了。海德格尔将由地点设置的空间视为"一个具有自身方式的空间",在说明这样的空间时,将"Stadion"一词与"Abstand"并置。德语"Stadion"一词来自拉丁语"stadion",原指古希腊奥林匹克运动会中的赛跑项目,转意为跑道、体育场,那也是一个空间;拉丁语的另一个词是"spatium",也就是两个地点之间的"间隔"(Zwischenraum)。从作为间隔的空间突显出向高度、宽度、深度等方向上的单纯的延伸。这就引出三个维度的问题,在三个维度上设置的空间就具有扩延性。作为扩延(extensio)的空间还可以再加以抽象成为解析-代数学的关系。海德格尔将这种以纯粹数学的方式设置的空间称为"这个"空间[7]158。

诸空间与"这个"空间的根本区别在于,它是由定位区域所设置,而不是由纯粹数学所设置。海德格尔拒绝将空间视为"一个外在对象"或"一种内在经验",更反对将空间与人对立起来。他想到"以人的方式存在",也就是栖居,他宁愿说用"人"这个名称命名那种"在与物共在的四重整体之中的逗留",而不愿说人存在于空间之中,主要是由于,对于以四重整体的聚集为本质的栖居而言,在大地之上定位的区域才是首先需要得到确定的。从根本上来说,人不可能离开大地而存在。海德格尔所谓"终有一死者的逗留"其实就是在大地之上一个确定区域中的逗留,由于诸空间由这样的定位区域所设置,所以诸空间总已是设置在终有一死者的逗留之中了。另一方面,由纯粹数学所设置的"这个"空间并不蕴含诸空间,却为诸空间所蕴含,因此,海德格尔要说"这个"空间随诸空间而来,且一同设置在终有一死者的逗留之中[7]158-159。由此可见"Ort"概念在海德格尔存在论中的重要性。与抽象的"这个"空间不同,诸空间是具体的、与人的存在相关的。诸空间从诸定位区域那里获得其本质,而不是从"这个"空间那里获得其本质,这意味着人在世界之中存在的立足点是通过定位区域实现的。

由定位区域所设置的诸空间总是包含了"这个"空间,即作为间隔的空间、广延的空间,它们可以通过数学方式来度测;但不能因此就说抽象的数学方式是诸空间和诸定位区域的本质的根据[7]158。对于从事建筑研究工作的人们而言,海德格尔的这些分析意味着什么?首先我们应该注意到,在定位区域与地点之间,诸空间与"这个"空间之间存在一种不可逆的关系:定位区域与诸空间涵盖了地点与"这个"空间,反之则不然。这意味着,作为定位区域的建筑包含了单纯的地点,以及通过数学方式来度测的"这个"空间,但是单纯的地点和"这个"空间并不包含建筑。其次,抽象的数学方式也不是建筑的本质的根据。海德格尔承认作为间隔的空间与广延的空间进入建筑物的物性结构(das dinghafte Gefüge der Bauten)中[7]160,对此该如何理解?建筑物的物性结构包含了设计与制作,但只是筑造的一部分,那么这两种抽象空间的进入,也就是设计与制作上的数学

方式,就仅限于这一部分筑造方面。海德格尔只是赋予数学方式以工具性的地位,而全面的筑造的本质是让栖居,其目的是生产建筑这种允纳四重整体的物。允纳四重整体的空间只能是通过定位区域所设置的诸空间,因而筑造从不构成"这个"空间[7]160。

既然筑造从不构成"这个"空间,那么追求抽象表现的现代建筑,特别是柯布西耶、理查德·迈耶、埃森曼等人的一些作品,是不是面临一种悖论的困境呢? 柯布西耶等人对建筑构件都施以白色粉刷,使得它们就像是抽象的几何形式的翻版,这样的作法似乎是在力求使建筑空间形式停留在抽象意象的阶段。那么抽象意象与物质性实在之间的相互作用就不再是复杂的了。不过,施以白色粉刷的建筑构件仍然是一种物质实在,即使它们遮蔽了物的丰富性。因而我们只能说,筑造无论如何也不能构成"这个"空间,而只能构成具体的诸空间,只能作为定位区域为生活(用海德格尔的话说是四重整体)提供独特之地。

其实,这样的悖论后面隐含了一个更深层次的问题:独特之地的创造与建筑采取什么样的形式无关。就我们通常对场所寄予的文化方面的厚望而言,海德格尔的理论帮不了什么忙。比方说,他告诉我们独特之地应该是容纳四重整体的诸空间,建筑是容纳四重整体的物,但他不愿笼统地说出什么样的独特之地和建筑能够容纳四重整体。从他对黑森林里的农舍的分析可以看出,建筑的空间安排、构成物的形式与天、地、神、人之间有着关联,例如将院落安排在朝南避风的山坡上、在牧场之间靠近泉水的地方,屋顶以适当的倾斜度足以承受冬日积雪的重压,并深深地向下延伸,保护房屋免受冬夜狂风的损害,在公用桌子后面设置圣坛,也在房屋里为摇篮和棺材这样的神圣的场所设置空间[7]162。不过这种关联仍然是从人的存在论方面考虑的,用建筑学的术语来说,是功能性的。

8.4 筑造与栖居

建筑是海德格尔长期关注的论题,除去《存在与时间》《形而上学导论》《艺术的起源》《希腊与艺术的起源》等文论涉及建筑的问题之外,海德格尔还以《筑·居·思》《……人诗意地栖居……》《人的栖居》为题对建筑的本质问题进行专门的讨论。在海德格尔的文论中,很少有关于建筑审美的内容。他所关心的是建筑之于人的存在论上的意义。即使是在谈论作为艺术作品的建筑的场合,也离不开这个基本的出发点。在对早期语言的词源学考察中,筑造与栖居共属一体的意涵得以彰显。

8.4.1 筑造的词源学考察

《筑·居·思》一文开篇就开宗明义地指出,关于筑造的思考并不自以为能够发明建筑观念,或给建筑制定规则,也不是从建筑艺术和技术方面来描述筑造,而是把筑造纳入每一个存在者所属的那个领域中来加以追踪[7]147,[46]152。我以为这段开场白中的关键词乃是"每一个存在者所属的那个领域"。从《存在与时间》的概念系统可知,每一个存在者就是包括人这种特殊存在者在内的所有的存在者,它们所属的领域就是整体世界。从整体世界出发,意味着从人与其他存在者的关系出发。海德格尔不是仅从人的角度出发,也不是从其他存在者出发,而是从整体世界出发来考察栖居和筑造,其实是对通常的栖居和筑造之间的目的-手段关系感到不满。我们知道,海德格尔原本是从其他存在者对于人的用具性来思考周围世界乃至一般世界的,曾经将房屋视作居住的工具。而在这里,海德格尔的看法有所改变。他认为仅将栖居与筑造视为目的-手段模式,会将两者间的本质性关联伪装起来[7]147,[46]153。海德格尔也意识到,语言是关于一件事情的本质的呼声,而且更应重视语言的原初呼声。他转向古高地德语,就是为了聆听语言关于栖居与筑造的第一性的原初呼声。

海德格尔考证说,古高地德语表示筑造的词是"buan",本来就意味着栖居[7]148。他找出这个古老的词语,让我们注意它的筑造亦即栖居的真正意义,是为了提醒我们:由于我们通常以为栖居是一种行为,是人类在其他许多行为方式之外也在做的一种行为,这样就将栖居狭义化了,仿佛说起栖居只是在说居住。事实上,栖居不只意味着居住,而且还包括职业活动、经商、旅行等。而在古高地德语中,筑造原始地意味着栖居,对此该如何理解? 当远古的人类开始从游牧状态转向农耕社会的定居状态之际,筑造必定是首当其冲的活动——筑造确定的住所是定居行为的一部分,也是定居状态的标志。于是,当先民们开始筑造之际,就开始栖居了。这种集筑造与栖居于一体的状态,不同于我们现在以筑造为手段达到居住的目的的状态。可以说,那些以"buan"指称这种一体化状态的先民们发出了第一性的呼声。海德格尔继而探究了"buan"的更为丰富的意涵:"buan"也就是现代德语中的"bin"(是),而含有"bin"(是)之义的古词"bauen"也意味着居住。于是,"ich bin"(我是)、"du bist"(你是)就意味着"我居住""你居住"。"bin"的另一层含义是"存在",那么,"我是"和"你是"的方式,即我们人据以在大地上存在的方式,乃是"buan",即"居住"。而古词 bauen 还有爱护和保养之义,诸如耕种田地、养植葡萄。由此海德格尔又在筑造所指称的活动中区分出两种筑造方式,即作为保养的筑造(拉丁语为 colere、cultura)和作为建筑物之建立的筑造(拉丁语为 aedificare)。前一种筑造只是守护着植物的生长,让它们从自身结出果实;后一种筑造其实是制造(Herstellen),船舶建筑(Schiffsbau)和寺庙建筑(Templebau)均属此类[58][7]149,[46]154。海德格尔通过对 buan、bin、bauen 等词义的考察,在"筑造""是""居住""存在""爱护和保养"等有关人在大地上存在的方式的意涵之间寻找出古老的联接,进而表明栖居的丰富的、完整的含义。根据他的归纳,古老的筑造一词所道说的东西有三个要点:①筑造乃是真正的栖居;②栖居乃是终有一死者在大地上存在的方式;③作为栖居的筑造展开为那种保养生长的筑造与建立建筑物的筑造[7]150,[46]156。

通过这种词源学的考察,并对照人们现在对所涉词语的理解,海德格尔发现,筑造即栖居的真正意义在人类的日常经验中成了习以为常的东西。这种纯粹字面上的意义的变化,在现代德语的"Wohnen"与"Gewohnte"两个词语上体现出来。在现代德语中,动词"Wohnen"意为栖居、居住,而其过去分词形式"Gewohnte"的意思就变成"习以为常的东西"。在海德格尔看来,由于人们将作为栖居的筑造当作习以为常的东西,"这种筑造便让路给栖居所实行的多样方式,让路给保养和建立的活动。这些活动随后取得了筑造这个名称,并借此独占了筑造的事情"。而筑造即栖居这一真正意义却陷于被遗忘状态中了[46]155。海德格尔的这个判断的确是发人深省的。然而在分析的过程中尚存含混之处。这里有一个问题,作为栖居的筑造其实只是让路给建立建筑物的活动,而并没有让路给保养植物生长的活动。那么独占了筑造的事情的,就是建立建筑物的活动。明确了这一点,就不难理解,栖居一词的字面意义上的变化其实意味着其真正意义的丧失:一方面,建立建筑物的活动独占了筑造的事情,另一方面,栖居的古老意涵所容纳的保养活动也就淡出人们的视野,"在大地上存在"这个具有存在论意义的意涵也隐藏起来。在日常语言中,栖居这个词语的意涵不再那么丰富,差不多只剩下"近乎无所事事"的居住之意了。通过考察这个纯粹字面上的意义变化的过程,海德格尔体会到其中隐藏着的决定性的东西:栖居并没有经验为人的存在,栖居尤其没有被思考为人之存在的基本特征。词语意涵方面的变化,看起来仿佛是说,语言把筑造即栖居的真正意义收回去了。但是海德格尔真正想说的是,语言的原初呼声并没有因为这种收回而暗哑,而只是缄默不语而已,问题的关键在于,是人不去留意这种缄默[46]155。

可是,早期语言的这种词义关联能够反映栖居的完整意义吗? 按照海德格尔的说法,筑造的真正意义就是栖居,那么这就是语言中一词多义的现象。如果同一个词又承担了它所包含的次级概念的指称任务,那么为了方便表达,就要使用另一个词。在这里,如果筑造就是栖居,那么就用栖居一词,栖居包含筑造与耕作这一陈述,比筑造包含筑造与耕作这一陈述要明晰一些,也更符合语言的逻辑。然而海德格尔从这种同义词替代之中,体会到筑造一词的真正意义已陷于被遗忘状态中。不过问题的关键并不在此。只要栖居的意义是明晰的,理解筑造与耕作之类的次级概念也就并非过于困难。但是我们会面临另外的问题:筑造与耕作是栖居的全部吗? 如果栖居意味着人在大地之上存在的方式,那么栖居就包含了比筑造与耕作更多的内容,比方说日常生活以及与信仰相关的活动。而栖居的诸多方面的内容是彼此平行的吗? 筑造与耕作是目的本身吗? 看来不是。如果说日常生活是生存需要的具体体现,那么筑造与耕作就是满足生存需要的手段。海德格尔说:"我们栖居,并不是因为我们已经筑造了;相反地,我们筑造并且已经筑造了,是因为我们栖居,也即作为栖居者而存在。"[46]156这是对的。对早期农民这样的集筑造、耕作以及生活于一身的存在者而言,栖居所包含的内容完全在自身即已是得到领会的。

如果栖居的真正意义要从人的存在论方面来思考,那么接下来的问题是,应该如何理解关于人的存在论呢? 让我们对海德格尔所说的有关栖居的第二个要点进行分析。这一陈述给出了两层意思,一层意思是说,栖居是人在大地上存在的方式,另一层意思是说,人是终有一死的。理解了这两层意思,就明了有关人的存在论意义。关于人的概念,通常的说法是,人是智慧的生命,人是理性动物,等。海德格尔将人称为终有一死者,并不是对上述说法的否定,他其实是想让我们明确人与神(即永生者)之间的本质区别。在大地之上,意味着在天空之下,存在着终有一死的人,以及诸多神性的征兆。由此海德格尔引入了四重整体的概念。他又从古萨克森语中的"wuon"和哥特语中的"wunian",继续倾听语言关于筑造与栖居的呼声。这两个词都像"bauen"这个古词一样有持留、逗留之意,特别是"wunian"一词更清楚地表明应如何经验这种持留,即要在和平中持留。而和平(Friede)又与自由、保护等意相关。事实上,自由是形而上学的一项重要命题,自来就被哲学家们所关注。海德格尔给自由下的定义是,把一切保护在其本质之中[7]150,[46]156。这样,人就成为保护者,既保护他周围的事物,也保护自身。而让所有被保护的事物都依其本质而存在,这里要有一个预设:所有被保护的事物都是就正面的意义而言的。那么这是一个有条件的全称命题,这一点是需要记取的。另外一点需要注意的是,关于正面意义的判断也并非不存在任何异议。因而这样一种保护的正面意涵是有前提条件的。从分析哲学的角度来看,海德格尔的这个陈述并非严密。不过,在明确了前提条件之后,这样一种保护的正面意涵是可以接受的。让我们再回到海德格尔的思考路径上。他将这样一种保护视为栖居的基本特征[46]156,并将自由的概念与栖居联系起来,可谓意味深长。

8.4.2　大地、天空、诸神,终有一死者:四重整体

四重整体(das Geviert)是海德格尔后期思想中的一个重要概念。"Geviert"本义为"四方形",海德格尔借以指大地、天空、诸神、终有一死者等四个方面的要素或"四方"(die Vier)构成的一个整体。他先是在《物》(1950年)一文中,结合物的本质谈论了四重整体。"四方"原本彼此疏远,而当物成其为物之际,就变得彼此切近,大地、天空、诸神、终有一死者就成为一个"统一的四方"。这个"统一的四方"就成为"四重整体",可以说,四重整体就是一个由自身而来的统一体,有着单纯性。物逗留于这样的单纯性之中。壶(Krug)是这样的物,通过所容纳的东西,即对于人或神的赠品(泉水和酒)来聚集四重整体,体现其本质[59][7]175,[46]186。

海德格尔对"四方"做出说明。首先是大地这个四重整体的首要概念,它也是海德格尔所一直关注的。早在1936—1946年间,海德格尔在《形而上学之克服》的笔记中就已将大地作为一个核心概念。在他看来,大地有着毫不显眼的法则,把自己保持在万物涌现与消失的满足状态中。万

物各有一个可能性领域,其涌现和消失都要遵循之,却又毫不知情。他说,"桦树决不会逾越自己的可能性。蜂群居住在自己的可能性之中"。而人的意志借助技术,将大地拖入对人造物的耗尽、利用和改变的过程中。技术甚至强迫大地超出其力所能及的可能性领域,不过,海德格尔并不以为技术成就能使"不可能之物"(das Unmögliche)变成可能。他指出了两种对待大地的做法,一是"仅只利用大地",一是"接受大地的恩赐"。后一种做法的目的在于保护存在之神秘,照管(万物)可能性之不可侵犯[60]96,97。其实海德格尔所说的这两种做法似是两个极端,理论上还是有中间道路可供选择的,只是从历史的经验来看,人们大多还是有意地或不自觉地选择了前一种做法。而海德格尔赞同的是后一种做法,这已经预示了他今后文论中所反映的对待大地的态度。在《物》一文中,海德格尔指出:"大地是筑造的载体,也是滋养体,蕴藏着水体与岩石,也守护着农作物和动物。"[59]179对于人而言,"筑造的载体"可能是大地至为重要的本质。按照《筑·居·思》一文所揭示的"真正的筑造",大地承受的是"作为保养的筑造"(bauen als pflegen)和"作为建筑物之建立的筑造"(bauen als errichten von Bauten)[7]149,[46]155。

关于天空,海德格尔想到的是日月星辰的运行、季节变换、日之光明、夜之黑暗与启明、天气的宜人与不适、云的飘移以及天穹的深蓝[61][7]180,[46]186。日月运行、季节变换、日夜更迭以及天气好坏都会给人的生活带来影响,而云的漂移与天穹的深蓝会给人带来什么?可能会令人遐想吧。

海德格尔将诸多神性(die Göttlichen)视作"神之本质的向人召唤的征兆"。从隐秘的存在中,神以其本质彰显出这一点:这本质使他每每从与在场者的统一中抽身而回[7]149。海德格尔并没有说神之本质是什么,那也许是不可说的。神隐秘地存在,但不是总是如此,若此则全然不被人所知,因而又显示出神性的征兆(Boten)向人召唤。值得注意的是"die Göttlichen"和"der Gott"两个概念,"Göttlich"意为"神性""属于神的事物""神","der Gott"是唯一的神,也就是上帝。海德格尔用"die Göttlichen"而不用"die Götter",应是有所考虑的。他在《艺术与空间》一文中提到"诸神消失"(die Götter entflohen sind),如果他在这里想到的是实体意义的"诸神",那么他本可用"die Götter"的。因而"die Göttlichen"就不是实体意义上的诸神,而是神向我们显现的诸多方面,即神性的征兆[62][50]206,[7]180,[45]186。"在场者"指的是什么?那应该是对神而言的,就是神的造物。神既隐秘地存在,又以其神性的征兆向人召唤,可说是若隐若现。为什么又要从与造物的统一中抽身而回?其实唯有如此,神才能隐秘地存在。孙周兴此处译作"神由此与在场者同在",其意反了[7]180,[45]186,[46]162。

海德格尔说,终有一死者是人类。唯有人类才会赴死,而动物则是消亡。赴死意味着什么?就是明知自己的归宿乃在于死亡,还能平静地接受这个归宿。海德格尔还将死亡视为"无之圣殿"(der Schrein des Nichts),对他而言,无并不是乌有,而是存在自身的神秘。因而,终有一死者之所以称为终有一死者,并不是因为他们在尘世间的生命终结,而是因为他们有能力接受作为死亡的死亡[7]180。作为个体,有能力视死如归,接受亲友的死亡;作为人类整体,则有能力接受一代接一代个体的死亡。在迎接新生的同时,为死亡留出一块圣地,这是人类整体存在的状态。

在《筑·居·思》一文中,海德格尔更为深入地探讨了四重整体之于栖居的意义。他从栖居的古词探讨栖居的本质。他从古萨克森语中的"wuon"体会到持留、逗留之意,并从哥特语中的"wunian"体会到在和平中持留之意。而和平(Friede)又与自由(Frye)、保护(fry)有关。通过一系列词源学考察,海德格尔得出:栖居意味着始终处于自由之中,这种自由把一切都保护在其本质之中。由于栖居是人在大地上的存在方式,所以栖居首先要把人的存在保护在其本质之中[7]180。在此海德格尔重申了四重整体(das Geviert)的概念,即大地、天空、诸神、终有一死者等四方的纯一性。这个四重整体从一种原始的统一性而来。在这里海德格尔继续把人定义为"终有一死者"。

终有一死者通过栖居而在四重整体中存在,又由于栖居的基本特征是保护,终有一死者把四重整体保护在其本质之中。具体来说,终有一死者要"拯救大地""接受天空""对诸多神性抱有期待""得一好死",在海德格尔看来,这些都是终有一死者能够栖居的基本条件[7]152-153,[45]152。

应该如何理解这样的对四重整体的保护?先来看"拯救大地"和"接受天空"。这两个方面与人对自然的态度有关。在这里,海德格尔将大地拟人化了,大地成为"服务着的承受者(die dienend Tragende)":大地为其上所有的生物服务,承受所有的生物的作为。海德格尔主张拯救大地,而不是利用大地、耗尽大地,更不是控制、征服大地,体现了一种积极的环境伦理意识。"拯救"(retten),海德格尔取其古义,说那是莱辛(Lessing)所认识的词义,其真正的意义是将某物释放到它自身的本质之中。那么拯救大地就意味着保持大地自身的本质。而"大地自身的本质"是什么?海德格尔没有明说。也许大地的本质就在给我们的馈赠中体现出来,而我们的一些作为却使得这样的馈赠难以持续。海德格尔的这篇演讲是在 1951 年做的,他的观点可以说是对现代化进程对大地所产生的影响的反思。后来他在《技术的追问》一文中,赞赏农耕时代的农民关心并照料耕地,批评现代农业的"设置自然",秉承的是同样的理念[42]15-16。而"拯救大地"是不是过于言重了?人世代依大地而生存,但作为耗费需求无止境的动物,再加上好斗的习惯,人类社会的历史特别是现代社会的历史给这块大地带来多重的灾难。两次世界大战过后,大地千疮百孔。在那样的情势下,海德格尔所谓"拯救大地"绝非危言耸听。海德格尔寄望终有一死者来拯救大地,其实是以正面的意义来看待终有一死者的。而对于终有一死者而言,"拯救大地"可能是个过高的估计。如果终有一死者在利用大地的馈赠的同时能够善待大地,就算不错了。

关于天空,海德格尔提到"日月运行""群星游移"。那些天象自有其自身的规律,对此人们做不了什么,只能接受。他还提到四季的幸与不幸,这是个有趣的问题。也许四季之幸在于风和日丽,四季之不幸在于寒风刺骨或烈日暴晒,幸与不幸是相对于人的感受或是人对作物的保养活动而言的。对于季节运行人们也做不了什么,但在接受的过程中通过现代技术可以对四季之幸与不幸所带来的影响做出一定的改变。至于终有一死者不使黑夜变成白昼,不使白昼变成忙乱的不安,那大概是海德格尔的愿望,在现代大都市恰恰有这样的可能[46]158。卡斯腾·哈里斯认为,海德格尔的这番话是对我们现在的生活方式提出了挑战[11]156。如此理解可能并不符合海德格尔的本意,其实海德格尔只是说出终有一死者自身的起居规律与日月运行之间的自然相合的关系。即使现代照明技术可以让人们昼夜颠倒,但那仍然是有悖大多数人的生活习惯的。海德格尔建议终有一死者拯救大地、接受天空,带有明显的时代的印记。其时人类的技术能力大概只限于对大地施加影响,还不足以影响天空。如今看来,他没有预见到人的能力的增长。如今我们认识到,人在大地上的所作所为会给天空带来局部的负面影响,如气候变暖、空气污染,还有近年来出现的雾霾。当然,这些改变还只是在天空接近大地的那些区域发生,不过深陷其中的人们已是饱受其害了。看来人们还是要对自身的能力及其可能带来的后果有个恰当的估计,就此意义而言,海德格尔所说的接受天空不再是无可奈何的描述,而成为终有一死者理应恪守的原则了。

为什么要期待诸多神性?海德格尔先是说,"诸多神性是神之本质的向人召唤的征兆",这个说法与《物》一文中关于诸神的说法相同;然后又说,终有一死者们"期待作为神性的诸多神性"[7]152。人自来有一种朴素的意识,那就是自身的能力是有限度的,同时也相信必定存在能够超越自身能力的力量,那是来自神的力量。这样的意识一方面发展为迷信,一方面发展为宗教。但海德格尔这里所说的神已是超越了宗教意义的,似是一种引人向上、不断超越自己的神圣性的力量。这样的神性意识与传统的宗教不同,所以海德格尔要说,"他们并不自己制造神祇,也不崇拜偶像"[7]152。这样,这里所说的"神"是非人格化的。我们可以视之为对人性的超越,当然,这种超越必定是由人自己来完成的。所以人首先要对诸多神性充满期待。唯有在这期待中,神的本质才会显示出征兆,并向人发出召唤。海德格尔为什么又说,"从神圣的存在中,神于在场时显现,或于遮蔽中撤回"?可能还是要看人的期待是不是虔敬了[7]152。

至于得一好死,也就是将终有一死者护送到死亡的本质中。在海德格尔看来,终有一死者有能力承受作为死亡的死亡,就是能够赴死。但这并不是说要将空洞虚无的死亡设定为目标,而使得栖居变得阴沉不堪[7]151。在此我想到我们中国一个古老咒语"不得好死",那是从反面告诉人们,"得一好死"需要善行始终。终有一死者明知其最终归宿是死亡,但在那一刻降临之前,他们仍然从容地栖居。何者来护送终有一死者?自我护送?或可理解为代代传送,如此接续的有限性也就有了一种持续性,终有一死者成为一种接续延绵之存在。从实际状况来看,终有一死者的作为尚有欠缺,有时甚至还是很糟糕的,也许我们可将海德格尔所言视为由衷的期待。

8.4.3 筑造——栖居的本质

在《筑·居·思》的第一部分,海德格尔通过筑造与栖居的词源学考察,表明筑造与栖居本就共属一体,筑造与栖居也就共有一个本质,即对四重整体的四重保护。同时,他也论证了唯有把四重整体保藏在终有一死者所逗留的建筑物中,才能实现作为保护的栖居。在《筑·居·思》的第二部分,海德格尔指出,建筑物的生产就是筑造。筑造的本质在于应合建筑物的特性。建筑物的特性是什么?海德格尔说,我们称之为建筑物的那些物是作为"定位区域"存在的,桥就是这样的物。而建筑物的特性是由定位区域的作用给出的:定位区域在诸空间中设置"独特之地",并在"独特之地"中允纳天、地、诸多神性、终有一死者的统一体[7]153。不过,我们不应以为只有在筑造之后才能栖居。海德格尔说:"我们栖居,并不是因为我们已经筑造了,而是就我们栖居这一点而言,亦即我们作为栖居者而存在,我们才筑造并已筑造。"[7]160其实他想说的是,栖居并不以筑造为前提,筑造已经包含于栖居之中。现在的日常经验却是,先有房屋才能居住,如果不加分析,就很容易得出如下的推论:我们筑造了,我们才栖居。如果前一种状态是本质的栖居,那我们现在的状态就显得有些本末倒置了。事实上,我们也已明了,构成人的存在论的内容包括生产(包含了保养与建立的活动)与生活(居住只是其一方面),我们现在的栖居与远古先民们的栖居就存在论的意义而言,应是道理相通的。日常经验之所以体现为先筑造、再栖居,其实是因为我们将栖居的意义等同于居住了。而栖居概念的狭义化也许是随着栖居内容的复杂化而来的。另一方面,由于长期以来的社会生产分工的作用,筑造的概念也狭义化了——筑造只是众多生产门类中的一种,从事筑造的人也就成为专门化的一群。这样的状态与远古人类栖居的状态极为不同。

海德格尔从词源学的角度对栖居进行考察,所形成的栖居概念其实是对远古人类定居之初所行之事的概括:如果人们没有定居的念头,就不会想到长久之物的筑造。可是,问题在于,我们明白了这个道理,是否就能进行合于本质的栖居?远古定居之初的人们,集建立者、保养者、居住者于一身,展开栖居即筑造的活动是自然而然的。我们也可说现代人的身份大多可视为生产者(包括建立者、保养者、其他门类的生产者)与居住者的结合,但绝大部分现代人的身份只能是一种门类的生产者与居住者的结合,即使是集建立者与居住者于一身的人,也很少有居住在自己所建造的房屋里的情况。对绝大部分现代人而言,栖居即筑造的状况是难以思议的。

不过,就栖居与筑造的本质关系而言,我们并不能轻易断言,只有在建立者同时也是保养者及居住者时代,筑造才与栖居具有本质性的关联。事实上,集建立者(即工匠)与保养者(即农夫)于一身的状态,在希腊城邦制时代即已终结。这可以在亚里士多德对城邦内部阶级的分析中看出:城邦的阶级是根据职业划分的[63]381。不过,由于城邦范围相对较小,城邦社会可视为自给自足的共同体。包括建立者在内的工匠与其他阶级同处城邦内,对各阶级的生活方式应有较好的理解,况且其时的生活方式也较为简单,因而,尽管希腊城邦时代已出现社会分工,但栖居与筑造还是保持了密切的关系。海德格尔在《筑·居·思》的第二部分提到建于两百多年前的黑森林的农舍,他称之为"由农民的栖居所筑造起来的"农家院落[46]169。之所以说这农舍是由那农民的栖居所筑造的,是因为无论是由那农民亲自所造,还是由农民请工匠来筑造,那农舍都会体现出他的意图,直接反映他的一家的生活方式。可以说这农舍是那农民自我规定了的。中世纪工匠的定制生产也是同样的道理。我想起 1970 年代参与农民建造住房的经历。其时我在河北省桑干河南面的一个盛产葡萄的山村做下乡知青,我所在的生产小队的一位农民家里盖房,同一小队的一些有盖房经验的农民们和我们几个知青都去帮工。那个时代的农民建房是互助性的,除木匠是专门请来的之外,建房所需的其他工作都是由农民们自己完成的。那些有盖房经验的农民平时还是要养护葡萄、间作庄稼,可谓集建立者与保养者于一身。这些筑造者与住户一样,同属一个村民共同体,彼此熟悉,也享有共同的生活方式。作为住户的农民的需要,可以较为直接地交待给作为筑造者的农民。那么,那农民的住房也可说是由农民的栖居所筑造起来的。

海德格尔把那个黑森林的农家院落视为保藏四重整体的典例。在他的描述中,第一个要点是:院落安排在朝南避风的山坡上、在牧场之间靠近泉水的地方,这是在说农舍的选址。"朝南避风"与天空相关,"山坡""靠近泉水"则与大地相关。不过,其选址依据似乎并不是单纯的"接受天空""拯救大地"。在前一方面,那农舍的选址多少利用了天空的益处,当然,我们可以说其选址是积极地接受了天空之幸;至于后一方面,就很难说其选址是为了拯救大地,毋宁说是善用大地的馈赠。第二个要点是,木板屋顶以适当的坡度足以承受冬日积雪的重压,且出檐深远,保护房屋免受漫漫冬夜的狂风的损害。这其实是在利用筑造的手段积极地接受天空之不幸。第三个要点是在公用桌子后面设置圣坛,可以视之为"期待神性的征兆"。第四个要点是在房屋里为摇篮和棺材设置了神圣的场所,这表明这个屋檐下的终有一死者从出生到死亡都得到很好的保护[7]162,[46]169。值得注意的是,棺材保藏在这个房屋里的什么地方? 海德格尔没有明说,从西方曾有过的做法来看,那应是设在房屋的地窖或城堡的地宫里。那其实都是很奢侈的做法。海德格尔以黑森林农舍为例来说明栖居,并不是说我们应该并且能够回归到这座院落的筑造,他的意思是用一种"曾在的栖居"来说明栖居如何能够筑造。

其实,黑森林农舍是一个十分特别的例子。它将四重整体汇集于一体,是由于它的独处状态。而在聚落的场合,四重整体可以在共同体的层面上加以考虑。一般而言,既要从聚落整体来考虑接受天空、善用大地,也要在住房建造方面利用天、地之益处,抵御其不利的方面。期待诸神、保藏逝者可以在公共的层面上加以考虑。至于聚落成员的日常生活,则是根据生活内容的公共性与私人性分别予以考虑。住房只是与家庭生活相关。让我们想想欧洲的小乡村,通常的情况是,除了农舍之外,还有一座小教堂、一块公共墓地。村民们可以共同在教堂里做礼拜,在公共墓地中保藏他们的先人。这样,对终有一死者的保护就分解为对生者的保护和对逝者的保藏了。对于我国传统村落所体现的栖居方式,我们也可以从四重整体的保藏方面来理解。在村落的选址和房屋筑造方面,也都可以看出村民对天空的幸与不幸的积极接受方式、对大地馈赠的利用。逝者保藏在村落的公共墓地里。还有更富于精神性、延续性的纪念祖先的方式:在家族的宗祠供奉祖上的牌位。村民们也会去附近的道观拜玉帝,去佛寺拜菩萨。如果进了城,也可能会去城隍庙、夫子庙。不过,国人期待神圣者的方式通常要求助于偶像,那可能是对神性征兆的不同的理解。

《筑·居·思》的发表正值德国战后重建时期,住房问题显得尤为迫切。但是海德格尔谈论栖居的问题,并不针对住房短缺这种所谓时效性的问题。通过提供住房,促进住房建设以及规划整个建筑业,住房短缺问题是可以解决的。然而问题的关键并不在此。事实上,海德格尔是在更为宏大的历史框架下看待栖居的困境的。他指出,"真正的房荒(Wohnungsnot)甚至比世界战争与毁灭更古老,也比地球上的人口增长和产业工人的状况更古老。真正的栖居困境(die eigentliche Wohnungsnot)乃在于:终有一死者更是要重新寻求栖居的本质,也更是必须要学会栖居。"[64][7]163,[46]186 其实,真正的栖居困境乃是和现代人的存在方式联系在一起的。现代的人们告别了过去那种切实地"在大地之上存在"的生存方式,涌入远离农耕意义上的大地、繁荣而忙碌的现代大都市谋生,那么,其生存方式就转变为"在大都市之中存在"了。在新的环境中生存,就意味着要学习适合新环境的栖居方式。我们可以从中体会到一种不可避免的传统之断裂。如果我们接受这一点,大概就不存在什么栖居的困境了。问题可能出在"更是要重新去寻求栖居的本质"上。海德格尔已经明确指出,栖居的本质就是对四重整体的保护。如果人们已经明白这一点,那么不论境遇有何变化,存在方式有何不同,只要保护好四重整体,就实现了栖居的本质。事实上,"更是要重新去寻求栖居的本质"就意味着尚未理解栖居的本质。而如果人们没有想到"更是要重新去寻求栖居的本质"就是真正的栖居困境,那就真的陷入无家可归的状态中。海德格尔为什么要说,"然而一旦人去思考无家可归状态,它就不再是什么不幸了"? 其实他是让我们接受这种状态,并理解它的源起。若此,我们就应该随遇而安,践行栖居的本质,所以海德格尔要说,"一旦得到正确的思考、好好记取,这种无家可归状态就是唯一的安慰,从而把终有一死者召唤入栖居之中"[7]163-164,[46]170。

卡斯腾·哈里斯在《建筑的伦理功能》一书中对此表示异议,他提出了一连串问题,诸如海德格尔是不是希望我们回到科技蒙昧时代,回到黑森林农庄时代,相信栖居需要四重整体而非科技[11]156。海德格尔在谈论栖居的本质的时候,只提四重整体,而不谈科技,这并没有什么不妥。科技属于手段层面,在科技蒙昧时代,人们可以发展出适合于具体环境的栖居方式;在科技发达时代,人们可以有更多的栖居可能性。海德格尔对现代技术有些质疑,持有审慎的态度,有着深层的历史意识方面的原因。其实他也并没有说栖居不需要科技,他避开科技与栖居的关系问题,只是表明科技之于栖居的重要性与四重整体不可同日而语。我们通过现代技术获得较为舒适的栖居环境,但我们并不否认以往不发达技术条件下栖居的可能性。

在《艺术与空间》一文中,海德格尔从清空一片场地谈到定居与栖居。清空场地就是为人的定居与栖居提供开敞的空地,海德格尔也称之为"诸场的释放"(Freigabe von Orten)。在"诸场"之上,"栖居之人"(die wohnende Menschen)的命运发生转变,转变为"有家之幸"(Heile einer Heimat)、"无家之不幸"(Unheile der Heimatlosigkeit)或者"无所谓幸或不幸"(Gleichgültigkeit gegenüber beiden)。看来,对于栖居而言,家并不是个必要条件,由于无家而不幸的人仍然是栖居之人。也许"无所谓(有家之)幸或(无家之)不幸"更值得我们深思。另一方面,海德格尔指出,在释放的诸场之中,一个神显现,诸神消失,而诸多神性的显像长期存留。他向我们展示了一个漫长的历史性的转变。在这个历史过程中,希腊与罗马的诸神消逝了,基督教的上帝显现,而这种显现并不是直接的,而是通过神性的诸多方面的显像(或征兆)昭示出来[50]206-207。

8.4.4 诗意地栖居

> 如果生活纯属劳累,
>
> 人还能举目仰望说:
>
> 我也甘于存在吗? 是的!

只要善良，这种纯真，尚与人心同在，

人就不无欣喜，

以神性来度量自身。

神莫测而不可知吗？

神如苍天昭然显明吗？

我宁愿信奉后者。

神（性）本是人的尺度。

充满劳绩，但人诗意地，

栖居在这片大地上。我要说，

星光璀璨的夜之阴影，

也难与人的纯洁相匹敌。

人是神的形象。

大地上有没有尺度？

绝对没有[8]197-198,[65]203。

    这几行诗句出自 19 世纪德国诗人荷尔德林(Fr. Hoelderlin,1770—1843)的诗《人,诗意地栖居》。荷尔德林身处浪漫主义时代,却孤独地写下充溢神秘哲学意味的诗篇。海德格尔从中受到很大的启发,以《“……人诗意地栖居……”》为题,对栖居的问题做出另一番探讨。此文与《筑·居·思》《物》等文章属同一时期的作品,其时海德格尔已对栖居的本质有了深刻的理解,四重整体的概念已十分明确了。荷尔德林的这些诗句贯穿了天、地、神、人的微妙的关联,想必引发海德格尔的强烈共鸣,并围绕“诗意”与栖居的关联进一步地思考。

    一般而言,栖居总是与劳作、生活琐事联系在一起,作诗则属于文学的一种形式,两者可谓相去甚远。不过,海德格尔通过对荷尔德林诗句的分析,表明对栖居与诗意这两个概念迥异于一般的理解。根据海德格尔的分析,在荷尔德林那里,栖居并不意味着只是住所的占用而已,诗意也并非完全表现在诗人想象力的非现实游戏中。荷尔德林所谓栖居,乃是人类此在的基本特征,人与栖居的关系在本质上得以理解,才能体现“诗意”[65]197-198。

    “充满劳绩,但人诗意地,栖居在这片大地上。”关于这个中心诗句,海德格尔认为要加上一个“虽然”来加以思考,这样人们就不会误以为“诗意地”一词给人的充满劳绩的栖居带来一种限制。他历数了人在栖居时所做出的多样劳绩,诸如培育、保护自发地展开和生长的事物,以及建立那种不能通过生长而形成和持存的东西,包括建筑物以及一切人工产物等,海德格尔把它们统称为“筑造”。所有这些劳绩都是栖居的本质结果,而不是栖居的原因或基础。因而海德格尔要说,“这种多样筑造的劳绩决没有充满栖居之本质。相反地,一旦种种劳绩仅只为自身之故而被追逐和赢获,它们甚至就禁阻着栖居的本质。”[65]200他认为栖居的基础必定出现在另一种筑造中。那么何谓另一种筑造? 海德格尔在对这个诗句的上下文意蕴进行分析之后,将荷尔德林所说的诗意与筑造联系起来。

    然而,荷尔德林只是笼统地说了劳绩,并没有在保护、培育和建造的意义上说到筑造,也没有将栖居与筑造联系起来,更没有完全把作诗看作一种特有的筑造方式,因而将荷尔德林所说的诗意与筑造联系起来是困难的。海德格尔意识到,他面临着一个解释的合法性问题。为此他分析了“同一”(das selbe)与“相同”(das gleiche)两个概念的差异:“相同总是转向无区别,致使一切都在其中达到一致”,“而同一则是从区分的聚集而来,是有区别的东西的共属一体”[65]202。海德格尔从区分的聚集中体会出一种原始的统一性,由此可以为他关于荷尔德林的诗意所做的解释提供合理的前提,那就是:

"当我们沉思荷尔德林关于人的诗意栖居所做的诗意创作之际,我们就能猜度到一条道路;在此道路上,我们通过不同的思想成果而得以接近诗人所诗的同一者。"[65]203这样的思路很像我们常言所说的"殊途同归"。而再深入去看,海德格尔在此涉及了文本对解释的开放性问题。

本节开始所录荷尔德林的几行诗句,正是海德格尔为了理解诗意的栖居之意义所缜密解读的。"如果生活纯属劳累,人还能举目仰望说:我也甘于存在吗?是的!"这几行诗彰显了荷尔德林对劳绩与诗意的栖居的态度。海德格尔将"劳绩"归于"劳累"的区域,那么"诗意"的产生关键就在于"举目仰望"。通过举目仰望,人体会到自己栖身于大地之上,贯通于天空与大地之间。海德格尔说:"人并非偶尔进行这种贯通,而是在这样一种贯通中人才从根本上成为人。"如果人只是囿于劳绩,可能就难以有更好的想象。海德格尔在这里提到"天空之物"(etwas Himmlische),并认为人总是以某种天空之物来度量自身,由此而成其为人[8]199、[65]205。"天空之物"指的是什么?海德格尔为"这种仰望贯通于天空与大地之间"一句作了"不可通达性"(die Unzugangbarkeit)的边注[8]198、[65]204。直观来看,天空之物对于不会飞翔、只能立于大地之上的人而言是不可通达的。天空之物由于不可通达而神秘莫测,被猜断为神或魔鬼。以某种天空之物来度量自身,就存在神或魔鬼这两种尺度。人用以度量自身的尺度最终选择的是神,而不是魔鬼,乃是由于善良与人心同在之故。虽然荷尔德林用的是假设的语气,但他还是确信"神性本是人的尺度"[8]197。海德格尔在否定"神""天空""天空的显明"作为人之度量的尺度之后,指出不可知的神通过天空之显明的显现才是人借以度量自身的尺度[65]207。由此可见,海德格尔仍然是以有神论的观念来解释神性概念的。卡斯腾·哈里斯在谈论海德格尔有关神的概念时,多少带有嘲弄的口气,甚至说建筑师都去聆听神灵的呼唤,那建筑设计就会变得岌岌可危了[11]157-158。然而从尊重信仰的角度来看,海德格尔关于神性尺度的度测已是他所能做到的最好的解释了。即使从无神论的观念出发,我们也可以将神性视为人们身处劳累区域而在心中构想出的神圣性,可以引人超越劳绩而存向善之心。在现代思想史上去神圣化的倾向日益趋强的过程中,海德格尔依然相信神圣性的力量,是难能可贵的。

另一方面,我们应该注意"神"(der Gott)与"神性"(die Gottheit)用词的意义上的区别。在以神为尺度的情况下,人们会体会到自身能力的局限性。海德格尔提到天空与大地的"之间"(das Zwischen),这个"之间"是分配给人的栖居的。按照通常的理解,人的栖居是在大地之上展开的,而海德格尔提到的是天地"之间",并将对这个"之间"的贯通视为人的维度[8]198。这样的维度一方面表明人立于大地之上,同时又受到神性的引领。而如果人能够将神性作为度量自身的尺度,就表明人是在向善良与美好的方向努力了。以"神性"为尺度的栖居就是一种具有美好期待的栖居,可以超越劳绩意义上的居住。所谓"诗意的"栖居应是就此意义而言的。

那么,如何才能得到诗意的栖居?海德格尔先行对"度量"的概念加以解释。他说,度量的基本行为就在于:人一般地首先采取他当下借以进行度量活动的尺度。"采取尺度"(Maß—Nahme),就带有主动践行的意义。海德格尔为什么要说"作诗"(das Dichten)是一种别具一格的度量?一般的度量大概是就劳绩层面而言的,比如为设计图纸的绘制(Verfertigung von Plänen)用比例尺所做的单纯测量,以及在建筑物的建立与布置意义上的筑造。而作诗不同于劳绩层面上的筑造,作为对栖居的维度(Dimension des Wohnens)的本真测定,是一种原初性的筑造,是本真的筑造。至此,海德格尔得出推论:"作诗首先让人之栖居进入其本质之中。作诗乃是原始的让栖居(das ursprüngliche Wohnenlassen)。"[8]206、[65]212如何理解"作诗"之于栖居的意义?"作诗"就是写出诗歌吗?海德格尔在《艺术作品的本源》一文中将诗歌理解为"真理之澄明展开的一种方式",是"广义上的诗意创造的一种方式"[6]60-61、[67]60。因而"作诗"与真理的澄明有关。如果说诗意的栖居就是本真的栖居,是诗意的境界,那么诗意的境界就需要由"作诗"的途径去通达,如此看来,"作诗"就是创作富于诗意之事物的一种类比的说法。

海德格尔将诗意的本真的筑造归于有"作诗者"的存在。按照海德格尔的说法,他们是些为建筑学(die Architektonik)采取尺度、为栖居的建筑结构(das Baugefüge)采取尺度的人。建筑师是这样的作诗者吗?如果建筑师的工作主要是在"建筑物的建立意义上"进行筑造,那大概纯属"一味劳累的区域"。也许当建筑师能够进行"别具一格的度量"(ein ausgezeichnetes Messen)时才能成为作诗者。在这里,我还想就"Architektonik"与"das Baugefüge"的含义做出分析。"Architektonik"的第一义指的是建筑的科学与艺术的原理,即建筑学,"das Baugefüge"指的是由不同的建筑要素组成的建筑整体结构,前者是整体性的学科,后者是具体的建筑。在学科的层面上以及在具体建筑层面上采取尺度,都是要将本真的栖居作为目标。至于如何做到"别具一格的度量",那是建筑师的事。而人们是否能接受建筑师的富于诗意的创造,似乎还是个问题。不过,作为一个哲学家,能够意识到生活需要有超越劳绩的诗意,就已足够。

8.5 关于建筑与艺术的理解

海德格尔在《筑·居·思》一文中主要是探讨人的素朴栖居的本质,他力图说明的是要将筑造归属于栖居,而不是栖居的手段。作为筑造的结果,真正的建筑物会将栖居带入其本质中,并容纳这样的本质[7]161。在现代社会条件下的筑造是否真正能归属于栖居,是个值得探讨的问题。也许我们应该认真考虑建筑物的生产与栖居本质之间的内在关联。《……人诗意地栖居……》一文提出了诗意栖居的神性尺度问题,也许我们可以将它视为一种向善、向真的倾向,也应该反思现代建筑物生产的问题,应该意识到我们的非诗意栖居是因为我们的无能于采取尺度,源自过度的狂热度量和算计。这可能由现代技术的挑战性与现代经济运行的趋利性决定的[8]207。海德格尔关于筑造与栖居的思考,包含了一些涉及人类整体命运的宏大主题,以此来考察建筑物之于人的存在本质的作用,问题是很严峻的。他最终还是寄望于富于诗意的艺术创造,在《艺术作品的本源》中他考察了物与作品、作品与真理以及真理与艺术等问题。建筑是一种物,是一种用具,也是一种作品。如果说建筑物的用具性体现出它的功能性,那么建筑物的作品性就体现出它的艺术性。海德格尔以希腊神庙、梵高的绘画为例,表明艺术作品存在的建立世界、塑造大地的基本特征。他还提到世界与大地之间的"争执"(Streit),真理就在这种"争执"的实现的过程中发生[6]36。也许我们应该将世界与大地之间的"争执"视为一种保持各自特征的平衡状态,而这种平衡状态有助于克服现代技术的挑战性特征。

8.5.1 物与物性

海德格尔在《存在与时间》一书中对希腊语的物一词的用法感到困惑。从词源学的角度来看,物即是人们在操劳打交道之际对之有所作为的东西,也就是有用的东西。而希腊人在存在论上却首先把这样的东西规定为"纯粹的物"(bloße Dinge)[3]92,[4]80。海德格尔从他的存在论出发,不能接受这样的物的概念,因而将用具的用具性与用具的物性区分开,并赋予用具性以优先的地位。其用意在于表明,作为用具的物正是由于其有用性才具备对于此在的存在意义。在写于1935年与1936年间的《艺术作品的本源》一文中,海德格尔承认作品的物性在于其质料,似乎又回到亚里士多德那里去了[6]11,[67]12。

海德格尔提出了"Dinghafte"的概念,即"像物一般的东西"[68][6]3,[67]3,指的是艺术作品的"物的方面"。他给出的例子是,建筑作品与木刻作品中都有"物一般的东西",前者中有石质的东西,后者有木质的东西。但是"像物一般的东西"不能等同于艺术作品,那么除此之外艺术作品还有某种"别的东西",也就是"艺术性的东西"(Künstlerische)[6]4,[67]4。其实"像物一般的东西"就是"单纯的物"(bloße Ding)本身。何为"单纯的物"？海德格尔说,石头、土块、木块以及自然物和使用之物中无生命的东西都是"单纯的物"。这样就引出通常的"物"的概念："物"包括自然物和使用之物[6]4。至于艺术作品,尽管海德格尔没有明说,应可归于使用之物。

"物之物性"(Dingheit der Dinge)是个重要的问题,海德格尔认为有关它的各种解释在西方思想史上起着支配性的作用,并概括出三种解释。第一种解释是将物的诸般特征视作物之物性,海德格尔列举出一块花岗岩的诸多特征,如坚硬、沉重、具有广延性、硕大……,这些特征转而被视作这块花岗岩的固有特性了。由此得出的物的概念是:物是它自己的特征的载体。第二种解释是将物视为"感性之物",即在感性的感官中通过感觉可以感知的东西。由此得出的物的概念是:物是感官上被给予的多样性之统一体。第三种解释是将物视为质料与形式的结合。由此得出的物的概念是:物是具有形式的质料。关于这三种关于物的解释,海德格尔认为第一种解释仿佛使我们与物保持距离,第二种解释则过于使我们为物所纠缠,这两种解释都不能把握物的概念。相对而言,第三种解释是合理的,由此得出的物的概念对自然物和使用之物都是适合的,而且也使我们能够回答艺术作品中"物一般的东西"的问题。不过,简单地将物当作具有形式的质料的概念仍然是令人怀疑的[6]7-12。

在《物》一文中,海德格尔继续对物性做出解释,努力将物性与用具性统一起来,并强调对物的理解。问题的缘起是信息时代条件下人与世界的关联问题:距离已不能衡量切近与疏远了,无距离状态并不意味着切近。海德格尔认为,通过追踪在切近中存在的东西,才能经验到切近的本质。而在切近中存在的东西,就是物[69]173。看来问题的关键是在"切近"上。在《存在与时间》一书中,海德格尔已对切近有所说明:日常交往的上手事物具有切近的性质,而这切近并不是指距离的衡量,而是由审视"有所计较的"操作与使用得到调节[3]137,[4]119。而在《物》一文中,海德格尔对切近的解释显得过于迂回,又由于将天、地、神、人这样的四重整体与物的概念联系起来,更显得有些神秘。也许我们可以从切近、近化、物化、无间距、疏离等概念的比较中得到启示:切近就意味着物之为物得以理解。在切近中存在,也就意味着在理解中存在。也许海德格尔对疏离与切近持有的辩证态度是值得注意的:切近使疏离近化,并且是作为疏离来近化,切近保持疏离,在保持疏离之际,切近在其近化中成其本质[59]179,[69]185-186。我们可以将疏离视作物之间的差别,而物之间的差别与物的本质相关,那么保持疏离就是保持物的差别,保持物的本质。这也是物之为物得以理解的前提。

海德格尔在《存在与时间》中对希腊哲学中纯粹的物的概念不满,而强调用具有别于一般物性的用具性;在《物》一文中,他对物性做出一定的规定,这样物就不再有纯粹性的概念,而是通过用具性得以成其所是。海德格尔对用具、场与域乃至建筑的分析基本上回避了形式问题,但这并不意味着他忽视了形式问题。他在有关位置、场以及域的存在论的讨论中回避形式问题,是想要将形式问题囿于美学领域,使得它们不至于干扰用具联络、域的决定性等与此在相关的存在论意义。而实际上,用具联络仍然是与用具的形式相关的。在《艺术作品的本源》中,海德格尔对自己的立场有所修正。事实上他对传统中有关物的质料—形式的二分结构有深刻的理解,只不过对这种结构不加限制地越出美学领域、相关概念的扩张和空洞化表示不满。在他看来,质料—形式结构可以在存在者的有用性这个领域内重新获得规定性的力量[6]12-13。

海德格尔是通过对壶的分析来说明物的本质的。壶之物性因素在于:它作为一个容器而存在。表面看来,是壶底和壶壁承担着容纳作用,事实上壁和底只是构成壶并使壶得以站立的构成物,真正使壶作容器用的却是它的虚空。壶的虚空正是它作为有所容纳的器皿之所是。不过,海德格尔的分析并没有就此止步。他想到,物理科学表明,我们所以为的壶之虚空其实充满着空气,如果我们把酒注入壶中,就只不过是以一种液体取代先前充满壶的空气。然而,壶之壶性经过科学上的解释后被抽象化,反而失去其现实性了。科学知识消灭了物之为物。海德格尔对此十分不满,因为对人的存在意义而言,壶如何容纳、容纳什么以及为何容纳才是至关重要的。海德格尔将容纳分解为承受和保持,所容纳的东西有泉水和酒,二者都是"天空与大地联姻的产物";二者也都供人饮用,有时也用于敬神献祭,这样,壶就将天、地、神、人这样的四重整体联系在一起[69]176-181。

壶有其作为物的本质。也许我们可以由此得到启发,来思考建筑作为物的本质。在某种意义上,建筑物就是一种容器,是比壶大得多的容器。那么,真正使建筑物作容器用的是它的虚空。建筑物的虚空正是它作为有所容纳的物之所是,而地板、墙壁和屋顶只是构成建筑物并使之得以站立在大地之上的构成物。至此,关于建筑作为物的分析得出的陈述与壶是类似的。可是,建筑与壶毕竟不是一样的,那么使建筑与壶区别开的又是什么? 两者在构成物上的区别是显而易见的,比如建筑构成物自身的成分要复杂得多,对结构和构造的要求也要高得多,但这些并不是建筑物与壶之间的根本区别。真正造成两者根本不同的是所容纳者的不同:壶容纳的是水或酒,而建筑物容纳的是人,或者是人对神的想象。壶通过所容纳的东西(即对于人或神的赠品)来聚集四重整体、体现其本质,而建筑物则直接将天、地、神、人聚于自身。这样,我们就回到海德格尔在《筑・居・思》一文中对建筑物的本质的解释了。海德格尔从德语的一个古老词汇得出"聚集"(Versammlung)的"物"之意。于是,能够称为"物"者,必能"聚集"。桥作为"物",聚集的是四重整体[7]155。海德格尔将四重整体的聚集作为物的本质,桥是这样的物,房屋也是这样的物。就此意义而言,桥与房屋没有什么区别。

8.5.2　物、用具与艺术作品

我们已经知道,在《存在与时间》一书中海德格尔是在广义上将建筑物归于用具之列的,对他而言,作为用具的物性首先是由于其有用性才是有意义的。海德格尔在《对物的追问》一书中列举各类物之际,提及"一个火车站大厅",将它称为"一个对……有所准备的物"(gewaltiges Ding),其实也是对有用性的婉转的表达[70]4。海德格尔在《艺术作品的本源》一文中依据有用性将物分为单纯的物(bloßen Ding)、用具(Zeug)、艺术作品等三种,同时又引入质料-形式结构(das Stoff-Form-Gefüge)的概念对这三种物的概念加以说明。

单纯的物其实就是自然物。对于花岗岩这样的自然物而言,形式指的是诸质料部分在空间位置上的分布和排列,由此而得出一个特殊的轮廓,即一个块状的轮廓。海德格尔将单纯的物的形式称为自身构形的(eigenwüchsig),这意味着质料-形式结构不适合用以解释单纯的物。这个结构表明了形式的先行规定作用,可以用来解释用具以及艺术作品的形式。海德格尔对罐、斧、鞋之类的用具做了说明:在这些用具的场合,形式就不再是质料分布的结果,形式反倒规定了质料的安排,并先行规定了质料的种类和选择。罐要能盛水,罐壁的质料要有非渗透性,斧要有足够的硬度,鞋要坚固且要有柔韧性。显然,用具的质料-形式结构是由其有用性(Dienlichkeit)支配的。有用性是用具的基本特征,用具这样的存在者由此而在场。用具的在场必是由于其有用性被我们理解才是可能的。海德格尔还提到用具的"赋形活动"(Formgebung)的概念,它涉及先行给定的质料选择、质料与形式结构的控制性(die Herrschaft),所有这些都建基于有用性之中[71][6]13,[67]13。

艺术作品与用具有一种亲缘性,两者都是由人的手工创制出来的。不过,艺术作品具有自足性(Selbstgenügsamkeit)。所谓自足性,原本是指人的一种自持、自我满足、没有什么雄心、不去努力做些什么、不出风头、不显特殊等存在状态,用到艺术作品上,更多是指它的一种自我满足的状态,不去应合功利性或有用性的要求。海德格尔提出艺术作品有着"自足性的在场"

(selbstgenügsam Anwesen)，其实也是说艺术作品的自足性得到理解。由自足性的概念，艺术作品就与用具区别开，因为用具缺乏这样的自足性。海德格尔据此将用具称为"不充分的艺术作品"（halb Kunstwerk）。当然，从另一方面来理解，用具也具有一定的艺术性，只是不要忽视其有用性。至于艺术作品与单纯的物相比，就自持的（insichrhuend）、不受逼迫（nicht gedrängten）的特征而言，两者是类似的。艺术作品之"nicht gedrängten"，可以理解为在其赋形活动中不受另外目的的逼迫，也可理解为艺术作品的自主性的另一种表达。但艺术作品还是有别于单纯的物，这是因为，艺术作品的质料－形式结构特征与单纯的物的自身构形的特征是不同的[72][6]13-14,[67]14。

海德格尔意识到质料－形式结构对于物之物性的扰乱作用。这个结构原本是解释用具的存在的，但难免会扩延至所有的存在者。这样的状况有着《圣经》解释方面的原因，即所有存在者都是上帝的造物（ens creatum），而造物在质料与形式上都是统一的。以这样的观念去看待单纯的物，会阻碍理解单纯的物的自身构形特征。另一方面，以质料－形式结构来看单纯的物，我们会将单纯的物视为被剥夺了用具存在的用具，物的存在就是此后留下来的东西。不过，海德格尔对这样的还原似乎存有疑虑[6]14-15,[67]14-15。

如果我们谨慎地将质料－形式结构限于解释用具的存在，是不是可以避免那些干扰？海德格尔在本文开始的时候就已指出，作品由以构成的"物一般的东西"是个"基体"（τòυποχειμενον）[73][6]7-8,[67]8,[74]1840。"在建筑作品中有石质的东西""建筑作品存在于石头里"，说的都是这个意思[67]4。值得注意的是，自然物的形式与用具（或使用之物）的形式具有不同的意义。海德格尔将用具视为"服从有用性的存在者"，并指出质料和形式寓于用具的本质之中，而质料－形式结构也首先规定了用具的存在。用具的"赋形活动"（Formgebung）涉及先行给定的质料选择、质料－形式结构的控制性，所有这些都建基于有用性之中[6]13-14,[67]13-14。我们可以从中得到启发，来思考建筑物中的质料－形式结构。对于建筑物而言，有用性同样支配了建筑物的形式。我们可以同样说，作为建筑物轮廓的形式不再是石头或木头之类的质料分布的结果，而是某种赋形活动的结果。从根本上来说，建筑物的用途决定了建筑物的赋形活动。作为一个遮风避雨、防寒隔热、采光通风的供人栖居的庇护所，建筑物的形式首先要有足以容纳人的活动的空间尺度，它的质料选择以及形式构成都要以"庇护所"的要求为依据。既"遮风"又"通风"，似是相矛盾的，其实建筑物在遮避凛冽寒风的同时，又要有所控制地完成新鲜空气与污浊空气的交换过程。"遮风"与"通风"的要求决定了相应的窗户的形式。

然而，海德格尔还是想避开既有的哲学理论径直去描绘一个用具，也就是要找到通向用具的"像用具一般的东西"（Zeughafte）的路径。在这里，海德格尔提到一双农鞋，继而提到一双由梵高画出的鞋，那似乎是一个非常著名的例子。鞋有不同的种类，如田间劳动的鞋、跳舞用的鞋，根据不同的用途，鞋的质料和形式也不同。但这只是一般的情况，人们都已知道了。只有当田间农妇穿着鞋子，鞋才成其所是。海德格尔在这里想要表明的是，必定是在用具的使用过程中，我们才能遇到"像用具一般的东西"，也才能体验到用具的用具本质（Zeugsein）实际上是什么[6]18,[67]18。那么，从梵高所画的鞋可以看出什么？海德格尔从中看到十分丰富的意象，诸如劳动步履的艰辛、田垄上的步履的坚韧和迟缓，甚至还感受到大地无声的召唤……。按照海德格尔的说法，通过对梵高的画的观赏，我们就获得了那双鞋作为用具的用具性。从他的绘声绘色的描述中，我们可以体会到与大地、世界、生死相关的诗意，以及在存在论意义上关于用具本质、有用性、可靠性等概念的思考。而更重要的是，作为艺术作品，梵高的画揭开了这个用具亦即一双农鞋实际上是什么："这个存在者进入它的存在之无蔽之中"。这样，海德格尔就将艺术作品与真理（Wahrheit）联系在一起。在他看来，如果艺术作品揭示出存在者是什么、如何是，那么作品的真理就发生了。由此，他意识到以往有关艺术本质的认识存在误区,人们一直以为艺术与美(Schöne)以及美的本质(Schönheit)有关,而与真理无关。他试探性地提出,艺术的本质或许就是存在者的真理自行设置于作品之中。同时他又小心地否定了真理的本质在于与存在者的符合一致的传统看法,于是,作品不是对那些现存的个别存在者的再现(Wiedergarbe),而是对物的普遍本质的再现[6]19,21-22,[67]18-19,21-22。然而,这个"物"指的是什么?是作品所表现的"物"?还是作品中的"物"的"像物一般的东西"?如果艺术作品是物的普遍本质的再现,那与关于物的普遍本质的科学描述又有什么区别?海德格尔提到艺术作品有其自己的方式,应该说这种方式源自作品的艺术本源,因而艺术作品是以艺术的方式开启了存在者的存在。所谓真理自行设置入作品中,其实就是以艺术的方式加以设置的[67]25。

8.5.3 作为物的建筑

从《筑·居·思》一文可知,建筑物的物性是与栖居的本质联系在一起的。栖居的本质在于保护四重整体的本质,因而栖居就应该是作为保护的栖居。在此文的第一部分,海德格尔提出一个问题:终有一死者如何才能实现这种作为保护的栖居?他的回答是,如果栖居只是在大地之上、天空之下、诸神面前、与终有一死者一道的逗留,那么终有一死者就决不能实现这种作为保护的栖居。关键是"在物那里的逗留":栖居要把四重整体保藏在终有一死者所逗留的"物"中。而能够让人在其中逗留的"物"就是建筑物,因此建筑物是栖居所必需的"物"[46]159。

四重整体中居首位的"大地"有着前提性的重要意义。这可能是海德格尔极为重视"Ort"这种在大地上确定的"定位区域"的原因。对于海德格尔来说,定位区域是一个核心概念,它与纯粹空间性的地点概念不同,蕴含了人的存在论基础。在这里需要明确的是,定位区域含有地点的概念,但并不止于此,还要与某种物相等同。桥是一个物,也是一个定位区域。而定位区域与物何以成为一体,海德格尔没有明说。也许我们可以这样理解:定位区域因物而生,而当这物大到足以作为独特之地,成为供人活动的空间,这物本身就成为有所定位的区域了。在这样的语境里,海德格尔将建筑定义为作为定位区域而允诺一个独特之地的那些物[7]156,也就是可以理解的。那么,作为定位区域的物也就意味着含有较大尺度的空间性的概念。

按照我们通常的理解,对于建筑物而言,定位区域就是建筑物的场址。场址一经确定,建筑物就被固定在某个确定的地点上了。建筑物的这种固定的定位性有别于其他一般用具的位置性。从《存在与时间》可知,用具整体也蕴含了一定的位置关系。比方说一个壶在某个房间这样的用具整体中获得一个位置,就意味着它处在某个空间位置上。海德格尔也提到,通过壶由以构成的东西,壶也能站立于大地之上[3]174。这意味着壶也可以在大地之上定位。不过,这并不排除将壶置于其他地点的可能性。而建筑一般不存在这种移动的可能性,只能在确定的地点上与大地连成一体。从建筑学的角度出发,我们会关心建筑物是如何获得在大地之上的定位的,或者说,建筑物凭借什么成为一个定位区域的,那会涉及多方面的功能性与技术性的问题。就一座桥而言,除了河流沿岸水文与地理条件方面的考虑,我们还会想到一座桥在什么地点上能够较为方便地连接两岸诸场所这样的功能,而海德格尔强调的是桥自身作为定位区域的决定作用。

壶与建筑物都是含有虚空的物。一般而言,人们不太会关心壶的虚空。如果壶已被检验为合格产品,也就是说壶的虚空得到保证,有谁还去想看看壶的内部?而建筑的虚空,也就是常说的建筑空间,就没有如此简单。建筑自身之用主要在于其空间,对此不会有什么争议。可是,当人置身于建筑内部,在空间中进行其使用活动的时候,不得不面对建筑构成物的内侧,并体验它们所形成的空间。这样的空间也属于海德格尔在《筑·居·思》一文中提到的诸空间,由定位区域设置,让

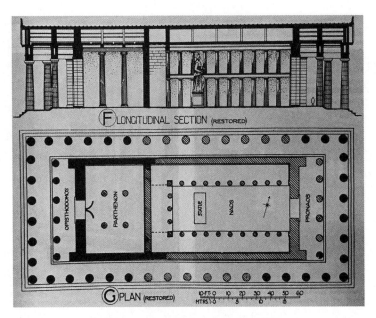

图8.9 雅典帕提农神庙平面与剖面

人们穿行(durchgehen)于其中。在诸空间中穿行并不是个简单的事,而是与栖居联系在一起的。在此之前,人们先要"经历"(durchstehen)诸空间:既要在物与定位区域之间逗留的基础上"经受"诸空间,也要按照诸空间的本质来"经历"诸空间。"durchstehen"的词义与"durchhalten"接近,都有"坚持""忍受"之意,汉译者译作"经受着",英译者译作"pervade, persist through",有"遍及,持续经历"之意[7]159,[46]166,[45]107。作为"durchstehen"的宾词,诸空间仿佛是些难以忍受的事物。也许我们可以将此词理解为"经历",经历某事物,就意味着对某物有了解的可能,那么,按照诸空间的本质来经历诸空间,也就意味着对诸空间的本质有所了解。在此基础上,对诸空间的穿行才是有意义的。海德格尔举例说,当他走向礼堂的出口处,他已经在那里了,否则就根本不可能走过去。这里所说的"已经在那里了"其实是他知道他"已经在那里了",当然,他也必定已经了解了"出口处"的本质了。他还说他绝不是一个"与外界隔离的身体",表明在穿行诸空间时理解力的重要性[7]159。

8.5.4 建筑作品

在《艺术作品的本源》的引言中,海德格尔说,艺术作品是人人都熟悉的。他将建筑作品和绘画作品都归于艺术作品之列。而且他也认为,建筑作品与雕塑品适合于诸多公共场所、诸多教堂和诸多住宅[75][6]3,[67]3。这意味着那些满足日常生活需要的具有有用性的建筑物仍然可以成为艺术作品。可见海德格尔关于建筑艺术的理解要比鲁斯宽容得多。作品有着"像物一般的东西",所谓"建筑作品中有石质的东西"即为此意。不过,艺术作品中还有"别的东西"(Andere),构成作品的"艺术的东西"(Künstlerische)。海德格尔认为作品就是要揭示这"别的东西",因而作品是"比喻"(Allegorie),也是"象征"(Symbol)。比喻和象征给出了框架性的观念(Rahmenvorstellung),这样的观念引导了长期以来艺术作品的特征的表现[76][6]4,[67]3-4。在艺术作品中,比喻指的是通过象征性的形象将隐含的寓意表现出来,象征是借助某种形式表达另外的意义。如果建筑作品是比喻,是象征,那么所表现的则是超越其自身形式的意义。

海德格尔在指出艺术作品是对物的普遍本质的表达(Wiedergabe)后,针对希腊神庙提问:一座希腊神庙究竟与那个物的何种本质相符合?谁敢断言神庙的理念不可能在这个建筑作品中得到表现?他似乎并没有给出回答,而是以反推的方式说只要神庙是一个艺术作品,真理就自行设

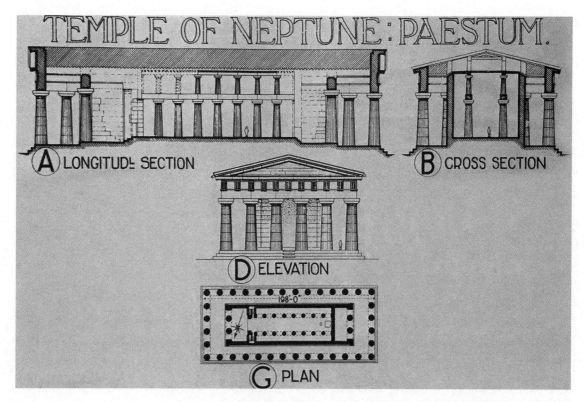

图 8.11　米利都的阿波罗神庙平面、立面和剖面

置于其中了[77][6]22,[67]22。在"作品与真理"一节中,海德格尔为了澄清作品中真理的生发,有意选择了希腊神庙这样的不属于"描绘性艺术"(darstellenden Kunst)的作品加以说明[78][6]27,[67]27。

　　海德格尔用了四个自然段的较大的篇幅分析了希腊神庙这个建筑作品。在第 27 页的第四段,他首先点出了建筑作品非描绘性的表现方式,希腊神庙的表现方式也是如此。接着描述了一座希腊神庙的一般状况:"矗立于崎岖的山谷之中",表明神庙所处的环境;"围合着神的形象",表明神庙以神的形象(神的雕像)为核心的空间组织方式,雅典的帕提农神庙、佩斯图姆的海神庙都是如此(图 8.9,图 8.10);"让隐蔽的神的形象通过柱列大厅出现于神圣领域之中","隐蔽的"其实就是由建筑围合的意思,神的雕像由石墙围起来,形成一个殿堂,也就是"神圣领域",在进入这个神圣领域之前,先要经过一个柱列大厅,如米利都的阿波罗神庙(图 8.11);"通过神庙,神在神庙中在场",这意味着神庙的目的实现了,至少对当时的希腊人来说,进入神庙,就进入了神的领域。可见,海德格尔对希腊神庙建筑的了解是较为深入的,而且还以现象学的语言说出希腊神庙在古希腊人心目中的意象。他还将目光从神庙自身向更宽广的范围延伸,看到一个以神庙为核心的、由神庙将道路、诸多关联事物结合起来的"统一体",古希腊的历史性民族的世界就由此而形成[6]17-28。

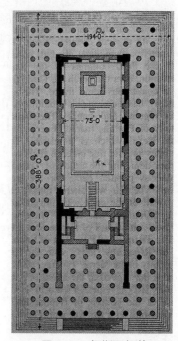

图 8.10　佩斯图姆的
海神庙平面

　　接下来,海德格尔谈论了神庙与自然之间的关联。他提及的自然因素有山地、岩石、海潮、天空、大气空间、猛烈的风暴、日之光明、夜之幽暗、树木、草地、兀鹰、公牛、长蛇、蟋蟀。其中,山地、

岩石属于大地,大气空间、风暴、日与夜属于天空,树木与兀鹰等存在者属于动植物界。在海德格尔的观念中,神庙并不是简单地与所有这些存在者共存,而是处在与这些存在者的复杂的关联之中。首先要考虑的是神庙与大地的关联。"这座建筑作品坐落于山地之上""从山岩里道说出它的笨重而又无所压迫的荷载(Tragen)之奥秘",希腊神庙完全由石块建成,称之为"笨重的荷载"是符合事实的;而海德格尔又说这样的荷载是"无所压迫的",其实这是神庙建筑的形式给人的视觉感受,是由外侧挺拔的柱式支撑起三角形屋顶结构这样一个构形过程给出的[6]28。这样的奥秘为什么是从山岩里道说出来? 神庙建筑坐落于山岩之上,但并没有压迫山岩,那些柱式仿佛借助山岩的承托的力量,托举起屋顶。海德格尔关于建筑作品与山岩之间的关系的陈述有些隐晦,而我试着从建筑学的角度出发加以解释,似是说得通的。

至于神庙建筑与其他自然因素的关联,风暴、外部空间(Raum der Luft)以及海潮的特征都是通过与神庙建筑的对比彰显出来。正是有了神庙建筑的岿然屹立,才显得风暴之猛烈、海潮之汹涌,原本不可见的外部空间也变得可见了。树木与兀鹰等植物、动物也显示出它们所是的样子。这是多么生动的画面,海德格尔由此想到古希腊人心目中"自然"(Φυσιζ)一词的丰富意涵。"自然"指的就是这样的"出现"(Herauskommen)和"涌现"(Aufgehen),也指明了一个整体,人们把"栖居"建基于这个整体之上、之中。海德格尔将这个整体称为"大地"(die Erde)。他为我们描述了涌现者与大地之间的奇妙的关系:所有涌现者的涌现,以及作为一个这样的整体,都返身隐匿于大地之中。涌现与隐匿是涌现者得以持存的两个方面,其实隐匿的状态可以让诸多涌现者避免冲突,从而得到保护。而允许世间万物隐匿其中的整体,必须提供足够大的空间,唯有大地有如此宽广的范围。海德格尔将大地视为庇护者(Bergende),是可以理解的[6]28。

值得注意的是神庙作品、大地、世界之间的关系。"大地"在海德格尔的观念中并不是一个纯粹存在者意义上的概念,与堆积的质料体的观念以及行星的宇宙观念相去甚远。从他的陈述中我们可以体会到,大地是一个诸多涌现者的关系整体,人的栖居建基于其上与其中。神庙作品立于天地之间,而海德格尔更强调神庙作品矗立于大地之上。他并没有将天与诸神联系起来,这可能是由于他考虑到希腊人关于诸神的观念与基督教关于上帝的观念的差异的缘故。从希腊神话可知,除了普罗米修斯被锁在外高加索山的峭壁上,其他包括主神宙斯在内的诸神都住在奥林匹斯山上[79]。

希腊诸神存在于大地之上。神庙作品成为人与诸神的连接,也使得诸多涌现者聚集起来。在完整的存在论意义上,神庙作品就是一个开端——或者像海德格尔说的那样,开启了一个世界。神庙作品开启了一个世界吗? 我们可能更倾向于认为是人通过神庙作品开启了一个世界。而海德格尔这样说,我们可以认为是拟人化的修辞。海德格尔以此修辞方式向我们表明,"作品在建立一个世界之际,也塑造(herstellen)了这个大地"[80][6]32,[67]32。作品塑造大地的方式就是将自己回置于大地之中,对此该如何理解? 如果这里所谓作品是指神庙作品的话,那么"将自己回置于大地之中"就意味着让神庙作品处于大地这个关系整体之中。"作品让这个大地是一个大地",就意味着作品让大地以符合其本质的方式存在,这是对建筑与自然关系的一种独特的理解,超越通常所说的建筑与自然之间的协调或冲突的关系。

注释

[1] Simon Blackburn. Oxford Dictionary of Philosophy. 上海:上海外语教育出版社,2000.

[2] 安东尼·肯尼. 牛津西方哲学史. 韩东晖,译. 北京:中国人民大学出版社,2006.

[3] Martin Heidegger. Sein und Zeit.//Gesamtausgabe:Band 2,Frankfurt am Main:VittorioKlostermann,1977.

[4] 马丁·海德格尔. 存在与时间. 修订译本. 陈嘉映,王庆节,合译. 熊伟,校. 陈嘉映,修订. 北京:生活·读书·

新知三联书店,2006.

[5] 黄颂杰. 二十世纪哲学经典文本:欧洲大陆卷. 上海:复旦大学出版社,1999.

[6] Martin Heidegger. Der Ursprung des Kunstwerk//Gesamtausgabe:Band 5,Holzwege, Vittorio Kloster-mann:Frankfurt am Main,1977.

[7] Martin Heidegger. Bauen, Wohnen, Denken//Gesamtausgabe:Band 7,Vorträge und Aufsätze. Vittorio Klostermann:Frankfurt am Main,2000.

[8] Martin Heidegger. Dichterisch Wohnet der Mensch.

[9] Adam Sharr. Heidegger for Architects. London and New York:Routledge Taylor & Francis Group,2007.

[10] Gianni Vattimo. Ornament/Monument. Jon Snyder,trans. Neil Leach. Rethinking Architecture:A Reader in Cultural Theory. London and New York:Routledge Taylor & Francis Group,2004.

[11] 卡斯腾·哈里斯. 建筑的伦理功能. 申嘉,陈朝晖,译. 北京:华夏出版社,2001.

[12] Edward S Casey. The Fate of Place:A Philosophical History. California and London:University of California Press,1998.

[13] Christian Norberg-schulz. The Phenomenon of Place//Kate Nesbitt. Theorizing a New Agenda for Architecture:An Anthology of Architectural Theory. New York:Princeton Architectural Press,1996.

[14] Christian Norberg-schulz. Heidegger's Thinking on Architecture.

[15] Juhani Pallasmaa. The Geometry of Feeling:A Look at the Phenomenology of Architecture.

[16] Kenneth Frampton. On Reading Heidegger.

[17] 亚里士多德. 形而上学. 苗力田,译. 北京:中国人民大学出版社,2014.

[18] http://www. duden. de/rechtschreibung/Dasein.

[19] Georg Wilnelm Friedrich Hegel. The Science of Logic. George Di Giovanni,trans. New York:Cambridge University Press,2010.

[20] 黑格尔著. 逻辑学. 杨一之,译. 北京:商务印书馆,1982.

[21] "Für-sich-sein",即为了自己的存在,是自我意识最初所是的存在。

[22] https://www. marxists. org/deutsch/philosophie/hegel/phaenom/kap4. htm#sa.

[23] 黑格尔. 精神现象学:上卷. 贺麟,王玖兴,译. 北京:商务印书馆,1981.

[24] 陈嘉映将"Exsistenz"译作"生存",而生存并非是只有人才会有的存在状态,因为这个世界上所有的有生命的存在者都具有各自的生存状态。其实海德格尔自己对这个词的解释就很说明问题,"Exsistenz"就是"Sein des Menschen",即"人的存在",当上下文关系明确指人的时候,译作"生存"倒也无妨。至于"Existenzialität",则可译作"人的存在论状态"。

[25] 汉译本此处将"Tisch,Haus,Baum"译作"桌子、椅子、树",疑为笔误。

[26] http://www. dwds. de/? qu=mensch.

[27] Sosein,英译作"Being-as-it-is"。

[28] Martin Heidegger. Being and Time. John Macquarrie,Edward Robinson,trans. Oxford UK:Basil Black-well,1985.

[29] "Ort",主要意涵是"空间中确定的、可定位的区域",范围较小者可译为"部位",如杯子中的那部分空间,范围较大者可译为"定位区域",如大学的那部分空间。汉译本译作"处所",此词一般也带有较大范围的意涵,我们一般不会将杯子中的那部分空间称作"处所"。

[30] "Aufgehen in der Welt",即"全心投身于世界之中",汉译本(修订本)译作"消散在世界之中",有些费解;1987年版的汉译本译作"融身在世界之中",反倒是合适的相对还好理解一些。

[31] 马丁·海德格尔著. 存在与时间. 陈嘉映,王庆节,合译. 熊伟,校. 北京:生活·读书·新知三联书店,1987.

[32] 海德格尔用"Schreibzeug"指"书写用具",其实这也是一个表示一个类别的事物的集合词,可以包括"钢笔、墨水、纸张、垫板"等物,但他在此将"书写用具"与它所包含的物并列,此外,"桌子"也属"家具"之列,两者也并列在一起,有些奇怪。

[33] "Einrichtung"指的是"安排""布置""装修"房间之意,指的是"行动",而不是"物",汉译本译作"家具",恐不妥;英译本译作"arrangement",是可以的。

[34] 勒·柯布西耶. 走向新建筑. 陈志华,译. 西安:陕西师范大学出版社,2004.

[35] "Umgang",交往之意,与用具的交往意味着使用用具,也意味着对用具的了解。英译作"dealing",汉译作"打交道"。

[36] 中译本将"Nägel"译为"钉子",英译本译作"needles",均不妥,其实"钉子"为其一义,其另一义为"指甲",根据上下文来看,海德格尔应是指"指甲"。

[37] "了却"有"结束""完成"之意,与"lassen"的意义明显不符。

[38] http://www. duden. de/rechtschreibung/Welt.

[39] "dunkle"本义为"黑暗的",引申为"难解的",中译本将其名词形式译作"晦涩者"是可以的;"licht"本义"光明的",引申为"显明的""易于理解的"。"晦暗者"与"光明者"在形式与意义上的关联似更好些。

[40] Martin Heidegger. Aletheia:Heraklit,Fragment 16. 见[7]:265.

[41] 马丁·海德格尔. 无蔽:赫拉克利特,残篇第十六//演讲与论文集. 孙周兴,译. 北京:生活·读书·新知三联书店,2005.

[42] Martin Heidegger. Die Frage nach der Technik.

[43] 英译本将"Wetterseite"译为"shady side",似有不妥。

[44] http://de. thefreedictionary. com/stätte.

[45] Martin Heidegger. Building, Dwelling, Thinking. Albert Hofstadter, trans//Rethinking Architecture:A Reader in Cultural Theory. London and New York:Routledge Taylor & Francis Group, 2005.

[46] 马丁·海德格尔. 筑·居·思//演讲与论文集. 孙周兴,译. 北京:生活读书新知三联书店,2005.

[47] 叶本度. 朗氏德汉双解大词典. 修订本. 北京:外语教学与研究出版社,2009.

[48] Michael Inwood. Blackwell Philosophers. Oxford:Massachusetts,1999.

[49] Kenneth Frampton. On Reading Heidegger.

[50] Martin Heidegger. Die Kunst und der Raum//Gesamtausgabe:Band 13, Aus der Erfahrung des Denkens. Frankfurt am Main:Vittorio Klostermann,1983.

[51] Martin Heidegger. Art and Space. Charles Siebert,trans.

[52] http://de. thefreedictionary. com/räumlichkeit.

[53] http://www. duden. de/rechtschreibung/Raeumlichkeit.

[54] "Umsicht",指对所有重要的状况进行的审慎的关注,中译作寻视。

[55] 此句原文是"Der bloße Raum ist noch verhüllt",中译本译得精彩。

[56] "verräumlichen"的构词是"ver-"加上形容词"räumlich"再加上动词后缀"-en",表示状态变化之意。

[57] 原文是"Entweltlichung",中译者译作"异世界化",其实可理解为"去世界化",此处原文有些重复。

[58] 汉译本将"Herstellen"译为"置造",似有些生硬,其实译作"制造"也是可以理解的。

[59] Martin Heidegger. Das Ding.

[60] Martin Heidegger. Übewindung der Metaphysik.

[61] "die Gunst und das Unwirtliche der Wetter",意即"天气的宜人与不适",孙周兴译作"节日的温寒",疑为笔误。

[62] 孙周兴将"Boten"译作使者,还是将"die Göttlichen"视为实体了。

[63] 亚里士多德. 政治学(一). 高书文,译. 北京:九州出版社,2007:381.

[64] 中译本将"Wohnungsnot"译作"居住困境",不准确。

[65] 孙周兴所译此诗极好,唯"Des Menschen Maaß ist's"一句,"'s"是"es"的缩写,应是指前文的"Gottheit"。

[66] 马丁·海德格尔. ……人诗意地栖居……. //演讲与论文集. 孙周兴,译. 北京:生活·读书·新知三联书店,2015.

[67] 马丁·海德格尔. 艺术作品的本源. //林中路. 孙周兴,译. 上海:上海译文出版社,2004.

[68] 孙周兴译作"物因素"。

[69] 马丁·海德格尔著. 物//演讲与论文集. 孙周兴,译. 北京:生活·读书·新知三联书店,2015.

[70] Martin Heidegger. Die Frage nach dem Ding：Zu Kants Lehre von den transzendentalen Grundsätzen. Frankfurt am Main：Vittorio Klostermann,1984.

[71] "die Herrschaft",汉译本译作"统治地位",似乎过强了,对于一个用具而言,质料与形式结构相当于一定的可能性的框架,起到一定的控制作用,是可以理解的。

[72] "gedrängten",中译本译作"压迫",此词主要的含义是"坚决要求",接近"逼迫"之意。

[73] 海德格尔在此说了几个希腊语词的拉丁语翻译,"τὸ υποχειμενον"(基体)译作"subjectum"(基础),"υπόστασιζ"(呈放者)变成"substantia"(实体),"συμβεηκότα"(特征)变成"accidens"(属性)。在海德格尔看来,这些词义上的变化标志着西方思想的无根基状态的开始。根据牛津拉丁语词典,"subjectum"有"基层""基础"之意,转意尚属微妙,孙周兴译作"主体",差异就过大了。

[74] Oxford Latin Dictionary. Oxford：Clarendon Press，1968.

[75] 此处原文为："Bau-und Bildwerk findet man auf öffentlichen Plätzen,in den Kirchen und in den Wohnhäusern angebracht",中译本译作："在公共场所,在教堂和住宅里,我们可以见到建筑作品和雕塑作品",此句不通,疑是漏译了"angebracht"一词。

[76] "Rahmenvorstellung",孙周兴译作"观念框架","Rahmen-"是前缀,故译作"框架性的"。

[77] "Wiedergabe"有"复制""描述""表演"等义,中译本译作"再现",然而"普遍本质"属抽象事物,是不可再现的,但可以"表达"出来。

[78] 中译本译作"表现性艺术","darstellend"侧重"描述性的、描绘性的、再现性的",而"表现性的"可以涵盖抽象性的表现。

[79] Greek Mythology [EB/OL]. http://www. ancient. eu/Greek_Mythology.

[80] "herstellen",有"制造""产生"之意,孙周兴在译注中说,这里所说的"制造"不是指对象性的对事物的加工制作,但他没有说这个词更恰当的意义是什么,根据上下文,如果"大地"可以理解为一个关系整体,那么建筑作品就可以使这样的整体得以形成,因而可以译作"塑造"。

图片来源

(图 8.1)、(图 8.2)Digne Meller-Marcovicz 摄影,来源：Heidegger's Hut. Adam sharr. The MIT Press Cambridge, Massachusetts London，England.

(图 8.3)、(图 8.4)、(图 8.7)、(图 8.8)郑炘、周子杰绘

(图 8.5)周子杰绘制分析图,原图来源：Heidegger's Hut. Adam sharr. The MIT Press Cambridge, Massachusetts London, England

(图 8.6)Cathédrale Notre-Dame d'Amiens,https：//fr. wikipedia. org/wiki/Cath%C3%A9drale_Notre-Dame_d%27Amiens

(图 8.9)、(图 8.10)、(图 8.11)Banister Fletcher〈F. R. I. B. A. 〉and Banister F. Fletcher〈F. R. I. B. A. , Architect〉. A History of Architecture on the Comparative Method. Fifth Edition. Revised and Enlarged by Banister F. Fletcher. London：Nabu Press,1905

第 9 章

乔治·巴塔耶:激进的批评

乔治·巴塔耶是法国作家、哲学家和批评家,在法国知识界是一个备受争议的人物。他早年曾入圣佛鲁尔神学院学习,后去巴黎进入专门研究古代文献的查尔特学院(Ecole des Chartes)学习,1922 年成为国家图书馆的案卷管理人[1]158。巴塔耶著作中有许多恐怖和淫秽的意象,这方面的代表作是在 1928 年以"Lord Auch"的假名出版的小说《眼睛的故事》。他也写了许多严肃的学术性著作,如《色情史》《马奈》《论尼采》《宗教理论》《受诅咒的部分》等。也许他的写作生涯本身就是他的"似是而非的哲学"(paradoxical philosophy)的最好说明[1]9。

　　一般以为巴塔耶自 1926 年起开始写作,而根据耶鲁大学法语教授丹尼斯·霍利尔(Denis Hollier)的研究,巴塔耶早在 1918 年夏就有了发表的文本——《兰斯圣母大教堂》,这意味着巴塔耶的写作生涯是从有关建筑的沉思开始的[2]14。阿兰·斯托克尔(Allan Stoekl)在《无节制的视野》的引言中也提到这一点[3]X。在成为国家图书馆的案卷管理人之后,巴塔耶研究了中世纪的小说,也研究了钱币学(numismatics),涉及艺术与考古。同时他还写了《W. C》《太阳肛门》等书,他的朋友道赛博士(Dr. Dausse)被这两本书的"剧毒和偏执"吓着了,遂安排他去看博勒尔医生(Dr. Adrien Borel)。此一时期巴塔耶与莱利斯(Michel Leiris,1901—1990)结识,后者不久就参与超现实主义者们的活动,巴塔耶也与超现实主义者们有交往。不过,超现实主义的领军人物布勒东(André Breton,1896—1966)对巴塔耶很反感,认为他是"有成见的"(obsessive)。巴塔耶也意识到布勒东所谓"敞开心灵之门"的概念与浸染了宗教的唯美主义和唯心论纠缠不清,而他自己无意于放弃对威严与美的攻击[3]X,XI。

　　1929 年,巴塔耶和他的图书馆同事皮埃尔·德斯皮泽(Pierre d'Espezel,1893—1959)共同创办《资料》(Documents)杂志,而编委会成员一开始就分成两派,一派是集结在巴塔耶周围的作家们,大多是超现实主义者,另一派显得保守一些,大多是博物馆研究员、心理治疗与艺术史的教授。编委会在杂志发展方向上意见不一致。作为妥协的结果,容纳了巴塔耶异质文论的《批评词典》就成了《资料》杂志的一个单行本,布罗奇(Alastair Brotchie)称之为"杂志中的杂志"。虽然只是一个单行本,但是这部分内容却在许多方面都成为整个杂志的精华。布罗奇认为,巴塔耶写作的思想和笔调有着高度的一致性,他所写的一切都言辞激烈,充满激情,但也肯定是"不可理喻的"。受他的影响,其他一些撰稿人所写的词条也都带有这样的特征[1]9。

　　较早对巴塔耶有关建筑文论的研究是由法语文学学者丹尼斯·霍利尔开始的,他于 1974 年出版法语版的《和谐广场礼赞》一书,对巴塔耶关于建筑的文论做出精致的分析。此书的英文版以《反建筑:乔治·巴塔耶的著作》为题,于 1992 年出版。此书的第二部分题为"建筑隐喻",霍利尔先是分析了巴塔耶的《兰斯圣母院》《无形》等文章,然后比照维奥莱-勒-迪克(Viollet-le-Duc)的《法国建筑词典》、克瓦特莱默·德·昆西(Quatremère De Quincey,1755—1849)的《建筑词典》以及丹纳(Taine H.,1828—1893)的《艺术哲学》有关建筑的解释,分段解读了巴塔耶为《资料》所写的"建筑学"词条。布罗奇汇编、艾因·怀特(Iain White)等人翻译的《艾斯法勒百科全书》(1995),收录了巴塔耶编辑的"批评词典"、选自《资料》的文本以及勒贝尔(Le Bel)与瓦尔德伯格(Waldburger)编辑的《达·科斯塔百科全书》。此书收录了巴塔耶所写的《建筑学》《博物馆》《屠宰场》和《工厂烟囱》等四条涉及建筑学的内容,另外一个有关建筑的词条《摩天大楼》由莱利斯撰写。值得一提的是《空间》这一词条,其第一部分"性质问题"由巴塔耶写出,第二部分"空间两面性的基础"由阿尔瑙·当迪欧(Arnaud Dandieu)写出[1]5。

　　奈尔·里奇编辑的《反思建筑:文化批评读本》(1997)选录了巴塔耶所写的《建筑学》《博物馆》《屠宰场》等三个词条,并写了相应的导读。他认为,建筑作为一种隐喻和文学的层面进入巴塔耶的视野。金字塔和迷宫可以隐喻社会结构,社会等级制度可看作在建造环境中进行编码,因而建筑就是社会结构的表达,并巩固了现存秩序[4]20。就此意义而言,巴塔耶的理论与结构主义有共通之处。但他作为一位意图推翻认定标准的理论家,反对所有可能宣传这些标准的事物。这样,他的理论目标又迥异于结构主义。丹尼斯·霍利尔在《反建筑:乔治·巴塔耶的著作》一书的引言中指出:巴塔耶是一位在人们开始谈论结构主义之前就已过世的作家,将他与后结构主义联系起来,是个时代错误。不过,如果回想一下整个 1960 年代,人们是如何急切地在结构主义与建筑学之间进行词源学上的连接——通过拉丁动词 struere,即建造——那么这种联系就有正当的理由。1968 年 5 月的学生运动往往被描述为对结构主义事业的反叛,而在后结构主义那里,有一个消弱建筑象征权威的欲望。回顾过去,可以将巴塔耶视为持有这种建筑批评观念的先驱[2]IX。就"消弱建筑象征权威的欲望"这一点而言,巴塔耶与后结构主义思想家们似乎有些默契。不过,在对于一般意义上的权威的态度方面,巴塔耶要显得更为激进,其政治方面的考虑也更为直接。

美国加利福尼亚大学艺术史和建筑学教授安东尼·维德勒于 2000 年出版《弯曲空间:现代文化中的艺术、建筑与焦虑》一书。第一部分的最后一章标题为"X 标记地点:犯罪场景的空间衰竭","X 标记地点"(X Marks the Spot)原是 1930 年由芝加哥斯波特出版公司发布的犯罪现场摄影集,巴塔耶曾为之写过简短评论。维德勒提到巴塔耶对尼采"上帝之死"之说的反思,那是巴塔耶《方尖碑》一文中的内容。在他看来,1836 年在协和广场竖立起的卢克索方尖碑起到了标记的作用,而"地点"就是为绞死路易十六而设的断头台。此外,维德勒对巴塔耶所写的《空间》词条也做了分析[5]123-125,131-132。

安德鲁·鲍兰廷的《建筑理论:哲学与文化读本》(2005)收录了巴塔耶的《建筑学》及另一篇涉及建筑的短文《方尖碑》。鲍兰廷说本书收录《建筑学》一文,是因为它表达了巴塔耶对建筑及其在社会的地位的一般看法,收录《方尖碑》,是因为它是在一个宽广的文化视野中(如生命、宇宙以及所有的一切)看待的建筑纪念物的一种特殊例证,也因为方尖碑本身就是进入本书的一个恰当标志。鲍兰廷还指出,巴塔耶的思想具有一种实用主义的方面,他关注的是事物的作用,而不是事物的形式,也就是说,不要问它是什么,而是问它干了什么。我们学会的是如何使用一个词或一个概念,当我们自信地使用它,我们就已理解它了。方尖碑来自古代埃及,人们大多不会认得其上的碑文,但这并不妨碍人们把它当作权力的象征,放置在香榭丽舍大街与国会大厦的轴线交叉处[6]4-5。

2005 年托马斯·米卡尔(Thomas Mical)编辑出版了《超现实主义与建筑》论文集,其中有一篇纳迪尔·拉伊吉(Nadir Lahiji)写的题为《……时间的礼物:勒·柯布西耶读巴塔耶》的论文。根据纳迪尔·拉伊吉的研究,巴塔耶与勒·柯布西耶早在 1930 年代就有过交往,而且勒·柯布西耶与布勒东也有过争论。1949—1953 年间的某个时候,巴塔耶送给勒·柯布西耶一本他的名著《受诅咒的部分:普遍经济学论文集》,在标题页上手写了"致勒·柯布西耶,以示敬意和同情"。在此书的最后一页,勒·柯布西耶写下"1953 年 11 月 19 日",表明他读完此书的时间。勒·柯布西耶在书中做了标注、下划线,在两张扉页上写下评注。他对书中的"竞争的礼物:炫财冬宴"(Le don de rivalite:le 'potlatch')一章十分着迷。其时,勒·柯布西耶正在做印度昌迪加尔城市规划,巴塔耶书中"马歇尔计划"一章的"艾斯法勒"(Acéphale,无头者)意象也给他以很大的启发。拉伊吉认为,勒·柯布西耶的昌迪加尔规划正是炫财冬宴般的空间耗费与无头的规划结构的结合[7]119,127。这可能是巴塔耶的理论对现代建筑实践产生的较为直接的影响。

9.1 建筑的体验与理解

巴塔耶的许多文论都涉及建筑学的内容。《建筑学》《工厂烟囱》《方尖碑》《满足了的欲望》等文章涉及建筑的象征与表现问题，《耗费的概念》与《受诅咒的部分：普遍经济学论文集》等论著涉及建筑与祭祀、建筑与耗费等问题，后者也讨论了建筑的表现问题。在《宗教理论》《机会》与《底层唯物主义与诺斯替主义》等文论中十分巧妙地运用了与建筑相关的隐喻。从巴塔耶所受的教育来看，很难说他在建筑学的知识方面有过系统的学习，但他对建筑学的概念有十分深刻的理解与把握。这一方面源自他对建筑以及城市环境的体验与观察，另一方面，他的敏锐的哲学分析能力以及对事物普遍性本质的把握，也使得他能够在哲学、人类学、政治经济学以及建筑学的不同领域游刃有余。

9.1.1　从建筑的观察经验出发

《兰斯圣母大教堂》(Notre-Dame de Rheims)是巴塔耶首次发表的文章。霍利尔从文中所透露的战争末期迹象，认为本文可能写于1918年夏。这篇文章是写给上奥弗涅青年(Haute-Auvergne)的。"你们已经听过兰斯(Rheims)这座香槟平原(the plains of Champagne)上的伟大城市的传说"，就是他发表的第一个句子。刚刚结束的第一次世界大战是其历史背景。在这篇文章中，巴塔耶先是追溯了兰斯圣母大教堂的辉煌历史：圣雷米(Saint-Remi)在这里为蛮人克劳维(Clovis the barbarian)施洗，法国的国王们在这里加冕，圣女贞德(Joan of Arc)也在这里受到虔敬的市民的欢迎。在这篇文章中，年轻的巴塔耶已经展现出他对建筑的敏锐观察以及富有意味的意象的想象。他想象了大教堂在那个时代的壮观与荣耀：青春期的白色大教堂高高凌驾于城里成千上万个尖尖的屋顶之上，就像一位看管低语羊群的牧羊人一样。这是个富有基督教意涵的比喻。在谈到圣女贞德由此出发履行她的使命(也就是率军抗击英军侵略)之际，他又说那大教堂洁白而巨大无比，就像胜利女神一般。接着他谈到他在这座老城生活时对大教堂的体验：大教堂的存在就是石头的胜利。友善的人群在门廊下，与门廊上以手势表示永恒的圣徒石像为伍；而中间门廊上的圣母雕像既有帝王的气概，又有母性，所有信徒和所有的石头都沐浴在母性与神性的善之中[2]15-16。

然而随着第一次世界大战的爆发，这一切都不复存在。城市在战火中燃烧，圣母大教堂也被德军焚毁(图9.1)。战争摧毁了生活和幸福，令人绝望。巴塔耶对大教堂废墟有形象的描述："现在大教堂的石头饰带破碎了，或被烧焦，但它仍然庄严，然而由于大门紧闭，钟也破裂，它已不再能焕发生机。圣徒和圣母的雕像(其简单的笑容曾给我奇妙的慰藉)被埋在一堆沙袋之中，它们保护它不再进一步被毁。而且我想尸体本身并不比毁坏的教堂(就像兰斯圣母大教堂那样宏伟空旷)更反映死亡。从以前活生生的石头爆裂中辨认出骨架的痛苦样子，就像人脸上的划痕。""看到她损毁的结构，破败的立面，真是令人伤心。在11月的雾中，大教堂就像一个幽灵一般，一个在空茫茫的大海上游荡的遗弃物，桅杆破损，没有船员；她将一切生的希望都转化成冰。"不过，面对死亡的意象，年轻的巴塔耶并不悲观，因为他的心目中有一种比死亡还要强烈的光，那就是他的祖国法兰西。虽然大教堂已损毁，空无一人，也没什么形象，但它仍然是法兰西的一部分。因而人们不应该在她的石头中寻找属于过去、属于死亡的东西，而是要在它可怕的沉寂之中，去体验希望之光。而且巴塔耶在它那里意识到一种伟大复活的召唤[2]17-18。

在文章的结束部分，巴塔耶对上奥弗涅的青年们寄予深切的期望："你们正是它(即兰斯圣母大教堂)所等待的更新之人，因为它就是我们的圣母的直接宣示，而且它也为你们指引了通往基督的路。""你们将模仿你们古代的父辈，……他们在上帝的天堂下建造了大教堂，为以我主的名义集结起来的那些人打开一条光明之路，走向生活在我们中间的上帝。而且你们将在你们的心中建造神圣的教堂，以便指向上帝的光芒永远在你们内心深处闪耀。你们将是圣母大教堂的快乐儿子，而且我再也不会见到比你们更为辉煌的结果。"[2]18-19这些话更像是一位长者说给年轻人听的。有意味的是,巴塔耶并没有想到要重建大教堂,而只是希望青年们在心中建造神圣的教堂。也许发自内心的信仰比物质性的建造更为重要。有了信仰的力量,才有可能在大教堂的废墟中看到希望之光。如果没有信仰,教堂再宏伟华丽,又有什么意义?由此我们可以体会到巴塔耶的宗教虔敬之情。

巴塔耶自 1914 年皈依天主教后,原本很虔诚,直到1920 年,他每个星期都要去教

图 9.1　战火中的兰斯圣母大教堂

堂告解他的罪过。1917 年,他进入圣佛罗尔修道院(the seminary of Saint-Fleur),立志要成为一位修道士。1918 年写下《兰斯圣母大教堂》后,巴塔耶有近 10 年的沉默期。而当《眼睛的故事》《太阳的肛门》这样惊世骇俗的文本以奥赫爵士(Lord Auch)的笔名问世,人们无论如何也不会将充溢宗教虔敬之情的《兰斯圣母大教堂》与它们联系起来。在这 10 年的沉默期中,巴塔耶经历了思想上的巨变。1920 年,巴塔耶与天主教决裂,原因很简单:他的天主教信仰让他所爱的女人流泪。而他父亲临死前胡言乱语、高声责骂、拒绝见神父,也给他很深的影响[8]。如果说巴塔耶在《兰斯圣母大教堂》一文中试图在心中重建神圣的教堂,那么 10 年之后他所有的论著都将以拆毁这座大教堂为目标。当然,这座教堂也不再是崇高、神圣、母性的象征,而成为某种更为隐秘的、压制性力量的象征。

霍利尔在为布鲁斯·布恩(Bruce Boone)翻译的巴塔耶的《罪》一书所写的引言中说,巴塔耶于 1939 年在他的日记本上开始写下一些片段,那些文字以后会成为《罪》一书的内容[9]X。巴塔耶自己在此书的引言中提到,他在 1942 年曾经有一个印象——他就像是个陌生人那样生活在这个世界上,而在此书出版的时刻,他想到他的思想与别人强烈不同的原因就是他有恐惧感[9]5。从早年的虔敬,到后来的陌生感与恐惧感,巴塔耶思想上的转变是很大的。这样的转变也影响到他对建筑的体验。《罪》一书的第一章"朋友"中的第二节题为"满足了的欲望",在这一节的开始,巴塔耶说他为某种机缘让他满意而感到高兴,那种机缘就是他想象到一条无需预先给定的概念的途径。周围的一切都是宁静的。黑暗笼罩了一切,充满星辰的天空是黑暗的,山峰和树林也都是。他感到他变成"高高飞翔的飞机飞离自己",他的生命"仿佛在穿越漆黑天空的缓慢河流中流淌"。他不再是那个大写的"我"(ME)了。这是不是一种奇妙的忘我的状态?他甚至觉得献祭就可以在那样的时刻开始。但接下来他的感觉似乎加入了异质因素——"不满、愤怒以及傲慢"重新开始。翱翔的乌鸦显然也不是让人愉悦的意象。在长长的省略号之后,他说他独自一人。他还看到花园在他面前背对着他升起,"就像一座巨大的殡仪馆建筑"(the architecture of a vast funeral monument)。在这里,巴塔耶用了"architecture"一词,指的是殡仪馆这样的纪念性建筑的艺术方面。然而这花园又在他脚下敞开,"既黑且深,就像一个大坑"[9]18。花园升起而成殡仪馆,又塌陷而成一个深坑,这两个交替的意象都与死亡相关,如果是在梦境里,那一定是噩梦了。但这段文字表达出来的意象从宁静的夜晚开始,至地震之类的灾难才可能有的地表凸起或塌陷,始终保持了平静

图 9.2　巴黎荣誉军人院

的笔调。这也可以说是对此章第一节"夜晚时分"中"噩梦就是我的真理和本来面目"这一陈述的说明[9]12。

在《满足了的欲望》一节中,巴塔耶描述了他在巴黎玛德莱娜大街(the Madeleine)上的体验。他说,"有时走过玛德莱娜大街是愉快的,即使并不顺路"。从那里他能通过加布里埃宫(Palais Gabriel)的柱廊辩认出那座方尖碑,"在波旁宫(Palais Bourbon)的上方,它的针尖与残疾军人院(Les Invalides)的镀金穹顶成对"。巴塔耶将这一系列街道景观视为一个"场景"(setting),一个国家曾在这个场景中上演了一场"悲剧"。在此我们会想到法国大革命。法国大革命推翻了路易十六的皇室专制,自由、平等、博爱的原则对后世产生深远的影响。从史学角度出发,法兰西民族为世界的现代进程指出一条路径,自身却在随后的革命恐怖、拿破仑称帝以及王朝复辟的过程中付出惨痛的代价,历史的悲剧可能是就此而言的。而巴塔耶通过建筑方面的观察,向我们表明另一种类型的悲剧。他说,"皇室,对纪念性建筑(the monumental architecture)而言是个关键,在愤怒人群的嘲弄中倒在血泊中,然后又在石头的静谧中重生"。为什么皇室对纪念性建筑而言是个关键?这个问题巴塔耶其实在 10 年前的《建筑学》一文中已经做出说明,那就是宫殿之类的纪念性建筑是权威的表现(这一点将在第三节中分析)。纪念性建筑本身就是个关键。作为一种典型的纪念性建筑,宫殿送走旧的皇室,又迎来新的帝王,旗帜变换,而宫殿依然故我。宫殿的秩序、威严与权威是联系在一起的。皇室的权威毁灭过后而复生,对于那场革命而言是另一层面上的悲剧。不过,时代毕竟不同了,到了巴塔耶作观察的时候,皇室的权威早已成为历史,"对那些匆匆而过、举头仰望的忙碌行人而言,既谨小慎微又不可思议"[9]19。

荣誉军人院原是路易十四于 1670 年为年老病弱的士兵所建的养老医院,后几经扩建,于 1708 年建成带穹顶的礼拜堂。巴塔耶说,"世界的灵魂"(soul of the world)埋在那里,在荣誉军人院的建筑艺术处理中显得更为壮丽(图 9.2)。所谓"世界的灵魂",是黑格尔对拿破仑的称谓,拿破仑的遗骸几经周折最终安放在礼拜堂穹顶之下的石棺中。穹顶高达 107 米,穹顶的天花上是由查理·德·拉·佛赛(Charles de La Fosse,1636—1716)绘制的巴洛克风格的天顶画。红色石棺安放在绿色花岗岩基座上,与百米开外的画面遥相呼应,那种壮丽的空间效果是不言而喻的。"the architecture of Les Invalides"中的"architecture"应是指"建筑艺术的处理"。不过,巴塔耶对此似乎并不在意,在他看来,这样的场面不过是"让更简单的灵魂迷茫的事物",他自己不会有什么困惑。他把荣誉军人院称作"黑格尔式的结构",是不是以黑格尔宏大思想体系的建构来隐喻这座宏伟的建筑?而他又说这个"结构"倒塌过两次,可能指的是这座建筑在人们心目中的地位的坍塌。法国大革命时,民众先是攻占了荣誉军人院,夺取了地窖里的火炮,继而去攻占巴士底狱。其实这个结构并没有坍塌,只是在民众心目中不再有荣耀的地位了。虽然巴塔耶不怎么在意荣誉军人院的壮丽,但这座建筑还是在他的内心产生回响,尽管很微弱。巴塔耶从中体会出一种"不可理解的神秘",那神秘将"荣耀,灾难以及沉默"结合起来。那座方尖碑就是从这种深深的神秘之中拔地而起。自从第二次大战以来,巴塔耶有两次来到方尖碑的脚下,但他觉得在夜晚的黑暗中才能看出它的"十足的威严",从基座往上望去,"这个花岗岩石块消失在夜空中,在繁星的映衬下显出它的顶端"[9]19。在这里巴塔耶将夜间对方尖碑的感受与荣誉军人院所反映的历史的神秘联系起来,与此同一一时期,即 1936—1939 年间,巴塔耶还专门以方尖碑为题写了文章,进而对方尖碑的象征性与历史意义做出分析。

9.1.2　建筑构成

为《资料》杂志所写的词条《建筑学》一文有 4 种英译本,这说明此文备受英美建筑理论界的关注。奈尔·里奇主编的《反思建筑》收录的是保罗·希嘉里提(Paul Hegarity)的英译本,安德鲁·鲍兰廷主编的《建筑理论:哲学与文化读本》中收录的是迈克尔·理查兹(Michael Richards)的英译本,霍利尔在他的《反建筑》一书中自己翻译了《建筑学》一文,阿拉斯泰尔·布洛奇编辑的《艾斯法勒百科全书》中的《建筑学》一文由艾因·怀特(Iain White)翻译。此文虽然是为词典所写,但并不着意于关于建筑学概念的解释,而是对建筑的象征与表现问题做出探讨。在关于建筑的象征与表现问题的讨论中,巴塔耶在两处使用了"la composition architecturale"这个术语。第一处是在第一段:这个陈述是对文章开篇"建筑学是社会存在的表现"一句的进一步阐明,指的是"只有社会的理想存在,也就是挟以权威发号施令并令行禁止的那种存在,才在建筑构成中表现自身"[10][11]171。第二处是在第二段:"每当建筑构成出现在纪念物以外的地方,无论是在人相学、服装、音乐,还是在绘画中,都可推断出对于人之权威或神之权威的支配性的兴趣"[12][11]171。在第一段指明大教堂和宫殿之类的纪念物是权威的表现形式之后,这个陈述进一步揭示了权威在其他领域的表现。在建筑以外的领域,"la composition architecturale"就是一个隐喻了。事实上,在巴塔耶所例举的人相学、服装、音乐以及绘画领域,"composition"的普遍性意涵都是存在的。

在法语中,"composition"是多义词,其义基本与英语的"composition"一词相通,也都有着共同的拉丁词源"compositus"。根据拉鲁斯法英网络词典(Larousse),"composition"有 6 层含义,第一义是"制作、组装",根据上下文可以解释为"组织、安排、形成、构成、建立",如"composition d'un bouquet"(安排宴会),"composition d'une équipe"(设备的安装)[13]。另据法国 CNRTL 网络词典,"composition"的第一大类的含义(A.)是:"Action de former un tout par assemblage ou combinaison de plusieurs éléments ou parties; le résultat de cette action",意为"通过组合或结合一些要素或部分而形成一个整体的行动"[14]。在绘画中,这样的行动可以称为"构图";在音乐中,这样的行动可以称为"作曲";在建筑中,这样的行动可以称为"构成"。巴塔耶将"composition"与"architecture"结合起来,也是在此意义上理解"composition"一词的。

法国建筑理论家们是在 20 世纪初开始使用"composition"这个术语的。此前的很长时期内,理论家们更倾向于使用"disposition"这个词。"disposition"意为布置、布局。克鲁夫特认为这个概念早在 18 世纪初就在法国建筑理论争辩中占主导地位。在 19 世纪初,让-尼古拉-路易·迪朗在(Jean-Nicolas-Louis Durand)将"disposition"作为建筑的主要概念,并将"最适合、最经济的布置"作为建筑的唯一目标。20 世纪初,朱利安·加代在他的《建筑要素与理论》一书中,明确将"disposition"与"composition"等同看待。而 composition 含义要更丰富一些。他明确提出了构成要素(éléments de la composition)的概念。对他而言,构成意味着建筑的艺术品质,要将一个整体的诸部分组合、融合以及结合起来,而这些部分就是"构成的要素"[15]274,289。巴塔耶是在 1929 年写下《建筑学》一文的,他不仅恰当地运用了"建筑构成"这一术语,而且还将"构成"这个行动视为建筑表现的关键环节,对于建筑理论而言也是一个贡献。

《建筑学》一文有不同的英译本,对"la composition architecturale"也有不同的译法。先来看"composition"一词在英语中的含义。根据《韦伯斯特新国际英语大辞典(第三版)》,英语的"composition"一词有 7 层含义,第一义又细分为 9 层含义,其中的 1a 是普遍性的含义:将不同事物组织在一起从而构成一个整体的行为或行动,其他 8 个含义是对一些具体方面的解释,如 1e:"the disposition of the parts of a work of art"(对艺术作品的构成部分的处理),与"form、pattern"同义,给出的例词是"a triangular composition",这应是针对绘画艺术而言的,汉语一般译作"三角形构图"[16]466。另据 WordNet 网络词典,"composition"的第一义涉及"空间品质",这种空间品质是通过各部分彼此间以及各部分与整体间的关系的处理获得的,例句是"Harmonious composition is essential in a serious work of art"[17],意思是说,和谐的构成在严肃的艺术作品中是基础性的。可以说,英语"composition"与法语"composition"的词义是相通的。关于"composition"一词在建筑理论中的使用,可以参见《大英百科全书》的建筑学词条。在这个词条中,"composition"位列"exprssion·form"的标题之下,在"space and mass"之后。此部分内容作者是美国建筑理论家詹姆斯·S.埃克曼,他对"composition"的解释是:"空间与体量是建筑形式的原材料;建筑师用它们通过构成(composition)的过程来创造一个有秩序的表现。构成是由其部分形成的整体组织——先是单一要素的构想,然后是将这些要素相互关联,并将它们与整体形式联系起来。"[18]可见,艾克曼对建筑构成概念的解释就是"composition"所涉"空间品质"的词义的具体化。埃克曼是在 1960 年做出这样的陈述的,这说明巴塔耶在建筑的表现与建筑构成的关联性问题上有很强的超前意识。

关于《建筑学》一文的几个英译本对两处"la composition architecturale"的翻译,保罗·希嘉里提(Paul Hegarty)和丹尼斯·霍利尔(Denis Hollier)均译作"architectural composition"(两处有单复数之别),迈克尔·理查兹(Michael Richards)将后一处译作"architectural composition",而前一处译作"architectural constructions",多米尼克·法奇尼(Dominic Faccini)则将两处均译作"architectural construction"(两处有单复数之别)[19][4]21,[2]47-51,[6]6,[1]35。这里就存在一个如何理解"construction"的问题。根据法国 CNRTL 网络词典,"composition"的第二大类含义(B.)是:"Action de travailler à une œuvre de l'esprit",意为"创作精神作品的行动",其中的第二层含义是:"Construction,équilibre,harmonie d'une œuvre littéraire,musicale,picturale",这里的"construction"就不能理解为"建造"了。根据本词典,"construction"的第一大类含义(A.)是:"Action de construire quelque chose;résultat de l'action",也就是说,"construction"可以是建构任何事物的行动或结果,其第二层含义是"Opération qui consiste à assembler,à disposer les matériaux ou les différentes parties pour former un tout complexe et fonctionnel",意为"构成一个组合体的操作,布置材料或不同的部分以便形成一个复合的功能性的整体"。就此意义而言,法语中"composition"与"construction"词义相通[20]。再来看英语中"construction"一词的含义。根据《韦伯斯特新国际英语大辞典(第三版)》,动词"construct"主要有三层意思,一是"to form,make or create by combining parts or elements",意为"通过将部分或元素结合起来以形成、制造或创造(某物)",给出的例子有"in constructing the new freeway"(在建造新高速公路的过程中),"construct a new dormitory"(建造一座新宿舍),"a well-constructed blend of unimpeachable teas"(调制完美的高品质混合茶),"an elegantly constructed pair of dark green trousers"(一条制作考究的暗绿色裤子),可见,就制作物质对象的意义而言,"construct"一词的用法是十分丰富的;二是"to create by organizing ideas or concepts logically,coherently, or palpably",意为"通过合乎逻辑地、融贯地、明确地组织概念或观念来创造;三是"to fabricate out of heterogeneous or discordant elements",

意为"用不同类的或不一样的要素来组装"。后面两个含义更多是针对抽象的实体如思想、语言、制度等而言的。名词"construction"的意涵也是从动词得来的，也可大致分为建造或制作物质对象与建构抽象实体两个方面。前一方面，本辞典给出的解释是"the act of putting parts together to form a complete integrated object"，意为"将诸部分组织在一起以形成一个完整综合的对象的行动"，而在建筑学领域，符合这样定义的行动与"composition"（也就是构成）是相通的[16]。因此，尽管《建筑学》一文的几个英译本对"la composition architecturale"有不同的译法，但表达的都是"建筑构成"之意。

9.1.3　建筑的类比和隐喻

巴塔耶在他的文本中善于使用建筑的类比和隐喻。在《宗教理论》一书的引言之前，他又写了关于此书所处的境况的说明。在第一段里，他将思想类比为"一块砌进一堵墙中的砖"，不过，根据上下文的关系，这里所说的思想应是指个人的思想，与后文所说的"单独的想法"（the isolated opinion）类似。相对于"开放的、非个人的思想运动"（the open and impersonal movement of thought）而言，单独的想法就是要素。"一块砌进一堵墙中的砖"这样一个类比，表明这块砖不再是一块"自由的砖"（free brick），它与其他砖之间的关系乃至与这堵墙之间的关系显得更为重要。在这里，巴塔耶用类比的方式向我们表明，相对于要素而言，一个要素与一个结构中其他要素以及与这个结构整体之间的关系是更重要的。如果没有意识到这样的关系，是不可能对思想运动有什么理解的。在此意义上，我们可以认为巴塔耶的思想带有很强的结构主义特征，也不难理解巴塔耶以下陈述的深刻意涵："如果思考之人在回看自己的时候看到一块自由的砖，而没有看到这个自由的伪装对他的代价，那么这块砖就是一个思想的幻象（simulacrum）：他看不到废品场，看不到垃圾堆，而那正是一种敏感的虚荣心把他和他的砖丢弃的地方。"在这个陈述里，巴塔耶使用了一系列隐喻："自由的砖""废品场"（the waste ground），"垃圾堆"（the heaps of detritus），"他的砖"。"自由的砖"就是没有进入"墙"的结构关系中的砖，隐喻了这个思考之人的单独的想法。这样的想法貌似自由，但不过是"思想的幻象"。如果其他的思考之人也是如此，那就会产生别的单独的想法，许多没有任何关系的单独的想法聚在一起，不可能产生结构关系，我们可以把它们说成一盘散沙，而巴塔耶更激进些，称之为"废品""垃圾"。更糟糕的是，"自由的砖"这样的"自由的伪装"使这个思考之人有了自以为是的虚荣心，代价是很大的：事实上他和他的砖（他的单独的想法）已经被丢进"废品场"和"垃圾堆"，而他自己却浑然不知[21]9。

巴塔耶还将砖的隐喻用在一本书上。他先是强调泥瓦匠的砌筑工作才是要紧的，意思是说，书的作者也应该像泥瓦匠一样行事。若此，一本书中的"邻接的砖"（the adjoining bricks）与"新砖"一样显眼。"新砖"指的是"邻接的砖"所共同构成的书，"邻接的砖"也就是砌在一起的砖，指的是相互间具有关联的那些内容，两者一样的显眼，其实还是在强调其内容之间的关系。因而，书的作者"提供给读者的不能是一个要素，而必须是它所楔入的那个全体（ensemble）：它正是整个人性的集合（assemblage）与大厦（edifice），那不是碎片的堆积，而必须是一个自我意识"。巴塔耶用了"全体""集合"这样的语词以及"大厦"这个隐喻，都是在强调一本书的整体性特征。他之所以如此，是因为单独的事物易于直观，总是"邀人为阴影投下实质"（这可能是指本末倒置），"为单独的想法而放弃公开的非个人的思想运动"[21]9-10。

在此书的引言中，巴塔耶谈了他对哲学的看法。在他看来，一种哲学虽然是"一个融贯的总和"（a coherent sum），但它表达的仍然是"个人"的想法，而不是"不可分解的人类"（indissoluble mankind）的总的看法。这相当于前文所说的"单独的想法"。在人类思想中，一种哲学如果想要融入"非个人的思想运动"中去,就必然要"对那些接续的发展开放",要对"他性"(otherness)开放。正是由于这样的开放性,"一种哲学从来就不是一座房屋"(a house),而是"一个建筑工地"(construction site)[21]11。巴塔耶用"房屋"和"建筑工地"的隐喻,生动地表明一种哲学所应有的开放性。

《底层唯物主义与诺斯替主义》是巴塔耶的重要论文之一,在本文的开场白中,巴塔耶也谈到有关具体的对象与作为一个整体的诸事物的判断上的差异。关于前者,人们很容易将物质(matter)与形式(form)区分开,在有机物上,在具有存在整体价值及其个体存在价值的形式上,也可做出类似的区分。关于后者,这类有所变换的区分就变得任意,甚至不可理解[22][3]45。巴塔耶在这里仍然沿循了亚里士多德关于世界的概念,具体对象的形式并不是表面性的,而是其所是的表达。他的看法表明,对于具体的对象的认识是明确的,而对于作为一个整体的诸事物的认识就不那么容易。在此他提出"语言实有体"(verbal entities)的概念,其实是将存在论的问题转换成语言问题。一个语言实有体是"抽象的上帝"(abstract God)或"理念",另一个是"抽象的物质"(abstract matter)。巴塔耶将前者隐喻为"卫兵首领"(chief guard),后者隐喻为"监狱之墙"(prison walls)。"抽象的"这个定语表明了语言实有体的属性,也就是说所指的对象都是经过语言来表达的。巴塔耶在古典哲学的两类范畴之间做出区分,他将理念与抽象的上帝等同看待,是基于对古典哲学中理念的原发性、创造性意涵的深刻理解。而他关于这两个语言实有体的隐喻显得有些出乎意料。他以"监狱之墙"来隐喻"抽象的物质",可能是说古典哲学力图为物质的表达规定疆界。巴塔耶将这两个语言实有体隐喻为"形而上学的脚手架"(metaphysical scaffolding),表明形而上学的建构活动处在进行中,这与他在《宗教理论》中将一种哲学隐喻为建筑工地的做法是一致的。这个形而上学的脚手架变来变去,表明了一种不确定性。巴塔耶将这样的变动与建筑风格上的变化相提并论,而且对此也不怎么感兴趣。他说,"人们在试图知道是这座监狱来自这个卫兵,还是这个卫兵来自这座监狱的过程中,变得兴奋起来",其实这是以隐喻的方式说明人们对世界本源问题的好奇[22]45。

前面已经提到,《罪》一书是在第二次世界大战期间写成的。在第一章"朋友"的第一节"夜晚时分"开篇,巴塔耶就说他开始写此书的日期(1939年9月5日)并非巧合,他开始动笔乃是因为有事情发生。其时第二次世界大战全面爆发,他预感到不能再逃避,而是必须要随自由和奇想而冲动,必须直言。他知道他不会不受战争的影响,但他不惧忍受死亡临近的野蛮时刻。颇有些既来之则安之的意思。虽然他说他不会谈论战争,而会谈论神秘的存在,但他所谈论的这个世界却是不妙的:

多么晦暗的天气。听不清的疾风之声(在小小的F河谷,天边有一片森林,它的上面一片雾霭——在古老的树木和房屋之间有一座工厂在滑稽地哀号)。噩梦就是我的真理和本来面目[9]12。

那个年代的工厂,机器的轰鸣震耳欲聋,巴塔耶用了拟人化的修辞,称之为"滑稽地哀号",表明他对现代的工业文明没什么好感,这在他为《批评词典》写的词条《工厂烟囱》中也可见出。在他的笔下,这个世界"只不过是个坟墓"。这个意象可能比世界的末日更为糟糕。不过,对女人身体的欲望以及由此而来的色情的折磨,还是让他有所自知。当他声称妓院就是他的"真正的教堂"(true church)的时候,真可谓惊世骇俗了。尽管巴塔耶已经不再信仰天主教,但他仍然赋予"教堂"一词本身以正面的意涵,只不过用以隐喻的对象并非大雅之堂[9]12。

在死亡临近的野蛮时刻,巴塔耶对这个世界的描述不可能不受影响。坟墓的隐喻是令人绝望的。但他在这死寂之夜仍然在思考知识的问题。在《天使》一节中,巴塔耶说他最终还是以一定的方式来看待这个宇宙的,但是未来的人们无疑会看出他出错了。他认为,"完整性"(completeness)应该是人类知识的基础,如果它是不完整的,那它就不是知识,只是"认识意志"(the will to know)的不可避免的、令人目眩的产物。他接着指出,黑格尔的伟大之处在于他认识到知识依赖于完整性,甚至在知识形成的过程中,也会有名副其实的知识。巴塔耶提到黑格尔想要留下的"大厦"(edifice),那是知识整体的隐喻,但留下的只是先于他的时代而建构的那一部分的框架。这个框架就是精神现象学(phenomenology of mind),它在他之前或在他之后都未曾建立起来。因而巴塔耶说这个框架是个决定性的失败[9]24。与"完整性"相对的是"不完整性"(incompleteness)。对于人的知识而言,"完整性"是相对的,"不完整性"是绝对的。巴塔耶认为知识是不完整的,也是"不可完成的"(incompletable),而知识的对象也是不完整的,也是"不可完成的"。他其实是在否定神学关于上帝全能以及他所创造的世界的完整性的主张。就理解世界的不完整性的意义而言,有必要"杀死上帝"[9]27。他从尼采赞赏的"未知未来"(Unwissenheit um die Zukunft)的概念得到启发,认为知识的终极状态就是"未知未来"[9]25。所谓"无知"(non-knowledge)的概念应该是从知识的"不完整性"来理解的,常言所说的"知无涯"应是另一种表述方式。"无知"的状态其实就是尚未知晓的状态,巴塔耶将其喻为"在某条地下隧道迷路的感觉"[9]24。可以说,巴塔耶关于知识的理论思考是十分深刻的,特别是他的关于知识的不完整性概念,以及对知识边界的否定,向我们展示了关于知识发展的动态图景。在这样的图景中,黑格尔的建构知识大厦的努力是不可能完成的。

9.2　建筑与社会

对于巴塔耶而言,社会并不等于构成它的各种因素的总和。从他以晶体、有机体为类比的说明可知,此类事物由于有了高度的统一,作为构成因素的分子或细胞不再有自主性,也不存在并存的关系[23]76-77。在《宗教理论》一书中,他将世界分为"世俗世界"(the profane world)与"神圣世界"(the sacred world),同时将人性与世俗世界的发展,祭礼、节日与神圣世界的原则,以及动物性视为三大基本元(basic data)[21]27,43。巴塔耶似乎还是想到所有人类的活动之于社会一体化的价值,提出"神圣社会学"(sacred sociology)这样一个总体性的概念,这个概念并不只是对应神圣世界,也并非等同于宗教社会学[21]75。不过,他在考察人类社会的各种活动的时候,并没有强调一体化的价值,而是在讨论同质性问题的同时,也分析异质性的问题。建筑作为人类建造活动的结果,也存在同质性与异质性的问题。

9.2.1　同质性问题

在《法西斯主义的心理结构》一文中,巴塔耶先是运用马克思关于上层建筑的理论描述了整体的社会结构,进而对法西斯主义的心理结构做出分析。哈贝马斯在《现代性的话语》一书中说,其时巴塔耶是个十足的马克思主义者[24]254。巴塔耶将社会分为同质性部分与异质性部分。同质性(homogénéité)指的是要素的可公度性(commensurabilité)以及对这种可公度性的意识,其重要性在于,对固定原则的还原维持了人的关系,其基础是对个人与境遇可能同一的意识,而所有暴力都被排除在这个存在的过程之外。巴塔耶还将生产视为社会同质性的基础,并指出是现代社会中生产资料的所有者建立了社会的同质性,而作为生产主体的劳动者却被同质活动排除在利益之外,而且也被排除在心理学的同质状态之外[25][26][27][28]。

巴塔耶在《萨德的使用价值——致我的当代同人的公开信》一文中讨论了占用与同质性的关系问题,并以建筑与城市加以例说。他将"占用"(appropriation)与"排泄"(excrétion)视为方向相反的两个行动,称之为"人类的两个极化的行动",社会事实也可由此加以区分[29][30][31]。根据法国

CNRTL 词典，"appropriation"第二义为"占有某物并使之适合一个明确用途的行动"，"excrétion"第一义为"一些物质或材料、废物从机体排除的行动"[32][33][31]。在《占用与排泄》一节中，巴塔耶提出了五个要点。在第一个要点中，巴塔耶将社会事实（faits sociaux）分为宗教事实（faits religieux）与世俗事实（faits profanes），前者包含禁忌、义务以及祭礼行动的实现，后者包含市民、政治、立法、工业以及商业的组织。巴塔耶认为，"在一个国家的宗教组织发展的时期，这个组织代表了排泄性的集体冲动（狂欢的冲动）的最自由的释放，这样的冲动与政治、司法以及经济机构相对立。"[30]58 这不难理解，基督教会通过礼拜这个聚集方式将信众组织起来，使他们（至少是暂时地）脱离种种世俗事务。从世俗事务中解脱，就是一种排泄。

第四、第五要点是关于生活与生产资料的占用的分析。巴塔耶首先提到的是对食物的占用，因为那是生存所必需的第一要素。"appropriation"一词隐含了凭借武力获取的意涵，用以表明早期人类在与其他动物的对抗中获取食物的状况，是很贴切的。进入文明社会，人们获取食物仍然要通过种种努力。一般而言，获取食物的活动仍然是竞争性的。而且，竞争性也体现在占用其他产品的活动之中。关于其他产品，巴塔耶提到"衣服、家具、住宅"，还有"生产工具"，此外，他还提到土地，这里所说的土地并不是自然的土地，而是"被划分成份额的土地"，这意味着对土地的占用仍然是要有代价的。关于住宅，巴塔耶用的是"habitation"，即"居住的地方"，与食物、衣服、家具一样，都是在集合名词的意义上使用的。对所有这些产品的占用活动都以一种约定的同质性（homogénéité）为基础，而这样的同质性又是在占用者与占用物之间得以确立的。法语"homogénéité"与英语的"homogeneity"同义，但在解释上明确了功能上的类似性[35][36]。巴塔耶强调占用者与占用物之间确立这样一种同质关系，其实就是指占用物的功能性要与占用者的使用目的相对应，如果这样的同质关系无法确立，就意味着占用物不具备占用的价值[30]60。

巴塔耶将同质性分为两种，一种是"个人的同质性"（homogénéité personnelle），一种是"总体的同质性"（homogénéité générale）。关于个人的同质性，巴塔耶只是说"在原始时期只有借助排泄仪式才有可能被庄严地毁灭"[37][30]60,[31]7,[38]。所谓"排泄仪式"（rite excréteur），应是指献给神灵的祭礼。原始人类为了表达对所信神灵的虔敬，在祭礼上会将牲畜祭献，甚至会选定某个个人（也就是人牲）祭献。对于前一种场合，祭礼意味着个人与所占用的食物之间的同质性的终结，对于后一种场合，则是人牲个人本身的毁灭。我们可以体会一下"庄严地"一词的含义。原始社会的个人与生活、生产资料之间存在完全的同质性关系，在日常生活中是不可能毁灭的，而在祭祀仪式的场合，个人同质性关系的终结都是出于神圣的目的，所谓"庄严"是就此意义而言的。关于总体的同质性，巴塔耶以建筑师的行动加以例说，即：建筑师在一座城市和它的居民之间确立的同质性就是一种总体的同质性。这意味着一座城市的居民与这座城市之间存在着总体的占用关系。一座城市是所有市民的所有占用物的集合，其总体性是双方面的。而在总体的同质性方面，巴塔耶又说"产品可被视为一个占用过程的排泄阶段"，甚至销售也是如此，就有些令人费解了[30]60。

在第五要点，巴塔耶从城市与市民的总体的同质性关系出发，谈了他对人们认识整个外部世界的努力的看法，这显然是属于认识论层面上的事了。在这里，他首先重新解释了这种总体的同质性："人们在城市中与围绕他们的事物之间实现了的这种同质关系，只是一个更为融贯的同质性的附属形式[39][30]60,[31]7,[38]95-96。"所谓"更为融贯的同质性"应是指更具普遍性的同质性，也就是人们试图在整个外部世界确立的总体的同质性。在此可以看出，巴塔耶从城市到整个外部世界的观念与海德格尔从周围世界到一般世界的观念相类似。在整个外部世界建立总体的同质性，就是要寻求对整个外部世界的认识，其方式是"用经过分类的概念与理念系列来取代在先验上不可思议的外在对象"。"a priori"意为"先验地""演绎地"，指的是根据一般原则推衍出一定的结果，这样的活动处在心智范围内,而"外在对象"(objects extérieurs)是客观存在的,不是先验推衍的结果,因而在先验上是不可思议的。"经过分类的概念与理念系列"虽然出于心智活动,但应该是与外在对象相对应的,是对外在对象的经验。以这样的方式,才可能对构成这个世界的要素加以识别,这就是哲学史上经验论的认识论方式。巴塔耶将科学的概念以及通常的世界概念都归于此列。另一方面,巴塔耶还提到"先验的想象"(imaginé a priori),这是哲学史上的另一种认识论方式,即唯理论的方式,可以追溯至柏拉图那里。这样两种认识论方式之间存在很大的差异,巴塔耶将这样的差异类比为"一座首都的公共广场"(la place publique d'une capitale)与"高山景观"(d'un paysage de haute montagne)之间的差异。如何理解这样的差异? 一座首都的公共广场是人为建造的,因而是经过人的经验处理的,为人所把握;而高山景观则是自然的状态,未经人的经验处理。从这个类比来看,经验论的认识论方式似乎是有效的,但是巴塔耶又说"人们一直顽固地追求对所有构成这个世界的要素的识别",而这样的努力面临着经验的有限性与世界无限性的困境[30]62。

9.2.2 异质性问题

巴塔耶将同质性事物与占用联系起来,将异质性事物与排泄联系起来。前者属于世俗世界,涉及市民、政治、立法、工业以及商业的组织;后者属于神圣世界,涉及禁忌、义务以及祭礼行动。这大概只是笼统的分法,而且两者之间会产生相互作用。如果考察占用主体的行为,占用总归是与排泄联系在一起的,那么同质性事物与异质性事物的相互作用也就是可以理解的。通过同质性与异质性的概念,巴塔耶分别考察了科学与哲学的区别。在"知识的异质学理论"一节中,他明确指出,根据定义,科学知识只适用于同质因素,因而异质性事物必在科学知识的范围之外[30]61。在"与异质学相关的哲学、宗教与诗歌"一节中,巴塔耶指出,哲学的益处在于:与科学和常识相对,积极地思考理智占用活动的废料(les déchets de l'appropriation intellectuelle)。所谓"理智占用活动",指的就是"思想的活动",巴塔耶将其结果视为"废料",大概是说它们有些类似排泄的产物,或可意味着对此类产物不能有什么实际的目的。当他说哲学往往以总体性的抽象形式(虚无、无限、绝对事物)来构想这些"废料"时,"废料"的隐喻是意味深长的。在某种程度上,哲学带有一定的异质性特征[40][30]61。

关于宗教及其所努力建构的神圣世界,巴塔耶总体上倾向于归之于异质性的事物。他说,唯有以宗教为形式的理智发展在其自主的发展中产出了占用性思想的废料,那是确定的异质性(神圣的)思辨对象[30]61。巴塔耶将神圣的思辨对象称为"废料",也是就其相对于世俗世界的实际价值而言的。事实上,宗教活动本身还是希望建构一个以神圣事物为中心的同质性世界,只是由于宗教活动是在已有的世俗世界之中展开的,那么神圣世界相对于世俗世界而言就是异质性的。漫长的人类历史表明,神圣世界本就难以完全替代世俗世界,至启蒙时代以来又面临着来自人文主义的拆解。巴塔耶说,上帝迅速地、几乎完全地失去他的令人畏惧的成分(les éléments terrifants),也失去其尸身分解之际的伪装(les emprunts au cadaver en décomposition),为的是在分解的最后阶段成为普遍同质性的简单的(父权)符号[41][30]61,[38]96,[31]9。

在《萨德价值的利用》一文中,巴塔耶没有在异质性的问题上就宗教建筑做出说明。在《资本主义的起源与变革》一文中,巴塔耶在谈论宗教改革与马克思主义之间的相似性问题时,提到教堂的初始目的并不是为了公共的用途,可能是在暗示指教堂的初始目的是为了向上帝奉献的祭礼。就其耗费性劳动的意义而言,教堂的建造归于异质性的行动之列[42]132,[43]。

在巴塔耶为《资料》所写的有关建筑的词条中,还包括"屠宰场""博物馆"两个词条。在现代的意义上,屠宰场(abattoir)是排除的场地,不过,在人类社会的早期,在确定位置进行公开屠宰的

图 9.3　阿兹台克的人牲

地方是祭祀的场所,那本是吸引的场地。在那里,屠宰成为一种向神明表达虔敬的仪式。屠宰的对象有各类动物,也包括人本身。关于人祭,巴塔耶在《受诅咒的部分》一书中有所提及:崇拜太阳的阿兹台克人将俘虏用于人祭仪式(图 9.3)[44][42]51-52。巴塔耶在《屠宰场》一文的开篇就说,"屠宰场源于宗教"。可以说,屠宰场一开始是作为祭祀场所使用的。早期的屠宰场服务于两个目的:既用于祈祷,也用于屠杀。屠杀与祈祷结合起来,就成为神圣的事物,而屠宰场也就成为神圣的地方,受人景仰。巴塔耶说这样的神圣之地是"血流成河之地",有着"伟大之死的特征","神话奥秘"令人震惊地与之结合起来[45][46][47]。事实上,牺牲这样的古老祭礼令巴塔耶着迷。巴塔耶和其他艾斯法勒成员甚至志愿实践人牲这样的更为古老也更为残酷的祭礼,据盖鲁瓦(Roger Caillois,1913—1978)回忆,志愿的人牲已经有了,只缺刽子手。巴塔耶请盖鲁瓦承担这项任务,因为盖鲁瓦曾经写过颂扬圣茹斯特(Louis Antoine de Saint-Just,1767—1794)的文章而以为他具有严酷的秉性,不过,盖鲁瓦拒绝了[1]15。

与祭礼联系在一起的屠宰场所的初始形式是异质性的,而现代意义上的屠宰场不再带有神圣的特征。在那里,一些动物成批地被屠宰,它们自然的形式就此被排除,分解为人为规定的部分,以便成为人们桌上的美餐。这样的场所是现代生活所不可或缺的,本应属于同质性的事物,却成为受诅咒的地方,是不是人们不愿面对美餐之前的血腥场面?从《资料》上的两张屠宰场照片插图来看,那场面的确是很血腥的(图 9.4、图 9.5)。不过,在巴塔耶看来,人们把屠宰场看作"霍乱传染之船",诅咒它,把它隔离起来,其原因倒并不一定是因为它的血腥,而是因为它的不卫生[48][46][47]。巴塔耶对此很不以为然。由于对清洁的"不健康的需求",人们"在生长的过程中尽量远离屠宰场,将自己放逐到一个没有什么可怕事物存留的软弱的世界中去,忍受丑行的不可磨灭的困扰",最终落到只能吃奶酪的地步。因而巴塔耶断言,这种诅咒的牺牲品既不是屠夫,也不是牲畜,恰恰是发出这种诅咒的人们自身[46]。

巴塔耶的这个词条的重点并不是关于屠宰场的解释,而是指向人们对屠宰场的反应,并对这种反应持批评态度。既然屠宰场是现代生活所需要的,那么其存在就不是不适宜的:不适宜的恰恰是诅咒屠宰场的人们。巴塔耶将人们对屠宰场的恐惧归于卫生观念的作用,倒不是说讲究卫生有什么不妥,而是说卫生观念不应成为禁忌。一旦卫生观念成为某种禁忌,人们据此鄙视某些事物,那么在此意义上对清洁卫生的需求就很难说是"健康的"。《资料》杂志的副主编、超现实主义者莱里斯所写的"卫生"词条,也有助于我们对巴塔耶观点的理解。莱里斯认为,关于卫生的规则有着宗教、社会方面的根源,许多涉及禁忌的规定不过是伪装了的卫生规则。立法者们发明诸多禁忌,意在要让他们的人民保持身体健康。不过,在现代社会,清洁卫生似乎并不全是出于身体健康的考虑,而是夸大了古老的魔法概念,即:邪恶的气味吸引邪恶的精灵;清洁卫生也成为理性化的禁忌,甚至成为一些人蔑视另一些人的根据,比方说资产阶级对工人的轻蔑。另一方面,清洁卫生还有着形而上学的意义:人们赞誉心灵,鄙视物质,就是因为物质比较肮脏[49][1]52-53。显然,这诸

图 9.4　屠宰场之一　　　　　　　　　　　　　　图 9.5　屠宰场之二

多的卫生观念远远超出正常的身体健康方面的需要,巴塔耶和莱里斯对此类卫生观念的批判也就是可以理解的。

与屠宰场这个受诅咒的场所相比,博物馆是个吸引人的地方。殊不知博物馆其实也是和屠杀相关联的,比方说卢浮宫就是在法国皇室被屠杀之后才转变成博物馆的,那么现代博物馆的起源就是和断头台这个死亡机器联系在一起的[50][47]64。不过,博物馆似乎走出了死亡的阴影,成为累积财富的地方。从博物馆与社会的关系来看,它所累积的财富并不处在同质性的社会产品之中。巴塔耶在文中还没有涉及这方面的问题。他的兴趣似乎并不在博物馆的藏品上。对他而言,更为重要的是每个星期天大量涌入的观众,他们"体现了最为壮观的人性景观"。观众们从物质方面的考虑解脱出来,沉溺于冥想之中,至少在博物馆内,观众们暂时脱离了社会的同质性活动。由此我们可以理解巴塔耶何以将博物馆比喻为"一座大城市的肺"——每个星期天人们就像血液一样涌入那里,离开的时候,变得新鲜而净化[47]64。

其实为博物馆所吸引的人们,也正是诅咒屠宰场的人们。博物馆何以令人的态度有如此截然不同的变化?而博物馆中的"物"恐怕并非全部是令人愉悦的,比方说致命的武器、折磨人的刑具。问题的关键可能在于,人们在博物馆这个特定的场所里,可以从物质方面的考虑解脱出来,致力于冥想。在词条的结束段,巴塔耶将博物馆隐喻为"一面巨大的镜子",对此该作何理解?他可能是将历史性与镜像的性质联系起来。相对于切身的现实而言,历史性与镜像性都体现出一定的距离感。在这样的距离感中,人以往作为的负面影响在减弱,荣耀则值得颂扬。于是巴塔耶要说,人在博物馆中冥想自身,并发现他自身在所有方面都是值得羡慕的。在卢浮宫闭馆之际,观众们依依不舍,想要像天上的精灵那样进入所有的藏品[47]64。观众们真的那样"恋物"吗?大概还是沉浸在以往荣耀之中的成分多一些吧。

9.2.3　建筑:一种耗费的艺术

巴塔耶在《耗费的概念》第二节"缺失原则"中谈论了艺术生产的分类。他将人类的活动分为生产、保存与消费三个方面,而消费又包含两个不同的部分。一个是"可以简化的部分"(réductible),其表现是"为了一个社会里的个体维持生命并持续生产而使用最起码的必需品",亦即最基本的消费;另一个就是"非生产性的耗费"(la dépense),也就是超越最低需要的耗费,奢侈品、哀悼、战争、祭祀、奢华纪念物的建造、游戏、奇观、艺术、反常性行为,皆属此列[51][11]305。巴塔耶将纪念性的建筑与艺术都归于非生产性的耗费之列。生活与生产的必需品何以是"可以简化的部分",可以理解为此类必需品实际上还是有些额外的品质的,而去除那些额外的品质并不影响最低限度的需要。就建筑而言,奢华的纪念物只是其一部分,那么建筑是不是也存在"可以简化的部分"? 至少可以说建筑包含了满足基本生活以及生产活动的最低需要的方面。

巴塔耶没有对最起码的必需品的使用做出说明,可能是因为他写本文的意图在于"非生产性的耗费"。这样的耗费至少在原始的条件下没有超越自身之外的目的,或者说,不以自身之外的事物为目的[11]305。这可以视作艺术的自主性的另一种表达方式。巴塔耶从耗费的视角出发,将艺术生产分为两大类。一类是"实在的耗费"(la dépense réelle),包括建筑构成、音乐以及舞蹈,另一类是"象征性的耗费"(la dépense symbolique),包括文学与戏剧,绘画、雕塑、庆典与奇观的场地也归于此列。在这里,巴塔耶使用了"la construction architecturale"这个词组,在《建筑学》一文中也用过,意为"建筑构成",英译本译作"architectural construction",汪民安的汉译本译作"建筑结构"[11]307,[52][53]。巴塔耶在此用的"construction"应该不是"结构"之意,如果他真的是指"结构",那就可以直接用"structure",或是像《建筑学》那样用"le squelette architectural"(建筑骨架),可以形象地表达建筑结构之意。从汉语的表达方面来看,"建筑结构"其实是指"建筑物的结构",这样的意涵难以与"音乐""舞蹈"相对应。从艺术门类的观点来看,巴塔耶本可以用"architecture"来与"musique""danse"并列,但他没有,而是用"la construction architecturale",可能是在强调建筑的作为"非生产性耗费"的艺术处理那部分事务,因而"la construction architecturale"应还是"建筑构成"之意。

在"非生产性的耗费"的范围内,"实在的耗费"意味着什么? 建筑构成需要实在的材料来完成,音乐作品要通过歌者或演奏者的活动来呈现,舞蹈作品需要舞者的动作来演绎,即使这些行动或动作没有超越自身的目的,但材料与力量的耗费却是实在的。巴塔耶又说音乐与舞蹈易于被"外在的意义"所充满,这相当于实在性的耗费产生了象征性。在这里他没有提到建筑构成,而在此前的《建筑学》一文中,他本是将象征性的表现与建筑构成联系在一起的。在这里,他提到建筑表现的另外的可能性,即雕塑、绘画、庆典或观礼场所将第二类艺术的原则(即"象征性的耗费原则")引入建筑学中。那么雕塑、绘画、庆典或观礼场所就都归于"象征性的耗费"了,还有文学与戏剧也归于此列。也许可以将建筑构成视为这两类艺术的综合。巴塔耶在提出两种耗费的差异时指出,对于非生产性的耗费而言,重点在于"丧失的原则"(le principe de la perte),也就是"无条件的耗费原则",这与最低消费的"经济原则"有着根本的区别[11]305。而建筑构成作为后一种耗费,符合"丧失的原则"吗? 也许所谓"无条件的耗费"应是针对建筑的象征性表现那一方面而言的。

9.3 建筑的象征与表现

从第一节的分析可知,巴塔耶从建筑的观察与体验中已经涉及建筑的象征性意象,并在哲学思考中运用建筑隐喻,形象地阐明他的看法。在《被诅咒的部分》一书的"资产阶级世界"一章中,在为《资料》杂志写的《建筑学》《工厂烟囱》等词条中,在《方尖碑》一文中,巴塔耶深入地探讨了建筑艺术的象征与表现问题。从纪念性建筑的象征与表现的特征(如方尖碑的头领意象之于法老的权力,宫殿之于国家统治,大教堂之于教会的权威)来批判性地看待社会权力结构的反映,是巴塔耶相关文论中的主线之一。另一方面,巴塔耶对工业社会也持有批判的态度,在《资产阶级世界》《满足了的欲望》等文论中,他对工业景观的反感是显而易见的,而在《工厂烟囱》中,他对烟囱这个工业的最直接的象征的批评几乎是诅咒了。相形之下,他在《资产阶级世界》中有关建筑的分析还算是比较冷静的。

9.3.1 作为物的建筑

《被诅咒的部分》一书的第4部分"历史资料Ⅲ"中有一章"资产阶级世界",巴塔耶是在其中的

"宗教改革与马克思主义的相似性"一节中谈到建筑的。欧洲历史上的宗教改革指的是在 16 世纪发生的宗教革命,主要领导人有马丁·路德(Martin Luther,1483—1546)以及约翰·加尔文(John Calvin,1509—1564)。在 15 世纪,宗教改革的努力就已经从西班牙和意大利开始并向德国、法国和英国扩散,主张改革的人士反对梵蒂冈教廷、神父、修士以及修女的权力滥用、腐败。教皇发动宗教战争、大兴土木、赞助艺术,耗费巨大,公众也日益意识到这些耗费所需的经费都是从信徒那里征收来的,而感到不满。更早一些的思想根源可以追溯到奥卡姆,前面已经提到过,他的名言是"不可不必要地增加实体"。奥卡姆质疑教皇约翰二十二世(Pope John XXII,1244—1334)是个异教徒,因为他否认耶稣和使徒都是一无所有的。奥卡姆坚持使徒贫困的观点,也预示了宗教改革运动倡导礼拜仪式以及器物用品从简的方向。后来的包括清教徒在内的抗议宗(Protestantism)强调在礼拜形式上与天主教会的不同,一开始是为了寻求宗教伦理上的正当性,以后更扩展至美学领域。长期以来,精神上的虔敬是否要由物质上的耗费来证明,往往是思想家们探讨的问题。在"资产阶级世界"一章的第一节"在产品中寻求亲和力的根本矛盾"中,巴塔耶没有谈论宗教的神圣性问题,而是提出"亲和力"(intimacy)这个概念,他认为宗教回应了人总是寻求"发现自己"的欲望,去重新获得总是离奇丧失的"亲和力"。对于人类整体而言,"发现自己"就意味着发现人性,发现人的本质,而"亲和力"就应该是发现自身本质的人们所具有的共同凝聚的力量。事实上,宗教要解决的问题仍然是人本身的问题。不过,在巴塔耶看来,宗教似没有做到这一点,其错误在于,没有给出"亲和力"本身是什么的答案,而只是给出"亲和力的外在形式"(an external form of intimacy)[54][42]129。如果在亲和力本身与其外在形式之间无法做出区分,就有可能出现沉溺于外在形式的表现而又不得要领的状况。

宗教一般还是通过物的方式来寻求亲和力的外在形式。巴塔耶说,"中世纪的'产品'只不过是物",这样的判断在某种程度上比宗教改革者们的看法更为激进。在资本主义工业社会的源头,巴塔耶发现"一个相反的冲动",那就是宗教改革运动。前者以"商品和物的首要性与自主性"为基础,是"亵渎式的算计"(profane calculation),后者则力求将"本质性的事物"(使人恐惧得发抖、愉快得难以自制的事物)置于"活动的世界""物的世界"之外[42]129。宗教改革者们努力将物与宗教的目的分离开,对工业社会的物的首要性与自主性都是有利的。有了这样的分离,工业社会可以尽可能地在纯粹商品的意义上生产并消费物,而不必像中世纪那样集中几个世代的人力物力建造起宏大的教堂——那其实也是一种耗费经济。宗教改革者们倡导超越物的意义上的"纯粹性",那是精神上的纯粹性,巴塔耶由此想到,"对于任何一个以难以企及的纯粹性或超越这样的纯粹性预想了他要奉献给上帝的财富的人而言",中世纪的"物可能是毫无价值的"[42]131-132。这也意味着,在精神上侍奉上帝,无需以物的世俗价值的高低来衡量对上帝的尊崇程度。

在"宗教改革与马克思主义的相似性"一节中,巴塔耶指出,"一座教堂也许就是一个物:它与一座谷仓没多大区别,谷仓显然是一个物"。按照通常的理解,一座教堂与一座谷仓显然不能相提并论。谷仓一般被归于纯功能性的构筑物(structure),可能连建筑物(building)都算不上,而教堂显然是经过艺术处理的建筑(architecture)。巴塔耶在这里不顾这些常识,他是从"物"的概念出发来看问题的。他说,"我们从外部(without)知道物,物作为一个物质的实在被给予我们(处在有用性的边缘,无保留地可用)。"[55][42]132,[43]176巴塔耶的这个关于"物"的概念有四层意涵。一是物的"实有性",值得注意的是,他在这里只是说"知道"物,而并不涉及物的产生的问题。二是物作为一种"物质实在",是被给予我们的。这可以从两方面来理解,一方面是由上帝给定的,这是基督教信徒的理解;另一方面是自然给定的,那是无神论者的理解。巴塔耶既然已与天主教义决裂,就应从后一方面来理解。在这里巴塔耶没有做出自然物与人工产物的区别,其实我们可以将人工产物视为自然物的延伸。第三层含义是物"处在有用性的边缘",这是一个十分精妙的陈述,说明物本身无所谓有用与否,那完全是使用它的人的事。第四层含义说的是物对使用者而言是毫无保留地可用的,所谓物尽其用,其实也是使用它的人的事。那么物对于使用者而言,其物质的品质是否适用于某个有用的目的才是重要的。至此我们可以理解,巴塔耶说教堂和谷仓没有什么区别,是就物的有用性的意义而言的。

然而,教堂和谷仓在使用性质上是有区别的。巴塔耶说,"教堂也许是一座建筑物所是的那种物(the thing that a building is)",而"一座谷仓真正所是的那种物(the thing that a barn really is)适合于收集谷物",看来他是在存在论的意义上思考这个问题的。无论是教堂,还是谷仓,都应符合物的"是其所是"的存在论意义。那么教堂与谷仓的存在论意义上的区别就在于建筑物与构筑物的区别,而这个区别最终还是落在是否具有表现性上。巴塔耶在前一节中提到,宗教的目的是在人们中间唤起亲和力,但无法辨别亲和力与其外在形式之间的区别,因而在产品中寻求亲和力的做法就不可避免地存在根本的矛盾。而在这里,他又认为教堂表现了亲和力的意义,并让自己致力于这种亲和力,似与前面的说法相矛盾。不过,我们接着往下读,就会明了巴塔耶从教堂的表现性上看到的是另外的问题。他是从耗费的经济学的观点来看待教堂对亲和力的表现的。在他看来,教堂对亲和力的表现与"不必要的劳动耗费"有关,这座大厦的目的从一开始就将它从"公共的用途"(public utility)回撤[42]132。一般而言,教堂归于公共建筑之列,是面向公众开放的,即使是在中世纪,也是面向信众开放的,按照通常的理解,教堂具有公共的用途。而巴塔耶认为教堂的初始目的并不是为了公共的用途,可能是指教堂的初始目的是为了向上帝奉献的祭礼,他所说的"最初的行动"应是就此意义而言的。巴塔耶在此提到"无用装饰的滥用",其实也是在表明教堂作为"不必要的劳动耗费"的特征。他进一步指出,"一座教堂的建造并不是对可能劳动的有收益的利用,而是它的消耗,是对它的用途的摧毁"。在中世纪的城镇,街道狭窄,民居大多简陋,而市民们往往投入巨大的人力物力,不惜工本,甚至穷几代人之力,建造起规模宏大、装饰复杂的大教堂,这样的行为的确有着来自古老祭礼的根源。巴塔耶正是从祭礼的意义出发,辨明了亲和力的表现方式,他的结论是:"一个物并不会表现亲和力,除非有一种情况:这个物应该从根本上是一个物的对立面,一个产品、一个商品的对立面——一个消耗,一个祭礼。"这意味着亲和力的意义并不是通过教堂建筑自身的形式表现的,而是通过耗费性的劳动得以表现的。他甚至认为亲和力的感觉本身就是一种耗费[42]132。

9.3.2 建筑与权威

对巴塔耶来说,隐秘的压制性力量不仅仅来自大教堂,几乎整个建筑学都隐含了这样的力量。这一点在《建筑学》一文中体现得淋漓尽致。《建筑学》是巴塔耶为《资料》杂志的词典栏目所写的几个词条之一。巴塔耶开篇就说,"建筑学是社会存在的表现,正如人相学是个人存在的表现一样。"不过,这种比较要更多地参照官员面相,巴塔耶给出的例子是高级教士(prélats)、文官(magistrats)和海军上将(amiraux)(图 9.6)[11]171。这不难让我们想起高级教士的神圣不可侵犯,文官的一本正经,以及海军上将的凛凛威风。我们知道,社会成员并不只是官员,还包括大众。为什么与建筑的表现相关的是官员面相,而不是大众面相?这种将建筑与官员面相直接对应的做法,可能是令人不快的,特别是对理想主义者的信念而言,可能是颠覆性的。但这毕竟是事实:对权力机构、立法机构而言,气派大概是其办公大楼外观的起码要求,而且教育机构、金融机构也如此,甚至那些创造财富神话的公司也概莫能外(图 9.7)。即使不以轻蔑的态度来看待大众,如果没有经过权力的组织,大众松散的自然状态显然与庄严、雄伟、气派等特质无缘。那么官员面相就是权力的

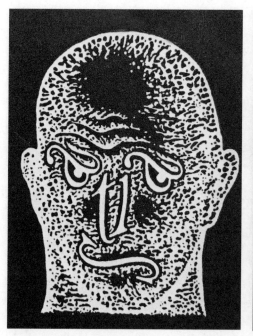

图 9.6　面相　　　　　　　　　　　图 9.7　建筑的面相

直接而有效的表征。

　　巴塔耶讽刺性地将建筑学与官员面相学联系起来,是发人深省的,如果说官员的面相中多少有些故作姿态的话,那么他所说的"la composition architecturale",也就是故作姿态的建筑构成[11]171。应该如何看待这个问题? 即使权力在这样的建造中表现自身,也并不能说"建筑的"这个饰词只能与权力为伍。特别是在经济较为发达的地方,需要建筑处理的建筑并不仅仅属于权力范围,而且也和人们享乐的需要相关,或者用好听一些的话来说,和人们对美好生活的追求相关。不过,就巴塔耶所处的时代来看,民众与享乐之间尚有些距离。那么,"建筑构成"主要还是和权力相关。

　　巴塔耶说,伟大的纪念物就像大坝一样竖立起来。经过"建筑构成"而象征了权力的纪念物,最终获得的却是毫无建筑性的构筑物的效果。这里的讽刺意味是很强的。"动荡的要素处在高耸大坝的阴影中",指的又是什么? 大概就是微不足道却又不太安分的民众吧。纪念物就是要把最高权威的逻辑凌驾于民众之上。这种逻辑以大教堂和宫殿的形式出现,教会和国家借此对民众指手划脚,而民众只能保持沉默,这就涉及所谓的话语权问题。纪念物显然激发了社会所公认的行为,也常常让人们陷入真正的恐惧之中。而攻占巴士底狱这个群众运动,也很难说是乌合之众的冲动,还是对纪念物这种真正主宰的憎恨[11]171。

　　巴塔耶赋予建筑性的建造以普遍的意义,除纪念物以外,人相学、魔术或绘画等领域都存在类似的做法,在此也许用"建筑性的构成"更合适一些,不过,其要领都是追逐权威:人的权威以及神的权威。比方说,学院派画家的宏篇巨制就表现了将精神控制在官方理念范围之内的意志。这种学院式构图原则也就带有"建筑性"的特征。巴塔耶从印象派绘画以来的现代绘画中看到一种心理过程的表现,那是对学院派构图原则的突破,也与社会的稳定性不匹配。看来现代绘画艺术有可能承担突破权威的政治使命。而从现代艺术在纳粹德国以及苏俄的遭际可以看出,威权也明显感到现代艺术所隐含的破坏性。

　　如果说学院派画家的宏篇巨制符合官方的理念,那么新古典主义的纪念性就是官方理念在建

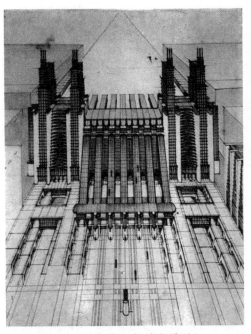

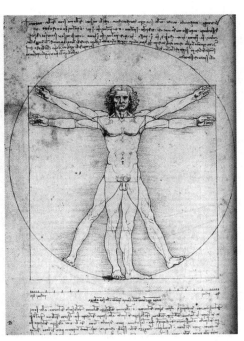

图9.8　圣埃利亚:新城市系列之一　　　　　　　图9.9　达·芬奇:维特鲁威人

筑中的体现。事实上,现代建筑并不完全拒绝纪念性。尽管未来主义者圣埃利亚在《未来主义建筑宣言》中宣称未来的建筑是反纪念性的,但他关于未来城市的想象仍然带有一定的纪念性(图9.8)[56]36。无论是柯布西耶还是密斯,也都在试图在他们的设计中追求纪念性,弗兰姆普敦将柯布西耶的做法称作"乡土风格的纪念性化",将密斯的做法称作"技术的纪念性化"[57]248-263。难怪巴塔耶要说,"建筑学中纪念性的生产现在是遍及世界的真正主宰"。这样的生产将其阴影下所有的奴隶都集合起来,强化赞赏和震惊、秩序和约束[11]172。的确,纪念性往往是与权威联系在一起的,从早期的神庙到中世纪的大教堂,从国王的宫殿到上层人士的府邸,概莫能外;甚至现代民主国家政府机构、现代企业也都认同建筑的纪念性。形形色色的权力集团在建筑的纪念性方面极尽能事,引来公众的赞叹,让公众震惊,但此类感觉经验并非其所为的目的,其目的乃是通过此类感觉经验,传递权力对公众的秩序要求和约束力量。事实上,建筑的纪念性不仅仅是在象征权威,而且实际上也有助于秩序的形成。巴塔耶看出了建筑秩序与人类秩序之间的一致性,他甚至提出了另外一条进化论路径:从猿到人再到大厦,人似乎只不过是从猿到大厦的形态过程中的一个中间阶段。我想,这大概是一种反讽的说法。从人到大厦的形态变化过程,并不是说大厦是人的进化结果,而可视为人格化的结果。这样,巴塔耶所谓"如果你攻击建筑学,你就是攻击人",就是可以理解的。自启蒙时代以来,"人"这个概念变得神圣而不可侵犯,"攻击人"就是一种亵渎。显然巴塔耶对这样的状态感到不满。事实上,"人"作为一种社会存在并非无可指摘,那么与人相关的建筑也就并非无懈可击。巴塔耶断言,谴责人之优越性的不足,将成为世界性的活动,也是知识秩序中最辉煌的活动。那么建筑领域的发展如何与知识秩序中的活动相对应?巴塔耶从绘画的变形发展,敏锐地把握了建筑学未来的一种方向:向野性的畸形的方向打开[11]172。

9.3.3　野性与畸形

我们知道,建筑形式要优美,乃是古典美学的持久的追求。早在古希腊时期,毕达哥拉斯将数学规则引入艺术,就已经为美的经验性形式奠定理性分析的基础。"维特鲁威人"也表明了美的比例关系(图9.9)。巴塔耶说建筑成为如人类一样优雅的造物,可谓一语道破古典建筑理想。"如

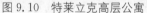

图 9.10　特莱立克高层公寓　　　　　　　　　　图 9.11　帕克山住宅区

人类一样优雅的造物"意味着什么？按照基督教的说法，人类是上帝依照自身的形象创造的，那么人类的形象就有了无可置疑的根据。所谓神人同形论（anthropomorphism），就是这个道理。建筑成为如人类一样优雅的造物，其实也是人出于解决建筑自身形式根基问题的需要。从所谓的"维特鲁威人"到柯布西耶的人体模度，都是在为建筑形式的数学关系的确定提供根据。建筑形式以人体的结构和比例关系为蓝本，起初有着使用方面的关系，后来就既有象征的意味，也有审美的意义，而对于政治家而言，建筑秩序与人类秩序相一致才是更为重要的。那么，对于巴塔耶这样的带有无政府主义倾向的思想家而言，消解建筑与人的这种一致性就是一个突破口。在建筑中以野性的畸形突破精致的形式所代表的秩序，与在绘画中以扭曲的变形反抗精致再现的形式有着异曲同工之妙。

考察野性与畸形在绘画与建筑中的表现是很有趣的。在野性与畸形的概念形成方面，绘画显然要早于建筑。早在 1910 年，博丘尼等未来主义画家发表《未来主义绘画技巧宣言》，宣称他们是"一种经过彻底改造的、具有新的感受力的原始人"；用"原始人"来定义自身，其意在表明以原始的野性对抗文明的规则，从而彻底摆脱古典文化与艺术的影响。另一方面，他们也谈到对畸形的理解："由于形象在视网膜中一直存在着，运动中的事物总是成倍地增加，总是在变为畸形"[58]153。这样，畸形就与运动联系起来，而运动的观念对于古典绘画的静态再现是一个突破。

《资料》杂志从 1929—1931 年初只办了两年多的时间，当巴塔耶将绘画的变形发展与建筑未来可能的发展方向联系起来的时候，野性尚未进入现代建筑运动的视野，及至柯布西耶意识到野性在形式处理上的作用，并在设计上进行粗野主义转向，是第二次世界大战以后的事。事实上，柯布西耶对现代绘画的变化早已有感觉，在《走向新建筑》中，他已意识到绘画已超前于其他艺术，并与时代唱一个调子。另一方面，他自己也有所实践。然而他从大量的绘画习作中体会到的是"比例的极端重要性"[59]17，正是对比例关系的强调，使得柯布西耶的新建筑与古典建筑在形式的精致化方面带有共通的特征。即使在粗野主义转向之后，柯布西耶仍然将模度视为设计的出发点，对他而言，比例关系仍然是重要的；在他的早期作品（萨伏伊别墅）与后期作品（马赛公寓、拉托莱特

图 9.12　帕克山住宅区现状

修道院、昌迪加尔等）之间，显著的变化体现在材料的处理上，即由白色粉刷的墙面向素混凝土墙面的转变，而这样的转变仍然是在比例关系处理的框架之内产生的。而英美新粗野主义建筑师们出于应合战后经济恢复时期紧缩的初衷，在低标准住宅建设中采取忠实于材料、又显露内部功能于外观、甚至将管线裸露在外的作法。其实他们是在试图以既忠实于材料又不合乎精制形式规则的方式突破这样的框架。与柯布西耶的"典雅的"粗野主义相比，新粗野主义建筑的野性要更彻底一些。然而，像特莱立克高层公寓（Trellick Tower）、帕克山住宅区这样的新粗野主义的作品（图 9.10、图 9.11、图 9.12），经常被批评为丑陋的，特别是难脱与 1970 年代蔓延开来的社会问题的干系[60]。弗兰姆普敦有关新粗野主义作品的评述是在建筑自身的领域内展开的，避开了建筑与社会问题的关联[57]295-297,38。不过，仅从形态的角度而言，此类集合住宅连续、斜向的庞大体型的布局不考虑与周围街区肌理状态的关系，显得十分突兀。

畸形即非正常之形。一般而言，在建筑上正常之形是能够以简单的几何规则描述的形式，如矩形、正多边形以及圆形。长期以来，在城市形态、建筑形态上居支配地位的正交形结构就是以矩形的规则为基础的。而畸形就是正常之形发生畸变、扭曲的结果，不能用一般的几何规则描述。现代建筑史上对畸形概念的理解，可以追溯至圣埃利亚的《未来主义建筑宣言》。他显然是受到博丘尼的启发，认为斜线和椭圆线具有动态的特征，感染力比垂直和水平的线条要强上千倍。不过，他关于未来城市的设计草图并没有用到斜线的动态特征。在设计中引入斜向因素，是里西斯基、杜埃斯堡和梅尼科夫等人的创举[57]38。及至 20 世纪晚期新先锋建筑的实践，斜向因素导向新的形式结构，摆脱了基于正交形结构的形式评价体系，成为强有力的空间形式工具。

20 世纪中期以来现代建筑的发展蕴含了野性与畸形的做法，可以说，巴塔耶的分析具有一定的预见性。不过，建筑发展虽然走出这样的路径，但其出发点却并非如巴塔耶所言是针对权威的。柯布西耶预言了宫殿的坍塌，其实那并不是消解权威的隐喻，只是在表明新时代建筑任务重心的根本性转移，即从世代宫殿的营造转向大量性住房的建造。他提出的"建筑或者革命"的选择，更像是为权力机构提供的济世良方[59]251。形式的纯净化以及彰显材料特征的"野性"作法，都从不同的方面体现出反装饰的倾向，进而被视为是反资产阶级的；然而它们涉及的更像是趣味方面的问题。至于以斜向因素为特征的畸形，似乎消解了传统正交形结构的规则性与秩序性，但是这种消解一般只在建筑的层面上进行，而在城市层面上，一般是在一个街区或少数几个街区范围内进行。从当代新先锋建筑的实践来看，权力机构的确是将其作为强力空间秩序的调剂，并为其安排了合适的位置。另外，其新奇的形式也符合消费主义推陈出新、陌生化的机制。

图 9.13　海怪克拉根　　　　　　　　　图 9.14　倒塌的烟囱

9.3.4　工厂烟囱

《工厂烟囱》是巴塔耶为《批评词典》所撰写的四个涉及建筑的词条之一。一般而言，屠宰场和工厂烟囱这两种纯粹机能性的事物，很少进入批评家的视野。即使从专业的角度来看，工厂烟囱充其量也只能算是构筑物。巴塔耶将工厂烟囱作为《批评词典》一个词条，用意是很深刻的。高耸入云的工厂烟囱是工业化时代的产物，最终成为那个时代的象征。从 19 世纪有关工业城镇的画作与照片可见，冒着滚滚浓烟的工厂烟囱是工业景观的标志。如何看待工厂烟囱，其实是一个如何看待工业化的问题。乐观的现代主义者们将工业化视为人类文明的高级阶段，而悲观的人文主义者们对工业化的一切都感到难以接受。马克·吉罗德在《城市与人———一部社会与建筑的历史》一书中，在论述现代工业城市的状况时，引用了上述两种倾向的人士的不同看法。当亨利·詹姆斯(Henry James)赞许地将喧嚣的伦敦形容为隆隆的巨大的人间工厂的时候，他想到的肯定是工业化的正面意涵[61]V。本杰明·迪斯雷利(Benjamin Disraeli)将工厂与意大利宫殿、烟囱与意大利的方尖碑两相比较，有意无意地赋予工业景观以文化意义，而"浓烟滚滚的"这个饰词也就是褒义的[61]258。而希波吕忒·泰纳(Hippolyte Taine)在关于曼彻斯特的回忆中，谈到"数以百计方尖碑一样高耸的烟囱""大地和空气似乎被注满了煤烟和尘雾"，那感觉显然不怎么好[61]257-258。我们还可以从那位自以为通灵的诗人布莱克的诗《耶路撒冷》中，体会"撒旦的作坊"(satanic mills)这样奇特的词语组合所蕴含的愤怒之情[62]。至于那位城市史学家芒福德，更是用情绪化的语言历数了工业主义对现代工业城镇所犯的种种罪行，其中，冒出黑烟的工厂烟囱即为其中一桩[63]474,483。如果说泰纳写下的是旅行观感，布莱克的诗句结合了神话与宗教的意象，芒福德的怨言是出于理想城市的考虑，那么巴塔耶对工厂烟囱的反感则是童年心理阴影的延续。

在《工厂烟囱》这个词条中，巴塔耶说，对他那一代人而言，在童年时代所见的各类事物中，最令人畏惧的建筑形式并不是巨大的教堂，而是高大的工厂烟囱(grandes cheminées d'usine)。它们在阴沉不祥的、吓人的天空和纺织厂、印染厂周围泥泞恶臭的大地之间，真的是沟通渠道[64][65]。

图 9.15　巴黎协和广场方尖碑

这样的描述十分生动地反映了工业化时代的环境污染的状况,正是因为工厂烟囱放出滚滚浓烟,遮天蔽日,天空才会阴沉、不祥;而工厂周围的大地泥泞恶臭,则是工业污水未经处理直接排放的恶果。

在第二段中,巴塔耶回忆了他童年时对工厂烟囱的感受。他把烟囱称为污渍斑斑的"巨大触须",是十分形象化的,或者说是"拟动物化的"。一提起具有巨大触须的动物,人们大多会想到章鱼或乌贼鱼,它们的样子对孩子们而言是可怕的。而传说中的海怪也有以此类触须动物为原型,如挪威传说中海怪克拉根(Kraken),外形就很像乌贼,令航海水手们恐惧万分(图 9.13)[66]。而当大地上崛起成千上万的工厂烟囱,就像触须一样招展,大地自身就变成怪物了。此外,雨水拍打烟囱的根基、空洞的场地,风把黑烟压低,矿渣碎屑成堆……这一幕幕场景对巴塔耶而言,根本就是令人反感的。然而有些审美家们居然也能在其中发现"美",巴塔耶称之为"可鄙之美"。事实上这些审美家们又对所赞赏的对象感到茫然,这就莫名其妙了,巴塔耶只好说他们是"真正可耻的审美家"(de trés misérables esthètes)[61]206。在这一点上,可以体会出巴塔耶的反形式主义的倾向。

巴塔耶将成堆的矿渣碎屑视为"排泄天国诸神的唯一的真正属性",显然带有很强的反讽的意味。在字面的意义上,座座工厂就是排泄天国的诸神,成堆的矿渣碎屑是它们的排泄物[67][64]206。而排泄也是巴塔耶所关注的主题。他在谈论萨德的使用价值的时候,十分平静地将粪便、呕吐、各种排泄形式、腐尸以及相关的表述组织起来,加以分析,甚至引用了萨德关于维尔纽伊尔(Verneuil)令人作呕的占用与排泄过程的一段话[30]59,[31]6。相形之下,他对矿渣碎屑这样的工业排泄物如此反感,可能是因为工业景观给他童年时的印象过于糟糕。童年时的他被工厂烟囱这些"巨大的威胁物"吓坏了,懊恼不已,有时还被吓得没命地奔跑。而那种糟糕的感觉也影响了他以后对文明世界的判断。他在工厂烟囱上体会出的愤怒,最终变成他自己的愤怒,在他头脑中所有那些变得糟糕的事物、那些在文明国度里像噩梦中的腐尸一样若隐若现的事物也由此获得意义[64]206。

当然,巴塔耶也意识到,他自己关于工厂烟囱的负面判断与大多数人的判断之间是有差异的,对他而言,工厂烟囱是"一种暴力状态的显现",而"对大多数人而言只是人类劳动力的象征,也从来不会是可怕噩梦的投射……"众人之所以做出如此判断,想必是在童年时代没有受到工厂烟囱的恐吓,或是随着年龄的增长而淡忘了那样的恐吓。而为什么他又要说,"那噩梦以癌症般的方式在人类中间朦胧地产生"[64]206? 可能是因为工厂烟囱投射给众人童年的噩梦,作为一种集体的潜意识,最终还是要爆发出来。

用儿童的眼睛看世界,差不多是诗一般的语言,有时是受到赞许的,而更多的情形却是,儿童的判断被视为是孩子气的。巴塔耶在《痛苦》一文中完成了对孩子气的辩护。他说,成人的"真理首先是把儿童引向了一系列的错误,然后这些错误形成了孩子气"。于是,"儿童的错误"就在于"从成人那里获取真理"[68][23]49。的确,孩子气的或未经教导的看待事物的方式,一般都要被一种精于世故的洞见所取代。就工厂烟囱而言,它不再被视为巨大的威吓物,而是被视为一种砖石结构,形成一个将烟排空至天空的管道,引伸来说,就是一个为了抽象的管道。巴塔耶此文的目的就是要将这种取代过程反转过来,明确指出此类定义的错误。巴塔耶罗列了孩提时代的一些意象,诸如"铺地上泥泞所形成的怪相,或人的鬼脸""梦中巨大的不安,或一只狗狗那副不可解释的嘴脸",这些意象和工厂烟囱的"巨大而邪恶的抽搐意象"联系在一起,给童年巴塔耶的心灵投下巨大的阴影,以致他的一生都将在惊恐中展开[64]207。他为此词条配了一张工厂烟囱轰然倒塌的照片,那大概是他所希望看到的场面(图 9.14)。

9.3.5 方尖碑

《方尖碑》一文由阿兰·斯托克尔选入他所编辑的巴塔耶文集《无节制的视野:著作选读,1927—1939》。这篇文章由十二个片断构成,每个片断都有一个小标题,分别是:上帝之死的神秘,尼采的预言,神秘的公共广场,方尖碑,方尖碑回应金字塔,荣耀所寻求的"时间感",希腊的悲剧时代,方尖碑和十字架,黑格尔对永恒的黑格尔,索尔莱金字塔,断头台,尼采/提修斯。碎片般的文体形式似乎很符合现代性的断裂特征,但那些看似突兀的标题却指向时间概念对于人的意义——永恒性与短暂性。

方尖碑原本是矗立在古代埃及神庙大门前的石柱,古埃及人将它视为军事力量和军事荣耀的表征。对军事理论家克劳斯维茨(K. P. G. von Clausewitz,1780—1831)而言,竖立在主干道起点上的方尖碑就是作为中心的军事领袖强力意志的体现[69]。对思想家们而言,方尖碑的意蕴则要丰富得多。特别是位于巴黎协和广场上的方尖碑,原为埃及法老拉姆西斯二世所建,在 1810 年,埃及国王将它作为国礼赠送给法国(图 9.15)。本雅明将它视为"镇纸"(Briefbeschwerer),调理着现代人的精神交通(einen geistigen Verkehr)[70]38。而巴塔耶似乎想得更多一些。这个来自远古文明的纪念物矗立在协和广场这个法国近代政治动荡的中心,是别有意味的。在这个广场上,在处死路易十六的断头台和方尖碑之间,巴塔耶体会到一种空间安排(a spatial arrangement)。在他看来,所有文明世界的公共广场都既有历史性的魅力,又有纪念性的外表。历史性与终结、替代相关,纪念性与稳定、永恒相关。可以说,协和广场上形成的空间安排,就是集历史性与纪念性于一身的空间安排。这样的空间安排并不仅仅在协和广场上形成,即使其他的公共广场没有断头台和方尖碑这样的设置,终结的力量与维持既有事物的力量之间的冲突也会产生这样的空间机制。因而巴塔耶要说,这样的空间安排在所有"文明世界"的公共广场上形成。这是一种终结与永恒对决的情境,在可以集聚人群的公共空间中产生。尼采笔下的狂人就是跑到集市上,对着众人宣布上帝之死的[69]213。就终结与永恒的对决而言,杀死国王算不上什么,杀死上帝才是至为伟大的业绩。

巴塔耶谈到,在这样的空间安排中,人们才会被蛊惑[69]213。断头台的蛊惑性是显而易见的。

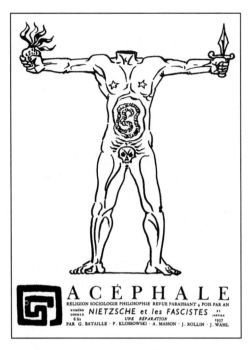

图 9.16　艾斯法勒

法国皇室、保皇党贵族、温和的雅各宾党人乃至极端的雅各宾党人在众目睽睽之下相继死在断头台上，断头台的终结性力量必定给狂躁的人群以极大的鼓舞。而杀死上帝却不能直接依赖断头台，因为那是信仰领域中的事。巴塔耶将上帝之死与时间、运动、方尖碑复杂的象征意象以及协和广场的暧昧意义联系起来。黑格尔从绝对精神的运动中体会到时间的向心结构，上帝、至尊者或最高是者都带有这种特征；而巴塔耶则认为，由于时间已知是在一个存在之中，这个存在就是一个中心，如果时间经历诸多存在，那么这样的运动结构就与黑格尔所说的趋向绝对的向心结构根本不同，它就是离心结构，消解每一个已形成的中心[69]219。然而，时间作为终结性的力量并不是全能的。在协和广场这个特殊的空间，皇室的意象和大革命的意象都无助于其象征意义，反而使之成为一个总是引起最糟糕回忆的地方；单凭时间的推移是无法消除这种回忆的，除非有另外的刺激中止回忆甚或促成遗忘。方尖碑就是这样的刺激因素。这块来自远古埃及的巨石，对于协和广场所发生的历史而言明显是无意义的。这个明显无意义的意象以其"平静的庄重"以及"平和之力"强加在这个曾经风起云涌的场所（那也是一个总是引起最糟糕回忆的地方），似乎消解掉它的历史意义，"那些仍然困扰良心并加重其负担的阴影消散了，上帝或时间也都不复存在"[69]221。由此我们可以理解，巴塔耶要将方尖碑视为"对上帝最平静的否定"[69]215。

方尖碑这束"石化的阳光"（petrified sunbeam），原本是埃及的永恒意象，头领的最纯粹的意象，也是天堂的最纯粹的意象。然而在协和广场这个属于另一个文化的、现代的城市生活中心，又有多少人对此会有深刻的理解？巴塔耶说："人类的存在只在自己的生活领域之内、只在他们个人的命运范围之内才可能具有重要性，而在他者眼中就绝非如此。"[69]214对于巴黎市民而言，方尖碑的这些意象是否有意义，是不得而知的。对巴塔耶而言，方尖碑的这些意象竟让那些既没有观察它也没有被它所打动的人们变得一致起来，并支配了他们的信仰，是很有讽刺意味的。那些在迷宫前天真地东张西望的人们，被令人坐卧不安的痛苦和荣耀所慑服，而方尖碑的头领意象能够引领人们穿越迷宫吗？事实上，方尖碑就像迷宫入口处的雕像一样，嘲弄地面对众人。在协和广场这个清除了清晰表达原则的纪念物的地方，方尖碑之所以存留下来，正是因为它所象征的至高无上的权力和命令没有被意识到。在这个明显无意义的空间中，事物的基础已坠入无底的虚空之中。巴塔耶由此体会出一种无政府状态——"人类来到了这样一个门槛：他必须将自己猛然抛至既没有基础也没有头领的状态之中。"[69]222在协和广场，方尖碑的纯粹头领意象走向其反面：无头领的状态。

"acephalous"是无头颅的意思，引申为无头领状态、群龙无首之意。从《建筑学》一文可知，巴塔耶对权力的表现没有什么好感。作为一个无政府主义者，巴塔耶批判的锋芒直指权力以及压制性的力量。因而无头领状态对于巴塔耶而言有着特别的意义。当墨索里尼在意大利建立法西斯统治之后，为了反对这种极端的头领状态，巴塔耶可以不顾与布勒东的分歧，与布勒东、阿姆布罗西诺(Georges Ambrosino)、科洛索夫斯基(Kolosovski)、瓦尔德伯格等人共同组织了针对法西斯的"反抗攻击"运动(Contre-Attaque)[1]14。1936 年,巴塔耶与科洛索夫斯基等人成立秘密社团艾斯法勒(Acéphale,即"无头"之意),创办了同名的杂志,并组织了几次林间的夜间聚会,举行神秘的仪式,并对尼采、弗洛依德、萨德和毛斯的文本展开冥想[71]。画家安德鲁·马松(Andrew Mason)为《艾斯法勒》第一期绘制了封面。那是一个张开双臂站立的无头男子像,左手握着利刃,右手握着冒着火焰的心脏;两个乳头变成两颗五角星,胃部是一条迷津,那已是艾斯法勒的标志了;而原本是生殖器的部位,成了象征死亡的骷髅头(图 9.16)。这个男子像与达·芬奇的理想的人体形成强烈的反差。

巴塔耶为《艾斯法勒》创刊号所作的导言"神圣的阴谋",深受这个无头男子像的启发。他说:"人已经从他的头脑逃脱,就像罪人从监狱逃脱一样,他在自身之外发现的并不是禁止犯罪的上帝,而是一个对禁忌浑然不知的存在。"[1]159在基督教神学观念中,上帝在创世过程中依照自身的形象造人,人的形象所反映的秩序与宏观世界的秩序是联系在一起的。在这样的概念中,头脑的地位是很重要的,那是精神、理性所在的地方。而其下的身体蕴藏着本能和欲望,需要由头脑来管制。巴塔耶这位深受尼采影响并脱离了基督教的思想家,将马松所绘的无头男子像视为一种反转的形象:去除了头脑的身体象征了人从理性禁锢与自设禁忌的解脱。当人们在自身之外发现的是对禁忌浑然无知的存在时,上帝也就不存在了。另一方面,这个形象的意义还在于颠覆了"上部决定下部"这个神定世界的观念。根据布罗奇的分析,巴塔耶在他的文本中,总是将身体作为社会以及其他结构的比喻[1]12。无头的身体映射了世界,象征了下部支配上部的反转了的世界观,也比喻了社会的无头领状态。可以说,无头男子像是《方尖碑》一文所说的无头领状态的直观图式。

无头男子像左手握着利刃,右手中的东西冒着火焰。巴塔耶将前者视为罪恶的象征,将后者视为像圣灵一样的东西,是无邪的象征。于是这个存在就成了罪恶与无邪的结合,而这又令巴塔耶感到恐惧[1]14。无头男子像的胃是一个迷宫。迷宫是令巴塔耶感兴趣的空间。迷宫的结构是无头的,无中心的,也是无等级的。因而用迷宫作为《艾斯法勒》杂志的标志,是十分切题的。另一方面,人们在迷宫中难以寻找出路,巴塔耶把这视为迷失自我的象征,且持赞赏的态度,可能与他的神秘主义倾向有关。

在《神圣的阴谋》中,巴塔耶表达了超越此世之外的述求。他将这个文明世界,即西方文明世界,视为一个不能至死去爱的世界,它只是表明自我利益和工作之责。在他看来,这样一个世界与逝去的诸世界相比是可憎的,而且是所有世界中最失败的一个[1]14。何谓"逝去的诸世界"? 就是先在于这个文明世界的诸世界,野蛮的或蒙昧的世界,或是独立于这个文明世界的且已消亡的文明世界,比方说玛雅文化。从一般的历史观念来看,人类社会大致是向比较好的方向发展的,即使当下有诸多不尽如人意之处,也可望在未来的某个时候加以改进。而巴塔耶一方面拒绝展望未来,可能是因为他看不出这个"文明世界"会有什么前景;另一方面宁愿将目光投向过去,倒并不一定是因为那些已逝去的世界要比这个文明世界好多少,也许他要说的是这个文明世界比逝去的世界要更糟糕。想想他写此文的年代,1937 年,纳粹、法西斯势力已分别在德国和意大利取得统治地位,加紧扩充军备,不断挑起事端,其时欧洲尚未从毁灭性极强的第一次世界大战所带来的创伤中复元,却又笼罩在新的战争的阴影下。巴塔耶面对这个世界的重重的危机与危险,发出尖锐的感言,以图惊醒处于危局中而不够敏感的世人,也可说是尽到了一个知识分子的本分。不止于此,他还走出书斋,亲身参与组织反对法西斯主义的反抗运动,更是表明某种紧迫性。

注释

[1] Georges Bataille, etc. Encyclopaedia Acephalica. Iain White, etc, Trans. London：Atlas Press，1995.

[2] Denis Hollier. Against Architecture：The Writings of Georges Bataille. Betsy Wing, trans, Cambridge & London：The MIT Press，1992.

[3] Georges Bataille. Visions of Excess：Selected writings，1927-1939. Allan Stoekl, Carl R Lovitt, Donald M Leslie, trans. Minneapolis：University of Minnesota Press，2004.

[4] Neil Leach. Rethinking Architecture：A Reader in Cultural Theory. London and New York：Routledge，2004.

[5] Anthony Vidler. Warped Space：Art, Architecture, and Anxiety in Modern Culture. Cambridge & London：The MIT Press，2000.

[6] Andrew Ballantyne. Architecture Theory：A Reader in Philosophy and Culture. London & New York：Continuum International Publishing Group Ltd，2005.

[7] Nadir Lahiji. '...　The Gift of Time'：Le Corbusier Reading Bataille//Surrealism and Architecture. London and New York：Routledge Taylor & Francis Group，2005.

[8] http：//www. popsubculture. com/pop/bio_project/georges_bataille. html.

[9] Georges Bataille. Guilty. Bruce Boone, trans, Venice：The Lapis Press，1988.

[10] 原文是：En effet, seul l'être idéal de la société, celui qui ordonne et prohibe avec autorité, s'exprime dans les compositions architecturales proprement dites.

[11] Georges Bataille. Oeuvres complétes，I，Premiers Écrits，1922-1940. Paris：Group Gallimard，1970.

[12] 原文是：Aussi bien, chaque fois que la composition architecturale se retrouve ailleurs que dans les monuments, que ce soit dans la physionomie, le costume, la musique ou la peinture, peut-on inférer un goût prédominant de l'autorité humaine ou divine.

[13] http：//www. larousse. com/en/dictionaries/french-english/composition/17620.

[14] http：//www. cnrtl. fr/definition/composition.

[15] Hanno-Walter Kruft. A History of Architectural Theory from Vitruvius to the Present. Ronald Taylor, Elsie Callander, Antony Wood, Trans. New York：Princeton Architectural Press，1994.

[16] Philip Babcock Gove. Webster's Third New International Dictionary of the English Language. Massachusetts：Merriam-Webster Inc，2002.

[17] http：//wordnetweb. princeton. edu/webwn? s=composition&sub.

[18] The New Encyclopaedia Britannica. 15 ed. Chicago, London：Encyclopaedia Britannica, Inc，1981.

[19] Georges Bataille. Architecture.

[20] http：//www. cnrtl. fr/definition/composition.

[21] Georges Bataille. Theory of Religion. Robert Hurley, trans, New York：Zone Books，1989.

[22] Georges Bataille. Base Materialism and Gnosticism.

[23] 乔治·巴塔耶. 神圣社会学以及"社会""有机体"和"生命"之间的关系. 费勇，译//汪民安. 色情、耗费与普遍经济：乔治巴塔耶文选. 长春：吉林人民出版社，2003.

[24] 于尔根·哈贝马斯. 现代性的哲学话语. 曹卫东，等，译. 南京：译林出版社，2004.

[25] "commensurabilité"，英译作"commensurability"，汉译作"可通约性"，就同质性的概念而言，诸要素可以通过共同的标准来衡量，"可公度性"是较为准确的。

[26] Georges Bataille. La Structure Psychologique du Fascisme，见[11]：340.

[27] Georges Bataille. The Psychological Structure of Fascism. Carl R, Lovitt, trans. New German Critique，1919(16)：64-65.

[28] 巴塔耶. 法西斯主义的心理结构. 胡继华, 译. 见[23]:43-44.

[29] 副标题中"actuel"意为"现代""当代","mes camarades actuels"可译作"我的当代朋友",汉译本译作"我同时代同人"。

[30] Georges Bataille. La Valeur d'Usage de D A F de Sade(Lettre ouverte à mes camarades actuels)//Oeuvres Complétes II. Écrits posthumes. 1922-1940. Paris: Group Gallimard, 1970: 58.

[31] 巴塔耶. 萨德的使用价值——致我同时代同人的公开信. 胡继华, 译. 见[23]: 1.

[32] 汉译本将"appropriation"译作"占有",其实只是表明了此词的一般的含义,另一半"用"的含义损失了。

[33] http://www.cnrtl.fr/definition/appropriation.

[34] http://www.cnrtl.fr/definition/excrétion.

[35] "homogénéité"是"homogène"的衍生词,"homogène"意为"所有要素在结构、功能上性质相同或表现相同"。

[36] http://www.cnrtl.fr/definition/homogénéité.

[37] 此处汉译本译作"原始时代仅仅凭借排泄仪式而免于毁坏的个人同性性"。"pouvait"有"可能"与"不可能"两个相反的意涵,根据上下文关系,"ne pouvait"在此可以理解为"not impossible",可以参照英译本。

[38] Georges Bataille. The Use Value of D A F De Sade. 见[3]: 95.

[39] 巴塔耶的原文是"une homogénéité beaucoup plus conséquente","conséquente"有融贯、一致之意,英译本此处译作"a much more consistent homogeneity",意为"更为一致的同质性",是可以的,而汉译本译作"更加坚固的同质性",就不知所云了。

[40] 汉译本译作"精神占有",意指不甚明确。

[41] "les éléments terrifants",英译作"terrifying features",意为"令人恐惧的形象",有形式化之嫌。巴塔耶没有用此类与形式或形象相关的语词,而是用了"成分"或"因素"这样的无特指的语词,似在表明上帝是不可见的。至于汉译作"让人恐惧的面目",似更具体了。

[42] Georges Bataille. The Bourgeois World//The Accursed Share: An Essay on General Economy: Vol1. Robert Hurley, trans. New York: Zone Books, 1991.

[43] 巴塔耶. 资本主义的起源与变革. 吴琼, 译. 见[23]: 177.

[44] Georges Bataille. Sacrifices and Wars of the Aztecs.

[45] 英译本将"la grandeur lugubre"译作"ominous grandeur","ominous"意为"不祥的"。如果考虑到古代祭礼的庄严与虔敬,"lugubre"理解为"死亡的"是合理的。

[46] Georges Bataille. Abattoir. 见[10]: 205.

[47] Georges Bataille. Slaughterhouse. 见[1]:72-73.

[48] "un bateau portant le choréra",英译作"a plague-ridden ship".

[49] Michel Leiris. Hygiene.

[50] Georges Bataille. Museum.

[51] Georges Bataille. La Notion de Dépense.

[52] Georges Bataille. The Notion of Expenditure. 见[3]: 120.

[53] 乔治·巴塔耶. 耗费的观念. 汪民安, 译. 见[23]:29.

[54] 抗议宗。

[55] 汪民安译作:物就是我们从中一无所获且显现为一个物理的实在的东西(处于可用性、有用性的边缘,且无法保存)。

[56] Ulrich Conrads. Programs and Manifestoes on 20th-Century Architecture. Cambridge & Massachusetts: The MIT Press, 1987.

[57] 弗兰姆普敦. 现代建筑:一部批判的历史. 张钦楠, 译. 北京:生活·读书·新知三联书店, 2004.

[58] 翁贝托·博丘尼,等. 未来主义绘画技巧宣言//马里奥·维尔多内. 理性的疯狂:未来主义. 黄文捷, 译. 成都:四川人民出版社, 2000.

[59] 勒·柯布西耶. 走向新建筑. 陈志华, 译. 西安:陕西师范大学出版社, 2004: 17.

［60］Brutalism［EB/OL］. http：//www. open. edu/openlearn/history-the-arts-/history/heritage/brutalism.

［61］马克·吉罗德. 城市与人，一部社会与建筑的历史. 郑炘，周琦，沈颖，译. 刘先觉，校. 北京：中国建筑工业出版社，2008.

［62］William Blake. Jerusalem［EB/OL］http：//www. poetry-archive. com/b/Jerusalem. html.

［63］Lewis Mumford. The City in History：Its Origins，Its Transformations，and Its Prospects. New York and London：A Harvest/HBJ Book，1961.

［64］Georges Bataille. Cheminée d'usine. 见［11］：206.

［65］Georges Bataille. Factory Chimney. 见［1］：51.

［66］海怪 38? https：//en. m. wikipedia. orq/wiki/Kraken

［67］"Olympe"即希腊神话中的众神居住的"奥林帕斯山"，"égout"本义为"下水道"，引申为排泄之意。这样两个差异极大的词组合成一个词组，亵渎的意味是很明显的。

［68］巴塔耶. 痛苦. 吴琼，译.

［69］Georges Bataille. The Obelisk. 见［3］：215.

［70］Walter Benjamin. Einbahnstraße • Berliner Kindheit um Neunzehnhundert. Frankfurt am Main：Fischer Taschenbuch Verlag，2013.

［71］Acéphale［EB/OL］. https：//en. m. wikipedia. org/wiki/Acéphale.

图片来源

(图 9.1)www. dailyherald. com/storyimage/DA/20140628/news/140629223/EP/1/12/EP-140629223. jpg&updated＝201406241713&MaxW＝800&maxH＝800&updated＝201406241713&noborder

(图 9.2)、(图 9.14)郑炘摄

(图 9.3)Georges Bataille. Visions of Excess：Selected writings，1927—1939. trans. Allan Stoekl with Carl R. Lovitt and Donald M. Leslie. Minneapolis：University of Minnesota Press，2004

(图 9.4)、(图 9.5)、(图 9.6)、(图 9.7)、(图 9.14)、(图 9.16)Georges Bataille，etc. *Encyclopaedia Acephalica*. ed. Alastair Brotchie. Trans. Iain White，etc. London：Atlas Press，1995

(图 9.8)http：//www. artribune. com/wp-content/uploads/2013/04/220. jpg

(图 9.9)https：//upload. wikimedia. org/wikipedia/commons/1/11/Uomo_Vitruviano. jpg

(图 9.10)郑辰暐摄

(图 9.11)https：//www. viamichelin. co. uk/web/Routes? isInProgress＝true&coords＝;-1. 46461;53. 38311;

(图 9.12)、(图 9.15)郑炘摄

(图 9.13)https：//upload. wikimedia. org/wikipedia/commons/2/2c/Denys_de_Montfort_Poulpe_Colossal. jpg

后 记

　　历经十余年的研究，本书终于可以付梓。对于学者而言，这十余年可能是做学问的最好时光了，可谓黄金十年。我以此黄金十年投入此书的写作，盖因思想家们的智慧的指引，应是符合哲学探究的原初的本意。此外，哲学家们对于建筑学知识的把握也令我感到好奇。本书所涉的哲学家中，唯有克拉考尔受过建筑学专业教育，但他们对建筑艺术问题都有不同程度的理解与把握。特别是布洛赫，他对建筑历史的认识与领悟在某些方面可能是建筑历史学者们难以企及的，而维特根斯坦更是直接介入建筑的实践活动，他的富于原创性的精致的设计与他的审美原则保持了高度的一致性。这些处在历史性的变革时期的哲学家们，或以其历史性的敏感，或以其对普遍性价值的探寻，在开启对哲学领域的变革之际，也将批评的视角拓宽至建筑与艺术的领域。他们留下的有关建筑与艺术的浩瀚而又深邃的文本，是尚未得到充分挖掘的宝藏。本书也只是在我个人的理解力范围内对这些宝藏所做的探究。至于成果、意义之类的问题，读者自可判断，笔者无需赘述。在此我想要表明的是，现代哲学家们关于建筑与艺术的文本属于历史上的伟大事物之列，而对历史上的伟大事物怀有敬意，是学者们应有的姿态。

　　在本书漫长的写作过程中，我得到多方面的帮助，在此谨表诚挚的谢意。而我能步入哲学领域，在很大程度上有着家学渊源。为此，首先我要向我的父亲致敬。他用识字图片对我进行学前启蒙教育，既发展了我与生俱来的绘画爱好，又培养了我的阅读习惯。他书架上的那一排马克思、恩格斯的书，在我的少年时代就给我很强的激励。感谢我的母亲，在那个动乱的年代给我一个安稳的环境，让我能够发展我的绘画爱好，潜心读书，她讲诉的祖父作为诗人与教育家的传奇对于少年的我而言也是向上的引领。我也要感谢我的老师杨廷宝先生、齐康先生。杨先生教我的时间不长，但他学通中西古今的一代宗师的风范给我留下深刻的印象。他言谈中流露的达观的态度，作为学生的我尚不能有深刻的理解，二十余年后重温学生时代的课堂笔记时，才在他的当时令我困惑的言谈与费耶阿本德的格言之间体会到一种连接，那其实是东西方智慧之间的神奇连接。在齐康先生那里，我接受了严格的专业训练，在以后长期的工作中，我们也就更为广泛的历史、人文、艺术等方面的话题展开讨论，他的睿智给我以极大的启发。刘先觉先生为博士研究生开设建筑哲学课程，具有学科开拓的意义。他在退休之际，请我接替他的讲席，感谢他对我的信任。在本书成稿之际，徐拥军先生和我一起去英国访问卡迪夫大学菲尔·琼斯教授，并考察了红屋、新拉纳克镇、帕克山公园住宅区以及伦敦帕丁顿火车站，我才得以拍摄本书需要的相关照片，在此表示诚挚的谢意。

我还要感谢何兼同学,学生时代他给我看康德的《判断力批判》一书,仿佛是给我出了一道难题,需要我用此后十余年的时间去解答。在长期的工作中,我与许多学者、学生、画家、公务员、投资商都有过活跃的交流,我珍视如此形成的语境,它对我关于事物的判断起了潜移默化的作用。还有一届又一届上我哲学课的博士生们,他们的理解力是值得赞赏的,在有深度的研讨课上,我意识到我和他们共同处在求知的过程中。我的学生们帮我绘制了插图、分析图,她们是谢飞、周子杰、刘哲、唐时月、周心怡;周子杰和刘哲还参加注释整理工作,敖雷参加了书稿的核对工作;我的女儿郑辰暐正在写博士学位论文,她抽空和我一起对维特根斯坦住宅平面进行分析并加以图示;吕文明、郑辰暐、苏玫提供了部分照片;在此一并向他们致谢。

这十余年的研究与写作占用了我大量的业余时间,尽管我力图在工作与生活之间保持某种程度的平衡,但效果并不尽如人意。我的妻子苏玫女士对此表现出极大的理解,在此向她表示诚挚的感谢。

郑炘

2018 年 5 月